科学文化经典译丛

科学之光
LIGHT OF SCIENCE

美国科学史

（综合卷）

THE HISTORY OF SCIENCE IN THE UNITED STATES
AN ENCYCLOPEDIA

［美］马克·罗滕伯格　主编

刘　晓　吴晓斌　康丽婷　译

中国科学技术出版社
·北　京·

图书在版编目（CIP）数据

美国科学史.综合卷 /（美）马克·罗滕伯格主编；
刘晓，吴晓斌，康丽婷译.－－北京：中国科学技术出版社，2023.3
（科学文化经典译丛）
书名原文：The History of Science in the United States：An Encyclopedia
ISBN 978-7-5046-9881-0

Ⅰ.①美… Ⅱ.①马… ②刘… ③吴… ④康… Ⅲ.
①自然科学史—美国 Ⅳ.① N097.12

中国国家版本馆 CIP 数据核字（2023）第 013442 号

总　策　划	秦德继	
策划编辑	周少敏　李惠兴　郭秋霞	
责任编辑	李惠兴　郭秋霞	
封面设计	中文天地	
正文设计	中文天地	
责任校对	吕传新　张晓莉	
责任印制	马宇晨	

出　　版	中国科学技术出版社
发　　行	中国科学技术出版社有限公司发行部
地　　址	北京市海淀区中关村南大街 16 号
邮　　编	100081
发行电话	010-62173865
传　　真	010-62173081
网　　址	http://www.cspbooks.com.cn

开　　本	710mm×1000mm　1/16
字　　数	1150 千字
印　　张	74
版　　次	2023 年 3 月第 1 版
印　　次	2023 年 3 月第 1 次印刷
印　　刷	河北鑫兆源印刷有限公司
书　　号	ISBN 978-7-5046-9881-0 / N·302
定　　价	269.00 元（全两卷）

（凡购买本社图书，如有缺页、倒页、脱页者，本社发行部负责调换）

前　言

　　本书题例为词条形式的百科全书，有些人物、机构和话题虽未单列，但都可以从索引或参考资料中找到。卷中有两篇较长的综述性文章，涵盖了殖民时代的科学和 1789—1865 年的科学，这些文章充分展示了美国内战之前有关科学史研究的历史文献的丰富。虽然主题极为广泛，但我们的重点放在机构、学科及其分支的历史。选取撰写传记词条的人物都是已故的科学家，他们要么为美国科学的体制化进程做出贡献，或者是各学科产生和发展的关键人物，又或者是在历史视角衡量下做出了重大科学发现的顶尖科学家。对科学赞助也是一个非常重要的主题，我们努力列入一些主题，来凸显美国科学的赞助系统。

　　词条的长度都经过斟酌，也确实反映了（大多但不是全部）编者如何衡量某个主题在美国科学史上的重要性。眼光敏锐的读者会很快注意到，同样的机构、组织或人物在不止一个词条中出现，但视角和语境会有所差异。例如，老本杰明·西利曼（Benjamin Silliman）作为重要人物，既是《美国科学杂志》（*American Journal of Science*）的主编，也是化学家和矿物学家，还是耶鲁大学的教员。在某些情况下，同一作者撰写多个词条，对其内容会加以协调，从而为某个人物或机构提供多面和互补的语境。在另一些案例中，不同的作者会提出不太一致的观点，反映出编史学上的差异。

　　在下列书中读者可能会发现其他一些有用的信息资料和参考书目：

Elliott, Clark A.《美国科学史：年表与研究指南》(*History of Science in the United States: A Chronology and Research Guide*). New York: Garland Publishing, 1996.

Kohlstedt, Sally Gregory and Margaret W. Rossiter.《研究美国科学的历史著作》(*Historical Writing on American Science*). Baltimore: Johns Hopkins University Press, 1986.

Marc. Rothenberg.《美国科技史：精选重要文献目录》(*The History of Science and Technology in the United States: A Critical and Selective Bibliography*). 2 volumes. New York: Garland, 1982, 1993.

本书源于克拉克·A. 艾略特（Clark A. Elliott）的策划。他选择了主题，确定了大部分作者，并开始编辑词条，但后来情况变化，迫使他放弃了这个项目。在做好大部分的艰苦工作之后，他让我接手并完成了这个项目。在此向克拉克致以谢意。

克拉克的编辑顾问委员会协助他物色作者，这是本书从概念到成型的转变中最重要的一步。我要感谢普尼娜·G. 阿比尔－安（Pnina G. Abir-Am）、罗伯特·弗里德尔（Robert Friedel）、帕齐·格斯特纳（Patsy A. Gerstner），以及已故的斯坦利·高柏（Stanley Goldberg）和玛格丽特·W. 罗西特（Margaret W. Rossiter）等人所做的贡献。

这个项目进行了多年。感谢加兰出版社过去和现在的许多工作人员对我的支持和宽容，包括安德里亚·约翰逊（Andrea Johnson）和理查德·斯坦斯（Richard Steins）。我还要感谢斯特拉特福德出版服务部的南希·克朗普顿（Nancy Crompton）和本·麦坎纳（Ben McCanna），他们负责文字编辑。为了这个项目，我占据了家中的许多空间，感谢我的家人容忍和理解我的无暇陪伴。

最后，我想对南森·莱因戈尔德（Nathan Reingold）表示衷心感谢。他致力美国科学史研究，对我的学术和职业发展多有提携。他因健康状况而无法为本书撰稿，这是我作为主编的最大遗憾。

马克·罗滕伯格

史密森学会

目　录

（综合卷）

第 4 章 大学与科学教育 ····························· 247

第 5 章 科学与社会 ······························· 286

第 6 章 科学与工业 ······································ 368

第 7 章 科学与女性 ⋯⋯⋯⋯⋯⋯⋯⋯⋯⋯⋯⋯⋯⋯ 424

第8章　美国早期科学人物

8.1　科学开创者

第 1 章

美国科学概况

1.1 历史概述

殖民时期的美国科学（1789 年前）

Science in the United States during the Colonial Period（to 1789）

在殖民时代初期，美洲人似乎对欧洲科学不太感兴趣。最早的欧洲探险者过于专注于寻找通往东方的通道，或者沉迷于开采贵金属和资源。第一批移民执着于让美洲原住民皈依基督教，或者忙于建立家园田产和经济生计。事实上，小约翰·温斯洛普（John Winthrop Jr.）曾说过，"万事万物都要做，就像世界刚开始运转一样。"他是马萨诸塞湾殖民地总督的儿子，曾任康涅狄格殖民地总督（1662—1676），也是英国皇家学会的特许会员。1668 年，他告诉英国皇家学会的秘书亨利·奥尔登伯格，没有多少时间来研究科学（Stearns, p. 133）。

然而温斯洛普却能从繁忙的外交、农业和土地投机中挤出时间来学习炼金术、实验哲学和医术，并成为采矿和盐铁制造的企业家。他向英国皇家学会提供了关于玉米的论文，以及关于制作焦油和沥青、用玉米面包酿造啤酒的论文。他也把新英格兰的珍奇物品送给学会。在一次横渡大西洋的航行中，他用测深锤和一个集水装置开展海洋学实验。他拥有了新英格兰第一架望远镜——长度为 10 英尺 ①，之后又拥有了一台 3.5 英尺的望远镜，他把这台望远镜赠予了哈佛大学。1664 年，他观测到一颗彗星，并认为自己发现了木星的第五颗卫星。皇家学会很高兴收到来自殖民地的报告，并以信件和赠书回应温斯洛普的信件。

在荒野中工作时，温斯洛普比大多数人都更努力去克服阻碍从事科学事业的障碍——缺乏时间、书籍、设备和志同道合的学者，但在努力的道路上，他并非孤身一人。与温斯洛普的观察相反，在克里斯托弗·哥伦布（Christopher Columbus）发现美洲后不久，西方科学就在新大陆站稳了第一个立足点。许多早期的定居者都很重视天文学和博物学，因为它们被认为与宗教有关，而且在导航、计时、土地测量和医学领域也有应用。随着时间的推移，他们也重视科学知识，用于育种和教育。

历史学家普遍认为，与来自海外学术中心圣地的科学相比，殖民地的科学无疑是狭隘的，但现在给了殖民地学者应有的地位。多亏了 19 世纪历史学会和最近的书目学家的努力保护，我们才得以知道殖民者出版了不太有名，但数量惊人的科学出版物（数以千计）。他们之间的书信往来也证明了科学思想的畅通交流。这里将简述殖民地在生命和物理科学、科学教育和科学活动组织方面的成就，并将考察阻碍殖民事业的障碍和促进殖民事业的资产。接下来的内容主要是描述性的，反映了编史学的基本状态，但旨在为以后要强调的史学问题奠定基础。

虽然更多的历史研究集中在"纯"科学上，但这一调查适合从"应用"科学开始。探索和定居促进了数学从业者的工作，他们引导船只到港口、测量边界并绘制地形。这些工作雇用了航海家、天文学家、测量员和制图师。其中一些人，如18 世纪的测量员查尔斯·梅森（Charles Mason）和耶利米·迪克森（Jeremiah Dixon），是在英国受过专业训练然后来到殖民地的。另一些人，比如与他们同期的大卫（David）和本杰明·里滕豪斯（Benjamin Rittenhouse），则是新大陆自学成才的居民。

科学仪器对这些任务至关重要，而且所有的仪器最初都是进口的。传统的航海

_____

① 1 英尺约等于 0.3 米。

仪器由木材制成，是最早在殖民地复制生产的仪器，因为它们生产起来相对容易。在美国很难生产出带精确刻度的黄铜仪器，直到 19 世纪，殖民地的测量师、水手和制图师都不得不依赖熟练的英国和欧洲制造商来制作经纬仪、六分仪和测量尺。在殖民地，黄铜的缺乏也阻碍了仪器的生产，但是富有才智的仪器制造商在条件允许的情况下用硬木代替金属。就这样，木质测量罗盘成了美国特有的一种仪器。然而，殖民地时期最重要的创新是费城的托马斯·戈弗雷（Thomas Godfrey）于 1730 年设计的反射象限仪（或八分仪），它和英国人约翰·哈德利（John Hadley）独立发明的仪器几乎一模一样，该仪器最终以哈德利的名字命名。

水手、测量员、制图师和商人身边经常有博物学家陪同，博物学家编辑资源清单，收集珍品。博物学家的工作在某种程度上受实际问题驱使，例如寻找市场需要的商品、药用植物或造船用的木材，也对以前不为人知的动植物充满兴趣。

旧大陆和新大陆之间动植物的交换早在哥伦布 1493 年第二次航海时就开始了。作为见证者，三位 16 世纪的西班牙著作家——冈萨洛·费尔南德斯·德奥维耶多·伊·瓦尔德斯（Gonzalo Fernandez de viedo y Valdés），尼古拉斯·鲍蒂斯塔·蒙纳德斯（Nicolás Bautista Monardes）和何塞·达科斯塔（José d'Acosta）——撰写了开创性和有影响力的美国博物学研究论文。他们的作品提出的问题和回答的问题一样多。他们试图把美洲标本归入古希腊、罗马和当代欧洲博物学家使用的早已存在的分类体系中，但他们的努力却揭示出旧分类体系的许多不足之处。此外，美洲本土动物的存在不像任何欧洲动物，这给《圣经》带来了麻烦：既然在诺亚方舟上没有这些动物的记录，可以认为洪水并没有延伸到美洲吗？上帝能在洪水发生后单独创造出它们吗？还是说，大洪水以前的物种有可能随着时间的推移而变化？

在用于评估殖民可行性的探险报告中能找到更多关于这些辩论的资料。在 16 世纪末 17 世纪初，托马斯·哈里奥特（Thomas Harriot）、约翰·史密斯（John Smith）上尉、威廉·伍德（William Wood）、塞缪尔·德·尚普兰（Samuel de Champlain）和其他探险家描述了新大陆的地形、植物、动物、地质和土著民族。标本和文物被运回欧洲，在植物园和博物馆进行研究。虽然探险家的收藏和出版物是用来宣传以吸引投资者和移民的，但他们仍然有助于传播科学和民族学发现。

推广工作的另一方面是在美国种植英国植物的早期实验。例如，在弗吉尼亚殖民地，哈里奥特在 1585 年到 1586 年间试种了大麦、燕麦和豌豆。

来自新大陆的消息让欧洲人感到惊讶，他们鼓励对新大陆进一步探索，对自然标本作进一步研究。1660 年之后，英国皇家学会推动了这类事业的发展。它的档案馆有许多对历史学家有价值的文件，比如 1669 年流传的一封信，请求得到关于弗吉尼亚殖民地种植园的信息；烟草的种植和价值；种植水稻、咖啡、橄榄、葡萄、大麻和蚕的实践；造船物资；药用泉水的存在和河流的起源；美国土著人的技能，磁变，天气，潮汐和地形测量等。还要求提供海水、植物、动物、矿物和土壤的样品。农民、外科医生和牧师都做出了回应。例如，博物学家兼实验哲学家约翰·克莱顿（John Clayton，1657—1725）就在詹姆斯敦待了两年。然而，克莱顿的贡献相比约翰·班尼斯特（John Banister）显得黯然失色。班尼斯特是一名实地探员，其工作得到了英国皇家学会成员的资助。班尼斯特把目光投向了软体动物、化石、昆虫和弗吉尼亚的植物，并把数百个标本送回了英国，同时还附上了详细的描述和草图。他开始为编写弗吉尼亚的博物学做准备，但还没写完就死于 1692 年的一次枪击事故。他的著作被约翰·雷（John Ray）和其他人挪用了。

坦普尔咖啡馆植物学俱乐部是一个松散的博物学家协会，这些博物学家可能在 1689 年到 1720 年间相识，加入了英国皇家学会，促进国内外植物学的研究。其中有汉斯·斯隆（Hans Sloane）、威廉·谢拉德（William Sherard）和詹姆斯·佩蒂沃（James Petiver），他们与殖民地和美洲大陆的学者通信，频繁的直接接触扩大了殖民地学者的学术视野。俱乐部成员对南方大陆殖民地的博物学特别感兴趣。另一位推动者是彼得·柯林森（Peter Collinson），他是伦敦的一位贵格会商人，他把自己的会计室作为美国博物标本和信件的交换中心，并将这些资料转寄给卡尔·林奈（Carl Linnaeus）等人。这样，就形成了一个博物学的圈子。

汉斯·斯隆、威廉·谢拉德和彼得·柯林森帮助支持了马克·卡特斯比（Mark Catesby，1683—1749）的探险。马克·卡特斯比在 1712 年至 1726 年间从弗吉尼亚前往佛罗里达，将标本、草图和笔记寄回伦敦。卡特斯比收集了种子、植物、苔藓、坚果、浆果、树根、贝壳、鸟类、蛇、昆虫、鱼类、两栖类动物和印第安古玩，但他最出色的工作还是在鸟类学领域。他驳斥了鸟类会飞到大气层上方或在洞穴、空心树或池塘下冬眠的理论。相反，他在观察的基础上提出了一个新理论，即鸟类向南方迁徙是为了躲避寒冷的天气和寻找食物。林奈大量采用了卡特斯比的工作成果。

林奈还称赞了约翰·巴特拉姆（John Bartram，1699—1777）的工作。巴特拉姆是一位出色的野外博物学家和采集家，对美国博物学有着惊人的了解。在彼得·柯林森和其他英国绅士的支持下，巴特拉姆从纽约到佛罗里达，再往西到俄亥俄州，走遍殖民地寻找种子送给他的赞助人。1765 年，他被任命为英国国王的植物学家。

巴特拉姆和卡特斯比不关心系统分类，仅满足于将标本送回欧洲进行编目。其他人并非如此。约翰·克莱顿（John Clayton，1694—1773）是更早同名者的远亲，他根据约翰·雷的分类体系对弗吉尼亚的植物进行了分类，并把它们交给了荷兰的约翰·弗里德里希·格罗诺威斯（Johann Friedrich Gronovius），以便根据林奈方法鉴定物种。格罗诺威斯在一篇关于美国植物学的论文中挪用了克莱顿的发现，之后，克莱顿决定自己掌握林奈系统。同时期在弗吉尼亚工作的约翰·米切尔博士（John Mitchell，1735—1746）致力于生物分类学研究，他提出物种的分类基于雄性和雌性繁殖后代的能力。他发现了新的属，并研究了负鼠的生殖系统和人类的色素沉着。南卡罗来纳查尔斯顿的亚历山大·加登（Alexander Garden）博士、纽约的卡德瓦拉德·科尔登（Cadwallader Colden）博士和女儿简·科尔登·法克尔（Jane Colden Farquher）也精通林奈分类系统。

和其他地方一样，女性科学家在殖民时期的美国是一种新鲜事物，而且几乎没有被历史学家研究过。那些 18 世纪在科学上出类拔萃的女性，如简·科尔登·法克尔、玛莎·劳伦·拉莫斯（Martha Laurens Ramsay）、玛莎·丹尼尔·洛根（Martha Daniell Logan）和伊丽莎·卢卡斯·平克尼（Eliza Lucas Pinckney），从事植物学、农学或园艺学。她们的父亲和丈夫鼓励她们，认为这些工作特别适合女性，能够使她们克服所谓"女性懒惰"的恶习，同时提高她们的家务能力。

在南部和中部殖民地，人们对博物学的兴趣上升到前所未有的高度，但在 18 世纪，北部殖民地对其兴趣却在下降。在 17 世纪，皇家学会敦促小约翰·温斯洛普写一部新英格兰风土人情的完整历史，但到 17 世纪 70 年代，这个任务才首次由约翰·乔斯林（John Josselyn）承担，他是缅因区议员的儿子。在乔斯林之后，直到 18 世纪早期，当科顿·马瑟（Cotton Mather）把他的《美洲珍品》公布于世时，新英格兰的博物学才有了些许价值。这部作品集收录了 82 封写于 1712 年至 1724 年间的信件，涵盖了生物学、鸟类学、动物学、昆虫学、地质学、人类学、医学、天文学、气象学和数学等领域的许多主题。他提供了第一份关于植物杂交的记录，并描述了 1721 至 1722 年间在波士顿成功但有争议的天花接种试验，又提出了侵入人体的微生物引发疾病的理论。他描述了鸽子筑巢的习性，报告了印第安人的医疗实践，并描述了一种从响尾蛇胆囊中提取出来的药物。在 18 世纪 20 年代，保罗·达德利（Paul Dudley）也在波士顿写了关于鹿、蜜蜂及印第安玉米杂交的文章。他认为鲸鱼是龙涎香的来源。马瑟和达德利被选为英国皇家学会会员，但在新英格兰，很少有人遵循他们研究博物学的脚步。

虽然博物学是南方人首选的科学，但在整个殖民时期，天文学和实验自然哲学一直吸引着北方人的兴趣。

1638 年，殖民地的第一台印刷机在哈佛大学安装，并立即用于印刷新英格兰的年鉴。堪布里奇的印刷商利用近水楼台，委任哈佛刚毕业的学生（还有导师或研究员）来帮忙计算和编纂天文条目。作为回报，这些年轻的哈佛学者们可以用自己的原创诗歌和文章填满印刷物的留白。许多人选择传播新天文学的消息，并将科学辩论引入这片"荒芜之地"。热门话题包括哥白尼日心说和开普勒天文学、望远镜的发现、彗星和气象学。17 世纪末，《年鉴》开始在波士顿、费城和纽约发行。到 18 世纪末，《年鉴》在整个殖民地出版。虽然后来的《年鉴》普及了牛顿科学，但它们在占星术、讽刺文学、诙谐、政治和实用建议方面投入了更多篇幅。

小约翰·温斯洛普在 1672 年将他的 3.5 英尺的望远镜捐赠给了哈佛大学，因此哈佛大学的导师们除了撰写年鉴，还可以亲自动手进行相关观测研究。用这台仪器，托马斯·布拉特尔（Thomas Brattle）研究了 1680—1681 年彗星的运行轨迹，发现彗星绕太阳做了一个发夹式转弯。他把自己的观察结果发送给皇家天文学家约翰·弗兰斯蒂德（John Flamsteed），后者与艾萨克·牛顿（Isaac Newton）分享了这些观察结果。这颗彗星成为牛顿万有引力理论的一个重要检验案例，在 1687 年的《原理》中，牛顿引用了布拉特尔和马里兰亚瑟·斯托尔（Arthur Storer）的观察结果。1689 年，布拉特尔访问了格林尼治的弗兰斯蒂德，并继续与他通信，给他发送日食和月食的观测资料。在他去世后，英国皇家学会试图获得他的科学论文，但没有成功。

就像 1664 年的彗星一样，1680—1681 年和 1682 年的彗星在新英格兰引起了广泛关注。后来在 1685 年至 1701 年担任哈佛大学校长的著名清教徒牧师英克里斯·马瑟（Increase Mather）宣传并发表了关于彗星的文章，将最新的研究成果纳入了他的声明。在他看来，虽然彗星是自然天体，但它们仍然是"神怒"的迹象，预示并可能导致未来的灾难。他的儿子科顿·马瑟摒弃了父亲的陈旧观念，认为彗星不一定是灾难的预兆，但他认为彗星是变成了炽热地狱的行星。

与将天文学研究视为虔诚行为的马瑟家族相反，18 世纪的天文学家们用更世俗的目光观察天空。他们敬畏上帝的手艺，并留意他的力量，但不扫视天空以寻找未来审判的神圣公告。哈佛大学图书管理员兼导师托马斯·罗比（Thomas Robie）和约翰·温斯洛普（John Winthrop，1714—1779）的研究明显体现了这种知识重心的转移。温斯洛普是一位同名的康涅狄格殖民主总督的后裔，他是哈佛大学霍利斯学院数学与自然哲学第二任教授（1738—1779）。罗比在一所大学的建筑屋顶上搭建了一个临时天文台，从这个高处观察木星的卫星、日食和北极光，他用完全自然的术语来描述北极光。他为年鉴准备的文章在观点上也同样世俗。他是殖民地最重要的天文学家，对彗星一直很感兴趣，他在波士顿报纸上刊登观察结果，在 1759 年哈雷彗星回归之际发表公开演讲，并向英国皇家学会提供了一篇从彗星像差推断出彗星的质量和密度的论文。为了确定堪布里奇的经度，他进行了水星凌日的观测。他希望阐明太阳系的维度，并在 1761 年前往纽芬兰观察金星凌日。

1761 年和 1769 年的金星凌日引起了全世界的关注。与第一次不同的是，第二次金星凌日在整个殖民地都能看到。宾夕法尼亚的大卫·里滕豪斯（David

Rittenhouse）、威廉·史密斯（William Smith）和约翰·尤因（John Ewing），罗德岛的埃兹拉·斯泰尔斯（Ezra Stiles）和本杰明·韦斯特（Benjamin West），马萨诸塞的塞缪尔·威廉姆斯（Samuel Williams），特拉华的欧文·比德尔（Owen Biddle），新泽西的威廉·亚历山大（William Alexander）等人和温斯洛普一起观测了这次凌日现象。这些观测结果提高了美国天文学在国内外的声誉。

尽管在美国，人们对天文学有着极大的热情，但其他的自然科学也不乏爱好者。托马斯·罗比对一棵烧焦的橡树残骸进行了化学分析，卡德瓦拉德·科尔登（Cadwallader Colden）声称他发现了重力产生的原因。研究光学的是大卫·里滕豪斯和詹姆斯·洛根（James Logan），他们在植物授粉实验中也表现出色。本杰明·富兰克林（Benjamin Franklin）潜心研究电学。富兰克林提出了电学的单流体理论，将电荷分为正电荷和负电荷，绘制了电流从正到负的流动图，并提出闪电是带电的，他对电的研究产生了持久的影响，成了美国顶尖的殖民地科学家。

富兰克林发明的避雷针使电学研究与地震学研究联系起来。1755 年，一场地震将里斯本夷为平地，并波及了波士顿。地震发生后不久，托马斯·普林斯（Thomas Prince）牧师认为，这是避雷针将电引入地面造成的。温斯洛普极力反对，并率先指出了地震的波动特性。

温斯洛普和普林斯在报刊杂志上进行的辩论揭示了期刊在传播科学思想中的作用。巡回讲师们也推动了科学的普及，如艾萨克·格林伍德（Isaac Greenwood）、埃比尼泽·金纳斯利（Ebenezer Kinnersley）和阿奇博尔德·斯宾塞（Archibald Spencer），他们从波士顿到萨凡纳演示了 18 世纪中期的电学现象。科学基础的扩大依赖于殖民地社会的日益城市化和通讯的日益完善，后者因为有了更好的道路、可靠的邮政系统、更多的印刷机和期刊、可供人们集会的咖啡馆和客栈的激增以及可使用的图书馆和大学。

美国人非常重视高等教育，到 1780 年，已有 8 所大学积极教授科学。按课堂教学的时间顺序排列，它们是哈佛大学、耶鲁大学、威廉玛丽大学、普林斯顿大学、国王学院（后来的哥伦比亚大学）、费城学院（后来的宾夕法尼亚大学）、罗德岛大学（后来的布朗大学）和达特茅斯大学。1638 年，哈佛学生学习了自然哲学、植物学、天文学和数学。这些为考察、航海、测量、地理学、钟表学以及后来的牛顿哲学奠定了基础。值得一提的是，流体学（微积分学）首先出现在哈佛大学和耶鲁大学。植物学被放弃了，但在 18 世纪末，在拥有医学院的大学（即费城大学、国王学院和哈佛大学）中，植物学随着动物学和化学一起重新出现。

殖民教育最独创的特点不在于教授的学科，而在于使用的教学方法。1727 年，艾萨克·格林伍德带着伦敦讲师［如德萨古利埃斯（Jean Desaguliers）］的科学仪器和实验回到哈佛，各大学争相购买地球仪、日晷、气压计、温度计、显微镜、望远镜、象限仪、空气泵、电机和太阳系仪。在殖民时期末期，学生们把他们 20% 到 40% 的时间用在科学学习上。这些研究的目的既有实用性，也有哲学性。人们期望科学知识不仅能帮助学生成为有创造力的公民，还能教会他们上帝是如何明智地设计宇宙的。

在大学附近出现了小型的科学团体，他们的许多成员与皇家学会保持通信。他们认识到在离家更近的地方建立一个科学协会的好处，于是试图建立一些机构，促进当地科学家的追求，同时又能使他们接触到远处的志同道合者。17 世纪 80 年代，英克里斯·马瑟曾努力在波士顿创建一个哲学协会，1743 年，约翰·巴特拉姆和本杰明·富兰克林曾提议在费城建立一个协会，但这两个协会存在时间都不长。18 世纪 60 年代后期，建立美国哲学协会的计划又重新开始，1769 年，该协会与美国实用知识促进会联合起来，后者起源于 1750 年成立的一个非正式俱乐部。1780 年，美国艺术与科学学院在波士顿成立。在殖民时代的末期，有足够多的学者活跃于社团当中，人们普遍认为，这些社团不仅会为美国争光，而且还会鼓励对社会有用的科学活动。

为了从商业利益集团和地方政府那里获取支持科学活动的资金，殖民地学者广泛宣扬和利用科学的效用。然而，坦率地说，观察金星凌日或分类新植物的举动并没有什么商业价值。随着与英国的关系逐渐破裂，殖民者想要自给自足，他们鼓励研究以发展农业、航海业、原材料加工，生产可在国内使用或出口到国外的纺织品和商品。商业利益集团将他们的注意力转向港口的修缮以及道路、桥梁和河道的修建。在这种情况下，天文学家发现无法筹集资金建立一个永久性的天文台也就不足为奇了。公众怀疑，天文学在改善航海和商业方面所起的作用只是说得好听。一般来说，美国人热衷于支持自然科学，但前提是它像 18 世纪 80 年代的蒸汽船实验一样具有立竿见影的效用。

然而，"效用"是一个极富弹性的词，它可以包含很多东西。例如，殖民地的科学家们指出（并全心全意地相信）科学对宗教的作用从而获得了成功。美国清教徒认为自然世界和精神世界具有一致性。《自然之书》是一部分门别类的神圣记载，虔诚的信徒可以从中解读上帝的设计。正是由于这些原因，英克里斯和科顿·马瑟把科学研究看作是一种宗教虔诚的行为。贵格会教徒与清教徒有许多相同的价值观，包括以经验主义和理性的方式对待知识。科学研究被认为是一种有益健康的娱乐活动，应该予以鼓励从而改善生活的物质条件，促进虔诚心境的形成，并揭示上帝的计划。这些观点渗透并影响了马萨诸塞和宾夕法尼亚的科学研究，甚至可能在这些殖民地不再归清教徒和贵格教徒统治之后，仍推动着科学的加速发展。例如，马萨诸塞号称皇家学会在那里的殖民地会员多于任何其他大陆殖民地；至于组织方面，在美国实用知识促进会和美国哲学学会中，宾夕法尼亚的贵格会教徒及其密友的会员比例远大于全部人口中的比例。

1776 年，《独立宣言》首次在美国哲学学会为观测第二次金星凌日建造的简陋天文台上公开宣读。但实际上 1775 年 4 月 19 日战争的突然爆发对殖民地科学的发展造成了好坏参半的影响。消极的一面是，大学的研究被中断了。美国、英国和法国的军队在许多大学里驻扎，而且，像哈佛大学的约翰·温斯洛普这样的爱国教授把他们的注意力转向了军火工厂的检查和弹药的生产。保守党的教职员工辞去了他们的职位。托马斯·杰斐逊（Thomas Jefferson）和威廉玛丽学院的新校长詹姆斯·麦迪逊（James Madison）牧师认为这是一个加强科学课程的机会，但是当学院被改造成医院时，他们只能另做打算。学术团体的活动也被扰乱了，但这主要由英国占领的政治内讧造成的。

从积极的方面来看，战争把注意力聚焦在对美国工程师和制图师的需求上。这鼓励了军事科学项目，如大卫·布什内尔（David Bushnell）的潜艇项目。尽管忠于英国的殖民科学家移居到了国外，但他们与战争期间在美国土地上作战的法国、德国和英国科学家建立了新的联系。

事实上，科学与政治的关系非常多样化。一方面，科学成为一种外交工具。美国人将种子和奇珍异宝当作礼物送给了外国贵族，希望他们能成为美国强大的盟友，而且在战后，杰斐逊开始计划向法国国王提供一架太阳系仪，以感谢他的帮助。另一方面，人们为了让国际科学合作超越冲突做出了非凡的努力。1779 年，本杰明·富兰克林敦促美国的船长们为詹姆斯·库克（James Cook）船长的最后一次探险提供安全通道。哈佛大学和格林尼治天文台在战争期间共享天文观测数据，1780年，塞缪尔·威廉姆斯（Samuel Williams）教授被允许越过敌人的防线，目的是在缅因州的佩诺布斯科特湾观测日食。

总而言之，科学创造力因为政治动荡而减弱，而且可能还因为诸如英国皇家学会等海外机构财政支持的撤回而受到阻碍。由于战争，美国科学家不得不自力更生，但是他们相信科学将会提升这个新国家的财富、幸福和荣誉。

上述总结提出了历史学家们关心的主要问题：欧洲人的到来如何促进了新大陆的科学探究；殖民者重视哪些科学领域，以及在这些领域有哪些贡献；科学家是如何交流、聚集和组织他们的活动；数学从业者所扮演的角色；实用和哲学的追求如何交叉；是否存在地区差异；宗教如何影响科学探究；有哪些财政支持；科学研究是否因为与欧洲隔绝而受到阻碍；哪些学院提供科学教学；如何向公众传播知识；科学与国家是否相互影响；以及美国革命是如何影响科学活动的。这些问题都需要进一步分析。

殖民时期的历史编纂非常参差不齐。对博物学的研究多于对自然哲学的研究。很多作品都是传记性或叙述性的，而且漫无目标。本杰明·富兰克林、英克里斯和科顿·马瑟、约翰·班尼斯特、马克·卡特斯比、约翰·克莱顿、约翰·巴特拉姆和亚历山大·加登都是传记详细描述的对象，但其他一些人却只在期刊或传记词典中被简洁介绍。描述性材料只是在读者面前展示了从档案馆或历史机构的收藏品中挖掘出来的结果，展示多于叙述。

然而，许多书籍和文章试图调查一个或多个科学学科或团体的发展，一些作者试图在一个分析框架内描述他们的发现。这些作者一致认为，与欧洲的同代人相比，殖民地时期的美国人对科学的贡献是有限的，而且认为与世隔绝和设备不足是早期研究的真正障碍。一个中心问题是，是什么驱使着殖民者努力克服这些障碍？一些历史学家指出了英国皇家学会和个别外国科学家在促进美国科学发展方面的作用，而另一些人则强调了宗教信仰或经济需求的重要性。每一个原因本身都不能令人满意。对外宣传更能解释博物学家的收集活动，而不是天文学家为农民历书所做的贡献。宗教也许激励了一个马瑟或一个巴特拉姆，但宗教不是富兰克林或里滕豪斯背后的主要力量。殖民地经济依赖于海外贸易的原材料，这可能激发了人们对航海和自然资源的兴趣，但牛顿的自然哲学和林奈的自然历史中却很少有哪些方面能够真实地反映商业阶层的需求。但是，说每一种史学立场都是不充分的，并不是说它是无用的。对声望、启示和财富的追求，作为美国殖民地科研的促进因素，仍然值得思考。

殖民地科学研究的主要资料几乎没有得到发掘。这些资源包括殖民地学院、学术团体、博物馆和植物园的档案和收藏；殖民地期刊；宣传及游历著作；学者个人的通信和日记；仪器制造商的业务记录；以及留存至今的科学仪器。

参考文献

[1] Batschelet, Margaret W. *Early American Scientific and Technical Literature: An Annotated Bibliography of Books, Pamphlets,and Broadsides*. Metuchen, NJ: Scarecrow Press,1990.

[2] Bedini, Silvio A. *Thinkers and Tinkers: Early American Men of Science*. New York: Charles Scribner's Sons, 1975.

[3] Bell, Whitfield J., Jr. *Early American Science: Needs and Opportunities for Study*. Williamsburg, VA: Institute of Early American History and Culture, 1955.

[4] Clarke, Larry R. "The Quaker Background of William Bartram's View of Nature." *Journal of the History of Ideas* 46(1985): 435 – 448.

[5] Cohen, I. Bernard. *Some Early Tools of American Science: An Account of the Early Scientific Instruments and Mineralogical and Biological Collections in Harvard University*. Cambridge, MA: Harvard University Press, 1950.

[6] ——. *Science and the Founding Fathers: Science in the Political Thought of Thomas Jefferson, Benjamin Franklin,John Adams, and James Madison*. New York: W.W. Norton,1995.

[7] Davis, Richard Beale, "Science and Technology, Including Agriculture." In *Intellectual

Life in the Colonial South,1585–1763. Knoxville: University of Tennessee Press,1978, pp. 801‑1112.

[8] Hindle, Brooke. *The Pursuit of Science in Revolutionary America, 1735–1789*. Chapel Hill: The University of North Carolina Press, 1956.

[9] ——, ed. *Early American Science*. New York: Science History Publications, 1976.

[10] Hornberger, Theodore. *Scientific Thought in the American Colleges, 1638–1800*. Austin: University of Texas Press,1945.

[11] *Rittenhouse: Journal of the American Scientific Instrument Enterprise*.Schechner Genuth, Sara. "From Heaven's Alarm to Public Appeal: Comets and the Rise of Astronomy at Harvard."

[12] In *Science at Harvard University: Historical Perspectives,* edited by Clark A. Elliott and Margaret W. Rossiter. Bethlehem,PA: Lehigh University Press, 1992, pp. 28‑54.

[13] Stearns, Raymond Phineas. *Science in the British Colonies of America*. Urbana: University of Illinois Press, 1970.

[14] Struik, D.J. "The Influence of Mercantilism on Colonial Science in America." *Organon* 1（1964）: 157‑163.

[15] Wilson, Joan Hoff. "Dancing Dogs of the Colonial Period: Women Scientists." *Early American Literature* 7（1973）:225‑235.

萨拉·谢克纳（Sara Schechner）　撰，刘晓　译

独立战争与科学
Revolutionary War and Science

"战争对美国整个科学模式的破坏性影响，"布鲁克·欣德尔（Brooke Hindle）写道，"远比它所提供的些许有益影响严重得多"（Hindle，p. 247）。正如欣德尔所说，殖民地的科学是一种需要不断攫取养分的"脆弱植物"。战争危及了博物学圈子，这个圈子中曾包括殖民地的植物学家约翰·巴特拉姆（John Bartram）和英国赞助人彼得·科林森（Peter Collinson）。战争削弱了与爱丁堡大学的联系，而爱丁堡大学培养了许多掌控殖民地科学的医学人才。本杰明·富兰克林作为一位具有国际声望的美国科学家，在战争期间却投身于政治和外交。天文学家和太阳系仪设

计师戴维·里滕豪斯（David Rittenhouse）所履行的职责使他几乎没有时间从事科学研究。类似于1773年成立的弗吉尼亚实用知识促进协会（Virginia Society for Advancing Useful Knowledge）的一些年轻组织走向衰败。即使是更悠久、更强大的美国哲学学会也几近崩溃。

独立的美国人没有制定有效的科学政策。他们既无经验又无资金、动力或必要的条件以动员刚起步的科学界。然而，正如欣德尔很快指出的那样，从1775年到1783年，科学事业并未停步不前。英美关系可能被削弱了，但并没有被切断；法美关系则得到了加强。战争为工程带来了机会，比较著名的有沿哈德逊高地的防御工事和特拉华河防御系统。战争也激发了大卫·布什内尔（David Bushnell）失败却重要的潜艇和水下炸药试验。罗伯特·厄斯金（Robert Erskine）为大陆军开发了他的制图技能。1778年，乔治·华盛顿（George Washington）试图让他所有的士兵接种天花疫苗，这是公共卫生方面的里程碑，同年还出版了本杰明·拉什（Benjamin Rush）博士卓有成效的《士兵健康维护指南》（*Directions for Preserving the Health of Soldiers*，尽管算不上首创）。如果说弗吉尼亚的科学学会从未复兴，但美国哲学学会却复兴了，而且是在战争结束之前。1780年，波士顿市内及周边倾向于科学的团体成立了美国艺术与科学院。这些人致力于促进农业、制造业和商业的发展——功利主义或"培根主义"强调科学是推动人类进步的力量。在波士顿和费城，科学家研究自然，不只是为了理解它，而且希望更好地控制它。

大卫·拉姆齐（David Ramsay）博士是爱国演说家的代表。他在1778年7月4日的演说中，对科学在新国家中所扮演的角色充满热情。这些爱国演说家把西方文明的崛起与科学的进步联系起来；他们敦促听众，为了共和国的繁荣必须鼓励科学。科学技术与国家和平、权力和繁荣的公开联系，比战争爆发造成的中断或冲突期间的有限创新更为重要。独立革命的言辞有助于支持国家的最终成立。独立的美国人创立了科学协会并引入了《联邦专利法》；他们通过关税保护制造业，并寻求推动农业进步；一些人甚至希望建立一所以科学为核心课程的国立大学。如他们所追求的其他事物一样，他们的这个诉求没有实现。即便如此，通过将国家的伟大与促进科学探究结合起来，通过将经济独立（由科技变革维持）定义为真正政治独立的必要条件，他们勾画出了一条这个国家仍在努力遵循的道路。

参考文献

[1] Bell, Whitfield. "Science and Humanity in Philadelphia, 1775 - 1790." Ph.D. diss., University of Pennsylvania, 1947.

[2] Cohen, I. Bernard. "Science and the Revolution." *Technology Review* 47 (1945): 367 - 368, 374, 376, 378.

[3] Hindle, Brooke. *The Pursuit of Science in Revolutionary America, 1735–1790*. Chapel Hill: University of North Carolina Press, 1956.

[4] Struik, Dirk. *Yankee Science in the Making*. Rev. ed., 1962. Reprint. New York: Dover, 1991.

[5] York, Neil Longley. *Mechanical Metamorphosis: Technological Change in Revolutionary America*. Westport, CT: Greenwood, 1985.

内尔 L. 约克（Neil L. York），吴晓斌　译

1789—1865 年的美国科学
Science in the United States from 1789 to 1865

从乔治·华盛顿（George Washington）就职美国总统到内战结束时亚伯拉罕·林肯（Abraham Lincoln）去世的这几十年间，美国科学不再是欧洲科学，特别是英国科学的殖民附属机构，而逐渐发展成西方科学事业的独立合作伙伴，虽然还处于初级阶段。美国科学立足本土区域做到这一步，既没有欧洲大陆典型中央集权的官僚控制和赞助，也不像英国一样拥有大都会的中心影响力和贵族社团大量的私人赞助。一段时间之内，费城有美国哲学学会、宾夕法尼亚大学医学院、植物园和私人拥有的自然历史博物馆，看起来可能会发展成一个欧洲风格的首都城市，但随着 1800 年美国首都迁往华盛顿，这一发展势头便逐渐消失了。随着费城模式在波士顿、纽约、查尔斯顿、辛辛那提、列克星敦、圣路易斯和新奥尔良取得了不同程度的成功，科学也以这些城市为中心在各地发展起来，各州和联邦政府逐渐开始资助科学研究。

在缺乏坚实的政府或私人资助的情况下，倡导和开展科学研究的任务主要由从事实际工作的人承担，无论其专业与否。其中最杰出和人数最多的是医务人员，他们很多人都在爱丁堡、伦敦或是欧洲大陆，以及费城、纽约、波士顿或查尔斯顿学习过。在这些学校里，他们不仅学习了解剖学、生理学和治疗学，还学习了药物学、植物学、化学及其附属的矿物学和地质学、比较解剖学及其分支古生物学和体质人类学，从而获取了一系列知识和兴趣来发展自己的研究和教学专业。纽约的塞缪尔·莱瑟姆·米契尔（Samuel Latham Mitchill）涉猎了化学、博物学、矿物学、地质学、人类学和民族学，并出版了一本医学杂志《医学资料库》，在 1818 年本杰明·西利曼的《美国科学杂志》发行之前，它一直是一本综合性科学杂志。费城的本杰明·史密斯·巴顿（Benjamin Smith Barton）涉足了几乎同样广泛的研究领域，他将比较语言学加入了他的研究领域。纽约的阿奇博尔德·布鲁斯（Archibald Bruce）致力于研究矿物学，同样来自纽约的约翰·托里（John Torrey）致力于研究植物学、化学和矿物学，波士顿的约翰·柯林斯·沃伦（John Collins Warren）从比较解剖学的角度研究体质人类学和古生物学。

在学术型科学家中，仅次于医学教授的是本科科学课程的教授。数学和自然哲学（物理学和天文学）曾是传统大学课程中仅有的科学课程，但植物学、化学、矿物学、地质学和其他通常与医学院相关的课程开始逐渐向本科生开放，尤其是新英格兰的大学。耶鲁大学的本杰明·西利曼、鲍登大学的帕克·克利夫兰（Parker Cleaveland）、哈佛大学的本杰明·沃特豪斯（Benjamin Waterhouse）和亚伦·德克斯特（Aaron Dexter）都在各自学校率先垂范，还有西利曼的学生，大学毕业后无论去哪从事教学工作，都加以效仿。做研究和发表论文并不是这些教授正式职责的一部分，但他们成功做到了这两件事，而这些活动很快就成了他们获得高级学术任命的绝佳资质。

在神职人员中，也可以发现一些献身科学的人士。亨利·穆伦伯格（Henry Muhlenberg）、玛拿西·卡特勒（Manasseh Cutler）和刘易斯·D. 冯·施韦尼茨（Lewis D. von Schweinitz）都是能力很强的植物学家。南卡罗来纳州查尔斯顿的约翰·巴赫曼（John Bachman）是一位植物学家兼动物学家，他与约翰·詹姆斯·奥杜邦（John James Audubon）合作撰写了《北美洲的胎生四足动物》（1846—1854）。杰迪代亚·莫尔斯（Jedidiah Morse）是北美地理学的先驱，塞缪尔·斯坦霍普·史密斯（Samuel Stanhope Smith）是体质人类学的先驱。约翰·赫克威尔德（John Heckewelder）和戴维·泽斯贝格（David Zeisberger）为律师彼得·S.杜蓬索（Peter S. Duponceau）的印第安语言学研究提供了重要信息。

1830 年以后，政府开始资助设立科学职位。在此之前，堪称美国科学领军人物的花名册上，还有各式各样没有受过大学教育但在科学方面有突出天赋和兴趣的实干家。仪器制造商和测量师大卫·里滕豪斯因其在天文学和实验物理学方面的工作赢得了伦敦皇家学会的认同。纳撒尼尔·鲍迪奇（Nathaniel Bowditch）由海员转行成了商人，他通过翻译皮埃尔·西蒙·拉普拉斯（Pierre Simon Laplace）的《天体力学》及扩充注释，将欧洲大陆的数学天文学引入了美国。人像画家查尔斯·威尔逊·皮尔（Charles Willson Peale）建造了一座非常宝贵的自然历史博物馆。园艺家兼博物学家威廉·巴坦（William Bartam）则把他位于舒尔基尔河上的花园变成了托马斯·纳托尔（Thomas Nuttall）、亚历山大·威尔逊（Alexander Wilson）和托马斯·萨伊（Thomas Say）等博物学家的避风港。

拥有私人产业的绅士科学家，在英国家喻户晓的如查尔斯·莱伊尔（Charles Lyell）和查尔斯·达尔文（Charles Darwin），但在美国这类科学家人数很少，例如研究矿物学和地质学的罗德岛纽波特的乔治·吉布斯（George Gibbs）、巴尔的摩的小罗伯特·吉尔摩（Robert Gilmore）和缅因州不伦瑞克的本杰明·沃恩（Benjamin Vaughan），以及后来研究天文学的本杰明·阿普索普·古尔德（Benjamin Apthorp Gould）。但有一群杰出的欧洲移民博物学家，他们来到美国研究气候、土壤、动植物、地质学等。他们的研究产出了重要的科学成果，包括威廉·麦克卢尔的《美国地质观测、地质地图说明》（1809）、弗雷德里克·珀什（Frederick Pursh）的《美国植物志》（1814）、托马斯·纳塔尔（Thomas Nuttall）的《北美植物属》、亚历山大·威尔逊的《美国鸟类学》（1808—1814）和约翰·詹姆斯·奥杜邦的《美洲鸟类》（1827—1838）。

将这些不同的科学工作者聚集在一起以相互激励并发表其研究成果的任务，主要落在主要城市中心组织的社团上。费城率先建立了美国哲学学会，随后成立了自然科学院（1812）和宾夕法尼亚州富兰克林学会（1824）。波士顿也不甘落后，成立了美国艺术与科学学院、新英格兰林奈学会及其继任者波士顿博物学会。虽然纽约发展成为科学中心的步伐稍慢，但它成立了美国农业、艺术和制造业促进协会（1804 年重组为实用艺术促进协会并最终并入奥尔巴尼学会）、文学与哲学学会和博物学会。查尔斯顿有自己的图书馆协会以及文学和哲学协会，并在 19 世纪 50 年代建立了埃利奥特博物学协会。辛辛那提市有西部博物馆协会、列克星敦市有肯塔基学院、圣路易斯和新奥尔良有科学院。

在这些社团中，最有活力和高产的位于费城和波士顿。费城的三个社团相互强化，成员重叠，其中两个社团——自然科学院和富兰克林学会，在承担科学任务中与联邦政府机构建立了联系。在吸引科学论文的投稿和获得支持方面，费城和波士顿的学会，在某种程度上还有奥尔巴尼学会和自然历史学会，都超越了它们各自所在的城市。事实上，他们可以说是团结一致并延续了美国的科学事业，直至它们大多在南北战争之后形成全国性的组织。

托马斯·杰斐逊（Thomas Jefferson）对国会权力认识的局限性，导致多年来宪法限制了美国联邦政府对科学的支持。不过军队不受这些限制，出于政治和科学目的，杰弗逊本人说服国会批准了刘易斯和克拉克到太平洋的探险，开启了由军方领导的一系列长期的辉煌探险活动。其他探险队在平民博物学家的陪同下也紧随其后——他们到科罗拉多（Colorado），到红河（Red River）和密西西比河上游河谷（Upper Mississippi Valley），到落基山脉（Rocky Mountains）和加利福尼亚（California），到 1848 年从墨西哥那里获得的领土，又到以后将有横贯大陆的铁路穿越的地区。此外，海军还远赴太平洋群岛、智利、日本和北太平洋探险考察。与此同时，在塞万努斯·塞耶尔（Sylvanus Thayer）领导和如丹尼斯·哈特·马汉（Denis Hart Mahan）等杰出教师的引领下，西点美国陆军学院（United States Military Academy at West Point）仿效巴黎综合理工学校（École Polytechnique）开始转而通过科学训练工程师。无论在政府资助的探险考察中还是在私营企业修建运河和铁路的过程中，这些工程师的贡献都极为重要。

政治恩怨使约翰·昆西·亚当斯（John Quincy Adams）总统关于建立国家天文台的提议未能实施。不过美国海军上尉查尔斯·威尔克斯（Charles Wilkes）和詹姆斯·吉利斯（James Gilliss）在航图与仪器站（Depot of Charts and Instruments）秘密建起一个小型天文台，以支持 1838 年至 1842 年的美国探险远征。国会最终承认了这一既成事实，并授权它作为美国海军天文台（United States Naval Observatory）。该天文台在马修·方丹·莫里（Matthew Fontaine Maury）中校的领导下，致力于海洋学研究，同时继续开展天文观测，为 1849 年出版的《美国星历表和航海天文历》（*The American Ephemeris and Nautical Almanac*）奠定了基础。莫里曾于 1855 年出版了《海洋自然地理》（*The Physical Geography of the Sea*）。

与此同时，美国海岸测量局（United States Coast Survey）在杰斐逊总统任期内得到国会授权，1833 年在费迪南德·哈斯勒（Ferdinand Hassler）的得力领导下振兴，并在 1843 年亚历山大·达拉斯·贝奇（Alexander Dallas Bache）接替哈斯勒后进入快速发展时期。在巴切的领导下，测量局除了继续在不断延长的美国海岸线进行大地和水文测量工作外，还为地磁学、气象学、地形学、海洋学、天文学以及标准度量衡的发展提供了支持。哈佛大学数学家本杰明·皮尔斯（Benjamin Peirce）、地球物理学家威廉·费雷尔（William Ferrel）、天文学家本杰明·古尔德（Benjamin A. Gould）、玛丽亚·米歇尔（Maria Mitchell）、西尔斯·沃克（Sears Walker）、查尔斯·亨利·戴维斯（Charles Henry Davis）、约翰·朗克尔（John D. Runkle）都曾在海岸测量局工作过。

同一时期，随着 1846 年史密森学会（Smithsonian Institution）的成立，美国联邦政府对科学的支持又向前迈进了重要一步。詹姆斯·史密森（James Smithson）曾向美国政府遗赠 50 万美元，以期建立一个增进和传播知识的机构，经过美国国会多年的争论，史密森学会最终成立。学会第一任秘书长物理学家约瑟夫·亨利（Joseph Henry）决心使学会致力于科学研究以及国会指定的目的——作为一个图书馆、博物馆和艺术馆发挥作用。在亨利和精力充沛的助手斯宾塞·贝尔德（Spencer Baird）的领导下，史密森学会也成为一个自然标本的交换中心和研究成果出版中心，这些标本在美国政府的众多探险考察中收集，考察笔记由美国顶尖科学家为科学界撰写。《史密森学会系列研究报告》（*Smithsonian Contributions to Knowledge*）的首篇著作为 1848 年俄亥俄州考古学家以法莲·乔治·斯奎尔（Ephraim George Squier）和埃德温·戴维斯（Edwin H. Davis）出版的开拓性著作《密西西比河谷的土著纪念碑》（*The Aboriginal Monuments of The Mississippi Valley*），之后它又相继刊出诸多美国科学坚定支持者们的专著，包括阿萨·格雷（Asa Gray）、约瑟夫·莱迪（Joseph Leidy）、杰弗里斯·怀曼（Jeffries Wyman）、西尔斯·沃克（Sears Walker），路易·阿加西（Louis Agassiz），约翰·托里（John Torrey），沃尔科特·吉布斯（Wolcott Gibbs）等人的研究。《史密森科学杂刊》（*Smithsonian Miscellaneous Collections*）包括自然史、物理表、科学进展报告等各种内容。史密森学会的《年度报告》（Annual Report）不仅全面概述学会活动，还翻译国外重要的科学论文和演讲。亨利还与美国军医署、纽约州立大学的董事们（亨利在奥尔巴尼曾与他们共事）以及美国哲学学会和富兰克林学会的气象学家合作，组建起一个全国天气监测报告系统。

当美国联邦政府开始逐渐支持科学研究时，各州政府也行动起来，主要支持地质与博物学调查。1823 年，北卡罗来纳州率先向西利曼（Silliman）的学生丹尼森·奥姆斯特德（Denison Olmsted）提供了一笔小额资助。爱德华·希区柯克（Edward Hitchcock）1830 年进行了一次范围更广的马萨诸塞州考察，将经济地质学与“科学地质学”结合起来，但过于依赖亚伯拉罕·戈特洛布·维尔纳（Abraham Gottlob Werner）的岩层分类。从长远影响来看，更重要的一次自然调查是开始于 1836 年的纽约地质与博物学考察。这次调查成为詹姆斯·霍尔（James Hall）、埃比尼泽·埃蒙斯（Ebenezer Emmons）和埃本·霍斯福德（Eben Horsford）等地质学家的实训场，他们都曾在特洛伊的伦斯勒学院（Rensselaer School）师从阿莫斯·伊顿（Amos Eaton）学习地质学。参与此次调查的其他成员，如拉德纳·瓦努克森（Lardner Vanuxem）和蒂莫西·康拉德（Timothy Conrad），则已经在宾夕法尼亚和新泽西积累过经验。

由于对杰纳西谷（Genesee Valley）中寒武纪、志留纪和泥盆纪岩石的精彩展示以及首席古生物学家詹姆斯·霍尔著作的出版，此次纽约考察很快受到国际关注。查尔斯·莱伊尔和其他欧洲地质学家都来到位于奥尔巴尼的纽约州立博物馆，参观壮丽的岩石展览和珍贵的化石藏品，霍尔由此成为一名杰出的无脊椎古生物学家和关于造山运动地槽理论的支持者。霍尔、康拉德和瓦努克森的共同工作使得欧洲地质学家爱德华·德·维尔纳伊尔（Edouard de Verneuil）和比格斯比（J.J. Bigsby）将霍尔命名的纽约系统与欧洲的平行地层联系起来。与此同时，霍尔也正着手把奥尔巴尼打造成阿巴拉契亚山脉以外地区的地质信息交流中心。他为联邦政府勘察了苏必利尔湖地区（Lake Superior District），还与印第安纳州的大卫·戴尔·欧文（David Dale Owen）、内布拉斯加领地的菲尔丁·米克（Fielding B. Meek）和费迪南德·海登（Ferdinand B. Hayden）、艾奥瓦州的乔赛亚·惠特尼（Josiah Whitney）、威斯康星州的惠特尼（Whitney）等人以及威廉·洛根爵士（Sir William Logan）合作考察了加拿大的地质状况。

　　1836 年后进行的宾夕法尼亚考察仅次于纽约考察。拉德纳·瓦努克森、蒂莫西·康拉德、艾萨克·李（Isaac Lea）、塞缪尔·莫顿（Samuel G. Morton）和费城自然科学学院的其他成员在美国中部各州的调查以及亨利·达尔文·罗杰斯（Henry Darwin Rogers）在负责宾夕法尼亚考察前一年对新泽西的调查工作，都为这次考察奠定了基础。接下来的几年里，罗杰斯和他的哥哥、弗吉尼亚地质调查的负责人威廉·巴顿·罗杰斯（William Barton Rogers）研究了阿巴拉契亚山脉的构造，并提出一种地壳波状运动和切向运动相结合的理论解释阿巴拉契亚山脉的形成。这些成果于 1842 年提交给美国和英国科学促进会，美国地质史学家乔治·梅里尔（George P. Merrill）因此将亨利·达尔文·罗杰斯描述为"他那个时代最杰出的构造地质学家"（Merrill, p. 168）。

　　通过各州的地质调查，美国初步形成了一支专业地质学者队伍。1840 年，在爱德华·希区柯克和亨利·达尔文·罗杰斯的领导下，地质学者们组建了美国地质学家协会（American Association of Geologists）。1848 年，仿效英国科学促进会，（British Association for the Advancement of Science）该协会演变为美国科学促进会（American Association for the Advancement of Science）。

　　美国各大学通过其医学院、文理学院以及与当地科学协会的合作，在美国科学发展中同样发挥了重要作用。这一时期，除了威廉·格哈德（William Gerhard）区分出伤寒和斑疹伤寒的工作（1837）、奥利弗·温德尔·霍姆斯（Oliver Wendell Holmes）对产褥热的研究以及威廉·博蒙特（William Beaumont）对消化生理学的贡献（1833）之外，美国几乎没有什么纯粹的医学研究。不过医学工作者在其他科学领域却是活跃的研究者。宾夕法尼亚大学医学院在博物学、古生物学和体质人类学等各领域都取得了卓越成就。从卡斯帕·威斯塔博士（Dr. Caspar Wistar）与托马斯·杰斐逊合作研究巨爪地懒（megalonyx）和其他灭绝动物骨化石开始，一批解剖学教授——理查德·哈伦（Richard Harlan）、艾萨克·海斯（Isaac Hays）、塞缪尔·莫顿和约瑟夫·莱迪——通过费城自然科学院和美国哲学学会进行交流合作，使费城成为美国首屈一指的古脊椎动物学中心。但令莫顿闻名于世的则是他令人印象深刻的人类头骨收藏，其著作《美洲人的头骨》（*Crania Americana*，1839）对此进行了描述。在化学和自然哲学方面，罗伯特·黑尔（Robert Hare）本人尽管不是医生，却用自己发明的科学仪器——氢氧吹管、热动机（calorimotor）、爆燃器和电炉——训练了一批医学学生，包括后来的科学家约翰·德雷珀（John W. Draper）和奥利弗·沃尔科特（Oliver Wolcott）。此外，罗伯特·黑尔还在《美国科学杂志》（*American Journal of Science*）上发表过大量文章。

其他一些医学院也效仿宾夕法尼亚大学的做法。纽约大学的约翰·德雷珀对辐射能的光化学效应进行了重要研究，表明只有被吸收的光才能产生化学变化（格罗特斯－德雷珀定律），并且特定的化学效应与特定波长的光有关。他发现了光化感应并制造出测量光强的仪器，预示了测光学的发展。他还拍摄了包含红外波段的光谱以及一些白炽固体的光谱，显示出最大光度和最大热量的一致性。他将摄影术应用于科学，利用月球照片、摄谱仪、显微照片以及放大和倍增技术进行实验。

哈佛大学的约翰·柯林斯·沃伦博士（Dr. John Collins Warren）出版了美国第一本关于体质人类学的著作（1822），并发表了一篇关于乳齿象研究的文章，尽管他主要因实施第一例麻醉手术而闻名。他的同事杰弗里斯·怀曼（Jeffries Wyman）于1847年发表了第一篇科学描述大猩猩的论文。在南卡罗来纳，医学院教师的科学兴趣在《查尔斯顿医学杂志与评论》（*Charleston Medical Journal and Review*）以及如约翰·霍尔布鲁克（John E. Holbrook）的《北美两栖爬行动物学》（*North American Herpetology*，1842）等杰出的专题研究中找到了施展的机会。

在大学文理学院的科学研究和教学方面，新英格兰地区走在全美前列。在耶鲁，本杰明·西利曼（Benjamin Silliman）将化学、地质学和矿物学引入本科课程，培养出许多优秀学生，包括爱德华·希区柯克、阿莫斯·伊顿、查尔斯·谢泼德（Charles U. Shepard）、丹尼森·奥姆斯特德、乔治·鲍恩（George F. Bowen）和奥利弗·佩森·哈伯德（Oliver Payson Hubbard），他们到其他大学任教、进行地质调查和从事自己的研究。西利曼的学生詹姆斯·德怀特·达纳（James Dwight Dana）和西利曼的儿子小本杰明·西利曼最终接管了《美国科学杂志》（名称曾一度改为《美国科学与艺术杂志》）的编辑工作，并接替他在耶鲁学院担任的学科教授职位。西利曼还到美国各地举办化学和地质学公开讲座，从波士顿向南到纽约、巴尔的摩和莫比尔，向西到圣路易斯，无论他走到哪里都能激发出公众对科学讲座的兴趣，获得巨大成功。他还创立了美国地质学会（American Geological Society，1819—1828）。

19 世纪三四十年代，哈佛学院的理科系开始崭露头角，许多著名学者受聘于哈佛：数学和自然哲学有本杰明·皮尔斯、天文学有威廉·邦德（William Bond）、植物学和动物学 – 古生物学有阿萨·格雷和路易·阿加西。皮尔斯帮助纳撒尼尔·鲍迪奇（Nathaniel Bowditch）校对拉普拉斯《天体力学》（*Mécanique céleste*）英译本的评注，助其完成了这部不朽译著。他以 1855 年的《分析力学体系》（*System of Analytic Mechanics*）和 1870 年的开创性著作《线性结合代数》（*Linear Associative Algebra*）确立了自己在天体力学和数学领域的地位。威廉·邦德和儿子乔治·邦德（George Bond）通过波士顿商人和哈佛校友慷慨资助的教席和捐赠的一流折射望远镜，很快凭借关于星云、恒星和彗星［包括猎户座星云和 1858 年发现的多纳蒂大彗星（great comet of Donati）］的照片和画作，使哈佛大学天文台（Harvard College Observatory）成为国际重要的天文机构。乔治·邦德的回忆录为他赢得了英国皇家天文学会（Royal Astronomical Society）的金质奖章。通过哈佛大学天文台、坎布里奇天文学会（Cambridge Astronomical Society）、美国海军出版《美国星历表和航海天文历》的波士顿办事处、美国海岸测量局坎布里奇办事处和本杰明·阿普索普·古尔德（Benjamin Apthorp Gould）私人资助的《天文学杂志》（*Astronomical Journal*）之间的彼此合作，坎布里奇－波士顿地区成为当时最重要的天文研究中心。

与此同时，阿萨·格雷和路易·阿加西为博物学所做的工作堪比皮尔斯与邦德父子在数学和天文学上的成就。虽然在教学与公开讲座方面，格雷无法比肩阿加西令人印象深刻的才华，但他确实能够激励最优秀的学生，并一手将哈佛植物园打造成北美植物学中心，可以与约翰·托里建立的纽约植物园相媲美。通过他在南部和西部的通信网络，尤其依靠圣路易斯的乔治·恩格尔曼博士（Dr. George Engelmann）对植物探险者的支持，格雷获得了源源不断的植物标本，他利用这些标本与欧洲植物学家交流，并撰文发表在美国艺术与科学院（American Academy of Arts and Sciences）或波士顿博物学会（Boston Society of Natural History）的刊物上。从其1848年出版的《美国植物学手册》（*Manual of the Botany of the United States*）上就可看出他的植物学造诣，查尔斯·达尔文曾写信给他，请他帮忙比较各地植物，并在1857年向格雷透露他的革命性理论：基于自然选择的演化论。

与格雷不同，路易·阿加西是一名出色的教师和演讲者，对欧洲科学界的领袖十分了解，也能够赢得波士顿精英们的心并使他们心甘情愿提供资助。被聘为哈佛大学新成立的劳伦斯理学院（Lawrence Scientific School）动物学和地质学教授后，路易·阿加西在几年时间内便把他的标本塞满了包括工程礼堂（Engineering Hall）在内的学校大楼，还筹集资金建造了一座可与欧洲同类机构相媲美的比较动物学博物馆并招募馆员。阿加西还引入欧洲的研究标准；组建了全国范围的鱼类学爱好者联络网收集鱼类标本；与亚历山大·达拉斯·贝奇和美国科学界其他领袖一起推动创建美国国家科学院（National Academy of Sciences）；并为撰写一部多卷著作《美国博物学》（*Contributions to the Natural History of the United States*）作准备。该书第一卷有阿加西的重要理论宣言：1857年出版的《论分类》（*Essay on Classification*）。同年，查尔斯·达尔文向阿萨·格雷吐露了演化论思想，这些思想不久将推翻阿加西混合居维叶创造论（Cuvierian creationism）与德国自然哲学所形成的理论。虽然阿加西的学生们都很快放弃了他的理论，但他自己却仍顽固地捍卫其立场。

在新英格兰的其他地方，各个大学都尽力效仿耶鲁和哈佛的成功之处。本杰明·西利曼的学生们在阿默斯特学院、威廉姆斯学院、达特茅斯学院和布朗大学传播他的观点和研究方法。爱德华·希区柯克（为获神职在耶鲁学习，期间受西利曼指导）在马萨诸塞州的地质调查工作、对康涅狄格河谷河流阶地的研究以及他关于康涅狄格河谷神秘的"鸟类足迹"［后来英国古生物学家理查德·欧文（Richard Owen）确定为恐龙足迹］的开创性文章，使他受到国内外关注。在鲍登学院，帕克·克里夫兰（Parker Cleaveland）讲授化学、地质学和矿物学，并在其 1816 年和 1822 年出版的《矿物学与地质学概论》（*Elementary Treatise on Mineralogy and Geology*）一书中汇集了众多美国矿物学家提及的矿物产地，这本书可视为詹姆斯·德怀特·达纳 1837 年的《矿物学体系》（*system of Mineralogy*）的杰出先驱。

在全美各地，给予教职往往是支持有抱负科学家的最佳手段。在奥尔巴尼学院（Albany Academy）暑假的一个月里，约瑟夫·亨利独自一人留在一间教室进行研究，最终发现了电磁感应。几个月后，迈克尔·法拉第（Michael Faraday）做出了类似现象。这一伟大发现让亨利在 1832 年获得了普林斯顿学院的教职。在那里，他很快与亚历山大·达拉斯·贝奇以及美国哲学学会和富兰克林学会的其他费城科学家建立联系，并为他在普林斯顿所做的重要实验找到了发表途径。这些都为他发现自感应现象、变压器原理和莱顿瓶中波状放电在空间传播的现象［这一实验发现最终在开尔文勋爵（Lord Kelvin）、詹姆斯·克莱克·麦克斯韦（James Clerk Maxwell）和海因里希·赫兹（Heinrich Hertz）的工作中得到理论上的解释］以及发明无感绕组和电磁式继电器提供了条件。与此同时，亨利还能够与富兰克林学会的詹姆斯·埃斯皮（James Espy）和伊莱亚斯·罗密士（Elias Loomis）一起，继续他在奥尔巴尼开始的气象研究。

美国人在南北战争前做出过原创性的理论贡献。来自康涅狄格州米德尔顿自学成才的工程师威廉·雷德菲尔德（William C. Redfield）于 1831 年和 1833 年在《美国科学杂志》上发表了两篇论文，对飓风和其他气旋风暴作了理论阐释，认为它们围绕气旋中心逆时针旋转，并沿着盛行风向前进。1836 年和 1841 年，富兰克林学会的詹姆斯·埃斯皮在其《风暴哲学》（*Philosophy of Storms*）中提出一个不同的理论，即暴风从四面八方向低压中心运动，他还为风暴中心的空气向上运动以及随之而来的膨胀和冷却产生的降水提出一种热力学机制的解释。这两种竞争性理论产生了国际影响，英国科学家倾向于雷德菲尔德的理论，法国人更倾向于埃斯皮的理论。与此同时，相继在西储学院（Western Reserve College）、纽约大学和耶鲁学院任教的伊莱亚斯·罗密士开始收集数据以验证这两种理论。1843 年，在美国哲学学会宣读的一篇论文中，罗密士使用了一种方法，即在图中标出与平均大气压力偏离值相等地区的连线来表示气压数据，此方法很快成为气象学中图形说明的标准方法。之后，1856 年，威廉·费雷尔（一位自学成才的天才，他在密苏里州利伯蒂教书期间设法弄到了牛顿的《数学原理》和纳撒尼尔·鲍迪奇翻译的拉普拉斯《天体力学》两部著作）在威廉·鲍灵博士（Dr. William Bowling）的《纳什维尔内外科医学期刊》（*Nashville Journal of Medicine and Surgery*）上发表了《论海风和洋流》（*Essay on the Winds and Currents of the Ocean*）一文，纠正了马修·方丹·莫里在这一问题上的看法，并表明这些风和洋流因地球自转而发生偏转，从而调和了雷德菲尔德和埃斯皮的理论。1856 年，费雷尔被聘请加入《美国星历表和航海天文历》波士顿办事处工作，他在那里写出《相对于地球表面的流体和固体运动》（*The Motions of Fluids and Solids Relative to the Earth's Surface*，1859）一文，将自己的理论加以量化。这篇文章在一个世纪内一直是地球物理流体动力学的标杆，也为费雷尔赢得了美国国家科学院的创始院士资格。

通过亚历山大·达拉斯·贝奇和约瑟夫·亨利的积极努力，地球物理研究得到了美国海岸测量局和史密森学会的支持。贝奇本人对地球磁性的研究获得了国际认可。他的研究始于 1840 年费城的吉拉德学院天文台（Girard College Observatory），并在 1843 年至 1845 年间受美国战争部（War Department）资助；在美国海岸测量局支持下其研究又扩展到基韦斯特（Key West）；此外他还在《史密森学会系列研究报告》《美国科学促进会论文集》（Proceedings）和《美国科学杂志》发表了若干文章。英国皇家地理学会主席罗德里克·默奇森爵士（Sir Roderick Murchison）总体评价了美国海岸测量局在大地测量学、水文学、地磁学、海洋学方面取得的成就，他说："我仔细研究了这一问题并毫不讳言，尽管之前美国人在该领域不见经传，但现在他们已跃居第一。"（引自 Odgers, p. 152）

到 19 世纪 70 年代，美国科学几乎已经做好了与欧洲科学事业全面合作的准备。美国联邦和州政府日益认识到科学研究对农业、公共卫生和经济发展的重要性。科学家们自发组织起来并且越来越专业化。新成立的美国国家科学院提供了表彰科学成就、向政府提出专业化科学建议的途径。哈佛、耶鲁和宾夕法尼亚大学已经设置了研究生课程，虽然还不太完善。1861 年到 1862 年间麻省理工学院（Massachusetts Institute of Technology）的创立、伦斯勒学院发展为伦斯勒理工学院（Rensselaer Polytechnic Institute）以及 1862 年《莫里尔赠地学院法案》的通过（该法案规定了开办农业实验站以及讲授农业知识和机械技艺的赠地学院），这些事件都为加强科学与实用技能的联系指明了道路。美国人仍然依赖欧洲进行理论创新和科学领导——此时还没有一个美国科学家能与查尔斯·莱伊尔、查尔斯·达尔文、詹姆斯·克莱克·麦克斯韦或克劳德·伯纳德（Claude Bernard）相提并论，但美国在几个领域的贡献，尤其是天文学、地质学、博物学和地球物理科学，赢得了国际上的尊重。南北战争使科学发展暂停了几年，但随之而来的国家主义和工业主义的胜利释放出磅礴力量，不久将彻底改变美国的工业、教育和科学。

参考文献

[1] American Association for the Advancement of Science. *Proceedings* 1－3（1849）.

[2] Bruce, Robert V. *The Launching of Modern American Science 1846–1876*. New York: Knopf, 1987.

[3] Daniels, George H. *American Science in the Age of Jackson*. New York and London: Columbia University Press, 1968.

[4] ——. ed. *Nineteenth-Century American Science. A Reappraisal*. Evanston, IL: Northwestern University Press, 1972.

[5] Dupree, A. Hunter. *Science in the Federal Government. A History of Policies and Activities to 1940*. Cambridge, MA: Harvard University Press, 1957.

[6] Ewan, Joseph, ed. *A Short History of Botany in the United*.

［7］ *States*. New York and London: Hafner, 1969.

［8］ Goode, George Brown. *The Origins of Natural Science in America*. Edited by Sally Gregory Kohlstedt. Washington, DC: Smithsonian Institution Press, 1991.

［9］ Greene, John C. *American Science in the Age of Jefferson*. Ames: Iowa State University Press, 1984.

［10］ Kohlstedt, Sally Gregory. *The Formation of the American Scientific Community: The American Association for the Advancement of Science 1848–1860*. Urbana: University of Illinois Press, 1976.

［11］ Merrill, George P. *The First One Hundred Years of American Geology*. New York: Hafner, 1964.

［12］ Oleson, Alexandra, and Sanborn C. Brown, eds. *The Pursuit of Knowledge in the Early Republic. American Scientific and Learned Societies from Colonial Times to the Civil War*. Baltimore: Johns Hopkins University Press, 1976.

［13］ Reingold, Nathan, ed. *Science in America since 1820*. New York: Science History Publications, 1976.

［14］ ——. *Science in Nineteenth-Century America. A Documentary History*. New York: Hill and Wang, 1964.

［15］ Sinclair, Bruce. *Philadelphia's Philosopher Mechanics. A History of the Franklin Institute 1824–1865*. Baltimore: Johns Hopkins University Press, 1974.

［16］ Odgers, Merle M. *Alexander Dallas Bache: Scientist and Educator, 1806—1867*. Philadelphia: University of Pennsylvania Press, 1947.

约翰 C. 格林（John C. Greene） 撰，刘晓 译

美国内战与科学
Civil War and Science

在第二次世界大战和"冷战"期间，政府为发展科技投入了大量资金，这使得一些学者推测在美国内战期间也有类似的刺激措施。实际上当时一些科学家，尤其是化学家，以及许多公众都希望如此。但那个时期的大多数科学家担心的则是相反的情况，事实证明他们的预言更加准确。即便是化学也还没有成熟到能在战争中起多大作用，其他学科则更不用说。无论如何，和平看似近在眼前，却一直没盼来，

使得长期的研究和发展计划似乎毫无意义。军事技术也戴上了相同的枷锁，因为政府强调标准化和快速生产，这就使得私人制造商的加入成为必然。此外，在工业能力和技术方面，南方邦联缺乏基础，北部联邦也因此缺乏挑战。在内战的头两年里，亚伯拉罕·林肯总统曾亲自参与推动改革，但他的尝试因军队的军械主管詹姆斯·里普利（James W. Ripley）将军的阻挠而挫败。尽管南北战争以运用战前的创新成果而闻名，但战争中做出的创新却很少。

战争非但没有帮助美国的科学，反而造成了破坏。在战前科学最薄弱的南方，军事行动摧毁了相当大部分科学设施、书籍、手稿、收藏品和仪器。战线和封锁线切断了南方与外界科学发展的联系。许多南方大学要么被军队关闭，要么学生被军队征尽，而通货膨胀和经济崩溃也耗尽了捐赠的基金。较之以前，从战争硝烟中走出来的南方在科学方面更加落后于其他地区。

南方的情况已如此严重，但北方有过之而无不及，战争的刺激和破坏，让科学家、平民和那些被征召入伍的人员一样，精力被打断、减缓或转移了。尽管北方大学比南方大学遭受的损失小，但他们的许多学生服兵役后再也没有回到科学领域，而未来的学生则推迟了入学时间。通货膨胀使依靠固定工资的科学家们生活拮据，并迫使一些人从事非科学的工作。通货膨胀还影响了史密森学会等机构，而至少在1863—1865 年北方战争爆发之前，慈善事业向战争的转移削弱了对科学的支持。一些科技杂志和期刊停刊，政府的印刷需求挤占了科技图书的出版渠道。当时，美国重要的科学机构——美国科学促进会被解散，直到战后才恢复，而其他小协会则因许多成员加入了军队而被削弱或永久解散。

战争唯一的重大好处来自国会中顽固派南方议员及其煽动战争的狂热精神销声匿迹。1862 年，来自农场势力的投票压力，促成了《莫里尔赠地学院法案》的通过，该法案在随后几年里资助了科技院校卓有成效的发展；同时也通过了建立农业部的法案，农业部后来在18 世纪实施了一个项目，使农业科学取得了长足进步。1863 年，一部分科学家在参议院一位支持者的帮助下，于会议的最后一天通过了一项成立国家科学院的法案，与其他两项法案一样，从那以后该法案为美国的科学带来了丰厚的回报。

参考文献

[1] Bruce, Robert V. *The Launching of Modern American Science 1846–1876*. New York: Knopf, 1987.

[2] ——. *Lincoln and the Tools of War*. Urbana and Chicago: University of Illinois Press, 1989.

[3] Dupree, A. Hunter. *Science in the Federal Government: A History of Policies and Activities to 1940*. Cambridge, MA: Harvard University Press, 1957.

罗伯特·V. 布鲁斯（Robert V. Bruce） 撰，吴晓斌　译

第一次世界大战与美国科学
World War I and Science

对美国科学界来说，第一次世界大战延续了兴起于内战期间的一种趋势。第一，战争日益工业化和机械化。对于一个国家来说，参战意味着需要大量的经济投入。工业生产是战争进行的一个必要元素。第一次世界大战证明了这一趋势的不可否认性。第二，科学确实对战争有一定的影响。第一次世界大战经常被描述为"化学家的战争"，而心理学家和物理学家也为战争做出了"贡献"。但历史学家们一直在争论这些贡献是否产生了重大的影响。第三，战争影响了科学的一般实践。第一次世界大战的一个结果是合作研究的扩展。第四，或许也是最重要的，在美国于 1917 年真正加入冲突之前，就开始了对战争的组织，这导致了一些机构的建立，这些机构要么在战后延续下来，要么至少为后来永久性机构的建立提供了先例。国家研究委员会（1916）是前一种机构的代表，海军咨询委员会（Naval Consulting Board，1915）则是后者的代表。海军咨询委员会是一个主要由工程师和工业科学家组成的委员会，其任务是向海军提供外部技术建议。该机构对于"一战"相对不太重要。然而，它的确导致了海军研究实验室（Naval Research Laboratory）的建立。

有一种武器必然被视为第一次世界大战的科学产物，那就是毒气。1915 年 4 月，德国人首次使用毒气，5 个月后盟军也使用了毒气。毒气是"专业科学家集中组织研发的首批武器之一"（Slotten, pp. 476 - 477）。化学家们毫不犹豫地将他们的技

能应用到武器上，甚至争先恐后。这些科学家渴望证明科学研究如何支持军事行动。他们希望借此确立政治权力和文化权威。

同时，化学也是受战争影响最大的学科。历史学家认为，第一次世界大战加速了化学向工业化大科学转变的进程，也改变了研究的组织方式。第一次世界大战期间，美国为化学战率先提出了组织研究的项目研究法（规定研究项目，并将其分配给不同实验室的研究人员）。这种方法在战后被用来促进合作研究。

物理学家也为战争做出了贡献。比如，以科学在作战行动中的直接作用为例，物理学家研发了通过闪光和声音来定位敌方火炮的技术，这些技术被长久地运用到陆军炮兵中。

物理学家在"一战"中做出贡献的另一个领域是潜艇战。他们专注于通过监听装置探测潜艇。物理学家的支持者认为，他们的贡献应该得到更多的关注，因为在第一次世界大战中潜艇战终究是比化学战更重要。

令人意想不到的是，在战争期间起了重要作用的第三个学科是心理学。智力测试是在第一次世界大战期间引入美国军队的。但是心理学家们很快就与他们的反对者发生了冲突，反对者认为智力测试过于学术化且不切实际。智力测试在 1919 年被放弃。因为军队认为智力测试是对军官权威的一种威胁，而且在军人需求大大减少的和平时期也是不必要的。

第一次世界大战也标志着一个伟大科学理想的终结，即科学是一项超越国界、国家和政治的国际活动。战后科学界按之前的敌对阵营分裂了。乔治·埃勒里·海耳（George Ellery Hale）领导了建立国际研究委员会（International Research Council）的工作，并将同盟国，尤其是德国排除在国际科学之外。用一位历史学家的话来说，其结果是"科学领域的冷战"（Kevles, *Physicists*, p. 139）。

参考文献

[1] Dupree, A. Hunter. *Science in the Federal Government: A History of Policies and Activities.* 1957. Reprint, Baltimore: Johns Hopkins University Press, 1986.

[2] Jones, Daniel P. "Chemical Warfare Research during World War I: A Model of

Cooperative Research." In *Chemistry and Modern Society: Historical Essays in Honor of Aaron J. Ihde,* edited by John Parascandola and James C. Whorton. Washington, DC: American Chemical Society, 1983, pp. 165 – 185.

[3] Kevles, Daniel J. "Testing the Army's Intelligence: Psychologists and the Military in World War I." *Journal of American History* 55 (1968) : 565 – 581.

[4] ——. "Flash and Sound in the AEF: The History of aTechnical Service." *Military Affairs* 33 (1969) : 374 – 384.

[5] ——. "'Into Hostile Political Camps' : The Reorganization of International Science in World War I." *Isis* 62 (1971) : 47 – 60.

[6] ——. *The Physicists.* 1978. Reprint, New York: Random House, 1979.

[7] Rhees, David J. "The Chemists' Crusade: The Rise of an Industrial Science in Modern America, 1907 – 1922." Ph.D. diss., University of Pennsylvania, 1987.

[8] Roland, Alex. "Science and War." *Osiris,* 2d ser., 1 (1985) : 247 – 272.

[9] Slotten, Hugh R. "Humane Chemistry or Scientific Barbarism?American Responses to World War I Poison Gas,1915 – 1930." *Journal of American History* 77 (1990) :476 – 498.

[10] Van Keuren, David K. "Science, Progressivism, and Military Preparedness: The Case of the Naval Research Laboratory, 1915 – 1923." *Technology and Culture* 33 (1992) :710 – 736.

马克·罗滕伯格（Marc Rothenberg） 撰，刘晓 译

第二次世界大战与美国科学
World War II and Science

第二次世界大战促成了科学家中的一流管理者进入决策圈，并将较为活跃的研究人员置于政府的管理之下。其实第一次世界大战也是如此，但与"一战"不同的是，美国在"二战"中的经历导致了学术科学家和联邦政府之间的长期共生关系。造成这种差异的部分原因是美国在"二战"中的参战时间较长（这使得科学家们有时间将自己的见解转化为改变军事战略的实践），同时也与将科学家转向军事问题的高效安排有关。

在成为电气工程教授且担任麻省理工学院副校长 20 年后，范内瓦·布什

（Vannevar Bush）于 1939 年成为华盛顿卡内基研究所的所长，并于 1940 年 6 月说服罗斯福总统在白宫的应急管理办公室下建立一个国防研究委员会（National Defense Research Committee，NDRC）。这一举措使布什和他的合作者——麻省理工学院校长卡尔·康普顿（Karl Compton）、哈佛大学校长詹姆斯·科南特（James Conant）、贝尔电话实验室主任弗兰克·杰威特（Frank Jewett）和加州理工学院的理学院院长理查德·杜尔曼（Richard Tolman）——有权制定研究政策，而不受立法历史和制度传统的限制。基于他们自己的经验和联络，国防研究委员会的成员们很快决定按照自己提出的军事职能类别组织起来，而没有依循武装部队的任务或学术界的学科划分。他们决定与现有的研究机构签约进行研究，而非建立新的政府组织并为其提供人员。其结果是，从事研究的科学家在熟悉的学术环境中工作并为自己设定质量标准，但研究与军事技术相关的问题，并且同工程师建立平等的合作关系。

根据历史研究的当前观点，国防研究委员会支持的科学研究，最佳例证是麻省理工学院的辐射实验室，它是国防研究委员会最早的承包商之一，最终也成了其最大的承包商。在国防研究委员会最初的组织会议上，卡尔·康普顿负责了一个探测部门，该部门负责调查 10 厘米波长区域的电磁波使用情况，这超出了陆军或海军研究实验室的工作范围。他成立了一个"微波委员会"。该委员会的主席——金融家兼业余物理学家阿尔弗雷德·卢米斯（Alfred Loomis）一直以来就支持着麻省理工学院对微波产生和传播的研究。委员会的秘书——麻省理工学院电子工程师爱德华·鲍尔斯（Edward Bowles）一直指导着麻省理工学院的研究。1940 年秋，微波委员会获悉英国物理学家发明了强大的微波发生器，并建议国防研究委员会在麻省理工学院建立一个中心实验室以开发雷达组件和系统。康普顿邀集回旋加速器的发明者劳伦斯（E.O. Lawrence）去招募实验核物理学家加入麻省理工学院的研究队伍，以组成辐射实验室的核心人员。使用微波雷达从飞机上探测水面潜艇的早期成功所带来的迅猛发展，促使一些物理学家和工程师怀疑相互依存的竞争对手在单一机构管理下工作的行政合理性。然而，康普顿和国防研究委员会坚持其最初的构想，并抗住了要求将微波雷达的重大责任分配给更多具有更同质人员的机构的压力。

一旦实验物理学家接受了他们将主要与工程师一起研究雷达系统，其次与理论家一起研究微波特性这一事实，他们发现国防研究委员会的结构为他们提供了广泛的空间来施展他们的才能。有效微波雷达的核心问题——同步带电粒子的运动从而将电磁波放大到更高的频率上——与他们的实验专长（即同步应用电场从而将带电粒子加速到更高的速度）相反。他们能够专注于将这个问题（以及它对其他雷达组件的影响）作为对他们创造力的挑战，而不必担心为满足这个或那个军队的要求去建立一个特定的系统。初级军官的多次访问使科学家跟踪着雷达用户面临的战术的条件，国防研究委员会负责督促高级军官根据实验室的成果重新考虑军事战略。战争快结束时，麻省理工学院计划建立一个电子研究实验室，作为辐射实验室在大幅削减状态下的延续。而且在战后，辐射实验室中回到了原来机构和学术领域的科学家们，可以在许多科学领域使用他们久经磨炼的探测和产生电磁辐射的技能。

虽然辐射实验室是由国防研究委员会发起和指导的二战科学的最佳代表，但活跃研究人员的雄心以及来自政治方面的压力，促使国防研究委员会扩大研究范围或者给科学家创造其他途径来为战争做出贡献。科学家们直接为军方工作的最突出例子是"曼哈顿计划"（Manhattan Project）。一旦铀裂变的支持者们勾勒出制造原子弹的合理计划，范内瓦·布什就想让陆军的工程兵团（Corps of Engineers）来执行这个计划。军队利用前所未有的工业资源来实现科学家的愿望，同时也将军队的安全问题直接带入了科学家的实验室。科学家就工业政策问题咨询行政部门的机构，最重要的例子是詹姆斯·科南特和卡尔·康普顿参加了一个评估合成橡胶生产问题和前景的小组。尽管该小组有助于减少花言巧语，并为这个带有政治色彩的项目制定路线，但国防研究委员会仍避免从体制上插足产业政策和研究。最后，科学家基于他们活动的广度和深度推进了更广泛的行政部门的政治。最重要的例子是，布什在1942年愿意监督一个，医学研究委员会，该机构与国防研究委员会都隶属于新成立的科学研究与发展办公室（Office of Scientific Research and Development），由布什担任主任。增加的责任和总统任命为布什提供了官僚权力，当他觉得他们对科学资源的使用和可用性感到厌烦时，就会大谈军事战略和国际关系。

战争结束时，布什汇总了一份名为《科学——无尽的前沿》（*Science—The*

Endless Frontier）的报告，为立法建立国家研究基金会而辩护，该基金会将永久性地使学术科学家和联邦政府之间的关系制度化。然而，科学家在战争期间取得的各种成功以及战后党派政治的复兴使他的努力大打折扣。立法听证会对单一机构支持大学研究具有重要作用这件事未能达成共识，反而吸引了一群聒噪的科学家、公共行政人员和利益集团代表，他们对科学机构的目标和手段应是什么有着不同的观点。随着建立国家基金会的争论还在持续，其他政府机构重拾对战时研究项目的支持，而且杜鲁门总统任命了一个独立于任何科研项目管理部门的科学顾问。因此，政治僵局造就了临时的科学建议和多种政府源头支持外单位研究的传统。

第二次世界大战没有留下重要的制度遗产，但国防研究委员会将科学挑战从军事背景中抽象出来的做法确实持续了下来。在越南战争引发的政治骚动促使人们重新考虑军队活动的范围之前，军队一直是学术科学的自由赞助人，尤其是那些致力于改进既可以为军事目的服务，也可以为科学目的服务的实验或计算技术的物理科学家。科学家们很容易就能获得这类科研资金，这可能已经影响了科学研究的进程和方向，而影响的方式直到现在才变得清晰可见。

因为物理学家在制造原子弹和雷达方面的卓越成就，所以第二次世界大战被称为"物理学家的战争"。这些计划，尤其是原子弹计划和罗斯福政府内部的政策制定，自然而然地在历史上受到了海量的关注。本文显然也受制于这一条件。需要对更多由国防研究委员会、医学研究委员会和军队支持的其他战时研究项目（起源、组织和遗产）的案例进行研究，以资比较，从而形成比目前更为确切的概括。

参考文献

[1] Baxter, James P. *Scientists Against Time*. Boston: Little, Brown, 1946. Reprint, Cambridge, MA: MIT Press, 1968.

[2] Dupree, A. Hunter. "The Great Instauration of 1940: The Organization of Scientific Research for War." In *The Twentieth-Century Sciences*, edited by Gerald Holton.

[3] New York: Norton, 1970, pp. 443 - 467.

［4］Genuth, Joel. "Microwave Radar, the Atomic Bomb, and the Background to U.S. Research Priorities in World War II." *Science, Technology & Human Values* 13（1988）: 276‒289.

［5］Goldberg, Stanley. "Inventing a Climate of Opinion: Vannevar Bush and the Decision to Build the Bomb." *Isis* 83（1992）: 429‒452.

［6］Guerlac, Henry. *Radar in World War II*. New York: AmericanInstitute of Physics and Tomash Publishers, 1987.

［7］Hewlett, Richard G., and Oscar E. Anderson Jr. *The New World, 1939–1946*. Vol. 1 of *A History of the United States Atomic Energy Commission*. University Park: Pennsylvania State University Press, 1962.

［8］Hoddeson, Lillian. "Mission Change in the Large Laboratory: The Los Alamos Implosion Program, 1943‒1945." In *Big Science, The Growth of Large-Scale Research*, edited by Peter Galison and Bruce Hevly. Stanford, CA: Stanford University Press, 1992, pp. 265‒289.

［9］Kevles, Daniel J. *The Physicists: The History of a Scientific Community in Modern America*. New York: Knopf, 1978.

［10］Leslie, Stuart W., and Bruce Hevly. "Steeple Building at Stanford: Electrical Engineering, Physics, and Microwave Research." *Proceedings of the Institute of Electrical and Electronics Engineers* 73（1985）: 1169‒1180.

［11］Pursell, Carroll. "Science Agencies in World War II: The O.S.R.D. and Its Challengers." In *The Sciences in the American Context: New Perspectives*, edited by Nathan Reingold. Washington, DC: Smithsonian Institution Press, 1979, pp. 359‒378.

［12］Reingold, Nathan. "Vannevar Bush's New Deal for Research: Or the Triumph of the Old Order." *Historical Studies in the Physical and Biological Sciences* 17（1987）: 299‒344.

［13］Smyth, Henry D. *Atomic Energy for Military Purposes: The Official Report on the Development of the Atomic Bombunder the Auspices of the United States Government, 1940–1945*. Princeton: Princeton University Press, 1948.

［14］Stewart, Irwin. *Organizing Scientific Research for War*. Boston: Little, Brown, 1948. Reprint, New York: Arno, 1980.

［15］Wildes, Karl L., and Nilo A. Lindgren. *A Century of ElectricalEngineering and Computer Science at MIT*. Cambridge, MA: MIT Press, 1985.

乔尔·格努斯（Joel Genuth） 撰，刘晋国　译

1.2　专题综述

美国原住民及其与自然界的关系
Native Americans—Relations to Natural World

生活在美国的原住族群，经济状况仅能勉强糊口。他们的食物、衣物和住所都是依靠自身力量，就地取材。他们没有驯养动物以充当驮兽或主要的食物来源，只有狗在非常有限的范围内被用于这两种目的。在许多地区，半驯养的火鸡生活在印第安人村庄周围，以厨房的残羹剩饭为食。

美国原住民认为他们的环境体现了精神生命的力量。他们认为那些物理现象中存在某种生灵，以控制其周围的环境。他们的世界存在于像雷鸟这样的生灵中，雷鸟给平原和林地带来了风暴，而克奇纳神（Kachinas）以云的形式给西南部的普韦布洛人带来雨水。动物由神灵所控制。大平原上的猎人可能会通过某种仪式问询，与这种神灵建立一种特殊关系，神灵似乎会教授特殊的歌曲或做法。

宗教仪式支配着他们的狩猎和农业活动，也经常支配着仪式的时间安排。为确保食物供应，仪式活动与狩猎和耕作同样重要。人类必须举行仪式，祈求风调雨顺，或是祈求动物会出现在狩猎场上。

美国原住民也在系统观察的基础上对自然过程进行务实的理解。对于一些部落来说，仪式控制着夏至和冬至的季节转换，但它们的时间取决于观察太阳穿过地平线这一过程。西南部的霍皮·索亚尔仪式是冬至的标志，它通过对太阳上升点路径的系统观察而设定。纽约北部易洛魁人的冬至仪式，时间定在午夜昴星团经过他们的长屋之时，这对于确保新一轮种植的成功至关重要。在大角山，大约公元 1500 年，一群猎人用"药轮"①来标记季节周期，药轮的轮辐对准某些明亮恒星的二至点和偕日升，这些亮星具有预示作用。

---

① 药轮是用石头排列而成的轮状图案，内有多根辐条，有宗教和象征意义，遍布美国北部和加拿大南部。——编者注

他们控制自然的实际做法是有计划地焚烧草原和灌木丛，为动物提供更多新生植物，以保持它们的健康和多产。凭借灌溉和克奇纳神，格兰德河谷沿岸的普韦布洛人有了耕作的可能。他们系统地选择某些种类的植物作为种子，并有意识地浇水、除草和耕耘土壤，从而使植物得到驯育。

美国中西部驯育的第一批植物是野生向日葵、藜、沼泽草和南瓜，时间大概在公元前 4000—前 1000 年。约公元前 7000 年，墨西哥北部驯育了玉米和豆类，约公元前 4000 年，它们被引入美国西南部，在那里得到系统种植。

美国各地的原住民群体都留下了系统观察、记录季节性现象，以及具有控制其环境能力的证据。由于他们没有留下书面记录，这些证据现在正由人类学家、生物学家和天文学家进行解释，这些人试图复原他们的知识系统。美国原住民与环境的关系取决于有意识地与环境互动并掌控那些环境的想法，人类学家研究了他们的仪式在当代社会中的持续性。

美国原住民已经成为美国科学史的一部分，成为人类学家、考古学家和生物学家的研究对象。他们自身知识体系的复杂性现在才刚刚得到探索。

参考文献

［1］Hallowell, A.I. "Some Empirical Aspects of Northern Saulteaux Religion." *American Anthropologist,* n.s., 36（1934）, 359 - 384.

［2］Hurt, R. Douglas. *Indian Agriculture in America: Prehistory to the Present.* Lawrence: University Press of Kansas, 1987.

［3］McCluskey, Stephen C. "Historical Archaeoastronomy: The Hopi Example," in *Archaeoastronomy in the New World: American Primitive Astronomy,* edited by A.F.Aveni. Cambridge, U.K.: Cambridge University Press, 1982, pp. 31 - 57.

克拉拉·苏·基德韦尔（Clara Sue Kidwell） 撰，康丽婷 译

科学的专业化与科学职业

Professionalization and Careers in Science

科学的专业化，是指科学实践成为一种公认和社会许可的职业团体活动、且很

大程度上享有内部自治的历史过程。专业（professions）的特性和意义一直是社会学家和历史学家感兴趣的话题，许多职业类别之间存在相似之处，可以进行比较（见 Hatch 等）。教育和就业是专业历史发展的两个重要方面，即在不同阶段的具体教育工作达到何种程度，以及是否有相关的工作职位。政府部门、法学和医学都是典型的专业化领域，因此历史性地以面向服务对象为导向，这是专业的传统定义的一部分。然而，要在专业化的整体背景下理解科学，还需要考虑另一个定位。另一个定位指的是这门学科本身和方法论，以及必要的知识、行为准则和判断标准。科学专业化的历史进程有两条主线。一是教育和就业机会的发展，给予科学家支持并使之区别于其他群体。第二条主线与此相交织，科学家提出了评判和监测自身活动的方法，同时划定了界限，保护科学家群体及其知识结论不受外部非专业群体的干扰。

在殖民时期，受过教育的人普遍会积极参与对自然世界的探索，也拥有一定关于宇宙的知识。自然哲学——物理学和天文学——是大学课程中必不可少的内容。神职人员、医生、政治人物，如本杰明·富兰克林（Benjamin Franklin）和托马斯·杰斐逊（Thomas Jefferson），这个有学问的绅士阶层，已经将自然知识研究水平作为其社会阶层和智力水平体现的一部分——尽管他们醉翁之意不在酒。但即便是在殖民时期，已经有人将生命中的大部分时间奉献给了科学。约翰·巴特拉姆（John Bartram），从他的经济基础来看是宾夕法尼亚州的一位农民，但他探索了殖民地荒野，对于大西洋彼岸的植物学家来说他是一位博物学者，是收藏家的典范。约翰·温斯洛普（John Winthrop）则作为哈佛大学数学和自然哲学教授，度过了他的整个成年职业生涯。

19 世纪上半叶，科学的支撑体系（包括科学社团、学术期刊、学院和大学的规划）加速发展，可识别的、有自觉意识的科学从业者也大量出现。然而，在这一形成时期，仍然有许多方法可以让一个人在没有科学职位的情况下参与科学工作。例如，当地的博物学以及其他学会激发了人们对科学的兴趣，向这些机构提交论文则有机会发表在他们的会刊上。南北战争前，博物学研究是美国科学中非常重要的一部分，人们可以在已有谋生职业的同时，凭借个人努力与贡献，通过收集重要资源而成为某一领域（或子领域）的行家。在这种背景下，重要的是当时科学的本质，或某一门特定科学的本质。例如，随着植物和动物分类变得越来越复杂，研究资源越来越稀缺，生物科学愈发以实验室、实验方法为基础，个人仅凭热情就难以应付了。

就业机会的早期发展和其他专业化迹象在许多方面都有特殊性。就业模式反映了南北战争前到 19 世纪末科学的复杂特征。除了那些不专门从事科学工作的人之外，许多科学贡献者都接受过医学训练，而那些执业医生则会在业余时间从事科学工作。随着大学对科学的需求增多，科学教育和就业机会的发展也反映在了大学中。科学就业方向还包括药剂师、分析化学家，植物学、动物学以及地质学领域的探险家和采集员，博物馆馆长和天文台台长、园艺师、学校教师、艺术家、仪器制造者和发明家。有的人还能在政府科学部门（无论是州政府还是联邦政府都有机会）中谋得一职，包括美国陆军的自然历史和地质调查局，工程项目，以及地形和其他测绘项目，还有美国海岸测量局的工作。农业发展以及工业化开端也都提供了就业机会。

从 19 世纪初开始，发表文章——尤其是在科学期刊上发表文章——对于界定科学家身份而言即便不是必需要素，也是一个重要条件。最初，相当一部分科学文献是由非科学专业人士撰写的，但在南北战争时期，这种情况逐渐发生改变。同职业化的其他方面一样，出版性质的变化既反映了共同的、有计划的发展，也能体现在个人、个别的行动之中。1818 年《美国科学杂志》（*American Journal of Science*）创刊和 30 年后美国科学促进会的成立等科学领域的制度性事件产生了两大影响。一方面为科学提供了国家级论坛，而另一方面，向科学领导层提供了控制人员进入和实施科学评价标准的方法。

19 世纪的科学听众和读者、科学实干家和上文提到的研究文本的作者之间隐含的网络勾勒出了兴趣爱好者和参与者的分层。莱因戈尔德提出了一个三分层次结构：第一层称之为培育者，这些人支持并在一定程度上参与了科学方面学术文化的建设；第二层是在某种程度上以科学谋生的从业者；最后一层是成为科学界领袖的研究人员。在 19 世纪这段重要的过渡时期，莱因戈尔德的周密分析和分类有助于将简单的业余、专业二分法转变为更为复杂的身份与职责的混合体。

南北战争结束后，研究生教育的发展以及研究作为大学合法职能的理念，使制度化的高等教育成为美国科学的核心地带。它的带动作用体现在两个方面。首先，它增加了全职科学工作的机会（并将教授职位置于科学职业结构的中心）。与其他学术领域一样，获得博士学位是进入科学事业的首要手段。因此，在 20 世纪早期，获得博士学位并在学会或大学工作是"专业"科学家的主要特征。无论一位科学家是不是教授，都要经过大学期间的训练，因此这个人会获得学术上的认可（即获得学位）。

20 世纪早期，如果不分析作为教授的专业科学家以外的群体，那将会造成对问题的片面理解。学术型科学家占据着 20 世纪美国科学的中心地位，这得益于大学发展成为"纯"研究的中心，而且趋势是把这种"纯"研究置于科学和专业价值的顶端。然而，如果考虑到更广泛的科学参与者，情况就会大不相同。莱因戈尔德对南北战争前的"从业者"的描述表明，即使在那个时代，一个人也可以仅在职业上致力于科学，而不一定对知识的发展做出贡献。20 世纪，大量科学家已经就职于工业界、实验室或其他由政府支持的机构和项目组，他们的大部分工作都不是传统意义上的研究；相反，他们是在实用方向上努力，基于既有知识开发产品，或是对产品和设备进行常规测试。

描述科学群体的一个系统性困难是要定义"什么是科学"。这一话题既涉及智力方面，也关乎社会领域。在 19 世纪专业化发展的过程中，大部分注意力都集中在科学作为知识上，部分原因是有效的科学应用还没有发展起来。19 世纪初，科学团体的边缘人群的特点是见多识广、兴趣浓厚，但没有接受过专业教育，也没有从事科学工作，而是通过科学协会和出版物参与到科学之中（有的也以读者身份为科学事业做出贡献）。进入 20 世纪，随着科学在工业界和政府部门的应用不断发展，对许多层次的科学教育者有了更广泛的需求，另外还需要有见地的管理者来应对科学组织的复杂性等，已经创造出了一种科学知识与科学活动相结合的科学结构。其结果是，不同教育水平的人在就业机会上的差异显著扩大。即使对于拥有博士学位的人来说，"研究"的定义也变得不同了（尤其在就业方面）。流动性和个人的多重角色（如教授、工业界顾问和政府顾问）往往会模糊固有形象，使情况更加复杂。尽管拥有博士学位的科学家通过发表论文、著作来推进基础知识的发展，仍然充当专业上的楷模，但围绕着职业理想的核心，其背后是一项伟大的科学事业。

很明显，对科学专业化和职业的研究涉及机构、制度和社会的许多其他方面以及科学的认知领域。无论是在特定的时间范围内，还是在整个美国历史长河中，科学家的定义都是一个仍在不断研究和争论的问题。研究"科学家"的核心，是要理解科学家是如何与众多其他参与科学并为科学做出贡献的人联系在一起的，这是一个长期存在的问题。研究核心科学家之外的广大群体是一项不可或缺的工作，这既能更好地理解核心的专业科学家，也能让我们更清楚地看到科学兴趣和活动是如何遍及美国社会的。

参阅文献

［1］Barrow, Mark V. *A Passion for Birds: American Ornithology after Audubon*. Princeton, NJ: Princeton University Press, 1998.

［2］Daniels, George H. "The Process of Professionalization in American Science: The Emergent Period, 1820 - 1860." *Isis* 58 (1967): 151 - 166.

［3］Elliott, Clark A. "Models of the American Scientist: A Look at Collective Biography." *Isis* 73 (1982): 77 - 93.

［4］Goldstein, Daniel. "'Yours for Science': The Smithsonian Institution's Correspondents and the Shape of Scientific Community in 19th-Century America." *Isis* 85 (1994): 573 - 599.

［5］Hatch, Nathan O., ed. *The Professions in American History*. Notre Dame, IN: University of Notre Dame Press, 1988.

［6］Hirsch, Walter. *Scientists in American Society*. New York: Random House, 1968.

［7］Keeney, Elizabeth. *The Botanizers: Amateur Scientists in Nineteenth-Century America*. Chapel Hill: University of North Carolina Press, 1992.

［8］Lankford, John. *American Astronomy: Community, Careers, and Power, 1859–1940*. Chicago: University of Chicago Press, 1997.

［9］Reingold, Nathan. "Definitions and Speculations: The Professionalization of Science in America in the Nineteenth Century." In *The Pursuit of Knowledge in the Early American Republic: American Scientific and Learned Societies from Colonial Times to the Civil War*, edited by Alexandra Oleson and S.B. Brown. Baltimore: Johns Hopkins University Press, 1976, pp. 33 – 69.

克拉克·A. 艾略特（Clark A. Elliot） 撰，郭晓雯　译

科学普及

Popularization of Science

　　欧洲人在美洲的探索发现以及随后定居，激起了人们对这片土地上自然万物的浓厚兴趣。当地的动植物、地质和气象，可能直接攸关探访者和定居者的存亡和兴衰，因而他们极为关注。欧洲的博物学家最先产生这种兴趣，随后是本土科学家，他们为那些有意愿从事采集和观察活动的人提供必要的工具和物资，有时还给报酬，而不考虑这些观察 – 收集者是否受过正规教育，从事何种职业，甚至经常忽略性别。因此从一开始，科学就是属于美国民众的一项活动。

　　关于美国科学的交流，最早出现于北美和欧洲这些人士之间的通信，之后才是北美人士之间的通信。这些美国和欧洲的博物学家形成一个群体，被称为博物学圈，主导着 18 世纪的美国科学。他们和其他人的观察结果通过专著，更常见的是通过历书、报纸上的科学文章以及公开演讲，向公众传播，所有这些形式都既涉及科学问题，也包含其他话题。举例来说，日心天文学就是通过历书介绍给美国公众的，年历通常都会包含天文学和其他大众感兴趣的科学和医学内容。

　　独立战争重创了美国科学，也打断了科学的普及，人们要让这个新兴国家拥有良好开端，相比之下科学普及远非优先考虑的事。英国人对科学的支持，曾经发挥极为关键的作用，也基本消失了。南北战争之前，科学再次成为公众感兴趣的话题。人们认为科学有潜在效用，是符合国家利益的。这种情绪还意味着许多人认为科学在他们自己的生活中也有潜在的用途。美国人大体上都是自然神学的坚定信徒，他们把科学视为通过研究自然世界来理解上帝大作的工具。这两股力量——关注科学对个人和国家可能具有的效用，以及对自然神学的信仰——促进了公众对科学的广泛兴趣，也决定了美国科学的优先领域。像博物学等田野领域比理论方面得到了更

多的支持。

杰克逊主义对教育的热情，有助于这次科学复兴的扩散。从小学到大学的入学人数都有所增加，科学知识走进课堂。小学阶段，启蒙读本通常会包含科学和自然神学方面的知识。中学阶段的男女生课程也都将科学内容囊括进来。越来越多的大学开设自然史、自然哲学以及自然神学课程。一些不太正式的公开演讲也流行起来，学园运动（始于 19 世纪 20 年代的一场公共教育运动——译者注）则将科学讲座推向各个社区。科学讲座是颇受欢迎的讲座之一，在像波士顿这样的城市能吸引多达 2000 名听众。科学出版物也成为畅销书，凭借一本野外指南和教科书，让任何识字的美国人只要花费一点空闲时间就可以成为博物学家。有些人喜欢阅读他人对自然世界的观察，那可从来不缺少阅读材料，因为有像杰斐逊、爱默生和梭罗这样的作家，以及更近的斯蒂芬·杰伊·古尔德（Stephen Jay Gould）和安妮·迪拉德（Annie Dillard），他们的作品被广泛出版、易于购买。

美国创办了几种专门的科学期刊，还有许多其他杂志也刊载部分科学内容。本杰明·西利曼（Benjamin Silliman）于 1818 年创办的《美国科学杂志》（*American Journal of Science*）让业余爱好者和专业人士都能及时了解到科学以及科学界的最新资讯。一位威斯康星州的投机地产商后来成了一位博物学家，他对杂志订阅一事非常在意，以至于他的传记作者把订阅杂志的周期性中断作为反映他经济困难时期的一个指标。《美国博物学家》（*American Naturalist*）、《科学美国人》（*Scientific American*）和《大众科学月刊》（*Popular Science Monthly*）也都伴随着这个世纪的科普发展而纷纷涌现。科学内容在综合性期刊如《北美评论》（*North American Review*）、女性杂志如《格迪女士图书》（*Godey's Lady's Book*）、面向青少年的期刊如《青年之友》（*Youth's Companion*）以及农业杂志如《乡村绅士》（*Country Gentleman*）中也占有了一席之地。

对科学有共同兴趣的美国人很自然地形成团体来分享知识、经验、设备、藏书室，以及从事科学活动的乐趣。虽然其中一些团体是根据专业知识遴选成员，但多数团体都向所有爱好者敞开大门。地方性科学团体，如 1878 年由一群女性爱好者创立的雪城植物俱乐部（Syracuse Botanical Club），发现集中资源可以提高她们的科学经验，而伙伴关系可以提高社交能力。其他团体，如托里植物俱乐部（Torrey Botanical Club），对普通爱好者和专业人士都兼容并包，但由专家担任领导者。随着科学在美国的专业化程度加深，专家减少了对业余团体的支持。在俱乐部和社团中出现了只允许专业人士参加的学会，而包含爱好者的团体中专家的参与降低了。当然，即使在今天这一趋势也有例外，主要出现在鸟类学和观测天文学领域。

近几十年来，电子媒体——首先是广播，然后是电视，现在是各式各样的信息高速公路——已经改变了人们了解科学的方式。从电视诞生之初，娱乐和教育就已在《奇才先生》（*Mr. Wizard*）、《国家地理》（*National Geographic*）、《新星》（*Nova*）等许多节目中融为一体。近年来，随着越来越多的美国人上网，电脑的布告栏、讨论组和交互式程序加快了人们了解新发现的速度，也将"寓教于乐"提升到一个新高度。

参考文献

［1］Bode, Carl. *The American Lyceum: Town Meeting of the Mind*. New York: Oxford University Press, 1956.

［2］Burnham, John C. *How Superstition Won and Science Lost: Popularizing Science and Health in the United States*. New Brunswick: Rutgers University Press, 1987.

［3］Hindle, Brook. *Early American Science*. New York: Science History Publications, 1976.

［4］Keeney, Elizabeth B. *The Botanizers: Amateur Scientists in Nineteenth-Century America*. Chapel Hill: University of North Carolina Press, 1992.

［5］Reingold, Nathan, ed. *Science in America Since 1820*. New York: Science History Publications, 1976.

伊丽莎白·基尼（Elizabeth Keeney） 撰，郭晓雯 译

度量制
Measurement

约翰·昆西·亚当斯（John Quincy Adams）将度量衡定义为"人类用来比较事物数量和比例的工具"（Adams, p. 6）。北美洲的原住民部落已经将测量系统融入他们的物质文化中。1584年，搭载着第一批英国殖民者前往罗诺克的船只，通过经纬度坐标导航，大体上为整个新大陆和海洋提供了定位网格。伴随首次殖民而来到北美洲的数学家托马斯·哈洛（Thomas Harlot），用英国惯用的度量单位——竿（rod）来描述当地居民的田地大小，从而为美国大陆留下了至今仍在使用的长度度量单位。

到美国独立战争前夕，所有殖民地都制定了大量的成文法来界定和规范测量系统的使用。从英格兰派来的海关专员采用的是英国商业体系通用的标准和单位，而不是英格兰或苏格兰的地方惯用单位。因此，殖民地的测量系统不像欧洲国家那样五花八门。1761和1769年，为了测量地球到太阳的距离，科学家们在全世界范围内开展了金星凌日观测，对于像戴维·里滕豪斯（David Rittenhouse）这样的北美人来说，全球观测为他们制造符合当时最高标准的仪器和安排合作提供了经验。

伴随1783年和平的到来，西部土地的测量成为紧迫的国家问题。托马斯·杰斐逊建议以地理学上的英里为基准绘制直线网格，结合与英里有十进制关系的其他单位，且可以使用它们的惯用名称。联邦议会的一个委员会保留了该建议的大致框架，但以英国法定英里取而代之。这一选择使一平方英里（mile）的土地面积，即美式英语中的平方英里（section），正好为640英亩，同时保持了划分一英里的各种长度单位比例一致。1785年颁布的《土地法令》确定了俄亥俄州以西大部分地区的土地网格。

宪法赋予国会确定度量衡标准的权力，但各州累积的州立法也被保留了下来。国务卿约翰·昆西·亚当斯在1821年《关于度量衡的报告》（*Report upon Weights and Measures*）中依据历史原则考察了有关度量衡政策的全部问题。他仔细研究了法国公制体系，这一体系当时在法国实行的效果欠佳，但他得出的结论是，如果根据现有单位授权制定整套的新标准，并分派给各州和海关予以实行，将最能保持美国公制的统一性。1831年，专门执行此项任务的部门成立，19世纪余下的时间里该部门一直由美国海岸测量局管理。

随着1863年美国国家科学院的成立，科学界开始对度量衡的改革产生积极的兴趣。1866 年，国会通过了一项法律，正式将公制合法化，哥伦比亚大学校长巴纳德（F. A. P. Barnard）成为法国公制体系的主要支持者。1875 年，他组织美国参加了一场国际会议，促成了《米制公约》的达成。他还意识到，期刊编辑和科学学会发挥了作用，到 19 世纪 80 年代时大多数美国化学家和物理学家已经在广泛使用公制。不过他认为，一个民主国家不应该把转换全国度量衡用语的决定由上而下强加给人民，于是他领导的组织转向致力于教育运动。此后，基于已经使用的单位，美国计量系统的演变仍在继续。

19 世纪 90 年代，工业的快速发展和对电力等新领域度量标准的需求迫使联邦政府采取相应行动。1900 年国家标准局成立，它从被动地监管长度和质量标准，转向主动比较科学、工程、制造、商业和教育中使用的标准。该局承担了确定物理常数和材料属性的工作。它还有权解决与标准有关的问题，这一任务广泛涉及许多学科的研究。

在国家标准局的指导下，各类标准适应了美国物质生活的主流，直到电子、核和计算机时代也一直如此。例如，"二战"后该局的科学家在开发原子钟方面发挥了重要作用。

转向公制是每个时代都要考虑的一个选择。在 20 世纪，这一变革的主要倡导者来自科学界。在英国和加拿大完成这一转换后，相关提案在 1975 年的公制转换法案中获得了法律地位。即便如此，对公制的应用仍是自愿的，美国度量衡的演变大体没有偏离既往的轨道。美国人的全部历史经验造就了度量制在美国文化中的独特地位。

参考文献

[1] Adams, John Quincy. *Report of the Secretary of State upon Weights and Measures*. 1821. Reprint, edited by A. Hunter Dupree, New York: Arno Press, 1980.

[2] Barnard, Frederick A.P. *The Metric System of Weights and Measures; An Address Delivered before the Convocation of the University of the State of New York, At Albany, August 1, 1871*. New York: Board of Trustees of Columbia College, 1872.

[3] Cochrane, Rexmond C. *Measures for Progress: A History of the National Bureau of Standards*. Washington, DC: National Bureau of Standards/United States Department of Commerce, 1966.

[4] Comptroller General of the United States. *Report to the Congress: Getting a Better Understanding of the Metric System— Implications if Adopted by the United States*. Washington, DC: General Accounting Office, 1978.

[5] Dupree, A. Hunter. "Metrication as Cultural Adaptation." *Science* 185 (19 July 1974): 208.

[6] ——. "The Measuring Behavior of Americans." In *Nineteenth- Century American Science: A Reappraisal,* edited by George H. Daniels. Evanston: Northwestern University Press, 1986, pp. 22 - 37.

[7] Treat, Charles F. *History of the Metric System Controversy in the United States*. Washington, DC: National Bureau of Standards/United States Department of Commerce, 1971.

A. 亨特·杜普里（A. Hunter Dupree） 撰，康丽婷 译

清教主义与科学
Puritanism and Science

20 世纪 30 年代末，罗伯特·默顿（Robert K. Merton）发表了他颇具影响力的论文《科学、技术与社会》（*Science, Technology, and Society*）。自此，清教主义与现代科学起源的关系一直是史学辩论的一个主题。默顿在论文中主张，新教价值观，尤其是清教主义，鼓励了科学的进步——就像马克思·韦伯（Max Weber）将 16、17 世纪资本主义的崛起归功于充满活力的新教伦理一样。默顿学派的学者认为，清教徒和当代科学家共有的价值观包括对进步的信念、对社会福利的关注和自由探索精神，所有这些都挑战了传统的威权主义和演绎式的思维体系。17 世纪后半叶，伦敦无形学院和皇家学会的一些科学家是有清教背景的。在新英格兰，小约翰·温斯洛普（John Winthrop Jr.）和科顿·马瑟（Cotton Mather）精通新科学，且常与海外的科学同行通信。温斯洛普进行化学药物实验，并在康涅狄格州推动了几个工业项目，对天文学和植物学也很感兴趣。马瑟发表了他的彗星观察结果，并

于 1716 年在英国皇家学会发表了关于天花接种的演讲。18 世纪 20 年代，马瑟鼓励疫苗接种的运动令其身处争议的漩涡。在下一代科学家中有清教背景的是康涅狄格州的埃兹拉·斯泰尔斯（Ezra Stiles），他进行了化学、天文学和电学方面的实验。

　　然而，在大西洋两岸，清教主义和科学之间的关系都是复杂的。清教徒和当时的顶尖科学家都相信超自然，对他们而言科学是发现上帝旨意的一种手段。因此，马瑟将罗伯特·波义耳（Robert Boyle）的微粒论哲学应用于《圣经》中的创世故事，他关于彗星、光和重力的著作在神学院改革的背景下促进了新科学发现的传播。然而，试图调和这两种理念体系是存在问题的。一些历史学家认为，科学和宗教的前提和目的即使并非互相矛盾，也是存在差异的。另一些人则指出，清教知识分子对新科学的接受促成了清教主义向其 18 世纪自由主义模式的转变。简而言之，我们可以合理地推测，清教主义是一种更大的社会和文化变革，这种变革催生了早期现代科学，这种发展既具创造性，也存在问题，而科学和宗教之间的张力在继续塑造着我们的当代世界。

参考文献

[1] Cohen, I. Bernard, ed. *Puritanism and the Rise of Modern Science: The Merton Thesis*. New Brunswick: Rutgers University Press, 1990.

[2] Dunn, Richard S. *Puritans and Yankees: The Winthrop Dynasty of New England, 1630–1717*. Princeton: Princeton University Press, 1962.

[3] Greaves, Richard L. "Puritanism and Science: The Anatomy of a Controversy." *Journal of the History of Ideas* 30 (1939): 345 - 368.

[4] Hall, David D. *Worlds of Wonder, Days of Judgement: Popular Religious Beliefs in Early New England*. New York: Alfred A. Knopf, 1989.

[5] Hill, Christopher. *Intellectual Origins of the English Revolution*. Oxford, U.K.: Clarendon Press, 1965.

[6] Merton, Robert K. *Science, Technology, and Society in Seventeenth-Century England*. 1938. Reprint, New York: Howard Fertig, 1970.

[7] Miller, Perry. *The New England Mind: The Seventeenth Century*. Cambridge, MA: Harvard

University Press, 1954.

[8] ——. *The New England Mind: From Colony to Province*. Cambridge, MA: Harvard University Press, 1962.

[9] Morgan, Edmund S. *The Gentle Puritan: A Life of Ezra Stiles, 1727–1795*. New Haven: Yale University Press, 1962.

[10] Silverman, Kenneth. *The Life and Times of Cotton Mather*. New York: Harper & Row, 1984.

[11] Webster, Charles. *The Great Instauration: Science, Medicine, and Reform, 1626–1660*. New York: Holmes & Meier, 1976.

芭芭拉·里特·戴利（Barbara Ritter Dailey）　撰，郭晓雯　译

世界博览会
World's Fairs

继 1851 年伦敦水晶宫博览会之后，世界博览会在工业和尚在工业化的世界范围内兴起，向数亿人展示了技术和建筑创新，并充当了西方列强制定帝国政策的工具。更为重要的是，一些最初致力于突出科学发现的展览却出现在旨在促进殖民主义的博览会上。在 1883 年的阿姆斯特丹博览会和 1924—1925 年的温布利博览会上，科学家，尤其是植物学家，将科学实践与国家帝国政策的支持联系起来。这一趋势一直持续到 1958 年布鲁塞尔世界博览会，当时殖民科学被作为比利时政府努力维持公众对其非洲殖民政策支持的一部分。

人类学家在组织世界博览会的展览和为博览会提供科学权威方面发挥了至关重要的作用。主要因埃菲尔铁塔而被人们铭记的 1889 年巴黎世界博览会，特色就是展出了大量来自法国殖民地的人，他们住在由法国著名人类学家认证的所谓民族学村庄里。美国人类学家也依靠展览会为媒介来普及人类学这门科学。从 1876 年费城百年博览会开始，史密森学会的人种学家参加了美国近 40 年的博览会。1893 年的芝加哥－哥伦比亚博览会上，有一个由哈佛人种学家弗雷德里克·普特南（Frederic W. Putnam）及其助手弗朗茨·博阿斯（Franz Boas）组织的人类学专题。在 1904 年圣路易斯举办的路易斯安娜购地博览会（St. Louis Louisiana Purchase

Exposition）上，美国政府的人类学家组织了一场大规模的菲律宾人的殖民展览，连同其他人种的展览一起，为美国在世纪之交的帝国事业提供了智力支持。通过与博览会的合作，人类学家帮助推广了社会达尔文主义思想，并为思考种族和文化的分层方式提供了实质性的支持。

受人类学家，尤其英国科学家在温布利博览会所办展览的启发，美国物理科学家决心以 1933 年芝加哥进步世纪博览会为手段，向科学家因参与第一次世界大战期间实施的化学战而受到的越来越多的批评发起反击。在博览会管理层的敦促下，国家研究委员会同意为博览会提供一套"科学的哲学"，博览会赞助商也同意建造一个用于展示"科学发现、工业应用及人类顺应"命题的展厅。

在长达一个世纪的世界博览会传统中，科学家们依靠博览会这一媒介来建立公众对科学的信心。无论是在 19 世纪的博览会上强调达尔文主义和社会达尔文主义，还是在 20 世纪的博览会上强调自然科学，科学似乎与国家进步的愿景是不可分割的。

参考文献

［1］Benedict，Burton，et al. *The Anthropology of World's Fairs:San Francisco's Panama Pacific International Exposition of 1915*. Berkeley，CA: Lowie Museum of Anthropology，1983.

［2］Rydall，Robert W. *All the World's a Fair: Visions of Empire at America's International Exposition, 1876–1916*. Chicago:University of Chicago Press, 1984.

罗伯特·W. 赖德尔（Robert W. Rydell）　撰，刘晋国　译

区域特色和科学中心
Regional Characteristics and Centers of Science

在美国，没有一个城市能兼备国家的文化、政治、经济和商业中心，这一特征塑造了美国的科学。19 世纪的美国科学是在区域的基础上发展起来的；不同地区的科学活动模式非常相似，但也表现出重要的地区差异。1790 年时，费城是美国的科

学之都。美国哲学学会算得上一个全国性的学会，而宾夕法尼亚大学则是学术科学的教学和研究中心（在很大程度上得益于其医学院的成功）。随后的几十年里费城在政治和经济上持续衰退。1800 年，联邦以及州立法机构分别迁往华盛顿和兰开斯特；1825 年伊利运河的开通使纽约市成为美国首要的转口港；19 世纪 30 年代美国银行（Bank of the United States）的崩溃终结了费城作为美国银行和金融中心的地位。作为补偿，城市的贵族阶级促进了科学和文化机构的发展，到 19 世纪中叶时，费城可以炫耀其拥有一批卓越的科学及医学机构：费城自然科学学院（the Academy of Natural Sciences）、富兰克林学会（the Franklin Institute）、费城医师学院（the College of Physicians of Philadelphia）、宾夕法尼亚大学医学院和宾夕法尼亚州医院（Pennsylvania Hospital）。

在内战前的 70 年里，费城模式被其他城市效仿。波士顿的科学家和医生建立了许多与费城类似的机构——美国艺术与科学院（the American Academy of Arts and Sciences）、新英格兰林奈学会（the Linnaean Society of New England）、波士顿博物学会（the Boston Society of Natural History）和马萨诸塞州总医院（Massachusetts General Hospital）——但这些机构最终都在哈佛大学面前相形见绌。劳伦斯理学院（the Lawrence Scientific School）和比较动物学博物馆（the Museum of Comparative Zoology）分别于 1847 年和 1860 年在哈佛建立，哈佛于 19 世纪 30 年代和 40 年代在包括解剖学、天文学、植物学、博物学、数学和自然哲学等多个领域都名列前茅，哈佛医学院在 19 世纪 60 年代赶上了其费城的竞争对手——宾夕法尼亚大学和杰斐逊医学院（Jefferson Medical College）。科学技术领域的学科也在威廉·巴顿·罗杰斯（William Barton Rogers）于 1861 年创办的麻省理工学院蓬勃发展。

在纽约市，科学的进步是微不足道的，这在很大程度上是因为在一个精力和注意力都集中于经济、银行和商业冒险的时代，科学被认为与城市的增长和发展毫不相关。因此，尽管纽约的知识分子建立了一系列特有的机构，但这些机构要么崩溃了——最著名的要数纽约文学与哲学学会（the New-York Literary and Philosophical Society）和美国学会（the American Institute）——要么过着青黄不接的贫困生活。博物学会（The Lyceum of Natural History）以及内科和外科医学院（the College of Physicians and Surgeons）在经历了多年浮沉后才最终繁荣起来。

在奥尔巴尼，科学的成功依赖于与农业进步和技术发展的密切联系，以及纽约州议会对二者的支持。农业、艺术和制造业促进协会（the Society for The Promotion of Agriculture，Arts and Manufactures）1791 年在纽约市成立，后来跟随州议会搬到了奥尔巴尼，并于 1804 年更名为实用技艺促进协会（the Society for The Promotion of Useful Arts）。协会在 1819 年后的江河日下使其不得不在 1824 年与奥尔巴尼博物学会（the Albany Lyceum of Natural History）合并，成立了奥尔巴尼学院（the Albany Institute）。南北战争时期，纽约州议会对科学的支持力度超过了任何一个州，但是也为私人活动留出了充足的空间：伦斯勒理工学院（Rensselaer Polytechnic）、奥尔巴尼医学院（Albany Medical College）以及联合学院（Union College）等也是纽约州重要的科学教学和研究中心。

19 世纪 40 年代之前的华盛顿实际上并不存在科学。在建国初期，国会的反对、宪法的限制和联邦党人的反感阻止了联邦政府向永久性科学机构提供任何支持。1818 年，联邦政府向哥伦比亚学院（Columbian Institute）颁发了一份特许状和 5 英亩土地，但学院成员数量却不足以使其长期维持。约翰·昆西·亚当斯在担任总统期间提出了建立国立大学、海军学院和天文台的想法，但国会未能给予必要的拨款。1840 年，美国全国科学促进学会（the National Institute for the Promotion of Science）提议利用史密森的遗产资助一座博物馆以存放威尔克斯远征队的收集物。但六年后，国会转而用这笔资金建立了史密森学会。

在南北战争前的中西部城市，科学团体的建立依赖于大量感兴趣的个人，其长期生存则有赖于私人和公共资助的结合。圣路易斯拥有富兰克林研究会（the Franklin Society）、西部自然科学学院（the Western Academy of Natural Sciences）、机械研究所（the Mechanics Institute）和圣路易斯学会（the St. Louis Lyceum）；然而，只有圣路易斯科学院（the Academy of Sciences of St. Louis）有足够的能力主办一份杂志——该科学院从 1856 年到 1958 年一直在出版的

《学报》（*Transactions*）。威斯康星州博物学会（the Naturhistorische Verein von Wisconsin）和芝加哥科学院（the Chicago Academy of Sciences）定位都是区域性组织，发表了诸如中西部州地质调查的研究报告等出版物。其他拥有财富和人力支持科学的城市还包括辛辛那提，丹尼尔·德雷克（Daniel Drake）在那里组织了医学院和科学协会，最著名的是辛辛那提西部自然科学院（the Western Academy of Natural Sciences of Cincinnati）和西部博物馆协会（the Western Museum Society）。在列克星敦，科学和医学集中在特兰西瓦尼亚大学，并得到了包括查尔斯·考德威尔（Charles Caldwell）和塞缪尔·布朗（Samuel Brown）在内的医学院教员的支持。

内战前，东南各州追求科学最积极的地方是查尔斯顿，这里有庞大的医学共同体并且是一个繁荣的商业中心，支持了各种各样的学会；1850年，美国科学促进会（AAAS）决定在查尔斯顿举行第三届年会，从而承认了这座城市在科学领域的地位。尽管新奥尔良的医疗机构在19世纪40年代蓬勃发展，但它作为一个科学中心却不那么成功。因此，直到1853年新奥尔良科学院（New Orleans Academy of Sciences）成立，该市才拥有了一个专门的科学团体。

可以称得上全国性的科学和医学机构，是最早出现于1840年费城成立的美国地质学家协会（Association of American Geologists）。19世纪30年代致力于各州地质调查工作的科学家们，不仅用该协会来确立共同的专业目标，也是为了交换信息以及建立统一的地质命名法。1842年，该组织扩大了规模，成为美国地质学家和博物学家协会（Association of American Geologists and Naturalists）。1848年，该协会超越了地区间的恩恩怨怨，试图以美国科学促进会的形式代表美国科学界的所有成员。1847年在费城成立的美国医学协会（American Medical Association）是医学教育改革和建立专业标准运动的结果；美国医学协会还发挥作用，将采用对抗疗法的医生群体与其敌对派别相区分，并表达了边缘医务人员的职业抱负。

尽管有美国医学协会、美国科学促进会以及国家科学院（1863）等全国性机构的建立，尽管有遍布全美的地区性科学协会的创建——例如成立于1853年的加利福尼亚州科学院（California Academy of Sciences）——但是至少在1900年以前，美国的科学仍然由东部城市所掌控。因此，对西部地区早期的地质和古生物学调查是由来自东部的科学家领导的，最著名的是宾夕法尼亚大学的约瑟夫·莱迪（Joseph Leidy）、爱德华·德林克·柯普（Edward Drinker Cope），以及耶鲁大学的奥斯尼尔·马什（Othniel Marsh）；研究结果发表在由史密森学会、美国自然科学学院（the Academy of Natural Sciences）和美国哲学学会（American Philosophical Society）出版的期刊和专著上；这些标本被存放在纽黑文、波士顿、费城和华盛顿的博物馆里。在镀金时代，纽约能成为一个重要的科学中心，有赖于美国自然历史博物馆（American Museum of Natural History）发展成为一个世界级的机构，以及科学在哥伦比亚大学的扩张，例如，哥伦比亚大学主导了人类学、心理学、民族学、物理学、化学和发育生物学等学科。直到 20 世纪，美国的科学才真正变成全国性的，这得益于联邦政府推动下科学的巨大增长，工业体系内工业研究实验室的出现和科学研究的系统集成，遍布全美的名牌大学的创建，以及高技术的、以科学为基础的新行业在计算机和生物技术等领域的发展。

参考文献

[1] Bruce, Robert V. *The Launching of Modern American Science, 1846–1876*. New York: Knopf, 1987.

[2] Greene, John C. *American Science in the Age of Jefferson*. Ames: Iowa State University Press, 1984.

[3] Hendrickson, Walter B. "Science and Culture in the American Middle West." *Isis* 64 (1973): 326 - 340.

[4] Kohlstedt, Sally Gregory. *The Formation of the American Scientific Community: The American Association for the Advancement of Science, 1848–60*. Urbana: University of Illinois Press, 1976.

[5] Miller, Howard S. *Dollars for Research: Science and Its Patrons in Nineteenth-Century America*. Seattle: University of Washington Press, 1970.

[6] Oleson, Alexandra, and Sanborn C. Brown. *The Pursuit of Knowledge in the Early American Republic: American Scientific and Learned Societies from Colonial Times to the Civil War*. Baltimore: Johns Hopkins University Press, 1976.

西蒙·巴茨（Simon Baatz）　撰，吴晓斌　译

大科学

Big Science

大科学这个术语出现于 20 世纪 50 年代末，描述了美国科学家和决策者所认为的构成科研基础的一套新的社会环境。最值得注意的是，1961 年，物理学家、橡树岭国家实验室主任阿尔文·温伯格（Alvin Weinberg）将大科学描述为一种科学探究模式，涉及分层组织的团队研究和大规模的资金投入。温伯格提出，大科学中的大型仪器，如粒子加速器、火箭和太空飞行器等可以被视为"我们这个时代的象征"（Weinberg，"Impact"，p.161）。温伯格还警告说，大科学可能会导致科学本身的衰落，因为大科学产生了过量的科学管理人员，而且导致研究为军事利益服务。

到了 20 世纪 60 年代中期，美国政界对大科学的讨论越发广泛。这反映出人们逐渐意识到，科学事业的发展已经影响到了研究实践以及科学在美国政治和社会议题中的作用。

许多科学家和历史学家将大科学的起源追溯到"二战"期间的"曼哈顿计划"。第一批原子弹的制造以前所未有的规模调动了财政和人力资源。当时美国物理界的大多数人都参与了这项政府资助、耗资近 20 亿美元的科学项目。学术科学家、美国军方和美国企业之间这次以任务为导向的合作使得在科学、政府和工业之间形成了新的联盟，这种联盟现已被视为大科学的标志。

与此相关的是，1957 年苏联发射的世界第一颗人造卫星"斯普特尼克"号，经常被视为战后大科学政策制定的主要催化剂。对于科学家和美国公众来说，"斯普特尼克"号引发了"冷战"时期对美国技术劣势的担忧，并导致战后联邦资金大量投入研究之中。1958 年，为了促进与空间相关的研究，美国国会成立了国家航空航天局（NASA）。NASA 的层级结构、政治纠葛以及它资助哈勃空间望远镜等"巨型工程"的偏好，使一些人将其定性为典型的大科学机构。

1963 年，从物理学家转行历史学家的德里克·J. 德·索拉·普赖斯（Derek J. de Solla Price）开创性的统计工作提供了另一种长期的观点：把大科学视为一种历史现象。借助科学家和科学论文数量在过去 300 年来不断增长的数据，普赖斯表明，科学自诞生之初就大体保持着指数级增长。普莱斯将大科学定义为处于逻辑增长曲线饱和点的科学，意即处于之前指数增长而后开始趋于缓和的历史阶段。因此普莱斯认为，大科学是整个科学事业介于过去的"小科学"时代和某种将来的"新科学"模式之间的一个过渡阶段。

由于其量化的研究方法，普莱斯关于大科学的工作直到今天仍在政界具有影响力。有趣的是，他关于大科学问题的历史研究方法也为科学研究领域所有的研究专业提供了动力，即所谓的"科学计量学"。

最近，随着历史学家得以查阅大量刚公布的美国政府档案，战后大科学项目和实验室的机构案例研究已成为一种流行的分析流派。然而，学者们也已开始探讨大科学作为 20 世纪美国科学实验实践的主导模式所发挥的更广泛作用。举例来说，一项针对高能物理实验室的跨国人类学研究表明，温伯格所定义的大科学可能是一种独特的"美国"科学工作形式。此外，对战后物理学资助的历史考察表明，要区分"基础的"和"应用的"大型科学研究是困难的。

大科学的定义和历史仍是美国当前科学政策辩论中的重要主题。1986 年，批评者将"挑战者"号航天飞机的爆炸归咎于 NASA 的"大科学"式管理。最近，超导超级对撞机和美国空间站等几个大型物理科学项目的支持者指出，过去大科学模式取得了许多成功，证明了对研究问题采用资源密集、集中管理的方法是合理的；但是这些项目未能说服国会。1990 年，分子生物学家成功论证了将一些大科学的组织方法及其大量资源应用于生命科学研究项目，即"人类基因组计划"，将会更有益于社会。因此，当代的大科学研究仍然与政策问题相关，如商业利益在科学中的作用、科学问题选择中知识自由的必要性以及现代科学家的伦理和社会责任等。

参考文献

[1] Capshew, James H., and Karen A. Rader. "Big Science: Price to the Present." *Osiris* 2d ser., 7（1992）: 3 - 25.

[2] Forman, Paul. "Behind Quantum Electronics: National Security as Basis for Physical Research in the United States, 1940 - 1960." ***Historical Studies in the Physical and Biological Sciences*** 18（1987）: 149 - 229.

[3] Galison, Peter, and Bruce Hevly, eds. *Big Science: The Growth of Large-Scale Research*. Stanford: Stanford University Press, 1992.

[4] Gilbert, G. Nigel. "Measuring the Size of Science: A Review of Indicators of Scientific Growth." *Scientometrics* 1 (1978): 9 - 34.

[5] Heilbron, John L., and Daniel J. Kevles. "Finding a Policy for Mapping and Sequencing the Human Genome: Lessons from the History of Particle Physics." *Minerva* 27 (1989): 299 - 314.

[6] Heilbron, John L., and Robert W. Seidel. *Lawrence and His Laboratory*. Vol. 1 of *A History of the Lawrence Berkeley Laboratory*. Berkeley: University of California Press, 1989.

[7] Kevles, Daniel J. *The Physicists: The History of a Scientific Community in Modern America*. New York: Knopf, 1978; reprint, Cambridge, MA: Harvard University Press, 1995.

[8] Kevles, Daniel J. "Big Science and Big Politics in the United States: Reflections on the Death of the SSC and the Life of the Human Genome Project." *Historical Studies in the Physical and Biological Sciences* 27 (1997): 269 - 297.

[9] Kwa, Chunglin. "Modeling the Grasslands." *Historical Studies in the Physical and Biological Sciences* 24 (1993): 125 - 155.

[10] Price, Derek J. de Solla. *Little Science, Big Science*. New York: Oxford University Press, 1963; republished with other essays as *Little Science, Big Science ... And Beyond*. New York: Columbia University Press, 1986.

[11] Remington, John A. "Beyond Big Science in America: The Binding of Inquiry." *Social Studies of Science* 18 (1988): 45 - 72.

[12] Smith, Robert W. *The Space Telescope: A Study of NASA, Science, Technology and Politics*. New York: Cambridge University Press, 1989.

[13] Traweek, Sharon. *Beamtimes and Lifetimes: The World of High Energy Physicists*. Cambridge, MA: Harvard University Press, 1988.

[14] Weinberg, Alvin M. "Impact of Large-Scale Science." *Science* 134 (1961): 161 - 164.

[15] ——. *Reflections on Big Science*. Cambridge, MA: MIT Press, 1967.

凯伦·A. 雷德（Karen A. Rader ） 撰，刘晓 译

与加拿大相关的美国科学

Canada—Relations to Science in the United States

由于美国和加拿大两国接壤，共同的语言、相似的文化，并且互为彼此首要的

贸易伙伴，两国的科学不可避免地紧密联系在一起。早在 19 世纪 40 年代，两国就在收集地球物理和博物学数据方面建立了联系。加拿大的著名科学家都是美国科学促进会的早期成员，1857 年，该协会第一次在美国境外——蒙特利尔举行了会议。19 世纪时，联系最紧密的是编目科学（inventory sciences）的从业者，包括：地质学、气象学、植物学、昆虫学、动物学和民族学。这种联系一开始是私人的，但是到了 19 世纪 70 年代就演变成了制度上的联系。然而这种联系并非毫无龃龉。加拿大地质调查局（Geological Survey of Canada）以及后来的多米尼恩天文台（Dominion Observatory）把史密森学会和华盛顿卡内基研究院（Carnegie Institution of Washington）视为闯入领土的竞争者甚至是偷猎者。另一方面，由于国家地理学会（The National Geographic Society）主席亚历山大·格雷厄姆·贝尔（Alexander Graham Bell）拥有双重国籍，所以该学会就不存在上述问题。

　　尽管在科学方面，一些加拿大科学家希望唯英国人之马首是瞻，但由于与美国类似的科学关注焦点，以及共同的地质、植物群和动物群，使得加拿大的科学与美国非常相似。这一点在 19 世纪 90 年代，尤其是在应用科学领域就已经十分明显了。

　　加拿大的科学教育总体上遵循美国的范式——尽管局部有一些变动——包括院系结构和课程设置。和美国大学一样，加拿大的大学也采用了理学士和哲学博士，作为研究导向的学位体系。到 20 世纪之初，加拿大人更有可能在美国而非其他地方攻读博士学位。20 世纪两国的科学教学和课程几乎没有什么不同，毕业生可以轻松地在两国间流动。从 20 世纪初开始，加拿大中小学的科学教育一直紧跟美国步伐；当代科学课程中的方法和争论在两国也是如出一辙。

　　由于加拿大和美国都在发展之中，科学迅速成为一种治理工具，加拿大联邦和地方政府在农业、卫生、资源管理、保护、检测和标准方面的工作都与美国并行（而且往往是模仿）。至少从 19 世纪 70 年代开始，科学部门的官员之间跨国互访就已经是家常便饭。

　　第二次世界大战期间，两国在科学方面的合作更加紧密，在许多领域的合作成为战后的常态。加拿大较早进入核技术和空间科学领域，以及同样关心的环境问题，使人员和信息得以两国自由流动。加拿大加入北大西洋公约组织（NATO）和北美防空司令部（NORAD），确保了两国的军事科技朝着共同的方向发展。

类似于国际极地年（19 世纪和 20 世纪）和国际地球物理年的合作活动，很自然地为两国交换科学数据提供了机会。例如两国在七八十年代实施的对云杉芽虫进行研究和控制的加美计划（CANUSA project）便是历史上最大的国际林业合作项目。随着美国的科学期刊在越来越多的领域内被认可，加拿大科学家也就成了美国科学组织的积极参与者。由于科学家流动的边界相对淡化，大量在美国出生和受训的科学家北上加拿大担任重要职位，而加拿大人，从西蒙·纽科姆（Simon Newcomb）和威廉·奥斯勒（William Osler）到几位在世的诺贝尔奖得主，都在美国开创了自己的事业。

随着大型科学项目的成本逐渐超出单个国家财政的承受范围，加拿大和美国越来越多地以共有的设施和项目在物理、天文学、海洋学、地球物理学和生物学等领域联合开展活动。而且自 20 世纪 60 年代末以来，这一趋势一直在加速。从 20 世纪 70 年代开始，加拿大的太空计划开始与美国的合并，例如加拿大宇航员参与航天飞机项目以及加拿大空间局（Canadian Space Agency）参与空间站计划。在更早的医学和药物研究交流的基础上，加拿大人在"人类基因组计划"中也发挥了一定的作用。环境科学在处理诸如空气和水污染等跨国问题上本来就没有国界；而且这项工作还是由两国的组织和机构共同推动的。

尽管我们对工业科学的历史知之甚少，但有迹象表明两国在水电、纸浆和纸张、石油勘探和开采、食品科学和农业等方面一直存在着研究上的联系。在工业标准、食品和药品监管以及卫生方面采取的相似措施使得这些联系必然会建立。

然而，尽管有"不设防的边界"，加拿大和美国的科学仍然保持着各自的特性，因为两国科学共同体的结构都不太相同，各自的科学共同体与政府的关系也不相同。加拿大科学家虽然参加美国的组织，但他们也有自己的学会和期刊。魁北克的法语背景——即使大多数讲法语的科学家以英语发表论文——确实为美国带来了普遍缺乏的挑战和张力。

参考文献

[1] Berger, Carl. *Science, God and Nature in Victorian Canada*. Toronto: University of Toronto Press, 1983.

[2] Chartrand, Luc, Raymond Duchesne, and Yves Gingras. *Histoire des sciences au Québec*. Montréal: Boréal, 1987.

[3] Jarrell, Richard, and Yves Gingras, eds. *Building Canadian Science: The Role of the National Research Council*. Ottawa: Canadian Science and Technology Historical Association, 1982.

[4] Jarrell, Richard, and James Hull, eds. *Science, Technology and Medicine in Canadian History*. Thornhill, ONT: Scientia Press, 1991.

[5] Levere, Trevor H., and Richard A. Jarrell, eds. *A Curious Fieldbook: Science and Society in Canadian History*. Toronto: Oxford University Press, 1974.

[6] Zeller, Suzanne. *Inventing Canada*. Toronto: University of Toronto Press, 1987.

理查德・A. 贾雷尔（Richard A. Jarrell）撰，吴晓斌　译

与中国相关的美国科学

China-Relations to Science in the United States

20 世纪 80 年代和 90 年代，数以万计的中国学者和学生来到美国大学深造。其中一些科学家选择留在美国。就像那些在 1949 年之前来到美国的部分科学家一样——首先映入脑海的便是诺贝尔奖得主、物理学家杨振宁和李政道——他们是中国人才的精英，极大地充实了美国的科学。近年来移民知识分子的成就水平，不能仅仅用天赋和美国研究生教育的功效来解释；他们在国内接受了中国第一代和第二代科学家的培养，为他们后来的工作奠定了基础。

在许多外国学者的帮助下，中国第一代研究者和教育家把现代科学引入中国。20 世纪 20 年代、30 年代乃至 40 年代，很多中国学生在美国攻读博士学位。与 20 纪 80 年代、90 年代最近的这一批人不同，第一代科学家很少在美国寻找永久性职位。而且，几乎没人愿意留下来；他们回到中国，在学院、大学和研究机构的部门

里任职，他们建立了科研机构，为中国现有的研究人员创造了条件。

因此，中国与美国科学的关系是平衡的。从 19 世纪下半叶开始，西方人去了中国，中国人去了欧美。中国人带着他们在西方知名学术机构学习到的知识和方法回到祖国。这一过程是由教会、慈善机构、政府和学术机构——主要是美国的——促成的。新教机构在中国派遣了数量最多的教会科学教育人员；纽约州特许设立的洛克菲勒基金会在资助中国科学方面发挥了重要作用；美国政府退还的一部分庚子赔款对科学的资助同样起到了至关重要的作用；还要提到的是，与相应的中国机构合作最多的是美国的大学和研究机构。

19 世纪下半叶，新教传教士通过在中国政府的翻译学校任职或者自己开办学校以推广科学。20 世纪初已经有了开设理科系的教会学校以及教会医学院。协和医学堂（The Union Medical College）由三个教会共同创办，包括一个英国的和两个美国的，是 1921 建立的北京协和医学院的核心，堪称洛克菲勒基金会在中国的"约翰斯·霍普金斯大学"。

以当时的基础科学教育水平而言，中国高校想要争取那些准备在世界级医学院就读的学生是很困难的，这一情况因洛克菲勒基金会对大学和学院的生物、化学和物理教育的支持而有所改善。1917 年，基金会开始在教授的薪水、教授在美国的深造、科学建筑和实验室设备等方面提供资助。新的教学岗位过去通常由美国人担任，但中国博士自 20 世纪 10 年代后期开始在教会和中国的机构里谋得职位。

得益于美国退还给中国的部分庚子赔款，这些"归国留学生"大部分在美国受到训练。1908 年第一次退款资助了清华奖学金和预备学校。该项目将合格的学生送到美国深造；这所预备学校后来发展成为清华大学——中国的"麻省理工学院"。1924 年第二次退款资助了中华教育文化基金会，作为洛克菲勒基金会医学预科教育项目的补充，该组织资助科学教育和研究；正是洛克菲勒基金会的职员给中方基金会的理事们提供信息以供其做出资助的决定。

现代科学在中国落地以前，西方人研究了整个中国的地质学、古生物学、动物学和植物学。20 世纪，除了伪"南满洲铁道株式会社"的研究部门占据主导地位的中国东北地区外，美国机构参与的最多。一般情况下，美国研究人员会委托中国人或在中国的西方人收集小件物品运到美国进行研究。为了研究大型物品或自然环境本身，他们也开展探险活动，其中最大的一次可能是美国自然历史博物馆组织的，在罗伊·查普曼·安德鲁斯（Roy Chapman Andrews）领导下收集恐龙骨骼和恐龙蛋的中亚探险。

即使在 1937 年中日之间爆发战争后，中国与美国相联系的机构仍设法继续运作，直到 1941 年 12 月珍珠港遭日军轰炸。尽管 1945 年战争结束时中美研究人员恢复了交流，但由于国共内战导致的不稳定状况，使得双方的交流没能恢复到战前的水平。1949 年之后，中国转而向苏联寻求科技援助。除了一些特殊的情况，如美国神经生理学家罗伯特·霍德斯（Robert Hodes）1954 年至 1959 年逗留中国外，1979 年中美关系正常化之前，中美在科学上并没有接触。

当然，在整个战后时期，中国的理科生从中国台湾地区来到美国，其中一些人找到了允许他们留在美国的职位。20 世纪 80 年代时，在中国台湾从事研究和教学的机会大大增加，以至于留在美国的目标已成为过去时。可以预见，随着中国的发展，中国人将更倾向于回国开创自己的事业。大量中国人加入美国的科学家队伍，促进了中美两国科学机构间关系的恢复。

参考文献

［1］Buck, Peter. *American Science and Modern China, 1876–1936*. New York：Cambridge University Press, 1980.

［2］Bullock, Mary Brown. *An American Transplant: The Rockefeller Foundation & Peking Union Medical College*. Berkeley：University of California Press, 1980.

［3］Haas, William J. *China Voyager: Gist Gee's Life in Science* Armonk, NY：M.E. Sharpe, 1996.

［4］Reardon-Anderson, James. *The Study of Change: Chemistry in China, 1840–1949*. New York：Cambridge University Press, 1991.

［5］Schneider, Laurence, ed. *Lysenkoism in China: Proceedings of the 1956 Qingdao Genetics Symposium*. Armonk, NY：M.E. Sharpe, 1986.

威廉·J. 哈斯（William J. Haas） 撰，刘晓 译

第 2 章
美国政府的科研与管理机构

2.1　政府与科学概述

美国联邦政府与科学

Federal Government and Science

　　自美国成立之初，科学和政治就已经开始相互交织。在美国，科学与政府的关系史可以分为三个时期，每个时期都反映了美国政治经济的总体发展趋势。从 18 世纪 80 年代到 19 世纪 60 年代末，美国联邦政府对科学的支持通常是临时性的，几乎没有长期的制度化部署。尽管在 19 世纪 30 年代和 40 年代，美国国民经济的日益复杂促使科学发展趋向专业化，但联邦政府的权力一直相对较弱，对科学的公共支持也相对较少。从 19 世纪 70 年代到 1940 年，随着联邦政府的全面壮大、国家权力从国会向总统的转移以及行政国家的崛起，常设政府机构中增设了联邦科学机构。这些机构开展科学研究以满足经济社会需求，但对于政府部门以外的科学，联邦政府提供的支持相对较少。"二战"使这种情况发生了根本性变化。科学技术对战争的重要性以及美苏"冷战"的兴起，催生了一个"大学－工业－军事"三方合作体系，这个体系直到"冷战"结束才开始瓦解。

宪法通过专利条款肯定了联邦政府在科学方面的作用，它要求国会通过保障发明者的知识产权来"促进科学和实用技艺的进步"，还授予国会铸造货币、制定度量衡标准、扩大国家领土以及建立驿道（后来被解释为旨在促进内部改善的一般授权）的权力。有鉴于此，无怪乎联邦政府对科学的支持通常与商业、领土扩张和军事需求直接相关。例如，西点军校是 1802 年效仿法国巴黎综合理工学校模式建立的工程学校。西点军校不仅培养军官，还培养民用工程师，这些工程师为美国 19 世纪初的道路和运河建设提供了大量专业知识。比如竣工于 1825 年的伊利运河等工程就改善了美国的交通基础设施，推动了美国国家市场经济的发展。19 世纪 30 年代，美国陆军工程师还承担了首批铁路的勘测工作。

19 世纪的探险活动还满足了领土扩张、商业和军事需求。托马斯·杰斐逊在担任总统期间曾设想由美国掌握整个北美地区的终极控制权。1803 年的路易斯安那购地案和随后的探险行动（如 1804 年至 1806 年的刘易斯与克拉克探险）是为了巩固美国的军事和外交地位，记录现有自然资源并为未来的西部扩张铺平道路。后来的考察活动，如 1836 年获批的美国探险队、19 世纪 30 年代和 40 年代戴维·戴尔·欧文（David Dale Owen）在土地总局支持下进行的土地勘测，以及 19 世纪 40 年代和 50 年代特别是墨西哥战争期间军方对跨密西西比河西部地区的长期考察，都是出于类似目的。包括地质学、水文学、气象学、天文学、植物学、动物学和人类学在内的多领域的科学知识，是这些探险活动的重要组成部分。

然而，尽管开展了上述活动，在美国建国的最初几十年里，科学研究依然缺乏一个常设性的制度基础。有西点军校而无常设科技部门就印证了历史学家亨特·杜普里（A.Hunter Dupree）曾说的"1829 年政府科学几乎完全破产"之言（Dupree, p. 43）。建立在各州和分权政府基础上的政治秩序对联邦政府的权力增长起到制衡作用，而后者的权力又是由对帝国主义的追求所推动。然而，到了 19 世纪 40 年代，美国开始形成一种规范化的政府科学结构。1825 年，亚当斯总统呼吁建立国家天文台；19 世纪 30 年代，海军开始暗中收集天文观测资料以用于航行；1842 年，詹姆斯·吉利斯（James Gilliss）中尉说服国会拨款建造海军天文台。1846 年，国会成立了史密森学会，美国最杰出的科学家约瑟夫·亨利（Joseph Henry）担任首任秘书；始建于 1807 年的海岸测量局曾一度被国会忽视，且缺乏有效领导，但在 1843 年亚历山大·达拉斯·贝奇接手后，其发展逐渐步入正轨。得克萨斯州、加利福尼亚州和俄勒冈州等地的领土扩张增加了海岸研究的需求，海岸测量局因此在墨西哥湾沿岸地区、太平洋地区及大西洋沿岸地区广泛开展了天文学、地形学、水文学、地磁和博物学研究。到了 19 世纪 50 年代，海岸测量局已经发展成为美国最大的科学研究机构，科学工作人员数量是海军天文台和史密森学会会员之和的两倍，每年预算接近 50 万美元。

　　"二战"以后，人们倾向于将战争与武器发展挂钩。美国内战几乎没发展出新的武器技术。作为美国海军部常设委员会成员，贝奇、亨利和查尔斯·亨利·戴维斯（Charles Henry Davis）对发明家们或不切实际或严谨的提案进行评估后没发现什么重要技术。不过，美国在战争期间发展了几个重要组织。1862 年通过的《莫里尔法案》将公共土地赠予大学"以发展农业和机械技艺"，并鼓励在美国大学中普及科学教育。同年，农业部成立，后来它取代海岸测量局成为政府中最大的科学组织。尽管早期不太活跃，但 1863 年成立的美国国家科学院依然标志着荣誉性科学组织的诞生，其正式职能是向政府提供建议。

　　1870 年至 1920 年是联邦政府的重大变革期，它一开始是主要负责国会财政拨款的政府机构，后来趋向专业化，并掌握更大的行政权。在此期间，联邦科学机构迅速发展。19 世纪 70 年代，个别州开始出资建设农业试验站；1887 年，《哈奇法案》宣布增加联邦政府补贴，这是"联邦政府对各州和大学的首个重要研究资助"（Bruce, p. 317）。在农业部内部，随着科学的发展和联邦政府监管职能的增加，研究部门也相应获得了权力，这表明科学和政治是相互促进的。例如，微生物理论的兴起为畜牧产业局（创建于 1884 年）提供了科学认识某些传染性动物疾病病因的方法，如家畜易感的胸膜肺炎和牛热；而监管部门又授予该局销毁患病家畜的决定权。1890 年和 1891 年，为应对来自欧洲的反对意见，并打开美国肉类出口的国际市场，国会通过立法，授权畜牧产业局对出口肉类进行检验。在进步年代，农业部的监管职能不断扩大。20 世纪初，在检查进口食品方面，化学局有较宽泛的权力。在厄普顿·辛克莱（Upton Sinclair）的《屠场》出版后，国会授予农业部长权力，并提供充裕资金，用以检查美国的肉类加工厂和包装厂，并将不符合质量标准的产品撤出市场。同样，1906 年通过的《纯食品和药品法》规定由化学局确定食品和药品纯度以保障公众健康和安全。

对公共卫生的关注还促成了其他部门的建立。联邦医疗机构是由陆军医疗队发展而来的，但到 19 世纪 90 年代，美国海军医务署开始解决与传染病有关的公共卫生问题。公共卫生局不仅负责研究病因，并在疫情暴发时控制疾病的跨州传播，还像农业部一样履行监管职能。1902 年，《生物制品管制法》授权公共卫生和海军医务署（10 年后改组为公共卫生局）对从事抗毒素和疫苗生产的公司进行检查。

20 世纪初，联邦科学机构中又增加了一些部门。1901 年，美国国家标准局成立。这是一个庞大的组织，负责制定标准、测试和校准精密仪器，解决与标准相关的问题，并开展有关物理常数和材料属性的基础研究标准的精确化，是确保 20 世纪复杂的商业和工业系统平稳有序运作的必要条件。在麦金莱总统和西奥多·罗斯福总统的领导下，自然资源的保护和科学管理也被划入了联邦政府的职能范围。作为农业部林业司（后来改名为国家森林局）的负责人，吉福德·平肖（Gifford Pinchot）基于科学原理的运用实施政企合作政策，以促进森林资源的长期开发和利用。

历史学家罗伯特·V. 布鲁斯（Robert V. Bruce）指出，19 世纪美国科学在"数据收集、测量、实验和仪器设备"方面成果显著（Bruce, p. 352），但除了约瑟·亨利和后来的约西亚·威拉德·吉布斯等少数人以外，美国科学家在原创性理论发现或精密实验方面与欧洲人相比贡献甚微。19 世纪末和 20 世纪初建立的联邦科学机构致力于解决与经济、健康和公共安全有关的问题，对基础研究不甚关注，或很少向非政府实验室提供援助。19 世纪末和 20 世纪初，基础科学研究的主要动力不是来自政府科学机构，而是来自约翰斯·霍普金斯大学等研究型大学和洛克菲勒基金会等慈善组织的支持，以及通用电气、杜邦和贝尔电话等公司的工业实验室。

第一次世界大战带来了组织和技术方面的挑战，导致科学动员达到了前所未有的水平。既有的政府机构、军队、美国科学院新成立的全国科学研究委员会（NRC）、工业界和大学就各种问题展开合作。战争开始时，美国染料、硝酸盐和高质量的光学玻璃供应不足；到战争结束时，所有这些都可以在美国国内大量生产。全国科学研究委员会、工业界、海军和学术界的科学家们与协约国协商，研究针对德国 U 型潜艇的探测装置。美国矿务局和后来的陆军化武部队在大学的协助下研究毒气战，而工业界则将这种致命的新武器投入生产。在战场上，毒气部队、通信部队、空军和工兵部队都在研究光和声音测距系统及其他技术问题。尽管美国在"一战"后迅速复员，并且坚持联邦政府对经济进行有限干预的保守主义在国家政治中重新占据上风，但"一战"期间政府、学术界和工业界之间界限的模糊，以及研究、开发和生产之间的协调，依然为后来科学与政府关系的发展提供了先例。

大萧条重创了美国科学界。1930 年至 1933 年，工业实验室削减了三分之一以上的科研人员。大学里，高级教师减薪，初级教师失业，研究生延迟毕业以便通过寻找研究助理职位、教学助理职位和其他任何能找到的工作以维持生计。政府科学家的情况也没有好到哪里去。1932 年至 1935 年，农业部的研究经费减少了近 25%。国家标准局的情况更糟：1932 年至 1935 年缩减了一半以上的预算。

科学家们的反应是呼吁联邦政府取代私营部门支持科学研究。1933 年 7 月，为了回应全国科学研究委员会主席艾赛亚·鲍曼（Isaiah Bowman）和农业部部长亨利·A. 华莱士（Henry A. Wallace）之间的联络，富兰克林·罗斯福总统下令成立科学咨询委员会（SAB）。在全国科学研究委员会的主持下，科学咨询委员会由麻省理工学院院长卡尔·T. 康普顿（Karl T. Compton）担任主席，还提出了一项 1600万美元的新政计划——一项将在《全国工业复兴法》（NIRA）的管理下实施的"科学进步恢复计划"。康普顿试图将该计划与《全国工业复兴法》的公共工程和失业救济任务相联系，提议利用这些资金直接雇用科学家和工程师，并通过资助基础科学研究来建设公共工程，并为新兴产业提供基础，从而帮助国家走出大萧条。由于内政部长哈罗德·L. 伊克斯（Harold L. Ickes）认为这不在《全国工业复兴法》的职权范围内，所以康普顿的提议很快就落空了。20 世纪 30 年代中期，联邦政府对科学的资助有所回升，但新政并没有显著改变科学和政府的关系。

　　"二战"带来了重大变化。这场战争对科学的要求远超过"一战"，它永久性地改变了科学和政府的关系。要想在尽可能短的时间内推动新的武器技术从早期研究阶段进入部署阶段，需要科学家、军方和工业界之间的高度协调。战时科学研究与开发办公室（OSRD）主任范内瓦·布什（Vannevar Bush）、国防部科研委员会成员詹姆斯·B. 科南特（James B. Conant）和卡尔·康普顿（Karl Compton）以及洛斯阿拉莫斯原子弹项目主管 J. 罗伯特·奥本海默（J. Robert Oppenheimer）等精英科学家管理者经常与军事领导人打交道，管理战时武器和医疗方面的研究应用。战争让美国科学界摆脱了大萧条，各个领域的科学家均在从事与战争有关的工作，从事军事研究的大学院系与政府签订合同从而获得了巨额研究经费。仅"曼哈顿计划"就耗资超过 25 亿美元，雇用了约 1 万名科学家、工程师和技术人员以及数千名工人。雷达和近接信管等技术对盟军的胜利起到了至关重要的作用，而广岛和长崎的原子弹爆炸则戏剧性且悲剧性地揭示了科学的破坏潜力。

　　"二战"还为今后 45 年的物理学研究定下了基调。战争的结束没有带来和平，而是带来了美苏冲突。作为军事博弈手段的科学是两国"冷战"战略的一个组成部分。1949 年，96% 由政府资助的大学物理科学研究都出于国防需求；1950 年，国家科学基金会的成立几乎没有对军费开支占比产生任何影响；1960 年，在联邦政府对物理研究的资助中，国防部和原子能委员会（AEC）占比仍高达 92%。总体而言，到 20 世纪 50 年代末，联邦政府研发经费的 85% 用于军事研究，其中四分之三拨给工业，四分之一拨给大学。

　　原子弹前所未有地提高了物理学家和其他科学家的政治声望。战前，他们在政府实验室任职并指导工作，但是不参与高层政策审议。战后，科学家们继续在重要的政府委员会中任职，如著名的原子能委员会总顾问委员会（General Advisory Committee，GAC）以及人造卫星发射后成立的总统科学顾问委员会，参与规划科学以满足国防需求。但声望并不一定带来权力。反对"冷战"的科学家可能会发现自己被排除在决策过程之外，在政治迫害和政治审查盛行的年代尤为如此。例如，当杜鲁门总统决定紧急研制氢弹时，由奥本海默担任主席的总顾问委员会基于技术和道德理由表示反对。当时美国的军事战略是基于"保持核优势高于一切"这一原则，除原子能委员会主席戴维·E. 李林塔尔（David E. Lilienthal）以外，没什么强有力的外部力量支持总顾问委员会的主张。杜鲁门总统和其他"冷战"支持者并不同情总顾问委员会的境遇。1950 年 1 月，杜鲁门把研制氢弹作为首要任务。总顾问委员会从此再也没能恢复其对高级政策事务的影响力，1954 年，在高度公开的听证会后，奥本海默被剥夺了安全许可，主要原因是他反对氢弹。

奥本海默的经历非同寻常。大多数情况下科学家（很大程度上也包括了奥本海默本人）接受了战后的科学—军事联盟并从中获益。战后大量军事资金涌入物理科学领域，并深刻地改变了主导科学研究的社会关系。完全围绕军事问题定义的学科、参加机密课程和撰写机密研究报告的学生，以及在各自学术组织和华盛顿之间来回穿梭的知名科学家都成了战后美国科学界公认的一部分。

但越南战争让一些人对盛行一时的、具有军事性质的战后物理学提出了质疑。全国各个大学的学生，包括麻省理工学院和斯坦福大学（美国最大的两个国防研究学术机构），纷纷抗议进行校内军事研究，呼吁将研究项目创造性地转向民生需求和紧迫的社会问题。这些抗议活动导致 1970 年麻省理工学院的仪器实验室和斯坦福大学的斯坦福研究所被撤资，但这没带来什么长期影响。等到 20 世纪 80 年代，在里根总统的国防建设下，军事研发又回到了越战前水平。

"冷战"结束后，联邦政府对科学的支持性质才出现了目前看来是长期的转变。90 年代初，国防工业和研究型大学都感受到了联邦政府资金不断减少带来的压力。1994 年，麻省理工学院担心国防开支削减将导致其基础研究预算减半。"冷战"后的科学组织会是什么样子目前还不完全清楚。1994 年，克林顿总统发表公开声明，提出投入充足的研究资金以建设强大的高科技经济体，但他并未提出具体计划。美国一直没有成熟且明确的科技政策；从一开始，联邦政府对科学的支持就体现了政治权力的扩大趋势。建国初期，联邦政府权力较小，所以政府对研究的支持就相对较少。19 世纪末，行政国家的发展促成了大型联邦科学基础设施的建立。"二战"和"冷战"开启了"政府研发等同于军事研究"的半个世纪。在 20 世纪和 21 世纪之交，美国科学与政府的关系或许将进入一个与经济发展紧密相联的新阶段。但是这一时期的联邦政府预算控制严格，且无意扩大联邦权力，所以很难预测美国是否会在没有像"冷战"时期那样的总体意识形态理论的情况下，持续大量地投资公共研究。

参考文献

［1］Bruce, Robert V. The Launching of Modern American Science 1846 - 1876. New York: Knopf, 1987.

［2］Dupree, A. Hunter. Science in the Federal Government: A History of Policies and Activities to 1940. Cambridge, MA: Harvard University Press, 1957.

［3］Greene, John C. American Science in the Age of Jefferson. Ames: Iowa State University Press, 1984.

［4］Hays, Samuel P. Conservation and the Gospel of Efficiency: The Progressive Conservation Movement 1890 - 1920. Cambridge, MA: Harvard University Press, 1989.

［5］Herken, Gregg. Cardinal Choices: Presidential Science Advising from the Atomic Bomb to SDI. New York and Oxford: Oxford University Press, 1992.

［6］Kargon, Robert, and Elizabeth Hodes. "Karl Compton, Isaiah Bowman, and the Politics of Science in the Great Depression." Isis 76 (September 1985): 301 - 318.

［7］Kevles, Daniel J. The Physicists: The History of a Scientific Community in Modern America. New York: Knopf, 1978; reprint Cambridge, MA: Harvard University Press, 1995.

［8］Kuznick, Peter J. Beyond the Laboratory: Scientists as Political Activists in 1930s America. Chicago: University of Chicago Press, 1987.

［9］Leslie, Stuart W. The Cold War and American Science: The Military–Industrial– Academic Complex at MIT and Stanford. New York: Columbia University Press, 1993.

［10］Mendelsohn, Everett, Merritt Roe Smith, and Peter Weingart, eds. Science, Technology, and the Military. Vol. 1. Dordrecht: Kluwer Academic Publishers, 1988.

［11］Sherwin, Martin J. A World Destroyed: The Atomic Bomb and the Grand Alliance. New York: Knopf, 1975.

［12］Young, James Harvey. Pure Food: Securing the Federal Food and Drugs Act of 1906. Princeton: Princeton University Press, 1989.

王景安（Jessica Wang）撰，曾雪琪　译

总统科学咨询

Scientific Advice to President

关于涉及科学和技术的问题向总统提出的建议，特别是针对联邦政府利用和赞助科技工作的相关事项提出建议。面向总统的科学咨询最初集中于科学技术的军事应用上，后来逐渐扩展到其他领域，如科学赞助、太空计划、国际关系与环境问题。

作为政府科学建议咨询体系中相对较新的一部分，总统科学咨询是在第二次世界大战期间形成的，其形式是范内瓦·布什（Vannevar Bush）领导下的科学研究与发展局（Office of Scientific Research and Development，OSRD）。早期向政府提供科学建议的一些尝试，如成立于1863年的国家科学院、成立于1916年的国家研究委员会（National Research Council）以及存在于1933年到1935年的科学顾问委员会（Science Advisory Board），都是以政府机构为对象而非总统本人。作为半官方组织，他们通常只回应政府的请求。布什和科学研发局打破这一传统获得了主动权，与大学实验室和企业部门签订了合同。第二次世界大战期间，布什成为富兰克林·罗斯福（Franklin D. Roosevelt）总统实际上的科学顾问。他向罗斯福总统提供了自己和其他科学家的意见，特别是关于制造和使用第一批核武器的看法。

战争的结束导致了科学研发局的解散，而在哈里·杜鲁门（Harry Truman）成为总统后不久，布什就离开了总统行政办公室。由于朝鲜冲突，国防动员署（Office of Defense Mobilization）在1951年成立了一个科学咨询委员会（Science Advisory Committee，ODM-SAC），其主席同时向国防动员署主任和总统报告。委员会主席最初由奥利佛·巴克利（Oliver Buckley）担任，他此后的两任继任者分别是李·杜布里吉（Lee DuBridge）和I. I.拉比（I. I. Rabi），成员中有许多来自战时曼哈顿计划和麻省理工学院辐射（雷达）实验室的资深科学家。委员会致力于争取联邦政府，特别是军方对基础研究的支持，还为科学家和工程师研究美国国防政策提供赞助。麻省理工学院詹姆斯·基利安（James Killian）领导的"技术能力座谈小组"就是这样的项目，它在20世纪50年代中期大大提升了美国的导弹计划和情报能力。尽管取得了上述成绩，科学咨询委员会还是在这一时期氢弹辩论和麦卡锡主义笼罩的阴影下黯然失色。

1957 年，苏联人造卫星"斯普特尼"克的发射标志着总统科学咨询史上的一个转折点。德怀特·D. 艾森豪威尔（Dwight D. Eisenhower）总统任命基利安为他的科学与技术特别助理（即科学顾问），并将科学咨询委员会搬进白宫，成为总统的科学咨询委员会（President's Science Advisory Committee，PSAC）。基利安（1959 年由乔治·基斯佳科夫斯基 [George Kistiakowsky] 继任）和总统科学咨询委员会就导弹和太空计划向艾森豪威尔出谋献策，主张禁止核试验，并争取增加联邦科学基金，以提高美国的国家安全和国际威望。1959 年，他们还帮助设立了联邦科学技术委员会。1961 年，约翰·F. 肯尼迪（John F. Kennedy）入驻白宫，杰罗姆·威斯纳（Jerome Wiesner）成为新一任科学顾问。一年后，新的法定的科学技术局（Office of Science and Technology）在总统的执行办公室成立，由科学顾问担任主任，以加强科技咨询工作。在此期间，面向总统的科学建议已经扩展到了健康和环境问题。例如，1963 年总统科学咨询委员会的《杀虫剂使用情况》（*The Use of Pesticides*）报告，对蕾切尔·卡森（Rachel Carson）在其著作《寂静的春天》（*Silent Spring*）中关于过度使用杀虫剂的危害提出警告产生了很大影响。但是在林登·约翰逊（Lyndon Johnson）和理查德·尼克松（Richard Nixon）总统的任期内，由于总统科学咨询委员会内外的科学家都反对政府的反弹道导弹和超音速运输计划以及越南战争，该委员会科学咨询系统渐渐失去话语权。1973 年尼克松总统废除了总统科学咨询委员会和科学技术局。

总统科学顾问一度由国家科学基金会主任担任，直到 1976 年国会通过一项法案恢复科学顾问一职，并成立了白宫科学技术政策办公室。尽管该机构会向罗纳德·里根政府的科学顾问做报告，但直到 1989 年类似于总统科学咨询委员会这样直接向总统汇报的委员会才得到恢复，以总统科学技术顾问委员会（President's Council of Advisers on Science and Technology）的形式向乔治·布什（George Bush）总统和他的科学顾问 D. 艾伦·布罗姆利（D. Allan Bromley）报告。在威廉·克林顿（William Clinton）总统任期内，主要的变化是创建了国家科学技术委员会（National Science and Technology Council），成员由主要的内阁官员组成，总统担任委员会主席，以协商后"冷战"时代的国家科学政策。

直到第二次世界大战后，布什和科学研发局的工作才为人所熟知，面向总统的科学建议才引起人们的注意。20 世纪五六十年代，随着历史学家、政治学家和记者开始关注、研究联邦政府中的科学，人们对这一领域的兴趣有所提升。这些研究倾向于关注总统科学顾问在核武器政策和军备控制谈判中的作用。总统科学咨询委员会科学建议体系的支持者和批评者，就科学家是否适合参与国家决策以及精英主义是否主导了科学建议、科学政策展开了辩论。20 世纪 70 年代早期总统科学咨询委员会消亡，引发许多文章展开讨论，这些文章的作者主要是前科学顾问，但也有其他人的文章呼吁恢复总统科学咨询委员会。

最近，随着先前关闭的政府档案重新开放，以及"冷战"期间人们对美国科学的兴趣不断上升，总统科学顾问已经成为科学史家的一个重要研究课题。这些研究工作的重点已经扩展到核政策之外，探索科学顾问在"冷战"期间的国家和国际科学政策以及在其他领域如卫生和环境方面的作用。总统科学顾问作为国家安全的重要组成部分从这些研究中脱颖而出，成为"冷战"期间科学与政府之间的契约。

尽管总统图书馆和国家档案馆已经公开了大量由总统科学顾问提供的或关于总统科学顾问的资料，但关于总统科学顾问的全貌仍需等待剩余未公开记录的解密。目前的文献很大程度上缺失这一重要方面——对非正式总统科学建议的重要性的评估，就像政治上保守的物理学家爱德华·特勒（Edward Teller）在几届共和党政府中所做的那样。另外，比较总统在其他领域（如经济领域）得到的建议以及其他国家的科学建议，也可以对这一主题提供有用的见解。

参考文献

[1] Bromley, D. Allan. *The President's Scientists: Reminiscences of a White House Science Advisor*. New Haven: Yale University Press, 1994.

[2] Dupree, A. Hunter. *Science in the Federal Government: A History of Policies and Activities to 1940*. Cambridge, MA: Harvard University Press, 1957.

[3] Golden, William T., ed. *Science Advice to the President*. New York: Pergamon Press, 1980. Herken, Gregg. *Cardinal Choices: Presidential Science Advising from the Bomb to SDI*.

New York: Oxford University Press, 1992.

[4] Hewlett, Richard G., and Oscar E. Anderson Jr. *The New World: A History of the United States Atomic Energy Commission*. Vol. 1: 1939 - 1946. University Park: Pennsylvania State University Press, 1962.

[5] Kevles, Daniel. "Cold War and Hot Physics: Science, Security, and the American State, 1945 - 56." *Historical Studies in the Physical and Biological Sciences* 20:2 (1990): 239 - 264.

[6] Killian, James R., Jr. *Sputnik, Scientists, and Eisenhower: A Memoir of the First Special Assistant to the President for Science and Technolopy*. Cambridge, MA: MIT Press, 1977.

[7] Kistiakowsky, George B. *A Scientist at the White House: The Private Diary of President Eisenhower's Special Assistant for Science and Technology*. Cambridge, MA: Harvard University Press, 1976.

[8] Lambright, W. Henry. *Presidential Management of Science and Technology: The Johnson Presidency*. Austin: University of Texas Press, 1985.

[9] Smith, Bruce L.R. *The Advisors: Scientists in the Policy Process*. Washington, DC: The Brookings Institution, 1992.

[10] Thompson, Kenneth W, ed. *The Presidency and Science Advising*. Vols. 1 - 7. Lanham: University Press of America, 1986 - 1990.

[11] Wells, William G. "Science Advice and the Presidency, 1939 - 1976." Ph.D. diss., George Washington University, 1976.

王作跃（Zuoyue Wang）　撰，刘晓　译

美国空军与科学

United States Air Force and Science

　　该主题的特点是存在两个截然不同的时期。第一个是"二战"前，美国国会于1915 年建立了国家航空咨询委员会，那时是美国空军和民用飞机的主要研究机构。美国陆军航空部队也朝着该方向发展。委员会成立两年后，陆军通信部队在俄亥俄州代顿的麦库克飞机场建造了一个集飞机设计、制造和测试于一体的综合设施。麦库克飞机场的工程师对航空技术的发展做出了许多贡献。他们敦促制造商满足战斗机复杂的技术参数，改进工业原型机，进行大量的地面和空中测试，并对发动机和

螺旋桨等关键部件开展研究。但更根本和影响深远的研究却来自航空咨询委员会位于弗吉尼亚州汉普顿的兰利纪念航空实验室。在这片潮涨潮落的滩涂上，耸立着成排的风洞，一个比一个大，蔚为壮观。更重要的是，该实验室聚集了一批卓越的科学家和工程师，为军方和飞机制造商研究各种飞行难题。在其成立不久后的 1920 年，其著名的《航空咨询委员会技术笔记和报告》成了每个航空科学工作者的标准参考资料。

与航空咨询委员会的发展相平行，20 世纪 20 年代和 30 年代，古根海姆促进航空基金会向几所美国大学拨出大笔资金，以促进航空的理论研究。直到此时，只有极少数航空学专家主要任教于机械工程系。也许古根海姆基金会建立的最富成效的研发中心出现在加利福尼亚理工学院。该中心由杰出的匈牙利空气动力学家西奥多·冯·卡门（Theodore von Karman）领导。冯·卡门在加州理工学院院长罗伯特·A. 密立根（Robert A. Millikan）的说服下来到美国，很快就建起来一座欣欣向荣的实验室。部分原因是他与美国陆军航空兵团，即 1941 年后的美国陆军航空队（USAAF）关系密切。

空军和科学的第二阶段合作开始于 1936 年，冯·卡门遇到了亨利·H. 阿诺德将军（Henry H. Arnold），即当时加州马奇空军基地附近的指挥官、后来的美国陆军航空队司令。在这段个人联系之前，美国空军通常对科学和科学家漠不关心或迷惑不解。但是随着冯·卡门和阿诺德的友谊日益牢固，加之"二战"的爆发，这种态度迅速转变。当一连串危机导致美国卷入战争时，阿诺德更频繁地征求冯·卡门博士的意见，以解决诸如飞机的火箭推进、风洞研发和高速空气动力学等紧要问题。科学家和将军之间的这种紧密联系，缔结于战时工作的高压之下，逐渐使美国陆军航空队脱离了航空咨询委员会的轨道。

到 1944 年，军事航空内部所有关于科学重要性的怀疑都烟消云散了。雷达、弹道导弹和制导导弹、喷气和火箭动力，以及高爆炸性武器，只是基础科学和应用科学推动的巨大进步中的一小部分。阿诺德和其他空军最高指挥官现已意识到，要避免或阻止来自空中的突然毁灭性攻击，必须开展持续的研究。这些知识可以接着应用于美国的空中进攻和防御。因此，1944 年夏末，阿诺德将军要求多面手冯·卡门承担最后一项任务：组建一个科学顾问小组前往欧洲，摸清所有参战国在航空方面的进展。

冯·卡门精心挑选了若干杰出的科学家，带领他们前往欧洲和亚洲，在那里扣押了成吨的缴获数据资料，封装了许多箱贵重设备，会见了数十名敌方和盟国的研究人员。这些发现以一份大胆自信的题为《迈向新高度》的多卷报告提交给阿诺德，奠定了整个"冷战"期间美国空军的技术基础。事实上，它不仅确立了阶段性展望长时段航空发展的准则，还决定了应该采取的方法，并宣扬即使在遥远的未来科学本身仍然至关重要的论断。

冯·卡门及其同事从根本上建议美国应立足于常备的动员，以防止敌方空军的攻击。因为通过防御措施尚无有效手段来拦截这种威胁，冯·卡门主张利用飞机以及在科学知识上处于领先地位的各种系统，来构建强大的进攻能力。在报告中，他不仅预见到美国的导弹力量，还预言了拥有极高速度和广阔作战半径的飞机，装配着技术先进的制导武器攻击目标，并能突破恶劣天气和黑暗的阻碍。从组织方面，他倡导推行同样具有决定意义的措施：为美国陆军航空兵司令部服务的常设科学顾问委员会，一个内部研发机构，若干新的研发中心，一支公认的受过科学训练的陆军航空兵军官队伍，以及特殊的薪级以吸引最能干的平民科学家。到 20 世纪 50 年代早期，这些建议逐步落地成形，如田纳西州图拉荷马的大型空军风洞设施、美国空军（USAF）的弹道导弹计划，以及美国空军研发司令部的创建。

从那以后，空军基本上遵循了冯·卡门博士和阿诺德将军擘画的模式。四项长期预测——《伍兹霍尔暑期研学》《项目预测》《新高度 II》和《项目预测 II》，都沿袭着首个预测所取得的影响和远见的标准，取得了不同程度的成功。每隔一段时间都会制定预测，这一事实表明，科学在目前的空军中占有一席之地。

参考文献

［1］Gorn, Michael H. *Harnessing the Genie: Science and Technology Forecasting for the Air Force, 1944–1986.* Washington, DC: Government Printing Office, 1988.

［2］——. *The Universal Man: Theodore von Kármán's Life in Aeronautics*. Washington, DC and London: Smithsonian Institution Press, 1992.

［3］Roland, Alex. *Model Research: The National Advisory Committee for Aeronautics*. Washington, DC: Government Printing Office, 1985.

[4] Sturm, Thomas A. *The USAF Scientific Advisory Board: Its First Twenty Years*. Washington, DC: Government Printing Office, 1967; reprint, Washington, DC: Government Printing Office, 1988.

[5] Von Kármán, Theodore. *Toward New Horizons: Science, the Key to Air Supremacy*. Washington, DC: U.S. Army Air Forces Scientific Advisory Group, 1945; reprint, Camp Springs, MD: Air Force Systems Command History Office, 1992.

[6] Walker, Lois E., and Shelby Wickam. *From Huffman Prairie to the Moon: The History of Wright Patterson Air Force Base*. Dayton, OH: Government Printing Office, 1986.

迈克尔·H. 高恩（Michael H. Gorn） 撰，刘晓 译

秘密与保密研究

Secret and Classified Research

秘密研究从科学肇始持续至今。"希腊火"的配方是最著名的古代秘密研究成果之一，至今仍无人知晓。炼金术士寻找长生不老药与哲人石的过程太过神秘莫测，即使今天学者们也无法理解。军事和专利利益仍然是当今进行保密和秘密研究的主要原因。虽然安保体系的复杂性随着技术发展日益提升，但目的只有一个——让竞争对手无法获得自己的研究成果。第一次世界大战，科学和技术研究在官方组织下秘密进行。美国科学院国家科学研究委员会（National Research Council of the National Academy of Sciences）、美国海军咨询委员会（Naval Consulting Board）和美国化武部队（Chemical Warfare Service）都动用了大量学术型科学家和工程师。在此基础上，美国国家航空咨询委员会（the National Advisory Committee on Aeronautics）和一些军事实验室（包括海军研究实验室）也发展起来进行秘密研究。"一战"后工业研究的扩张使美国科学家进行秘密研究的比例大幅增加，远远超过政府实验室的创建比例，原因很简单：有更多科学家参与到秘密研究中。尽管政府和工业科学家会公布他们的部分研究成果，但出于专利考虑，在获得专利之前许多重要应用都是保密的。第二次世界大战爆发，当多腔磁控管和核裂变被发明和发现时，核物理研究就被严格保密起来。尽管利奥·齐拉（Leo Szilard，于 1933 年获

得核链式反应构想的专利）自己有保密意识，但"二战"开始后，核物理和雷达研究还是被美国国防研究委员会（National Defense Research Committee，NDRC）和科学研究与开发办公室（Office of Scientific Research and Development）从国家层面予以严格保密。科学研究与开发办公室会要求对承包商进行安全背景调查，并要求其阅读《间谍法》。科学研究与开发办公室采用陆军和海军的密级分类标准，即秘密（confidential）、机密（secret）和绝密（top secret）三级。不过这些安全制度向英国放宽，允许与英国进行重要的科学交流，这促进了战争期间雷达和核物理学方面的发展。尽管这些举措极大地推进了上述两个领域的研究，但同时也造成最严重的安全漏洞，例如克劳斯·富克斯（Klaus Fuchs）的背叛事件：他曾作为英国科学家小组成员，在美国洛斯阿拉莫斯国家实验室参与原子弹研发（他后来把研制原子弹的情报提供给了苏联——译注）。这引发了战后关于保密和安全性质的讨论，科学家们认为，为达到保密效果而阻碍研究进程也会影响安全，而来自美国军方和原子能委员会（Atomic Energy Commission）的资助者们则设法通过保守军事技术"秘密"以此作为领先于对手国家的一种手段。战后时期，美国原子能委员会和国防部对国家实验室的支持使得秘密研究迅猛增长。相当一部分美国科学家和工程师开始参与到国防相关研究中，这促进了工业专利研究的增长。因此，在许多领域，例如核武器研发和军用激光器研究领域，需要建立一个科学共同体的基本组织架构，以使保密会议甚至保密期刊可在领域内普及、流通。发达工业化国家担忧核武器扩散和商业机密泄露，进一步加剧了他们的保密程度。这个秘密科学共同体直到最近才开始向历史学家显山露水，它们通过一系列举措允许历史学家以撰写历史为目的接触机密材料。美国国防部和能源部为保密科学史的编写做了诸多高质量的准备工作，使我们得以一窥那些由"政府所有、承包商运营"（government-owned, contractor-operated）的实验室所进行的重大科研活动。

参考文献

［1］Baxter, James Phinney. *Scientists Against Time*. Cambridge, MA: MIT Press, 1968.

［2］Forman, Paul. "Behind Quantum Electronics: National Security as Basis for Physical

Research in the United States, 1940 - 1960." *Historical Studies in the Physical and Biological Sciences* 18, pt. 1（1987）: 149 - 229.

[3] Hackman, Willem D. "Sonar Research and Naval Warfare 1914 - 1954: A Case Study of a Twentieth Century Science." *Historical Studies in the Physical and Biological Sciences* 16, pt. 1（1986）: 83 - 110.

[4] Hewlett, Richard, and Oscar E. Anderson Jr. *The New World, 1939/1946.* Vol. 1 of *A History of the United States Atomic Energy Commission.* Berkeley: University of California Press, 1990.

[5] Hewlett, Richard, and Francis Duncan. *Nuclear Navy 1945–1962.* Chicago: University of Chicago Press, 1974.

[6] ——. *Atomic Shield.* Vol. 2 of *A History of the United States Atomic Energy Commission.* Berkeley: University of California Press, 1990.

[7] Hewlett, Richard, and Jack M. Holl, *Atoms for Peace and War 1953–1961: Eisenhower and the Atomic Energy Commission.*

[8] Berkeley: University of California Press, 1989.

[9] Kevles, Daniel J. *The Physicists: The History of a Scientific Community in Modern America.* New York: Knopf, 1978.

[10] Seidel, Robert. "From Glow to Flow: A History of Military Laser R&D." *Historical Studies in the Physical and Biological Sciences* 18, pt. 1（1987）: 111 - 148.

[11] ——. "Clio and the Complex: Recent Historiography of Science and National Security." *Proceedings of the American Philosophical Society* 134（1990）: 420 - 441.

[12] Shils, Edward A. *The Torment of Secrecy: The Background and Consequences of American Security Policies.* Glencoe, IL: Free Press, 1956.

罗伯特·W. 塞德尔（Robert W. Seidel）撰，彭繁　译

2.2　政府的科学行政与研究部门

美国联邦地质与博物调查局

Federal Geological and Natural History Surveys

自 1804 年起，由美国内政部、陆军部和海军部发起勘测和调查，旨在测绘美国

国家领土内的路线与边界，并考察区域内自然特征以及生物和非生物资源。美国政府部门组织这些国内及海外探险，是为了寻找地区的潜在经济价值以促进商业、运输、移民定居、资源开发和国防的发展。直到 1867 年，这些对边远地区的地理与学术探索重点还在于获取地形和水文知识。1867 年，地质学与地理学一样，也成为联邦政府对密西西比河西部地区调查的主要长期目标。政府于 1879 年设立美国地质调查局（United States Geological Survey，USGS）和民族学局（Bureau of Ethnology）作为法定政府部门。植物学和动物学则通过其他组织进行的林业、渔业以及其他野生动物调查等工作，在联邦政府保有一席之地。

早期军事探险者会咨询科学家寻求帮助，1820 年之后经过学术训练的平民也作为医生兼博物学家开始加入联邦探险队。此后，军官仍领导军事探险队，但只有少数人可以担任随队地质学家和博物学家，或被指派参加民间发起的野外调查活动。19 世纪 40 年代开始，从欧洲、美国国家调查活动以及哈佛、耶鲁新建立的理学院中培养出大批平民专家加入美国联邦勘测活动，或与联邦政府签订合同帮其整理收集的物品。

美国联邦政府的资助始于 1803 年，当时国会提供 2500 美元用于支持梅里韦瑟·刘易斯（Meriwether Lewis）和威廉·克拉克（William Clark）领导的陆军探险队（1804—1806）测绘横跨美洲大陆最便捷的水路通道，以扩展美国的对外贸易。托马斯·杰斐逊总统还要求刘易斯观察沿途乡村的原住民民族、土壤、植物、动物、化石、矿物和气候，并把收集物带回东部以便专家研究。

之后的勘测活动主要由美国陆军地形测量局（Topographical Bureau）及其接续部门测绘工程兵部队（Corps of Topographical Engineers，CTE）资助，它们在测绘、评估和图解西部土地和资源方面建立起成功的军民合作体系。历史学家认为，测绘工程兵部队作为公共工程部门发挥作用（Goetzmann，1959），为内战前美国经济与领土的快速扩张做出了贡献（Dupree）。测绘工程兵部队还推动政府建立科学机构，并培养出许多医生兼科学家：在内战前 60 次探险中约有一半探险活动是由这些人兼任地质学家和博物学家。测绘工程兵部队还带回大量植物学、民族学、矿物学、古生物学和动物学标本及材料，以供进一步研究使用。

1853 年至 1855 年间，在寻找通往太平洋最佳铁路线路过程中，测绘工程兵部队扩展了之前的勘探任务，对美国西部地区进行了全面评估。这个勘测项目的成果，以及同一时期美国测绘工程兵部队与内政部进行的美国－墨西哥边界与西北边界联合调查的成果，还有内政部修建马车公路（wagon-road）的行动都重塑了美国人对西部土地和资源的理解。美国海军进行的"美国探险远征"（United States Exploring Expedition，1838—1842）以及随后进行的加煤站（coaling stations）和地峡运河选址勘探，也提高了美国人对世界海岸、岛屿和海洋的原有认识。内政部美国土地总局（General Land Office，GLO）雇佣平民地质学家绘制有关平原或排水系统的地质图，并对密西西比河与密苏里河流域、苏必利尔湖地区、俄勒冈地区和加利福尼亚的公共矿藏进行评估，以帮助政府进行资源合理配置与科学研究。测绘工程兵部队和内政部在南北战争前的野外考察为美国提供了重要的西部地形与地质图，也使美国人进一步了解到西部地区现有和过去的生物群。

美国联邦政府在内战后恢复陆地和海上勘探，重新开展专项勘测和区域系统调查。1867 年，工程兵团（Corps of Engineers，1863 年合并了测绘工程兵部队）开始进行由地质学家克拉伦斯·金（Clarence King）领导的美国北纬 40°地质勘探行动。克拉伦斯·金此次考察计划周密、资金充足、平民专家众多（野外考察：1867—1872 年；发表成果：1870—1880 年）。他们利用三角测量法绘制地图，还评估了内华达山脉和大平原之间横贯大陆的铁路线两侧的土地和资源。克拉伦斯·金和他的队员们代表美国科学日益专业化：他们在东部的科学院校（有些在欧洲矿业学院）接受教育，又在配有科学仪器的联邦或州调查活动中获得额外经验。

19 世纪 60 年代，克拉伦斯·金为乔赛亚·惠特尼（Josiah Whitney）在加利福尼亚州地质调查局（Geological Survey of California）工作，那时学到许多现代地形学和地质学方法。后来他将这些方法引入联邦政府的调查勘测活动。1872—1873 年间，另外的 3 次西部考察采用了克拉伦斯·金的方法和标准。费迪南德·海登（Ferdinand Hayden）的美国领地地质与地理考察（野外考察：1867—1878 年；发表成果：1868—1890 年），以及约翰·鲍威尔（John Powell）的美国落基山脉地区地理与地质考察（野外考察：1871—1878 年；发表成果：1872—1893 年）都为美国内政部绘制出大量地图。工程兵团资助陆军中尉乔治·惠勒（George Wheeler）进行了美国西经 100 度以西的地理考察（野外考察：1871—1879 年；发表成果：1872—1889 年）。19 世纪 70 年代，这 3 次考察促进了海登和鲍威尔在土地利用分类方面的工作。

1874—1877 年，美国内政部将海登和鲍威尔的工作内容分开，要求他们关注不同地区的（某种程度上）不同的学科领域。海登继续关注古生物学、植物学和动物学，鲍威尔专注于民族学。但他们计划出版的西部地图集与惠勒绘制的存在竞争关系。这些和其他内部调整仍然无法避免 3 个考察队的重复工作、资金不足问题以及部分不恰当研究，美国国会于 1878 年要求美国国家科学院为公共土地调查制定一套系统，以用更少的成本取得更好的效果。

美国国家科学院委员会在克拉伦斯·金的建议下，推荐成立 3 个内政部下属机构。成立新的美国地质调查局将对公共土地进行科学分类，研究其地质结构、自然资源及物产；将自然收集物送往史密森国家博物馆（Smithsonian's National Museum）。将美国海岸与大地测量局（United States Coast and Geodetic Survey）从美国财政部转入内政部，更名为"海岸与内陆局"（Coast and Interior），负责地籍管理、大地测量和地形调查，并为美国地质调查局和美国土地总局绘制地图。成立公共土地委员会（Public Lands Commission，PLC）编纂土地法，并为土地分配调查制度的改进提供建议。美国土地总局裁撤测量员，负责管理和记录公共土地交易。

美国国会和总统拉瑟福德·海斯（Rutherford Hayes）最终批准了修订后的方案：只组建美国地质调查局和公共土地委员会。新法令决定终止海登、鲍威尔和惠勒的考察，只允许工程兵团以运输和国防为目的开展定期调查，不过会继续为终止的调查提供资金以资助出版剩余的考察报告。美国地质调查局则以更大的比例尺继续绘制西部地图。1882 年，美国地质调查局的工作开始向东部扩展，19 世纪 90 年代扩展到阿拉斯加，在这些地方代替陆军和海军进行勘测活动。

莫特·T. 格林（Mott T. Greene, p. 101）指出关于美国联邦政府的勘测与考察活动，大多历史著作都讨论其社会背景与影响，他呼吁我们还需要进行新的历史研究，评估当时运用的科学方法以及取得的科学成果。我们需要进一步研究政府与非政府机构收藏的相关手稿和原始出版资料，以便更好地了解联邦考察团进行的野外及实验室工作、所用技术和出版成果。此外，美国联邦政府的考察工作也应该与同一时期各州的考察以及别国的全国和地方考察活动相比较。

参考文献

[1] Bartlett, Richard A. *Great Surveys of the American West.* Norman: University of Oklahoma Press, 1962 .

[2] Bruce, Robert V. *The Launching of Modern American Science 1846–1876.* New York: Alfred A. Knopf, 1987 .

[3] Dupree, A. Hunter. *Science in the Federal Government: A History of Policies and Activities to 1940.* Cambridge, MA: Harvard University Press, 1957 .

[4] Goetzmann, William H. *Army Exploration on the American West 1803–1863.* New Haven: Yale University Press, 1959 .

[5] ——. *Exploration and Empire: The Explorer and the Scientist in the Winning of the American West.* New York: Alfred A. Knopf, 1966 .

[6] Goetzmann, William H., and Glyndwr Williams. *Atlas of North American Exploration.* Englewood Cliffs, NJ: Prentice Hall, 1992 .

[7] Greene, Mott T. "History of Geology." *Osiris,* 2d ser., 1 (1985): 97 - 116 .

[8] Jackson, W. Turrentine. *Wagon Roads West: A Study of Federal Road Surveys and Constructions in the Trans-Mississippi West, 1846–1869.* New Haven: Yale University Press, 1952 .

[9] Manning, Thomas G. *Government in Science: The U.S. Geological Survey 1867–1894.* Lexington: University of Kentucky Press, 1967 .

[10] Meisel, Max. *Bibliography of American Natural History: The Pioneer Century 1769–1865.* Brooklyn, NY: Premier, 1924 - 1929 .

[11] Nelson, Clifford M. "Paleontology in the United States Federal Service, 1804 - 1904." *Earth Sciences History* 1 (1982): 48 - 57 .

[12] Rabbitt, Mary C. *Minerals, Lands, and Geology for the Common Defence and General Welfare.* Vol. 1, *Before 1879*; Vol .

[13] 2, *1879–1904*. Washington, DC: Government Printing Office, 1979 - 1980 .

[14] Schubert, Frank N. *Vanguard of Expansion: Army Engineers in the Trans-Mississippi West 1819–1879*. Washington, DC: Government Printing Office, 1980 .

[15] Sherwood, Morgan B. *Exploration of Alaska 1865–1900.*New Haven and London: Yale University Press, 1965 .

克利福德·M. 纳尔逊（Clifford M. Nelson）撰，彭繁　译

美国海岸与大地测量局

Coast and Geodetic Survey, United States

美国国会 1807 年成立了海岸测量局，来绘制本国的海岸线地图。目前它仍是联邦政府最悠久的科学机构。1878 年，当人们决定通过横跨大陆的三角测量将大西洋和太平洋海岸的测量联系起来时，这个机构被更名为海岸与大地测量局。1982 年，海岸和大地测量局改名为国家海洋局。9 年后，国家海洋与大气管理局的海洋局内的一个独立部门被重新命名为海岸与大地测量局。最后，政府在 1994 年的改组导致了海岸测量局的重新建立。

本条目将强调，在海岸测量局与科学联系尤为重要的时期，即 1843 年至 1867 年亚历山大·达拉斯·贝奇（Alexander Dallas Bache）担任主管的时期，海岸测量局在美国科学史上的重要作用。在贝奇的领导下，海岸测量局成为全国重点科研机构。贝奇利用勘测来促进美国的科学研究，并控制其他著名机构，特别是美国科学促进会、美国哲学学会和美国国家科学院。

测量的实地工作通常包括水文测量、地质作业和三角测量等各种活动。贝奇把业务扩大到大西洋、太平洋和墨西哥湾的海岸，但为了赋予具有实用功能的绘图更高的准确度和精密度，海岸测量局进行了广泛的科学研究，从天文与地球物理研究，到墨西哥湾流观测以及对来自海底的微小动物的研究。因为需要天文观测以测量地球的形状和确定地点的经纬度，所以全国最好的大学和私人天文台都参与了此次天文调查工作。

海岸测量局得以承担广泛的科学研究，是因为贝奇成功得到了民众的支持，并且使政客们相信这些研究是符合商业利益的。例如，贝奇强调，自从航海开始依赖于对磁北极变化的全面了解，任何揭示地磁规律的尝试都会为国家的贸易服务。通过地磁等领域开展研究，海岸测量局还参加了欧洲专家组织的国际科学合作。包括路易·阿加西（Louis Agassiz）和本杰明·皮尔斯（Benjamin Peirce）在内的美国科学界主要领导人也积极参加了海岸测量局的活动。

与其他支持科学的联邦机构相比，贝奇的海岸测量局拥有的预算最多。截至19世纪50年代末，其支出已经突破了50万美元大关，而美国地质调查局（U.S. Geological Survey）直到19世纪80年代中期才超过这一数额。海岸测量局资助的科学家也更多——或是直接参与勘测，或是间接通过贝奇聘用顾问的政策参与。作为这一时期最重要的机构，海岸测量局对于塑造19世纪美国科学的地理风格起到了关键作用。贝奇努力使国家的科学资源符合调查的要求，这也帮助促成了美国科学史上的一个重大新趋势：科学成了一项大规模工作，其中包含着由科学工作者和精英理论家构成的层次体系。贝奇是美国早期的科学家－企业家之一。这些人帮助现代科学从一个根本上私人的活动转变为高度有序的大科学实践活动。

参考文献

[1] Bruce, Robert V. *The Launching of Modern American Science, 1846–1876*. New York: Knopf, 1987.

[2] Cannon, S.F. *Science in Culture: The Early Victorian Period*.

[3] New York: Dawson and Science History Publications, 1978.

[4] Dupree, A. Hunter. *Science in the Federal Government: A History of Policies and Activities to 1940*. Cambridge, MA: Harvard University Press, 1957.

[5] Manning, Thomas G. *U.S. Coast Survey vs. Naval Hydrographic Office: A 19th Century Rivalry in Science and Politics*. Tuscaloosa: University of Alabama Press, 1988.

[6] Reingold, Nathan. "Research Possibilities in the U.S. Coast and Geodetic Survey Records." *Archives Internationales d'Histoire des Sciences* 11（1958）: 337 - 346.

［7］Slotten, Hugh R. "The Dilemmas of Science in the United States: Alexander Dallas Bache and the U.S. Coast Survey." *Isis* 84（1993）: 26 - 49.

［8］——. *Patronage, Practice, and the Culture of American Science: Alexander Dallas Bache and the U.S. Coast Survey*.New York: Cambridge University Press, 1994.

休・理查德・斯劳顿（Hugh Richard Slotten）　撰，刘晓　译

美国鱼类及野生动物管理局
Fish and Wildlife Service, United States

野生动物研究和管理机构。如今美国的鱼类及野生动物管理局还要从 1846 年斯宾塞・富勒顿・贝尔德（Spencer Fullerton Baird，1823—1888）就任史密森学会助理秘书一职开始说起。贝尔德在史密森学会工作了 42 年，从一开始就大力支持联邦政府资助的博物学研究和收藏工作。1851 年，他开始派年轻的博物学家勘测太平洋铁路，并于内战结束后在各地开展地质和地理调查。此外，一些在私人赞助下被派往阿拉斯加的人，比如加拿大西部哈德逊湾公司的一些雇员，也得到了他的支持，提供采集设备、物资、出版物乃至精神激励等。19 世纪 50 年代中期开始，贝尔德汇编了大量有关北美鸟类、哺乳动物和其他脊椎动物物种的现有资料，并将其出版。1873 年，他说服国会成立了美国渔业委员会，并担任第一任委员。这是一项额外的兼职，贝尔德无法从中获取薪酬。他像以前一样利用大学生和其他年轻的博物学家的聪明才智，并于 1881 年在马萨诸塞州的伍兹霍尔创建了一家渔业研究机构，由私立大学和个人支付土地使用费。海洋生物学实验室（1888）和伍兹霍尔海洋研究所（1930）某种程度上是贝尔德在观念上，而不是其早期举措的直接产物。贝尔德倾向对渔业进行纯科学研究，但国会很快就要求发展鱼类养殖和人工繁殖。1888 年贝尔德去世后，美国渔业委员会成为一个独立机构，其委员由政府任命，还有薪水可拿。1903 年，美国渔业委员会变更成渔业局，隶属新成立的商务和劳工部。这种情况一直持续到 1940 年。

1885 年夏天，在贝尔德的协助下，成立两年的美国鸟类学家协会（AOU）的一个委员会说服国会在农业部设立一个经济鸟类学办公室。委员会主席是一位名叫哈

特·梅里厄姆（C. Hart Merriam）的医生，他利用最初的 5000 美元资金开始收集有关鸟类迁徙和分布的数据。这是一项让鸟类学家协会志愿者小组不堪重负的任务。表面上看，梅里厄姆的工作是为了帮助农民和农场主，但他主要感兴趣的是确定北美动物群的性质和种类，以及影响其分布的生物地理因素。不到一年时间，梅里厄姆又把哺乳动物纳入其工作范围。1891 年，他基本上放弃了经济方面的工作。1896年，梅里厄姆所在的委员会成为生物调查部，生物调查部十年后又成为农业部下属的生物调查局。梅里厄姆是委员会和美国脊椎动物学界的领军人物，他极大地拓展了人们对美国哺乳动物和鸟类的认知。当没多少大学毕业生能从事这项工作时，他就通过实地训练培养人才。

1905 年，国会的干预迫使梅里厄姆和他为数不多的工作人员承担了越来越多费时费力的管理和监管工作，他并不喜欢这样。梅里厄姆不关心政治，有时甚至会与国会议员作对，但他还是委派下属在预算听证会上尽可能多地露面。1910 年辞去局长一职时，他的预算只有 62000 美元，而当时与之类似的昆虫学局预算则接近 42.8万美元，林业局预算将近 400 万美元。接下来的 30 年里，他的六位继任者（其中五位都是专业的生物学家）都适应了国会的优先事项排序，也获得了更大的预算。1926 年，生物调查局的年度预算超过了 130 万美元。后来的继任者也部分实现了梅里厄姆的夙愿，比如对动物资源进行陆地范围的调查。该调查在管控食肉动物和啮齿动物方面做了很多工作，同时也饱受争议。例如，有人认为调查活动应当为美国本土 48 个州的狼群灭绝负主要责任，但也有人认为调查活动非常成功。同时，调查活动在新兴且不断发展的野生动物管理领域的研究一直低调有序地进行，并逐渐负责联邦狩猎法的执行。

1940 年，生物调查局和渔业局都被移交给内政部，合并为美国鱼类及野生动物管理局。随着野生动物种群管理的有关信息不断完善，食肉动物管控项目逐渐被叫停。1945 年后，美国鱼类及野生动物管理局经历了几次改组，但管理上的压力依然存在。近几十年来，人们越来越重视与其他联邦政府、州、私人和国际野生动物机构进行合作，重视保护栖息地和濒危物种，野生动物与栖息地的关系研究也越来越得到重视，但相较美国鱼类及野生动物管理局日益繁重的职责，研究仍居于次要地位。1993 年，内政部长巴比特回顾了最初开展生物调查的一些重要目标，然后从内政部现有的各机构中调派人员，成立了一个新的国家生物调查局（NBS，后来改名为国家生物服务局）。国家生物调查局存在时间虽短，但却重新评估了国家的生物资源及其状况和分布。然而，从一开始，一些国会议员就反对巴比特，称其没有获得内部改组的正式批准。部分原因在于有些人越来越反对联邦政府参与制定环境政策，也在于有些立法者想废除国家生物调查局。一些观点认为国家生物调查局可能通过征用土地来"夺取"私人财产以实现其环境目标，这也是问题所在。国家生物调查局的官员表示自己的工作是研究、分析和咨询，且国家生物调查局不是监管机构，以试图消除这些反对意见。最终国家生物调查局还是存活了下来。1996 年，它被移交给同样隶属于内政部的美国地质调查局，成了生物资源司，其职责变得更为有限。

参考文献

［1］Allard, Dean C. Spencer F. Baird and the U.S. Fish Commission: A Study in the History of American Science. New York: Arno Press, 1978.

［2］Cameron, Jenks. The Bureau of Biological Survey. Baltimore: Johns Hopkins University Press, 1929.

［3］Dunlap, Thomas R. Saving America's Wildlife. Princeton: Princeton University Press, 1988.

［4］Durham, Megan, ed. Fish and Wildlife News—Special Edition: Research. April–May, 1981.

［5］Lindsay, Debra. Science in the Subarctic: Trappers, Traders, and the Smithsonian Institution. Washington, DC: Smithsonian Institution Press, 1993.

［6］Sterling, Keir B. Last of the Naturalists: The Career of C. Hart Merriam. Rev. ed. New York: Arno Press, 1977.

［7］——. "Builders of the Biological Survey, 1885 – 1930." Journal of Forest History 30, no. 4 (October 1989): 180 – 187.

［8］——. "Zoological Research, Wildlife Management, and the Federal Government." In Forest and Wildlife Science in America, edited by Harold K. Steen. [Durham, NC]: Forest History Society, 1999, pp. 19 – 65.

凯尔·B. 斯特林（Keir B. Sterling）撰，曾雪琪　译

另请参阅：斯宾塞·富勒顿·贝尔德（Spencer Fullerton Baird）

美国农业部

Department of Agriculture, United States

根据亚伯拉罕·林肯总统签署的法案，美国农业部（USDA）成立于 1862 年 5 月 15 日。自成立至第二次世界大战，一直是世界领先的科学研究机构之一。"二战"结束后，尽管被其他机构，特别是军方机构所超越，但它仍然具有重要意义。

根据法案，该部门的负责人（最初称为专员）是"通过实践和科学的实验（实验的准确记录应保存在他的办公室里），……尽可能地收集有价值的新种子和新植物；如果可能有尚需检验，就通过栽培来检验那些植物的价值；传播那些值得传播的植物，把它们分发给农学家"。专员被授权去雇用"化学家、植物学家、昆虫学家以及其他擅长与农业有关的自然科学领域的人员"。

第一位专员设立了化学、昆虫学、植物学、林学、统计学、微生物学以及植物生理学和病理学等部门。1884 年增加了畜产局；1890 年，气象局从陆军部调过来，林务局于 1905 年也成为该部的一部分。多年来，许多部门的名称都改变了，数量也有所增加。特别自 1933 年以来，该部门被赋予了维持农产品价格和将富余农产品分配给穷人的职责。

艾萨克·牛顿——一位宾夕法尼亚州的奶农，被任命为首任专员。他立即开辟了试验田（位于今华盛顿购物中心），开始试验各种谷物。

牛顿后续的几位继任者，基本都恪尽职守。然而，临近世纪之交，农业部的科学家在农业科学和技术方面取得了大量进展。这些五花八门的成就包括测定食物的化学成分和建立人类营养的科学，引进澳大利亚瓢虫来控制虫害规模，培育抗病植物株，开发抗猪霍乱的血清病毒疗法，以及确认蜱热并找到控制方法。该部的世界知名科学家，有阿特沃特（W. O. Atwater）、西奥博尔德·史密斯（Theobald Smith）和威廉·奥尔顿（William A. Orton）。

1897 年，詹姆斯·威尔逊（James Wilson）被任命为农业部部长，他担任该职长达 16 年，从此农业部发展成为当时世界上最伟大的研究机构。威尔逊曾是爱

荷华州立大学的农业教授和美国国会议员。在他任职农业部期间，该部的雇员从
2444 人增至 13858 人，开支从 3535000 美元增至 21103000 美元。威尔逊把一
些不同的部门和处室合并成植物产业局、土壤局、统计局、化学局、昆虫局和生
物调查局。然而，值得重视的并非是这些行政单位，而是里面由个人主导的研究
工作。众多科学家，有从事植物研究的贝弗利·加洛韦（Beverly T. Galloway）、
希曼·纳普（Seaman A. Knapp）、斯皮尔曼（W. J. Spillman）和马克·卡尔顿
（Mark Carleton）；从事昆虫学研究的霍华德（L.O. Howard）；化学方面的哈维·威
利（Harvey W. Wiley）；动物方面的玛丽安·多塞特（Marion Dorset）；土壤方
面的柯蒂斯·马布特（Curtis F. Marbut）和米尔顿·惠特尼（Milton Whitney）；
营养方面的威尔伯·阿特沃特（Wilbur O. Atwater）；林业领域的吉福德·平肖
（Gifford Pinchot）。在这些科学家中，威利最为知名，因为他致力于确保消费者获
得更健康的食物。

1914 年，当国会通过了《史密斯－利弗法案》（Smith-Lever Act），农业部启
动了一项独特的教育计划。该法案指示农业部与各州（通常是州立农业学院）县合
作，设立由县级官员组成的办公室，将研究成果直接送到农场主手中。这种合作推
广站模式已被世界各地广泛采用。

第一次世界大战期间，农业部鼓励农场主增加产量以满足战时需要。然而，战
争结束后粮食价格下降，农业部敦促农场主应用研究成果，以降低粮食生产成本。
1922 年，农业经济局因而成立，在亨利·泰勒（Henry C. Taylor）的领导下，帮
助农场主削减成本，更好地销售他们的产品。

大萧条旷日持久，导致从 1933 年起，农业部成立了多个新机构，它们旨在采取
行动而非从事研究。这些机构包括农业调整管理局（1933）、土壤保护署（1935）、
联邦剩余商品公司（1935）、农业安全管理局（1937）、联邦农作物保险公司
（1938）、农村电气化管理局（1939）、农业信贷管理局（1939）和商品信贷公司
（1939 年）。其中一些机构此前是独立的，但 1933 年或之后便都纳入了农业部。虽
然有的机构名称发生了变更，农业信贷管理局独立了出去，但约 65 年后他们仍然在
负责基本上相同的事项。

1969 年，正式成立食品和营养局以负责食品分配计划，该计划原本由农业部实施，但基础不够稳固。就资金和人员而言，食品券、校园午餐以及相关事项一直是农业部的重要职责。这些食品计划比那些更具争议的农业生产计划获得过更多公众和国会的支持。

近年来，农业部在 5 个区域性的利用研究实验室开展物理科学领域的重大研究计划，并与州立农业院校和实验站合作。1938 年，国会批准了 4 个实验室，1964年批准了第 5 个。它们位于宾夕法尼亚州的温德摩尔、伊利诺伊州的皮奥里亚、加利福尼亚州的奥尔巴尼、路易斯安那州的新奥尔良以及佐治亚州的雅典。除了以上5 个区域性实验室，农业部还在马里兰州的贝茨维尔设有一个主研究站。林务局也设立了一些独立于该部的研究设施。

尽管如此，重大的研究成果还是来自个人的发现。例如，爱德华·尼普林（Edward Knipling）提出通过绝育法控制虫害，而在路易丝·斯坦利（Louise Stanley）的领导下，家政学被公认为一个重要的研究领域。

经济和统计研究由名目不同的机构进行，目前是经济研究处和统计报告处。对外农业局促进农产品出口。国家农业图书馆藏书约 140 万册，供全国各地的研究人员使用。

农业部开展的研究旨在解决问题而非理论探讨。然而，有时解决问题的研究有助于科学理论，而理论也有助于解决问题。两者都是为了确保世界持续充足的粮食供应所必需的。

参考文献

[1] Baker, Gladys L., et al. *Century of Service: The First 100 Years of the United States Department of Agriculture.* Washington, DC: United States Department of Agriculture, 1963.

[2] Moore, Ernest G. *The Agricultural Research Service.* New York: Frederick A. Praeger, 1967.

[3] Rasmussen, Wayne D. *Taking the University to the People: Seventy-five Years of Cooperative Extension.* Ames: Iowa State University Press, 1989.

[4]——. *Farmers, Cooperatives, and USDA: A History of the Agricultural Cooperative Service.* Washington, DC: United States Department of Agriculture, 1991.

[5] Rasmussen, Wayne D., and Gladys L. Baker. *The Department of Agriculture.* New York: Praeger Publishers, 1972.

[6] Simms, D. Harper. *The Soil Conservation Service.* New York: Praeger Publishers, 1970.

[7] Steen, Harold K. *The U. S. Forest Service: A History.* Seattle: University of Washington Press, 1976.

韦恩·D. 拉斯穆森（Wayne D. Rasmussen）　撰，刘晓　译

美国国家气象局
National Weather Service, United States

虽然自殖民时代以来，美国就开始进行天气观测，但第一个提供每日天气报告和预报的国家服务机构是 1870 年在陆军部成立的，并由首席信号官领导。在此之前，许多联邦机构都收集了气象和气候学观测数据，包括卫生局（1814—1882）、国土总署（1817—1821）、美国海军（1834—1837）和史密森学会（1849—1874）。

1814 年，卫生局局长詹姆斯·蒂尔顿（James Tilton）命令他手下的所有医务人员，将"记录天气日记"作为他们公务的一部分。1822—1854 年，陆军的《气象记录》（*Meteorological Registers*）报道了这些观测结果。1842 年，詹姆斯·埃斯皮（James Espy）实际上成了第一位在军医处长监督下工作的国家气象学家，他绘制了暴风雨的过程图，并解读了兵站外科军医收集的数据。

在约瑟夫·亨利的指导下，史密森学会继续研究风暴和美国气候。多达 600 名志愿观察员每月提交报告。1849 年，史密森学会开始试验用电报传输每日的天气报告。内战期间，许多志愿观察员停止了报告，大量数据被销毁。

1870 年，国会资助国家气象局为商业和农业提供"电报和报告"。通信兵团的创始人艾伯特·J. 迈尔（Albert J. Myer）上校成为第一任指挥。通信处聘用了平民科学家英克里斯·A. 拉帕姆（Increase A. Lapham）和克利夫兰·阿贝（Cleveland Abbe），以及 500 多名受过大学教育的观测者兼中士。1869—1875

年，它的预算增加了一百倍。创刊于 1872 年的《每月天气评论》（*Monthly Weather Review*）至今仍在出版。在威廉·B. 哈森（William B. Hazen）准将的领导下（1880—1887），通信处建立了一个科学研究室，并在军队是否应该支持国家气象局的问题上为自己辩护，反对其批评者，特别是艾利森委员会。

根据 1890 年 10 月 1 日的一项国会法案，美国气象局在农业部成立，一直存续至 1940 年。第一任领导马克·W. 哈林顿（Mark W. Harrington，1891—1895）在与农业部部长的政治斗争中被罢免。下一任行政长官威利斯·L. 摩尔（Willis L. Moore，1895—1913）被指控管理不善和财政上不正当。这一时期的创新包括分散式预报，使用风筝进行高空观测，以及通过电缆和电话传输数据。

查尔斯·F. 马文（Charles F. Marvin，1913—1934）、威利斯·R. 格雷格（Willis R. Gregg，1934—1938）和弗朗西斯·雷切尔德费尔（Francis W. Reichelderfer，1938—1963）管理期间争议较小。马文在一战期间监督了美国的军事气象服务，设置了定期的高空探测气球，将双向无线电通信应用于气象用途，并发展了海洋和航空气象服务。格雷格和雷切尔德费尔将挪威的气团和锋面分析方法带到了美国，并通过使用气球携带的无线电气象仪使高空数据的获取标准化。1940 年，气象局转到商务部之下。

"二战"期间，气象局支持军方致力于全球天气报告系统的建设。在 20 世纪 50 年代，该局尝试用电子计算机进行天气分析和预测。1960 年，它设立了全国第一个气象卫星项目。

1965 年，气象局与海岸和大地测量局以及其他机构合并，成立了环境科学服务管理局（Environmental Science Services Administration，ESSA）。五年后，在新改组的国家海洋和大气管理局（National Oceanic and Atmospheric Administration，NOAA）内成立了国家气象局。罗伯特·M. 怀特（Robert M. White）曾担任气象局局长，以及环境科学服务管理局、国家海洋和大气管理局的第一任局长。

档案材料存放在国家档案和记录管理局，记录组号为 27。

参考文献

［1］Fleming, James Rodger. *Meteorology in America, 1800–1870.*

［2］Baltimore: Johns Hopkins University Press, 1990.

［3］Hartwell, Frank E. *Forty Years of the Weather Bureau, the Transition Years.* Bolton, VT: n.p., 1958.

［4］Hughes, Patrick. *A Century of Weather Service: A History of the Birth and Growth of the National Weather Service, 1870–1970.* New York: Gordon and Breach, 1970.

［5］Popkin, Roy. *The Environmental Science Services Administration.*

［6］New York: Praeger, 1967.

［7］Weber, Gustavus A. *The Weather Bureau.* New York: D. Appleton, 1922.

［8］Whitnah, Donald R. *A History of the United States Weather Bureau.* Urbana: University of Illinois Press, 1961.

詹姆斯·罗杰·弗莱明（James Rodger Fleming）　撰，康丽婷　译

美国森林局

Forest Service, United States

美国政府设立在农业部的一个机构。1876 年通过的一项法案批准成立，该法案授权农业专员任命一位特别代理人研究美国的森林状况。1881 年林业司成立，主要负责调查研究和信息工作。1901 年，它被林业局所取代。1905 年，在国家森林保护区的管辖权从内政部转到农业部并归属林业局后，它被正式命名为国家森林局。1907 年，森林保护区被重新划定为国有森林，并置于六个区办事处的监管之下，建立起一种机构区域分权模式。

新成立的森林局开始在 15 个州和地区约 6300 万英亩国有森林里进行系统的林业工作。与此同时，森林局首任局长吉福德·平肖（Gifford Pinchot）发起了一场具有历史意义的保护森林和其他自然资源的运动，并得到西奥多·罗斯福总统的大力支持。同时，森林局于 1908 年开始建立区域性森林实验站，研究森林及相关的山脉问题。1910 年，森林局在威斯康星州麦迪逊市建立了森林产品实验室，该实验室

成为研究木材及其应用的全球著名科学机构。

1911 年，《维克斯法案》授权为国有森林购买私有土地以保障运河的顺利通行，进而推动了森林局的发展。1924 年，《克拉克－麦克纳里法案》进一步扩大立法范围，授权购买木材生产所需的土地，还签署了国营和私营林地防火合作协议。同年，森林局开始建立大面积的荒野和原始地区保护制度。

20 世纪 30 年代，森林局的作用大大扩展，成为平民保育团的主要技术合作机构。平民保育团吸引了 100 多万年轻人参与到各种森林保护工作中。在罗斯福大草原林业工程中，森林局与农民合作来缓解旱情、保护农作物和牲畜以及减少沙尘暴。同样是在 20 世纪 30 年代，内政部长哈罗德·伊克斯（Harold Ickes）试图把森林局转到内政部并更名为生态保护部，但没有成功。

二战期间，森林局广泛调查了森林产品的战时需求和供应链，还在森林产品实验室对木材进行了许多关于战争的科学研究。同样在战争年代，森林局负责人厄尔·H. 克拉普（Earle H. Clapp）和莱尔·F. 沃茨（Lyle F. Watts）没能促成联邦政府对私人木材砍伐进行监管，但他们的努力促使几个州颁布了相关的监管措施。

近年来，森林局持续扩大合作项目，以向私人森林所有者和林产品加工商乃至国际林业事务提供技术援助。1960 年的《多用途和持续高产法》特别批准了一项由林务局管理国家森林资源的长期政策，以实现森林的用途多元化和持续高产。1974 年的《森林和牧场可再生资源规划法》促使森林局进行更为长期的规划。随着权力的不断下放，包括 41 个州和波多黎各在内，森林局目前管理着共 1.88 亿英亩的 154 个国家森林和 19 片国家草原（自 1960 年建立）。

参考文献

［1］Dana, Samuel T. Forest and Range Policy. New York: McGraw-Hill, 1956.

［2］Pinkett, Harold T. "Forest Service." In Government Agencies, The Greenwood Encyclopedia of American Institutions, edited by Donald R. Whitnah. Westport, CT: Greenwood Press, 1983.

［3］Robinson, Glen O. The Forest Service: A Study in Public Land Management.

Baltimore: Johns Hopkins University Press, 1975.

[4] Smith, Frank E., ed. Conservation in the United States: A Documentary History. 5 vols. New York: Chelsea House, 1971.

[5] Steen, Harold K. The U.S. Forest Service: A History. Seattle: University of Washington Press, 1976.

哈罗德·平克特（Harold T. Pinkett） 撰，曾雪琪 译

美国地质调查局
Geological Survey, United States

1879 年 3 月 3 日，第 45 届国会和拉瑟福德·海斯（Rutherford Hayes）总统成立了美国地质调查局（USGS），隶属于内政部，负责"公共土地的分类和国土领域内地质结构、矿产资源和产品的调查"（*u.s. statutes at large*，p.394）。推动美国地质调查局立法的政治家和科学家们希望这个新机构能通过支持采矿业来帮助恢复国家经济，并通过改善联邦地质部门的经济、效率、协调和效用来完善公务员制度。该法令终止了三项相互冲突的对西部公有土地的联邦地质和地理调查项目，这是平民科学、体系化和财政紧缩的胜利。而且将这些项目的一些职能纳入了美国地质调查局。为了保护美国地质调查局数据和分析的完整性和公正性，法律禁止其雇员对所研究的土地或矿产进行投机或外部咨询。该法律还指定史密森学会国家博物馆为美国地质调查局的收藏库，并详细规定了美国地质调查局出版物的性质。改革者没能成功在内政部建立一个负责地籍、大地测量和地形测量的独立测绘机构，也没能成功加强内政部对公共土地的管理。

1820 年至 1878 年期间，为了协助科学普查、合理开发国家矿产资源以造福公众，约有 20 个国家以及所属的州和省，还有一个将要成立的国家设立了地质调查机构。当它们演变成常设性机构时，其中一些国家调查机构增加了教育、地形图绘制、博物学研究和博物馆的职能，其中许多职能现在都被分散到其他机构，或者通过更古老的机构来获取这方面的专业知识。由于美国地质调查局的创始人回避了博物学方面的活动，还限制了那些不能直接支持经济地质学主要任务的地质学、地形

学方面的活动，因此有些历史学家认为地质调查局的最初设想对于科学和外部支持来说过于死板。1879 年至 1881 年，克拉伦斯·金（Clarence King）被海斯任命为地质调查局首任局长，他凭借自己在加州地质调查所任职（1863—1866）和领导北纬 40° 地质勘探（1867—1879）的经验，参与创建了美国地质调查局并指导其工作。金希望美国地质调查局的矿产资源研究能在工业、货币和土地科学分类等主要方面产生直接的实际价值。金还希望经济地质学的研究成果能有助于理解矿床的性质，并通过一般地质学的相关工作促进人们对地球及其历史的认识。

1882 年，国会授权美国地质调查局在全国范围内开展活动，以支持绘制金所寻求的准确的国家地质图。在此背景下，第二任局长（任期1881—1894 年）约翰·威斯利·鲍威尔（John Wesley Powell）牺牲了经济地质学，将美国地质调查局转型成为一个绘制地形图（默认为地形图，并设计必要的国家计划）和从事地质学基础研究的机构。1888 年，国会授权美国地质调查局进行灌溉调查，鲍威尔借此机会来实现他对西部土地、水源使用改革的长期目标。1890 年至 1894 年间，由于鲍威尔提出的政策和计划没有对国家矿产和水资源做实际评估，因此遭到了国会的否决。国会首先终止了灌溉调查项目，然后选择性地削减了美国地质调查局的人员数量和运营费用，最后通过降薪来迫使鲍威尔辞职。

在查尔斯·杜利特尔·沃尔科特（Charles Doolittle Walcott，任期 1894—1907 年）的领导下，美国地质调查局扩大了其职责范围，并纳入了所有可以通过深入了解地球科学而推进的实际目标，从而对国家更加有用。沃尔科特的应用和基础研究相平衡的方案恢复了国会的信心，还让国会增加了拨款（金额超过了给鲍威尔的拨款）。沃尔科特恢复了美国地质调查局的经济地质学项目，重组了其他地质学工作，使地形测绘更加专业化，还成功开展了一系列研究，比如水资源、干旱地区的开垦、原住民保留地、森林保护区，以及燃料和结构材料的测试。这些工作的大部分还有其他一些后来移交给了美国地质调查局，但地质调查局没有发展或保留其科学部分，而是移交给了美国垦务局（1907）、美国矿务局（1910）、美国土地管理局（1946）和美国矿产管理局（1982）等内政部其他部门，或者美国林业局和标准局等外部机构。

自 1907 年以来，在 10 位局长的领导下，美国地质调查局在满足社会需求方面的成败取决于内外部因素。历史学家对局长们的个人风格、技术和任期长短在科学组织管理方面的价值看法不一，但这些机构的效用和寿命取决于能否成功地把从基础研究中获得的信息应用于明显的或预期的问题上。为了确保这项工作经费充足，美国地质调查局和行政部门需要让国会相信：该机构可以继续协助制定和执行有关国家土地、自然资源和环境质量的知情政策。1962 年，国会授权美国地质调查局在国家领土范围之外开展业务，由此拓展了它的地理和知识边界。然而，自 20 世纪 60 年代以来，美国地质调查局和其他国内科学机构发现基础研究变得更加难以自证其说，也更难使人信服。这些机构继续面临着艰难的选择，即如何最大化地促进和资助他们的工作（通过直接拨款或可偿还的资金）、规划和开展平衡的任务导向计划（要有足够的基础研究以确保足够的科学应用），以及完成既定任务（通过工作人员或合同制专家）。

为了执行目前的调查和咨询任务，美国地质调查局由 6 个主要部门组成：4 个项目部（生物资源部、地质部、国家测绘部和水资源部）和 2 个办公室（局长办公室和项目支持办公室）。美国地质调查局负责地质测绘，评估地震、滑坡和火山的危害，研究地质过程，还负责包括专属经济区在内的矿产、能源资源以及近海海底区域的评估。此外，他还负责准备底图、影像地图和专题地图及地图册，制作数字地图和收集地理数据，协调联邦、州和地方政府对地图和地图相关产品的需求，以及评估国家土地资源和地表水资源的质量、数量以及与之相关的危险系数。1996 年，美国地质调查局合并了前国家生物管理局（National Biological Service），负责了解国家生物资源的状况和发展趋势。美国地质调查局利用这些项目为解决全球气候变化等环境问题提供信息。

《美国地质调查局史》的前三卷（Rabbitt，1979—1986）对联邦和该机构截至 1939 年的地球科学政策和活动进行了有理有据的分析。这项正在进行的研究几乎完全基于已出版的史料，可为进一步的研究提供有价值的指导和参考。只有一项印刷研究（Manning，1967）在评估 1867 年至 1894 年的事件时使用了重要的未发表的资料。研究者必须基于对政府和非政府档案中未发表资料的分析来增进对美国地质调查局历史的理解，其研究成果才能供该机构内部以及联邦和其他政策制定者、决策者使用。为了后续工作的开展，美国地质调查局、美国国家档案和记录管理局（NARA）已经完成了第 57 号记录组（地质调查局）的详细清单（Jaussaud）。

参考文献

［1］Agnew, Allen F. The U.S. Geological Survey. Washington, DC: Government Printing Office, 1975 [U.S. Congress, 94th, 1st Session, Senate Committee on Interior and Insular Affairs, 59 - 715].

［2］Dupree, A. Hunter. Science in the Federal Government: A History of Policies and Activities to 1940. Cambridge, MA: Harvard University Press, 1957.

［3］Eaton, Gordon P., et al. "The New U.S. Geological Survey: Environment, Resources, and the Future." Environmental Geosciences 4 (1997): 3 - 10.

［4］Jaussaud, Renée M., comp. "Inventory of the Records of the United States Geological Survey Record Group 57 in the National Archives." In Records and History of the United States Geological Survey, edited by Clifford M. Nelson. U.S. Geological Survey Circular 1179 (CD-ROM), 2000.

［5］Manning, Thomas G. Government in Science: The U.S. Geological Survey 1867 - 1894. Lexington: University of Kentucky Press, 1967.

［6］——. "United States Geological Survey (USGS)." In Government Agencies, edited by Donald R. Whitnah. Westport and London: Greenwood Press, 1983, pp. 548 - 553.

［7］Mayers, Lewis, ed. The U.S. Geological Survey. Its History, Activities and Organization. New York: D. Appleton, 1918 [Institute for Government Research, Service Monographs of the United States Government No. 1].

［8］Nolan, Thomas B., and Mary C. Rabbitt. "The USGS at 100 and the Advancement of Geology in the Public Service," In Frontiers of Geological Exploration of Western North America, edited by Alan E. Leviton et al. San Francisco: American Association for the Advancement of Science, Pacific Division, 1982, pp. 11 - 17.

［9］Rabbitt, Mary C. Minerals, Lands, and Geology for the Common Defence and General Welfare. 3 vols. Washington, DC: Government Printing Office, 1979 - 1986.

［10］Rizer, Henry C., transmitter. "The United States Geological Survey. Its Origin, Development, Organization, and Operation." U.S. Geological Survey Bulletin 227 (1904).

[11] Smith, Charles H. "Geological Surveys in the Public Service," In "Earth Science in the Public Service." U.S. Geological Survey Professional Paper 921 (1974): 2 - 6.

[12] Smith, George O. "A Century of Government Geological Surveys." In A Century of Science in America, edited by Edward S. Dana. New Haven: Yale University Press, 1918, pp. 193 - 216.

[13] United States Congress, House of Representatives. Report of National Academy of Sciences, Letter from O. C. Marsh, Acting President Transmitting Report of Operations... During the Past Year. Washington, DC: Government Printing Office, 1879 [U.S. Congress, 46th, 1st Session, House Miscellaneous Document 7 (Serial 1861)].

[14] Walcott, Charles D. The United States Geological Survey. Washington, DC: Judd & Detweiler, for the Geological Society of Washington, 1895.

克利福德·M. 纳尔逊（Clifford M. Nelson） 撰，曾雪琪　译

美国民族学局
Bureau of American Ethnology

美国民族学局最初称民族学局，是第一个致力于人类学研究的重要政府机构。1879 年 3 月 3 日，国会建立该局以完成美国地质调查局的《北美民族学文集》（*Contributions to North American Ethnology*）。它被置于史密森学会的管辖之下，1965 年被并入国家自然历史博物馆（National Museum of Natural History）人类学部门。民族学局旨在通过全面调查北美印第安文化来为政府提供信息，从而制定有效且明智的政策。

著名的地质学家和探险家约翰·韦斯利·鲍威尔（John Wesley Powell）是民族学局的第一任局长，他希望民族学局能承担"完整的人类科学"任务。在他的领导下，民族学局的工作人员系统地汇编了人种学、语言学和历史信息，并使用博物学模型制定了分类范式。但是国会还想要一些东西来充实史密森学会的展厅。因此，早期的研究考察常常包括为美国国家博物馆和政府在世界博览会上的展览收集民族学和考古学标本。1882 年，为了解并保存美国的历史，民族学局的工作人员开始对

美国东部和中西部的土丘以及西南部的遗迹进行考古研究。

总的来说，直到 20 世纪 30 年代，民族学局的研究重点仍然集中在北美特别是美国领土上，强调设计出旨在阐明我们对过去和现在的语言以及文化多样性的理解的专门研究。从那时起，民族学局的工作人员进行的研究反映了当代人类学全部四个子领域中的主流理论观点。"二战"期间，民族地理委员会和社会人类学研究所为战争做出了重大贡献，并开展了合作培训和研究。战后，弗兰克·罗伯茨（Frank H.H. Roberts）指导了大规模的流域调查，这是美国有史以来最雄心勃勃、最富有成效的抢救性考古项目之一。

在民族学局赞助下工作的男性和女性名单读起来就像人类学的名人录，举几个为例：荷马·巴内特（Homer Barnett）、弗朗茨·博厄斯（Franz Boas）、亨利·柯林斯（Henry Collins）、弗兰克·汉密尔顿·库欣（Frank Hamilton Cushing）、弗朗西斯·丹斯莫尔（Frances Densmore）、菲利普·德鲁克（Philip Drucker）、威廉·芬顿（William Fenton）、杰西·沃尔特·菲克斯（Jessie Walter Fewkes）、爱丽丝·弗莱彻（Alice Fletcher）、乔治·福斯特（George Foster）、约翰·哈林顿（John Harrington）、弗雷德里克·霍奇（Frederick Hodge）、威廉·霍姆斯（William Holmes）、尼尔·贾德（Neil Judd）、弗朗西斯·拉·弗莱斯彻（Frances La Flesche）、W.J.·麦基（W.J. McGee）、杜鲁门·迈克耳逊（Truman Michelson）、维克多·米得勒夫（Victor Mindeleff）、科斯莫斯·米德勒夫（Cosmos Mindeleff）、詹姆斯·穆尼（James Mooney）、保罗·雷丁（Paul Radin）、弗兰克·罗素（Frank Russell）、詹姆斯·考克斯·史蒂文森（James Coxe Stevenson）、玛蒂尔达·考克斯·史蒂文森（Matilda Coxe Stevenson）、朱利安·斯图尔特（Julian Steward）、威廉·斯特朗（William Strong）、威廉·斯特德温特（William Sturtevant）、约翰·斯万顿（John Swanton）、塞雷斯·托马斯（Cyrus Thomas）、哈利·兹求皮克（Harry Tschopik）和戈登·威利（Gordon Willey）。他们的广泛贡献对人类学在理论、信息和方法论方面都极具重要意义，他们的许多成果可以在民族学局的系列"年度报告""手册"和"公告"中找到。这些

出版物也为研究其他机构的人类学家提供了渠道。

民族学局在美国人类学的制度化、组织和发展中起着至关重要的作用。它深刻地影响了 19 世纪后期到 20 世纪中期人类学的内容和方向。民族学局的记录保存在史密森学会的国家人类学档案馆中。

参考文献

[1] Bureau of Ethnology and Bureau of American Ethnology. Annual Reports. 1879 - 1964.

[2] Bureau of American Ethnology. Bulletins nos. 1–200（1887 - 1965）.

[3] Hinsley, Curtis M. Jr. Savages and Scientists: The Smithsonian Institution and the Development of American Anthropology, 1846 - 1910. Washington, DC: Smithsonian Institution Press, 1981.

[4] Judd, Neil M. The Bureau of American Ethnology: A Partial History. Norman: University of Oklahoma Press, 1967.

南希·J. 帕雷佐（Nancy J. Parezo） 撰，吴紫露　译

国立卫生研究院
National Institutes of Health

美国政府支持医学研究的主要机构。国立卫生研究院（NIH）是公共卫生署（Public Health Service）的机构之一，而公共卫生署又是卫生与公共服务部的一个组成部分。国立卫生研究院由 25 个研究所和中心组成。研究院大约 80% 的预算作为研究和合同的补助金发放；11% 分配给位于马里兰州贝塞斯达园区的实验室开展研究；9% 用于其他款项。1994 年，其预算超过 110 亿美元。

国立卫生研究院的起源可以追溯到 1887 年由约瑟夫·金尤恩（Joseph J. Kinyoun）建立的单间实验室，他是海军医院管理总署（Marine Hospital Service, MHS）的一名官员，接受过细菌学方法的培训。卫生部希望，该实验室能够帮助对抵达船只上的乘客进行流行疾病的临床诊断。这间实验室最初模仿德国机构而命名为"卫生实验室"（Laboratory of Hygiene），于 1891 年迁至华盛顿特区，并很快

以"卫生实验室"（Hygienic Laboratory）这一正式名称而广为人知。十多年来，这个实验室一直很小，它的存在未获得法律上的官方承认，金尤恩是这里唯一的长期员工。

1901年，国会在一项拨款法案中迟缓地做出法定授权，提供资金建造一幢单独的建筑，并责成实验室研究"传染病和接触感染性疾病以及与公共卫生有关的事务"。次年，一项重组法案出台设立了4个研究部门，并将海军医院管理总署更名为公共卫生和海军医院管理总署。同样在1902年，国会委托该实验室监管疫苗和抗毒素的生产。1912年，该实验室获得的研究授权有所扩充，非传染性疾病被纳入法案中，其上级机构的名称也缩短为公共卫生署。1930年，《兰斯德尔法案》将卫生实验室更名为国家卫生研究院。7年后，国会成立了国家癌症研究院（National Cancer Institute，NCI），预示着该机构在20世纪下半叶的疾病分类结构。

1944年的《公共卫生服务法案》授权在国立卫生研究院建立更多新机构，每个机构都像国家癌症研究院一样，有权向非联邦科学家提供资助。该法案还批准国立卫生研究院从事临床研究，并因此在研究院园区内建造了一家研究医院，名为临床中心。国会很快建立了心理健康、牙科研究和心脏病研究机构，1948年，这个伞形机构的名字改为复数形式：国立卫生研究院。富兰克林·罗斯福总统积极的新政政策有一批支持者，这些改变是由他们发起的，标志着美国联邦政府开始大规模支持医学研究。

从1902年开始，当它的研究项目启动时，国立卫生研究院及其前身实验室就开展了很多科学研究，成为美国公共卫生政策的主要基础。1902—1912年，国立卫生研究院的研究人员开创了过敏反应研究的先河，描述了甲基和乙醇的毒理作用，解释了哥伦比亚特区伤寒的流行病学，建立了白喉和破伤风抗毒素的标准单位，并将啮齿动物确定为淋巴腺鼠疫的哺乳动物宿主。1912年，随着权力的扩大，研究院的科学家和医生证明了糙皮病是一种营养缺乏性疾病，阐明了河流污染相关的生物化学，为诊断和预防立克次体和病毒性疾病做出了贡献，对癌症进行了流行病学和生物化学研究，解释了化学反应中的氧化还原系统，还开发出通过动物模型研究成瘾性的方法。

20世纪30和40年代，国立卫生研究院科学家的研究进一步拓宽广度加强深度，随着二战后拨款计划和许多新机构的建立而呈指数级扩大。20 世纪 60 年代末至 90 年代，在分子水平上研究生物体这一技术的出现，极大扩展了对病毒、人类免疫系统和大脑结构等多种主题的科学理解。由此产生的知识对癌症和获得性免疫缺陷综合征（艾滋病）等疾病具有预防和治疗意义，并为控制以前难以治疗的精神疾病提出了新的战略。超过 80 位诺贝尔奖获得者得到过国立卫生研究院的资助；研究院内部实验室也涌现出 5 名诺贝尔奖获得者。

从 1946 年到 20 世纪 60 年代中期，国立卫生研究院经历了一段预算扩张和国会极少对其监督的特殊时期。然而到了 1970 年，棘手的社会和伦理问题引发了关于公共资助研究及其监督的辩论。例如，当第一次重组 DNA 实验被提出时，公众表达了相当大的担忧。临床研究的开展引发了人们对知情同意的含义和研究群体组成的质疑。最近，绘制人类基因组图谱的项目确定了导致几种疾病的遗传因素，从而引发了一些法律和伦理问题，在针对这些问题制定出有效的医疗干预措施之前，它们可能早已经出现了。在解决这些问题时，国立卫生研究院的非联邦咨询小组得到重视，从而提高了公众对研究的监督水平。

自 20 世纪 70 年代以来，人们对社会问题的担忧与日俱增，与此同时，研究预算也在收紧。这既反映了美国经济中通货膨胀的影响，也反映了国立卫生研究院不得不与其他有价值的公共项目竞争。关于不受约束的基础研究和目标导向的应用研究，资金的紧缩增加了这二者相对有效性的辩论，后者最明显地体现在所谓的抗癌之战中。和以往类似，20 世纪 80 年代出现的艾滋病危机首先为目标导向的研究提供机会，以迅速发现治愈或预防方法。然而，随着艾滋病进入第二个十年，快速的解决方案还没有被找到，许多研究人员建议，在发现有效的干预措施之前，加强基础研究很有必要。

医生、科学家和政治领导人都将国立卫生研究院视为国宝，它是一个在绩效体系下运作的联邦官僚机构，政治干预最少，而花费的资金对纳税人好处最大。它的特殊地位反映在，国会强烈抵制那些试图绕过科学同行审查制度、仅仅根据成员所在州的位置来指定研究项目的议员。关心医学研究政策的历史学家，在国立卫生研究院上级行政机构公共卫生署的背景下，以及生物化学和分子生物学等新兴科学研究学科的目标范围内，考察了国立卫生研究院的历史。其他人则专注于研究院对特定疾病、科学概念或技术的历史贡献。激进的学者已经解决了研究中可疑的伦理问题，并主张让更多的非专业人士参与具体研究提案的决策。

虽然医学研究在一般的历史文本中基本上被忽视了，但它对 20 世纪人们的生活质量产生了重大影响。有关这项活动的现有文件中，收藏于国家档案和记录管理局（NARA）的国立卫生研究院的记录，分别见档案组 90 号（公共卫生署）和档案组 443 号（国立卫生研究院）。国家医学图书馆（NLM）的手稿收藏中保存了更多材料和口述史，其中涉及研究院的许多关键人物。在国家档案和记录管理局和国家医学图书馆也可以找到印刷品、照片、电影和录像带等。国立卫生研究院院长办公室的一些历史档案保存在马里兰州贝塞斯达。国立卫生研究院历史办公室保存着一些参考资料，并就其他资料的存放位置提供咨询。其网站（http://www.nih.gov/od/museum）保存了书目和其他历史资源。

美国国立卫生研究院设置有研究所和研究中心。研究所有：国家癌症研究所、国家眼科研究所、国家心、肺、血液研究所、国家过敏与传染病研究所、国家关节、肌肉骨骼及皮肤病研究所、国家儿童健康与人类发育研究所、国家口腔与颅面研究所、国家糖尿病、消化与肾病研究所、国家环境卫生研究所、国家综合医学研究所、国家人类基因组研究所、国家精神卫生研究所、国家神经病学与中风研究所、国家护理医学研究所、国家老龄化研究所、国家酒精滥用与中毒研究所、国家耳聋与其他交流障碍研究所、国家药物滥用研究所。

研究中心有：信息技术中心、科学评估中心、约翰·E. 福格蒂（John E. Fogarty）国际中心、国家补充和替代医学中心、国家研究资源中心、沃伦·格兰特·马格努森（Warren Grant Magnuson）临床中心。

还有一些此处没有列出的附属机构，比如艾滋病研究处、国立医学图书馆、妇女健康研究处，以及少数民族健康处等。

参考文献

[1] Dickson, David. *The New Politics of Science.* 1984; Reprint ed. Chicago, University of

Chicago Press, 1988.

[2] Dyer, R.E. "Medical Research in the United States Public Health Service." *Bulletin of the Society of Medical History of Chicago* 6 (1948) : 58 - 68.

[3] Fox, Daniel M. "The Politics of the NIH Extramural Program, 1937 - 1950." *Journal of the History of Medicine and Allied Sciences* 42 (1987) : 447 - 466.

[4] Furman, Bess. *A Profile of the United States Public Health Service, 1798–1948.* Washington, DC: Government Printing Office, DHEW Publication No. (NIH) 73 - 369.

[5] Harden, Victoria A. *Inventing the NIH: Federal Biomedical Research Policy, 1887–1937.* Baltimore: Johns Hopkins University Press, 1986.

[6] Mider, G. Burroughs. "The Federal Impact on Biomedical Research." In *Advances in American Medicine: Essays at the Bicentennial,* edited by John Z. Bowers and Elizabeth F. Purcell. 2 vols. New York: Josiah Macy Jr., Foundation, 1976, 2:806 - 871.

[7] Shannon, James A. "The Advancement of Medical Research: A Twenty-Year View of the Role of the National Institutes of Health." *Journal of Medical Education* 42 (1967) : 97 - 108.

[8] Stetten, DeWitt, Jr., and William T. Carrigan, eds. *NIH: An Account of Research in Its Laboratories and Clinics.* Orlando, FL: Academic Press, 1984.

[9] Stimson, Arthur H. "A Brief History of Bacteriological Investigations of the U.S. Public Health Service." Supplement No. 141 to *Public Health Reports,* 1938.

[10] Strickland, Stephen P. *Politics, Science, and Dread Disease: A Short History of United States Medical Research Policy.* Cambridge, MA: Harvard University Press, 1972.

[11] ———. *The Story of the NIH Grants Program.* Lanham, MD: University Press of America, 1989.

[12] Swain, Donald C. "The Rise of a Research Empire: NIH, 1930 - 1950." *Science* 138 (1962) : 1233 - 1237.

[13] United States National Library of Medicine. *Notable Contributions to Medical Research by Public Health Service Scientists: A Biobibliography to 1940.* Compiled by Jeanette Barry. Washington, DC: U.S. Department of Health, Education, and Welfare, Public Health Service Publication No. 752, 1960.

[14] Williams, Ralph C. *The United States Public Health Service, 1798–1950.* Washington, DC: Commissioned Officers Association, 1951.

维多利亚·A. 哈登(Victoria A. Harden) 撰，康丽婷 译

国家标准与技术研究院

National Institute of Standards and Technology

其前身为国家标准局（National Bureau of Standards，NBS）。标准局于 1901 年根据国会法案成立，取代了此前规模很小的财政部标准度量衡处。标准度量衡处负责保存长度、容量和重量的标准原器，并认证卷尺、温度计和秤等测量仪器是否在公认参考标准的一定公差范围内准确无误。这些服务对国家经济，无论是国内还是国际贸易都具有重要意义。然而，在 20 世纪初，以科学为基础的新兴工业方兴未艾，特别是电力和设备制造业，以及合成化学工业。

电学和光学在当时是前沿科学。光谱学以及基本电量的性质和测量构成了大多数领先物理实验室的主要议程。许多处于学术科学和工业研究前沿的人都清楚，如果美国要在 20 世纪的高科技产业中与德国和英国展开激烈竞争，那么必须要有一家从电学、光学和分析化学入手的物理科学研究国家实验室，来取代 19 世纪的审定办公室。在 1900 年以前，德国和英国都建立了自己的综合性实验室，即著名的帝国技术物理研究所（Physikalisch-Technische Reichsanstalt，建于 1887 年）和英国国家物理实验室（National Physical Laboratory，建于 1899 年）。

芝加哥大学的物理学家阿尔伯特·迈克尔逊（Albert A. Michelson）希望在这个国家建立一个世界级的物理实验室。1899 年，他批准他的一位教员塞缪尔·韦斯利·斯特拉顿（Samuel Wesley Stratton）暂时离职，前往度量衡处担任"标准检验员"一职。迈克尔逊以及财政部部长莱曼·盖奇（Lyman Gage）和助理部长弗兰克·范德利普（Frank Vanderlip）都知道，斯特拉顿的主要工作将是起草计划书，为建立一个大型政府实验室游说争取支持。事实证明斯特拉顿能够胜任这项任务，在两年时间里，学术研究人员、工业家和政府官员就这一项事业达成了全国性共识。在国会举行听证会时，斯特拉顿是这一问题上最受认可和尊重的人物，1901 年 3 月，威廉·麦金利（William McKinley）总统任命他为国家标准局首任局长。他一直担任这一职务到 1922 年。

然而，措辞谨慎的国家标准局章程没有说明该机构在第一届领导管理期间议程的规模和范围。到 1912 年，无论以何种标准衡量，标准局都已经成为世界上最大的物理和工程科学综合研究机构。"一战"期间，标准局获授紧急权力，这加速了它的发展，并且成为美国军事研究最重要的焦点。战争结束时，位于华盛顿特区标准局的主要设施是美国最先进的无线电实验室所在地，另外还有领先的航空、光学、摄影设计设施和试验台，X 射线计量学和辐射学的研究项目，以及包括战略产品合成化学在内的大规模材料科学项目。

斯特拉顿和他的首席物理学家爱德华·罗萨（Edward Rosa）还推动该局对国家公用事业开展科学研究，包括电力、电话、供暖和照明用气。这些持续多年项目的结果开创了安全和服务性能标准研究，以及实用的定价指南。这些技术性研究使得各个区域公用事业委员会对公用事业的监管成为可能。它还测试了联邦干预主义研究在新监管州的界限，并将该局树立为进步时代的模范机构。

"一战"前，该局已成为实验室物理科学研究的中心。在斯特拉顿任期内，标准局在《科学美国人》杂志上的"明星"条目比任何其他机构都多。早在 1904 年，美国物理学会（APS）会议上提交的 20 篇论文中，就有一半以上来自国家标准局的科学家，1914—1941 年，美国物理学会年会的所有会议都在国家标准局的场地内举行。

与其他所有政府机构不同的是，国家标准局在最初的 20 年里还发展出了一种非凡的实验室文化。基于欧洲研究生院模式，它定期举办科学研讨会，工作人员在会上评议其他机构的研究，并介绍他们个人的研究。另外还有访问讲座系列，邀请了来自美国和外国实验室的知名科学家。经斯特拉顿批准，几位年纪较轻的科学家在 1908 年启动了一个研究生学习项目，此前还没有类似项目在其他联邦机构中出现。根据这一项目，在职科学家可以在标准局学习来自约翰斯·霍普金斯大学等高校的高级工作人员和顶尖科学家的课程，申请将他们的部门实验室研究作为研究项目，从而获得合作大学高至博士的高级学位。授予学位的都是当时顶尖的大学，包括哈佛大学、普林斯顿大学、约翰斯·霍普金斯大学、威斯康星大学、密歇根大学等。

斯特拉顿从 1918 年开始尝试一项伟大的组织实验。国家标准局已经到达纯理论研究和应用研究前沿，在工业、学术和政府的边界处密切开展工作。战争期间，它甚至成了国家发明实验室。斯特拉顿敦促国会，允许将战争期间积累的大量设施转化为致力于民用技术的项目，这些技术的创新可以应用于任何对科学工业有用的地方，免费惠及公众。斯特拉顿争取到了这一工业研究项目，但在最后一份战时军事合同到期后，因资金不足，未能实现目标。

1922年，斯特拉顿离职，成为麻省理工学院的校长，在他之后的继任者是一系列有能力的科学家，但他们远非善于创新、精力充沛的行政人员。此外，大萧条对国家标准局的法定资金造成严重损失，进而影响到了标准局的科学家和技术人员队伍。当美国开始为"二战"动员时，标准局已经黯然失色。最初的"铀项目"（后来的"曼哈顿计划"）曾交给标准局局长莱曼·布里格斯（Lyman Briggs）来管理，但事实证明他无法胜任这项紧迫的任务。

除了支持整个国家战略研究项目范围内的研究外，国家标准局对战争的主要贡献是开发了两版"无线电近炸引信"的其中一版，用于相对目标处在最佳距离时引爆爆炸物，如炸弹和迫击炮，而不是在接触时引爆。事实证明，这是一个重大的技术问题，虽然该设备只是在战争接近尾声时才被派上用场，但它的主要元件对"冷战"时期的高科技武器装备以及整个电子工业都产生了重大影响。

爱德华·康登（Edward Condon）是战后标准局第一位局长，也是第一位从既有的标准局文化之外被选中担任这一职务的科学家。康登雄心勃勃，想让标准局恢复其曾经享有的国际领先地位。他更加大力推进标准局涉足核物理研究，尤其是还有新兴的电子计算科学。新成立的应用数学部包括4个独立的实验室，设计、建造了标准东方自动计算机，并于1950年投入使用。这是当时最先进的计算机，在专用硬件和整体设计架构方面都有许多创新。然而，康登是战后初期国家安全状态妄想症的受害者之一，尽管众议院非美国事务委员会（House Un-American Affairs Committee）最终澄清了所有指控，但康登还是在1951年麻烦最多的时候离开了国家标准局，以防止对其造成任何附带损害。

康登的继任者是艾伦·阿斯汀（Allen Astin），他是战时研究（近炸引信）的资深专家，但也是一位保守而谦逊的管理者。在阿斯汀被任命为局长后不久，他和国家标准局在美国联邦科学史上很神秘的事件之一——AD-X2事件中遭受重创。这场纠纷的实质涉及一位企业家杰斯·里奇（Jess Ritchie），他通过邮购销售一种粉末成为百万富翁，他做广告宣传这种粉末能够恢复铅酸电池（如汽车电池）的电力。邮局和联邦贸易委员会分别以邮件欺诈和虚假广告为由对里奇的业务进行了调查，并要求国家标准局电化学实验室进行科学测试，以确定该产品的实际特性。

国家标准局报告称，这种混合物是由钠盐和钾盐（镁盐和芒硝）混合而成，没有宣传中的恢复效果，对于该产品，最好的说辞也就是说，它与世纪之交以来测试过的许多此类添加剂不同，这种添加剂基本上是惰性的，对电池没有太大危害。里奇坚称自己正在被禁止销售有益的产品，但他没有针对监管机构发起纠错行动，而是选择将精力转向标准局本身。他从加利福尼亚搬到了华盛顿特区，并亲自在国会大厅和媒体上发起了一场公关活动，以迫使参议院小企业委员会开展调查。他成功推动了 1953 年听证会的举行，而标准局实际上受到了审判。焦点很快从难以驳斥的 AD-X2 测试结果转移到其他领域。

最终结果是国家标准局行政部门及其政策遭到斥责，以及职责上发生了最具戏剧性的转变。自"二战"以来，标准局事实上已经成了国防实验室。约有 90% 的资金都是军事资金，其中大部分通过所谓的"转移资金"渠道获得，也就是来自其他政府机构的非法定资金。除了军械电子学（引信研发）方面的主要工作外，标准局还对首批弹道导弹实验室之一进行了指导。1953 年年末，随着 AD-X2 听证会和随后的（默文）凯利 / 国家科学院委员会审查结果出炉，标准局眼看着自己的国防工作交由几个国防研究部门接管。1953—1954 年，其转移资金削减了 55%，员工人数几乎减半。事实上，这项重组是对国防相关工作主导地位的纠正，它与授权立法的意图截然不同。这是"二战"后标准局事务不平衡状态的证据，这次重组自会受到像 AD-X2 之争这样未必重要的事件的催化。

1966 年，国家标准局搬到了马里兰州盖瑟斯堡的一处更大的新场地，还新添了实验室天体物理学联合研究所（位于科罗拉多州博尔德）。国家标准局在助理商务部长（负责科学和技术方面商务）赫伯特·霍洛曼（Herbert Holloman）的领导下临时改组为四个专题研究所，包括基础标准、材料研究、应用技术和中央无线电传播实验室。尽管这些前瞻性想法试图将曾经声名显赫的标准局重新纳入战后国家科学政策的大计划中，但它在很大程度上仍然是默默无名的，正如 1956 年一篇杂志文章所描述的那样，"无人了解的机构"（*Business Week*，February 11）。

20 世纪 70、80 年代曾出现过几次制定更慎重的国家技术政策的尝试，但后来又都消失了。然而在 20 世纪 80 年代末，国际经济竞争力被视为国家紧急情况的响亮警报，这最终促成了立法。1987 年由参议员欧内斯特·霍林斯（Ernest Hollings）首次提出的《综合贸易和竞争力法案》（Omnibus Trade and Competitiveness Act）于 1988 年通过成为法律。新公法的一节中选定国家标准局（现已更名为国家标准与技术研究院，NIST）作为开发、协调和传播关键工业技术的中央机构，涵盖从生物工程到微电子再到自动化工厂运营等一系列商业领域。前标准局的新章程与塞缪尔·斯特拉顿在 1918 年主张的民用科学与技术计划有显著的相似之处。截至 20 世纪 90 年代初，特别是在新总统科学顾问约翰·吉本斯（John Gibbons）的领导下，国家标准与技术研究所的资金大幅增加，尤其是在先进技术计划（Advanced Technology Program）上。

从历史上看，国家标准局对其开展的研究和在实验台上工作的科学家具有重要意义。在某种程度上，它也可以作为标尺，来衡量美国在 20 世纪不同时期支持科学研究的种类和程度。在进步时代，当科学管理和专家信息主导着许多政府领域制定政策时，标准局承担了广泛的责任。当美国的科学人才大多被招募服务于"冷战"期间的武器制造时，标准局默认发挥着国防实验室的职能。最近，出于对高技术国际竞争力的担忧，在那些人们认为符合国家利益的科学产业领域，标准局的后续机构国家标准与技术研究院承担起了引领政府实验室的角色。

国家标准局的主要档案藏于华盛顿特区的国家档案馆，记录组号 167。它自成立以来许多出版物的完整收藏保存在马里兰州盖瑟斯堡的国家标准与技术研究院主图书馆。1960 年，美国商务部委托编写了一本叙事史著作（Cochrane）。最近，人们从更大的社会、政治和科学动态角度对该机构进行了分析。

参考文献

[1] Cahan, David. *An Institute for an Empire: The Physikalisch- Technische Reichsanstalt, 1871– 1918.* New York: Cambridge University Press, 1989.

[2] Cochrane, Rexmond C. *Measures for Progress: A History of the National Bureau of Standards*. Washington, DC: Government Printing Office, 1966.

[3] Dupree, A. Hunter. *Science in the Federal Government*. 1957.

[4] Reprint, Baltimore: Johns Hopkins University Press, 1986.

[5] Forman, Paul. "Behind Quantum Electronics: National Security as Basis for Physical Research in the United States, 1940 - 1960." *Historical Studies in the Physical Sciences* 18 (1987): 149 - 229.

[6] Hawley, Ellis W. *The Great War and the Search for Modern Order: A History of the American People and Their Institutions, 1917–1933*. New York: St. Martin's, 1979.

[7] Kellogg, Nelson R. "Gauging the Nation: Samuel Wesley Stratton and the Invention of the National Bureau of Standards." Ph.D. diss., Johns Hopkins University, 1991.

[8] Pursell, Carroll W., Jr. "A Preface to Government Support of Research and Development: Research Legislation and the National Bureau of Standards." *Technology and Culture* 9 (1968): 145 - 164.

[9] Reich, Leonard S. *The Making of American Industrial Research: Science and Business at GE and Bell, 1876–1926*.

[10] New York: Cambridge University Press, 1985.

[11] Rhodes, Richard. *The Making of the Atomic Bomb*. New York: Simon and Schuster, 1986.

纳尔逊·凯洛格（Nelson R. Kellogg）　撰，康丽婷　译

海军研究实验室

Naval Research Laboratory

　　海军研究机构的一个部门，在物理科学和工程方面拥有广泛的科学技术专长。该实验室是美国海军的法人研究中心，它仿照的是大型工业研究实验室的模式，如通用电气、柯达和杜邦在 20 世纪初建立的实验室。海军研究实验室（NRL）基于其工作人员和科学成就，是在联邦政府内部创建工业和学术结合型实验室的非常成功的尝试之一。

　　1915 年 6 月，托马斯·爱迪生（Thomas Edison）和海军部长约瑟夫斯·丹尼尔斯（Josephus Daniels）在讨论中首次提出了海军研究实验室。在 5 月 30 日接受

《纽约时报杂志》（*New York Times Magazine*）采访时，爱迪生曾建议设立一个国家实验室，以协助发展军备，作为协调一致的军事准备工作的一部分。丹尼尔斯随后聘请爱迪生担任海军咨询委员会的负责人以协助工作。组建海军实验和研究实验室成为该委员会的主要目标之一。1916年，作为海军部门预算的一部分，其组织资金得到了国会的批准。

然而，爱迪生和委员会其他成员很快就对提议中的实验室性质产生了分歧。爱迪生希望建立一个民用工程开发中心，在很大程度上模仿他在新泽西州西奥兰治的实验室。另一些更年轻的委员会成员，如通用电气的威利斯·惠特尼（Willis Whitney）和杜邦的哈德逊·马克西姆（Hudson Maxim），希望建立一个由海军人员组成的研究实验室，这个实验室能够比得上那些与他们专业相关、以科学为基础的设施。由此产生的分歧将实验室的批准和建设推迟到威尔逊政府执政末期。

海军研究实验室于1923年7月成立，下设无线电和声音两个研究部门。其他部门也随之成立，不过直到"二战"之前，海军研究实验室一直以水声学和无线电电子学研究中心而闻名。20世纪20年代中期，无线电部门负责人霍伊特·泰勒（A. Hoyt Taylor）和新成立的热光部门负责人E.O.赫尔伯特（E. O. Hulburt）进行了早期合作，探索了无线电"跳跃距离"现象，并对其进行了数学表征。泰勒和赫尔伯特的工作对解释高层大气中的高频无线电传输起到了基础性作用。同样，声音分部的研究为理解水下声音做出了开创性的贡献，并将测深仪和声呐添加到了海军水下调查和探测仪器清单中。

实验室在高频无线电方面的专业知识是其战前最重要的技术成就核心：它开发了美国第一台作战雷达。早在1922年，海军工程师就观测到了移动船只反射出的高频无线电波。1930年，实验室的工程师利奥·杨（Leo Young）和劳伦斯·海兰德（Lawrence Hyland）进行了类似的观察（这次是用飞机），随后他们设立了一个实验室研究项目来进一步探索和利用这一现象。

进展在最初是缓慢的。当研究人员试图制造一种舰载探测系统时，他们遇到了重大困难。为了消除操作干扰，接收机和发射机之间要有很大的距离。这似乎转而限制了该系统基于船队的实用性。然而，技术和设备的进步很快使困难得以解决。

这些进步包括 1933 年从连续无线电波转向脉冲无线电波、新员工的增加、改进真空管的可用性，以及 1936 年无线电双工器的引入。

到 1936 年年底，作战雷达探测系统的技术要求已经到位。1937 年进行了首次海试，随后的 1938—1939 年又再次进行。1940 年，第一批功能性舰载雷达 CXAM 可在美国海军舰艇上部署，时间正好赶上"二战"。

实验室在战时迅速扩张。文职人员的就业总数从 1940 年的 234 人增加到 1945 年底的近 3000 人。然而，实验室定期的研究项目在很大程度上被搁置了，因为工作人员要承担与新的战争技术和物资有关的测试和故障排除任务。

战后的岁月为拓宽和扩大实验室的研究项目创造了新机会。战时员工和资金的增长在战后基本保持不变。现有的无线电、雷达、声学、化学、冶金、光学等研究项目得到扩大，并且开展了核科学（包括放射性、核结构和宇宙射线研究）、高层大气科学（以 V-2 及后续火箭为研究平台）、太阳和射电天文学、电子和 X 射线衍射研究、表面化学等领域的新研究。

实验室的先锋火箭项目可能是其战后最著名的研发计划。1946—1951 年，作为"三军"计划的一部分，该实验室组装并发射了 66 架 V-2。这些导弹作为实验的研究平台，极大地扩展了对高层大气、近地空间和太阳物理的科学知识。在随后的一个项目中，实验室在 1949—1954 年开发并测试了 12 枚北欧海盗导弹，其中 7 枚达到了 100 英里以上的高度。

海军研究实验室随后被选中为国际地球物理年开发、发射第一颗美国卫星。事实证明"先锋"1 号和"先锋"2 号运载火箭是失败的。而"先锋"3 号于 1958 年 3 月 17 日成功发射。继 1958 年 1 月 31 日发射"探索者"1 号之后，它又将美国的第二颗卫星送入轨道。当然，这两颗卫星的发射时间都在 1957 年 10 月 4 日苏联人造卫星"斯普特尼克"1 号进入轨道之后。

以其空间科学和技术努力为例，战后海军研究实验室的研究计划是科学、技术和军事相互渗透的一个明显案例，埃弗雷特·门德尔松（Everett Mendelsohn）、梅里特·罗·史密斯（Merritt Roe Smith）、彼得·魏因加特（Peter Weingart）、斯图尔特·莱斯利（Stuart Lesley）和其他美国近代科学学者对此进行了讨论。"二战"中军事科学合作的成功为战后科学创造了机遇和基础结构的先例。在"冷战"时期的军事动员和竞争环境下，资助美国科学和工程大规模扩张既有必要也有可用资源。以军事为基础的研究资助机构的建立，如 1946 年成立的海军研究局（Office of Naval Research，ONR），巩固了这种资助关系。

然而，私立大学和研究机构并不是军事需求和慷慨捐赠的唯一受益者。机构内部的军事实验室也从扩充的资源中有所获益。海军研究实验室就是这种情况，它能够在战前优势的基础上，在海军的组织架构内，安全地发展成为一个科学研究和发展中心。

多年来，海军研究实验室的管理人员通过效仿那些业已模式化的领先学术和工业实验室，以期提升实验室的研究形象并获得更多资源。海军部门的保守主义，以及随后大萧条时期的资金崩溃，都挫败了这一目标。然而到了 1943 年，实验室的领导人开始期待战争结束、实现他们目标。由于关于战后基础科学经费尚未形成早期的全国性共识，加之"冷战"需求以及通过海军研究局获得军事经费，海军研究实验室随后有机会在美国科学界确立了自己的重要地位。

参考文献

［1］Allison, David K. *New Eye for the Navy: The Origin of Radar at the Naval Research Laboratory.* Washington, DC: Naval Research Laboratory, 1981.

［2］Blumtritt, Oskar, Hartmut Petzold, and William Aspray.

［3］*Tracking: The History of Radar.* Piscataway, NJ: Institute of Electrical and Electronics Engineers, 1994.

［4］Hevly, Bruce. "Basic Research Within a Military Context: The Naval Research Laboratory and the Foundations of Extreme Ultraviolet and X-Ray Astronomy, 1923 - 1960." Ph.D. diss., Johns Hopkins University, 1987.

［5］Lesley, Stuart W. *The Cold War and American Science: The Military-Industrial-Academic Complex at MIT and Stanford.*

［6］New York: Columbia University Press, 1993.

［7］Mendelsohn, Everett, Merritt Roe Smith, and Peter Weingart, eds. *Science, Technology, and the Military.* Dordrecht: Kluwer, 1988.

［8］van Keuren, David K. "Science, Progressivism, and Military Preparedness: The Case of the Naval Research Laboratory, 1915－1923." *Technology & Culture* 34（1992）: 710－736.

大卫·K. 范·凯伦（David K. van Keuren）　撰，康丽婷　译

美国海军研究局
Office of Naval Research, United States

美国海军研究局是成立于 1946 年的联邦机构，旨在促进海军内部和外部的科学研究。作为学术性基础研究的重要财政资助来源，特别是其早期，海军研究局在"二战"后的美国科学政策中发挥了关键作用。第二次世界大战期间建立海军研究办公室的幕后推动者包括：海军研究实验室前负责人哈罗德·鲍恩（Harold G. Bowen）海军中将，他希望海军研究局为海军开发核动力；以及几名具有技术背景的海军预备役军官，他们被称为"猎头"，他们试图延续战时军方和大学科学家之间紧密而富有成果的合作。当鲍恩在核动力的比拼中败给舰船局（Bureau of Ships）后，"猎头"们的愿景很快主导了海军研究局的任务。虽然形式上由海军官员领导，但在由海军以外的著名科学家组成的海军研究咨询委员会（Naval Research Advisory Committee）的帮助下，平民科学家们管理着海军研究局。海军研究局与其他资助机构的区别在于，它通常通过合同的方式，对大学、其他非营利机构和工业实验室的研究项目提供自由的支持。海军研究局在选择研究课题（通常与军事或海军没有直接关系）和资金使用方面给予了很大自由，这缓和了科学家对过度官僚主义和军方控制的恐惧。在 1950 年国家科学基金会成立之前，海军研究局涵盖了所有重要科学领域，使其成了"国家研究局"。除了机构外的项目，海军研究局也监督海军研究实验室和其他的内部项目，并管理着包括伦敦和东京分部在内的几个分部。

海军研究局对学术性基础研究的支持并非毫无异议。20 世纪 40 年代末，当海军的研发预算被削减时，海军官员开始质疑这项工作的必要性。尽管 50 年代的朝鲜战争和"斯普特尼克"号危机帮助海军研究局转移了这种批评，但该机构在为这类支持进行辩护时变得更加谨慎。60 年代，由于越南战争导致军方和大学之间的关系

恶化，和许多其他政府机构一样，海军研究局的研究资助项目也受到了影响。

"冷战"时期，海军研究局表面上的慷慨是否让美国科学家们感觉比实际上更不受军事控制，历史学家对此争论不休。战后科学－军事关系的批评者强调，海军研究局这种"无条件"的支持只是军方设计的一部分，目的在于吸引科学家从事更实用且与军事相关的研究。考虑到长期的军事应用以及对科学学科发展产生的有害影响，海军研究局也支持了纯理论研究。作为回应，其他历史学家指出，向实用课题的转移有助于科学学科的健康发展，而且"冷战"期间许多科学家愿意为美国的国防工作做贡献。为了更好地理解和评估海军研究局在美国科学发展中所扮演的角色，需要对海军研究局赞助的科学项目、科学家对军方赞助的态度，以及科学家和科学管理人员对军方赞助科学所采用的针对特定受众的言辞和辩护进行更为详细的研究。

参考文献

[1] Forman, Paul. "Behind Quantum Mechanics：National Security as Basis for Physical Research in the United States, 1940－1960." *Historical Studies in the Physical and Biological Sciences* 18（1987）：149－229.

[2] Sapolsky, Harvey M. *Science and the Navy*：*The History of the Office of Naval Research*. Princeton：Princeton University Press, 1990.

[3] Schweber, Samuel S. "The Mutual Embrace of Science and the Miltiary：ONR and the Growth of Physics in the United States after World War II." *In Science, Technology and the Military*, edited by Everett Mendelsohn, M. Roe Smith, and Peter Weingert. Boston：Kluwer Academic, 1988, pp. 3－45.

王作跃（Zuoyue Wang） 撰，刘晓 译

美国食品药品监督管理局
Food and Drug Administration, United States

1927 年，美国食品药品监督管理局（FDA）取代农业部的化学局，成为 1906 年《联邦食品和药品法》的执行者。伴随城市化进程，公众日益依赖加工食品。为了减小越来越多掺假的加工食品对公众的影响，1879 年人们开始致力于促成相关法

规的制定。由化学家、医生、记者、商界人士和来自西部农业地区的国会议员组成的联盟最终促成了这项法律的通过，该法律禁止州际买卖变质、掺假、假冒伪劣的食品、饮料和药品。

早期的执法工作主要是处理未加工食品，特别是牛奶、鸡蛋、家禽和牡蛎等，处理有害防腐剂以及查禁虚假的专利药物标签声明。20 世纪 20 年代，农药残留开始成为焦点问题。1938 年，力度更大的《联邦食品、药品和化妆品法案》取代了 1906 年的法案。1940 年，食品药品监管局从农业部转到联邦安全局，然后又转到美国卫生、教育、福利及公共服务部。新法律加大了对违法行为的处罚力度，并在 1906 年法律的扣押和刑事制裁基础上增加了禁令权。监管局现在可以制定类似于 1906 年《美国药典》和《国家处方集》中的药品标准那样的食品标准了。化妆品和治疗设备也受到了管控。1938 年的法律还提出了防控原则，在赞助商向监管局提交合格的安全性证据前禁止任何新药上市。《联邦食品、药品和化妆品法案》的出台恰逢工业创新浪潮的开始，这场创新浪潮催生了化学疗法和胃化学疗法革命。后来的法律将"先安全后上市"的概念应用于农药（1954）、食品添加剂（1958）、颜色添加剂（1960）和医疗器械（1976）。1972 年,《基福弗－哈里斯修正案》将药品上市前的测试范围从安全性证明扩大到标签中所列疾病的疗效证明。放射性产品、输血供应以及动物饲料和兽药也在监管局的职责范围内。

本质上讲，监管局的职责包括风险评估，经常需要平衡风险和利益，而这涉及复杂的科学判断。大约五分之二的监管局雇员是科学家，而政府其他部门雇员中仅十分之一是科学家。监管局从 1906 年的小机构发展为如今拥有近 9000 名员工的大组织，美国消费者每消费一美元，其中就有超过 25 美分是监管局监管的产品。监管局的预算中食品和人类用药占最大份额，其次是器械和放射性产品、生物制品和兽药。

参考文献

[1] Anderson, Oscar E., Jr. The Health of a Nation: Harvey W. Wiley and the Fight for Pure Food. Chicago: University of Chicago Press, 1958.

[2] Food and Drug Administration. FDA Almanac, Fiscal Year 1992. Rockville, MD: Food

and Drug Administration, 1992.

[3] Temin, Peter. Taking Your Medicine: Drug Regulation in the United States. Cambridge, MA: Harvard University Press, 1980.

[4] ——. "Food and Drug Administration." In Government Agencies, edited by Donald R. Whitnah. Westport, CT: Greenwood Press, 1983, pp. 251 - 257.

[5] Young, James Harvey. The Medical Messiahs: A Social History of Health Quackery in Twentieth-Century America. Princeton: Princeton University Press, 1992.

詹姆斯·哈维·杨（James Harvey Young） 撰，曾雪琪 译

科学研究与开发局
Office of Scientific Research and Development

科学研究与开发局（OSRD，下文简称"研发局"）是第二次世界大战期间动员美国民用科学和工程的主要机构。到战争结束时，研发局已经花费了近 5 亿美元，加速了现代战争的革命。从研发局资助的许多大学和工业实验室的研究中产生出许多新型和改进的武器，包括雷达和近炸引信，这有助于创造一个新的电子战环境。其他成果还包括：火箭和烈性炸药，"鸭子"（Dukw）和"鼬鼠"（Weasel）两栖运输车，抗疟疾药物、血液替代品和青霉素的量产等医学进步。研发局涉足的最著名的研究是原子弹，在 1942 年底由军方接管前，研发局一直承担其主要责任。总的来说，虽然有点讽刺，但研发局的确获得一个伟大的成功。研发局促成了一个由联邦政府主导、专注于军事研究和开发的新时代，它的创立是出于一种古老的、保守的信念：有限政府和私营企业至上。

承总统之命，成立于 1940 年 6 月 27 日的国防研究委员会（The National Defense Research Committee）是研发局的上级部门。促成该委员会成立的绝大部分努力要归功于麻省理工学院工程师范内瓦·布什，其最初的成员包括布什本人、卡尔·康普顿、詹姆斯·科南特、弗兰克·朱厄特（Frank Jewett）、康威·科伊（Conway Coe）、理查德·托尔曼（Richard Tolman）、海军少将哈罗德·鲍恩（Harold Bowen）和准将乔治·斯特朗（George Strong）。该委员会于 1941 年

改组，扩大了任务范围，囊括了开发和负责医学研究。到战争结束时，研发局拥有1400 多名员工，签订了 2000 多份合同，总价值近 5 亿美元。虽然它并非战时研发的唯一赞助者（它在研发预算中所占的份额约为 30%），但它确实通过巧妙的策略和有效的行动主导了科学动员。

一些早期的重要决策促进了研发局的工作。首先，与第一次世界大战相比，布什决定使用现有的私人设施，而非新建或使用联邦管理的实验室。第二，动员工作应由熟悉私营部门实力的平民来管控，平民们经常"无偿"服务，因此不受政治和官僚关系的束缚。第三，研发局将按市场的方式依照合同运作。合同对研发局的成就具有双重关键作用，其中最重要的是迅速征募了私营机构的领导人和资源。合同保证了对该机构项目的集中控制，并以尊重国有企业和私营企业之间传统界限的方式为其提供资金。最后，布什与军方建立了密切联系，这种联系充满了张力，并为当局的妒忌所阻碍；但到 1945 年时，军方已经开始依赖本国的科学家了。

研发局对战后发展的影响好坏参半。1944 年 11 月，罗斯福总统指示布什就国家未来科学政策的需求撰写一份报告，布什于 1945 年 7 月向杜鲁门总统提交了《科学——永无止境的前沿》。在报告中，布什主张建立一个新的民控科学机构，以管理战后因国家安全带来的联邦对民用和军用研发的大规模资助。尽管该报告很快成为畅销书，但其统一监督民用和军用研究的勃勃雄心只得到了部分满足，而且实现起来困难重重。联邦政府的资助确实在战后的十年里急剧增长，但是受研发局影响的机构没一个完全满足布什的要求。1946 年迅速成立的原子能委员会（Atomic Energy Commission）工作重点狭窄，且受到军事和国防需求的严格限制；经过 5 年的政治争议，美国国家科学基金会终于在 1950 年成立，但其范围、预算和权力都有限；而以任何方式统一军事研发的尝试都成了军队内部权益争端的受害者。

研发局最大的影响可能是在政治经济领域，因为布什的机构帮助消解了国有和私营部门之间传统的敌对关系。事实上，对许多年轻且不那么保守的一代来说，战时资助即使不令他们上瘾，也是令他们兴奋的，他们欢迎政府、国家安全和机构发展之间建立新联系。此外，研发局促成的科学家和军方之间的合作在战后延续下来，并促进了军事—工业—大学复合体的发展。最重要的是，研发局帮助说服了军方，未来的安全取决于新型和改进的武器。"星球大战"防御系统和其他由联邦政府资助的大规模、极其昂贵的"高科技"武器系统，如 B-2 隐形轰炸机就是军方对技术的信心被研发局的成功所鼓舞的最新案例。

参考文献

[1] Baxter, James Phinney III. *Scientists Against Time*. Boston：Little, Brown and Company, 1946.

[2] Goldberg, Stanley. "Inventing a Climate of Opinion：Vannevar Bush and the Decision to Build the Bomb." *Isis* 83（1992）：429 - 452.

[3] Kevles, Daniel. "Principles and Politics in Federal R&D Policy, 1945 - 1990：An Appreciation of the Bush Report." In *Science—The Endless Frontier. A Report to the President on a Program for Postwar Scientific Research*, edited by Vannevar Bush. 1945. Reprint Washington, DC：National Science Foundation, 1990.

[4] Owens, Larry. "MIT and the Federal 'Angel'：Academic R&D and Federal-Private Cooperation before World War II." *Isis* 81（1990）：189 - 213.

[5] Pursell, Carroll. "Science Agencies in World War Two：The OSRD and Its Challengers." In *The Sciences in the American Context*：New Perspectives, edited by Nathan Reingold. Washington, DC：Smithsonian Institution Press, 1979, pp. 359 - 399.

[6] Reingold, Nathan. "Vannevar Bush's New Deal for Research：Or the Triumph of the Old Order." *Historical Studies in the Physical and Biological Sciences* 17（1987）：299 - 344.

[7] Stewart, Irwin. *Organizing Scientific Research for War：The Administrative History of the Office of Scientific Research and Development*. 1948.

拉里·欧文斯（Larry Owens） 撰，吴紫露 译

疾病控制与预防中心

Centers for Disease Control and Prevention

美国公共卫生署（PHS）位于佐治亚州亚特兰大市的一个机构。成立于 1946 年，通常简称疾控中心（CDC），前身是第二次世界大战中成立的组织——"战区疟疾控制中心"（Malaria Control in War Areas），旨在使南方更安全地训练军队和生

产战争物资。战后，传染病中心（Communicable Disease Center）继续研究疟疾和其他虫媒疾病，著名的缩写"CDC"便继承于这一机构。它逐渐增加了对所有动物起源疾病的关注，但这并没有使负责建立这一机构的公共卫生署官员约瑟夫·W.芒廷（Joseph W. Mountin）博士满意。他推动疾控中心名副其实，承担了所有传染病的研究。这个目标于 1960 年实现。甚至公共卫生署以前分别设在华盛顿的性传播疾病和肺结核的研究机构也被转移到了亚特兰大。

　　传染病中心的创建是为了服务国家，让科学研究得到实际应用。尽管如此，它的实验室部门很快就因其在沙门氏菌和志贺氏菌方面的权威工作，以及发展出能在几分钟内识别疾病病菌的荧光抗体技术而享誉国际。"冷战"的开启及其生物战的威胁，迅速应对疾病暴发成为当务之急。1951 年，传染病中心创建了传染病情报部以应对任何卫生紧急情况。这些"疾病探员"很快就因他们发现神秘流行病病因的能力而出名。为了给他们提供所需数据，传染病中心开始了疾病监测，首先是 1950 年的疟疾，然后是 1955 年的脊髓灰质炎和 1957 年的流感。现在对数百种疾病的常规监测已经彻底改变了公共卫生实践，这也是传染病中心最著名的创举之一。

　　截至 20 世纪 60 年代，传染病中心的活动范围已经远远超出了对传染病的控制。在国内，它增加了计划生育和含铅油漆中毒的项目；在国际上，它参加了根除天花的运动。此外，在地球轨道之外，它还与美国国家航空航天局合作，防止在月球飞行中与月球交换细菌的可能性。为了更好地反映其扩大的任务，传染病中心改了名。1967 年，它更名为国家传染病中心（National Communicable Disease Center）；1970 年更名为疾病控制中心（Center for Disease Control）；1980 年"中心"变更为复数（Centers for Disease Control）。1992 年，增加了"与预防（and Prevention）"一词。同时，该机构在公共卫生署等级体系中的地位也发生了变化。疾控中心最初是公共卫生署州事务局的一个驻地站，到 1973 年逐步发展成为直属于公共卫生署的机构，类似于国立卫生研究院。

　　疾控中心在世界卫生组织根除天花的运动中发挥了主导作用。疾控中心的工作人员在许多国家开展工作，但在西非独揽责任，那里开发出了对全球根除天花取得成功至关重要的技术。"斩草除根"（Eradication escalation）技术利用监测手段，努力寻找每一位天花患者，并为其接触者接种疫苗。1970年，西非宣布消灭了天花，比计划提前了一年半；随后，监测成为各地根除天花的关键。世界上最后一个病例1977年出现在索马里；两年后，全世界内消灭了天花。

20世纪70年代，疾控中心在确认并帮助控制非洲三种以前不为人知的致命疾病——马尔堡出血热、拉沙热和埃博拉出血热方面取得了巨大成功。它在鉴别1976年在费城举行的美国退伍军人大会上暴发的一种神秘流行病方面也发挥了主导作用。事实证明，其病因正如退伍军人病的名称一样难以捉摸，但6个月后，疾控中心实验室的科学家约瑟夫·麦克达德（Joseph McDade）博士确认了它是一种常见但以前不为人所知的细菌。

疾控中心在20世纪70年代因两项冒险活动而受到尖锐批评：一是参与研究未经治疗的梅毒对阿拉巴马州塔斯基吉的黑人患者的长期影响；二是1976年开展的全国性预防猪流感的免疫运动，尽管这一流行病并未真的出现。第一项研究通常被认为违反道德，当疾控中心在1957年将其作为公共卫生署性病项目的一部分予以继承时，这项研究已经进行了四分之一个世纪，并且不是它主要推动的项目。猪流感运动是一项重大举措，旨在阻止1918—1919年导致50万美国人死亡的流感再次流行的可能性。尽管工作人员竭力为其辩护，但这两个项目都玷污了该机构的声誉。

在20世纪80年代早期，疾病控制中心将注意力转向生活方式和疾病预防问题，如吸烟的危害和锻炼的必要性。它还开始把暴力作为疾病的研究对象，这在公共卫生领域是全新的。然而，当疾控中心的流行病学家在1981年发现艾滋病的流行时，任何认为传染病已得到控制的自满情绪都破灭了。从不到十几个病例中，他们确定了这是一种对健康存在重大威胁的疾病，但是其他公共卫生机构在几年以后才确信了这种危险。

这个复杂机构的活动遍及世界各地。大部分记录保存在佐治亚州伊斯特波因特的亚特兰大联邦档案中心。

参考文献

[1] Etheridge, Elizabeth W. *Sentinel for Health: A History of the Centers for Disease Control.*

Berkeley: University of California Press, 1992.

[2] Hopkins, Donald R. *Princes and Peasants: Smallpox in History.*

[3] Chicago: University of Chicago Press, 1983.

[4] Jones, James H. *Bad Blood: The Tuskegee Syphilis Experiment.*

[5] New York: Free Press, 1981.

[6] Mullan, Fitzhugh. *Plagues and Politics: The Story of the United States Public Health Service.* New York: Basic Books, 1989.

[7] Neustadt, Richard E., and Harvey V. Fineberg. *The Epidemic That Never Was: Policy Making and the Swine Flu Affair.* New York: Vintage Books, 1987.

[8] Ogden, Horace G. *CDC and the Smallpox Crusade.* HHS Pub. No. (CDC) 87 - 8400. Washington, DC: CDC, 1987.

[9] Reusché, Berton. *The Disease Detectives, I.* New York: Times Books, 1980.

[10] ——. *The Disease Detectives, II.* New York: E.P. Dutton, 1984.

[11] Shilts, Randy. *And the Band Played On: Politics, People, and the AIDS Epidemic.* New York: St. Martin's Press, 1987.

[12] Silverstein, Arthur M. *Pure Politics and Impure Science: The Swine Flu Affair.* Baltimore: Johns Hopkins University Press, 1981.

[13] Thomas, Gordon, and Max Morgan-Witts. *Anatomy of an Epidemic.* Garden City, NY: Doubleday, 1982.

[14] Williams, Ralph C. *The United States Public Health Service, 1798–1950.* Washington, DC: Commissioned Officers Association of United States Public Health Service, 1951.

伊丽莎白・W. 艾瑟里奇（Elizabeth W. Etheridge） 撰，吴晓斌 译

另请参阅：美国国立卫生研究院（National Institutes of Health）

国家科学基金会
National Science Foundation

国家科学基金会成立于 1950 年，是一个独立的联邦机构。1945 年，战时科学研究与发展办公室（Office of Science Research And Development）主任万尼瓦尔・布什（Vannvar Bush）建议成立一个机构，以制定国家科学政策，支持基础科学研究和教育。布什 1945 年的开创性报告《科学——永无止境的前沿》（*Science*：

The Endless Frontier）成为美国国家科学基金会的立法基础。

随后的 5 年时间里，关于联邦政府支持研究和教育的辩论围绕以下几个问题展开：专利所有权；资金的地域和机构分配；社会科学资格；基础研究与应用研究；以及对该机构的控制。1950 年的法案对其中大多数问题做出回避或妥协。它指示基金会避免资金"过度集中"。社会科学没有被提及，但法案中"其他科学"的条款允许将它们纳入基金会的投资组合中来。

最重要的妥协涉及基金会的控制和指导。布什提案的支持者希望将控制权交给一个独立的董事会，董事会将任命一名董事对其负责。1947 年，哈里·S. 杜鲁门（Harry S. Truman）总统否决了一项提供这种安排的法案。1950 年的法规则改为设立一个决策科学委员会和一名全职董事，均由总统任命并经参议院批准。

第一任董事艾伦·T. 沃特曼（Alan T. Waterman，1951—1963）小心翼翼地让基金会远离政治，同时避免招致其他联邦科学机构的敌意。沃特曼和董事会将该机构的政策角色定义为汇编可靠的科研和人力信息，倡导支持基础研究，并改善政府和大学的关系。1962 年，约翰·F. 肯尼迪总统发布了一项行政重组计划，将国家科学政策制定职能从基金会转移到位于总统办公厅常设的科学和技术办公室（Office of Science and Technology）。

基金会最初的章程限制了它对基础研究的支持。几乎所有早期的资助都是用于"小科学"项目，授予给了学院、大学和其他非营利机构，供个人研究者进行研究。基金会的项目——通常按照在数学、物理学和工程科学中的学科（化学、物理等），以及在生物科学中的功能（调节、系统等）来组织。邮件审核人和集合起来的专家咨询组帮助判断这些主动提交的建议书质量和研究人员的能力。从一开始，对有限可用资金的竞争就很激烈。

强调质量也是基金会首个教育项目——为研究生和博士后科学家提供奖学金——的特点。基金会的研究生倾向于集中在少数几个研究生院，因"没有"大学而引发批评。后来的"合作"奖学金和实习生计划抵消了大部分批评，因为在 20 世纪 60 年代，基金会在更多的机构中传达了对研究生教育的支持。

1957 年 10 月苏联发射人造卫星后，对大学预科科学教育的支持大大提升。开发的物理、生物、化学和数学新课程被广泛采用。20 世纪 70 年代，一些新课程因对大多数学生来说太难而受到抨击。一门小学社会科学课程——"人，一门研究课程"，遭到了保守派极为严厉的批评。

自 20 世纪 50 年代末以来，基金会越来越多地资助大型科学企业。国家射电和光学天文学中心以及大气研究中心都需要昂贵的设施和仪器，以至于只有联邦政府才能建造和配备，并支付它们持续运营的费用。根据法律，该机构不能直接运营研究实验室，因此大学根据与基金会的合同来管理这些设施。

基金会对其他大型活动的赞助也始于 20 世纪 50 年代，并在接下来的 20 年里大幅增长。在 1958—1959 年国际地球物理年期间，基金会的主要兴趣集中在南极洲。1959 年，美国和其他 11 个参与南极行动的国家签署了一项条约，保留南极大陆用于和平的、科学目的。基金会继续担任负责南极活动的联邦机构。在 20 世纪 60 年代，基金会支持了一项雄心勃勃的尝试，通过在海洋平台上钻穿地幔来获取地球知识（莫霍计划）。这项艰巨的任务因成本不断上涨而结束，但持续的深海钻探计划获得了诸如板块构造等地质现象的知识，包括通常所说的大陆漂移。20 世纪 80 年代，该机构资助了工程、科学技术和超级计算领域的其他新研究中心。

1971—1978 年，一个有争议的项目由盛而衰。国民需求研究计划（Research Applied to National Needs，RANN）源于 1968 年对基金会章程的一项重大修正案，该修正案扩大了基金会的权力，将支持应用研究囊括了进来。这个项目是围绕指定的问题而不是科学学科来组织的，它使用了基金会在此之前并不熟悉的标准和管理实践。国民需求研究计划解决了当时许多国内问题：污染、能源、交通和城市难题。它试图将工业企业和学术研究联系起来，希望工业界最终能支持该计划的部分内容。国会、其他机构，特别是科学界给出了批评，他们担心国民需求研究计划会耗尽基金会对基础研究的传统支持资金。该计划于 1975 年和 1976 年开始逐步取消。

基金会不断扩大的项目增加了预算。第一次大规模增加是在 1957 年，达到4000 万美元。人造卫星又引发了一系列增长——1959 年增长到 1.34 亿美元，到1968 年增长到近 5 亿美元。1971 年，预算突破了 5 亿美元大关，此后在总体上继续上升。进入下一个十年之前，预算达到了10亿美元的水平，到20世纪90年代初，预算接近30亿美元。

多年来，基金会的重组反映了它所支持的研究学科性质的变化。工程、科学和工程教育、计算机科学和社会科学长期由该机构支持，但在组织和预算上处于较低水平，它们被赋予与数学、物理科学和生物科学等传统学科同等的地位。这些变化反映了这样一个事实，即在其40多年的历史中，该基金会已经确立了自己作为唯一通用科学机构和美国政府基础研究的旗舰地位。

参考文献

［1］Dupree, A. Hunter. *Science in the Federal Government: A History of Policies and Activities.* Baltimore: Johns Hopkins University Press, 1986.

［2］England, J. Merton. "Dr. Bush Writes a Report: 'Science— The Endless Frontier.'" *Science* 191 (1976) : 41 - 47.

［3］——. *Patron for Pure Science.* Washington, DC: National Science Foundation, 1982.

［4］——. "The National Science Foundation and Curriculum Reform: A Problem of Stewardship." *The Public Historian* 11 (1989) : 23 - 36.

［5］——. "Investing in Universities: Genesis of the National Science Foundation's Institutional Programs, 1958 - 63." *Journal of Policy History* 2 (1990) : 131 - 156.

［6］Kevles, Daniel J. "Scientists, the Military, and the Control of Postwar Defense Research: The Case of the Research Board for National Security, 1944 - 1946." *Technology and Culture* 16 (1975) : 20 - 47.

［7］——. "The National Science Foundation and the Debate over Postwar Research Policy, 1944 - 1946." *Isis* 68 (1977) : 5 - 26.

［8］——. "Principles and Politics in Federal R&D Policy, 1945 - 1990: An Appreciation of the Bush Report." New preface in *Vannevar Bush: Science—The Endless Frontier.*

［9］Washington, DC: National Science Foundation, 1990, pp. ix - xxx.

［10］Lomask, Milton. *A Minor Miracle: An Informal History of the National Science Foundation.* Washington, DC: National Science Foundation, 1976.

［11］Maddox, Robert F. "The Politics of World War II Science: Senator Harley M. Kilgore and the Legislative Origins of the National Science Foundation." *West Virginia History* 41

（1979）：20 - 39.

[12] Mazuzan, George T. *NSF: A Brief History.* Washington, DC: National Science Foundation, 1988.

[13] ——. "Up, Up, and Away: The Reinvigoration of Meteorology in the United States, 1958 - 1962." *Bulletin of the American Meteorological Society* 69（1988）：1152 - 1163.

[14] ——. "'Good Science Gets Funded . . . The Historical Evolution of Grant Making at the National Science Foundation." *Knowledge: Creation, Diffusion, Utilization* 14（1992）：63 - 90.

[15] Schaffter, Dorothy. *The National Science Foundation.* New York: Praeger, 1976.

[16] Stine, Jeffrey K. "Scientific Instrumentation as an Element of U.S. Science Policy: National Science Foundation Support of Chemistry Instrumentation." In *Invisible Connections: Instruments, Institutions, and Science,* edited by Robert Bud and Susan E. Cozzens. Bellingham, WA: SPIE Optical Engineering Press, 1992, pp. 238 - 263.

乔治·T. 马祖赞（George T. Mazuzan）撰，康丽婷　译

国家航空航天局
National Aeronautics and Space Administration

进行航空航天研究的政府机构。1958 年，美国国家航空航天局（NASA）脱胎于美国和苏联的"冷战"对抗中。在世界不结盟国家的意识形态和忠诚度的广泛竞争中，空间探索是一个主要的竞争领域。1957 年 10 月 4 日，苏联在这场竞赛中占了上风，他们发射了第一颗环绕地球运行的人造卫星"斯普特尼克"1 号（Sputnik I），是一项更大规模科学工作的一部分，这项工作与国际地球物理年有关。

虽然美国官员对苏联取得这一成就表示祝贺，但显然许多美国人认为苏联是以美国为对手，为共产主义制度发起的一场声势浩大的挑战。出于这种观念，国会通过了德怀特·戴维·艾森豪威尔（Dwight D. Eisenhower）总统签署的年《国家航空与航天法案》（1958），新成立的机构肩负起一项宽泛的任务——探索、利用太空，为"全人类"造福。航空航天局于 1958 年 10 月 1 日投入运营，完整吸收了早期的国家航空咨询委员会；它拥有 8000 名员工、1 亿美元的年度预算，以及三个主要研究实验室——兰利航空实验室、艾姆斯航空实验室和刘易斯飞行推进实验室，还有

两个小型测试设施。

在航空航天局正式成立后不久，这个新机构还接手了其他联邦机构太空探索项目的管理，特别是海军研究实验室的维京计划和位于阿拉巴马州亨茨维尔的陆军弹道导弹局的火箭开发工作。它还获得了喷气推进实验室（Jet Propulsion Laboratory）的控制权，该实验室是加州理工学院在帕萨迪纳运营的承包设施，并在马里兰州格林贝尔特创建了戈达德太空飞行中心（Goddard Space Flight Center），专门从事空间科学研究。

航空航天局在成立后的几个月内就开始执行空间科学任务，特别是向月球发送探测器的"游侠计划"，测试卫星通信可能性的"回声计划"，以及确定人类太空飞行可能性的"水星计划"。即便如此，这些活动还是受到了预算不足和航空航天局领导层审慎步伐的限制。

这些限制在1961年突然解除，当时约翰·肯尼迪（John F. Kennedy）总统宣布了一项登月计划，回应美国在科学和技术方面的领导地位所面临的挑战，该计划将在十年内把一名美国人送上月球。1961年5月25日国会前，肯尼迪在一次关于国家紧急需求的演讲中，向公众做出一项被称为"阿波罗计划"的承诺，这被宣传为第二次国情咨文。在演讲中，他要求支持完成太空探索的四个基本目标，但人们通常只记得登月这一项。此外，他要求国会拨款用于气象卫星、通信卫星和火星车核推进火箭。国会几乎没有发表任何评论就同意了所有这些建议。

在接下来的11年里，航空航天局倾尽心力来执行肯尼迪的任务。这一努力需要巨大的开支，为了能在1969年前实现，整个周期的项目所需超过200亿美元。只有巴拿马运河的修建可以与"阿波罗计划"的规模相提并论，它成为美国有史以来最大的非军事技术努力，在战时背景下也只有"曼哈顿计划"可以与之媲美。载人航天任务是它的直接产物，"水星计划"（至少在其后期阶段）、"双子座计划"和"阿波罗计划"都是为执行这一任务而设计的。

在1969—1972年，航空航天局最终将六组宇航员送上了月球。1969年7月20日，"阿波罗"11号首次执行着陆任务，宇航员尼尔·阿姆斯特朗（Neil Armstrong）第一次踏上了月球表面，他告诉数百万听众：这是"我个人的一小步——人类的一大步"。在安全返回地球之前，宇航员们收集了月球岩石样本，并进行了几次实验。

在"阿波罗"11 号之后到 1972 年 12 月，又进行了五次着陆任务，每次间隔大约六个月，且都增加了在月球上停留的时间。后来的三次阿波罗任务使用月球车在着陆点附近行驶。从那以后，在月球上进行的科学实验和阿波罗计划传回的月球土壤样本为科学家们研究太阳系提供了依据。

这一科学成果意义重大，但"阿波罗计划"并没有确凿地回答月球起源和演化的古老问题。相反，新信息加剧了科学家对这些重要问题的争论。数据帮助理论家提出了新观点，包括太阳和行星之间的角动量分布、行星直接由气态原行星凝聚形成还是由固体行星吸积形成、"太阳星云"是否足够热、足够湍动以能够蒸发和完全混合其组成部分，以及超新星爆炸等外部原因是否引发气体云崩溃等问题。

在这场正在进行的科学辩论中，阿波罗登月计划带回的月球岩石和土壤样本举足轻重。地质学家利用这些样本开展了各种各样的研究，他们发现，虽然玄武岩和角砾岩与地球上发现的类似，但不同之处也很显著，足以令人质疑其在地球上的起源。这些月球岩石和土壤样本以原始状态保存在得克萨斯州休斯敦约翰逊航天中心月球接收实验室的氮环境中，可供世界各地的科学家研究。

"阿波罗计划"完成后，航空航天局进入了某种停滞状态。20 世纪 70 年代航空航天局的主要项目是开发一种可重复使用的航天飞机，希望它能够往返于地球和太空之间，并且比以往任何时候都更常规、更经济。1981 年，第一颗运行轨道飞行器"哥伦比亚"号从佛罗里达州肯尼迪航天中心起飞。到 1986 年 1 月 28 日，航天飞行已经进行了 24 次，但在"挑战者"号发射期间，两个固体火箭助推器之一的接头处发生了泄漏，导致主液体燃料箱爆炸。七名宇航员在这次太空飞行史上最严重的事故中丧生。这起爆炸成为 20 世纪 80 年代最重大的事件之一，全世界数十亿人在电视上看到了这起事故，对机组人员的遇难感到悲痛。

由于这次事故，航天飞机项目中断了两年，与此同时航空航天局致力于重新设计系统并改进其管理结构。终于在 1988 年 9 月 29 日，航天飞机恢复航行，没有再发生事故。到 1995 年 7 月为止，航空航天局已经执行了 40 多次后续的航天飞机任务，也没有发生任何事故。从 1989 年的麦哲伦金星雷达绘图仪和 1990 年哈勃太空望远镜等重要太空探测器的部署，到 1991 年继续航行的"太空实验室"，再到 1993 年 12 月那次戏剧性的哈勃维修任务，每一次都开展了科学和技术实验。通过所有这些活动，很多关于航天飞机能做什么和不能做什么的现实主义论调开始浮现出来。

除了这些重大的载人航天计划，航空航天局还向月球和行星发射了重要的科学探测器，以及部署在轨道上的地球观测系统。1964 年，以"水手"4 号为首开启了一系列火星探索任务，后续还有其他任务开展，其中最重要的当属"维京"号火星任务，是其中的高潮。"维京"号由两个航天器组成，设计用于环绕火星轨道，并在火星表面着陆和运行。探测器于 1975 年发射，花了将近一年的时间巡航火星。该项目的主要任务于 1976 年 11 月 15 日结束，即火星上合（从太阳后面经过）的前 11 天，尽管"维京"号飞船在首次到达火星后继续运行了 6 年。最后一次传送到达地球是在 1982 年 11 月 11 日。该项目的重要科学活动之一是试图确定火星上是否有生命，因为人们长期以来认为火星与地球具有充分的相似性，那里可能存在生命。虽然通过三个生物学实验在火星土壤中发现了意想不到的神秘化学活动，但它们没有提供明确的证据证明着陆点附近土壤中存在活微生物。其结论是，遍及地表的太阳紫外线辐射、极度干燥的土壤以及土壤化学的氧化性质这三点相结合，阻止了火星土壤中生命有机体的形成。

另一个重要的探测器是去往外太阳系的"旅行者"号任务。科学家在 20 世纪 60 年代后期发现，每隔 176 年，地球和太阳系中所有的巨行星都会聚集在太阳的同一侧。这一几何阵容使得在一次飞行中近距离观察太阳系外的所有行星（冥王星除外）成为可能，这就是"大巡视"（Grand Tour）。航天器每次近行星飞行都会使其飞行路线弯曲并加速，足以将它运送到下一个目的地。这将通过一个被称为"引力助推"的复杂过程来实现，类似于弹弓效应，航行至海王星的时间由此可以从 30 年缩短到 12 年。航空航天局在佛罗里达州的卡纳维拉尔角启动了如下飞行任务：1977 年 8 月 20 日"旅行者"2 号发射升空，1977 年 9 月 5 日"旅行者"1 号以更快、更短的轨道进入太空。

随着木星和土星目标的成功实现，这两个探测器最终探索了所有巨大的外行星、它们的 48 颗卫星，以及这些行星独特的光环和磁场系统。这两个航天器向地球传回的信息彻底改变了行星天文学科学，帮助解决了一些关键问题，同时提出了关于太阳系中行星起源和演化的有趣新问题。两个"旅行者"号拍摄了 10 万多张外行星、光环和卫星的图像，还进行了数百万次磁、化学光谱和辐射测量。它们发现了木星周围的环、木卫一上的火山、土星环上的牧羊犬卫星、天王星和海王星周围的新月，以及海卫一上的间歇泉。最后一个图像序列是"旅行者" 1 号拍摄的太阳系大部分区域的照片，在黑暗的天空中，地球和其他六颗行星犹如火花，被一颗明亮的恒星——太阳点燃。

在此之后，最初受损的哈勃太空望远镜传回了关于宇宙起源和发展的异常科学数据；麦哲伦任务的雷达拍摄了金星；而"伽利略"号木星探测器虽然通信系统出现了一些问题，但在前往主要目标的途中传回了小行星的重要数据。与此同时，由于预算和其他方面的限制，航空航天局的领导人已经转向建造大量种类繁多的小型廉价卫星，而不是只建几个大型昂贵的航天器。20 世纪 90 年代，航空航天局局长开始积极主张"更小、更便宜、更快"的太空探测器新理念，并倡导大型和小型航天器混合使用，以避免任务失败后出现长时间的中断。

参考文献

[1] Bulkeley, Rip. *The Sputniks Crisis and Early United States Space Policy: A Critique of the Historiography of Space.*

[2] Bloomington: Indiana University Press, 1991.

[3] Burrows, William E. *Exploring Space.* New York: Random House, 1990.

[4] Chaiken, Andrew. *A Man on the Moon: The Voyages of the Apollo Astronauts.* New York: Viking, 1994.

[5] Chaisson, Eric J. *The Hubble Wars: Astrophysics Meets Astropolitics in the Two-Billion Dollar Struggle Over the Hubble Space Telescope.* New York: HarperCollins Publishers, 1994.

[6] Compton, W. David. *Where No Man Has Gone Before: A History of Apollo Lunar Exploration Missions.* Washington, DC: NASA SP-4214, 1989.

[7] Divine, Robert A. *The Sputnik Challenge: Eisenhower's Response to the Soviet Satellite.* New York: Oxford University Press, 1993.

[8] Ezell, Edward Clinton, and Linda Neuman Ezell. *On Mars: Exploration of the Red Planet, 1958–1978.* Washington, DC: NASA SP–4212, 1984.

[9] Hufbauer, Karl. *Exploring the Sun: Solar Science Since Galileo.*

[10] Baltimore: Johns Hopkins University Press, 1991.

[11] Krug, Linda T. *Presidential Perspectives on Space Exploration: Guiding Metaphors from Eisenhower to Bush.* New York: Praeger, 1991.

[12] Lambright, W. Henry. *Powering Apollo: James E. Webb of NASA.* Baltimore: Johns Hopkins University Press, 1995.

[13] Launius, Roger D. *NASA: A History of the U.S. Civil Space Program.* Malabar, FL: Krieger Publishing, 1994.

[14] Levine, Alan J. *The Missile and Space Race.* New York: Praeger, 1994.

[15] McCurdy, Howard E. *Inside NASA: High Technology and Organizational Change in the U.S. Space Program.* Baltimore: Johns Hopkins University Press, 1993.

[16] McDougall, Walter A. ... *The Heavens and the Earth: A Political History of the Space Age.* New York: Basic Books, 1985.

[17] Naugle, John E. *First Among Equals: The Selection of NASA Space Science Experiments.* Washington, DC: NASA SP–4215, 1991.

[18] Newell, Homer E. *Beyond the Atmosphere: Early Years of Space Science.* Washington, DC: NASA SP–4211, 1980.

[19] Tatarewicz, Joseph N. *Space Technology and Planetary Astronomy.*

[20] Bloomington: Indiana University Press, 1990.

[21] Wilhelms, Don E. *To a Rocky Moon: A Geologist's History of Lunar Exploration.* Tucson: University of Arizona Press, 1993.

[22] Winter, Frank H. *Rockets into Space.* Cambridge, MA: Harvard University Press, 1990.

罗杰·D. 拉努斯（Roger D. Launius） 撰，康丽婷 译

美国环境保护局

Environmental Protection Agency, United States

负责执法的美国联邦政府机构，旨在维护自然环境，保护人类免受恶意和无意破坏环境的影响。1970 年，为了响应环保运动，总统理查德·尼克松将农业部、卫

生部、教育和福利部、内政部以及原子能委员会的各类项目，以及其他行政部门的分支机构予以重组，将其合并为一个独立的监管机构，从而成立了美国环境保护局（EPA）。从那时起，美国环保局通过执行《清洁空气法》《清洁水法》《有毒物质控制法》《超级基金法》等法律来维护公共环境健康。

美国环保局在这方面采取的行动，有赖于公众的优先事项和当下的科学知识。20 世纪 70 年代初，当环保运动达到高潮时，威廉·洛克肖斯（William Ruckelshaus）和罗素·特雷恩（Russell Train）等早期环保局管理者认为该机构受权于人民，通过大幅减少烟雾以及河流、湖泊、河口湾中的有毒化学物质的排放，减少与杀虫剂和其他化学品使用相关的潜在健康风险，从而迅速提高了美国人的生活质量。20 世纪 60 年代，蕾切尔·卡逊（Rachel Carson）等生态学家普及了污染对环境乃至最终对人类可能造成的毁灭性影响。最初，美国环保局致力于清理对人类和环境健康有害的可见污染物和化学品。洛克肖斯不仅将美国环保局塑造成一个功能性组织，还出台一系列措施，诸如禁止使用滴滴涕（DDT）、要求汽车制造商减少使用能产生尾气的化学物质等。同时，国会通过法律，扩大了环保局的监管范围和权限。

在罗素·特雷恩的领导下，美国环保局继续清理那些最显眼的污染物。但在朝着这个目标努力时，环保局认识到了环境问题的极度复杂性、模糊性和互联性。因此，特雷恩成立了由美国顶尖科学家组成的美国环保局科学顾问委员会（SAB），以协助机构决策者制定科学合理的法规，指导他们解决环保局负责的环境问题。20 世纪 70 年代中期，环保局遭受各方抨击，被指责在制定政策时不了解其法规的整体影响。因此，除了增加美国环保局科学顾问委员会的委员数量，环保局还增加了公众参与程序，使每个对特定法规感兴趣的人都能让自己的观点被决策者听到，并责成其从前任机构继承来的几个实验室进行研究和测试，以确保环保局对环境问题及其潜在解决方案有最全面的了解。人们对这些做法意见不同。有些人认为，鉴于 20 世纪 70 年代美国经济停滞不前，环保局在 80 年代中期改善环境的目标过于宏大，成本过高；另一些人认为，环保局在用错误的解决方案解决错误的问题；还有一些人认为，环保局在解决有毒化学物质进入环境等问题上行动不够迅速。

吉米·卡特总统任期时的环保局局长道格拉斯·科斯特尔（Douglas Costle）对这些声音做出了回应，宣布继续实施旨在清洁空气和水源的法律。但考虑到或许会有能以更低成本提供更清洁环境的试验性技术或监管方法，他鼓励用更为灵活的方式执行这些法规。然而，由于国会通过了《有毒物质控制法》（TSCA），美国环保局的工作重点开始从可见污染物转向不可见的致癌化学物质，以保护美国人的健康免受其影响。《有毒物质控制法》授权环保局负责监管有毒物质的生产、处理和处置。由于认识到过去草率处理有毒物质的危害，再加上发现了像纽约拉夫运河这样的有毒废料填埋地，国会通过了《1980 年综合环境响应、赔偿与责任法案》（超级基金法），授权美国环保局负责确保最具危害性的有毒废料堆已被清理，以及让那些制造出这些废料的负责人为其疏忽付出代价。对有毒物质的重视迫使环保局进入了一个公众不太感兴趣的领域。由于需要集中精力从环境中清除以百万分之一或更小单位计量的致癌化学物质，环保局被迫日益依赖机构中科学家的专业知识，这些科学家就各种研究的有效性与工业界的科学家展开辩论。美国人因为报纸上关于特定物质致癌可能性的各种矛盾报道而感到恐慌和困惑，以致对环境保护漠不关心。

到 20 世纪 80 年代初，尽管美国民意调查显示人们仍然支持环境保护，但社会舆论已对政府干预经济和社会的做法感到厌倦。罗纳德·里根总统在任时，安·戈萨奇·伯福德（Ann Gorsuch Burford）空降至环保局就任局长。她致力于提高环保局的运作效率，与里根政府放松管制的态度保持一致，并以更强大的科学为基础。然而，由于新超级基金办公室的管理丑闻，伯福德被环保局首任局长威廉·洛克肖斯所取代。

洛克肖斯将环保局的监管理念从命令－控制式监管方法（试图对所有已知的有害人类健康的物质划定标准）调整为科学的风险评估（美国环保局科学顾问委员会的建议做法）。20 世纪 80 年代末和 90 年代，新旧法律赋予了美国环保局许多职责，这些职责的增加速度超过了预算的增长速度，因此风险评估法成为环保局运作的首选方法，它能帮助环保局确定事务的优先顺序。然而，风险评估法与环保活动者眼中保护环境的合理方式乃至与各种法律规定的监管策略都相冲突。例如，《纯净食品和药品法》中的德莱尼条款要求政府对食品供应中的致癌杀虫剂严格实行零容忍。

利用风险评估法，针对可能致癌化学物质的风险，美国环保局倾向于平衡执法所需的人力、财力然后决定是否可以更好地将资源用于其他更重要的事情上。比起 20 世纪 60 年代，90 年代时这些物质能被更精确地检测到。风险评估法还将美国环保局置于更为高深的政治辩论领域：科学共同体中的科学家声称环保局对科学数据的解释或者数据本身要么有缺陷，要么属于"坏科学"。

20 世纪 90 年代初，美国环保局严格意义上不再是工业界的对手，部分原因在于政治上环保局不断受到被监管团体的批评，他们声称环保局的做法是错误的。相反，乔治·布什总统任期时的环保局局长威廉·赖利（William Reilly）和比尔·克林顿总统任期时的局长卡罗尔·布朗纳（Carol Browner）都鼓励工业界实施高于环保局的标准并制定相关策略，通过实施新生产工艺来减少污染，从而让环保局传统的命令——控制式监管不再是必需。同时，美国环保局推动国会制定法律来让自己的监管方式更灵活——特别是在根据风险确定执法策略的优先次序方面。作为回应，国会制定了《污染防治法》等法律。

贯穿美国环保局历史的另一条主线是环境监管的生态系统方法，但它直到 20 世纪 90 年代才变得突出。美国环保局早就意识到为单一介质的排放制定标准并在管道末端进行监管，是短期内测量各种污染物最简单快速的方法。20 世纪 80 年代末，美国环保局已经收集了大量数据，并在很大程度上耗尽了单一介质监管法的政治和环境效益。许多地区的人们质疑环保局的这种做法是否会在对他们而言具有文化意义的地区（如五大湖区或切萨皮克湾）产生切实影响，而反环境监管团体则质疑环保局的做法是否有效。此外，一些分析专家认为，管道末端监管法的经济成本将超过其潜在收益。因此，美国环保局开始寻找改善整个生态系统健康的方法，而这正是 20 世纪 60 年代以来环保团体受生态学启发后定下的目标。环保局重点关注关键的地理区域，比如五大湖区、切萨皮克湾和佛罗里达大沼泽地。它先明确了危及这些生态系统的最严重因素是什么，然后以可衡量和可见的方式集中监管力量和科学资源，从而改善生态系统的健康。美国环保局通过这一策略绕过了棘手的"好科学、坏科学"监管争议，还通过为环境监管项目制定突出和切实的目标来获取公众支持。

作为负责环境质量的联邦机构，美国环保局根据国家的轻重缓急确定优先事项并制定战略以履行职责。20 世纪 70 年代，美国人民不惜一切代价想要一个干净的环境。为此，环保局制定了严格的国家标准，力争快速、显著地提高环境质量。到了 20 世纪 80 年代，因为环境质量自 70 年代以来已经有了明显改善，公众于是更优先考虑生活的经济方面而非环境质量。美国环保局的挑战也随之增加，因为它所监管的污染物不再是有形的，而是要从空气、水、土壤和食品中清除百万分之几的看不见的化学物质。通过与科学顾问委员会建立科学支持网络，环保局利用其实验室评估环境问题和技术解决方案，使用风险评估方法确定优先事项，鼓励污染防治，还关注生态系统管理以应对这一挑战，并力争在规定预算内履行法定职责。

参考文献

[1] Barnett, Harold C. Toxic Debts and the Superfund Dilemma. Chapel Hill: University of North Carolina Press, 1994.

[2] Caldwell, Lynton. Science and the National Environmental Policy Act: Redirecting Policy Through Procedural Reform. University: University of Alabama Press, 1985.

[3] Hays, Samuel P. Beauty, Health and Permanence: Environmental Politics in the United States, 1955 - 1985. Cambridge, U.K.: Cambridge University Press, 1987.

[4] Landy, Marc, Marc J. Roberts, and Stephen R. Thomas. The Environmental Protection Agency: Asking the Wrong Questions, From Nixon to Clinton. New York: Oxford University Press, 1990; 2d ed. 1994.

[5] Press, Daniel. Democratic Dilemmas in the Age of Ecology: Trees and Toxics in the American West. Durham, NC: Duke University Press, 1994.

[6] Russell, Edmund P. "'Lost Among the Parts Per Billion': Ecological Protection at the United States Environmental Protection Agency, 1970 - 1993." Manuscript in author's possession.

[7] Schnaiberg, Allan, and Kenneth Alan Gould. Environment and Society: The Enduring Conflict.New York: St. Martin's Press, 1994.

[8] United States Environmental Protection Agency Press Release Collection. United States Environmental Protection Agency Historical Document Collection. Washington, DC.

[9] United States Environmental Protection Agency Oral History Interview-1: William D.

Ruckelshaus. Washington, DC: United States Environmental Protection Agency, 1993.

[10] United States Environmental Protection Agency Oral History Interview-2: Russell E. Train. Washington, DC: United States Environmental Protection Agency, 1993.

[11] United States Environmental Protection Agency Oral History Interview-1: Alvin L. Alm. Washington, DC: United States Environmental Protection Agency, 1994.

[12] Williams, Dennis C. "EPA Laboratory Siting: A Historical Perspective." 1993 manuscript in United States Environmental Protection Agency Historical Document Collection. Washington, DC.

[13] ——. The Guardian: EPA's Formative Years, 1970 - 1973. Washington, DC: United States Environmental Protection Agency, 1993.

丹尼斯·威廉姆斯（Dennis C. Williams）撰，孙艺洪　译

2.3　政府科学计划与委员会

刘易斯和克拉克探险队
Lewis and Clark Expedition

根据美国总统托马斯·杰斐逊的计划，1804—1806 年刘易斯和克拉克探险队由陆军军官，杰斐逊的私人秘书梅里韦瑟·刘易斯（Meriwether Lewis，1774—1809）和前陆军军官威廉·克拉克（William Clark，1770—1838）率领，探险队是启蒙运动科学遗产的体现。今天人们记住它的主要原因是：它不仅是伟大的冒险，还体现了英勇的气概，诚然如此，这项事业的真正目的是科学探索。

这些人工作的重中之重是地理上的发现。军官们希望找到一条相对容易的通道，从密苏里河源头穿过落基山脉，进入哥伦比亚河。刘易斯和克拉克证明了这样的路径并不存在，而且翻越山脉是一项艰巨的任务。他们打破了人们对寻找了很久的西北航道的所有希望，但是在他们的科学工作中，对经度和纬度进行了观测，标出了重要的地理特征，并绘制了详细的路线图，他们对了解美国西部做出了重要的贡献。那时，刘易斯执行大部分天文任务，克拉克绘制了路线并草拟了探险地图。

生态学研究是他们工作的另一部分。刘易斯和克拉克仔细观察了这块土地未来的农业利用前景，同时还研究了植物和动物，标记了矿藏，并记录了这个国家的气候。领队们在生物科学方面的成就尤其值得注意。他们第一次详细描述了科学上新出现的许多动植物物种，并使人们更好地了解许多已知物种的范围、习性和物理特征。远征队详细地记述了植物的季节变化、动物的活动范围和习性，以及鸟类和哺乳动物的迁徙。

刘易斯和克拉克还进行了民族学和语言学研究。他们带回了3个主要印第安人群体的第一手详细报告：密苏里河上游的村庄印第安人；落基山脉的山间部落；哥伦比亚河谷和西北海岸的河边居民。尽管受当时的先入之见和偏见所束缚，但他们仍然表现出了在当时不寻常的超然态度。在不同的部落、语言群体和文化背景中工作，领队们发现几乎不可能对这些人类进行分类、研究和理解。因受到语言和时间的阻碍，他们不能深入了解这些人的文化，但确实超越了他们时代的文化相对主义，提出了一种对印第安人的看法，这种看法因其客观性而备受赞扬。

这次探险最后一项科学遗产是那些在探险过程中被精心书写和保存的日记。大多数日记现在都存放在费城的美国哲学学会和圣路易斯的密苏里州历史学会的档案中。除了描述史诗般的旅程中的日常事件，这些日记还包含了他们无数的科学观察。刘易斯和克拉克的日记堪称美国国宝。

参考文献

[1] Allen, John Logan. *Passage through the Garden: Lewis and Clark and the Image of the American Northwest.* Urbana: University of Illinois Press, 1975.

[2] Burroughs, Raymond Darwin. *The Natural History of the Lewis and Clark Expedition.* East Lansing: Michigan State University Press, 1961.

[3] Chuinard, Eldon G. *Only One Man Died: The Medical Aspects of the Lewis and Clark Expedition.* Glendale, CA: Arthur H. Clark, 1979.

[4] Cutright, Paul Russell. *Lewis and Clark: Pioneering Naturalists.*

[5] Urbana: University of Illinois Press, 1969.

[6] Jackson, Donald, ed. *Letters of the Lewis and Clark Expedition with Related Documents, 1783–1854.* 2d ed. 2 vols.

［7］Urbana: University of Illinois Press, 1978.

［8］Lavender, David. *The Way to the Western Sea: Lewis and Clark Across the Continent.* New York: Harper and Row, 1988.

［9］Moulton, Gary E., ed. *The Journals of the Lewis and Clark Expedition.* 12 vols. Lincoln: University of Nebraska Press, 1983.

［10］Ronda, James P. *Lewis and Clark Among the Indians.* Lincoln: University of Nebraska, 1984.

加里·莫尔顿（Gary E. Moulton）　撰，彭华　译

威尔克斯远征队（美国南海探险队）

Wilkes Expedition（The United States Exploring Expedition to the South Seas）

美国海军进行的第一次大型海外科学考察，通常被称为威尔克斯远征［以其指挥官查尔斯·威尔克斯（Charles Wilkes）中尉的名字命名］，这次远征的主要任务是调查和绘制太平洋地图以支持美国的商业活动。其他任务包括与该区域的原住民建立良好关系并进行科学研究。

威尔克斯于 1838 年 8 月率领 6 艘船和一支由 7 名民间科学家组成的分遣队启航，民间科学家负责动物学、植物学、地质学和人类学调查，海军军官负责自然科学方面的调查。这些民间科学家都很年轻，他们要么受过良好教育，要么经验丰富，而且都是可征得的最佳人选。其中包括博物学家提香·拉姆齐·皮尔（Titian Ramsay Peale）、地质学家詹姆斯·德怀特·达纳和语言学家霍雷肖·E. 海耳（Horatio E. Hale）。一个重要的例外是植物学方面，当阿萨·格雷（Asa Gray）辞职后由威廉·里奇（William Rich）接替，但后来证明威廉并不称职。

在 4 年的海上探险中，远征队探索了南美洲两侧的海岸、南极、斐济群岛、夏威夷群岛和北美的西海岸，于 1842 年 6 月抵达纽约。

威尔克斯远征是美国科学史上的一个重大转折点。这是联邦政府第一次为科学研究做出重大财政贡献。由探险队的科学家、其他使用这些收藏品的美国科学家以及威尔克斯共同出版的 19 卷地图集和辅助地图集组成的合集是"美国迄今为止最伟大的作品"（Viola and Margolis，pp. 22 - 23），其中尤其重要的要属达纳

对珊瑚、珊瑚岛和火山的深入了解，以及由格雷领导的合作者所写的两本植物学书籍。尽管探险队带回的标本在其临时保管人——国立研究院［一个位于华盛顿的科学协会，它试图获得詹姆斯·史密森（James Smithson）的遗产以建立一个国家博物馆］——的手中遭到了破坏，但幸存的材料仍然十分令人惊叹。有超过5万件植物标本、数千件动物标本，以及最重要的来自太平洋岛屿和美国西海岸的民族志标本。最后，这个远征队开创了长达25年的遍布世界的海上探险和科学调查活动。

关于这次远征的文献有很多，而争议大都集中在威尔克斯本人的性格和他所做出的贡献上。同时代的军人和平民科学家视他为一个自负的"暴君"，但也有一些人认为他对科学的尊重在海军中是罕见的。历史学家们对这个问题仍然在争论。但现在的共识是，尽管威尔克斯的缺点很多，但他为这次探险和科学进行了长期而艰苦的奋斗，特别是在撰写论文的漫长岁月里。

威尔克斯远征的手稿来源广泛而分散。威尔克斯曾命令远征队的军官们保存日记，其中许多日记现今被保存在国家档案馆里，而威尔克斯的资料则被保存在国会图书馆。

参考文献

［1］Bartlett, Harley Harris. "The Reports of the Wilkes Expedition, and the Work of the Specialists in Science." *Proceedings of the American Philosophical Society* 82（1940）: 601 - 705.

［2］Haskell, Daniel C. *The United States Exploring Expedition, 1838–1842, and Its Publications, 1844–1874*. New York: New York Public Library, 1942.

［3］Hibler, Anita M. "The Publication of the Wilkes Reports, 1842 - 1877." Ph.D. diss., George Washington University, 1989.

［4］Kazar, John D. "The United States Navy and Scientific Exploration, 1837 - 1860." Ph.D. diss., University of Massachusetts, 1973.

［5］Stanton, William. *The Great United States Exploring Expedition of 1838–1842*. Berkeley: University of California Press, 1975.

［6］Tyler, David. B. *The Wilkes Expedition: The First United States Exploring Expedition（1838–*

1842）. Memoirs of the American Philosophical Society 73. Philadelphia: American Philosophical Society, 1968.

［7］Viola, Herman J., and Carolyn Margolis, eds. *Magnificent Voyagers: The U.S. Exploring Expedition, 1838–1842.*

［8］Washington, DC: Smithsonian Institution Press, 1985.

马克·罗滕伯格（Marc Rothenberg）　撰，刘晓　译

另请参阅：詹姆斯·德怀特·达纳（James Dwight Dana）

《莫里尔赠地学院法案》

Morrill Land-Grant College Act

《莫里尔赠地学院法案》是为农业教育设置的联邦立法。19 世纪初，农业学会和农业期刊揭示了农业教育的必要性，19 世纪上半叶，一些农业学校和学院成立。这些早期的努力是有限的，为让所有美国公民都能接受农业教育，倡导者们敦促州政府采取行动。1855 年，永久性的州立农业学院在宾夕法尼亚州和密歇根州成立，马里兰州（1856）和爱荷华州（1858）紧随其后。

1841 年，诺里奇大学校长奥尔登·帕特里奇（Alden Partridge）向国会提议，从出售公共土地所得中拨出资金，分配给各州用于资助一些学府，这些机构将教授农业、工程、制造业和商业领域的自然科学和应用科学。但国会并没有采取行动。

在帕特里奇的建议提出大约 10 年后，来自伊利诺伊州的乔纳森·B. T. 特纳（Jonathan B. T. turner）获得了全国的关注，因为他敦促建立一项由州政府支持工业大学的计划。1852 年，他提议国会将公共土地赠予各州，以建立这类大学。

1857 年 12 月 14 日，佛蒙特州国会众议员贾斯汀·S. 莫里尔（Justin S. Morrill）提出了一项法案，将美国的公共土地捐赠给各州，用于建设农业和机械工艺学院。该法案于 1859 年通过，但被美国总统布坎南否决。1861 年，该法案被重新提出，并于 1862 年 7 月 1 日由美国总统林肯签署成为法律。

总的来说，美国政府通过立法将无人认领的西部土地赠予每个州，各州出售

赠地所得资金的利息来维持或资助一所或多所高等院校教授农业和机械工艺。最终，每个州和哥伦比亚特区都采纳了它的条款，那些采纳这一条款的却发现土地无法出售使用的州会收到政府的现金付款。1890 年，国会通过了第二项莫里尔法案，规定继续拨款。这些农业和机械工艺学院成了国家教育体系中不可或缺的一部分。

参考文献

[1] Eddy, Edward Danforth. *Colleges for Our Land and Time: The Land-Grant Idea in American Education.* New York: Harper & Row, 1957.

[2] Kellogg, Charles E., and David C. Knapp. *The College of Agriculture: Science in the Public Service.* New York: McGraw-Hill, 1966.

[3] Marcus, Alan I. *Agricultural Science and the Quest for Legitimacy.*

[4] Ames: Iowa State University Press, 1985.

[5] Neyland, Leedell W. *Historically Black Land-Grant Institutions and the Development of Agriculture and Home Economics, 1890–1990.* Tallahassee: Florida A&M University Foundation, 1990.

[6] Rasmussen, Wayne D. *Taking the University to the People: Seventy-five Years of Cooperative Extension.* Ames: Iowa State University Press, 1989.

[7] Schwieder, Dorothy. *75 Years of Service: Cooperative Extension in Iowa.* Ames: Iowa State University Press, 1990.

[8] Simon, John Y. "The Politics of the Morrill Act." *Agricultural History* 37 (1963): 103 - 111.

韦恩·拉斯穆森（Wayne D. Rasmussen）撰，刘晓　译

艾利森委员会

Allison Commission

艾利森委员会是正式成立的联合委员会，用于评议当时的气象局（Signal Service）、地质调查局（Geological Survey）、海岸和大地测量局（Coast and Geodetic Survey）以及海军部水文测量办公室（Hydrographic Office of the Navy

Department）等机构。成立于 1884 年的艾利森委员会审议了蓬勃发展的科学行政机构，听取著名科学家的证词，并确立了国会对科学研究的审查模式。它于 1886 年提交了最终报告。

该委员会的负责人是来自爱荷华州的共和党参议员兼参议院拨款委员会主席威廉·博伊德·艾利森（William Boyd Allison）。其他 5 位发起成员是：缅因州共和党参议员尤金·海耳（Eugene Hale）、俄亥俄州民主党参议员乔治·彭德尔顿（George Pendleton）、亚拉巴马州民主党众议员希拉里·赫伯特（Hilary Herbert）、印第安纳州民主党众议员罗伯特·劳瑞（Robert Lowry）和马萨诸塞独立派众议员西奥多·莱曼（Theodore Lyman）。由于 1884 年未能连任，彭德尔顿和莱曼后来分别被亚拉巴马州民主党参议员约翰·摩尔根（John T. Morgan）和康涅狄格州共和党众议员约翰·韦特（John Wait）取代。委员会面临的实质性问题在于政府的科学机构，特别是调查机构是否应该合并。但是相较于政府科学的合理组织，该委员会更感兴趣的是各个科学机构的行政细节，以及国会——特别是艾利森的拨款委员会——如何对各科学机构行使管辖权。

艾利森委员会请美国科学院研究合并的问题。院长 O. C. 马什（O. C. Marsh）任命了一个由 M. C. 梅格斯（M. C. Meigs）将军领导的有争议的委员会。这个有争议的委员会有两名成员隶属于须接受审查的内阁部门，该委员会的报告是美国科学院第一个未被全体院士批准的报告。报告建议政府的科学工作应该合并到一个部门，比如内务部或者新设科学部。由于这份报告，亚历山大·阿加西（Alexander Agassiz）辞去了科学院的职务。

艾利森委员会基本上无视这份有争议的报告，并启动自己的调查，听取了总计 1000 多页的证词。为反对国会的严格审查，地质调查局的约翰·卫斯理·鲍威尔（John Wesley Powell）作证认为："通过法律来直接限制或控制这些科学活动，是办不到的。""从事研究的中央科学部门应当完全自由地开展研究，而无须听从上级机关的发号施令。"（U.S. Congress, Testimony, pp. 23, 26.）希尔加德（J.E. Hilgard）为海岸和大地测量局辩护道："不喜欢按照你所谓的严格科学的标准来看待'测量局'的工作……它在经济上有实用价值。"（U.S. Congress, Testimony, p.

54.）尽管存在上述分歧，这些科学家兼行政官员一致认为，说服艾利森委员会接受他们的科学观，便能说服艾利森委员会在治理方面接受他们的建议。但莱曼回应说，研究工作并没有重要的特殊之处可限制国会对其组织的自由裁量权。

艾利森委员会还听取了一些普通人士关于科学部门行政细节方面的证词：迈尔堡的食品和风纪，科学部门海岸和大地测量局雇员报销的费用，地质调查局的出版活动及其给大学科学家的报酬。鲍威尔的观点是部分正确的，即科学超出了国会议员事无巨细的控制能力，因此他们转而寻求控制他们所能控制的细节。

杜普里（Dupree）主张，"通过无为而治（根据科学院的建议），艾利森委员会既肯定了官办科学的价值，又否定了为它设立一个独立部门的正当性"（U.S. Congress，Testimony，p. 231.）。但该委员会确实采取了行动，基于艾利森委员会审查的法案——尽管从未在国会讨论过——作为艾利森委员会通过的拨款法案的委员会修正案，成了法律。

虽然这些变化对科学部门的影响还没有予以充分探讨，但艾利森委员会似乎通过它们以某些方法限制和指导着这些部门的权力，而后来寻求控制研究活动的国会议员也认为这些方法行之有效。

参考文献

［1］Dupree, A. Hunter. *Science in the Federal Government: A History of Policies and Activities to 1940*. New York: Harper and Row, 1957.

［2］Guston, David H. "Congressmen and Scientists in the Making of Science Policy: The Allison Commission, 1884 - 1886." *Minerva* 32（1994）: 25–53.

［3］Kevles, Daniel J. *The Physicists: The History of a Scientific Community in Modern America*. New York: Knopf, 1978; reprint, Cambridge, MA: Harvard University Press, 1995.

［4］Manning, Thomas G. *Government in Science: The U.S. Geological Survey, 1867–1894*. Lexington: University of Kentucky Press, 1967.

［5］——. *U.S. Coast Survey vs. Naval Hydrographic Office: A 19th Century Rivalry in Science and Politics*. Tuscaloosa: University of Alabama Press, 1988.

［6］Rabbit, Mary C. *A Brief History of the U.S. Geological Survey*.

［7］Washington, DC: U.S. Department of the Interior, 1979.

[8] Sage, Leland L. *William Boyd Allison: A Study in Practical Politics.* Iowa City: Iowa State University Press, 1956.

[9] U.S. Congress. *Report of the Joint Commission to Consider the Present Organizations of the Signal Service, Geological Survey, Coast and Geodetic Survey and the Hydrographic Office of the Navy Department.* Senate Report 1285 (Ser. 2361), 49th Congress, 1st session, 8 June 1886.

[10] U.S. Congress. *Testimony Before the Joint Commission to Consider the Present Organizations of the Signal Service, Geological Survey, Coast and Geodetic Survey and the Hydrographic Office of the Navy Department.* Senate Miscellaneous Document 82, 49th Congress, 1st session, 1886; reprinted in I.B. Cohen, ed. *Three Centuries of Science in America.* New York: Arno Press, 1980.

大卫·H. 古斯顿（David H. Guston）　撰，陈明坦　译

另请参阅：美国联邦政府与科学（Federal Government and Science）

国家航空咨询委员会
National Advisory Committee for Aeronautics

国家航空咨询委员会是国家航空航天局（NASA）的前身，1915 年由国会创立。1915 年，飞机在很大程度上还是一种无用的怪东西，要把它改造成实用、多功能的交通工具，还有很多工作要做。国家航空咨询委员会（NACA，下文简称"航咨委"）的任务是"监督和指导对飞行问题的科学研究，以期找到切实可行的解决办法"（Public Law 271，63d Congress，1915 年 3 月 3 日国会批准通过）。这意味着航咨委不再把航空学当作一门科学学科，而是作为工程研究和开发的一个领域。实际上，这最终意味着航咨委为飞机工业和军事航空服务所面临的严重问题找到了解决方案。

尽管成立于 1915 年，但航咨委直到 1920 年才拥有可运行的实验室设施，当时弗吉尼亚州汉普顿附近的兰利纪念航空实验室（Lanley Memorial Airlinear Laboratory）第一个原始风洞投入使用。该实验室的建设实际上始于 1917 年，但由于欧洲战争导致的混乱，航咨委的设施推迟了 3 年才完工。

然而，一旦拥有了有效的实验设备，航咨委就开始出色地完成它的使命。早在20世纪20年代末，航咨委的可变密度隧道、螺旋桨研究隧道和全尺寸隧道，其性能优于世界上其他任何地方单一的设施集合，凭借这些巧妙设计，航咨委被公认为世界上首屈一指的航空研究机构。由于合理使用航咨委独特的综合实验设备而获得了可靠数据，美国飞机开始在世界航空领域占据主导地位。

通过系统的空气动力学测试，航咨委的研究人员找到了切实可行的方法来提高许多不同类型飞机的性能。"二战"期间，他们测试了几乎所有类型的美国参战飞机。通过指出让这些飞机每小时多航行几英里或增加几英里额外航程的方法，他们的努力在很多情况下决定了盟军在空中的成败。

"二战"期间，航咨委的运作规模和范围大大扩充。据业内人士所知，这个"委员会"在加州开设了新的大型研究中心——艾姆斯航空实验室和高速飞行研究站（后来命名为国家航空航天局德莱顿飞行研究中心），并在俄亥俄州开设了刘易斯飞行推进实验室。

"二战"后，航咨委的研究人员将注意力转向高速前沿领域，解决了阻碍飞机超音速飞行的许多基本问题。他们在几架高速试验飞机的开发中发挥了重要作用，包括贝尔的 X-1、第一架突破音障的飞机、北美的 X-15 以及第一架飞上太空的有翼飞机。

航咨委作为一个联邦机构蓬勃发展，直到 1958 年 10 月 1 日被正式废除，此前一年秋天，苏联卫星绕地球轨道运行引发了狂热情绪，航咨委成为受害者。国会解散了航咨委，代之以国家航空航天局。然而，关于航咨委的很多事物都保留了下来，它的实验室及其工作人员虽然经过重组和重新调整，但仍然成为新成立的国家航空航天局的核心。

参考文献

[1] Bilstein, Roger. *Orders of Magnitude: A History of NACA and NASA, 1915–1990.* Washington, DC: Government Printing Office, 1989.

[2] Dawson, Virginia P. *Engines and Innovation: Lewis Laboratory and American Propulsion*

Technology. Washington, DC: Government Printing Office, 1991.

[3] Hansen, James P. *Engineer in Charge: A History of the Langley Aeronautical Laboratory, 1917–1958*. Washington, DC: Government Printing Office, 1987.

[4] Roland, Alex. *Model Research: The National Advisory Committee for Aeronautics, 1915–1958*. Washington, DC: Government Printing Office, 1985.

詹姆斯·R. 汉森（James R. Hansen ）　撰，康丽婷　译

"阿耳索斯任务"

ALSOS Mission

"阿耳索斯任务"是美国陆军部"曼哈顿计划"、科学研发处（Office of Scientific Research and Development ）和海军情报处（Office of Naval Intelligence ）开展的科学情报任务。

"阿耳索斯任务"创建于 1943 年 9 月，主要目的是确定"二战"时德国原子研究与军事应用的状况。鲍里斯·T. 帕什（Boris T. Pash ）上校负责军事指挥，塞缪尔·A. 古德斯米特（Samuel A. Goudsmit ）负责科学领导，这项任务取得了非凡的成功。经过 1943 年和 1944 年年初的一番徒劳的审讯，以及在巴黎、法国南部和低地国家的调查，得出的结论认为，德国开展原子武器研究的规模很小。

尽管 1944 年 12 月在斯特拉斯堡发现了德国在原子弹研究方面停滞的明显证据，但"阿尔索斯任务"的调查活动仍增加名目，加快了步伐。除此之外，它还添加了其他任务，如调查敌人近炸引信和生物战研究的发展情况。它还采取行动，防止法国和苏联盟友接触德国的杰出原子科学家。"阿尔索斯任务"最大的胜利是在 1945 年的春天，他们在斯图加特附近的 3 个小村庄捕获了德国 10 名铀科学家，并发现了他们的实验室。

1945 年 10 月，美国陆军部结束了这项任务。那时，"阿尔索斯任务"已经成为英美在欧洲、日本和朝鲜开展科技情报任务的典范。直到 1992 年，联合国在伊拉克的武器核查人员还使用着"阿尔索斯"任务的调查手段。

有关"阿尔索斯任务"的档案存放于艾森豪威尔总统图书馆（Devers 档案），国家档案馆（Goudsmit 档案，Leslie R. Groves 档案，"阿尔索斯"任务档案），胡佛战争革命与和平研究所（Pash 档案），以及海军历史中心（海军技术任务——欧洲）。

参考文献

[1] Goudsmit, Samuel A. *ALSOS*. New York: Henry Schuman, 1947.

[2] Groves, Leslie R. *Now It Can Be Told*. New York: Harper & Row, 1962.

[3] Mahoney, Leo J. "A History of the War Department Scientific Intelligence Mission (ALSOS), 1943 - 1945." Ph.D.

[4] diss., Kent State University, 1981.

[5] Pash, Boris T. *The ALSOS Mission*. New York: Award House, 1969.

利奥·詹姆斯·马奥尼（Leo James Mahoney） 撰，陈明坦 译

"回形针行动"

Project Paperclip

"回形针行动"指第二次世界大战后将德国科学家转移到美国，并服务于美国国防部和国家航空航天局的秘密军事行动。1945—1970 年，有近 1600 人被招募到美国"回形针计划"中从事相关工作，其中最著名的"回形针行动"成员是 V-2 火箭专家沃纳·冯·布劳恩（Wernher von Braun）。

"回形针行动"对美国科学影响巨大。运载火箭、喷气式飞机、战后化学武器，所有这些成就都要归功于"二战"期间曾服务于纳粹德国的"回形针"科学家的研究。

然而，这一项目引发了严重的道德争议。许多"回形针"科学家公开宣称自己是德国纳粹党的一员，还有一些人被公认是战犯。有一种观点认为，他们的知识及其成就的价值，加上一旦他们落入苏联手中所构成的潜在危险，已经超出了他们绝大多数人所犯下的包括谋杀在内的罪行。另一种观点则认为，美国帮助这些犯下滔

天战争罪行的人逃脱了法律制裁，是不可原谅的。

历史学家曾认为"回形针"只是一项短期行动，在 1950 年就已结束。但是根据 1985 年以来的解密文件显示，这一行动在那之后又持续了 20 年。该行动后期的开展为进一步的美国科学研究提供了丰富的资料，特别是在 20 世纪 60 年代"回形针"科学家所进行的化学战研究。

参考文献

[1] Amtmann, Hans H. *The Vanishing Paperclips*. Boylston, MA: Monogram Aviation Publications, 1988.

[2] Hunt, Linda. *Secret Agenda: The United States Government, Nazi Scientists, and Proiect Paperclip, 1945 to 1990*. New York: St. Martin's Press, 1991.

[3] Huzel, Dieter. *From Peenemünde to Canaveral*. Englewood Cliffs, NJ: Prentice Hall, 1962.

[4] Lasby, Clarence. *Project Paperclip*. New York: Atheneum, 1971.

[5] Ordway, Frederick, and Mitchell Sharpe. *The Rocket Team*.

[6] Cambridge, MA: MIT Press, 1982.

琳达·亨特（Linda Hunt）撰，刘晓　译

"兰德计划"

Project RAND

1946 年 3 月，美国第一个军事"智库"在加利福尼亚州圣莫尼卡的道格拉斯飞行器公司揭幕，该公司与美国陆军航空队签订了一份为期 3 年、价值 1000 万美元的合同。1948 年，兰德公司从道格拉斯飞行器公司分离出来，成了一个独立、非营利的公司，而且至今仍在运行。

1946 年的合同将兰德公司的任务描述为："即'兰德计划'，围绕洲际战争中除地面力量之外的广泛主题，旨在为陆军航空队推荐适宜的技术和工具。"这一任务部分源于第二次世界大战中运筹学的发展。更重要的是，这是战后两大趋势汇合的结果：一是新兴的在"冷战"中空中力量与核武器的政治重要性的提升，二是学术界

和工业界专家对军事事务的积极参与。兰德公司的建立是一个组织上的创新，为这些专家提供了一个研究远程轰炸机、弹道导弹和核武器对战争的广泛军事和社会影响的场所。

鉴于"冷战"体现了不同社会之间的竞争，因此，军事问题既是技术问题，也是社会问题，兰德公司建立了一个包含广泛学科的专业团队：工程、物理科学、数学、经济学、政治学、社会学、心理学等。来自这些学科的顾问也积极地为兰德公司的项目做出贡献，在 20 世纪 50 年代时甚至包括了像约翰·冯·诺伊曼和肯尼斯·阿罗（Kenneth Arrow）这样的知名人物。兰德公司研究的一个公开宣称的标志是在研究军事问题时加入传统上独立的学科，其成果便是兰德公司的标志性产品——系统分析。

20 世纪 60 年代后期，兰德公司的活动范围扩大到了对非军事问题的研究，包括教育、民事司法、医疗保健和城市问题。

兰德公司的历史仅被探究了一部分。大部分的工作都集中在兰德公司对核战争理论发展的实质性贡献以及战略专家阶层的崛起上。兰德公司的其他研究路线，作为一个机构的发展，与军事赞助者的关系，以及它与战后科学和国家间更广泛的变化模式之间的关系等问题，仍然需要研究。

参考文献

［1］Davies, Merton E., and William R. Harris. *RAND's Role in the Evolution of Balloon and Satellite Observation Systems and Related U.S. Space Technology.* Santa Monica, CA: The RAND Corporation, 1988.

［2］Herken, Gregg. *Counsels of War.* New York: Knopf, 1985.

［3］Kaplan, Fred. *Wizards of Armageddon.* New York: Simon & Schuster, 1983.

［4］Smith, Bruce L.R. *The RAND Corporation: Case Study of a Nonprofit Advisory Corporation.* Cambridge, MA: Harvard University Press, 1966.

［5］Williams, Barbara R., and Malcolm Palmatier. "The RAND Corporation." In *Organizations for Policy Analysis,* edited by Carol H. Weiss. Newbury Park, CA: Sage Publications, 1992, pp. 48 - 68.

马丁·J. 柯林斯（Martin J. Collins） 撰，刘晓 译

原子能委员会

Atomic Energy Commission

原子能委员会是联邦政府 1946 年成立的独立专门机构，旨在促进和控制核能的发展。

虽然该机构在大部分历史时期仅有五分之一的委员是科学家，但该委员会却掌控着对许多杰出科学家的资助。而这些杰出科学家服务于各类咨询委员会，占据着各国家实验室，或在大学和产业开展独立研究。

特别是在早期，大部分身处领导职位的科学家都是物理学家，原子能委员会的研究计划主要集中在物理领域：放射性同位素的生产、核反应截面的测量、超钚元素的鉴定和研究、高能物理的研究，以及各种动力和实验反应堆的理论和设计研究。

随着 20 世纪 40 年代末"冷战"的加剧，该委员会在新武器设计的理论研究方面投入了越来越多的资金、资源和科学人才，最终在 1952 年年底成功试验了一种热核装置。20 世纪 50 年代大气核武器试验迅速升级，随着大量放射性裂变产物的沉降造成偶发事件，促使原子能委员会增补关于辐射的生物效应研究，并对沉降物的复杂机理加强研究。1950 年之后的两年间，该委员会每年武器研发和制造的预算达到 2.78 亿美元，几乎增加了一倍；而物理科学的研究预算为 0.64 亿美元，仅增加了 17%；生物医学研究预算为 0.25 亿美元，增加了 38%。

20 世纪 50—60 年代，尽管对核武器及核动力推进装置的军事需求一直占据着该委员会的大部分预算，但其余的科学研究和研制计划也是因与国防需求相关而间接受益。在庞大的国防开支面前，如果物理和生物科学研究不得不独自进行，得到的开支似乎还应更多一些。

"冷战"期间，该委员会还以其他方式支持着基础研究。为了贯彻国家政策，彰显"民主资本主义优于共产主义"，该委员会可以堂而皇之地在超出现有技术前沿的项目上投入大笔资金。因此，为了与苏联竞争，1958 年将受控热核反应的研究推到了高优先级，而西欧国家在高能物理领域对美国的领先地位构成威胁，使得该委员会慷慨资助多个国家实验室添置新的加速器。

格伦·T. 西博格（Glenn T. Seaborg）担任原子能委员会主席的 10 年任期（1961—1971）是该机构科学研究和发展的黄金时期。西博格把有能力的科研兼管理人员吸收到总部，以确保将急剧增加的研究经费有效分配到国家实验室和大学。从 1961 年到 1969 年，用于物理研究的年度开支增加了 115%，达到 3.32 亿美元，而委员会所有项目的总运营开支下降了 2%，降至 25.66 亿美元。西博格宣布的目标是使民用项目与军用项目的支出保持平衡。

在 20 世纪 60 年代，委员会资助了选题广泛的数千个项目。反应堆开发项目包括组件开发、新反应堆系统的研究，以及越来越多的反应堆安全系统项目。物理研究仍然以高能物理为主，但对低能核反应、化学、冶金和材料、受控热核反应、数学和计算机等方面研究也予以大量支持。同位素开发、教育和培训，以及核能的空间应用，仍然得到强有力但有所缩减的支持。生物医学研究涉及辐射对人体的影响、环境辐射、辐射对分子和细胞的影响、癌症研究、辐射遗传学、辐射与健康物理，以及化学毒性等。

60 年代末，核武器试验的潜在危险，再加上越来越多的核电站投入使用而可能发生灾难性事故，公众的担忧日益加剧，委员会的威望和可信度开始下降。尽管委员会在 1963 年就将其监管人员与其他业务部门分开，但公众和国会领导人都认为，这个同时负责促进和监管核技术的机构存在着持续的利益冲突。最终，新的法规在 1975 年用能源研究与发展管理局（Energy Research and Development Administration）和核管理委员会（Nuclear Regulatory Commission）取代了原子能委员会。

参考文献

[1] Allardice, Corbin, and Edward R. Trapnell. Atomic Energy Commission. New York: Praeger, 1974.

[2] Anders, Roger M., ed. *Forging the Atomic Shield: Excerpts from the Office Diary of Gordon E. Dean*. Chapel Hill: University of North Carolina Press, 1987.

[3] Hewlett, Richard G., and Oscar E. Anderson Jr. *The New World, 1939–1946*. Vol. 1 of *A*

History of the United States Atomic Energy Commission. University Park: Pennsylvania State University Press, 1962.

[4] Hewlett, Richard G., and Francis Duncan. *Atomic Shield, 1947–1952*. Vol. 2 of *A History of the United States Atomic Energy Commission*. University Park: Pennsylvania State University Press, 1969.

[5] Hewlett, Richard G., and Jack M. Holl. *Atoms for Peace and War, 1953–1961: Eisenhower and the Atomic Energy Commission*.

[6] Berkeley: University of California Press, 1989.

[7] Lilienthal, David E. *The Atomic Energy Years, 1945–1950*.

[8] Vol. 2 of *The Journals of David E. Lilienthal*. New York: Harper & Row, 1964.

[9] Mazuzan, George T., and J. Samuel Walker. *Controlling the Atom: The Beginnings of Nuclear Regulation, 1946–1962*.

[10] Berkeley: University of California Press, 1984.

[11] Orlans, Harold. *Contracting for Atoms: A Study of Public Policy Issues Posed by the Atomic Energy Commission's Contracting for Research, Development, and Managerial Services*. Washington, DC: Brookings Insititution, 1967.

[12] Seaborg, Glenn T. *The Journals of Glenn T. Seaborg, Chairman of the U. S. Atomic Energy Commission, 1961–1971*.

[13] 25 vols. Berkeley: Lawrence Berkley Laboratory, PUB– 625, 1989.

[14] Strauss, Lewis L. *Men and Decisions*. Garden City, NY: Doubleday, 1962.

[15] Walker, J. Samuel. *Containing the Atom: Nuclear Regulation in a Changing Environment*. Berkeley: University of California Press, 1992.

理查德·G. 休利特（Richard G. Hewlett） 撰，刘晓 译

原子能联合委员会
Joint Committee on Atomic Energy

原子能联合委员会是 1946 年美国国会成立的一个委员会，负责监督核能的发展、使用和控制，以及指导原子能委员会的活动。

1946 年的《原子能法案》明确规定，所有与原子能有关的议案都要提交委员会审议，根据该《法案》，原子能委员会必须向联合委员会"全面及时通报"其所有活

动。这些法定要求，加上早年原子能信息的高度机密性，使联合委员会在核发展过程中获得了几乎独一无二的立法权。联合委员会定期就原子能委员会的计划和预算举行广泛的听证会，或公开会议，或秘密会议。1954 年的《原子能法案》赋予该委员会额外的权力，就和平利用原子能的进展举行年度听证会。新法案还要求原子能委员会，将批准该机构拨款的提案呈交联合委员会。因此，在"冷战"最黑暗的日子里，当原子能委员会被迫扩大其生产核材料和武器的工厂，以及研发工作时，原子能联合委员会能够对其计划施加重大影响。虽然原子能联合委员会主席经常通过公开听证会，批评原子能委员会在军事和民用领域范围甚广的问题上采取的政策和决定，但原子能联合委员会的突出地位和影响力逐渐与原子能委员会相一致。20 世纪 60 年代末，由于对辐射暴露的恐惧和对核能的幻灭占据了公众的头脑，最终导致两个委员会的声望和信誉均每况愈下。1974 年的《能源重组法案》废除了原子能委员会和原子能联合委员会。

参考文献

［1］Green, Harold P., and Alan Rosenthal. *Government of the Atom: The Integration of Powers*. New York: Atherton, 1963.

［2］Hewlett, Richard G., and Oscar E. Anderson Jr. *The New World, 1939–1946*. Vol. 1 of *A History of the United States Atomic Energy Commission*. University Park: Pennsylvania State University Press, 1962.

［3］Hewlett, Richard G., and Francis Duncan. *Atomic Shield, 1947–1952*. Vol. 2 of *A History of the United States Atomic Energy Commission*. University Park: Pennsylvania State University Press, 1969.

［4］Hewlett, Richard G., and Jack M. Holl. *Atoms for Peace and War, 1953–1961: Eisenhower and the Atomic Energy Commission*.

［5］Berkeley: University of California Press, 1989.

［6］Thomas, Morgan. *Atomic Energy and Congress*. Ann Arbor: University of Michigan Press, 1956.

理查德·G. 休利特（Richard G. Hewlet）撰，刘晓　译

麦卡锡主义与科学

McCarthyism and Science

麦卡锡主义时代，指 20 世纪 40 年代末和 50 年代初，是美国历史上与科学自由相关的重要的时期之一，以参议员约瑟夫·雷蒙德·麦卡锡（Joseph R. McCarthy）的反共运动命名。在麦卡锡主义时代，诸如联邦调查局（FBI）局长约翰·埃德加·胡佛（J. Edgar Hoover）这样有权有势的政府官员，在危急关头制造出了一套学术自由和言论自由的概念，使得科学家很容易受到来自外部政府干预和舆论压力等的影响。

麦卡锡主义时代，许多科学家被视为危险分子。在从事军事项目时受雇于大学的大量政府科学家要受到胡佛和联邦调查局的忠诚安全检查。

胡佛经常怀疑科学家从属于某些"颠覆性组织"，他们夹在政治压力和纯粹的科研要求之间左右为难。在这一时期，大量科学家开展的政府资助研究项目被叫停。

当时许多科学家认为，原子研究的保密政策无法阻止苏联成功研制出原子弹。因为国际上的非美国科学家无法联合起来，分享他们对原子能的想法和研究成果，反而还会阻碍美国在原子能研究方面的进步。而国会领导人大多持相反观点，并呼吁联邦调查局在政府资助的科学研究领域加强控制。

胡佛在麦卡锡主义时代参与了联邦调查局对大量顶尖科学家开展的调查，造成了政府对其学术自由的侵犯。胡佛害怕内部颠覆，害怕共产党接管美国的原子机密，他还担心这个国家的智识人才会破坏学术机构，如此种种在知识界引起了很大的动荡。麦卡锡主义时代给了胡佛一个机会，让他对美国社会中的颠覆者和共产主义者采取行动，这对科学研究和自由思想产生了重大影响。

参考文献

[1] Fisher, Donald C. "J. Edgar Hoover's Concept of Academic Freedom and Its Impact on Scientists during the McCarthy Era, 1950 - 1954." Ph.D. diss., University of

Mississippi, 1986.

唐纳德·C. 费希尔（Donald C. Fisher）撰，刘晓　译

美国众议院科学技术委员会

Committee on Science and Technology, United States House of Representatives

美国众议院科学技术委员会是 1958 年成立的监督联邦科学技术和太空计划的国会常务委员会。作为对 1957 年苏联发射第一颗人造地球卫星的回应，它最初被称为众议院科学和宇航委员会，并专注于太空项目。多年来，它获得了更广泛的管辖权，包括所有非军事研发，以及对国家航空航天局、国家科学基金会（NSF）和国家标准局（NBS，1988 年更名为国家标准与技术研究院）和国家气象局（NWS）的监督。1974 年，随着全国的注意力从太空转向能源和环境，它更名为众议院科学技术委员会（House Committee on Science and Technology）。1987年，因"航天飞机"计划重新激起了人们对太空的兴趣，它又更名为众议院科学、太空和技术委员会（House Committee on Science, Space, and Technology）；1995 年，当国会中占多数的共和党人试图削减联邦政府对应用研究的参与时，它又更名为众议院科学委员会（House Science Committee）。从该委员会 1959 年开始运作到 1961 年，奥弗顿·布鲁克斯（Overton Brooks，路易斯安那州民主党人）一直担任主席。他的继任者是另外 5 名民主党人，加利福尼亚州的乔治·P. 米勒（George P. Miller，1961—1973 年在任），得克萨斯州的奥林·E. 蒂格（Olin E. Teague，1973—1979 年在任），佛罗里达州的唐·富卡（Don Fuqua，1979—1987），新泽西州的罗伯特·A. 罗伊（Robert A. Roe，1987—1991 年在任），加利福尼亚州的小乔治·E. 布朗（George E. Brown，1991—1995 年在任），以及两个共和党人，宾夕法尼亚州的罗伯特·S. 沃克（Robert S. Walker，1995—1996 年在任）和威斯康星州的 F. 詹姆斯·森森布伦纳（F. James Sensenbrenner，1996—　　）。该委员会的立法成就包括 1972 年成立了国会技术

评估办公室，以及 1976 年通过了《国家科学技术政策、组织和优先事项法》，这个法案授权设立了白宫科技政策办公室。然而，委员会反对"分肥"式科学基金的斗争仅取得了有限的成功。

虽然该委员会的官方历史称赞它为国会提供了一个急需的机制来处理科技政策，但其他人则批评它热衷支持太空计划及其他科技项目。不幸的是，科技史学家对该委员会的详细研究很少，也没有完整的、关键的历史资料出现。该委员会的记录保存在国家档案馆。

参考文献

[1] Dickson, David. *The New Politics of Science*. New York：Pantheon Books, 1984.

[2] Hechler, Ken. *Toward the Endless Frontier: History of the Committee on Science and Technology, 1959–1979*. Washington, DC：Government Printing Office, 1980.

[3] McDougall, Walter A. *The Heavens and the Earth: A Political History of the Space Age*. New York：Basic Books, 1985.

[4] Stine, Jeffrey K. *A History of Science Policy in the United States, 1940–1985*.Washington, DC：Government Printing Office, 1986.

王作跃（Zuoyue Wang）撰，吴晓斌　译

另请参阅：美国联邦政府与科学（Federal Government and Science）

半自动地面防空计划
Semi-Automatic Ground Environment Project（SAGE Project）

半自动地面防空计划是 20 世纪 50 年代最大的计算机应用程序之一，为美国提供了一个防空系统。半自动地面防空计划是一项大规模的技术工作，涉及软件、硬件、程序、雷达设备以及通信技术的开发。第一个半自动地面防空计划中心在 1958 年 7 月 1 日投入使用，到 20 世纪 80 年代初，有 4 个半自动地面防空计划中心仍在使用。

这个计划是用雷达覆盖整个天空，计算机控制的电信连接雷达站，以覆盖全国范围。麻省理工学院在"旋风"计算机上的研究成果被整合到这个计划中。该计算

机是第一个实时控制系统，能够收集雷达上的信息并立即发送给人员进行研究，且能在终端上显示或者打印出来。"旋风"计算机是当时最快的计算机。随着 20 世纪50—60 年代计算机技术的发展，该系统得到升级，例如将随机存取计算机内存、大型操作系统和其他技术的融合，从而使其在 20 世纪 50 年代末得以商业化。1963年在 23 个地区投入使用，每个地区都有一个数据中心，负责雷达覆盖的特定地理区域，并通过地面通信工具，使用 54 台计算机相互连接，从而让这一技术得以全面使用。这是 20 世纪 50 年代最大的计算机项目，也是当时最昂贵的计算机项目。成为美国军事投资推动通信、计算机和软件技术前沿发展最引人注目的例子。

参考文献

[1] Astrahan, Morton M., and John F. Jacobs. "History of the Design of the SAGE Computer—The AN/FSQ-7." *Annals of the History of Computing* 5 (1983): 340 - 349.

詹姆斯・W. 科尔特（James W. Cortada）摘，林书羽　译

核管理委员会
Nuclear Regulatory Commission

核管理委员会是负责确保核能安全的联邦机构。根据 1974 年《能源重组法》成立的核管理委员会（NRC）于 1975 年 1 月开始运作，它承担了此前原子能委员会（AEC）为确保民用核能应用安全而行使的职责。1954 年，国会将促进和管理核工业的任务交给了原子能委员会。到了 20 世纪 70 年代初，随着核能成为激烈争议的焦点，对原子能委员会的授权也引起了相当大的批评。《能源重组法》废除了原子能委员会，并试图通过设立一个独立的监管机构核管理委员会来解决有关其双重责任的投诉。

核管理委员会试图从原子能委员会的遗留问题中脱离出来，建立自己的信誉，但它的努力很快被一系列事件和争议削弱。其中包括：1975 年 3 月一家核电站发生重大火灾，1976 年两名机构雇员指责核管理委员会执行命令不严格并辞职，以及各

种悬而未决的安全问题引起的质疑。

对核管理委员会和核工业来说，最大的危机发生在 1979 年 3 月，当时宾夕法尼亚州三英里岛核电站反应堆堆芯大部分在冷却剂泄漏事故中熔化。核电站遭受了无法弥补的损失，核管理委员会也几乎名誉扫地。事故原因的不确定性和处理方法的混乱招致了铺天盖地的批评，也加剧了公众对核技术的恐惧。尽管事故只向环境释放了微量辐射，但它表明了意外事件可能会造成严重后果。由于"三英里岛"事件的发生，核管理委员会比以前更加重视可能危及核电站安全的人为错误、核电站运行中的性能记录以及可能导致重大事故的小型设备故障的安全影响。它还赞助了一些问题的研究，这些问题涉及冷却剂损失对反应堆堆芯的影响以及事故中可能释放的辐射量。根据获得的新知识，核管理委员会发布了一系列新法规，旨在提高反应堆的安全性。

参考文献

［1］Cantelon, Philip L., and Robert C. Williams. *Crisis Contained: The Department of Energy at Three Mile Island*.

［2］Carbondale: Southern Illinois University Press, 1982.

［3］Johnson, John W. *Insuring against Disaster: The Nuclear Industry on Trial*. Macon, GA: Mercer University Press, 1986.

［4］Okrent, David. *Nuclear Reactor Safety: On the History of the Regulatory Process*. Madison: University of Wisconsin Press, 1981.

［5］Rees, Joseph V. *Hostages of Each Other: The Transformation of Nuclear Safety since Three Mile Island*. Chicago: University of Chicago Press, 1994.

J. 塞缪尔·沃克（J. Samuel Walker） 撰，康丽婷 译

2.4 代表人物

塑造美国科学的领导者：约瑟夫·亨利

Joseph Henry（1797—1878）

亨利出生于纽约州的奥尔巴尼，1819—1822 年就读于奥尔巴尼学院，不过

后来他认为自己是自学成才的。在担任私人教师和测量师一段时间后，他于 1826 年回到奥尔巴尼学院，担任数学和自然哲学教授。1832 年，他受聘为新泽西学院（普林斯顿大学）的自然哲学教授。1846 年，他被选为史密森学会（Smithsonian Institution）的首任秘书，并一直担任此职直到去世。从 1868 年到他去世，他一直担任美国国家科学院的院长。他还曾担任美国科学促进会主席（1849—1850 年在任）、灯塔委员会成员（1852—1871 年任职）和灯塔委员会主席（1871—1878 年在任）。

亨利想要了解电、磁、光、热这些难以估量的物质本质，以及它们之间的相互关系。在奥尔巴尼学院的岁月里，他制造出了一个大型电磁铁，并因此获得了科学界的初步认可；他还发明了电报机、第一台电动机，发现了电磁自感应和电磁互感应现象（独立于英国迈克尔·法拉第的发现）。在普林斯顿大学，他探讨了闪电现象，开发出了能更有效保护建筑物不受雷击的方法；研究了电磁屏蔽，发明了变压器这一概念，发现电容器放电的振荡特性；在紫外线的照射下利用肥皂泡探索了分子凝聚力，并利用热电装置首次对太阳表面和太阳黑子之间的温差进行了实证测量。在担任史密森学会秘书长期间，他搁置了自己的个人研究项目，以管理者和发言人的身份，利用史密森学会提供的研究支持、学术出版物和国际交流，为宣传基础科研工作的价值和必要性做了大量工作。不过在此期间，他还是为灯塔委员会开展了雾信号和照明体方面的考察。他的研究特点是研究周期短、强度大，且经常在不同研究主题之间切换。这部分是由于他所在机构的制度不允许全职研究；部分是因为他有着强烈而广泛的好奇心。

同时代的人常常把亨利比作本杰明·富兰克林。像富兰克林那样，亨利成了美国科学成就的传奇象征。19 世纪末，亨利与艾萨克·牛顿、希罗多德（Herodotus）、米开朗基罗、柏拉图和威廉·莎士比亚一起，作为对人类发展和文明做出贡献的 16 位代表之一，在美国国会图书馆主阅览室纪念。电感的标准单位就是以他的名字命名的。由科学家和工程师为其撰写的圣徒传记文学，将亨利视为"现代电气技术之父"和代表着美国卓越性的一个绝无仅有的例子。

到 20 世纪中期，亨利已经成为富兰克林之后的一个世纪中，美国人在物理学方面取得微小成就的象征。历史学家评价他是 19 世纪上半叶美国最重要的物理学家，享誉海内外。然而，现在历史学家认为他只是鹤立鸡群——和美国平凡的物理学家比起来，他是最杰出的那个。至于像法拉第（Faraday）或詹姆斯·C. 麦克斯韦（James C. Maxwell）等欧洲科学巨匠，亨利则不能与之相提并论，他相对不那么突出的成就也被认为是美国科学发展缓慢的证据。

最近，人们对 19 世纪美国科学的态度发生了变化，这导致人们对亨利地位的评价也发生了变化。历史学家的关注点已经从所谓的缺乏世界级科学家的问题，转移到对那个世纪美国科学制度的演变以及理解这种演变必要性的认识上。许多历史学家认为现代美国科学的建制是在 19 世纪中期建立起来的。亨利被视为"塑造美国科学的领导者"之一（Bruce，p. 15），同时也是机构建设者。他在实验方面的成功之所以重要，不仅在于他的科学发现，还因为这些发现给了他作为一名科学管理者和发言人取得成功所必需的声望和尊重。他和他的朋友亚历山大·达拉斯·贝奇以及路易·阿加西（Louis Agassiz）是"科学丐帮"的主要人物之一。"丐帮"是一个由科学家和科研管理者组成的组织，该组织旨在为美国科学界建立标准并提升公众对研究的支持。对亨利的研究已经成为理解 19 世纪中期美国科学和政府之间的边界和关系等更广泛研究的一部分。

由史密森学会领导的约瑟夫·亨利文件专项已经鉴定了近 10 万份现存的亨利手稿，并有相应的自动化数据库及亨利的个人图书馆。莫耶（Moyer）撰写的传记是第一部以此材料为基础的亨利传记。

参考文献

[1] Bruce, Robert V. *The Launching of Modern American Science 1846–1876*. New York: Knopf, 1987.

[2] Cohen, I. Bernard. *Science and American Society in the First Century of the Republic*. Columbus: Ohio State University, 1961.

[3] Coulson, Thomas. *Joseph Henry: His Life and Work*. Princeton: Princeton University Press, 1950.

[4] Fleming, James Rodger. *Meteorology in America, 1800–1870*. Baltimore: Johns Hopkins

University Press, 1990.

[5] Henry, Joseph. *The Scientific Writings of Joseph Henry*. 2 vols. Washington, DC: Smithsonian Institution.

[6] Hinsley, Curtis M., Jr. *Savages and Scientists：The Smithsonian Institution and the Development of American Anthropology，1846-1910*. Washington, DC: Smithsonian Institution Press, 1981.

[7] Molella, Arthur P., and Nathan Reingold. "Theorists and Ingenious Mechanics: Joseph Henry Defines Science." *Science Studies* 3(1973)：323-351.

[8] Moyer, Albert E. *Joseph Henry：The Rise of an American Scientist*. Washington, DC: Smithsonian Institution Press, 1997.

[9] Reingold, Nathan. "Henry, Joseph." *Dictionary of Scientific Biography*. Edited by Charles C. Gillispie. New York: Scribners, 1972, 6:277-281.

[10] ——. "The New York State Roots of Joseph Henry's National Career." *New York History* 54(1973)：133-144.

[11] Reingold, Nathan, et al., eds. *The Papers of Joseph Henry*. Vols. 1-5. Washington, DC: Smithsonian Institution Press, 1972-1985.

[12] Rothenberg, Marc, et al., eds. *The Papers of Joseph Henry*. Vols. 6-8. Washington, DC: Smithsonian Institution Press, 1992-1998.

马克·罗滕伯格（Marc Rothenberg） 撰，王晓雪 译

另请参阅：史密森学会（Smithsonian Institution）

美国《食品和药品法》的推动者：哈维·华盛顿·威利
Harvey Washington Wiley（1844—1930）

作为美国农业部化学局局长，威利建立了一个联盟，他的游说在很大程度上推动国会通过了 1906 年的《食品和药品法》。1907 年到 1912 年，他在相当大的争议中指导了这项法规的执行。

威利于 1871 年在印第安纳医学院获得医学博士学位，但他决定不行医，而是选择了以化学为职业。由于在医学院的化学课上表现出色，他被选聘为化学系主任。他为学生写了一本教科书——《新化学》（*The New Chemistry*）。1872 年，他去了哈佛大

学几个月，在医学博士学位的基础上又获得了化学学士学位。1874 年，威利被新成立的普渡大学任命为教授，在那里他强调通过实验室实验来学习。1878 年他访问了欧洲，参加科学讲座，并在德国帝国卫生办公室（German Imperial Health Office）观察欧根·塞尔（Eugen Sell）对食物和饮料的分析。威利在那里学会了新技术，带回了新仪器，尤其是偏光镜。他发表的关于糖的化学成分和甘蔗糖浆掺假的研究文章很快使他成为这个领域的美国专家之一。除此之外，他还揭露了化肥中的伪劣品。印第安纳州州议会在 1881 年任命威利为州政府化学家。

两年后，威利又被任命为农业部的首席化学家。10 年来，他指导了高粱和甜菜的田间试验，试图降低美国对糖进口的依赖，但没有明显的成效。所以他把研究重点转移到食品上，尤其是对掺假食品的检测研究。在 1887 年，威利发布了 13 号公报的第一部分《食品和食品掺假》（*Foods and Food Adulterants*），涉及了黄油和人造奶油。在接下来的 16 年里，他监督发布了其余 9 个部分，涵盖了食品和饮料的各个领域。起初，威利认为掺假只是不道德的，并不会构成什么危险，直到 1902 年起，他对志愿者进行了为期 5 年的，以研究化学防腐剂硼酸、水杨酸、硫黄、苯甲酸和甲醛对健康的影响为目的的饮食测试，志愿者大多是他所在部门的年轻人。他得出的结论是，在加工食品中添加防腐剂的危害太大，不应该被批准。

很久以前，威利就已经得出结论，公共道德和安全需要制定一个广泛的国家食品和药品法规。自 1879 年以来，国会一直在审议该法案，1898 年，威利担任了参议院委员会的关键证人和官方顾问，该委员会就该问题举行了第一次重大听证会。威利积极参与与化学有关的组织，在官方农业化学家协会（Association of Official Agricultural Chemists）、美国化学学会和美国科学促进会的委员会中任职并担任高级职务。他从他的专业助手那里寻求法律支持，并且进一步成了一名化学福音传播者，将纯净食品的福音传递给全国的医生、妇女俱乐部成员和受到掺假竞争对手威胁的食品加工商。威利继续与国会议员们一起试图通过一项法律，他还帮助了揭发丑闻的新一代记者，这些记者试图把掺假药品和专利药品的罪恶曝光于公众的监督下。1905 年年底，西奥多·罗斯福总统敦促国会采取行动，并在 1906 年 6 月签署了这项法案。

威利曾计划用妥协的方式以获得《食品与药品法》的通过，但作为法案的执行者，他被"毒药小组"的调查结果说服，并采取了强硬路线。用这部法案中的话来讲就是，他认为化学防腐剂增加了"危害健康"的"有毒"和"有害"成分。他反对允许加工商称葡萄糖为"玉米糖浆"，反对在烘干水果时使用二氧化硫，并试图禁止在罐装水果和蔬菜中添加糖精作为甜味剂。这些决定以及其他一些被称为威利的"化学原教旨主义"的决定，扰乱了食品种植和加工行业规则，这些行业向农业部部长詹姆斯·威尔逊（James Wilson）和罗斯福总统施加压力。考虑到威利不妥协的态度及其政治后果，进而怀疑他的科学性，威尔逊和罗斯福在首席化学家作为监管者的独立性问题上采取了回避态度。总统任命成立了由 5 个人组成的咨询科学专家裁判委员会（Referee Board of Consulting Scientific Experts），由著名的有机化学家、约翰斯·霍普金斯大学校长艾拉·雷姆森（Ira Remsen）担任主席，重新考虑威利的一些关键决定。在某些问题上，他们同意首席化学家威利的观点，但对于苏打中的苯甲酸和苯甲酸盐，经过新的饮食实验后，他们认定加工食品中少量的苯甲酸不会对人体造成危害。

争议仍未解决，沮丧的威利于 1912 年辞职。自从《食品和药品法》颁布以来，他一直忙于管理和争论，没有时间做一名化学实验员。不过，他还是设法出版了有关食品和饮料掺假的参考著作。威利继续通过《好管家》（*Good Housekeeping Magazine*）杂志代表严格的执法部门施加公开压力。他还在《食品法犯罪史》（*The History of a Crime Against the Food Law*，1929）和《自传》（*An Autobiography*，1930）中为自己辩护。

参考文献

[1] Anderson, Oscar E., Jr. *The Health of a Nation: Harvey W. Wiley and the Fight for Pure Food.* Chicago: University of Chicago Press, 1958.

[2] Crunden, Robert M. *Ministers of Reform: The Progressives; Achievement in American Civilization.* New York: Basic Books, 1982.

[3] Young, James Harvey. *Pure Food: Securing the Federal Food and Drugs Act of 1906.*

Princeton: Princeton University Press, 1989.

詹姆斯·哈维·杨（James Harvey Young）撰，刘晋国　译

另请参阅：美国食品和药物管理局（Food and Drug Administration, United States）

让科学参与战争：范内瓦·布什
Vannevar Bush（1890—1974）

范内瓦·布什是 20 世纪杰出的工程师，在移居华盛顿之前对美国计算机的发展做出了重要贡献，他在"二战"期间民用科学的动员和战后国家科学政策的辩论中发挥了核心作用。

布什出身新英格兰船长世家，他的父亲是一名普世教会的牧师，布什早期职业生涯在麻省理工学院和塔夫斯学院（Tufts College）度过。布什以父亲为榜样，于 1909 年进入塔夫斯学院成为一名本科生。在这里，布什对发明产生了兴趣，这一兴趣最终在 20 世纪 20 年代和 30 年代一系列开创性的模拟计算机中达到顶峰。他也在这里对图形数学产生了浓厚的兴趣，成了他中年在工程领域工作的一个显著特征。最重要的是，塔夫斯学院教授的专业里深刻的伦理背景与其父亲的牧师承诺相结合，构成了他的信念——工程学应该是一个致力于公共利益的事业。1913 年，他获得学士和硕士学位。在通用电气公司和纽约海军船厂短暂工作后，布什于 1916 年在麻省理工学院用一年时间获得了电气工程博士学位，然后回到塔夫斯学院担任助理教授，他在那里一边任教，一边在一家小型无线电公司担任顾问，这家公司在 20 世纪 20 年代初演变为雷神公司。

1919 年，他加入麻省理工学院电气工程系，担任电力传输副教授。他在那儿协助杜加尔德·杰克逊（Dugald Jackson）实现了课程现代化、负责研究生培养并协调系里的研究活动。在麻省理工学院任职期间，布什关注的问题包括工程教育以及工程专业人员在美国社会中的更大作用。1932 年，在新任校长卡尔·康普顿（Karl Compton）的领导下，他成为第一副校长和工程系主任。

布什最重要的发明活动源于他对由电力传输问题引起的某些棘手方程的机械解

决方案的探索。这些兴趣促使他在 1927 年至 1943 年发明了一系列越来越复杂的机电模拟计算机，这些计算机被证明远比最初的应用更有效。1936 年，洛克菲勒基金会给麻省理工学院提供了大笔资金，洛克菲勒微分分析仪由此诞生。虽然很快被更快的数字计算机所取代，但是这台分析仪清楚地展示了机器计算在科学和工程中的可能性。正如布什所说，它还反映了工程师"在复杂环境中思虑清晰"的能力，从而象征着他认为的将有助于重塑美国生活的工程合理性。

1939 年，他移居华盛顿，担任卡内基研究院的院长，不久之后，他又担任了国家航空咨询委员会的主席。在那里，他计划推进前几十年的那种合作研究。然而，不到一年时间，欧洲爆发的战争迫使他转移了注意力。凭借地理位置以及十多年来获得的与科学和工程领袖们的友谊的优势，布什迅速承担了科学动员的指挥工作，担任国防研究委员会及其后续机构——科学研究与发展办公室的负责人。从这些组织及其监管的实验室中诞生了雷达、近炸引信、青霉素，当然还有原子弹。这些成就给布什带来了声誉，也给美国科学家带来了极大的公众声望。它们使布什在战后的公开辩论和立法斗争中具有极大的权威，这些辩论和斗争最终促成了 1947 年的原子能委员会和 1950 年的国家科学基金会的诞生。

1944 年 11 月，美国总统富兰克林·罗斯福请布什报告如何将他用科学解决战争问题方面的经验转化为和平时期的优势以创造新的就业和企业、提高生活水平以及与疾病作斗争。布什在 1945 年 7 月向杜鲁门总统递交了一份名为《科学——永无止境的前沿》的报告。这份报告最重要的是主张建立一个永久性的联邦机构，帮助资助大学和研究所的基础科学、监督军事和医学研究并支持新科学家的培养。该报告在提交后不久被公开，为导致 1950 年成立美国国家科学基金会（NSF）的公众辩论提供了至关重要的推动力。虽然基金会从未获得布什雄心勃勃的报告中所设想的主导地位，特别是在军事研发和医学问题上，但该基金会和报告本身都应被理解为科学家—企业家为获得国家认可，并在国家与民用科学之间建立伙伴关系而进行的长达一个世纪的斗争之后最终成功的高潮。

战后，布什回到卡内基研究院直至 1955 年退休。尽管如此，他仍然对研发管理感兴趣，并成为了美国默克集团（Merck and Company）、美国电话电报公司

（AT&T）、金属与控制公司（Metals and Controls Corporation）和麻省理工学院的董事会成员，并于 1959 年成为学院董事会的名誉主席。布什已经是国会中受人尊敬的人物了，他此后仍继续去国会出席听证会，特别是在军事研发以及专利改革等主题上。他还写了一些关于科学、战争和公共政策的畅销书，其中最著名的是《科学——永无止境的前沿》和 1949 年的《现代武器和自由人》（*Modern Arms and Free Men*）。

后一本书是"冷战"早期的宣言，在苏联宣布第一次原子弹试验的同时进入公众舞台。《现代武器和自由人》既是对战争新技术的说明，也是其对于现代政府影响的审视。对许多人来说，在未来看起来充满危险和不确定之际，他宣布了自己对民主的坚不可摧的信念，这一民粹主义信念在美国公众中引起了共鸣，并使他的书成为畅销书。他强调，如果美国继续坚持使其强大的私营企业传统，牢记赋予科学终极意义宽容的宗教多元性，拒绝把战争与和平的复杂问题留给政府官僚机构的"专家"，那么这个国家就可以生存下来。

简而言之，布什是 20 世纪早期杰出的工程师代表，他在为日益复杂的社会服务方面所取得的传奇成就，吸引了美国人的注意力。如果说"冷战"时期的困境遮蔽了这种清晰的视野，那么布什本人从未失去信心，正如他在 1974 年出版的最后一本书——他的自传《行动的碎片》（*Pieces of the Action*）中阐明的那样。

参考文献

[1] Bush, Vannevar. *Modern Arms and Free Men*. New York: Simon and Schuster, 1949.

[2] ——. *Pieces of the Action*. New York: William Morrow, 1970.

[3] England, J. Merton. "Dr. Bush Writes a Report: 'Science— The Endless Frontier.'" *Science* 191 (9 January 1976): 41 - 47.

[4] Goldberg, Stanley. "Inventing a Climate of Opinion: Vannevar Bush and the Decision to Build the Bomb." *Isis* 83 (1992): 429 - 452.

[5] Kevles, Daniel. "The National Science Foundation and the Debate over Postwar Research Policy, 1942 - 1945: A Political Interpretation of *Science—The Endless Frontier*." *Isis* 68 (1977): 5 - 26.

[6] ——. "Principles and Politics in Federal R&D Policy, 1945 - 1990: An Appreciation of the Bush Report." Preface to reprint of *Science—The Endless Frontier. A Report to the President on a Program for Postwar Scientific Research,* by Vannevar Bush. 1945. Reprint, Washington, DC: National Science Foundation, 1990.

[7] Owens, Larry. "Vannevar Bush and the Differential Analyzer: The Text and Context of an Early Computer." *Technology and Culture* 27 (1986): 63 - 95.

[8] ——. "Bush, Vannevar." *Dictionary of Scientific Biography.*

[9] Edited by Frederic L. Holmes. New York: Scribners, 1990, 17, supplement II: 134 - 139.

[10] Reingold, Nathan. "Vannevar Bush's New Deal for Research: Or the Triumph of the Old Order." *Historical Studies in the Physical and Biological Sciences* 17 (1987): 299 - 344.

[11] Wiesner, Jerome. "Vannevar Bush." *Biographical Memoirs of the National Academy of Sciences* 50 (1979): 89 - 117.

[12] Zachary, G. Pascal. "America's First Engineer—The Career of Vannevar Bush." *Upside* (June 1991): 94 - 103.

拉里－欧文斯（Larry Owens） 撰，刘晓 译

白宫科学顾问：小詹姆斯·R. 基利安
James R. Killian, Jr. (1904—1988)

小詹姆斯·R. 基利安是大学管理人员兼科学顾问。基利安生于南卡罗来纳州的布莱克斯堡，1921 年至 1923 年就读于三一学院（今杜克大学），后转至麻省理工学院，1926 年毕业，获工商管理学士学位。之后，他加入《技术评论》的编委会，1930 年担任主编。1939 年，基利安进入麻省理工学院，担任校长卡尔·泰勒·康普顿的行政助理。1943 年，他被任命为执行副校长，1945 年升任副校长。1948 年，基利安被选为麻省理工学院候任校长，次年正式就职。20 世纪 50 年代，他曾在几个重要的政府委员会任职，包括国防动员署的科学顾问委员会（1951—1957），他还主持过陆军科学顾问小组（1951—1956），技术能力小组（1954—1955），总统的外国情报活动顾问委员会（1956—1957），总统的外国情报顾问委员会（1961—1963）。1957 年 11 月，艾森豪威尔总统任命基利安为总统科学技术部门的第一位特

别助理，兼总统科学顾问委员会（PSAC）主席，他一直担任这个职位到 1959 年 7 月。1959 年年初，他辞去了麻省理工学院校长的职务，担任麻省理工学院的董事会主席至 1971 年。20 世纪 60 年代和 70 年代，基利安继续承担公益服务，作为几个委员会的成员，研究科学教育、科学与政府关系，以及军备控制等各类问题。他也是大众文化教育电视的早期推广者，曾担任卡耐基教育电视的委员会主席（1965—1967），该委员会发表的一份报告推进了公共广播服务的建立，他还担任公共广播公司的首任董事（1968—1975）。

作为一名非科学家，基利安走上了一条不同寻常的道路，成为麻省理工学院的校长和白官的科学顾问。但他在 1928—1929 年，担任麻省理工学院校友协会秘书，从事筹款活动，以及 20 世纪二三十年代在《技术评论》上的主编工作，使他接触到麻省理工学院的高层管理人员。他与当时的副校长范内瓦·布什（Vannevar Bush）建立了密切关系，布什向即将上任的麻省理工学院校长卡尔·泰勒·康普顿推荐他出任校长的辅助人员。康普顿任命他为校长的行政助理，从那时起，他逐渐在学术界和政界崭露头角。

"二战"后，基利安作为麻省理工学院的副校长和校长，主持一流的研究机构，正值大量的"冷战"国防资金涌入，改变着美国研究型大学。在 1977 年关于总统科学顾问委员会的回忆录中，基利安热烈赞扬四五十年代的"政府和科学的良性伙伴关系"（Killian，Sputnik，p. 264），在 1985 年的回忆录中，他盛赞联邦政府对战后科学的支持，使麻省理工学院和其他大学"在教育和研究方面取得了巨大进步"（Killian，Education，p. 265）。然而，近年来，一些美国科学史学家认为，"冷战"时期的大学与政府之间的关系要复杂得多，且问题不少，他们认为军方对基础研究的支持，暗中损害了大学追求开放性知识的宗旨，并将科学研究分流到严格限定的具有军事价值的问题上。

作为联邦政府的科学顾问，基利安在制定科学技术与"冷战"的关系方面发挥了直接作用。早在 1957 年 10 月苏联发射第一颗人造地球卫星之前，艾森豪威尔政府就开始认真考虑太空时代对军事造成的影响。作为技术能力小组的主席，基利安在 1955 年 2 月向国家安全委员会提交了一份报告，该报告建议优先发展洲际弹道导弹，艾森豪威尔总统很快就采纳了这一建议。该小组还强调需要更好的情报收集能力，后来推进了 U-2 侦察机和侦察卫星的发展。

众所周知，基利安是总统的首位科技特别助理，也是总统科学顾问委员会的主席。苏联发射第一颗人造卫星后，公众认为美国的技术和军事力量正危险地落后于苏联，刚刚就任的基利安直接向总统报告科学技术政策的事宜。总统科学顾问委员会的建议有助于"冷战"时期导弹的发展，成立一个民用航天机构——美国国家航空航天局，根据 1958 年的《国防教育法》，增加了联邦对科学教育的支持，以及较早讨论核禁试条约的技术可行性。

苏联人造卫星上天后，基利安反对美国航天项目胡乱上马的心态。尽管他同意增加联邦政府对科学教育的支持，但他警告不要在教育上与苏联竞赛。他对载人航天飞行也不感兴趣，尤其是"阿波罗计划"及其充当国际声望竞争的工具。研究太空时代的历史学家指出，人造卫星开启了"冷战"的一个新阶段，在这个阶段中，形象、威望和技术展示，变得与战术军事优势同等重要。作为首任科学顾问，基利安帮助开创了太空时代，但和艾森豪威尔一样，他也从具体的军事角度思考导弹和空间技术，而蔑视"冷战"政治的心理维度，这种心理影响在人造卫星发射后的几年里变得越来越强大。

目前尚未撰写关于基利安的学术传记。麻省理工学院档案馆和特藏室中，可以找到关于他个人的大量文献（超过 80 英尺厚），以及与他在麻省理工学院行政职务有关的官方记录。至于他在艾森豪威尔政府中的顾问角色，则需要到位于堪萨斯州阿比林的艾森豪威尔总统图书馆查找资料。

参考文献

[1] Divine, Robert A. *The Sputnik Challenge*. New York: Oxford University Press, 1993.

[2] Killian, James R., Jr. *The Education of a College President: A Memoir*. Cambridge, MA: MIT Press, 1985.

[3] ——. *Sputnik, Scientists, and Eisenhower: A Memoir of the First Special Assistant to the President for Science and Technology*.

[4] Cambridge, MA: MIT Press, 1985.

[5] Leslie, Stuart W. *The Cold War and American Science: The Military-Industrial-Academic Complex at MIT and Stanford.*

[6] New York: Columbia University Press, 1993.

[7] Lester, Robert, ed. *The Papers of the President's Science Advisory Committee, 1957–1961.* Frederick, MD: University Publications of America, 1986. Microfilm.

[8] McDougall, Walter A. *... the Heavens and the Earth: A Political History of the Space Age.* New York: Basic Books, 1985.

[9] Schweber, S.S. "Big Science in Context: Cornell and MIT." In *Big Science: The Growth of Large-Scale Research,* edited by Peter Galison and Bruce Hevly. Stanford, CA: Stanford University Press, 1992, pp. 149 - 183.

[10] Smith, Michael L. "Selling the Moon: The U.S. Manned Space Program and the Triumph of Commodity Scientism." In *The Culture of Consumption: Critical Essays in American History 1880–1980,* edited by Richard Wightman Fox and T.J. Jackson Lears. New York: Pantheon Books, 1983, pp. 175 - 209.

王景安（Jessica Wang）　撰，彭华　译

第 3 章

综合性科学组织与期刊

3.1 概述

学术机构

Academic Institutions

在当代美国，约有一半的基础研究都是在各类学术机构进行的。因此学术机构是推动基础科学发展的主要阵地。为了完成这一使命，学院或大学确立了科学家的职业身份，培养新一代科学家，创建科学共同体的家园，提供科研所需的设备，充当科研资金的通道。从历史上看，这项使命的不同部分几乎是依次出现的。

1727 年，哈佛学院创设了第一个科学家职位——霍利斯数学和自然哲学讲席教授。该席位第二任教授约翰·温斯洛普利用这个机会，打造了一种与众不同的职业——天文学家。18 世纪后期，殖民地学院都渴望设立类似职位，前提是它们能找到资金和合适的人选。然而直到 19 世纪，美国科学的组织仍不在这些学院，而是基于人文和科学的学会。其中第一个学会是本杰明·富兰克林在费城组织的美国哲学学会。在共和国初期，其他地方性学会数量剧增。学会的网络日益壮大，但大多是业余人士，而学术机构里的个别科学家，在其中顶多充当点缀。

美国的大学基本上没有发展科学的章法。从独立战争结束直到约 1820 年，他们几乎完全接触不到欧洲科学的进展。接下来，随着大学数量激增，那些实力较强的大学努力跟踪最新的科学知识。他们开设了化学、动物学、植物学和地质学等课程。但由于固有的经典课程，这一尝试很快遭遇挫折：留给专门科目的空间极其有限，即使开设出来，也只能讲授一些粗浅和入门的知识。虽然偶尔也有活跃的科学家受聘来讲授这些课程，但 19 世纪中叶前学术机构没有"培养"出科学家。要想从事科学家职业，则需要横渡大西洋，最初是留学英国，后来又去德国。

然而，1840 年以后，一些财力雄厚的大学，科学活动变得活跃起来，不再触碰古典课程的学习。1843 年的一项公众募捐用于建造哈佛天文台。密歇根大学的一座天文台也成了亨利·塔潘（Henry Tappan）致力引进严肃科学研究的重镇。在大学里，望远镜只用于研究，而很少有助于教学。1860 年以后，学术性博物馆也充当着类似的角色。但更为重要的是独立的科学学院的创建。哈佛大学的劳伦斯学院和耶鲁大学的谢菲尔德学院都创建于 1847 年，但两者在其他方面有所不同。通过捐赠设立的劳伦斯学院更注重基础科学研究，但很少面向大学生或研究生开展教学。耶鲁大学通过不懈努力，发展成为一个讲授实用科学和开展科学与文学学科的高级研究的地方——这两项任务都是古典大学所回避的。随着约瑟夫·谢菲尔德的捐赠，学院的性质得到巩固。两个机构都是先驱者：劳伦斯学院成了学术研究中心，而耶鲁大学则于 1861 年授予了美国第一个博士学位。

19 世纪中叶以后，美国的科学和高等教育开始建立联系。实际上，当时一群称作"丐帮"的科学领袖，为了推进他们的事业，不断在大学中为其支持者谋求关键职位。南北战争之后，学术机构的角色有了根本性的转变。三项独立的进展将科学纳入学术机构，为科学家提供了工作场所，以及培养后继者的正规教育途径。

第一项进展是在一些实用学科成功创建了高等教育。起初，这些事项被认为与大学无关。基于这种观点，19 世纪 50 年代兴建了一批农业学校，马萨诸塞大学和斯蒂文斯理工学院也在内战后复制了这种模式。然而，这种实用主义的运动受到1862 年《莫里尔赠地法案》的深刻影响。该法案明确要求农业与工科应和人文学科一同讲授，该模式很快超出了新设的赠地学院。这些实用"技艺"的科学成分来得更晚——由《哈奇法案》（1887）创立的农业实验站，以及电气工程的兴起，都促进了各自领域中科学维度的增长。

第二项重大的革新是选修体制取代了古典课程。虽然哈佛大学的查尔斯·艾略特（1869—1909）极力倡导选修课，但在 19 世纪 80 年代中期之前一直遭到广泛抵制。不过，人们此后很快就几乎完全接受了该倡议。从科学的角度来看，教授讲授高等科目的自由比学生自主选课的权利更重要。随着选修课的盛行，大学开始组建大型的专业学院。哈佛大学引领风潮，但事实上，几所最庞大的学术机构之所以出类拔萃，是因为它们有能力供养数量更多的教员。

第三项变革是研究生教育和科研的建制化。这项进展与约翰斯·霍普金斯大学（1876）的建立有关。受到德国大学科学成就的鼓舞，霍普金斯一个人自觉地致力于这项使命。约翰斯·霍普金斯大学的卓越和成功，激励了其他学术机构迅速朝该方向发展。到 19 世纪 90 年代，美国大学终于成型。然而，它既不遵照约翰斯·霍普金斯大学的模式，也不局限于创新型的芝加哥大学（1892 年成立）的模式，而更像改良版的哈佛大学。即聘任一支不断壮大的专业化师资队伍，它主要以本科教学为支撑，但也获得开展研究生教育和原创性研究的资源。

从 1890 年到第一次世界大战期间，美国科学的组织基础全面地转移到大学。到 1905 年，所有学科都已成立协会，创办了期刊。新兴的大学，尤其是约翰斯·霍普金斯大学和芝加哥大学引领了这一进程。而且，这些协会和期刊，控制在同一批来自大学的学科精英手中，他们主导着科研和研究生教育。1906 年，詹姆斯·麦肯·卡特尔评选出 1000 名美国一流科学家，有 82% 在学术机构，其中的 2/3 在排名前 14 的大学中（Geiger, *To Advance Knowledge*, p. 39.）。即使是捐赠设立的独立研究院所（华盛顿卡内基研究所、洛克菲勒医学研究所），也无法扭转大学的势头。

这个时代的学术研究体系主要依赖于大学自身对科学的投入。最重要的是，大学培育了兼具科学家和教师双重身份的群体，并为他们提供研究设备。不过，人们认为直接用于研究的经费终究还是来自专门支持研究的捐赠基金。到第一次世界大战时，这已成为学院科学的限制因素。

20 世纪 20 年代，随着大学成为基金会和少数工业公司设立的研究基金的受益者，这种束缚被解除。卡内基基金会和几个洛克菲勒信托基金为大学的研究提供了大量资金。小型基金会也效仿跟进，特别是支持医学方面的研究。通信、化学和电力公司支持大学开展其各自领域的研究。在私人资助的基础上，学术研究大幅扩充，但是到 20 世纪 30 年代，这一手段也达到了极限。

第二次世界大战期间，军事研究的需求促使联邦政府支持基于大学的科学研究，范内瓦·布什写出了新时代的宣言——《科学——没有止境的前沿》。但事实上，战后的联系仍基本延续了战时的安排。麻省理工学院、加州理工学院、约翰斯·霍普金斯大学等机构的大型实验室继续运作；"曼哈顿计划"团队改组为原子能委员会；战时医疗研究合同由公共卫生署承担，奠定了学术机构之外的资助计划的基础。迈出关键一步的是海军研究局，它支持范围甚广的由研究者发起的学术研究。美国国家科学基金会 1950 年才成立，直到 50 年代末才成为学术研究的主要资助者。

构成连续性的另一个因素是大学本身提供的。大学已经成为科学家的家园和科研经费的使用渠道。现在他们发现，利用联邦基金就有可能显著扩大研究。美国学术机构的基础结构极大促进了这一发展。因为大学的研究职能是由外部资助驱动的，所以它可能会有波动，而不顾学术情况。事实上，通过有组织的研究单元和联邦合同制的研究中心，大学已经成了自主研究的角色。

现代科学的复杂性和资源需求，使得制度因素对其历史产生了至关重要的影响。在约瑟夫·本－戴维的研究中，学术机构的结构是影响现代国家相对科学成就的关键因素。事实上，美国在这方面曾经非常幸运。它的庞大学术体系容纳的专业职位，构成了大型的科学共同体。机构之间的分层和竞争结构，有助于激励科学家追求最高标准。而且，大学和外部的研究资助者各司其职，为学术研究提供了相对充足的支持。

鉴于这种相互依存关系，美国科学史和大学史有许多共同的部分。丹尼尔·凯夫利斯（Daniel Kevles）关于物理学共同体的历史大量涉及了学术体制，罗伯特·科勒（Robert Kohler）也是如此描述生物化学共同体的起源。社会科学的早期发展可能根植于学术体制（布尔默）。相反，研究型大学的历史倒可以广泛地借鉴科学史[①]。

---

① 　Geiger, *To Advance Knowledge and Research and Relevant Knowledge*.

然而，试图将制度因素与科学领域的认知增长相联系的研究仍不多见，如约翰·海尔布伦、罗伯特·塞德尔和斯图尔特·莱斯利的研究。战后的美国科学史，为这类探究创造了充足的机遇。

参考文献

[1] Ben-David, Joseph. *The Scientist's Role in Society: A Comparative Study.* Chicago: University of Chicago Press, 1971, 1984.

[2] Bruce, Robert V. *The Launching of Modern American Science, 1846–1876.* New York: Knopf, 1987.

[3] Bulmer, Martin. *The Chicago School of Sociology: Institutionalization, Diversity, and the Rise of Sociological Research.*

[4] Chicago: University of Chicago Press, 1984.

[5] Fleming, Donald. *Science and Technology in Providence, 1760–1914.* Providence: Brown University, 1952.

[6] Geiger, Roger L. *To Advance Knowledge: The Growth of American Research Universities, 1900–1940.* New York: Oxford University Press, 1986.

[7] ———. "Science, Universities, and National Defense, 1945 - 1970." *Osiris,* 2d ser., 7 (1992): 94 - 116.

[8] ———. *Research and Relevant Knowledge: American Research Universities Since World War II.* New York: Oxford University Press, 1993.

[9] Guralnick, Stanley M. *Science and the Ante-Bellum American College.* Philadelphia: American Philosophical Society, 1975.

[10] Heilbron, John, and Robert Seidel. *Lawrence and His Laboratory.*

[11] Vol. 1 of *A History of the Lawrence Berkeley Laboratory.*

[12] Berkeley: University of California Press, 1990.

[13] Kevles, Daniel J. *The Physicists: The History of a Scientific Community in Modern America.* New York: Knopf, 1978; reprint, Cambridge: Harvard University Press, 1995.

[14] Kohler, Robert. *From Chemistry to Biochemistry: The Making of a Biomedical Discipline.* Cambridge, Eng.: Cambridge University Press, 1982.

[15] Leslie, Stuart W. *The Cold War and American Science: The Military-Industrial-Academic Complex at MIT and Stanford.*

[16] New York: Columbia University Press, 1993.

[17] Oleson, Alexandra, and Sanborn C. Brown, eds. *The Pursuit of Knowledge in the Early American Republic*. Baltimore: Johns Hopkins University Press, 1976.

[18] Oleson, Alexandra, and John Voss, eds. *The Organization of Knowledge in Modern America, 1860–1920*. Baltimore: Johns Hopkins University Press, 1979.

[19] Seidel, Robert. "Physics Research in California: The Rise of a Leading Sector in American Physics." Ph.D. diss., University of California, Berkeley, 1978.

[20] Servos, John W. "The Industrial Relations of Science: Chemical Engineering at MIT, 1900–1939." *Isis* 71 (1980): 531–549.

[21] Storr, Richard J. *The Beginnings of Graduate Education in America*. Chicago: University of Chicago Press, 1953.

[22] Swann, John P. *Academic Scientists and the Pharmaceutical Industry: Cooperative Research in Twentieth-Century America.*

[23] Baltimore: Johns Hopkins University Press, 1988.

[24] Veysey, Laurence. *The Emergence of the American University.*

[25] Chicago: University of Chicago Press, 1965.

罗杰·L. 盖革（Roger L. Geiger） 撰，陈明坦 译

学会和协会

Societies and Associations

在美国，自发成立的各种学会和协会是最早、也是最持久的正式科学组织。1743 年本杰明·富兰克林和费城精英创立的美国哲学学会（American Philosophical Society），与实力稍逊、总部位于波士顿的美国艺术与科学院（American Academy of Arts and Sciences，1780 年组建），成为美国第一批永久性的科学机构。无论何时何地，只要条件允许，科学研究者、教育者和爱好者就会组建社团发展他们的兴趣爱好。没有单一类型的组织能够胜任其成员所要求的各式各样、有时甚至相互冲突的角色。最终，科学家们创造出四种不同类型的协会满足自己的需求，19 世纪末这四种类型的组织均已出现。因为它们由科学家组建，也服务于科学家并代表着整个科学界，所以地方性和州级的学会学院、全国性协会和各学科学会，是理解科学结构变化以及科学家在美国社会和文化中扮演多重角色的关键。

地方性学会和学院
Local Societies and Academies

19 世纪，社区多元而分散的居民们都在当地社团中相互联系。世界各地的科学专家，新手，纯粹的科学爱好者，自然史博物馆、政府机构和商业科学企业的人员都是地方学会的成员或通讯员。这些学会通常由中产阶级白人男性组成，成员有银行家、商人、医生以及当地科学家，这些学会是非专业组织；一般来说，会员只需对科学感兴趣即可入会，受教育程度或科学成就是次要的。科学知识很少成为限制条件，但地方学会选择成员的标准能反映出当地社会的价值观和差异性。例如，东部学会倾向于接纳中上阶层男性，而一些南方社团则更倾向于精英。与其他地区相比，在西部尤其是中西部地区，女性则更有可能加入或有时主导组织。种族、民族和宗教信仰都曾一度被作为限制条件。

成立于 1812 年的费城自然科学学院（Philadelphia Academy of Natural Sciences）直接或间接地为大多数地方学会提供了灵感和原型。与老牌精英化的美国哲学学会不同，自然科学院欢迎更广泛的社会阶层成员加入。从 1810 年到 1830 年，在整个东部，无数地方学会都是以这种模式组建起来，只是形式上稍有变化。但许多尝试都太过草率，由于得到的支持有限，诸多社团在短时间内均宣告失败。在此期间建立的最重要、最持久的社团往往位于东北部城市，包括纽约（1817）、奥尔巴尼（1823）和波士顿（1830）等。

内战前的几十年间，基本的科学讯息更为普及，参与科学的人数也增加了。彼时，科学家与其支持者在全美各大城市建立起许多成功社团，包括在南卡罗来纳州的查尔斯顿（1853）、新奥尔良（1853）、圣路易斯（1856）和芝加哥（1856）。然而，大多数于东北部以外小城市组建的社团在内战结束后基本都失败了。19 世纪 70 年代和 80 年代，地方学会的声势达到了顶峰——尤其在西部和中西部地区——它们纷纷组建、繁荣发展、数量之众胜过往昔。这些包括艾奥瓦州的达文波特（1867）、圣迭戈（1874）、伊利诺伊州的皮奥里亚（1875）和丹佛（1882）的社团。

　　地方学会虽然对所有科学学科都表现出兴趣，但他们意识到他们可做出最大贡献的学科在于地球和生命科学。顶尖科学家、新手和感兴趣的非专业人士都能参加每月的例会，可以提交正式的研究论文，也可以在轻松愉悦的气氛中进行非正式讨论。除了例会提供的交流学习机会外，学会还能通过它们的会刊和博物馆促进会员们的研究与教育。尽管长期缺乏资金，学会通常还是会尽力出版会刊，这既是为了宣传他们的活动消息，也是为了能与其他科学出版物互换期刊，这是建立起参考图书馆的关键。同样的原因，会员们被鼓励收集自然史标本，通过与世界其他地区的博物学家交换标本，以此建立一个博物馆。这类期刊和博物馆，尤其是能面向公众开放并可以被很好地展示，会有助于激发公众对科学的兴趣，并提高当地科学家的社会地位。

全国性科学协会
National Associations

　　美国哲学学会和美国艺术与科学院都试图成为全国性学会。但在 19 世纪 40 年代以前，科学界规模还未壮大，国内旅行也十分困难，真正意义上的全国性组织很难建立起来。美国科学促进会（American Association for the Advancement of Science）成立于 1848 年，旨在全国范围内完成各地方团体寻求的共同目标。此外，它希望有足够的声望以提高国家科研质量和指导国家科研方向。美国科学促进会仿效英国科学促进会，每年在不同的城市举行年会以争取最多的科学家参与。尽管美国科学促进会并未明确列出比多数地方协会更苛刻的入会标准，但它的会员多偏重于科学界最坚定的支持者。会费、参加年会花费的时间和金钱，以及该组织本身的声望，都使得多数扎根地方的科学家（尤其是女性）即使加入也很难坚持两年以上的时间。

州级科学院
State Academies of Science

　　最早的州级科学院，包括康涅狄格艺术与科学院（Connecticut Academy of

Arts and Sciences，成立于 1799 年）和马里兰州的几个学院（最早始于 1797 年），基本都是州级社团。同样，加州科学院（California Academy of Sciences，1853 年成立）最初的成员也主要是旧金山人。这些组织在内战后扩展了其影响范围，与此同时，其他地方的科学家也建立了真正全州意义上的科学院（南方除外）。这些新成立的组织常以美国科学促进会或州农业协会为样板，同它们一样每年举行一到两次的巡回会议。他们竭力推动州内部的科学活动，并经常主张此类活动是促进经济和文化进步最为可靠的途径。为此，他们大力推进州域的地质与自然史调查。这一时期最有实力的州级科学院，如威斯康星州的科学院（1870 年成立），都设立在人口分散、地方社团很少的州。州级科学院对科学界的代表性一般不如地方性学会。例如，与地方社团相比，女性加入州级科学院的可能性更小，可能被允许加入的可能性也不大。

全国性学科学会

National Disciplinary Societies

19 世纪最后 25 年，越来越多受过正式训练、以研究为导向的科学家发现，那些几乎没有会员限制的普通学会无法满足他们的许多需求。专业科学家（几乎均为男性）创建了有学科边界的全国性专业组织，特别在生物学科领域，并为高度专业化研究提供了讨论、评价与发表的机会。与其他类型的协会不同，这些学科协会将业余爱好者，在大多数情况下甚至将受过专业教育的学生排除在外。学会的入会标准与专业化程度因每门学科的具体情况而异。当时建立学会组织的学科包括化学（1876）、生理学（1887）、解剖学（1888）、地质学（1888）、形态学（1890）、物理学（1899）和植物学（1906）。

20 世纪的科学组织

The Twentieth Century

到 1920 年，多数地方社团作为研究机构的功能逐渐淡化（纽约科学院显然是个例外）——有些演变为自然历史博物馆强调教育，另一些则更注重历史保护。不过，地方社团仍然在为科学家们提供建立友谊与定期思想交流的机会，这种机会在别处不易获得。此外，由于继续接纳非科学家，地方学会成为专业人士与公众之间保持沟通的重要纽带。

州级和全国性科学组织通过组织会议、发行期刊和提供研究经费支持会员科学家。此外，它们还为科学家跨界交流提供便利。州级学会，尤其是南方学会（大多在 1900 年至 1940 年之间成立），对那些没钱参加全国性会议的科学家来说非常重要。它们也是一些科学家在关注州内重要问题——特别是自然资源的保护和利用——时表达社会责任感的载体。

从建会之初，专业协会就作为成员利益的代表，面向公众和政府。近年来，在越南战争期间及战后，学会开始讨论科学家的政治与社会责任，以及面对不断变化的社会现实组织内部改革的必要性，其中就包括女性和少数群体在科学领域的角色问题。

许多科学社团留下丰富且详细的档案材料。有些档案由学会自己保存，有些则存放于全国各地的博物馆、大学和历史学会中。使用材料的历史学家往往只关注这些多层面组织的一个方面，即它们对专业化的贡献。研究者若对这些学会的成员、地理分布、地方性意义及功能进行深入分析，必将揭示出包罗万象、多姿多彩的科学界不断变化的形态、需求和目标。

参考文献

[1] Appel, Toby A. "Organizing Biology: The American Society of Naturalists and its 'Affiliated Societies.'" In *The American Development of Biology,* edited by Ronald Rainger, Keith R. Benson, and Jane Maienschein. Philadelphia: University of Pennsylvania Press, 1988, pp. 87 - 120.

[2] Baatz, Simon. "Philadelphia Patronage: The Institutional Structure of Natural History in the New Republic, 1800 - 1833." *Journal of the Early Republic* 8 (1988): 111 - 138.

[3] ——. *Knowledge, Culture, and Science in the Metropolis: The New York Academy of Sciences, 1817–1970. Annals of the New York Academy of Sciences,* 584 (1990).

[4] Bates, Ralph S. *Scientific Societies in the United States.* 3d ed.

[5] Cambridge, MA: MIT Press, 1965.

［6］Bloland, Harland G., and Sue M. Bloland. *American Learned Societies in Transition: The Impact of Dissent and Recession.* New York: McGraw-Hill, 1974.

［7］Goldstein, Daniel. "Midwestern Naturalists: Academies of Science in the Mississippi Valley, 1850 - 1900." Ph.D.

［8］diss., Yale University, 1989.

［9］Hendrickson, Walter B. "Science and Culture in the American Middle West." *Isis* 64 (1973): 326 - 340.

［10］Kohlstedt, Sally Gregory. *The Formation of the American Scientific Community: The American Association for the Advancement of Science, 1848–1860.* Chicago: University of Illinois Press, 1976.

［11］——. "The Nineteenth-Century Amateur Tradition: The Case of the Boston Society of Natural History." In *Science and Its Public: The Changing Relationship,* edited by G. Holton and W.A. Blanpied. Dordrecht, Holland: D.

［12］Reidel, 1976, pp. 173 - 190.

［13］Midgette, Nancy Smith. *To Foster the Spirit of Professionalism: Southern Scientists and State Academies of Science.*

［14］Tuscaloosa and London: University of Alabama Press, 1991.

［15］Oleson, Alexandra, and Sanborn C. Brown, eds. *The Pursuit of Knowledge in the Early American Republic: American Scientific and Learned Societies from Colonial Times to the Civil War.* Baltimore: Johns Hopkins University Press, 1976.

［16］Stephens, Lester D. "Scientific Societies in the Old South: The Elliott Society and the New Orleans Academy of Sciences." In *Science and Medicine in the Old South,* edited by Ronald L. Numbers and Todd L. Savitt. Baton Rouge and London: Louisiana State University Press, 1989, pp.55 - 78.

丹尼尔·戈尔茨坦（Daniel Goldstein） 撰，刘晓 译

自然历史与科学博物馆

Museums of Natural History and Science

展示自然物品的博物馆，虽然可以追溯到亚历山大和希腊人，但随着欧洲人在世界范围内进行探索，包括对美洲大陆的发现，人们获知的植物和动物急剧扩张，

这给博物馆带来了新的活力。应彼特·克林逊（Peter Collinson）和瑞典分类学家卡尔·林奈（Carl Linnaeus）等英国收藏家的请求，18 世纪北美的殖民者将植物、动物和矿物标本送回大西洋彼岸，进而换取书籍、赢得地位，偶尔还有少量收入。那时，殖民地的一些富有且受过良好教育的人也收集自然物品进行研究和展示。他们的珍品橱柜是学问成就的象征，也标志着实物在现代人学习中的重要性。特别是在革命之后，美国哲学学会、美国古文物学会以及其他像查尔斯顿这样不断扩大的城市中类似的学术团体，从那些开始探索周遭环境以及这个新国家西部边界的成员和通讯员那里，获得了不同寻常、有代表性的自然物品，这些物品有时会陈列在个人橱柜中。

瑞士移民皮埃尔·尤金·杜·西米蒂埃（Pierre Eugene Du Simietere）在费城举办了一场关于革命时期的公共展览并收取费用，这一开创性工作是公共博物馆活动的重要一步。而他在经营上的失败并没有阻碍那个时期最著名的博物馆经营者查尔斯·威尔森·皮尔（Charles Willson Peale）的步伐。对于这位由艺术家转行为博物学家的皮尔来说，他在费城雄心勃勃建立的"自然学校"将成为一家全国性机构，在将近 30 年的时间里，为了那样建立一个像在伦敦的和巴黎的博物馆那样的真正的国家博物馆，他一直在寻求政府补贴，但没有成功。虽然政府为他在知名的独立大厅提供了空间，刘易斯和克拉克探险队借给他标本，但皮尔和他的儿子们（他们还在纽约和巴尔的摩建立了博物馆）在这段时间里一直苦苦挣扎。他们的大量藏品在 19 世纪头几十年吸引了外国和当地游客，又在 19 世纪 40 年代售出，最终由 P.T. 巴纳姆（P. T. Barnum）展示出来，直到它们在一场大火中被烧毁。皮尔的自然历史博物馆模型被波士顿、纽约、辛辛那提和圣路易斯的企业家、博物学家和艺术家以及 20 世纪上半叶的几位巡回展览者纷纷效仿。

在同一时期，学术团体成员收集了更系统的藏品，用于识别当地动植物，并记录下美洲的多样性。19 世纪中期，费城自然科学院在成员和藏品方面令人印象深刻。这里配备了一栋设计用作博物馆的建筑，成员们建立起了重要的植物和鸟类系列。学院和大学也创设了学习陈列柜，通过学生、教师的系统性收集和捐赠，陈列柜的闲置藏量不断得到扩充。当博物馆拥有足够的展品和展览空间时就会面向当地公众开放，到 19 世纪 70 年代，这些设施被视为知名大学的标准教具，建设它们成为新兴州立大学的目标。通过购买、交换和探险发展起来的最大的博物馆，是由路易·阿加西（Louis Agassiz）在哈佛大学创建的专业化的比较动物学博物馆。许多大学博物馆都依赖着像亨利·沃德（Henry Ward）这样的博物学交易商，他那位于纽约罗切斯特的科学机构为一代博物馆提供了骨骼、装片标本、矿物、化石和其他博物学物品。位于华盛顿特区的史密森学会，在斯宾塞·F. 贝尔德（Spencer F. Baird）的领导下，于 19 世纪 50—80 年代建立了自己的收藏，贝尔德通过与联邦机构合作获得了一套非凡的北美标本，并持续不断地出版刊物、发表对知识的贡献，为美国博物学确立了标准。贝尔德的交流计划还促进了全国各地的州立科学院和城市博物馆开办活动，并培养了兴趣。

文化史学家指出，19 世纪晚期的慈善事业为大型设施提供了支撑，如纽约市中央公园西路的美国自然历史博物馆和芝加哥密歇根湖沿岸的菲尔德博物馆。这些城市博物馆还开发了新式公共展览和教育方法，包括非常精细的生境类群和教师拓展课程。史密森尼国家博物馆的先驱馆长乔治·布朗·古德（George Brown Goode）阐述了关于博物馆责任的全面理论，而其他一些人，像美国博物馆非洲厅的查尔斯·阿克利（Charles Akeley），则利用展示技术彻底改变了一个世纪前陈列柜这样的展览方式。

到了 19 世纪末，自然历史博物馆随处可见，但它们的研究功能正受到科学和公共文化等其他发展的挑战。随着新一代研究人员转向实验生物学和生态学，分类学失去了地位和资助。公众对教育项目兴趣日益增长，相应产生的需求进一步限制了可用于博物馆研究的人力和财政资源。自然历史博物馆在留住广大观众的同时，还经历了来自动物园和自然中心的竞争。自然历史博物馆对一些专业而言仍然很重要，比如古生物学，更有争议的一点是，它对从人类学中获得的有关人类生产的资料也很重要。

在 20 世纪，一种新型博物馆在实业家的支持下发展起来，反映了美国在技术上的成功。芝加哥科学与工业博物馆在一定程度上基于作为历史一部分的早期藏品，并参照位于慕尼黑的德国博物馆，成了依靠企业和慈善赞助的原型。观众受到鼓励参观类似于世界博览会的展览、新型科学博物馆，特别是"二战"后出现在大城市的儿童博物馆，儿童博物馆依靠不断变化的展览、天文馆和全天域影院来反复吸引本地观众。除了传统的国家自然历史博物馆以外，史密森学会现在还拥有了国家科学技术博物馆（今天的美国国家历史博物馆）和极具人气的国家航空航天博物馆，其工作人员和开展的项目在美国博物馆协会和更广泛意义上的博物馆学中都发挥着领导作用。到 20 世纪末，《官方博物馆名录》（*Official Museum Directory*，1994）报告称，美国已建有 7892 家各种类型的博物馆，每年参观人数超过 5 亿。

参考文献

[1] Alderson, William T., ed. *Mermaids, Mummies, and Mastodons: The Emergence of the American Museum*. Baltimore: Baltimore City Life Museums, 1992.

[2] Alexander, Edward P. *Museum Masters: Their Museums and Their Influence*. Nashville: American Association for State and Local History, 1983.

[3] Coleman, Laurence Vail. *The Museum in America: A Critical Study*. Washington, DC: American Association of Museums, 1939.

[4] Findlen, Paula. *Possessing Nature: Museums, Collecting, and Scientific Culture in Early Modern Italy*. Berkeley: University of California Press, 1987.

[5] Kohlstedt, Sally Gregory. "Museums: Revisiting Sites in the History of the Natural Sciences." *Journal of the History of Biology* 28 (1995): 151 – 166.

[6] ——, ed. *The Origins of Natural Science in America: The Essays of George Brown Goode*. Washington, DC: Smithsonian Institution Press, 1991.

[7] *Official Museum Directory*. 24th edition. Washington, DC: American Association of Museums, 1994.

[8] Orosz, Joel J. *Curators and Culture: The Museum Movement in America, 1740–1870*. Tuscaloosa: University of Alabama Press, 1990.

[9] Sellers, Charles Coleman. *Mr. Peale's Museum: Charles Willson Peale and the First Popular Museum of Natural Sciences and Art*. New York: Norton, 1980.

[10] Winsor, Mary P. *Reading the Shape of Nature: Comparative Zoology at the Agassiz Museum*. Chicago: University of Chicago Press, 1991.

萨莉·格雷戈里·科尔斯特（Sally Gregory Kohlstedt） 撰，陈明坦 译

基金会

Foundations

自 20 世纪初以来，私人基金会一直是美国自然、社会和医学科学的重要资金来源。在"二战"以及联邦拨款机构出现之前，基金会是大学基础研究的最大外部资金来源。尽管欧洲国家（尤其是斯堪的纳维亚半岛和"十月革命"前的俄国）也有少数私人基金会在运作，但没有任何地方的基金会像美国这样得到了高度发展。基金会是美国科学的标志之一。

基金会数不胜数，但对科学史学家来说，最重要的是 20 世纪头几十年由约翰·D. 洛克菲勒（John D. Rockefeller）、安德鲁·卡内基（Andrew Carnegie）、奥利维亚·塞奇（Olivia Sage）、斯蒂芬·V. 哈克尼斯夫人（Mrs. Steven V. Harkness）以及亨利·福特（Henry Ford）等人创建的大型通用基金会：通识教育委员会（1902）、华盛顿卡内基研究院（1902 年）、拉塞尔·塞奇基金会（1907）、卡内基基金会（1911）、洛克菲勒基金会（1913 年）、英联邦基金（1918）、劳拉·斯佩尔曼·洛克菲勒纪念馆（1918－1928）、国际教育委员会（1923－1928）、福特基金会（1936）和洛克菲勒兄弟基金会（1940）。还有十几家基金会是科学和医学特定领域的重要赞助者。

大型基金会通常不是经营性组织，而是为大学和其他机构的研究提供资助。在这一点上基金会和受资助的研究机构不同，两者都在 1900 年至 1920 年间大量出现（然而，卡内基研究所里既有内部研究部门，也有校外资助项目）。通用型基金会与传统慈善组织的不同之处在于其任务的开放性、开展业务的国家或国际范围、管理的专业性以及对社会组织和公共政策的自觉态度。这些基金会的创始人认为，基金会不仅是慈善和改良机构，还是积极的社会工程和改革机构。

关于企业家创立基金会的原因有很多解释。过去传统的观点是，基金会的设立是源于强盗大亨对你死我活的商业竞争的内疚，或者是他们希望借此改善公众形象、逃避遗产税、制定对其资本家有利的公共政策。然而，事实证明，这些想法与早期的纯粹利他主义一样过于简单化。历史学家现在关注的是大型生产企业的独特商业文化，以及那些为大规模生产和慈善事业创造了新社会机制的人们的经验和理想。

大型基金会（即慈善信托）是信任建立时代和进步主义时代的独特产物。第一批现代基金会出现在 1900 年左右的信任建立浪潮中，其资金主要来自大规模生产行业，特别是炼油、钢铁和汽车行业。在这些行业中，资本从内部产生并再投资于生产，且商业成功最明显地依赖于大规模的创新型组织（那些以更传统的方式靠商业、金融或房地产赚钱的人似乎更偏向于传统的慈善和文化展示形式。）这些人创建的基金会与大规模生产企业共用同一种制度文化，即重视创新性社会组织、效率、专业知识（科学方法）以及生产。

19 世纪 70 年代和 80 年代，新教教会和慈善组织协会采用了系统的商业方法；1900 年后，随着中产阶级"进步"改革者将注意力转向经济、政治和社会生活的新领域，大型基金会也采取了同样的做法。基金会并不是从"科学的"慈善机构和宗教机构中演变出来的，而是与之平行发展。简而言之，大型基金会是在现代化的企业文化渗透至社会改革层面的过程中产生的，这一过程发生在"阻止联邦政府融入和同化社会生活的这些方面"的国家政治文化里。

基金会的编史学与企业资本主义的编史学相似，这并不稀奇。基金会从诞生起就备受争议，尤其是卡内基和洛克菲勒的基金会还引发了批判文学，其主题自 20 世纪 10 年代以来几乎就没变过。基金会制定公共政策的努力及其与大学的合作引发了专家精英的政治责任问题以及私人和公共权力之间、企业和政府之间的平衡问题。这些问题通常是美国政治文化的核心。在 20 世纪 10 年代、30 年代和 60 年代的政治和文化紧张局势中，基金会引发的争议最多，而如今历史学家的观点也同样两极分化。马克思主义和民粹主义历史学家采用了葛兰西式的文化"霸权"分析法，认为基金会本质是通过资助来笼络知识分子，使之接受大企业的价值观和战略。其他历史学家则认为基金会与大企业不同，有时两者甚至是对立的。

近年来（也许是预示着对中产阶级的历史重燃兴趣），历史学家们开始把基金会官员看作是有独特理想和文化的中产阶级管理精英。虽然小型基金会往往由其创始人或其家族掌管，但就大型基金会而言，多数情况下都是由中层管理人员掌握决策权。20 世纪 20 年代中期，这些中层管理人员已经成功地从创始人及其私人顾问、实业家受托委员会手中夺取了项目和政策的大部分控制权，这一过程有时类似于政治斗争。

基金会官员是一个不同于创始人和受托人的独特社会群体。他们主要来自大学的官僚机构——校长或从那里招募来的低层行政人员（他们有时自称"大学勤杂工"）。他们的经验和价值观是中产阶级专业人士和知识分子式的，而不是社会和商业精英式的。与所有的中层管理者一样，他们的权力在于实际把控基金会的日常运作和与科学类客户之间的关系。基金会的项目和政策是由实践而非意识形态决定的；是在路上和现场，在官员和科学家之间持续的现场互动中（设计拨款、制定项目）而非会议室里决定的。尽管有时很激烈，但资助者和被资助者的关系依然在互动中发展，关于资助谁和资助什么的决定密切地依赖于资助的社会过程。

基金会对自然科学和社会科学的资助经历了几个不同的时期。20 世纪头 20 年是一个有争议的时期。在这一时期，资助者和资助寻求者调整自己的狭隘期望以适应大规模资助个人研究的新形势。在 20 世纪 20 年代，基金会的管理者向科学部门或美国国家科学研究委员会、美国社会科学研究理事会等机构的国家博士后奖学金计划提供资金来发展学术基础设施，从而使大规模的机构资助渐渐占据了主导地位。由威克利夫·罗斯（Wickliffe Rose）、奥古斯都·特罗布里奇（Augustus Trowbridge）、哈尔斯滕·J. 索克尔森（Halston J. Thorkelson）和比尔兹利·拉姆尔（Beardsley Ruml）领导的洛克菲勒委员会项目是这种发展方式的典型代表。

在 20 世纪 30 年代，大规模资本资助的时代结束了，取而代之的是更具战略性和计划性的个人项目资助。洛克菲勒基金会的项目就是这一时代下的典范：如，瓦伦·韦弗（Warren Weaver）的物理化学或分子生物学项目、艾伦·格雷格（Alan Gregg）的生物行为科学项目以及埃德蒙·戴（Edmund Day）的社会科学项目。在 20 世纪 50 年代，联邦政府开始干预科研经费管理，促使基金会转向更实际的、公共机构不敢涉足的领域：比如发展中国家的农业和科学发展的研究。

基金会政策的这些周期性变化主要反映了一个现实问题，即在一个即便是最大额的捐赠基金也无法满足其固定资源需求的社会体系中，如何找到有意义的、可行的项目。事后看来，大型基金会在两次世界大战之间对基础学术研究的关注只是暂时的，基金会在美国社会中的持久作用似乎只体现在社会和卫生服务领域里的实践研究和示范。

　　基金会的资助对各种科学的实践和命运产生了何种影响是一个有趣而棘手的问题。在某些特殊情况下，因果关系是显而易见的。例如，在 20 世纪 30 年代，基金会的支持有力推动了实地考察成为文化人类学的基石，当时该领域的大多数工作者都得到了洛克菲勒基金会的支持。同样，基金会的资助促进了回旋加速器的早期研究，并在 20 世纪 30 年代的分子生物学史前阶段发挥了重要作用。福特基金会和其他基金会在 20 世纪 50 年代和 60 年代几乎一手创建了地区性的研究项目。

　　在行为科学和社会科学领域，基金会通常倾向于基础科学而不是应用科学，并倾向于物理化学和机械学风格而不是社会和观察风格。一些历史学家批评了基金会的这些偏好。然而，由于应用科学和博物学科学有一系列不同的支持体系（比如工业、博物馆、农业机构、博物学协会等），因此目前还不清楚基金会的偏好是否阻碍了它们的发展。一般来说，基金会会回避由其他机构支持的科学活动，基金会官员也倾向于追随潮流而不是引领潮流，依靠其科学类客户和顾问来确定谁是"最好的"，也就是最高效、最有创新精神的人。因此，基金会通常是科学学科内发展的放大器。

　　基金会最重要的影响可能不在特定的学科，而在科学总体体制和社会关系上——事实上，这正是基金会的目的。与基金会的联系对几代科学政治家当权派至关重要，他们建立了国家科学机构和专业网络：例如乔治·埃勒里·海耳（George Ellery Hale）、罗伯特·A. 密立根（Robert A. Millikan）、弗兰克·R. 里利（Frank R. Lillie）、卡尔·J. 康普顿（Karl J. Compton）、欧内斯特·O. 劳伦斯（Ernest O. Lawrence）和范内瓦·布什（Vannevar Bush）。在 20 世纪 20 年代和 30 年代，基金会使博士后训练成为科学职业的常规特征，还参与创建了一种平衡研究和教学的新型科学机构，以挑战传统的精英大学，加州理工学院和麻省理工学院就是其中典范。基金会在培养"最优秀、最聪明"的"冷战"时期科学知识分子，以及向拉丁美洲和其他地区输出美国科学文化方面可能起到了重要作用。

　　最重要的是，基金会实际上创造了现代的主从关系。早在联邦政府大规模资助时代到来之前，基金会的资助就使一代美国科学家，无论地位高低，都遵循受资助研究所特有的实践和道德标准。基金会的资助为大学创造了一种战后大科学时代所特有的研究风格，这种风格是资源和管理密集型的，且是以生产为导向、有计划、快节奏的，若没有第三方资助者的参与就无法完成。战后联邦资助机构的体制结构可能更多归功于"二战"时期的特别计划而不是基金会。然而，科学家的前程及其与联邦资助者的关系结构在很大程度上都归功于战前基金会的资助经验。

有关基金会历史的出版物和档案资料主要保存在洛克菲勒档案中心和基金会中心。

参考文献

[1] Abir-Am, Pnina. "The Discourse of Physical Power and Biological Knowledge in the 1930s: A Reapparaisal of the Rockefeller Foundation's 'Policy' in Molecular Biology." *Social Studies in Science* 12 (1982): 341 - 382, and replies, ibid., 14 (1984): 341 - 364.

[2] ——. "The Assessment of Interdisciplinary Research in the 1930s: the Rockefeller Foundation and Physicochemical Morphology." *Minerva* 26 (1988): 153 - 176.

[3] Arnove, Robert F., ed. *Philanthropy and Cultural Imperialism: The Foundations at Home and Abroad.* Boston: G.K. Hall, 1980.

[4] Berman, Edward H. *The Influence of the Carnegie, Ford, and Rockefeller Foundations on American Foreign Policy.* Albany: State University of New York Press, 1983.

[5] Bulmer, Martin. "Philanthropic Foundations and the Development of the Social Sciences in the Early Twentieth Century: A Reply to Donald Fischer." *Sociology* 18 (1984): 572 - 587.

[6] Bulmer, Martin, and Joan Bulmer. "Philanthropy and Social Science in the 1920s: Beardsley Ruml and the Laura Spelman Rockefeller Memorial, 1922 - 1929." *Minerva* 19 (1981): 347 - 407.

[7] Coben, Stanley. "American Foundations as Patrons of Science: The Commitment to Individual Research." In *The Sciences in the American Context: New Perspectives,* edited by Nathan Reingold. Washington, DC: Smithsonian Institution Press, 1979, pp. 229 - 248.

[8] Cuetos, Marcos. "The Rockefeller Foundation's Medical Policy and Scientific Research in Latin America: The Case of Physiology." *Social Studies of Science* 20 (1990): 229 - 254.

[9] Ettling, John. *The Germ of Laziness: Rockefeller Philanthropy and Public Health in the New South*. Cambridge, MA: Harvard University Press, 1981.

[10] Fisher, Donald. "The Role of Philanthropic Foundations in the Reproduction and Production of Hegemony: Rockefeller Foundations and the Social Sciences." *Sociology* 17 (1983): 206 – 233.

[11] Fitzgerald, Deborah. "Exporting American Agriculture: The Rockefeller Foundation in Mexico, 1943 – 1953." *Social Studies of Science* 16 (1986): 457 – 483.

[12] Fosdick, Raymond B. *The Story of the Rockefeller Foundation*.

[13] New York: Harper, 1952.

[14] Geiger, Roger L. "American Foundations and Academic Social Science, 1945 – 1960." *Minerva* 26 (1988): 315 – 341.

[15] Grossman, David. "American Foundations and Support of Economic Research, 1913 – 1929." *Minerva* 20 (1982): 59 – 82.

[16] Karl, Barry D. "Philanthropy, Policy Planning and the Bureaucratization of the Democratic Ideal." *Daedalus* 105 (Fall 1976): 129 – 149.

[17] Karl, Barry D., and Stanley N. Katz. "The American Private Philanthropic Foundation and the Public Sphere 1890 – 1930." *Minerva* 19 (1981): 236 – 270.

[18] ——. "Foundations and Ruling Class Elites." *Daedalus* 116 (Winter 1987): 1 – 40.

[19] Kohler, Robert E. "Science, Foundations, and American Universities in the 1920s." *Osiris,* 2d ser., 3 (1987): 135 – 164.

[20] ——. *Partners in Science: Foundations and Natural Scientists 1900-1945*. Chicago: University of Chicago Press, 1991.

[21] Lagemann, Ellen C. *The Politics of Knowledge: The Carnegie Corporation, Philanthropy, and Public Policy.* Middletown, CT: Wesleyan University Press, 1989.

[22] Reingold, Nathan. "The Case of the Disappearing Laboratory." *American Quarterly* 29 (1977): 79 – 101.

[23] Stocking, George W., Jr. "Philanthropoids and Vanishing Cultures: Rockefeller Funding and the End of the Museum Era in Anglo–American Anthropology." In *Objects and Others: Essays on Museums and Material Culture,* edited by George W. Stocking Jr. Madison: University of Wisconsin Press, 1985, pp. 112 – 145.

[24] Wheatley, Steven C. *The Politics of Philanthropy: Abraham Flexner and Medical Education*. Madison: University of Wisconsin Press, 1989.

罗伯特·E. 科勒（Robert E. Kohler） 撰，曾雪琪 译

3.2 综合性科学组织

波士顿哲学学会

Boston Philosophical Society

波士顿哲学学会是美国第一个科学学会，始建于 1683 年春的波士顿，每两周举行一次会议，大概持续到 1688 年。该学会由清教徒——后来的哈佛学院院长英克里斯·马瑟（Increase Mather，1685—1701）组织、仿照伦敦皇家学会建立。会员们希望为博物学和自然哲学的发展打下基础。他们收集标本、分享观察到的天文和物理现象，可能还对神意事件进行了编目。该学会所做的气象观测后来似乎被收入了科顿·马瑟（Cotton Mather）于 1712 年寄给皇家学会的《美洲奇珍》（*Curiosa Americana*）一书中。

学会会议没有留下记录。关于成员和活动的信息是从日记、信件和发表的引文中间接推断出来的。在波士顿，参与者可能包括英克里斯·马瑟，他的儿子科顿和纳撒尼尔（Nathaniel）、塞缪尔·威拉德（Samuel Willard）、威廉·埃弗里（William Avery）以及塞缪尔·休厄尔（Samuel Sewall）。该学会至少有一名外籍通讯会员，即莱顿大学的哲学教授沃尔福杜斯·森格尔迪乌斯（Wolferdus Senguerdius）。

该学会无疾而终的原因不得而知。科顿·马瑟把它的衰落归咎于波士顿的动荡局势，当时马萨诸塞州的殖民宪章被王室撤销了。由于忙于政治和生活必需品，很少有人具备足够的时间和教育水平从事科学活动。

参考文献

[1] Beall, Otho T. Jr. "Cotton Mather's Early 'Curiosa Americana' and the Boston Philosophical Society of 1683." *William and Mary Quarterly*, 3rd ser., 18（1961）: 360 - 372.

［2］Mather, Cotton. *Parentator: Memoirs of Remarkables in the Life and Death of the Ever-Memorable Dr. Increase Mather.*

［3］Boston: Belknap, 1724.

［4］Mather, Increase. "The Autobiography of Increase Mather." Edited by Michael G. Hall. *Proceedings of the American Antiquarian Society* 71（1961）: 271 - 360.

［5］Senguerdius, Wolferdus. *Philosophia naturalis.* 2d ed. Leiden: Apud Danielem a Gaesbeeck, 1685.

萨拉·谢克纳（Sara Schechner） 撰，吴紫露　译

费城自然科学学院
Academy of Natural Sciences of Philadelphia

1812 年，一小群业余博物学家致力于"合理利用闲暇时光""增进和传播有用的、人文的人类知识"（创始人文档），组建了费城自然科学学院。它是美国早期专注于博物学研究的机构之一。学院的早期会员中，有许多率先系统研究北美博物学的先驱，包括昆虫学家兼贝壳学家托马斯·塞伊（七位创始人之一），植物学家威廉·巴特拉姆、本杰明·史密斯·巴顿和托马斯·纳托尔，鸟类学家亚历山大·威尔逊、约翰·柯克·汤森，以及后来的约翰·詹姆斯·奥杜邦，地质学家塞缪尔·G. 莫顿和威廉·麦克卢尔，后者在 1817—1840 年担任了学院的院长；哺乳动物学家约翰·D. 戈德曼、理查德·哈伦和提香·拉姆齐·皮尔；还有另一位创始人，矿物学家杰拉德·特罗斯特。

到 1812 年 4 月，学院刚刚成立 3 个月，会员们在费城争取到一个固定的聚会场所，开始筹建机构的图书馆，收藏自然制品——包括一些"很常见的昆虫和贝壳……一些小型鸟类的填充标本，一些外国贝壳，一套在巴黎周边收集的精美植物标本，以及若干人造水晶"（Barnes, quoted in Gerstner, p. 175）。几个月后，会员们集中财力从亚当·西伯特手中购买了重要的藏品——近 2000 种矿物标本。

1812 年和 1813 年，为了履行公共教育的义务，学院以新近获得的西伯特藏品（当时北美最大的矿物藏品）为基础，面向会员和其他感兴趣的团体举办了一系列讲

座。这些讲座极受欢迎，于是在接下来的几年里，学院又为会员和非会员举办了更多的矿物学、化学、晶体学和植物学的讲座。

在威廉·麦克卢尔的领导和慈善赞助下，学院从区域性的科学研究中心扩展为全国乃至国际性的科学机构。朝该目标迈进的重要一步，即学院自 1817 年开始出版一份经过严格同行评议的科学期刊。该期刊分发给会员和遍及欧美的众多学术团体，大大提高了人们对新兴的学院及其会员的关注。

随着学院规模和声望的增长，在 19 世纪初的几十年里，其成员深入西部内陆，远渡重洋，去研究地球上鲜为人知的动植物。在学院的赞助下，约翰·柯克·汤森德和托马斯·纳托尔是首批出发收集美国西部植物、鸟类和其他动物的人。这些标本至今仍保留在学院的研究收藏库中。1819 年和 1823 年，学院会员陪同斯蒂芬·H. 朗少校进行西部探险，1838—1842 年，会员还参与了查尔斯·威尔克斯中尉率领的美国探险队的环球之旅。

为了容纳不断增长的收藏品和成员，学院于 1815 年搬入新址，并于 1826 年搬进属于自己的大楼里。1840 年，学院搬到一座更宽敞的大楼中。随着这幢新的防火建筑的完工，该学院成为美国装备最完善的从事自然科学研究的机构。除此之外，学院的博物馆拥有世界上最大的鸟类标本收藏（1856 年以后），其博物学图书馆也是全美一流。

成员人数同样值得一提。到 1850 年，从最初的 7 个会员已经增至约 200 个活跃的会员，另外还有 450 名通讯会员。数量的增长伴随着质量的提高：1815—1845 年，美国科学期刊上最多产的 55 名作者中，有 44 人（80%）加入了该学院（Bennett, p. 8）。

学院的第五次也是最后一次迁址是在 1876 年，学院的会员搬进了现址罗根广场（19 号街和礼士街的拐角处）新落成的一座大楼。

今天，学院仍然积极参与遍及世界各地的科学研究。它的收藏在美国位居一流，拥有许多具有历史意义的材料，包括刘易斯和克拉克探险队的植物标本、托马斯·杰斐逊的化石收藏、约翰·詹姆斯·奥杜邦超过 150 份的鸟类毛皮，以及约翰·古尔德准备撰写澳大利亚鸟类和哺乳动物时采集的标本。

学院的科学收藏和目前的研究领域包括：植物学（150 万件标本）、昆虫学
（350 万件标本）、硅藻（16 万多份）、爬虫学（3.7 万件标本）、鱼类学（250 万件
标本）、除昆虫和软体动物外的无脊椎动物（2.3 万件标本）、古无脊椎动物学（100
万件标本）、软体动物学（1200 万，美国第二大标本库）、哺乳动物学（2.2 万件标
本）、矿物学（3.2 万件标本）、鸟类标本（1.6 万件标本）和古脊椎动物学（2.2 万
件标本）。学院还拥有一座藏书 20 万册、手稿 25 万册的博物学图书馆。除了位于
费城中心的院址外，学院还在马里兰州的切萨皮克湾拥有常设的研究设施和工作人
员。学院在费城的公众博物馆和教育计划涵盖了博物学的大部分领域，每年接待观
众约 25 万人次。

参考文献

[1] Barnes, John. "Rise and Progress of the Academy." 1816（inserted in Minute Book of
1816）, Academy of Natural Sciences Archives.

[2] Bennett, Thomas Peter. "The History of The Academy of Natural Sciences of
Philadelphia." In *Contributions to the History of North American Natural History,* edited by
Alwyne Wheeler. London: Society for the History of Natural History, 1983, pp. 1 - 14.

[3] Founders Document, Academy of Natural Sciences of Philadelphia, 1812. Academy of
Natural Sciences Archives, Collection 527.

[4] Gerstner, Patsy A. "The Academy of Natural Sciences of Philadelphia 1812 - 1850." In
The Pursuit of Knowledge in the Early American Republic, edited by Alexandra Oleson and
Sanborn C. Brown. Baltimore: Johns Hopkins University Press, 1976, pp. 174 - 193.

[5] Linton, Morris Albert. *The Academy of Natural Sciences of Philadelphia, 150 Years of
Distinguished Service.* New York: Newcomen Society of North America, 1962.

[6] Meisel, Max. "Academy of Natural Sciences of Philadelphia." In *Bibliography of American
Natural History, The Pioneer Century: 1769–1865.* 3 vols. New York: Premier Publishing,
1924 - 1929, 2:130 - 218.

[7] Nolan, Edward J. *A Short History of the Academy of Natural Sciences.* Philadelphia: The
Academy of Natural Sciences of Philadelphia, 1909.

[8] Orosz, Joel J. *Curators and Culture: The Museum Movement in America 1740–1876.*
Tuscaloosa: University of Alabama Press, 1990.

［9］Peck, Robert McCracken. "The Academy of Natural Sciences of Philadelphia." *The Magazine Antiques* 128（October 1985）: 744 - 754.

［10］Stroud, Patricia Tyson. *Thomas Say, New World Naturalist.*

［11］Philadelphia: University of Pennsylvania Press, 1992.

罗伯特·麦克拉肯·派克（Robert McCracken Peck）　撰，陈明坦　译

纽约科学院

New York Academy of Sciences

1817 年由内外科医生学院的师生建立的自然历史学会（Lyceum of Natural History），在 1876 年更名为纽约科学院。作为一个吸引医生、业余科学家和城市知名人士的综合科学社团，它在纽约的文化生活中找到了自己的定位。它最初的几十年，见证了 1823 年创办的《学会年鉴》（*Annals of the Lyceum*），博物馆收藏品的创建，其成员鼓动开展国家地质调查，并于 1836 年在百老汇拥有了一间会议厅。到 1843 年，百老汇大楼的费用已然变得过高，学会无法继续担负。1866 年，一场大火烧毁了学会存放在纽约大学医学院的博物馆藏品。

在 19 世纪下半叶，学会只是纽约众多科学机构中的一个，这些机构包括哥伦比亚大学、美国国家历史博物馆、美国化学学会和纽约植物园。与这些机构相关的科学家将该学院视为一个共用的会场，一个跨学科交流思想的科学论坛。因此，科学院是 1887 年纽约美国科学促进会会议的组织力量，并在 1890 年帮助创建了纽约科学联盟，该组织除了纽约科学院外，还包括矿物学、植物学、显微镜学和数学学会。1894 年，科学院发起了一系列科学进步的年度展览，吸引了 4000 名参观者成为其固定观众。

随着 1912 年纳撒尼尔·布里顿（Nathaniel Britton）勋爵领导创建了波多黎各科学调查所，纽约科学院作为纽约科学的协调者得到了额外的重视。凭借纽约知名人士和波多黎各立法机构的财政支持，纽约科学机构的科学家能够对波多黎各和维尔京群岛的植物学、地质学、动物学和人类学进行编目和描述。直到 20 世纪 40 年代，科学院在一系列广泛的科学报告中发表了这些结果。到 1930 年，这项调查在

学院事务中的主导地位，导致其会员与美国自然历史博物馆（American Museum
of Natural History）的科学工作人员高度重合。尤尼斯·米纳（Eunice Miner）是
博物馆无脊椎动物学的研究助理，1939 年成为纽约科学院的执行秘书，在她的领导
下，《学园年鉴》的会员数量和销量迅速增加。

米纳对科学院工作的持久贡献是发起了一系列关于生物医学和制药主题的会议。
在 20 世纪 50 年代，关于抗生素、结核病化疗、口服避孕药、磺胺类化合物、抗凝
剂和二甲基亚砜为主题的重要会议纷纷召开。

在随后的几十年里，科学院赞助了一项针对当地高中的外展计划：学校科学家
计划，以及初级科学院计划。在 20 世纪 70—80 年代，其分会的数量扩大到 30 多
个，普通会员增加到 44000 人，一系列科学会议涵盖了各种各样的主题。

参考文献

［1］Baatz, Simon. *Knowledge, Culture, and Science in the Metropolis: The New York Academy of
Sciences, 1817–1970*. New York: Academy of Sciences, 1990.

［2］Fairchild, Herman Le Roy. *A History of the New York Academy of Sciences*. New York: n.p.,
1887.

［3］Sloan, Douglas. "Science in New York City, 1867‐1907." *Isis* 71（1980）: 35‐76.

西蒙·巴茨（Simon Baatz）　撰，康丽婷　译

美国统计协会

American Statistical Association

美国统计协会是世界上最大的统计协会，拥有 1.7 万多名个人会员。成立于
1839 年，原名美国统计学会，根据其 1839 年会章的定义，学会的目标是"在人类
知识的各个门类收集、保存和传播统计信息"。美国统计协会（ASA）的主要组织
者是莱缪尔·斯塔克（Lemuel Stattuck），他是一名印刷工、书商、出版商和公职
人员，热衷于收集可靠的人口统计数据。在 1840 年 2 月 5 日的会议上，学会改名
为美国统计协会，通过的章程要求每个正式会员，或"会士"，每年至少提交一篇关

于统计主题的论文以供发表。1841 年，马萨诸塞州的立法机关将团体组织的特许奖授予美国统计协会。

最初的 50 年，美国统计协会是一个区域性组织，在波士顿召开的季度会议通常仅能吸引不到 10 个成员参加，但 1882 年成为会长的弗朗西斯·沃克（Francis A. Walker）在方向和范围上发起了重大变革。沃克是 1870 年和 1880 年人口普查的负责人，也是麻省理工学院的校长（1881—1897），他坚信美国统计协会在本质上应该是全国性的。在沃克任职期间一直到 1897 年，ASA 创建了一种官方杂志［现在称为《美国统计协会杂志》（*Journal of the American Statistical Association*）］。会员人数从 1872 年的不足 75 人增加到 1897 年的 533 人。许多新会员来自纽约和华盛顿特区，纽约的商务分析师和经济学家是统计数据的活跃用户，而华盛顿特区则是许多关注统计数据的政府部门所在地，如美国财政部统计局（1866）、美国劳工局（1885）、州际商务委员会（1887）和美国人口调查局（1902 年常设）。美国统计协会首次在波士顿以外的"科学会议"于 1896 年在华盛顿召开；12 年后，第一次在波士顿以外举行了年会。1918 年，美国统计协会成立了一个常设的人口普查咨询委员会，这是其主要专门小组中第一个与联邦政府保持联系的小组。两年后，美国统计协会将总部从波士顿搬到了哥伦比亚大学。

在 20 世纪 20 年代，R.A. 费希尔（R.A. Fisher）创立了统计实验设计的基本原理和工具。他的小样本理论和方法对农业、生物学和医学研究产生了巨大影响，以至于在 20 世纪 30 年代，联邦政府重新定义了统计学研究，从文书工作转变为专业工作。这项活动的中心导致协会在 1934 年将总部从纽约迁至华盛顿特区。

20 世纪 10 年代到 20 年代初，一些地方性团体在美国统计协会的年会之间聚会。1925 年，美国统计协会特许成立了第一个地区分会（最初的洛杉矶分会）。8 年后，有了 33 个分会。1999 年时，美国有 75 个，而且在加拿大还有 3 个。

美国统计协会在 1938 年创建了第一个分部（生物计量学），以融合新的统计方法从业者。截至 1958 年，有九成以上的会员至少属于 5 个分部之一。1999 年时，共有 21 个分部。

美国统计协会的档案存放在爱荷华州立大学公园图书馆（The Parks Library）

的特藏部。

参考文献

[1] American Statistical Association. "Historical Exhibits." *Journal of the American Statistical Association* 35 (1940) : 298 – 308.

[2] Anderson, Margo. "Expanding the Influence of the Statistical Association: ASA from 1880 to 1930." In *Proceedings of the American Statistical Association Sesquicentennial Invited Paper Sessions*. Alexandria, VA: American Statistical Association, 1989, pp. 561 – 572.

[3] Bowman, Raymond T. "The American Statistical Association and Federal Statistics." *Journal of the American Statistical Association* 59 (1964) : 1 – 17.

[4] Duncan, Joseph W., and William C. Shelton. *Revolution in United States Government Statistics, 1926–1976*. Washington, DC: United States Department of Commerce Office of Federal Statistical Policy and Standards, 1978.

[5] Mason, Robert L. "A Golden Era of Statistics in America." In *Proceedings of the American Statistical Association Sesquicentennial Invited Paper Sessions*. Alexandria, VA: American Statistical Association, 1989, pp. 486 – 496.

[6] Ruberg, Stephen J., et al. "Statistical Science: 150 Years of Progress." Alexandria, VA: American Statistical Association, 1989. Videotape.

丘吉尔·艾森哈特（Churchill Eisenhart） 撰，陈明坦 译

科学"丐帮"

Lazzaroni

科学"丐帮"（Lazzaroni，音译为拉扎罗尼），19 世纪中期由科研人员和科学管理者组成的非正式团体，他们怀有发展美国科学的共同奋斗目标。通过掌管主要科学机构和鼓励公众支持研究，"丐帮"成员希望提高美国科学研究的质量和数量。他们鼓励职业化和专业化，着眼于欧洲模式。"丐帮"的领导人是美国海岸测量局局长亚历山大·达拉斯·贝奇（Alexander Dallas Bache）。其他重要成员包括约瑟夫·亨利（Joseph Henry）、路易·阿加西（Louis Agassiz）和本杰明·皮尔斯（Benjamin Peirce）。

历史学家们一直在争论，科学"丐帮"究竟是组成了一个试图实施明确计划的小集团，还是一群拥有共同兴趣、价值观和最终目标的科学家组成的社会群体。这场争论的根本原因在于，人们对构成团体计划存在的证据，以及在具体战略和战术上"丐帮"成员的尖锐分歧，应该给予多大的重视，都无法达成一致。想要理解"丐帮"的关键，就是去理解贝奇提出的议程。

参考文献

[1] Beach, Mark. "Was There a Scientific Lazzaroni?" In *Nineteenth- Century American Science: A Reappraisal,* edited by George H. Daniels. Evanston: Northwestern University Press, 1972, pp. 115 - 132.

[2] Bruce, Robert V. *The Launching of Modern American Science, 1846–1876.* New York: Knopf, 1987.

[3] James, Mary Ann. *Elites in Conflict: The Antebellum Clash over the Dudley Observatory.* New Brunswick: Rutgers University Press, 1987.

[4] Miller, Lillian, et al. *The Lazzaroni: Science and Scientists in Mid-nineteenth Century America.* Washington, DC: Smithsonian Institution Press, 1972.

[5] Slotten, Hugh R. *Patronage, Practice, and the Culture of American Science: Alexander Dallas Bache and the U. S. Coast Survey.* New York: Cambridge University Press, 1994.

马克·罗森伯格（Marc Rothenberg） 撰，刘晓 译

美国科学促进会

American Association for the Advancement of Science

美国科学促进会是美国综合性科学技术协会，致力于服务科学家以及科学家生活工作的社会。美国科学促进会由一些地质学家创立，是 19 世纪中期美国组织最完善的科学家团体。大学的院系和国立调查机构提供了职业岗位，也有理由定期开会以讨论新发现和专业问题。

那时英科学促进会刚成立，一些地质学家可能由此受到启发，认为美国也需要成立类似的组织。一举成立该组织似乎太过仓促，所以他们在 1840 年先成立了美

国地质学家协会。两年后，他们又在协会名称后面增加了"和博物学家"。1847 年，他们决定更名为美国科学促进会。1848 年，促进会召开了第一次大会，在会议上，美国科学促进会的博物学分会或普通物理学分会报告了约 60 篇论文。

新的协会由总务委员会（现在称为理事会）和执行委员会（现在称为董事会）管理。1850 年，两委员会认为美国科学促进会需要一名带薪的常务秘书，任职年限可超过一届任期。起初该岗位是兼职，到 1937 年才成为全职岗位，并在华盛顿特区设有办公室。而且随着活动的增加，会员人数从 1848 年的 461 人增加到 1970 年的约 13 万人，职员数量也逐渐增多。

实现协会目标的第一个也是最主要的手段，是召开"定期和流动的"会议。科学家可在会上报告新发现，并讨论研究成果和专业问题。尽管职业科学家和业余科学家的关系经常不融洽，但无论业余的还是专业的、无论男女，只要对科学或技术的某一领域感兴趣，都能成为会员。

自 1848 年以来，美国科学促进会每年召开一次会议，某些年份也召开过两次。随着会员数量的增加以及学科的变化，分会数量已由最初的 2 个发展到 23 个，服务于纯科学、应用科学和技术的各个领域。因为西部各州的科学家到东部城市参加年会往返耗时甚多，所以美国科学促进会于 1915 年成立了太平洋分部，后来又成立了西南分部、落基山分部、北极分部和加勒比分部，每个分部都召开各自的年会。

除了个人会员，美国科学促进会还接收了数百个学会作为正式的下设机构。其中大多数是专业学科的学会，但也包括各州的科学院和其他的一般性科学组织。

该协会最广为人知的出版物是每周发行的《科学》（*Science*）杂志。1880 年托马斯·A. 爱迪生（Thomas A. Edison）创办的这份杂志，起初尚不稳定，直到 1900 年，它那时的拥有者兼出版人詹姆斯·麦基恩·卡特尔（James McKeen Cattell）同意将《科学》杂志邮寄给促进会的全体会员，而促进会则答应从每位会员缴纳的 3 美元年费中分出 2 美元给卡特尔。该协议使《科学》杂志成为美国科学促进会的官方期刊，保证了它的巨大发行量，并使它获得成功。1945 年，在卡特尔去世后，美国科学促进会通过先前协议从其继承人手中买下了该杂志。

在 20 世纪，美国科学促进会从几个维度上扩展了它的活动。1938 年，它开始每年主办一系列为期一周的研究会议——戈登研究会议，每次会议都有特定的研究主题。

为了改善科学的教育，美国科学促进会在 20 世纪 50 年代研发出多套用于小学各年级的科学教学资料，并从 1985 年开始参与一个长期计划，该计划力求在小学生和中学生应该了解什么科学上达成一致，并开发能够提供这种教育的课程和材料。在美国女童子军和一些教会团体的配合下，美国科学促进会还资助了其他一些面向年轻人的教育项目。对于成人教育，美国科学促进会乐于有机会筹备一些关于科学话题的广播和电视节目，但从未拿出资金长期支持这些节目。

在联合国教科文组织（UNESCO）的帮助下，美国科学促进会对国际问题的兴趣与日俱增，从而于 1959 年召开了第一届大型国际海洋学大会，并于 1955 年、1969 年和 1985 年召开了 3 次关于干旱地域问题的国际会议。对国际问题的兴趣还包括：向发展中国家的对应组织提供帮助和咨询；努力加强撒哈拉以南非洲的科学发展和作用；与其附属机构合作，分析全球变化和其他备受国际关注的问题。

在旗下一些附属机构的配合下，美国科学促进会与美国国会一道，致力于：处理一般科学所关注的问题；开展对联邦政府研发预算的年度分析；提出岗位计划，通过临时职位将科学家安排到国会员工的处室和一些联邦行政机构；增加了残疾人士参加科学会议的机会；在美国和其他地方，都致力于增进科学的自由和责任，并维护人权。

参考文献

［1］American Association for the Advancement of Science. *Proceedings.*Published as separate volumes through 1948 and subsequently in *Science* and the annual handbook of officers, organization, and activities.

［2］Kohlstedt, Sally Gregory. *The Formation of the American Scientific Community: The American Association for the Advancement of Science, 1848–1860*. Urbana：University of Illinois Press, 1976.

［3］Wolfle, Dael. *Renewing a Scientific Society: The American Association for the Advancement of Science from World War II to 1970*. Washington, DC：American Association for the

Advancement of Science, 1989.

戴尔·沃尔夫（Dael Wolfle）　撰，陈明坦　译

史密森学会
Smithsonian Institution

　　史密森学会是世界上最大的博物馆综合机构。由英国科学家詹姆斯·史密森（James Smithson，1756—1829）遗赠捐助成立。他提出"要在美利坚合众国华盛顿以史密森学会之名成立一个机构，用于增进和传播人类知识"（Rhees, 1: 6）。美国国会通过 10 年火药味十足的辩论后，史密森学会于 1846 年 8 月成立。史密森学会并非美国联邦政府的一部分，而是一个慈善信托机构，由美国政府担任受托人。史密森学会的管理机构——董事会——由来自行政、立法、司法三个政府部门的代表以及国会联合决议任命的几位美国公民组成。最初，史密森学会所用资金全部来自史密森的遗产，现在大约 70% 的运营资金来自联邦政府。然而，不同于美国联邦政府属下的科学部门，史密森学会的任务更为广泛。

　　1846 年，人们普遍认为《史密森学会法案》明确规定该机构作为国家的图书馆和博物馆，但史密森学会第一任秘书长（首席行政官）约瑟夫·亨利（Joseph Henry）对此有不同看法。身为物理学家，亨利认为，史密森作为一名科学家，当他写下"增进和传播知识"这句名言时，头脑中想的一定是科学研究。他还反对将史密森学会的活动本地化，认为史密森学会的项目必须是全国性和国际性的。亨利推动的这类项目属于国家科学基金的一种，它们为科学研究、《史密森学会系列研究报告》（*Smithsonian Contributions to Knowledge*）出版、科学出版物国际间交流互换以及大型研究项目的协调工作提供了直接支持。这些大型项目中包括史密森气象系统（Smithsonian meteorological system），它直接促成美国国家气象局（National Weather Service）的成立。亨利还成功阻止史密森学会成为国家图书馆，同时在国会图书馆（Library of Congress）发展成国家图书馆的过程中发挥了重要作用。然而，他被迫在涉及国家收藏品方面做出让步，最终同意保管陆军和海军通

过各种探险与调查收集到的大量自然史标本。1858年，威尔克斯探险队（Wilkes Expedition）的藏品被送到史密森学会，史密森学会作为联邦政府资助的国家博物馆这一原则得以明确。

亨利当选学会秘书长开创了科学家担任此职位的先例，1850年以来一直担任亨利助手的动物学家斯宾塞·富勒顿·贝尔德（Spencer F. Baird）成为其继任者。贝尔德从1878年到1887年担任学会秘书长，确立了物理学家（后来还有社会科学家）与博物学家轮流担任秘书长的先例。相较于亨利，贝尔德对博物馆收藏更感兴趣，对此也更加支持，他对史密森学会作为国家博物馆的角色表示欢迎。贝尔德督建了第一座国家博物馆建筑，即今天的艺术与工业馆（Arts and Industries Building）。

贝尔德之后，塞缪尔·皮尔庞特·兰利（Samuel Pierpont Langley）接任秘书长，任职到1906年。兰利是一位对航空学有着浓厚兴趣的天体物理学家。在其任期内，国家动物园和史密森天体物理天文台建立。同时，一座新的国家博物馆大楼（今国家自然历史博物馆）也开工建设。

继兰利之后，地质学家查尔斯·杜利特尔·沃尔科特（Charles Doolittle Walcott，任期1907—1927年）、天体物理学家查尔斯·格里利·艾博特（Charles Doolittle Walcott，任期1928—1944年）、鸟类学家亚历山大·韦特莫尔（Alexander Wetmore，任期1944—1952年）、心理学家列奥纳多·卡迈克尔（Leonard Carmichael，任期1952—1964年）、鸟类学家狄龙·雷普利（S. Dillon Ripley，任期1964—1984年）和人类学家罗伯特·亚当斯（Robert M. Adams，任期1984—1994年）相继任史密森学会秘书长。1994年，律师迈克尔·海曼（I. Michael Heyman）被选为学会秘书长，这标志着非科学家首次当选该职务。

虽然史密森学会的博物馆一般都集中于华盛顿特区国家广场附近，但到20世纪末，学会大量的科学研究工作是在别处进行。这些非华盛顿地区的学会机构包括：弗吉尼亚州的生物保护研究所（Conservation and Research Center）；佛罗里达州皮尔斯堡海洋站（Marine Station at Fort Pierce）；马里兰州史密森材料研究与教育中心（Smithsonian Center for Materials Research and Education）；马里兰州史密森环境研究中心（Smithsonian Environmental Research Center）；马萨诸塞州剑桥的史密森天体物理天文台（Smithsonian Astrophysical Observatory）；以及位于巴拿马的史密森热带研究所（Smithsonian Tropical Research Institute）。

关于史密森学会历史的文献相当多，但完整论述其历史发展的研究并不多见。学界将大多数注意力都集中于 19 世纪，那时史密森学会对美国科学的整体发展起着核心作用，也对人类学、气象学等若干学科至关重要。学会的历史也因贝尔德的逝世广为人知。

直到最近才有许多对 1887 年之后史密森学会在的历史研究。对历史学家而言，国家自然历史博物馆所从事的生物学研究不如大学和其他地方进行的生物学研究有吸引力（例如，一部重要的 20 世纪美国生物学史著作在论述动物学、古生物学、胚胎学、人类行为学、动物行为学、细胞学和遗传学时一次都未提及史密森学会的工作）。这种情况正在发生变化，因为随着人们对环境保护和生态学的关注，学者开始对国家动物园和史密森热带研究所的工作感兴趣。

对史密森学会的历史研究缺少一种宏观视角，即将学会历史置于当时联邦政府开始为科学和研究型大学提供资金支持这一背景下进行考察。研究这样一段历史所需的档案资料十分丰富。史密森学会档案馆收藏有学会官方档案（除了 1865 年 1 月大火烧毁的学会早期材料）、秘书长和史密森学会重要科学家的论文以及许多专门学科协会的记录。

参考文献

[1] Bruce, Robert V. *The Launching of American Science 1846–1876*. Ithaca: Cornell University Press, 1987.

[2] Fleming, James Rodger. *Meteorology in America, 1800– 1870*. Baltimore: Johns Hopkins University Press, 1990.

[3] Hellman, Geoffrey T. *The Smithsonian: Octopus on the Mall*.

[4] Westport, CT: Greenwood Press, 1978.

[5] Hinsley, Curtis M., Jr. *The Smithsonian and the American Indian: Making Moral Anthropology in Victorian America*.

[6] Washington, DC: Smithsonian Institution Press, 1994.

[7] Jones, Bessie Z. *Lighthouses of the Skies: The Smithsonian Astrophysical Observatory:*

Background and History, 1846–1955.

[8] Washington, DC: Smithsonian Institution Press, 1965.

[9] Metgen, Alexa. *From Bison to Biopark: 100 Years of the National Zoo.* Washington, DC: Friends of the National Zoo, 1994.

[10] Oehser, Paul H. *Sons of Science: The Story of the Smithsonian Institution and Its Leaders.* New York: Henry Schuman, 1949.

[11] ——. *The Smithsonian Institution.* Boulder, CO: Westview Press, 1983.

[12] Rhees, William Jones, ed. *The Smithsonian Institution: Documents Relative to Its Origin and History.* 2 vols. Washington, DC: Smithsonian Institution, 1901.

[13] Rivinus, Edward F., and Elizabeth M. Youssef. *Spencer F.*

[14] *Baird of the Smithsonian.* Washington, DC: Smithsonian Institution Press, 1994.

[15] Rothenberg, Marc, ed. *The Papers of Joseph Henry.* Vols. 6 - 8.

[16] Washington, DC: Smithsonian Institution Press, 1992 - 1998.

[17] Washburn, Wilcomb E. "Joseph Henry's Conception of the Purpose of the Smithsonian Institution." In *A Cabinet of Curiosities: Five Episodes in the Evolution of American Museums.* Charlottesville: University Press of Virginia, 1967, pp. 106 - 166.

马克·罗滕伯格（Marc Rothenberg） 撰，刘晓 译

库珀高等科学艺术联盟学院
Cooper Union for the Advancement of Science and Art

为"诚实的机械师和高尚的女性"而创建的库珀联盟学院（Cooper Union）于1859 年成立，按彼得·库珀（Peter Cooper）的意愿，向这些群体提供实用教育。库珀本人受教育程度很低，他创立这个机构的信念，是为纽约的工人提供职业机会，在"科学"知识的背景下改善他们的处境。库珀所说的"科学"指的并不是技术进步，而是如他在自传手稿中所说的："上帝的规则或法则，通过它，人类可以理解物质创造的运动……科学本身不过是关于这个规律或规则的知识，实际上是由人类的经验证明的。"在库珀看来，纯科学和技术之间的冲突并不存在。自然科学是通过运用存在于人类思想中神圣的理解力，对上帝自然法则的一种揭示。他认为自己所取得的杰出技术成就是一种偶然天赋的结果，就像能鉴赏音乐一样。然而，库珀

联盟学院的成功延续，在很大程度上要归功于库珀的女婿亚伯兰·休伊特（Abram Hewitt）。他是该机构发展成为一所著名学府的实际推动者，恰好满足了后内战时期新扩大的工业需求。慈善家库珀和实际的管理者休伊特都相信，教育能通过为工人提供改变的机会并且提高他们的技能，让他们跟上不断变化的技术，从而稳定社会。在规模和提供的服务方面，学园运动（Lyceums，始于 19 世纪 20 年代的一场公共教育运动——译注）和工人讲习所要比库珀联盟学院重要得多，但都在 20 世纪初的教育变革进程中消失了。然而，库珀联盟成功地从库珀最初关于工人教育大杂烩的想法转变为纽约市一所切实可行的技术学院和继续教育机构。这必须归功于库柏和休伊特愿意接受库柏联盟所服务客户在经济和社会构成方面的变化。这两个人都符合托克维尔（de Tocqueville）对美国人"冒险的保守主义者"的描述。

参考文献

[1] Cooper, Peter. "Autobiography of Peter Cooper 1791 - 1883." Manuscript. Cooper Union Archives.

[2] Daniels, George H. *American Science in the Age of Jackson.*

[3] New York: Columbia University Press, 1968.

[4] Krasnick, Phyllis D. "Peter Cooper and the Cooper Union for the Advancement of Science and Art." Ph.D. diss., New York University, 1985.

[5] Kuritz, Hyman. "The Popularization of Science in Nine- teenth Century America." *History of Education Quarterly* 21（1981）: 259 - 274.

[6] Mack, Edward C. *Peter Cooper.* New York: Duell, Sloan and Pearce, 1949.

菲利斯·D. 克拉斯尼克（Phyllis D. Krasnick）　撰，吴晓斌　译

美国国家科学院

National Academy of Sciences

美国国家科学院（NAS）是一个从事科学和工程研究的私营、非营利性、自负盈亏的团体组织，致力于推动科学技术的发展，并用以谋求公众福利。科学院依据国会法案建立，并于 1863 年 3 月 3 日由亚伯拉罕·林肯（Abraham Lincoln）总统

签署成为法律。根据国会批准的章程，科学院必须就科学和技术问题向政府提供建议。除了这一顾问角色外，科学院还是一个会员制组织，这些会员凭借其对科学和工程的原创贡献而当选。科学院的院士资格被认为是美国科学家能够获得的最高认证。科学院选举其院士、官员，并制定其规则、章程和组织。该章程也称为社团法案，做出以下授权："任何政府部门无论何时提出要求，科学院应对任何科学或艺术课题进行研究、考察、实验和报告，研究的实际费用应从针对此项研究目标的拨款中支付，但科学院不得因向美国政府提供任何服务而获得任何补偿。"

学术界、政府和军方的一小群科学家在推动创建科学院的立法方面发挥了重要作用。这群人被称为科学"丐帮"（拉扎罗尼），包括路易·阿加西（Louis Agassiz）、本杰明·皮尔斯（Benjamin Peirce）、亚历山大·达拉斯·贝奇（Alexander Dallas Bache，后来成为第一任院长）、B. A. 古尔德（B. A. Gould）和查尔斯·亨利·戴维斯（Charles Henry Davis）。约瑟夫·亨利（Joseph Henry）可以说是美国最杰出的科学家，他并不赞成科学院的草案，但加入了科学院以"为其指明方向"。他成为第二任院长，并积极确定了科学院早期的角色和组织。

在最初的50年里，科学院收到了大约50份来自美国机构和部门的委托，其中许多都与政府科学机构、项目的组织和任务有关。但是直到1913年成立五十周年之时，它的咨询功能基本上没有发挥作用。1916年，随着国家研究委员会（NRC）的成立，科学院的宗旨和地位得到了扩展提升。应伍德罗·威尔逊（Woodrow Wilson）总统的要求，科学院创建了国家研究委员会，以统筹"一战"期间国家的科学人员和战争项目。科学院外交秘书乔治·埃勒里·海耳（George Ellery Hale）在国家研究委员会的创建过程中发挥了重要作用。美国对"一战"准备的不足，以及科学院使命和作用的扩大令他感到担忧。其他活跃在国家研究委员会早期项目中的当代科学家还有威廉·H. 韦尔奇（William H. Welch）、罗伯特·A. 密立根（Robert A. Millikan）、阿尔伯特·诺伊斯（Albert Noyes）和罗伯特·M. 耶基斯（Robert M. Yerkes）。1918年，威尔逊总统发布了一项行政命令，规定国家研究委员会在和平时期根据学院章程继续运营。国家研究委员会战时组织建立了常设委员会，接收并回答咨询与服务类问题；尽管国家研究委员会已经进行了重组，以应对不断变化的科学学科和国家政策需求，但类似的技术和规划部门的组织一直持续至今。

1924 年，同样是由于海耳的努力和远见，科学院的总部大楼在华盛顿特区揭幕（该总部大楼在 1974 年被列入国家地标名录）。除了此处和华盛顿其他几个地点外，该机构还在马萨诸塞州和加利福尼亚州设有研究中心。

"二战"期间，科学院为联邦科学机构开展了广泛的活动，包括 40 多个军事医学委员会，为美国科学研究和发展办公室的医学研究委员会提供咨询。原子裂变委员会认定原子裂变用于军事目的是可行的，从而促成了"曼哈顿计划"。在"二战"后时期，值得注意的活动包括指导美国国际地球物理年的科学计划，以及 1947—1975 年日本原子弹伤亡委员会的行政和科学活动，该委员会研究了原子弹对后续几代日本公民的影响。

1963 年 10 月，科学院以一系列广泛的会议和座谈会来纪念它的百年华诞。数千名科学家代表其他国家的学会、大学、研究委员会和学术机构出席会议，成为百年庆典的亮点。美国总统约翰·F. 肯尼迪（John F. Kennedy）发表了百年华诞纪念演讲，这是他去世前最后一次重要亮相。

在 1964 年和 1970 年，美国科学院根据其学院章程，分别创建了国家工程院（NAE）和医学研究院（Institute of Medicine）。和科学院一样，这些团体通过选举会员来表彰杰出的成就，他们共同管理国家研究委员会，其大部分咨询服务都是通过国家研究委员会进行的。这 4 个机构合起来被称为"国家科学院"。美国科学院除了监督国家研究委员会、国家工程院和医学研究院，还开展友好活动，颁发成就奖章，定期召开会议和研讨会。

他们共同经营国家科学院出版社（National Academy Press），大多数研究报告都在此出版。该出版社在在线出版方面也处于全美领先地位。如今，有 1000 多项机构研究可以在网上获得。自 1915 年以来，该出版社刊发了学术期刊《国家科学院院刊》（*The Proceedings of the National Academy of Sciences*），并与国家工程院合作刊发季刊《科学与技术问题》（*Issues in Science and Technology*）。为了表彰他们已故的成员，出版社从 1864 年开始出版《国家科学院传记回忆录》（*Biographical Memoirs of*

the National Academy of Sciences）。《国家工程院纪念文集》（*NAE Memorial Tributes*）
自 1976 年开始发行。

每年国家研究委员会都会发布大约 200 份研究报告。在一个代表性年份里，有
超过 1000 个研究单位在活动，大约有 10000 名专业人员志愿为他们提供服务。在
截至 1998 年 6 月 30 日的财政年度结算中，国家科学院收到了联邦基金 1533.898
万美元，以及私人和非联邦赠款、合同款和捐款共 281.366 万美元。

除了政府的咨询活动外，国家科学院还指导自主研究以及科学政策和传播活动，
包括公众科学理解办公室和科学、数学和工程教育中心。国家研究委员会还为政府
挑选各种国家实验室和机构项目的研究员提供建议。此外，该机构是美国科学家与
大多数国际科学联盟和委员会建立联系的机制。在国际科学理事会（前身为国际科
学联盟理事会）中，美国科学院是附属于美国的国家级成员。

参考文献

[1] Berkowitz, Edward D. *To Improve Human Health: A History of the Institute of Medicine*.
Washington, DC: National Academy Press, 1998.

[2] Cochrane, Rexmond C. *The National Academy of Sciences: The First Hundred Years, 1863–
1963*. Washington, DC: National Academy of Sciences, 1978.

[3] Dupree, A. Hunter. "The Founding of the National Academy of Sciences—A
Reinterpretation." *Proceedings of the American Philosophical Society,* 101, no. 5（1957）:
434 – 440.

[4] ——. *Science in the Federal Government: A History of Policies and Activities to 1940*.
Cambridge, MA: Harvard University Press, 1957.

[5] ——. "The National Academy of Sciences and the American Definition of Science." In
The Organization of Science in Modern America, edited by Alexandra Oleson and John Voss.
Baltimore: Johns Hopkins University Press, 1979, pp. 342 – 363.

[6] Halpern, Jack. "The U.S. National Academy of Sciences— In Service to Science and
Society." *Proceedings of the National Academy of Sciences* 94（1977）: 1606 - 1608.

[7] http://www.nas.edu/history/（1999）: *About the National Academies' History* from The
National Academies' home- page. Historical pieces written by Daniel Barbiero,
Archivist, National Academies. True, Frederick W., ed. *A History of the First Half-Century*

of the National Academy of Sciences. Washington, DC: National Academy of Sciences, 1913.

[8] Wright, Helen. *Explorer of the Universe: A Biography of George Ellery Hale.* New York: E.P. Dutton, 1966.

贾妮斯·戈德布鲁姆（Janice Goldblum） 撰，刘晓 译

美国自然历史博物馆
American Museum of Natural History

1868 年成立，该博物馆自建立之初便是美国同类机构中较大的。按艾伯特·比克莫尔（Albert Bickmore）的构想，最初主导博物馆的是那些致力于促进公民自豪感、公共教育和社会福利的商人和政治家。1869 年，在私人捐赠和市政资助下，博物馆迁至纽约军械库。1874 年，美国总统尤利西斯·辛普森·格兰特（Ulysses Simpson Grant）为其第 79 街和中央公园西路的博物馆新建筑举行了落成典礼。

该博物馆在早年经历过一些问题。尽管受托人购买了一些哺乳动物、鸟类和贝壳的收藏品，却没有后续流程以制作标本，也无法展示它们。博物馆的位置远离市中心，且周日闭馆，吸引的游客寥寥无几，也缺乏明确的目标，到 19 世纪 70 年代末，已经深陷债务之中。

1881 年，莫里斯·K. 杰斯普（Morris K. Jesup）成为博物馆的第三任馆长，形势发生了变化。杰斯普对科学知之甚少，但千方百计让这个机构具有公众吸引力。他雇了一名动物标本剥制师，制作引人注目且简单好懂的展品，他还支持比克莫尔的计划，为学校教师开设自然知识的讲座。这项计划，加上周日开放，提高了博物馆的人气。1885 年，杰斯普聘请乔尔·A. 艾伦（Joel A. Allen）担任哺乳动物学和鸟类学的馆长，以促进科学研究。1891 年，亨利·费尔菲尔德·奥斯本（Henry Fairfield Osborn）启动了一项古脊椎动物学的新计划，4 年后弗朗茨·博阿斯（Franz Boas）加入了人类学部门。

杰斯普还明确了博物馆的新目标。作为一名虔诚的新教徒，他希望该机构能提供关于自然的启迪性和精神鼓舞性的信息。对他来说，进化是确认进步和道德的法

则，杰斯普推动了哺乳动物学、古脊椎动物学和人类学的项目，为大自然的生息和法则提供了可见的文献记录。

奥斯本进一步落实了杰斯普的目标。在古脊椎动物学方面，他促进了探险、研究和一个创新性的展览计划。1908 年，他接替杰斯普成为博物馆馆长，在接下来的 25 年里，他扩大了博物馆的规模和范围。他发起了一些备受瞩目的探险活动，诸如罗伊·查普曼·安德鲁斯（Roy Chapman Andrews）到蒙古寻找人类的起源，卡尔·阿克利（Carl Akeley）到非洲的探险等。通过这些努力，新的科学部门和巨大的展厅应运而生。奥斯本成功地将市政府给博物馆的拨款增加了两倍，并在 20 世纪 30 年代增建了一个新的侧厅。博物馆同样反映了他的科学兴趣和社会价值。资金被投入到证明进化论的项目。研究仍然很重要，但展览和公众教育成为优先事项。探险和展览体现了他对保护自然资源和传统价值的兴趣。奥斯本把户外研究和遍及世界的探险看作堡垒，抵抗现代化对其造成的削弱。人类时代厅和埃克利非洲厅不仅向公众宣传科学，而且传达了奥斯本和其他上流社会人士的社会和政治焦虑。

随后，博物馆逐渐摆脱了奥斯本的影响。20 世纪 40 年代，生物学家恩斯特·迈尔（Ernst Mayr）和乔治·盖洛德·辛普森（George Gaylord Simpson）对进化论提出了新的解释。在玛格丽特·米德（Margaret Mead）的影响下，社会文化人类学的研究蓬勃发展。1928 年，博物馆增设了一个实验生物部门，G.K. 诺布尔（G.K. Noble）、弗兰克·比奇（Frank Beach）和查尔斯·M. 博格特（Charles M. Bogert）在这里对动物行为开展了重要研究。1942 年，阿尔伯特·E. 帕尔（Albert E. Parr）被任命为主任，他把生态学和生理学方面的主题列为优先事项。20 世纪 50 年代生物野外考察站的建立，降低了全球探险的需要。1935 年随着海登天文馆的建造，天文学得到扩充。最近，新的解释导致哺乳动物和恐龙的化石展览发生了重大革新。

该博物馆的历史编纂同样也经历了变化。传统上，博物馆赞助的研究强调的是成就，有一本百年史的书对博物馆的机构发展作了细致的分析。科学史和科学社会学关注新的重点，对博物馆的展览、探险和研究计划开展社会和政治维度的考察，已经取得成果。

参考文献

[1] Bal, Mieke. "Showing, Telling, Showing Off." *Critical Inquiry* 18（1992）：556 - 596.

[2] Haraway, Donna. "Teddy Bear Patriarchy: Taxidermy in the Garden of Eden, New York, 1909 - 1936." *Social Text* 4（1983）：285 - 329.

[3] Hellman, Geoffrey T. *Bankers, Bones and Beetles: The First Century of the American Museum of Natural History.* Gar- den City, NY: Natural History Press, 1968.

[4] Kennedy, John Michael. "Philanthropy and Science in the City: The American Museum of Natural History, 1868 - 1968." Ph.D. diss., Yale University, 1968.

[5] Rainger, Ronald. *An Agenda for Antiquity: Henry Fairfield Osborn and Vertebrate Paleontology at the American Museum of Natural History, 1890–1935.* Tuscaloosa: University of Alabama Press, 1991.

罗纳德·兰格（Ronald Rainger）　撰，陈明坦 译

华盛顿卡内基研究所

Carnegie Institution of Washington

华盛顿卡内基研究所（CIW）是从事自然科学研究的私人机构。1902 年 1 月，安德鲁·卡内基（Andrew Carnegie）授权受托人将其捐赠的 1000 万美元（1907 年为 200 万美元，1911 年增加到 1000 万美元）的收入用于各种目的——前两项如下（CIW, Yearbook, No. 1, p. xiii）：

1. 促进原创性研究……

2. 发现每个研究部门中杰出的人才……并使之能够从事似乎专门为其一生而设计的工作。

卡内基研究所的法律责任由受托人承担，执行委员会在受托人年会休会期间代表其行使职权。此外，由受托人选出的主席负责管理该组织的日常事务。第一任主席是丹尼尔·科伊特·吉尔曼（Daniel Coit Gilman, 1902—1904），彼时他刚刚从

其长期担任的约翰斯·霍普金斯大学的第一任校长的职位上退休。不过，他的继任者罗伯特·辛普森·伍德沃德（Robert Simpson Woodward，1904—1920）则赋予了卡内基研究所与众不同的特性。

就在伍德沃德到来之前，卡内基研究所获得了一项国会的特许状（以及其他事项），减轻了它支持大学的使命。伍德沃德赞成这种与学术界的明确区分。在他看来，卡内基研究所应该专注于研究而非教育。同样是在伍德沃德的领导下，政策制定的主要责任人从执行委员会转移到了主席身上。作为机构的首席决策者，伍德沃德赞成以两种方式来支持"杰出的人才"。一种是直接向个人提供资助；另一种是让卡内基研究所建立自己的研究部门。截至美国参加第一次世界大战，其重点已放在了各部门的工作上，而"杰出的人才"已经意味着"在既定学科内被证明是专家的人"。（Reingold, p. 323）

伍德沃德的继任者约翰·坎贝尔·梅里姆（John Campbell Merriam，1921-1938）坚持了伍德沃德确立的路线。他还维持了卡内基研究所在美国研究机构中的中心地位。因此，一位历史学家指出，在梅里姆的领导下，卡内基研究所"充当了国家研究人员非官方的科学使馆"。（Pursell, p. 519）

在范内瓦·布什于1939年成为卡内基研究所主席后，他领导了动员全国科学家为战时服务的工作。1940年6月，富兰克林·罗斯福建立了以布什为主席的国防研究委员会（National Defense Research Committee），一年后，他又建立了以布什为主任的科学研究与发展办公室（Office of Scientific Research and Development）。在这两个部门任职期间，布什都在卡内基研究所位于华盛顿特区的行政大楼里工作。与此同时，他取消了卡内基研究所的几个长期项目以"打扫干净屋子"，还鼓励卡内基研究所的研究人员将他们的注意力转向与战争有关的项目。

在布什从第二次世界大战结束到1955年退休的整个任期内，他一直主张提高联邦对科学研究的资助水平。然而，与此同时，他拒绝接受联邦对CIW的资助。总的结果是卡内基研究所的角色发生了重大变化。在联邦政府支持的新项目的影响下，卡内基研究所越来越显得微不足道，它发现自己"既是一个避难所，也是一个象征——一个对基础科学不受限制地追求的避难所，也是一个私营企业寻求知识的活

力的象征"。(Owens, p. 138)

布什之后的主席——卡里尔·P. 哈斯金斯（Caryl P. Haskins，任期 1956—1971）、菲利普 . H. 阿贝尔森（Philip H. Abelson，任期 1971—1978）、詹姆斯·艾伯特（James D. Ebert，任期 1978—1987）、小爱德华·戴维（Edward E. David Jr.，任期 1987-1988）和玛克辛·辛格（Maxine Singer，任期 1988—2002，——编者注）——都面临着在私人机构支持一流科学研究的艰难挑战。在为部门员工里个别人员保留最大灵活性的同时，更趋向于把资源集中在现存部门的工作上。博士后奖学金项目受到了更多的重视，布什反对接受联邦基金的严格规定也有了松动。

卡内基研究所诞生于美国科学界历史上的一个关键时刻。尽管社会支持有所增加，但世纪之交时几乎没有机会进行跨组织或跨学科的长期合作研究。卡内基研究所不可能为所有这样的项目提供资金。即便如此，其早期业务的规模那也是前所未有的。

起初卡内基研究所的大部分支持都是针对个人的。这些合作者（从一长串名单中随机选取）包括托马斯·H. 摩尔根（Thomas H. Morgan）和他的果蝇遗传学研究，安德鲁·E. 道格拉斯（Andrew E. Douglass）和他的年轮年代学研究，以及阿瑟·H. 康普顿（Arthur H. Compton）和他的宇宙射线研究。尽管这项个人资助计划后来缩减了规模，但在其成立的头 10 年里，研究所以这种方式每年（平均）发放了 10 万美元——使得该计划成为"第一个大规模资助学术科学的重要实验"。(Kohler, p. 15)

尽管如此，卡内基研究所的主要工作是通过其研究部门完成的。在第一次世界大战时建立的 11 个研究部门中有 5 个保存至今：天文台（帕萨迪纳，加利福尼亚州），地磁系（华盛顿特区），地球物理实验室（华盛顿特区），植物生物学系（斯坦福，加利福尼亚州）和胚胎学系（巴尔的摩，马里兰州）。

作为对卡内基最初捐赠消息的回应，乔治·埃勒里·海耳（George Ellery Hale）为了在帕萨迪纳附近的威尔逊山建立一座天体物理天文台开始游说。1904 年，卡内基研究所的受托人批准建造一座太阳天文台，海耳担任其主任。雪地水平望远镜（1905）、60 英尺塔望远镜（1907）以及 150 英尺塔望远镜（1910）的安装使威尔逊山成为太阳研究的领导中心。与此同时，来自卡内基研究所的资金（以及其他来源的资金）使海耳得以安装一台 60 英寸的反射望远镜（1908）和一台 100 英寸的反射望远镜（1917）——每一台都是当时世界上最大的。

在海耳及其继任者——1923 年之后的沃尔特·S. 亚当斯（Walter S. Adams）和 1946 年之后的艾拉·S. 鲍恩（Ira S. Bowen）——的领导下，威尔逊山主宰了整整一代人的天文学研究。一些研究人员以助理研究员的身份来此 [例如，亨利·N. 拉塞尔（Henry N. Russell），他经常在每年的夏天来天文台待上几个月]，其他人 [例如埃德温·P. 哈勃（Edwin P. Hubble）] 则是全职员工。20 世纪 20 年代后期，在海耳的安排下，洛克菲勒基金会出资在帕洛玛山（圣地亚哥东北部）建造了一台 200 英寸的反射望远镜，并于 1948 年正式投入使用。也是在那个时候，帕洛玛山有一个 48 英寸的施密特望远镜。虽然归加州理工学院所有，但这些新设施（连同威尔逊山的设施）是与卡内基研究所共管的。

最近，卡内基研究所在南美建立了天文台并建造了大型望远镜。在智利拉斯坎帕纳斯完成的第一台仪器是 40 英寸的斯沃普望远镜（1971）。接着是 100 英寸的杜邦望远镜（1977）。在与亚利桑那大学的合作中，已经有了建造一台 6.5 米的望远镜（麦哲伦项目）的计划。与此同时，卡内基研究所在 1980 年与加州理工学院的合作结束了。此后，加州理工学院拥有并管理帕洛玛山天文台，而卡内基研究所拥有威尔逊山天文台（尽管设备的操作权被转给了其他机构）。

早期卡内基研究所在天文学方面的另一个探索涉及刘易斯·博斯（Lewis Boss）的工作。1903 年，卡内基研究所开始资助博斯在纽约奥尔巴尼的达德利天文台测量恒星的位置。几年后，这一支持扩大到成立了由博斯担任系主任的子午线天文学系。随着在北半球的进一步工作，博斯利用他在阿根廷建立的一个天文台在南半球也进行了类似的观测。1912 年博斯去世后，他的儿子本杰明担任主任，直到 1936 年该系关闭。

负责地磁及电力研究的地磁系于 1904 年成立。它的第一任主任路易·A. 鲍尔（Louis A . Bauer）强调，调查地磁不仅要进行陆地探险，还要进行海洋航行（值得注意的是，"卡内基"号——一艘非磁性的帆船——从 1909 年下水到 1929

年意外毁坏的这段时间内进行了 7 次航行）。第一次世界大战后，该系建立了一对地磁观测站，分别位于秘鲁和澳大利亚。在鲍尔的继任者约翰·弗莱明（John A. Fleming）的领导下，该系扩大了实验室研究计划——包括核物理这一新领域的研究。第二次世界大战期间，该系暂时将注意力转移到了研制爆破弹近炸引信上。1946 年，梅尔·A. 图夫（Merle A. Tuve）当上主任后，该系将地磁观测站的所有权转让给了其他机构，缩减了核物理方面的工作，增加了地震学、放射性同位素地球化学、天体物理学（包括射电天文学）和生物物理学方面的工作。

地球物理实验室诞生于如何最好地将物理和化学的数学和实验方法扩展到地质学的讨论中。1905 年，卡内基研究所的受托人授权成立了这个新部门，并任命阿瑟·L. 戴（Arthur L. Day）为该部门的负责人。重点很快集中在地球化学的问题上，包括各种类型的岩石是如何形成的，以及它们在不同的温度和压力条件下会如何反应。第一次世界大战期间，地球物理实验室的研究人员帮助增加了国内光学玻璃的产量；第二次世界大战期间［此时利森·H. 亚当斯（Leason H. Adams）已经接替了戴］，他们开始关注诸如枪管内部腐蚀等问题。1990 年，地球物理实验室从厄普顿街搬到了它与地磁系共享的布罗德布兰奇路的新地址。

1926 年，卡内基研究所和加州理工学院在帕萨迪纳市联合建立了一个由哈里·O. 伍德（Harry O. Wood）领导的地震实验室，查尔斯·F. 里希特（Charles F. Richter）是其中的一个工作人员。加州理工学院在 1937 年接管了该实验室。

早期对植物研究的支持包括对路德·伯班克（Luther Burbank）的一系列资助。此外，卡内基研究所发展了自己的研究设施。1903 年，一个沙漠实验室在亚利桑那州图森市外的山坡上拔地而起。1905 年，丹尼尔·T. 麦克道格尔（Daniel T. MacDougal）被任命为当地新成立的植物学研究部门的负责人。除此之外还包括在加利福尼亚州卡梅尔建立的一个海岸实验室（麦克道格尔在 1920 年把办公室搬到了那里）。1917 年，卡内基研究所开始支持弗雷德里克·E 克莱门茨（Frederic E. Clements）在科罗拉多州建立的高山实验室。

除了对植物生态学开创性地支持，卡内基研究所还支持植物生理学的研究——尤其是赫尔曼·A. 斯波赫尔（Herman A. Spoehr）在光合作用方面的研究。1927

年，受托人决定重新组织卡内基研究所在植物学方面的工作，由此产生的植物生物学系由斯波赫尔负责。到了 1929 年，植物生物学系在斯坦福大学安了新家。尽管该系的主要关注点仍然是植物对环境的反应，但在 20 世纪 30 年代，该系将重点从野外研究转到了实验室试验。1940 年，沙漠实验室［自 1928 年以来一直由福雷斯特·施里夫（Forrest Shreve）领导］被转让给了美国林务局，在卡梅尔的房产也被出售。随着克莱门茨 1941 年的退休，对他工作的支持也旋即停止。

起初，卡内基研究所曾认真考虑过收购位于伍兹霍尔的海洋生物实验室，但是卡内基研究所在 1904 年创建了新的设施。其中之一是它自己的位于德赖托图格斯群岛（基韦斯特以西）的海洋生物实验室，这个实验室由阿尔弗雷德·G. 马约尔（Alfred G. Mayor）领导，直到他 1922 年去世，最终于 1939 年关闭（主要是由于位置问题）。

1904 年卡内基研究所还在长岛的冷泉港建立了一个演化生物学实验站。在查尔斯·B. 达文波特（Charles B. Davenport）的领导下，研究涉及植物和动物［包括乔治·H. 舒尔（George H. Shull）的杂交玉米研究］。与此同时，达文波特找E.H. 哈里曼（E.H.Harriman）夫人筹集资金以建立一个研究人类遗传的中心。据此，优生学记录办公室（Eugenics Record Office）于 1910 年成立。1917 年，卡内基研究所获得了这个办公室的管理权，1921 年，这个办公室与实验进化站合并，成立了基因系——由达文波特担任系主任。

由哈里·H. 劳克林（Harry H. Laughlin）领导的优生学记录办公室对田野工作人员进行了培训，并收集了大量有关人类特征的田野数据。20 世纪 20 年代，劳克林建议国会通过限制性移民法案。但是 20 世纪 30 年代对优生学运动日益高涨的批评，导致卡内基研究所在 1939 年关闭了优生学记录办公室。

在接受卡内基研究所的职位之前以及去职以后，达文波特担任着布鲁克林艺术与科学学院位于冷泉港的夏季生物实验室的主任。1924 年，长岛生物协会（Long Island Biological Association）接管了这个实验室，米利斯拉夫·德梅雷克（Milislav Demerec）于 1941 年成了该实验室的主任。大约在同一时间，德梅雷克也成了卡内基研究所的部门主管［接替艾伯特·F. 布莱克斯利（Albert F.

Blakeslee）]。在德梅雷克的统一领导下，冷泉港的设施成了分子遗传学一个主要的中心。1962 年卡内基研究所的部门关闭，只留下了一个支持阿尔弗雷德·D. 赫尔希（Alfred D. Hershey）和芭芭拉·麦克林托克（Barbara McClintock）继续他们工作的小型遗传学研究单位。同时，另一个实验室则变成了今天所知的冷泉港实验室。

胚胎学系是从富兰克林·P. 迈勒（Franklin P. Mall）的工作中发展出来的，他在 1893 年成为位于巴尔的摩的约翰斯·霍普金斯医学院解剖系的第一任主任。他早期在欧洲做研究时已经开始收集人类胚胎。同样由于他的欧洲旅行，他看到了机构致力于研究特定问题的价值，并且确信这样的机构有助于提高他们研究领域总体的水平，迈勒向卡内基研究所筹集资金来安置他收集的胚胎并进行胚胎学发展的系统研究。第一笔资助 1913 年到位，第二年便正式成立了新系。1940 年乔治·W. 科纳（George W. Corner）[接替乔治·L. 斯特里特（George L. Streeter）]成为主任后，他把该系的研究重点从胚胎形态（形态学）转移到了胚胎生理学。在科纳的继任者詹姆斯·D. 埃伯特（James D. Ebert）的领导下，研究重点进一步转移到了发育生物学（包括分子生物学、遗传学和生物化学）。1973 年，胚胎藏品转移到了加利福尼亚大学戴维斯分校（1991 年又转移到华盛顿特区）。

从 1907 年到 1937 年，弗朗西斯·G. 本尼迪克特（Francis G. Benedict）领导了卡内基研究所在波士顿的哈佛医学院里的营养实验室。研究课题包括人类和动物的基础代谢、放热和热调节。本尼迪克特退休后，由索恩·M. 卡彭特（Thorne M. Carpenter）接任该系的主任直到 1945 年该系关闭。

尽管自然科学很快成为卡内基研究所主要的兴趣领域，但其实卡内基研究所最初支持的研究领域相当广泛。系一级的包括经济学、社会学（1903—1916）以及历史学（1903—1929）。

考古学是卡内基研究所的另一个活跃领域。早期曾支持拉斐尔·彭佩利（Raphael Pumpelly）到中亚探险。但是卡内基研究所的主要工作分布于中美洲。首先是在 1914 年任命希尔瓦纳斯·G. 莫利（Sylvanus G. Morley）为研究助理。莫利最初专注于对玛雅碑文的调查，在第一次世界大战后，他将注意力转向了对玛雅城市的发掘和保护——包括奇琴伊察和瓦哈克通。

随着玛雅项目的成熟，梅里姆招募了阿尔弗雷德·V.基德（Alfred V. Kidder），首先于 1926 年担任研究助理，后来，他在 1929 年成了一个新成立的历史研究部门的负责人（该部门不仅从事考古工作，还从事美国历史和科学史方面的工作）。基德给这个项目带来了一种跨学科的方法。例如，除了莫利继续进行的田野调查外，卡内基研究所的项目还包括罗伯特·雷德菲尔德（Robert Redfield）对当代玛雅后裔的研究，以及安娜·O.谢泼德（Anna O. Shepard）对陶瓷的技术分析。

1950 年基德尔退休后，哈利·波洛克（Harry E.R. Pollock）成了考古系的系主任（那时考古系是前历史研究部唯一的留存）。在最后一个项目——玛雅城的发掘——结束后，卡内基研究所的考古项目于 1958 年终止。

尽管在卡内基研究所的主要办公室（1909 年起设于华盛顿特区西北 P 街 1530 号）和其他地方都有大量的档案记录，但尚未有卡内基研究所的综合性历史出版物出版。人们的注意力往往集中于卡内基研究所的早期发展阶段或某个特定部门的工作、又或者是个别研究人员。这使得很多的主题未被研究：伍德沃德之后的主席的行政成果，相当长一段时期内各个部门对知识变化和社会发展的回应，卡内基研究所和在美国其他与科学相关的组织之间关系的变化，还有卡内基研究所的全球声誉和影响力。

参考文献

[1] Allen, Garland E. "The Eugenics Record Office at Cold Spring Harbor, 1910 - 1940: An Essay in Institutional History." *Osiris,* 2d ser., 2（1986）: 225 - 264.

[2] Bowers, Janice Emily. *A Sense of Place: The Life and Work of Forrest Shreve.* Tucson: University of Arizona Press, 1988.

[3] Carnegie Institution of Washington. *Yearbooks.* Washington, DC: Carnegie Institution of Washington, 1903 - .

[4] Ebert, James D. "Carnegie Institution of Washington and Marine Biology: Naples, Woods Hole, and Tortugas." *Biological Bulletin* 168（supplement; 1985）: 172 - 182.

[5] ——. "Evolving Institutional Patterns for Excellence: A Brief Comparison of the Organization and Management of the Cold Spring Harbor Laboratory and the Marine Biological Laboratory." *Biological Bulletin* 168 (supplement; 1985): 183 - 186.

[6] Givens, Douglas R. *Alfred Vincent Kidder and the Development of Americanist Archaeology.* Albuquerque: University of New Mexico Press, 1992.

[7] Good, Gregory A. *The Earth, the Heavens, and the Carnegie Institution of Washington: Historical Perspectives after Ninety Years.* Washington, DC: American Geophysical Union, 1994.

[8] Goodstein, Judith R. *Millikan's School: A History of the California Institute of Technology.* New York: Norton, 1991.

[9] Hagen, Joel B. "Clementsian Ecologists: The Internal Dynamics of a Research Group." *Osiris,* 2d ser., 8 (1993): 178 - 195.

[10] Haskins, Caryl P., ed. *The Search for Understanding: Selected Writings of Scientists of the Carnegie Institution, Published on the Sixty-Fifth Anniversary of the Institution's Founding.*

[11] Washington, DC: Carnegie Institution of Washington, 1967.

[12] Kingsland, Sharon E. "The Battling Botanist: Daniel Trembly MacDougal, Mutation Theory, and the Rise of Experimental Evolutionary Biology in America, 1900 - 1912." *Isis* 82 (1991): 479 - 509.

[13] Kohler, Robert E. *Partners in Science: Foundations and Natural Scientists, 1900–1945.* Chicago: University of Chicago Press, 1991.

[14] Madsen, David. "Daniel Coit Gilman at the Carnegie Institution of Washington." *History of Education Quarterly* 9 (1969): 154 - 186.

[15] Miller, Howard S. *Dollars for Research: Science and Its Patrons in Nineteenth-Century America.* Seattle: University of Washington Press, 1970.

[16] Owens, Larry. "Bush, Vannevar." *Dictionary of Scientific Biography.* Edited by Frederic L. Holmes. New York: Scribner, 1990, 17:134 - 139.

[17] Pursell, Carroll. "Merriam, John Campbell." D*ictionary of American Biography.* Edited by Edward T. James. New York: Scribner, 1973, supplement 3, pp. 519 - 520.

[18] Reingold, Nathan. "National Science Policy in a Private Foundation: The Carnegie Institution of Washington." In *The Organization of Knowledge in Modern America, 1860– 1920,* edited by Alexandra Oleson and John Voss.

[19] Baltimore: The Johns Hopkins University Press, 1979, pp. 313 - 341.

[20] Servos, John W. "To Explore the Borderland: The Foundation of the Geophysical

Laboratory of the Carnegie Institution of Washington." *Historical Studies in the Physical Sciences* 14（1983）：147 - 185.

托马斯·D. 康奈尔（Thomas D. Cornell）　撰，吴晓斌 译

西格玛赛科学研究学会

Sigma Xi, The Scientific Research Society

20世纪美国最重要的科学家与工程师荣誉性学会。"西格玛赛"（sigma xi）代表学会的希腊格言：Spoudon Xynones，意为"醉心研究的同道"。西格玛赛科学研究学会（以下简称"西格玛赛"）于1886年在康奈尔大学创立，作为一个科学上的美国大学优等生荣誉学会（Phi Beta Kappa）致力于基于科学的工程新方法获得认可，20世纪90年代初，西格玛赛已发展成为一个由500多个独立分会和俱乐部组成的联盟，遍布全美各学院、大学和研究实验室。各地分会、俱乐部每年会依据研究成果选出超过5000名会员（和一些有研究潜力的准会员），有些分会还会支持其他项目。这个全国性学会（拥有近85,000名会员）鼓励分会发展，并办有一份获奖的杂志《美国科学家》（*American Scientist*）并支持一项研究补助津贴计划以及其他活动。

西格玛赛分会和会员的数量从1886年到20世纪60年代迅速增长，这与美国科学界学会和人数的增加相一致。多年来，多数西格玛赛地方组织的存在主要是为了表彰研究和学术成就，也有部分分会召开学术会议讨论科学课题。西格玛赛将自己视为一个纯粹的荣誉性学会，与许多美国国家领袖（自该学会成立以来）抱有的观念截然不同，后者希望该学会能以其他方式推进科学活动。

1913年，西格玛赛创办了《西格玛赛季刊》（*Sigma Xi Quarterly*），旨在进一步激发人们对学会的兴趣、增加学会效用；学会的小额研究补助津贴计划始于1927年，至今仍服务于"实地研究"和"实验室"科学领域中的诸多学生。起初这种新闻通讯类的《西格玛赛季刊》只能引起最忠实的西格玛赛会员的兴趣，20世纪30年代末，耶鲁生物学家乔治·贝特塞尔（George Baitsell）将《西格玛赛季刊》更

名为《美国科学家》(*American Scientist*),最终它在 20 世纪 70 年代蜕变为一本质量上乘、插图精美的大众科学杂志(杂志内容往往与其赞助者西格玛赛无多大关系)。与此相似,美国国家科学研究委员会(在洛克菲勒支持下)借鉴西格玛赛资助计划以设立更具影响力的博士后奖学金之后,西格玛赛才开始发放它的小额研究补助津贴。因此,这些资助以及西格玛赛本身并未在"一战"后出现、"二战"后迅速发展的大科学领域发挥主导作用。维护西格玛赛作为荣誉学会地位的学术科学家们也反对"二战"后由哈佛天文学家哈罗·沙普利(Harlow Shapley)和普林斯顿物理化学家休·泰勒(Hugh Taylor)领导的、推动西格玛赛在工业和联邦研究实验室发展的努力。从 1947 年开始,这些学术科学家们将在工业和联邦研究实验室中的地方团体分离为一个(理应)"独立但平等"的组织——美国科学研究学会(Science Research Society of America,RESA),该学会最终于 1974 年与西格玛赛合并。在 20 世纪 60 年代,西格玛赛开始通过与科学和数学本科教育以及科学荣誉相关的项目等来解决"科学与社会"问题;20 世纪 80 年代,西格玛赛试图利用其联盟式的学会结构,以及收集散布于美国各地的会员们的意见来助力解决此类问题。尽管像佐治亚理工学院技术史学家梅尔文·克兰兹伯格(Melvin Kranzberg)这样的领导者们都做出了努力,但事实证明,这些努力并不怎么成功。例如,西格玛赛全国学会的领袖们于 20 世纪 80 年代末发出了"科学新议程"学会百年纪念的呼吁,以此回应当代美国科学界规模缩减的现象,但只得到大约 5% 的分会和俱乐部响应。

参考文献

[1] Sokal, Michael M. "Companions in Zealous Research, 1886 - 1986." *American Scientist* 74 (1986): 486 - 508.

[2] Ward, Henry Baldwin. *Sigma Xi Quarter Century Record and History: 1886–1911*. Urbana-Champaign: University of Illinois, 1911.

[3] Ward, Henry Baldwin, and Edward Ellery. *Sigma Xi Half Century Record and History: 1886–1936*. Schenectady, NY: Union College, 1936.

迈克尔·M. 索卡尔(Michael M. Sokal) 撰,彭繁 译

国家研究委员会
National Research Council

美国国家科学院（NAS）的运营部门。为广泛动员美国科学家，乔治·埃勒里·海耳（George Ellery Hale）于 1916 年 4 月创建了国家研究委员会（NRC），委员会是一个传统且广受尊敬的机构，在国家科学院的机构权限和研究标准下解决"一战"技术问题，如火炮测距、声呐探测和新兵的心理分类。

1918 年 5 月，国家研究委员会改组为和平时期的机构。不久之后，卡内基公司出资建设了位于华盛顿特区的国家研究委员会总部大楼，洛克菲勒基金会利用委员会管理了第一批用于科研培训的国家博士后奖学金。在 20 世纪 20 年代，委员会为美国科学家发挥了同业公会的职能。它在国家层面上促进和协调科学研究，也沟通了科学家个人和企业、政府机构和慈善基金会。国家研究委员会为我们提供了有关经费、研究趋势和科学组织方法的信息。

国家研究委员会成员虽然为自己安排了常设学科部门，但他们的工作是通过各种临时的、以问题为导向的、跨学科委员会来完成的：中央石油委员会、公路研究委员会、辐射对活体生物的影响委员会。在罗伯特·耶基斯（Robert Yerkes）企业家式的指导下，性问题研究委员会资助性别差异的生理学研究长达 20 年。为了获得政府和行业资金以取代日益减少的基金会资金，1932 年，国家研究委员会主席艾赛亚·鲍曼（Isaiah Bowman）重新调整了委员会的政策，强调合作委员会而不是科学部门结构。

国家研究委员会在联邦结构中自封的独立性，阻碍了它动员科学家参与"二战"的努力。不过委员会还是在科学研究与发展办公室的行政庇护下，组织了医学研究、生物战和冶金委员会。

时任委员会主席的德特勒夫·布朗克（Detlev Bronk）于 1950 年 6 月成为国家科学院的主席，并逐渐合并了这两个组织。在 20 世纪 50 年代，联邦政府利用 NAS-NRC 委员会就研究优先事项提供建议，由政府机构提供资金，并就国际范围的问题发布报告，如原子辐射的生物效应、地球物理学、空间科学（国际地球物理年）和海洋学（莫霍计划）。

1973 年，委员会开始只从国家科学院或附属的国家工程院和医学研究院的院士中招募志愿者，他们的研究议程转向了环境和医疗保健。纵观历史，国家研究委员会体现了应用委员会这一组织形式的新方法，从而通过美国研究型科学家的志愿团体向其赞助方提供建议。

参考文献

［1］ Acker, Caroline Jean. "Addiction and the Laboratory: The Work of the National Research Council's Committee on Drug Addiction, 1928 - 1939." *Isis* 86 (1995): 167 - 193.

［2］ Bugos, Glenn E. "Managing Cooperative Research and Borderland Science in the National Research Council, 1922 - 1942." *Historical Studies in the Physical and Biological Sciences* 20 (1989): 1 - 32.

［3］ Cochrane, Rexmond C. *The National Academy of Sciences: The First Hundred Years, 1863–1963*. Washington, DC: National Academy Press, 1978.

［4］ Kevles, Daniel J. "George Ellery Hale, the First World War, and the Advancement of Science in America." *Isis* 59 (1968): 427 - 437.

［5］ Kohler, Robert E. *Partners in Science: Foundations and Natural Scientists, 1900–1945*. Chicago: University of Chicago Press, 1991.

［6］ Reingold, Nathan. "The Case of the Disappearing Laboratory." *American Quarterly* 29 (1977) 79 - 101.

格伦·E. 布戈斯（Glenn E. Bugos）　撰，康丽婷　译

劳拉·斯佩尔曼·洛克菲勒纪念馆

Laura Spelman Rockefeller Memorial

劳拉·斯佩尔曼·洛克菲勒纪念馆是一个对社会科学发展颇有影响的慈善基金会，由约翰·洛克菲勒（John D. Rockefeller）于 1918 年创建，旨在促进妇女和儿童的福利。1922 年纪念馆重新定位，转向促进社会科学的基础学术研究。在比尔兹利·鲁姆尔（Beardsley Ruml）和副手劳伦斯·K. 弗兰克（Lawrence K. Frank）

的领导下，设计了社会科学和"社会技术"（指社会工作和公共管理）、儿童学习和家长教育，以及跨种族关系等方面的项目。领导者倾向于跨学科研究，把重点放在具体的社会问题上。1929 年洛克菲勒委员会全面改组，纪念馆被终止，其各类项目也被纳入其他机构。

自 1923 年以来，战略性的拨款总额近 5000 万美元。聚焦于一批精英机构，并利用社会科学研究理事会的中介服务，该纪念馆极大地推动了第一次世界大战后美国社会科学向实证和合作研究的方向发展。

基金会资助社会科学是否反映了阶级利益，洛克菲勒纪念馆曾是该争论的谈资。无论它有多少优点，上述研究以及位于纽约州沉睡谷（Sleepy Hollow, N.Y.）的洛克菲勒档案中心对纪念馆的许多专题研究，极大地加深了人们理解激进主义基金会官员的企业家角色。然而，自然科学和社会科学在历史上挥之不去的互斥性，阻碍了人们对纪念馆在美国科学发展中的开创性和模范作用的广泛认可。

参考文献

[1] Ahmad, Salma. "American Foundations and the Development of the Social Sciences Between the Wars: Comment on the Debate Between Martin Bulmer and Donald Fisher." *Sociology* 25 (1991): 511 - 520.

[2] Alchon, Guy. *The Invisible Hand of Planning: Capitalism, Social Science, and the State in the 1920s*. Princeton: Princeton University Press, 1985.

[3] Bulmer, Martin. *The Chicago School of Sociology: Institutionalization, Diversity, and the Rise of Sociological Research.*

[4] Chicago: University of Chicago Press, 1984.

[5] ——, and Joan Bulmer. "Philanthropy and Social Science in the 1920s: Beardsley Ruml and the Laura Spelman Rockefeller Memorial, 1922 - 1929." *Minerva* 19 (1981): 347 - 407.

[6] Cravens, Hamilton. "Child-Saving in the Age of Professionalism, 1915 - 1930." In *American Childhood: A Research Guide and Historical Handbook,* edited by Joseph M.

[7] Hawes and N. Ray Hiner. Westport, CT: Greenwood, 1985.

[8] ——. *Before Head Start: America's Children and the Iowa Station*. Chapel Hill: University of North Carolina Press, 1993.

[9] Cross, Stephen J. "Designs for Living: Lawrence K. Frank and the Progressive Legacy in American Social Science." Ph.D. diss., Johns Hopkins University, 1994.

[10] Fisher, Donald. *Fundamental Development of the Social Sciences: Rockefeller Philanthropy and the United States Social Science Research Council.* Ann Arbor: University of Michigan Press, 1993.

[11] Fosdick, Raymond B. *The Story of the Rockefeller Foundation.*

[12] New York: Harper & Brothers, 1952.

[13] Laura Spelman Rockefeller Memorial. *Annual Reports and Final Report.* New York: Laura Spelman Rockefeller Memorial, 1923 - 1933.

[14] Schlossman, Steven L. "Philanthropy and the Gospel of Child Development." *History of Education Quarterly* 21 (1981): 275 - 299.

[15] Stanfield, John H. *Philanthropy and Jim Crow in American Social Science.* Westport, CT: Greenwood, 1985.

斯蒂芬·J. 克罗斯（Stephen J. Cross） 撰，彭华 译

社会科学研究理事会
Social Science Research Council

　　该组织由芝加哥大学查尔斯·E. 梅里亚姆（Charles E. Merram）于 1923 年创立，他当时任美国政治学会研究委员会主席。政治学家们扩大倡议，邀请美国经济学会、社会学学会、统计学学会、人类学学会、历史学会和心理学会的代表入会。1924 年 12 月 27 日美国社会科学研究理事会吸纳这些学科入会，每个学科派 3 名代表共同组成理事会的委员会。

　　在成立初的半个世纪，理事会把精力集中于培训研究人员、改进方法论和支持社会科学家个人以及协作团体进行基础与应用研究。作为唯一专门致力于社会科学发展的自治性国际组织，美国社会科学研究理事的运作不受学科壁垒以及政府和大学的限制。理事会只专注于有重大意义的工作，而不会关注短期效益或政治影响。第二次世界大战期间，理事会与美国学术联合会（American Council of Learned Societies）及其他机构合作，增加了一项新任务，即克服美国社会科学自身的局限

性，开始全面研究外国重要地区的文化。这些联合委员会目前为包括非洲、拉丁美洲、中国、中东和近东以及东欧等 12 个区域的合作研究提供支持。

社会科学研究理事会规模不大，项目支出有限，却能一直保持着巨大影响力，不过也有批评者。理事会发展进程中，社会科学家们一直担心理事会将对不同社会学科进行分级，定义他们的理论、研究与方法论范式，并参与资助那些可制定未来学术优先事项和热点的精英。但无论如何，该理事会仍然是社会科学界一个有影响力的组织。

参考文献

[1] Sibley, Elbridge. *The Social Science Research Council: The First Fifty Years.* New York: Social Science Research Council, 1974.

[2] Social Science Research Council. *1996–98 Biennial Report.*

[3] New York: Social Science Research Council, New York: 1999.

巴里·V. 约翰斯顿（Barry V. Johnston） 撰，彭繁 译

美国科学工作者协会
American Association of Scientific Workers

1938 年由锐意改革的科学家创立，倡导将科学应用于公众利益。该协会是美国最早关注科学家社会责任的团体之一。它受到了英国社会责任运动的启发，尽管相比之下它与马克思主义或工联主义的联系要少得多。它的目的首先是利用科学的专业知识提供公共服务和科学教育，其次是维护国际科学共同体，保护美国的学术自由。协会领导包括巴特·博克（Bart Bok）、哈里·格伦菲斯特（Harry Grundfest）、科特利·马瑟（Kirtley Mather）、梅尔巴·菲利普斯（Melba Phillips）和哈洛·沙普利（Harlow Shapley）。然而，被其理想主义的目标所吸引的其他人，几乎遍及所有政治派别和各个科学分支，包括弗朗茨·博厄斯（Franz Boas）、安东·J. 卡尔森（Anton J. Carlson）、沃尔特·B. 坎农（Walter B. Cannon）、罗伯特·钱伯斯（Robert Chambers）、阿瑟·H. 康普

顿（Arthur H. Compton）、卡尔·T. 康普顿（Karl T. Compton）、沃森·戴维斯
（Watson Davis）、拉尔夫·杰拉德（Ralph Gerard）、赫尔曼·J. 穆勒（Hermann
J. Muller）、罗伯特·马利肯（Robert Mulliken）、罗伯特·奥本海默（Robert
Oppenheimer）、格伦·西博格（Glenn Seaborg）和肯尼斯·V. 蒂曼（Kenneth V.
Thimann）。尽管该组织的目标吸引了左右两派科学家，但一个规模不大却敢于发声
的共产主义团体似乎影响着该组织的议程设定。到 1941 年，许多最初被其目标所吸
引的科学家都退出了，包括大多数杰出成员。

历史学家发现这个协会很有意思，因为它既预示着美国科学家的社会意识在不
断增强，也证明了科学家与 20 世纪 30 年代的美国知识分子有着同样激进的共鸣。
该协会的诞生，究竟是出于科学家向较受认可的社会行动主义的一次真正转变，还
是源于反常的少数派观点，尚有待讨论。由于它曾被质疑为共产主义阵线组织，使
得阐释该组织的意义变得更加复杂。

有些人认为美国科学史表现出了民主和精英主义之间的张力，在他们看来，该
协会坚定代表着民主的典范。然而对研究者来说非常不利的是，该协会的档案没有
得到妥善保存。通过仔细查找各位会员收藏的手稿，应该可以获得相关的文件。

参考文献

［1］Hodes, Elizabeth. "Precedents for Social Responsibility among Scientists: The
American Association of Scientific Workers and the Federation of American Scientists."
Ph.D. diss., University of California, Santa Barbara, 1982.

［2］Kuznick, Peter J. *Beyond the Laboratory: Scientists as Political Activists in 1930s America.*
Chicago: University of Chicago Press, 1987.

伊丽莎白·霍德斯（Elizabeth Hodes）　撰，刘晓　译

美国科学家联盟

Federation of American Scientists

由"曼哈顿计划"（美国"二战"原子弹计划）的一些科学参与者发起的组织，

旨在游说战后由平民而非军方控制原子能。这些科学家担心，如果政治家对科学事实和方法不甚了解就贸然行事，可能会导致严重错误，让国家误入歧途。他们先成立了原子科学家联盟，然后成立了更大规模的美国科学家联盟，以告知公众原子弹没有秘密也无需防御。从 1945 年年底至 1947 年，美国科学家联盟致力于对原子能武器的国际管制，和尼尔斯·玻尔（Niels Bohr）、阿尔伯特·爱因斯坦（Albert Einstein）一样担心灾难性的军备竞赛和随后可能发生的核战争。在美国国内，尤金·拉宾诺维奇（Eugene Rabinowitch）、利奥·齐拉（Leo Szilard）、约翰·A. 辛普森（John A. Simpson）和威廉·希金伯泰（William Higinbotham）等美国科学家联盟主要成员全力促成了 1946 年《麦克马洪法案》的通过，该法案批准成立了民用原子能委员会。虽然 1947 年以后美国科学家联盟就不那么活跃了，但它继续就影响科学家的公共问题发表意见，比如奥本海默听证会和 1968 年关于研发反弹道导弹系统的辩论。

美国科学家联盟是关于政府机构如何建立以及科学家影响政府决策之能力的一个重要研究案例。对于美国科学家联盟在决定战后联邦政府和科学的关系方面所起的作用，历史学家的评价各不相同，但都对其表示肯定。其中一个分歧在于科学家到底是局外人还是局内人，是政治傻瓜还是政治形势的精确评估者。科学界对美国科学家联盟的看法引发了另一个问题，即科学家们如何定位自己在公共事务中的作用。科学界对美国科学家联盟的立场是，科学家有权利甚至有义务就公共政策发表意见，但仅限于与科学相关的领域，这似乎印证了美国科学家的观点。

对美国的科学和公共事务感兴趣的历史学家会发现美国科学家联盟值得关注。史密斯的《标准参考》以极富同理心地审视了该联盟在战后初期所做的努力，但未研究其后续活动。

参考文献

[1] Smith, Alice Kimball. *A Peril and a Hope: The Scientists' Movement in America 1945–47*. Chicago: University of Chicago Press, 1965; reprint Cambridge, MA: MIT Press, 1971.

[2] Strickland, Donald, Scientists in Power; *The Atomic Scientists' Movement 1945–1946*. Lafayette: Purdue University Studies, 1968.

伊丽莎白·霍德斯（Elizabeth Hodes） 撰，孙艺洪 译

另请参阅：《原子科学家公报》（*The Bulletin of the Atomic Scientists*）

科学社会责任协会
Society for Social Responsibility in Science（SSRS）

成立于 1949 年的科学家组织，致力于利用科学知识促进和平的目标。科学社会责任协会最初是一个和平主义组织，由和解协会（Fellowship of Reconciliation）联合秘书长穆斯特（A.J. Muste）倡议成立，穆斯特支持"出于道义原因而拒服兵役"（conscientious objection）而且能说会道。科学社会责任协会要求其成员"远离破坏性工作"，尤其是军事研究，并要致力于科学的建设性应用。科学社会责任协会提供就业服务，帮助那些出于道德原因离开现有工作的科学家，它还会资助一般的公众教育项目。

科学社会责任协会主要关注个人行为，而非集体的政治行动。它提倡"依道义而反对"，表示个人对其工作性质的道德判断，但协会并未试图组织大量科学家参与集体抗议以关停用于军事研究的实验室。然而，协会也并不仅局限于鼓励成员各自表达。例如，在 1969 年，协会谴责美国卷入越南战争并要求美国全面撤军。同年，美国科学促进会再次未通过进行关于在越南使用化学武器对生态影响的研究，于是协会资助一组科学家做了初步研究。18 个月后，美国科学促进会终于向越南派出了自己的除草剂评估委员会。

科学社会责任协会规模不大，但它吸引到一些杰出的科学家。早期的成员包括阿尔伯特·爱因斯坦，E.U. 康顿（E.U. Condon）和莱纳斯·鲍林（Linus Pauling）。20 世纪 60 年代早期，协会大约有 700 位成员。大卫·尼科尔斯（David Nichols）称，20 世纪 70 年代初该组织的成员还不足 1000 人；其成员分布于 24 个国家，尽管他们大多生活在美国。到 20 世纪 70 年代中期，协会不再是一个和平主义团体，而是一个"典型的专业组织"。（Robinson，p.285）

现有的历史文献中，很难找到关于科学社会责任协会的详细信息。有关协会的多数文献所涉主题都是"和平运动或科学的社会责任"。

参考文献

[1] Chalk, Rosemary. "Drawing the Line: An Examination of Concientious Objection in Science." In *Ethical Issues Associated with Scientific and Technological Research for the Military. Annals of the New York Academy of Sciences* 589 (1989): 61 – 74.

[2] Nichols, David. "The Associational Interest Groups of American Science." In *Scientists and Public Affairs,* edited by Albert H. Teich. Cambridge, MA: MIT Press, 1974, pp. 123 – 170.

[3] Primack, Joel, and Frank von Hippel. *Advice and Dissent: Scientists in the Political Arena.* New York: Basic Books, 1974.

[4] Robinson, Jo Ann Ooiman. *Abraham Went Out: A Biography of A. J. Muste.* Philadelphia: Temple University Press, 1981.

[5] Wittner, Lawrence S. *One World or None: A History of the World Nuclear Disarmament Movement through 1953.*

[6] Vol. 1 of *The Struggle against the Bomb.* Stanford: Stanford University Press, 1993.

王景安（Jessica Wang） 撰，彭繁 译

美国国家工程院

National Academy of Engineering（NAE）

美国首要的工程社团。1964 年 12 月 10 日，国家工程师学院成立，是国家科学院（NAS）的一部分。国家科学院自 1863 年成立以来，其成员中就包括工程师，但人数很少，且分散在按科学学科划分的各个部门中。早在 1886 年，就有人呼吁为工程师设立一个独立的学院，"一战"期间，建立这样一个学院的立法被提交到国会。或许部分原因是为了阻止这种尝试，科学院在 1916 年决定建立自己的工程部门，工程方面院士可以转到该部门，并通过选举产生新院士。通过 1915 年新成立的国家研究委员会（National Research Council，NRC），科学院能够招募、表彰

和器用那些非凡卓越的工程师，同时仍然保持其在科学方面的权力和声望处于主导地位。

　　然而，在 20 世纪 50 年代后期，独立学院的问题再次被公开提出，工程师联合委员会（EJC）的兴趣也被调动起来。人们感到，在这样一个充斥着技术奇迹和大型政府项目的时代，工程师们在国家论坛上既没有应有的影响力，也没得到应有的赞誉。科学院仍然害怕任何创建竞争组织的尝试，于是在 1960 年与工程师联合委员会一道针对该问题进行了研究。其结果是，在 1863 年科学院最初的国会性质授权下，决定成立一个私立但由少数人控制的国家工程院。1964 年 12 月召开组织会议，1965 年 4月 28 日举行了第一次年会。

　　到成立十周年之际，国家工程院的成员已从最初的 44 名增加到 503 名，并将自身视为公共服务领域的运营机构。工程和科学之间的文化及程序差异造成了一些问题（特别是在科学院控制的国家研究委员会方面），但两院之间的联系仍然存续了下来。

参考文献

[1] National Academy of Engineers. *The National Academy of Engineering: The First Ten Years.*
　　　 Washington, DC: NAE, 1976.

[2] Pursell, Carroll W. "'What the Senate is to the American Commonwealth': A National
　　　 Academy of Engineers." In *New Perspectives on Technology and American Culture,* edited by
　　　 Bruce Sinclair. Philadelphia: American Philosophical Society, 1986, pp. 19 - 29.

卡罗尔·W. 珀塞尔（Carroll W. Pursell）　撰，康丽婷　译

忧思科学家联盟

Union of Concerned Scientists

　　一个致力于促进辨别科学滥用、确保科学知识的有益应用的科学家组织。忧思科学家联盟（UCS）成立于 1968 年 12 月，最初由麻省理工学院的一群反战教师组成。他们帮助发起了"三月四日运动"。这是一次由学生组织的为期一天的罢工运

动，目的是让科学家借此考虑他们工作的社会影响。到 1969 年 3 月，忧思科学家联盟在波士顿地区拥有大约 300 名成员。重要成员包括：丹尼尔·F. 福特（Daniel F. Ford）、理查德·L. 加尔文（Richard L. Garwin）、亨利·W. 肯德尔（Henry W. Kendall）和詹姆斯·麦肯锡（James MacKenzie）等。

　　忧思科学家联盟赞助宣传滥用科学的教育和游说活动，尤其是当涉及军事技术方面。该组织的成员开展诸如对相关技术进行和发布研究、在公开听证会上作证、发表公开声明和传播请愿书等活动。与美国科学家联合会一样，忧思科学家联盟特别关注军备控制和核能，教育公众了解新提议的战略武器系统的技术和政治缺陷、军控协议的必要性，以及军控核查程序的技术可行性。联盟很早就反对反弹道导弹系统和多枚独立再入飞行器。后来，联盟专注于揭示战略防御计划的技术谬误。联盟还关注化学和生物武器、环境问题和可再生能源的影响，积极揭露不安全的核反应堆所带来的危险。

　　与忧思科学家联盟有关的档案材料保存于麻省理工学院的档案和特别收藏中。该档案包含 67 立方英尺的材料，主要包括联盟在核反应堆安全方面的工作记录。

参考文献

［1］Allen, Jonathan, ed. *March 4: Scientists, Students, and Society.*Cambridge, MA: MIT Press, 1970.

［2］Jasper, James M. *Nuclear Politics: Energy and the State in the United States, Sweden, and France.* Princeton: Princeton University Press, 1990.

［3］Moore, Kelly. "Doing Good While Doing Science: The Origins and Consequences of Public Interest Science Organizations in America, 1945 - 1990." Ph.D. diss., University of Arizona, 1990.

［4］Nelkin, Dorothy. *The University and Military Research: Moral Politics at MIT.* Ithaca: Cornell University Press, 1972.

［5］Primack, Joel, and Frank von Hippel. *Advice and Dissent: Scientists in the Political Arena.* New York: Basic Books, 1974.

［6］Prince, Jerome. *The Antinuclear Movement.* Boston: Twayne, 1982.

王景安（Jessica Wang）　撰，孙小涪　译

科学为人民（致力社会和政治行动的科学家和工程师组织）

Science for the People（Scientists and Engineers for Social and Political Action，SESPA）

　　一个由科学家、工程师和其他人士组成的组织，致力于采取进步的政治行动，以确保负责任地使用科学知识。这个组织最初叫作"致力社会和政治行动的科学家和工程师"，但是它最终以其口号"科学为人民"而被人熟知，这个口号也是其杂志的名称。1969 年，该组织在美国物理学会的会议上成立，它最初提出了一个相对温和的政治纲领，重点是反对美国总统理查德·尼克松（Richard Nixon）建立反弹道导弹系统的计划。受越战时代反战运动的启发，该组织在其成立后变得越来越激进。它提倡对抗性的策略来反对美国科学的军事化。例如，爱德华·泰勒（Edward Teller）在 1970 年美国科学促进会会议演讲期间，被该组织授予"核战争狂"的称号。而且该组织最初推动了对资本主义的激烈批判。然而，到了 20 世纪 70 年代中期，"科学为人民"组织不再认同长期的激进改革，而采取了一种以问题为导向的风格，通过直接行动、出版物和研究小组来解决人们关心的特定问题。除了反对科学的军事化，"科学为人民"组织还解决了医疗和环境问题，并通过其遗传学和社会政策小组特别积极地考虑遗传学研究的伦理影响。"科学为人民"组织坚决反对用基因解释人类智力、犯罪行为和其他人类行为，并对整个 20 世纪 70 年代和 80 年代对基因工程的潜在误用提出警告。

　　20 世纪 70 年代早期，"科学为人民"组织约有 2500 名成员，在全美十几个城市都有分会。它在波士顿地区最为活跃，在那里出版了《科学为人民》。在其鼎盛时期，该杂志的发行量为 10000 份。1989 年《科学为人民》停止出版，该组织也于 1991 年不复存在。

　　"科学为人民"组织的文件仍然由其前成员私人持有，目前还没有集中存管处。

参考文献

[1] Krimsky，Sheldon. *Genetic Alchemy: The Social History of the Recombinant Controversy.*

Cambridge,MA:MITPress,1982.

[2] Moore, Kelly. "Doing Good While Doing Science: The Origins and Consequences of Public Interest Science Organizations in America, 1945 - 1990." Ph.D. diss., University of Arizona, 1993.

[3] Nichols, David. "The Associational Interest Groups of American Science." In *Scientists and Public Affairs,* edited by Albert H. Teich. Cambridge, MA: MIT Press, 1974, pp. 123 - 170.

[4] *Science for the People.* 1 - 21 (1969 - 1989).

王景安（Jessica Wang） 撰，林书羽　译

3.3 综合科学期刊

《美国科学与艺术杂志》

American Journal of Science and Arts

是美国最古老的连续出版的科学杂志，始于 1818 年。杂志的原名是《美国科学杂志，尤其是矿物学和地质学，以及博物学的其他分支；也包括农业和装饰性与实用性艺术》(*The American Journal of Science, More Especially of Mineralogy and Geology, and the Other Branches of Natural History; including also Agriculture and the Ornamental as Well as Useful Arts*)，准确地反映了它的预期范围。它更常被称为《美国科学杂志》或《西利曼杂志》(*Silliman's Journal*)。其创始人兼首任主编本杰明·西利曼（Benjamin Silliman）想让这本杂志主要收录美国人的作品。成立最初的几十年里，当订户支付的费用不足以收回制作成本时，西利曼经常被迫用自己的资金来填补亏空。"装饰艺术"从未在杂志中占据太多篇幅。"实用艺术"也慢慢从杂志的版面上消失，并最终从标题上消失了。

西利曼要让科学实践在美国得到推广和认可，为实现这一愿望，他广泛采纳不同作者、主题和研究方法的稿件。他向朋友和记者征集科学论文，刊登他所收到的

讨论科学问题的信件摘编，为国内外的科学新著撰写通知和评论，出版各种科学组织的论文集，转载欧洲科学期刊的资料。他还以主编的身份发声，游说支持国家地质调查等项目，并试图调解科学争议。

随着 19 世纪的发展，美国开辟了其他的科学出版渠道，新编辑接管了该杂志，包括小本杰明·西利曼（Benjamin Silliman Jr.）和老西利曼的女婿詹姆斯·德怀特·达纳。正如西利曼依靠折中主义来填满他的版面并吸引订户一样，后来的编辑在一个完全不同的科学氛围下工作，对所发表论文的主题和质量越来越挑剔，以努力确保杂志的持续成功。创刊近两个世纪后，该杂志现在致力于地球科学。

对该杂志在 1918 年后的全面历史研究就没有了。有关杂志创刊和早期历史的大量信件可以在耶鲁大学西利曼和达纳的档案及阿默斯特学院希区柯克（Hitchcock）的档案中找到。

参考文献

［1］Bruce, Robert V. *The Launching of Modern American Science 1846–1876*. New York: Knopf, 1987.

［2］Dana, Edward Salisbury. "The American Journal of Science from 1818 to 1918." In *A Century of Science in America with Special Reference to the American Journal of Science 1818–1918*, New Haven: Yale University Press, 1918, pp. 13‐58.

［3］Greene, John C. *American Science in the Age of Jefferson*.

［4］Ames: Iowa State University Press, 1984.

朱莉·R. 纽厄尔（Julie R. Newell）　撰，陈明坦　译

《科学美国人》

Scientific American

《科学美国人》1845 年创刊，是一本科学技术杂志。之后，专利代理商奥森·D. 芒恩（Orson D. Munn）很快取得该刊控制权。这本插图杂志最初刊载有关新发明和技术的新闻，1921 年之前为周刊，此后改为月刊。1947 年，芒恩家族将此杂志

转手，新编辑者们将此杂志更名为《科学美国人》，从而成为一本全新杂志，该新杂志刊登由科学家撰写的、旨在面向"有知识的非专业人士"的深度文章。新版《科学美国人》成为战后出版业成功故事的典型，至今仍以 75 万份的发行量为科技界精英服务。

《科学美国人》在最初的 103 年里以第二次工业革命中的机械师和工匠为目标读者。在一些著名发明家的资助下，它不仅面向个体技工，还面向不断发展壮大的工业研发团体发行。它的周出版计划使其成为新闻、资讯的权威来源。然而，1921 年之后《科学美国人》失去了自己的聚焦点；第二次世界大战结束时，该刊发行量从10 万份降到不足 5 万份。

1947 年，科学记者杰拉德·皮尔（Gerard Piel）等人购得该刊资产，为科技精英创办新的杂志。新版《科学美国人》（1948 年首次发行）很快成为战后科学界的固定出版物，其读者定位为"在自己研究领域之外是门外汉的职业科研人员"（ *Scientific American* , *December* 1947，p.244）。科学界的领军人物都围绕在这本刊物周围，既作为读者又作为撰稿人普及当时重要的科学思想。尽管《科学美国人》在 20 世纪 70 年代和 80 年代遇到一些财务问题，但进入 90 年代后它的编辑力量和财务状况都已大大改善。

《科学美国人》是历史学家经常使用的原始材料，但很少有人分析 1948 年之前或此后它在美国科技史上的作用。

参考文献

[1] Borut, Michael. "The Scientific American in Nineteenth Century America." Ph.D. diss., Columbia University, 1977.

[2] Burnham, John. *How Superstition Won and Science Lost: Popularizing Science and Health in the United States*. New Brunswick: Rutgers University Press, 1987.

[3] Ford, James L.C. *Magazines for Millions: The Story of Specialized Publications*. Carbondale: Southern Illinois University Press, 1969.

[4] Lewenstein, Bruce V. "Magazine Publishing and Popular Science After World War II." *American Journalism* 6（1989）: 218 - 234.

[5] Peterson, Theodore. *Magazines in the Twentieth Century.* 2d ed. Urbana: University of Illinois Press, 1964.

布鲁斯·V. 勒文斯坦（Bruce V. Lewenstein） 撰，彭繁 译

《科学》

Science

随着美国科学界在 19 世纪 60 年代的发展壮大，其成员试图创办自己的期刊，就像他们英国同行的《自然》杂志一样，可以定期和迅速地报道科学新闻以及支持它的机构的新闻。19 世纪 70 年代，几家这样的美国期刊倒闭了。1880 年《科学》杂志首次以周刊的形式出现，最初得到了托马斯·A. 爱迪生（Thomas A. Edison）的资金支持，后来还得到了亚历山大·格雷厄姆·贝尔（Alexander Graham Bell）及其岳父加德纳·格林·哈伯德（Gardner Greene Hubbard）的资助。这本杂志的编辑先后有记者约翰·米歇尔斯（John Michels）、哈佛大学图书馆管理员塞缪尔·H. 斯卡德尔（Samuel H. Scudder）和美国国家医学中心的霍奇斯（Hodges），有时会为读者提供很好的服务。但是贝尔和加德纳逐渐撤回了他们的经济补助，《科学》也于 1894 年 3 月停刊。同年晚些时候，哥伦比亚大学的心理学家詹姆斯·麦肯·卡特尔（James McKeen Cattell）接管了《科学》杂志。

作为杂志的所有者和总编辑，卡特尔克服了很多前任们的问题。颇具影响力的编辑委员会包括重要的联邦科学机构代表（如美国民族学部、航海年鉴问询处、生物学、海岸和大地测量局以及地质调查局）以及新兴研究型大学的代表（例如哥伦比亚大学、康奈尔大学、哈佛大学和约翰斯·霍普金斯大学）。卡特尔经常与这些人接触，在他们的帮助下,《科学》杂志定期发表关于主要政策问题的未署名社论、许多科学领域重要发展的最新记录，以及关于一些有争议话题的文章。1896 年年初，《科学》对伦琴发现 X 射线的报道比任何专业期刊都多，它的读者人数成倍增加。1900 年，虽然《科学》当时属于私人所有，但是它成了美国科学促进会（AAAS）的官方期刊。卡特尔保证促进会官方论文的出版，并且为促进会成员定期赠送《科

学》杂志，无须支付高额的会费。这一举措极大地扩充了促进会的成员数、增加了发行量以及卡特尔的广告收入。

因此，美国科学家阅读《科学》，是因为它报道了他们工作单位的新闻以及他们领域内的最新发现。作为编辑，卡特尔还制定了条款，并将参与者吸引到重大政策辩论中。1910 年前，这些重要政策辩论包括史密森学会科学局的计划，以及安德鲁·卡内基（Andrew Carnegie）给华盛顿卡内基研究所的 1000 万美元捐款计划。1910 年后，《科学》杂志通过文章和信件的方式关注高等教育的管理，和关于支持科学研究、国家研究委员会和科学促进会一百人科学研究委员会的严肃辩论。对这些问题的关心吸引了更多的读者，而成功孕育了成功，《科学》读者人数的增加吸引了更多的投稿。然而，1920 年之后，《科学》减少了对政策问题的关注，例如，在 20 世纪 30 年代，卡特尔试图避免讨论科学活动的社会关系，有人则认为杂志开始变得枯燥乏味。但是《科学》仍然拥有大量读者，并依旧吸引着大量投稿。

自卡特尔 1944 年去世（当年科学促进会获得《科学》的所有权）到 1956 年 [当时斯坦福大学的生物学家格雷厄姆·杜沙恩（Graham DuShane）成为主编]，促进会尝试了不同的编辑安排。虽然效果不好，但《科学》一直以来的声誉和"二战"后美国科学的发展确保了《科学》的持续发展。作为编辑，杜沙恩使杂志的工作人员变得专业化、使审稿程序标准化，最值得注意的是为一个新的新闻和评论板块雇用了经验丰富的新闻记者。他的继任者，卡内基研究所的地球物理学家菲利普·H. 阿贝尔森，在这些举措的基础上扩大了新闻和评论版块，为研究新闻设立了一个版块，并且通过加快审稿速度，使《科学》能够比以往任何时候都更快地发表重要的研究成果。伯克利的分子生物学家丹尼尔·科什兰（Daniel Koshland）于 1985 年成为主编，1995 年，弗洛伊德·布鲁姆（Floyd Bloom）接替了他的职位。

参考文献

[1] Kohlstedt, Sally Gregory. "Science: The Struggle for Survival." *Science* 209（1980）: 33 - 42.

［2］Kohlstedt, Sally Gregory, Michael M. Sokal, and Bruce V.

［3］Lewenstein, *The Establishment of American Science: 150 Years of the American Association for the Advancement of Science.* New Brunswick: Rutgers University Press, 1999.

［4］Sokal, Michael M. "Science and James McKeen Cattell, 1894 - 1945." *Science* 209（1980）: 43 - 52.

［5］Walsh, John. "Science in Transition, 1946 to 1962." *Science* 209（1980）: 52 - 57.

［6］Wolfle, Dael. "Science: A Memoir of the 1960's and 1970's." *Science* 209（1980）: 57 - 60.

迈克尔·M. 索卡尔（Michael M. Sokal） 撰，康丽婷　译

《大众科学月刊》

Popular Science Monthly（PSM）

　　《大众科学月刊》由作家兼编辑爱德华·L. 尤曼斯（Edward L. Youmans）创办，最初是一个为促进科学，特别是进化论和赫伯特·斯宾塞（Herbert Spencer）思想的知识分子论坛。《大众科学月刊》在 19 世纪后期大获成功，发行量近 2 万份，但直到 1915 年，这份杂志才开始提倡科学的自治权威。后来，它变成了一份面向修补匠和业余爱好者的日趋平淡无奇的杂志，并一直延续着这一风格。

　　尤曼斯没有接受过正规的科学训练，但他坚信理性思维的力量超过了神秘主义和宗教的保守力量。该杂志积极而明确地支持对自然事件进行自然解释。尤曼斯和他的后继者找到一些文章，来论证自然是由人类知识所能理解的规律支配的。文章作者强调，这些规律同样也适用于有机物和无机物，生命本身并不包含任何超自然的、神学的或形而上学的东西，只有科学方法才能揭示这些自然规律。

　　1900 年，《科学》（*Science*）的主编詹姆斯·麦基肯·卡特尔（James McKeen Cattell）开始负责《大众科学月刊》的编辑工作。1915 年，卡特尔将《大众科学月刊》出售给纽约现代出版公司，后者将其与《世界进步》（*World's Advance*）杂志合并，并夸口说"《大众科学月刊》现在提供的新闻都来自该公司帮助建立的那些实验室"（Burnham，p. 203）。卡特尔创办了一份新杂志《科学月刊》（*The*

Scientific Monthly），删去"大众"的标签，更加明确地瞄准关注科学的知识分子。

《科学月刊》专注为工匠和其他技术人员提供如何操作的实用信息。第二次世界大战后，杂志增加了关于科学和工业的新闻和专题报道。到 20 世纪 90 年代初，它的发行量约为 200 万份。

早期的《大众科学月刊》因其作为科学交流论坛的重要性而得到研究，但科学史和新闻史界对 1915 年后改版的杂志只有一些轻描淡写。

参考文献

[1] Burnham, John C. *How Superstition Won and Science Lost: Popularizing Science and Health in the United States*. New Brunswick: Rutgers University Press, 1987.

[2] Haar, Charles M. "E. L. Youmans: A Chapter in the Diffusion of Science in America." *Journal of the History of Ideas* 9（April 1948）: 193 - 213.

[3] Leverette, William E., Jr. "E. L. Youmans' Crusade for Scientific Autonomy and Respectability." *American Quarterly* 12（Spring 1965）: 12 - 32.

[4] Peterson, Theodore. *Magazines in the Twentieth Century*. 2d ed. Urbana: University of Illinois Press, 1964.

布鲁斯·V. 勒文斯坦（Bruce V. Lewenstein） 撰，郭晓雯　译

《美国科学家名人录》

American Men of Science

这本美国科学家的名录最早出现于 1906 年，由哥伦比亚大学心理学家詹姆斯·麦基恩·卡特尔（James McKeen Cattell）主编。书名反映了卡特尔停留在 19 世纪的偏好。后续版本不定期推出；第 17 版出版于 1989—1990 年。1955 年以来，该名录变身多卷本，1971 年后，书名定为《美国男女科学家》（*American Men and Women of Science*，所有的更早版本也都包括有关女科学家的条目）。1903 年，卡特尔开始收集名录第 1 版中的数据，研究科学上杰出人士的心理学

基础。他运用"论功行赏"（order-of-merit）的办法，在 12 个领域内分别选取 10 名"领军代表"，他们在各自学科中定为"最杰出"等级。1903 年，卡特尔综合了这些评级，并根据各个科学领域的工作者人数，认定了 1000 位最杰出的美国科学家（名录的条目上标有一颗星）。他在 1906 年的"美国科学家的统计学研究"中使用了这 1000 人的数据，他监制的所有后续《美国科学家名人录》版本也被如法炮制（经过了各种修改），这些版本包括 1910 年、1921 年［与迪恩·布里姆霍尔（Dean R. Brimhall）合编］以及 1928 年、1933 年和 1938 年版［与其子杰克斯·卡特尔（Jaques Cattell）合编］。1906 年，美国科学界接受了《美国科学家名人录》中的星标，将其作为与众不同的标志。整个 20 世纪 30 年代，许多美国科学家都渴望得到这颗星标。但卡特尔的星标体系也总是招致抱怨。到 1921 年出版第三版时，这些怨言集中在卡特尔划分的标星领域太少，领域分配的星标太少，以及卡特尔的判断带有（明显）偏见等。随着美国科学界在 20 世纪二三十年代的发展，以及更多跨学科领域的出现，不满的力量变得更加强大。1944 年出版的第七版（由杰克斯·卡特尔主编）是最后一个包含星标的版本。

参考文献

［1］Cattell, James McKeen. "A Statistical Study of American Men of Science." *Science* 24（1906）: 658 – 665, 699 – 707, 732 – 742.

［2］——. "A Further Statistical Study of American Men of Science." *Science* 32（1910）: 633 – 648, 672 – 688.

［3］——. "The Distribution of American Men of Science in 1932." *Science* 77（1933）: 264 – 270.

［4］Rossiter, Margaret W. *Women Scientists in America: Struggles and Strategies to 1940.* Baltimore: Johns Hopkins University Press, 1982.

［5］Sokal, Michael M. "Stargazing: James McKeen Cattell, American Men of Science, and the Reward Structure of the American Scientific Community, 1906 – 1944." In *Psychology, Science, and Human Affairs: Essays in Honor of William Bevan,* edited by Frank Kessel. Boulder, CO: Westview Press, 1995, pp. 64 – 86.

［6］Visher, Stephen S. *Scientists Starred 1903–1942 in "American Men of Science": A Study of Collegiate and Doctoral Training, Birthplace, Distribution, Backgrounds, and Developmental Influences*. Baltimore: Johns Hopkins University Press, 1947.

迈克尔·M. 索卡尔（Michael M. Sokal）撰，陈明坦　译

另请参阅：詹姆斯·麦基恩·卡特尔（James Mckeen Cattell）

第4章

大学与科学教育

哈佛大学

Harvard University

　　哈佛大学建于 1636 年，是美国历史最悠久的大学，位于马萨诸塞州坎布里奇市。和其他殖民时期的学院一样，哈佛早期的科学发展史主要与教学以及开发物质资源有关。1642 年，哈佛的课程包括物理、算术、几何和天文学。植物学课程在那时刚刚设立，但被取消到 18 世纪末才重新建立。1672 年康涅狄格殖民地总督小约翰·温斯洛普赠送的望远镜是哈佛拥有的第一台科学仪器。托马斯·布拉特尔用它观测了 1680 年的彗星，艾萨克·牛顿在《数学原理》中肯定了这些观测结果。

　　从狭义上来说，早期的大学对科学发展的贡献比较有限；但是从广义上来看，在大学，科学知识及思想的输入与输出非常频繁。例如，像科顿·马瑟这样的毕业生为科学研究做出的贡献是微乎其微的，而那些拥有财富和科学兴趣的人却对大学科学发展产生了直接影响。殖民地时期，伦敦浸信会教友托马斯·霍利斯（Thomas Hollis）在 1726 年设立了数学和自然哲学教授职位。1738—1779 年，这一职位由学校主要的殖民科学家约翰·温斯洛普担任。到 18 世纪末，数学、物理和天文学一直是科学教育的重点，然而 1782 年医学院的创立大大扩张了本科学部，化学和博物学专业也成了重点学科。

19 世纪初，科学兴趣团体和（包括农业方面在内的）资本通过共同努力，设立了博物学教授职位和植物园。约翰·法勒（John Farrar）教授引入了现代数学的课程，课程水平有了一定程度的提升，同时也提高了化学、矿物学和地质学的地位。19 世纪 40 年代初，博物学教授席位的设置令阿萨·格雷（Asa Gray）脱颖而出，他因此拥有了个人研究项目，并建立起与国内和国际科学界的联系。

纵观历史我们可以看到，天文学是哈佛最为重视的学科。它虽然早在 17 世纪业已发端，但在 1839 年，威廉·克兰克·邦德（William Cranch Bond）被任命为观测员，1847 年他建造了一座天文台并配备了当时世界上最大的望远镜之一（另一架位于俄罗斯），这时剑桥市才成为天文学研究中心。值得注意的是，直到 20 世纪天文台都很少用于教学，而是作为研究机构，它的历史角色主要就是指导科研。因此，对于大学更广泛地发展科学和科研活动方面，天文台（在某种程度上也可以算上植物园）起到了带头作用。到 19 世纪末，天文台开始雇用女性从事研究活动，这是当时哈佛为数不多的女性从事科学研究的机会。

在天文台和新的博物学教授职位设立期间，要求增加实用性教育的压力越来越大，这些压力部分来自不断发展的商业和工业部门。哈佛决策者最终采取的解决方法是成立一个新的独立学院，而不是对现有院系进行改革调整。1847 年，哈佛大学劳伦斯理学院（Lawrence Scientific School）成立，一直存续至 1906 年。成立之时恰逢路易·阿加西到理学院就任地质学和动物学教授。对于那些无法解决实际问题的纯科学，阿加西逐渐兴味索然。另外，他还和公共支持来源建立了单独的联系，由此创建了比较动物学博物馆（Museum of Comparative Zoology）。19 世纪 60 年代，在特别捐赠的资助下学校又建立了矿业学院（很快作为独立单位而停止开办）和皮博迪美国考古学和民族学博物馆（Peabody Museum of American Archaeology and Ethnology）。这两家单位本质上代表的都是外部利益。

1869 年，化学家查尔斯·W. 艾略特（Charles W. Eliot）当选为哈佛大学校长，此事具有重要意义。艾略特早年培养出了潜在的领导才能，在一开始并未显露出来。他发起的课程改革，尤其是对选修课的推广，为许多改革开辟了道路，其中包括提升科学学科在哈佛中的地位。他曾多次试图合并麻省理工学院和劳伦斯理学院，但均未成功，并最终解散了劳伦斯理学院。[艾略特的继任者 A. 劳伦斯·洛厄尔（A. Lawrence Lowell）在 1914—1917 年主持了哈佛工程学院与麻省理工学院合并一事，但这一计划被法院裁决驳回]。哈佛的研究生教育始于 1871 年。1870 年，凭借 1842 年哈佛大学收到的一笔遗赠，伯西农业与园艺学会在艾略特的领导下成立。伯西学会自成立以来发展并不尽如人意，而且在很大程度上它只是学校的附属机构。不过，从 20 世纪初的几十年一直到 1931 年关停，它一直是哈佛遗传学研究的中心。

从 19 世纪中期开始，哈佛大学科学发展史的总体特征是设施、科研与教学同步发展（1884 年成立的新杰斐逊物理实验室专门为上述目标分别设置了部门）；专业化程度不断提升；并尝试将那些因地理位置、资金来源、历史忠诚度、研究方法而区隔开的相关利益主体以及不同的外部焦点群体协调起来。哈佛大学的植物学机构史涵盖诸多分支——植物园、植物标本室（格雷个人的收藏）、阿诺德植物园、法罗图书馆和植物标本室、植物博物馆、哈佛森林和古巴植物园。20 世纪 40 年代中期，阿诺德植物园的地位问题曾引发了一场激烈的法律纠纷，历时 20 年才尘埃落定。20 世纪生物和医学科学的发展是反映机构复杂性的另一个案例，其特点在于文理学院和医学院（自 1810 年起已迁至波士顿）开展的是平行研究活动。

和其他学术机构一样，两次世界大战期间，哈佛大学凭借基金会扩大资助规模而完成了转型。在洛克菲勒的资金帮助下，哈佛大学在南非建立了新的天文观测站（1926），以之取代此前位于秘鲁的观测站，还成立了新的化学实验室（1928）、物理学实验室（1931）和生物学实验室（1931），后者用于协调哈佛大学的生物学工作。"二战"进一步改变了哈佛大学以及其他大学的性质。战时由联邦政府资助的设施，如无线电研究实验室（用于开发反雷达设备），证明学术机构可以协助执行政府的研究议程。然而在战后，哈佛大学更多受益于教员个人研究项目可获得的资金。与其他一些大学不同的是，哈佛大学没有成为大型政府设施的机构管理者。在 1956—1973 年，它与麻省理工学院联合计划、运作坎布里奇电子加速器，并得到原子能委员会的资助。

哈佛大学在美国科学史上的一个重要意义在于，它是美国历史最悠久的科学机构。哈佛大学独特的科学发展史，及其所在地长期受到的独特的社会、政治、经济和宗教影响，决定了它很难成为美国大学发展的范本。不过在各个时期，哈佛大学师生都是美国科学的引领者，他们有着广泛的个人影响。上述历史叙述引出的一个主题是内部体制动因与外部影响、经费来源之间的相互作用。两者关系的特征是如何在不同时期逐步变化的，这是研究哈佛大学时需要关注的一个重要特征，也是与其他机构相区别的显著特点。在一个以人文研究为主导文化的大学中，有关工程、农业和其他应用科学的问题值得探讨，并可以作为理解美国社会在这些领域之间张力的一种手段。

哈佛大学档案是研究哈佛科学史的丰富资料来源。艾略特和罗希特最近发表的研究论文（见下列参考文献），对一些原始资料和研究主题进行了介绍。

参考文献

［1］Beecher, Henry K., and Mark D. Altschule. *Medicine at Harvard: The First 300 Years.* Hanover, NH: University Press of New England, 1977.

［2］Bethell, John T. *Harvard Observed: An Illustrated History of the University in the Twentieth Century.* Cambridge, MA: Harvard University Press, 1998.

［3］Cohen, I. Bernard. *Some Early Tools of American Science: An Account of the Early Scientific Instruments and Mineralogical and Biological Collections in Harvard University.* Cambridge, MA: Harvard University Press, 1950.

［4］Elliott, Clark A., and Margaret W. Rossiter, eds. *Science at Harvard University: Historical Perspectives.* Bethlehem, PA: Lehigh University Press; London and Toronto: Associated University Presses, 1992.

［5］Hawkins, Hugh. *Between Harvard and America: The Educational Leadership of Charles W. Eliot.* New York: Oxford University Press, 1972.

［6］Jones, Bessie Zaban, and Lyle Gifford Boyd. *The Harvard College Observatory: The First Four Directorships, 1839-1919.*

［7］Cambridge, MA: Harvard University Press, 1971.

［8］Morison, Samuel Eliot, ed. *The Development of Harvard University Since the Inauguration of President Eliot 1869-1929.*

[9] Cambridge, MA: Harvard University Press, 1930.

[10] ——. *Harvard College in the Seventeenth Century.* 2 vols.

[11] Cambridge, MA: Harvard University Press, 1936.

[12] ——. *Three Centuries of Harvard 1636-1936.* Cambridge, MA: Harvard University Press, 1936.

[13] Winsor, Mary P. *Reading the Shape of Nature: Comparative Zoology at the Agassiz Museum.* Chicago and London: University of Chicago Press, 1991.

克拉克・A. 埃利奥特（Clark A. Elliott） 撰，刘晓 译

耶鲁大学

Yale University

耶鲁大学 1701 年成立，这所美洲殖民地第三古老的"学院式学校"被确立为一个这样的机构，"在这里，青年可以接受艺术和科学方面的指导，通过全能的上帝的祝福，他们可以在教会和公民国家中担任公共职务"（Kelley, p. 7）。第一任校长亚伯拉罕・皮尔森（Abraham Pierson）在家乡康涅狄格的基林沃思（Killingworth）开办了这所学校，他通过编写自己的物理学教科书，填补了当时物理学教学的空白。1706 级的贾里德・艾略特（Jared Eliot）是亚伯拉罕・皮尔森最杰出的学生，作为一名牧师，贾里德・艾略特成为耶鲁大学第一个行医的毕业生，并撰写了关于科学耕作和养蚕的小册子。他又是 1714 级塞缪尔・约翰逊（Samuel Johnson）的导师。当时学院收到了来自英国的大量捐赠书籍，其中包括艾萨克・牛顿和其他科学家的作品。学校搬到纽黑文后，为了纪念埃利胡・耶鲁（Elihu Yale）的捐赠，于 1718 年更名为耶鲁大学。已经成为高级导师的约翰逊利用这些科学图书为本科生授课，并领导一个由教师和当地牧师组成的研究生研讨会。1734 年，耶鲁大学收到了它的第一台显微镜，这是该大学现存最古老的科学仪器，也许是第一个被带到美国的此类仪器，这是向实验室实验迈出的第一步。在此之前，耶鲁大学唯一的科学设备包括两对球仪，即天球和地球。伦敦的约瑟夫・汤普森（Joseph Thompson）赠送了一套完整的测量仪器，促使耶鲁大学除了购买显微镜外，还购买了一架反射望远镜、

一个气压计和"其他各种数学仪器"。1740 年，托马斯·克莱普（Thomas Clap）被任命为校长，他在任期间拓宽了耶鲁大学对天体的科学视野。和所有早期的大学校长一样，他是一位牧师，也是一位合格的天文学家，并建造了一个星象仪以增加学院的自然哲学设施。本杰明·富兰克林（Benjamin Franklin）1753 年被授予荣誉硕士学位，以感谢他向耶鲁大学捐赠了一台摩擦式起电机。

1770 年，学校设立了自然和实验哲学教授职位，该职位首先由 1755 级的尼希米亚·斯特朗（Nehemiah Strong）担任。科学爱好者埃兹拉·斯蒂尔斯（Ezra Stiles）在 1778 年被任命为校长。几年后，他建造了一个新的行星仪以容纳 1781 年发现的天王星，并且在大革命之后，筹集了足够的资金购买了伦敦能买得到的绝大多数现代的科学仪器。他的继任者，老蒂莫西·德怀特（Timothy Dwight the Elder）在 1799 年任命了 1796 级的两名成员本杰明·西利曼和耶利米·戴（Jeremiah Day）为导师，自此迎来了耶鲁大学科学的黄金时代。他们一起工作了 65 年，他们首先将图书馆从小教堂的上层搬走，并将其改造成哲学室、仪器室和博物馆。1802 年，在戴被任命为数学和自然哲学教授的第二年，德怀特任命西利曼为新设立的化学和博物学教授。虽然没有准备，但西利曼还是被选中了，因为德怀特认为在美国可能没有人准备充分，他担心一个外国人可能"无法与他的同事和谐相处"，也担心一个博学的科学家不会赞同他的观点，即"科学是一种手段，而不是目的"（Kelley，pp. 129–130）。西利曼证明了这一偶然抉择的正当性，通过确立自己美国"科学教育之父"的声誉，以及确立耶鲁大学"教育中心"的声誉，首先是大学层面，然后是 1813 年开办的医学院，以及他的儿子小本杰明·西利曼在他的实验室里开办的私立学校，该学校后来演变为一个研究生院和谢菲尔德理学院。他还允许女性学习他的课程，尽管她们不被允许耶获得耶鲁大学的学位。1805 年，他到欧洲旅行，为学校购买了价值 10000 美元的书籍和仪器，其中包括一个矿物学柜，这成了耶鲁大学矿物学研究的基础。1817 年戴被任命为校长时，耶鲁有 275 名学生，是美国最大的大学。他增加了课程中的科学内容，开设了自然哲学、化学、矿物学和地质学等必修课程。1818 年，西利曼创立了《美国科学杂志》，该杂志跻身于世界著名科学杂志之列，并且仍然在耶鲁大学出版。耶鲁大学教授编纂的科学教科书成了他们所在领域的经典著作，这进一步扩大了耶鲁大学的声誉。其中最引人注目的是地质学家和天文学家丹尼森·奥姆斯特德（Denison Olmsted）和詹姆斯·德怀特·达纳，他们的《矿物学系统》一书在一个多世纪里不断再版。奥姆斯特德和埃利亚斯·卢米斯（Elias Loomis）教授则是 1835 年最先观察到哈雷彗星的美国人。

在西奥多·德怀特·伍尔西（Theodore Dwight Woolsey）校长执政期间（1846—1871），耶鲁大学开设的科学课程数量翻了一番。1846 年，耶鲁大学新设立了两个教授职位，一个是农业化学和动植物生理学的教席，另一个则授予了小西利曼"以指导本科生以外的其他人关于化学方面的应用"（Chittende，pp. 37-38）。1847 年开设了一个新的哲学和艺术系，有 5 位教授提供科学课程。1852 年，授予第一批哲学学士本科学位，并开始了工程方面的教学。1861 年，耶鲁大学的理学院被命名为谢菲尔德理学院。1861 年，耶鲁大学授予第一批美国哲学博士学位时，其中三分之一授予了物理学。教授们提出，设立这个学位是为了让耶鲁"在这个国家留住更多年轻人，特别是理科生，他们力图在德国的大学追求的学习优势现如今我们也能给予"（Chittenden，p. 87）。

1871 年，约西亚·威拉德·吉布斯（Josiah Willard Gibbs）被任命为数学物理学教授，开启了耶鲁大学科学的现代时期。他在 1876 年和 1878 年发表了开创性著作《论非均相物体的平衡》，由此形成了一个新的科学分支：物理化学。19 世纪后期耶鲁的其他知名科学家包括古生物学家奥特尼尔·查尔斯·马什（Othniel Charles Marsh）、动物学家艾迪生·埃默里·维里尔（Addison Emery Verrill）、维生素理论家拉斐特·B. 孟德尔（Lafayette B. Mendel）、植物学家丹尼尔·卡迪·伊顿（Daniel Cady Eaton），以及第一个州立农业站的创始人塞缪尔·威廉·约翰逊（Samuel William Johnson）。耶鲁大学的女性科学教育在她们 1892 年被研究生院录取时成为现实。在 1894 年第一批获得博士学位的 7 位女性中，有两位属于科学领域。应用化学和农业教授威廉·亨利·布鲁尔（William Henry Brewer）通过建立耶鲁大学林业学院，成为 19—20 世纪之交新兴的环境科学领域的先驱者。1907 年，著名的组织培养学家罗斯·G. 哈里森（Ross G. Harrison）被任命为动物学教授。第一次世界大战期间，耶鲁大学是陆军实验学校总部，该学校培训了1000多名细菌学和化学技术方面的人员。同时也是耶鲁化学战部队的总部，该部队是研究化学战医疗效果的国家中心。第二次世界大战期间，耶鲁大学为政府进行了原子弹和雷达的开发研究。在整个20世纪20年代和30年代，耶鲁大学的科学没有取得重大进展。部分原因是缺乏设施，其次是由于该大学不愿意雇用逃离希特勒德国的难民学者，而其他常春藤盟校则刚好相反。1950年，A.惠特尼·格里斯沃尔德（A. Whitney Griswold）校长上任后，发起了一场强有力的运动，试图通过建造新的设施来发展科学。20世纪60年代初，克莱恩科学中心在化学、生物和地质学方面的发展以及其他实验室的开放，激发了科学研究和教学的新活力，并得到了随后几任领导的支持。耶鲁大学的校友和教师获得过数次诺贝尔奖，除了9个生理学或医学奖之外，还有1939年获得物理学奖的欧内斯特·O.劳伦斯（Ernest O. Lawrence）、1955年获得物理学奖的小威利斯·E.兰姆（Willis E. Lamb Jr.）、1968年获得化学奖的拉斯·昂萨格（Lars Onsager）、1969年获得物理学奖的默里·盖尔曼（Murray Gell-Mann）、1989年获得生物学奖的西德尼·奥尔特曼（Sidney Altman）以及1996年获得物理学奖的大卫·李（David Lee）。

参考文献

［1］Chittenden, Russell H. *History of the Sheffield Scientific School of Yale University 1846-1922*. 2 vols. New Haven: Yale University Press, 1928.

［2］Kelley, Brooks Mather. *Yale: A History*. New Haven: Yale University Press, 1974.

［3］McKeehan, Louis W. *Yale Science: The First Hundred Years, 1701-1801*. New York: Henry Schuman, 1947.

［4］Stokes, Anson Phelps. *Memorials of Eminent Yale Men*.

［5］2 vols. New Haven: Yale University Press, 1914.

［6］Wilson, Leonard G., ed. *Benjamin Silliman and His Circle: Studies on the Influence of Benjamin Silliman on Science in America*. New York: Science History Publications, 1979.

朱迪思·安·希夫（Judith Ann Schiff） 撰，孙小淯 译

哥伦比亚大学
Columbia University

哥伦比亚大学是纽约的一所私立大学，前身是建于 1754 年 10 月的国王学院。1767 年增加了医学院，但在美国独立战争期间因为大楼被用作军医院，该学院实际上停止了运作。1784 年，州议会重新授权该学院为哥伦比亚学院（Columbia College），并于 1787 年将学院的控制权交还给当地的理事会。1787 年数学和自然哲学教授约翰·肯普（John Kemp）使用反射望远镜、复合显微镜和一套天球仪等设备在大学里给约 150 名学生讲课；农学、化学和博物学教授塞缪尔·莱瑟姆·米契尔（Samuel Latham Mitchill）于 1792—1801 年和植物学教授戴维·霍萨克（David Hosack）于 1795—1811 年也曾在大学里做过讲座。教师纠纷、残破的建筑和不完善的图书馆阻碍了医学院的发展。1813 年，它与 1807 年成立的独立院校——内外科医师学院（the College of Physicians and Surgeons）合并。哥伦比亚大学医学院的失败在后来的 50 年里严重损害了哥伦比亚大学的科学；由于当时科学只能作为大学医学课程的一部分，所以只有在那些拥有强大医学课程的大学里，尤其是哈佛大学和宾夕法尼亚大学，科学才有重要的地位。数学和天文学教授罗伯特·阿德兰（Robert Adrain）和化学教授詹姆斯·伦威克（James Renwick）均于 1813 年被聘任，他们给哥伦比亚大学带来了一些声望，但该大学的科学在其他方面并不突出。

直到 1864 年，弗雷德里克·A. P. 巴纳德（Frederick A.P. Barnard）被任命为校长，该校的科学才有了较大发展。巴纳德支持了把矿业学院（1863 年在哥伦比亚大学建立）转为科学与工程学院的运动，并且在化学教授查尔斯·弗雷德里克·钱德勒（Charles Frederick Chandler）的领导下，矿业学院扩张到把数学、勘测、物理学、地质学和古生物学的教学也包含在内。1905 年，钱德勒也主导了纽约药学院与哥伦比亚大学最终的合并。内外科医师学院在 1860 年同意与哥伦比亚大学建立联系，但随着医学院完全控制自己的事务后，这种联系便只是名义上的了。作为内外科医学院的化学教授，钱德勒帮助整合了这两个机构，这个医学院于 1891 年成了哥伦比亚大学的一部分。

1890—1901 年赛斯·洛（Seth Low）担任哥伦比亚大学校长，在他的领导下，这所大学搬到了市郊住宅区的晨边高地（Morningside Heights）。任职期间，洛为哥伦比亚大学筹集了 500 多万美元，并把哥伦比亚大学变成了一所重要的研究型大学。1892 年成立了纯科学学院，下设天文学、生物学、植物学、化学、地质学、数学、矿物学、物理学和动物学部。通过建立六大科学和工业实验室群，哥伦比亚大学表明了科学在该大学中的重要性。此外，哥伦比亚大学的教师和研究生还能够使用美国自然历史博物馆的资源。

由此，这所大学迅速成为美国学术科学研究的领导中心。弗朗兹·博厄斯也因此于 1896 年加入哥伦比亚大学，并对人类学的学科方向作出调整，采取相对性和情境性的进路，重视经验性的实地考察。巴纳德学院的玛格丽特·米德（Margaret Mead）在其著作，如《萨摩亚人的成年》（*Coming of Age in Samoa*）中关注了青春期、育儿和性别角色的重要性，而博厄斯的另一位学生鲁思·本尼迪克特（Ruth Benedict）则研究了祖尼文化，并出版了《菊与刀》（*The Chrysanthemum and The Sword*，1946），这是一本有着广泛影响的研究日本文化的著作。博厄斯在作为学科的民族学和民俗学的创立上也发挥了作用；《美国民俗杂志》由博厄斯（1908—1924）和本尼迪克特（1925—1940）共同编辑。心理学是在詹姆斯·麦基恩·卡特尔（James McKeen Cattell）的努力下发展起来的，他于 1891 年至 1917 年担任哥伦比亚大学心理学教授，同时也是《科学》和《大众科学月刊》的编辑。在哥伦比亚大学，他任命了哲学家约翰·杜威（John Dewey）为教员，他的许多学生后来成为有影响力的心理学家，最著名的是师范学院的爱德华·L. 桑代克（Edward L. Thorndike）。

1885 年，负载线圈的发明者迈克尔·普平（Michael Pupin）在哥伦比亚大学引入了物理学，并在那里一直教授数学物理学和电机学直至 1931 年。一大批与"曼哈顿"计划有联系的物理学家都曾在哥伦比亚大学研究核裂变，直到 1942 年该计划迁往芝加哥，他们中有恩里科·费米（Enrico Fermi）、I.I. 拉比（I.I. Rabi）、约翰·R. 邓宁（John R. Dunning）、哈罗德·C. 尤里（Harold C. Urey）和乔治·B.

佩格拉姆（George B. Pegram，后来担任哥伦比亚大学战争研究部门的负责人）。哥伦比亚大学教师和学生中获得诺贝尔奖的人包括（仅列举一部分）：在化学方面，尤里因发现重氢在 1934 年获奖；在物理学方面，费米因中子轰击工作在 1938 年获奖；拉比因其对原子核射频光谱的测量在 1944 年获奖；波利卡普・库施（Polykarp Kusch）因其测量电子的电磁特性的工作于 1955 年获奖；李政道因发现弱相互作用中宇称不守恒定理在 1957 年获奖；詹姆斯・雷恩沃特（James Rainwater）和奥格・玻尔（Aage Bohr）因发现了一种新的原子核结构理论而在 1975 年获奖；杰克・斯坦伯格（Jack Steinberger）、梅尔文・施瓦茨（Melvin Schwartz）和利昂・莱德曼（Leon Ledermann）因发现 μ 中微子和 e 中微子而在 1988 年获奖。

后来成为美国自然历史博物馆馆长的亨利・费尔菲尔德・奥斯本（Henry Fairfield Osborn），1891 年被任命为哥伦比亚大学新成立的动物学系主任，并在 1904 年招聘托马斯・亨特・摩尔根（Thomas Hunt Morgan）为实验动物学教授。摩尔根对果蝇的研究证明了染色体上的基因映射，并在细胞学水平上解释了孟德尔遗传特征的规律。摩尔根因他在哥伦比亚大学的工作获得了 1933 年的诺贝尔奖；其他获得了诺贝尔生理学或医学奖的哥伦比亚大学教师包括（仅列举一部分）：赫尔曼・J. 穆勒（Hermann J. Muller）因通过 X 射线产生了辐照突变在 1946 年获奖，安德烈・F. 考南德（Andre F. Cournand）和迪金森・W. 理查兹（Dickinson W. Richards）因开发了心导管术而在 1956 年获奖，康拉德・E. 布洛赫（Konrad E. Bloch）因胆固醇研究在 1964 年获奖，萨尔瓦多・E. 卢瑞亚（Salvador E. Luria）因其对细菌和病毒的研究在 1969 年获奖，E. 唐纳尔・托马斯（E. Donnall Thomas）因器官移植手术在 1990 年获奖。

在社会科学方面，哥伦比亚大学早在 1821 年就开设了政治经济学课程，但直到 1880 年哥伦比亚大学成立政治科学学院并提供公共管理培训之前，政治经济学一直是一个边缘学科。这个学院在 19 世纪 90 年代迅速扩张，把统计学和经济学包括在内；该学院的教师建立了美国经济协会，并在美国统计协会的领导层中表现突出。这一时期的进步主义精神也反映在课程中，这些课程特别强调研究税收改革原则、社会伦理和贫困救济管理、铁路管理和反垄断立法等。20 世纪时，大学教师们以顾问的身份为联邦政府服务，最著名的要数战争工业委员会、国家经济研究局和国家资源委员会。哥伦比亚大学的社会学在最初的几十年里由富兰克林·吉丁斯（Franklin Giddings）主导，他强调了社会学应用于社会问题的重要性，以及量化和统计在阐述社会学时的中心地位。20世纪20年代，重点转向了对社会结构的考察，随后的任命，最著名的是1931年的罗伯特·林德（Robert Lynd）和1941年的保罗·拉扎斯菲尔德（Paul Lazarsfeld）和罗伯特·默顿（Robert Merton），都遵循了这一趋势。

1921年，医学院搬至华盛顿高地，与长老会医院（现名为哥伦比亚长老会医疗中心）建立了联系；主校区之外的其他科研地点，还包括纽约帕利塞德的拉蒙特－多尔蒂地质实验室和纽约欧文顿的尼维斯实验室。

参考文献

[1] *A History of Columbia University, 1754-1904*. New York: Columbia University Press. 1904.

[2] Lamb, Albert R. *The Presbyterian Hospital and the Columbia-Presbyterian Medical Center, 1868-1943: A History of a Great Medical Adventure*. New York: Columbia University Press, 1955.

[3] Sloan, Douglas. "Science in New York City." *Isis* 71（1980）: 35–76.

西蒙·巴茨（Simon Baatz） 撰，吴晓斌 译

爱荷华州立科学技术大学

Lowa State University of Science and Technology

1858年爱荷华州政府特许建立了州立农学院及模范农庄，1896年更名为爱荷华州立农业和机械工艺学院，1959年更名为现在的爱荷华州立科学技术大学。1858年学校公布建校法案，但直到1862年才获得拨款，这一年爱荷华州立农学院依据《莫里尔土地赠予法案》成了美国第一所取得认证的大学。1869—1870年学校首次招生，第一年注册人数是93人，其中有77名男生和16名女生。爱荷华农学院是第一所从一开始就实行男女同校的赠地学院。

起初，学校要求所有学生在冬季每天至少工作两小时，夏季每天至少工作三小时。女生通过在学校的厨房、餐厅和洗衣房工作来达到上述要求（外加一门机械工艺课程），到 1884 年，男生的工作任务变为实验室工作、野外观测和博物馆收藏；女生的工作则变为一门为期两年的家政课程。

改名后的新学院以农业和机械工艺（工程学）为主要课程。前一年半开设同样的课程，女生可以选择这两门课程中的任何一门并选修其中的任何科目，直到它们被新开设的学术型家政课程所取代，1898 年这门课成为一门为期四年的大学课程。

农业学科建制化的过程最为缓慢。1879 年，农业和兽医学被划分为几个不同的系，第一个州立计划促成了兽医科学学位的设置。农业机械成为农业工程学学士学位的补充工程课程，到 1908 年已成为一门完整的四年制课程。1878 年，工程学被分为机械工程和土木工程。电气工程系成立于 1891 年，采矿工程系成立于 1894年，陶瓷工程系成立于 1906 年，建筑工程系成立于 1914 年。化学工程学在 1925年成为学校主要课程之一，但是直到 1913 年才被确认为独立学科，而工业化学早在 1909 年就获准为独立学科。

课程和教学方法的确定最初受到了阻碍，因为校方对办学宗旨和教学对象的意见莫衷一是。这种冲突发生在农民系统化（高效化）、农业科学化（合理化）和农业科学的不同倡导者之间，到 20 世纪初这些观点还在主导着人们对大多数赠地学院的态度。另一个早期出现的意见是，工程和科学方面的教授注重专业性研究而非教学水平，他们的很多指导都超出了学生的需要。

由于 1887 年《哈奇法案》（Hatch Act）增加了对研究经费的资助，加上美国农业院校与实验站协会（Association of Agricultural Colleges and Experiment Stations）的影响，学校内部与校外的联系在 1891 年有了巨大改观。1888 年，爱荷华州建立了农业实验站，与此同时学校于 19 世纪 70 年代成立的农民研究所也在继续开办，两家单位在地方开设短期课程提供农业推广服务，并在 1900 年设置了农业示范项目。成立于 1904 年的工程实验站为爱荷华州的制造商、农场和市政活动提供了相应的帮助，并于 1913 年开设工程推广服务，同样提供了短期课程和示范项目。

1912 年，学院的主要学科设置有农业、工程和兽医科学，必要时辅以文学学科和基础科学。这些边缘学科（只在极特殊情况下被偶尔授予过学士学位）被归入工业科学部，这一部门包含了所有的基础科学、数学、经济学以及那些"无法授予本科学位"的通识学科，如英语、历史、图书馆学、现代语言、音乐、心理学等。直到 1946 年，学校才再次授予文科学位，而到了 1959 年，随着科学和人文学部的成立，这类学位的授予才正规化。林学在 1904 年取得了专业地位，细菌学在 1908 年被纳入到通识科学的范畴中。"一战"后国家开展了教育重组和扩张，在此之后爱荷华州立科技大学才成立了研究生院，但到 1928 年，它的研究生入学率已在所有独立的赠地学院中达到最高。

由于学校传统上一直强调为国家服务，因此往往侧重于对实际问题的研究。1929 年出版的《华莱士的农户》（*Wallace's Farmer*）中提及的所有重大农业发现，都有爱荷华州立科学技术大学为其做出的贡献。查尔斯·E. 贝西（Charles E. Bessey）、L.H. 帕梅尔（L. H. Pammel）、P.G. 霍尔顿（P. G. Holden）、G.W. 卡弗（G. W. Carver）、杰伊·卢什（Jay Lush）和怀斯·巴勒斯（Wise Burroughs）等研究人员的工作也证明了农业调查在爱荷华州长期发挥着重要作用。与此同时，工程和基础科学研究也没有被忽视。举例来说有安森·马斯顿（Anson Marston）关于结构分析的研究，G.W. 斯内德科尔（G. W. Snedecor）在人口遗传学方面的研究，约翰·文森特·阿塔纳索夫（John Vincent Atanasoff）关于数字计算机的研究，以及 F.H. 斯佩丁（F. H. Spedding）在稀土铀化学方面的研究——这些仅是学校开展的研究中涉及的少数几个具体研究名称和主题。一般来说，工程研究主要集中在高速公路和铁路，卫生、建筑和结构工程，土壤和其他工程材料等领域。同样地，化学工程着眼于对国家有价值的研究：软化水、煤、农业副产品的利用。

爱荷华州立科学技术大学目前提供全面的本科教育和可选修的研究生课程，以农业和工程学为教育重点。它的研究支柱仍然是为农业、商业和工业提供推广服务，以及它的物理研究与技术研究所（Institute for Physical Research and Technology），另外也有一些与美国政府开展合作的机构：能源部的艾姆斯实验室和农业部的土壤、动植物健康以及农产品实验室。

参考文献

［1］Arnold, Lionel K. *History of the Department of Chemical Engineering at Iowa State University*. Ames: Department of Chemical Engineering, 1970.

［2］Fuller, Almon H. *A History of Civil Engineering at Iowa State College*. Ames: Alumni Achievement Fund, Iowa State College, 1959.

［3］Marcus, Alan I. *Agricultural Science and the Quest for Legitimacy: Farmers, Agricultural Colleges, and Experiment Stations, 1870-1890*. Ames: Iowa State University Press, 1985.

［4］Ross, Earle D. *A History of the Iowa State College of Agriculture and Mechanic Arts*. Ames: Iowa State College Press, 1942.

罗伯特·斯科菲尔德（Robert E. Schofield ）　撰，王晓雪　译

霍华德大学

Howard University

坐落在华盛顿特区的霍华德大学成立于 1867 年 3 月 2 日，是一所以黑人教育为主的大学。作为美国内战后一项大型运动的一部分，这所大学为非洲裔美国人提供了必要的教育机会，帮助他们重新树立社会地位。大约在同一时期，南部或边境各州成立了 8 所类似的机构。霍华德大学早期规划的独特之处在于，它试图发展出跨种族的学生群体。然而，伴随着社会重建之后种族隔离政策的加剧，再加上 1896 年普莱西诉弗格森案（Plessy V. Ferguson）的裁决看似公平、实为种族隔离的不良影响，这项试验在不久后便宣告失败。

学校最初的章程以"实现对青年的文理双科教育"为主要目标。但事实上，半个世纪以来，科学一直在课程中处于次要地位。在某种程度上，这是因为学校行政人员和教职员工以白人为主，他们认为黑人的教师和布道者主要还是黑人自己。另一原因是，与当时的主流观点一样，他们怀疑黑人既不能完成严格的推理，也无法充分培养出概念理解或定量分析的能力；还有一部分原因在于，几乎没有愿意任用黑人科学家或黑人科学教师的岗位。但不管怎么说，科学课程确实从一开始就是教学内容的一部分。

1868 年 11 月，在师范系（教师培训）成立一年半之后，医学系开设了第一批科学课程，其中包括临床医学、应用医学和"纯医学"课程。塞拉斯·L. 卢米斯（Silas L. Loomis）负责教授医学、毒理学和化学，1871 年，当科学课程扩展到大学部（collegiate department，开设于 1868 年 9 月）时，他被正式聘为校级化学教授。1872 年卢米斯辞职后，由威廉·C. 蒂尔登（William C. Tilden）担任了一年化学系主任，在那之后，大学部和医学部的理科教学或多或少地开始分开进行。1873—1874 年，在 5 名大学部的教师中，只有弗兰克·W. 克拉克（Frank W. Clarke）全职讲授科学课程。克拉克于 1867 年毕业于哈佛大学劳伦斯科学学院，曾担任化学和物理学的"代理"教授。1874 年，他离开霍华德大学，后来成为美国地质调查局的首席化学家。

尽管霍华德大学的行政部门承诺"适当突出物理学多个研究方向的地位"（*Catalogue*，1873—1874，p. 41），但实际上其开设的理科课程数量增长十分缓慢。师范部主任托马斯·罗宾逊（Thomas Robinson）在 1887 年之前一直代替克拉克任教，直到罗伯特·B. 沃德（Robert B. Warder）受聘为物理、化学教授。贺拉斯·B. 巴顿（Horace B. Patton）和理查德·福斯特（Richard Foster）负责讲授"自然科学"——即植物学、动物学、天文学、地质学、生理学和卫生学的统称。1892 年 1 月 19 日，沃德协助发起了一项教员决议——发展授予理学学士学位的课程，该决议得到了校董会的批准。1896 年，W. 爱德华·罗宾逊（W. Edward Robinson）获得了该校第一个理学学士学位。不过，事实上在这一学位项目开展的早期，很少有学生报名参加——也许是因为工业界和学术界对黑人科学家的需求较少。理学学士毕业生平均每年 1 人，1902 年有两人，而 1901 年和 1903 年均没有人获得该学位。

1903 年，大学部更名为文理学院，标志着该校对理科课程认可程度的提高。1910 年，理科课程的发展迎来了一个重要里程碑。校长威尔伯·P. 瑟基尔德（Wilbur P. Thirkield）成功向国会申请到建设科学中心的资金。新大楼被命名为"科学馆"，共有 3 层，主要学科——生物、物理和化学各占 1 层，三楼还设有多功能报告厅，地下室则配备了储藏间和额外的实验室。在 1910 年 12 月 13 日的落成典礼上，卡耐基教学促进基金会主席亨利·S. 普里切特（Henry S. Pritchett）如此评价了科学馆的重要性："这是有史以来为黑人科学教育而建设的最完备的现代建筑……美国黑人种族正在迅速觉醒：要想取得进步，关键在于采用科学思维和科学方法……"（*Catalogue*，1911—1912，p. 251）。其他出席典礼的显要人物还包括总统塔夫脱（Taft）、前总统西奥多·罗斯福（Theodore Roosevelt）和约翰斯·霍普金斯大学的威廉·H. 韦尔奇（William H. Welch）。

布克·T. 华盛顿（Booker T. Washington）认为黑人教育机构应该专注于职业或手艺培训，而科学馆则象征着对这一观点的否定。霍华德大学的理科教师包括新一代的非洲裔美国学者，他们都拥有高等学位——欧内斯特·埃弗雷特·加斯特（Ernest Everett Just，动物学）、托马斯·W. 特纳（Thomas W. Turner，植物学）、圣·埃尔莫·布雷迪（St. Elmo Brady，化学）、埃尔伯特·F. 考克斯（Elbert F. Cox，数学）和弗兰克·科尔曼（Frank Coleman，物理）等，他们逐渐取代了白人教师，成为各个院系的学术负责人。1914 年，获得学士学位的学生人数增加了几倍（1912 年为 0 人，1913 年 4 人，1914 年 18 人），并在此后呈稳步增长的态势。1923 年，学校授予了首批硕士学位，获得者是马塞勒·B. 布朗（Marcelle B. Brown，化学）和克拉伦斯·F. 霍姆斯（Clarence F. Holmes，数学）。1955 年学校在化学系率先设立了博士学位课程，紧随其后的是物理系。1958 年 6 月 6 日，第一批霍华德大学博士学位授予化学家哈罗德·德莱尼（Harold Delaney）和比布蒂·R. 马祖德（Bibhuti R. Mazumder）。

参考文献

[1] *Catalogue of the Officers and Students of Howard University, Washington, District of Columbia* [title varies]. Washington, DC, 1869-.

[2] Dyson, Walter. *Howard University, the Capstone of Negro Education. A History: 1867-1940.* Washington, DC: The Graduate School, Howard University, 1941.

[3] Lamb, Daniel Smith, comp. *Howard University Medical Department, Washington, D.C.: A Historical, Biographical and Statistical Souvenir.* Washington, DC: R. Beresford, 1900.

[4] Logan, Rayford W. *Howard University: The First Hundred Years, 1867-1968.* New York:

New York University Press, 1969.

[5] Manning, Kenneth R. *Black Apollo of Science: The Life of Ernest Everett Just.* New York：Oxford University Press, 1983.

[6] Porter, Dorothy B., comp. *Howard University Masters' Theses Submitted in Partial Fulfillment of the Requirements for the Master's Degree at Howard University, 1918-1945.* Washington, DC: The Graduate School, Howard University, 1946.

肯尼思·R. 曼宁（Kenneth R. Manning） 撰，王晓雪 译

伊利诺伊大学

University of Illinois

成立于 1868 年 3 月的伊利诺伊工业大学是一所州立赠地学院。在首任校董约翰·M. 格雷戈里（John M. Gregory）的领导下，学校极为强调科学的教学和研究。1868 年，托马斯·J. 伯里尔（Thomas J. Burrill）加入该校，成为植物病理学研究的领军人物。1879 年，学校建成了一座新的化学实验室。1885 年，斯蒂芬·A. 福布斯（Stephen A. Forbes）在厄巴纳创建了州立博物调查所，致力于昆虫学和生态学研究。1887 年，校董会成立了农业实验站。到 1896 年，农学院开展了一项粗放式农业研究计划。从 1893 年开始，这所大学进入了一段快速发展时期，特别是在科学方面。历时 8 年，学校先后建成了工程礼堂、博物楼、图书馆和农学楼。"一战"前的十几年，安德鲁·S. 德雷珀（Andrew S. Draper）和埃德蒙·J. 詹姆斯（Edmund J. James）校长聘请到化学家威廉·A. 诺耶斯（William A. Noyes）、寄生虫学家亨利·B. 沃德（Henry B. Ward）、物理学家雅各布·孔茨（Jacob Kunz）、天文学家乔尔·斯特宾斯（Joel Stebbins）、数学家乔治·A. 米勒（George A. Miller）和生态学家维克多·谢尔福德（Victor Shelford）等人，并新建化学实验室（1902）和物理实验室（1909）。1905 年，校董会设立了工程实验站，对工程问题进行科学研究。"一战"后，化学家罗杰·亚当斯（Roger Adams）、电气工程师约瑟夫·提科西纳（Joseph Tykociner）、动物科学家哈罗德·H. 米切尔（Harold H. Mitchell）、物理学家 F. 惠勒·卢米斯（F. Wheeler Loomis）和唐纳德·克斯

特（Donald Kerst）、土木工程师内森·纽马克（Nathan Newmark）等人的研究工作，充分体现了这一时期的特征，即大学与企业的研究兴趣紧密交融。"二战"期间，大学的许多科学家都前往洛斯阿拉莫斯、波士顿和芝加哥参与军事项目。战后，伊利诺伊大学与多家联邦政府机构建立了联系，获取研发合同。物理学家路易·赖德诺尔（Louis Ridenour）、弗雷德里克·塞茨（Frederick Seitz）、约翰·巴丁（John Bardeen），地质学家乔治·怀特（George White）、拉尔夫·格里姆（Ralph Grim），人类学家朱利安·斯图尔德（Julian Steward）、奥斯卡·刘易斯（Oscar Lewis），动物科学家奥维尔·本特利（Orville Bentley），电气工程师威廉·L. 埃维里特（William L. Everitt）和海因茨·冯·弗尔斯特（Heinz von Foerster），昆虫学家戈特弗里德·弗伦克尔（Gottfried Fraenkel），植物学家杰克·哈伦（Jack Harlan），植物学家尤金·拉比诺维奇（Eugene Rabinowitch）、林赛·布莱克（Lindsay Black），以及心理学家 J. 麦克维克·亨特（J. McVicker Hunt）、雷蒙德·卡特尔（Raymond Cattell）等人为发展现代研究型大学做出了贡献。

随着学校的发展，跨学科研究的协作需求日益迫切。1932 年，由校长任命成立了研究生院研究委员会。1951 年，校董会设立控制系统实验室，服务于工程、电子、通信和航空航天方面的理论和应用研究。1959 年更名为协同科学实验室，促进了合作性研究。1985 年，贝克曼高科技研究所成立，旨在推动生物和物理科学的跨学科研究。

长期以来，科学家的个人文件一直被视为科学史研究的主要资料来源。它们包括信件、议案、经费和合同记录、照片、实验笔记、出版物、报告、咨询文件以及委员会记录等。而系、学院、实验室和研究所的官方行政记录则为个人信息系统提供了机构背景。伊利诺伊大学档案馆建于 1963 年，收藏有上述 30 位教授（体积为 424 立方英尺）和另外 218 名科研人员的文件。档案馆还保存着学校的官方记录（8073 立方英尺），2296 套学校出版物的复印本，以及与核物理相关的阿贡大学协会档案（70 立方英尺），美国州立大学和赠地学院联合会档案（56 立方英尺），古生物学协会档案（28 立方英尺）和美国质量控制协会（87 立方英尺）。最近的存档反映了伊利诺伊大学在化学、工程、固体物理、超级计算和生物技术领域的优势。

科学是一种基于信息共享的合作事业。伊利诺伊大学是一所有着深厚的院系自治传统的研究型大学。每个管理单位都能够提供研究设施和机会，以便与其他部门或机构的同事开展合作。档案馆藏文件记录了那些科学研究相关的项目，如间接合同成本、机构研究委员会拨款以及专利文件等。企业或政府资助是学术研究的重要组成部分，但成果的有效性取决于研究人员开展调查研究过程中的自由程度。简单地设定一些管控方案，或是带着预设观点梳理信息系统的历史，往往都无法理解学术独立精神的动态内涵。

参考文献

[1] Brichford, Maynard, and William J. Maher. *Guide to the University of Illinois Archives*. Urbana: University of Illinois Press, 1986.

[2] Kingery, R. Alan, Rudy D. Berg, and E.H. Schillinger. *Men and Ideas in Engineering: Twelve Histories*. Urbana: University of Illinois Press, 1967.

[3] Moores, Richard G. *Fields of Rich Toil: The Development of the University of Illinois College of Agriculture*. Urbana: University of Illinois Press, 1970.

[4] Solberg, Winton U. *The University of Illinois, 1867-1894: An Intellectual and Cultural History*. Urbana: University of Illinois Press, 1968.

[5] Tarbell, D. Stanley, and Ann Tracy Tarbell. *Roger Adams: Scientist and Statesman*. Washington, DC: American Chemical Society, 1981.

梅纳德·布里奇福德（Maynard Brichford） 撰，王晓雪 译

内布拉斯加大学

University of Nebraska

自成立以来，位于林肯的内布拉斯加大学的科学，始终都围绕着它作为州立大学和州政府赠地学院的双重角色展开。这所大学始建于 1871 年，建校时只有一位自然科学教授塞缪尔·奥吉（Samuel Aughey）。奥吉的贡献包括地质调查、内布拉斯加州第一批植物目录，以及他主要的研究《内布拉斯加州自然地理和地质学概况》（*Sketches of the Physical Geography and Geology of Nebraska*，1880）。

随着 1877 年工业学院的建立，教师队伍有所扩充，除奥吉外还包括数学、化学和物理、化学和农业化学、农业和土木工程等领域的教授。19 世纪 80 年代校园的扩建说明了学校对科学的重视；校园里建的第二栋楼是化学实验室，第四栋楼是新的工业学院。也是在这个时候，随着奥吉的离开，他的自然科学教席让位于专业化席位，在 1884 年被分为化学、物理、地质学、植物学和园艺学等教席。

19 世纪 80—90 年代，这所大学吸引了一批有能力的科学家，他们为大学的发展和稳定提供了基础，这种稳定一直延续到了 20 世纪，对该校在全国赠地学院中获得领导地位也奠定了基础，特别是在跨密西西比河以西地区。这些新人中的佼佼者包括物理学和天文学领域的德维特·布雷斯（DeWitt Brace），他及时参与了光速的研究；昆虫学家劳伦斯·布鲁纳（Lawrence Bruner）；数学领域的埃勒里·戴维斯（Ellery Davis）；有机化学家塞缪尔·埃弗里（Samuel Avery）；动物学领域的亨利·沃德（Henry Ward）。由于这所大学的双重角色，许多科学家在应用研究方面做出了重要贡献。比如，同为细菌学家弗兰克·比林斯（Frank Billings）和 A. T. 彼得斯（A. T. Peters），在与得克萨斯牛瘟和猪瘟等重大动物疾病有关的细菌理论方面做了开创性的工作；作为他们化学研究的一部分，雷切尔·劳埃德（Rachel Lloyd）和 H. H. 尼科尔森（H. H. Nicholson），帮助建立了该地区的甜菜生产；路易斯·希克斯（Louis Hicks）开展了关于灌溉和地下蓄水层的开创性研究，这些地下蓄水层支撑着内布拉斯加州和大平原大部分地区；以及在植物引种、病虫害和杀虫剂、动植物疾病等领域的各种重要研究中，大学和新农业实验站有越来越多的农业科学家开展了工作。

处在内布拉斯加大学黄金时代的科学家中，最杰出的当属查尔斯·贝西（Charles Bessey）。1884—1915 年，贝西担任工业学院院长，帮助指导了赠地学院和美国农业部的科学发展，影响了农业和基础科学之间的关系，并且还是新植物学运动的领导者，该运动将重点转移到了进化论、生理学、病理学和生态学上。贝西在"新植物学"中扮演的最显著的角色是教科书撰写人。他积极参与全国科学职业化的工作，曾担任杂志《美国博物学家与科学》（*American Naturalist and Science*）的植物学编辑，他的贡献还包括担任美国植物学会主席和美国科学促进会主席。在植物学方面，他最持久的工作体现在他的总结性文章《开花植物的系统发育分类学》中，体现在他帮助培训了数名植物学家、农业科学家和林务员，还体现在他与弗雷德里克·克莱门茨（Frederic Clements）一起为"内布拉斯加州草原生态学院"奠定了基础。

在经历了一段增长和相对稳定的时期后，20世纪20—30年代，科学与普通大学都遭遇了困难。随着黄金时代的科学家退休或离开内布拉斯加大学，没有同等或更高能力、地位的人来接替他们。科学教学和研究仍然是农业和科学学院的重要组成部分，农业和工程学院有所扩大，农业实验站继续其日常工作。尽管如此，这所大学给人的总体印象是，内布拉斯加大学正在从四大中西部赠地学院的排名中下滑（另外三所是密歇根大学、明尼苏达大学和威斯康星大学）。到了20世纪30年代，只有化学和植物学仍然是该大学授予研究生学位的主导学科。

雷蒙德·普尔（Raymond Pool）和约翰·韦弗（John Weaver）领导的草原生态研究继续在全国范围内发挥影响力。在欧文和凯莉·巴伯（Erwin and Carrie Barbour）以及C.伯特兰·舒尔茨（C. Bertrand Schultz）的领导下，内布拉斯加大学博物馆的扩建也引起了全国的关注。舒尔茨还指导了对该州丰富的化石资源加大勘探力度，并建造了一座新建筑来存放珍贵的收藏品，这极大地促进了古生物研究。

在"二战"后的几年里，随着内布拉斯加大学恢复稳定，这一时期的学生数量实现普遍增长，科学也恢复了部分初期那样的地位。在最近这段时间里，虽然至少化学、地质学、细菌学、生理学、动物学、物理学，特别是各种农业学科都进行了重要研究，但很少有历史研究来强调这些工作或相关的个人。

参考文献

［1］Manley, Robert N. *Frontier University, 1869-1919*. Vol. 1 of *Centennial History of the University of Nebraska*. Lincoln: University of Nebraska Press, 1969.

［2］Overfield, Richard A. *Science with Practice: Charles E. Bessey and the Maturing of American Botany*. Ames: Iowa State University Press, 1993.

［3］Sawyer, R. McLaran. *The Modern University*. Vol. 2 of *Centennial History of the University of*

Nebraska. Lincoln: Centennial Press, 1973.

[4] Tobey, Ronald C. *Saving the Prairies: The Life Cycle of the Founding School of American Plant Ecology, 1895-1955*.

[5] Berkeley: University of California Press, 1981.

理查德·奥弗菲尔德（Richard A. Overfield）　撰，康丽婷　译

斯坦福大学

Stanford University

斯坦福大学是一所在科学与工程领域享有国际盛誉的精英私立大学，位于美国加利福尼亚州北部。斯坦福大学于 1885 年由加州政治家、铁路大亨利兰·斯坦福（Leland Stanford）与其妻简·斯坦福（Jane Stanford）创立以纪念他们的儿子。它当时得到 8800 英亩土地和价值 2000 万美元的捐赠，成为当时规模最大的大学。这所男女同校、免学费的大学于 1891 年正式开学，旨在促进科学研究、培养实用人才（Elliott, p. 24）。

著名鱼类学家、康奈尔大学校友、印第安纳大学前校长大卫·斯塔尔·乔丹（David Starr Jordan）担任斯坦福大学首任校长（任期 1891—1913 年）。他为斯坦福大学植物学、动物学、地质学、化学和工程学的发展奠定了良好基础，并在太平洋海岸建立起一个实验室，该实验室后来被称为霍普金斯海洋站（Hopkins Marine Station）。他也鼓励教授们与当地非学术团体进行交流互动。不过，使斯坦福大学成为一所"知名高等学府"（Mirrielees, p. 21）的愿望并没有立即实现。与捐赠相关的法律问题以及 1906 年大地震的灾难性冲击，都严重影响了该校成立前 20 年的财政状况。斯坦福大学的声誉也因简·斯坦福对学术事务的干涉而受损。

斯坦福大学地质学家约翰·卡斯帕·布兰纳（John Caspar Branner）担任斯坦福大学的第二任校长（任期 1913—1915 年）；他退休后由斯坦福大学医学院院长雷·莱曼·威尔伯（Ray Lyman Wilbur）接替，任职到 1942 年。20 世纪 20 年代科学研究得到慈善事业的大力支持，斯坦福大学的境况得以改善。该校也开始收取学费以增加教职工收入，并创立一个小型基金会以支持教师的研究。斯坦

福在物理学、微生物学、航空工程、无线电工程、心理测试等研究领域不断发展和增强。

学校取得的一些进展在 20 世纪 30 年代被冲淡。大萧条时期，捐赠和学费收入锐减。此外，与其他大力发展组织化科学研究的大学相比，斯坦福的学术声誉相形见绌。然而，斯坦福物理系的影响彼时开始扩大。1934 年，欧洲法西斯的避难者、理论家费利克斯·布洛赫（Felix Bloch）加入斯坦福物理系。1952 年，他因核磁共振的研究而成为斯坦福大学第一位诺贝尔奖得主。另外，1937 年，物理学家威廉·汉森（William Hansen）和无薪研究者拉塞尔·L. 瓦里安（Russel L.Varian）与西格德·瓦里安（Sigurd Varian）发明出速调管，一种后来用于雷达的微波管。1938 年，在工业界资助下，物理系启动了一项与速调管相关的研究项目。

第二次世界大战期间，斯坦福大学只参与了少量科学研究与开发局（Office of Scientific Research and Development，OSRD）资助的联邦研究项目。许多教职人员离开斯坦福，在他处从事与战争相关的研究工作。电气工程系主任弗雷德里克·特曼（Frederick Terman）领导由 OSRD 资助的无线电研究实验室（Radio Research Laboratory）开发了对抗敌人雷达的技术。

战后，斯坦福大学校长唐纳德·崔继德（Donald Tresidder，商人和斯坦福大学董事会的前主席，任期 1943—1948 年）鼓励发展由工业资助的研究。为此，他建立了斯坦福研究所（Stanford Research Institute）和一个涉及微波设备研究的实验室。该实验室和斯坦福研究所，以及化学、物理和电气工程学系，在战后都开始与海军签订合同进行研究。在朝鲜战争的刺激下，斯坦福大学和其他大学的理论科学与工程科学得到军方大力支持。在军方资助下，斯坦福大学建立许多新实验室用于电子、反制和导弹制导系统的基础及应用研究，其中大部分工作都有安全限制。

20 世纪 50 年代和 60 年代，斯坦福大学进一步转型和发展。校长 J. E. 华莱士·史德龄（J. E. Wallace Sterling，任期 1949—1968 年）和他的教务长弗雷德里克·特曼（任期 1954—1965 年）重塑了斯坦福大学。他们提高录取标准，实施严格的教职任职要求，在材料科学、人工智能、遗传学、固体物理学以及群体生物学领域开创新的研究项目，筹集资金重建生物学系和化学系。他们还建立了斯坦福工业园区（Stanford Industrial Park），将大学的地产租赁给高科技公司，而这些公司的产品通常基于斯坦福大学各院系的研究成果。60 年代，斯坦福大学成立斯坦福直线加速器中心（Stanford Linear Accelerator Center），这是一个由美国联邦政府资助的高能物理设施，装有一座以速调管为基础，由斯坦福物理学家设计的两英里长的电子加速器。

60 年代中期，斯坦福大学的学术声誉已经极大提高。它在美国一流大学中排名第五；在美国国防部资助最多的大学中，斯坦福也名列第三。这成为师生们关注的一大问题，因为他们反对越南战争、质疑斯坦福参与和依赖军事资助。学校管理者于 1970 年确实禁止了校内进行保密研究，并舍弃了学校对斯坦福研究所的所有权，尽管如此，师生的抗议并未改变斯坦福大学的科学资助结构。校园内外关于战争的分歧导致斯坦福大学第六任校长肯尼思·比茨（Kenneth Pitzer，任期 1969—1970 年）辞职，他是一位著名的化学家，也是莱斯大学（Rice University）的前校长。继比茨之后，斯坦福大学的历史学家理查德·莱曼（Richard W. Lyman，任期 1970—1979 年）接任校长。

斯坦福大学生物学家唐纳德·肯尼迪（Donald Kennedy，任期 1980—1991 年）担任校长期间，斯坦福大学在科学与工程领域的声誉持续高涨，来自工业界和联邦政府的资金支持也在不断增加。但 80 年代末，学校又遭受严重挫折，1989 年地震造成建筑受损引起财政问题。此外，作为学术研究的主要资助者，美国海军指控斯坦福大学管理者不当使用政府合同中的资金，这也影响了学校声誉。肯尼迪校长辞职，联邦政府也开始调查其他一流研究型大学的财政管理状况。

最早，斯坦福大学历史的研究是由非专业的史学工作者完成的，他们对斯坦福大学的发展进行了忠实但不乏美化的描述。20 世纪 60 年代初，学者们开始将斯坦福大学与其他大学视为一个整体，试图了解"美国大学"（Veysey，p. vii）的起源和独特之处，以及它如何成为 19 世纪末科学研究的中心。人们还将研究视角转入"二战"以后，彼时的斯坦福大学在结构与功能上都被认为与"镀金时代"截然不同。这类研究大多由社会科学家做出，他们一致认为，斯坦福大学的转型是联邦政府资金大量流入科学研究和本科教育的结果。

最近，科学史家开始思考：联邦政府对科学研究的支持是否决定了学术科学的实践及其知识内容，若果真如此，这是如何形成的、会如何收场？工业资助与学术科学的关系同样受到高度关注。学者们在试图描述物质和制度因素影响科学生产的方式时，已经开始深入研究包括斯坦福大学在内的个别高等教育机构。这项工作主要集中于物理学和电气工程学的发展史。

斯坦福大学及其科学发展历史的相关文件可以在斯坦福大学档案馆找到，那里保存有斯坦福大学的行政记录以及许多斯坦福大学科学家和工程师的论文。

参考文献

[1] Ben-David, Joseph. *Trends in American Higher Education*.

[2] Chicago: Chicago University Press, 1972.

[3] Elliott, Orrin Leslie. *Stanford University: The First Twenty-Five Years*. 1937. Reprint, New York, Arno Press, 1977.

[4] Galison, Peter, Bruce Hevly, and Rebecca Lowen. "Controlling the Monster: Stanford and the Growth of Physics Research, 1935-1962." In *Big Science: The Growth of Large-Scale Research,* edited by Peter Galison and Bruce Hevly. Stanford: Stanford University Press, 1992.

[5] Geiger, Roger. *To Advance Knowledge: The Growth of American Research Universities, 1900-1940*. New York: Oxford University Press, 1986.

[6] Leslie, Stuart W. *The Cold War and American Science*. New York: Columbia University Press, 1992.

[7] Lowen, Rebecca S. "Transforming the University: Administrators, Physicists, and Industrial and Federal Patronage at Stanford." *History of Education Quarterly* 34/3 (Fall 1991): 365-388.

[8] ——. *Creating the Cold War University: The Transformation of Stanford*. Berkeley: University of California Press, 1997.

[9] Mirrielees, Edith R. *Stanford: The Story of a University*. New York: Putnam, 1959.

[10] Veysey, Laurence. *The Emergence of the American University*.

[11] Chicago: Chicago University Press, 1965.

丽贝卡·S.洛文（Rebecca S. Lowen） 撰，彭繁 译

克拉克大学

Clark University

特许设立于 1887 年的克拉克大学是一所现代综合性大学，于 1889 年 10 月 4 日正式开学，成为"美国第一所也是唯——一所重要的全研究生机构"（Veysey, p. 166）。直到 1905 年，它仍然只授予博士学位。它最初的任务仅仅是通过研究以及培训专业调查人员来促进科学。

从小范围学科的研究生工作着手的策略，使招募一批有才华的研究人员成为可能。克拉克大学开学当天，出席群体（教师、临时教师、助教、研究员、学者）有 52 名成员，其中 19 人要么是博士，要么曾在欧洲留学，绝大多数是在德国的大学，另有 15 人要么是在约翰斯·霍普金斯大学学习、任教，要么是两者都做过。

克拉克大学最初设置了 5 个综合系（数学、物理、化学、生物和心理学，心理学系还包括神经学和人类学专业）。威廉·E. 斯托里（William E. Story）领导的数学系在最初的 10 年里是美国该领域博士的第二大来源。由阿尔伯特·A. 迈克尔逊（Albert A. Michelson）领导的物理系特别强调测量和光学的研究。化学系在亚瑟·迈克尔（Arthur Michael）和约翰·U. 内夫（John U. Nef）的相继领导下，优先研究有机化学。最大的系——生物系由查尔斯·O. 惠特曼（Charles O. Whitman）领导，他同时也是海洋生物实验室的负责人和《形态学杂志》（*Journal of Morphology*）的编辑。人类学系的弗朗茨·博厄斯对伍斯特市的学童进行了开拓性和有争议性的身体测量。这些及其他领域的早期研究生通常都成了美国下一代科学家的领导者。

主要由校长 G. 斯坦利·霍尔（G. Stanley Hall）的行政管理方法所引起的内讧，让大量教职工乃至创始人乔纳斯·吉尔曼·克拉克（Jonas Gilman Clark）离心离德。1892 年时很多教师和研究生转到了新成立的芝加哥大学和其他科学机构，克拉克大学围绕着一个占主导地位的心理学和教育小组以及一个较小的数学物理小组进行了重组，其中包括美国物理学会的主要创始人亚瑟·戈登·韦伯斯特（Arthur Gordon Webster）。1894 年暂停的化学博士学位于 1907 年恢复授予；1914 年至

1924年，在查尔斯·A.克劳斯（Charles A. Kraus）的领导下，化学课程再次获得了全国范围的认可。1902年以后，起初受到独立资助和管理的克拉克学院所属科学家经常到克拉克大学开展他们专业领域相关的讲座，为那些原本一人包办的研究生院系补足了人手。到1910年为止，每两位克拉克大学的科学家中就有一位是美国国家科学院院士。

1889年起，作为科学研究和教育的先驱，克拉克大学在30年后显然已被很多规模更大、资金更雄厚的大学超越。1920年霍尔退休后，克拉克大学围绕一个新的地理研究生院和相关学科进行了重组。但数学和自然科学的博士课程仍然被取消了，即便有个别科学家，尤其是液体燃料火箭先驱罗伯特·H.戈达德（Robert H. Goddard），仍然是非常多产的研究人员，是本科生的科学榜样，后来对美国科学家大学出身的研究表明了这一点。

实验心理学于20世纪20年代和30年代在沃尔特·S.亨特（Walter S. Hunter）等人的领导下复兴。1931年，刚被任命为生物学系主任的哈德森·霍格兰（Hudson Hoagland）开设了一个普通生理学的博士项目，并逐渐组建了一个约15人的研究小组，研究领域包括神经病学和内分泌学，组员包括后来发明了第一种实用避孕药的格雷戈里·平卡斯（Gregory Pincus）。1944年，主要在外部资金的支持下，该生理学实验室从克拉克大学中独立出来，成了伍斯特实验生物学基金会。化学博士学位也在20世纪30年代早期被恢复。

在第二次世界大战之后的几年里，克拉克大学的理科院系主要为医学院、其他研究生项目和科学教学职位培养本科生。但是在1955年，以化学系为先导开始了一个科学扩展项目，并且在20世纪60年代恢复了生物学、物理学和数学的博士项目。这些项目通常依靠与伍斯特基金会、伍斯特理工学院、位于伍斯特的马萨诸塞大学医学院以及附近的其他研究和培训机构的合作。虽然克拉克大学的物理学研究生项目在美国仍然是规模最小的，而且其数学博士学位的授予再次被中断，但是20世纪80年代伍斯特作为生物技术中心的崛起，大量额外的资助和设施则将生物学和化学项目推向了神经科学、生物化学、分子生物学和环境化学等当前研究发展的前沿。

早期关于克拉克大学的著作大多不是充满遗憾就是不屑一顾。霍尔自我标榜的自传中有关克拉克大学的部分经常被不加批判地用作资料来源。对研究早期克拉克大学的科学更有用的是 1899 年出版的 10 年纪念册。卡内基研究所 1937 年开展的一个研究，部分基于对克拉克大学以前的科学家采访，可谓是抓住了其早期的精髓。

　　大多数高等教育史和科学史都将 1892 年后的克拉克大学描述为失败的实验。1965 年，劳伦斯·韦西（Lawrence Veysey）展示了研究理念在整个霍尔时期乃至后来的延续，正如多萝西·罗斯（Dorothy Ross）在一本 1972 年的传记中所表现的那样，这本传记既让霍尔显得不那么高大伟岸，又赋予了霍尔人性。为迎接 1987 年克拉克大学的百年诞辰而准备的叙事史描述了其后的科学发展。近年来，许多关于专门科学的历史和传记的书籍文章，都利用了克拉克大学档案馆（建于 1972 年）的资料，这里还收藏了早期克拉克大学建造或使用过的科学仪器，以及其他机构收藏的克拉克大学之前的科学家的手稿。

参考文献

[1] Hall, G. Stanley. *Life and Confessions of a Psychologist*. New York：Appleton, 1923.

[2] Koelsch, William A. *Clark University, 1887-1987: A Narrative History*.Worcester：Clark University Press, 1987.

[3] ——. "The Michelson Era at Clark, 1889–1892." In *The Michelson Era in American Science, 1870-1930,* edited by Stanley Goldberg and Roger H. Stuewer. AIP Conference Proceedings, no. 179. New York：American Institute of Physics, 1988, pp. 133–151.

[4] Ross, Dorothy. *G. Stanley Hall: The Psychologist as Prophet.*

[5] Chicago：University of Chicago Press, 1972.

[6] Ryan, W. Carson. *Studies in Early Graduate Education: The Johns Hopkins, Clark University, The University of Chicago.*

[7] Carnegie Foundation for the Advancement of Teaching Bulletin, no. 30. New York：Carnegie Foundation, 1939.

[8] Story, William E., and Louis N. Wilson, eds. *Clark University, 1889-1899: Decennial Celebration.* Worcester：Clark University, 1889.

[9] Veysey, Lawrence R. *The Emergence of the American University.*

[10] Chicago：University of Chicago Press, 1965.

威廉·A. 科尔斯（William A. Koelsch） 撰，吴晓斌　译

加州理工学院
California Institute of Technology

　　加州理工学院是一所小而独立的大学，开展科学和工程方面的研究和教学，拥有 900 名博士层次的教职员，900 名本科生以及 1000 名研究生。加州理工学院的历史起源于 1891 年帕萨迪纳市一所不起眼的小学院，创建者是富有的芝加哥政治家、前废奴主义者阿莫斯·萨洛普（Amos Throop）。它最初名为萨洛普大学，1893 年更名为萨洛普综合理工学院。在最初的 15 年里，萨洛普服务于当地社区，讲授从文科、工艺到动物学等多种科目，同时相当重视职业培训。到了 1906 年，萨洛普需要一种新的使命感。美国天文学家乔治·埃勒里·海耳（George Ellery Hale）曾为附近威尔逊山天文台的第一任台长，初到帕萨迪纳的他，将实现这种使命感。

　　作为一个对教育、建筑和市政充满理念的科学家，海耳于 1907 年被选为学校董事会成员，并迅速着手改造学校。他说服学校管理层放弃萨洛普的高中和其他计划，专注于在工程方向上扩充和发展学院；聘请詹姆斯·A. B. 舍勒（James A. B. Scherer）担任萨洛普学院的校长，任期从 1908 年到 1920 年；并吸引了麻省理工学院前校长、美国领军的物理化学家亚瑟·A. 诺伊斯（Arthur A. Noyes）前来帕萨迪纳与他汇合。诺伊斯的到来，不仅让海耳看到萨洛普学院（1913 年正式更名为萨洛普技术学院）的化学有望达到麻省理工学院的水平，而且让萨洛普学院自身引起全国的瞩目。海耳的科学三巨头最后一位成员是物理学家罗伯特·A. 密立根（Robert A. Millikan），从 1917 年开始，他每年有几个月的时间在萨洛普学院担任物理研究的带头人。

　　第一次世界大战期间，他们三人都待在华盛顿，组织和招募科学家研究军事问题，同时也打造了完善的关系网，后来让学校受益颇多。海耳、密立根和诺伊斯三人共同对美国科学怀有雄心壮志，渴望看到他们的国家在世界科学舞台上发挥更大的作用，并决心使萨洛普学院闻名于世，到 1918 年，他们已经形成了强大的科学三巨头。至停战之日，他们已经奠定了基础，将工程学院转变为一所优先基础科学的机构。

1919—1921 年，学校获得了一笔可观的捐款，草拟了一套新的教育理念，更名为加州理工学院，并挑选了一个新人来主导它接下来 25 年的命运。海耳和诺伊斯希望利用加州理工学院重塑对科技工作者的教育。密立根希望加州理工学院成为世界物理学中心之一。为此，他需要研究资金。他们三人达成协议，海耳和诺伊斯承诺密立根获得学院最大份额的财政资助，并承担最低限度的行政责任。作为回报，密立根同意来这里担任诺曼桥梁物理实验室（Norman Bridge Laboratory of Physics）的主任和加州理工学院的行政主管。彼时，诺伊斯已经从麻省理工学院辞职，接受了帕萨迪纳市化学研究部门主管的全职工作。

20 世纪 20 年代早期，加州理工学院本质上是一个物理科学的本科生和研究生学院。事实上，加州理工学院直到 1925 年还只授予物理学、化学和工程学方面的博士学位。1925 年地质学加入了研究生课程，1926 年航空学加入，1928 年生物和数学加入。物理学从一开始就是王牌，相比其他系有更多的学生、更多的教师以及更多的资金。密立根抵达帕萨迪纳后不久就发起了一个访问学者项目。接受密立根邀请的科学家代表了欧洲物理学的精英，包括保罗·狄拉克（Paul Dirac）、埃尔温·薛定谔（Erwin Schrödinger）、维尔纳·海森伯（Werner Heisenberg）、亨德里克·洛伦兹（Hendrik Lorentz）和尼尔斯·玻尔（Niels Bohr）。阿尔伯特·爱因斯坦（Albert Einstein）在 1931 年、1932 年和 1933 年的访问使密立根在南加州推广物理学的计划达到了顶点。别的不说，仅爱因斯坦的来访便清晰表明海耳、密立根和诺伊斯在 20 世纪 20 年代开始着手建造的加州理工学院到 20 世纪 30 年代就已经成熟了。

密立根在两次世界大战期间行使校长职权，他强烈反对政府资助研究。他依靠重要的私人基金会，特别是洛克菲勒基金会和卡内基基金会，以及越来越多的南加州慈善家来获得他所需的资金。他相信现代世界基本上是一项科学发明，科学是 20 世纪的主要推动力，美国的未来取决于基础科学的发展及其应用。在密立根看来，加州理工学院的存在是为了给予美国科学领导地位。

20 世纪 30 年代，密立根领导下的加州理工学院的科研重点涉及从果蝇遗传学和生物学中维生素的生物化学研究，到航空学中的湍流理论和飞机机翼设计；从放射性癌症治疗和核物理中轻元素的放射性，到土壤侵蚀以及把水从科罗拉多河引入到洛杉矶的工程；从量子力学的应用到化学中的分子结构的研究，再到地震中震级尺度的采用。

加州理工学院在战争期间只是一个名义上的教育机构，它拥有一个包括火箭、近炸引信、喷气推进实验室的军火库，以及用于战争相关研究和开发的 8000 万美元联邦基金。

加州理工学院的历史被划分为两个不同的时代。第一个时代是由海耳、密立根以及诺伊斯开创的。第二个时代在 30 年后，即第二次世界大战结束之时，由物理学家李·阿尔文·杜布里奇（Lee Alvin DuBridge）和罗伯特·贝奇（Robert Bacher）接棒。杜布里奇是麻省理工学院战时雷达项目的负责人，于 1946 年成为加州理工学院的新校长。贝奇是洛斯阿拉莫斯原子弹项目 "G" 部门的负责人（"G" 代表 "gadget"，即第一枚原子弹 "小玩意"），他于 1949 年来到加州理工后领导物理、数学和天文学系，后来成为加州理工学院的第一位教务长。

在杜布里奇任职期间（1946—1969），加州理工学院的教师人数翻了一番，校园规模扩大了 3 倍，包括化学生物学、行星科学、核天体物理学和地球化学在内的新的研究领域蓬勃发展。1948 年，坐落在帕洛玛山的 200 英寸望远镜投入使用，它是 40 多年来世界上最强大的光学望远镜。与密立根不同，杜布里奇强调联邦政府有责任支持科学研究。

作为加州理工学院物理系的新主任，贝奇出乎意料地从高能粒子物理学入手重建物理系。1949 年，除了卡尔·安德森（Carl Anderson）及其学生 [包括后来获得诺贝尔奖的唐纳德·格拉泽（Donald Glaser），用来自太空的宇宙射线作为高能粒子的天然来源以研究粒子物理学] 的工作，粒子物理学这一新领域在加州理工学院几乎不存在。在担任负责人期间，贝奇发起建造和使用了一种新的电子加速器，使得加州理工学院的团队可以制造自己的高能粒子。1969 年，伊利诺伊州巴达维亚的费米国家加速器实验室破土动工后不久，加州理工学院关停了自己的电子同步加速器。理论物理学在密立根的领导下一直不受重视，随着理查德·费曼（Richard

Feynman）和默里·盖尔曼（Murray Gell-Mann）的到来，理论物理学进入了黄金时代。当时在康奈尔大学的费曼是巴彻首选的聘任对象。

对于战后加州理工学院作为研究型大学发展的历史研究甚少。乔治·比德尔（George Beadle）、查尔斯·里希特（Charles Richter）和威廉·福勒（William Fowler）等重要人物甚至都没有传记。

参考文献

[1] Ajzenberg-Selove, Fay. *A Matter of Choices: Memoirs of a Female Physicist*. New Brunswick: Rutgers University Press, 1994.

[2] Florence, Ronald. *The Perfect Machine: Building the Palomar Telescope*. New York: HarperCollins, 1994.

[3] Geiger, Roger L. *Research and Relevant Knowledge: American Research Universities since World War II*. New York: Oxford University Press, 1993.

[4] Goodstein, Judith R. *Millikan's School: A History of the California Institute of Technology*. New York: Norton, 1991.

[5] ——. "George Wells Beadle." *The Scribner Encyclopedia of American Lives*. Edited by K.T. Jackson, K. Markoe, and A. Markoe. *Notable Americans Who Died between 1986 and 1990*. New York: Charles Scribner's Sons, 1999, 2:74-76.

[6] Gorn, Michael H. *The Universal Man: Theodore von Kármán's Life in Aeronautics*. Washington, DC: Smithsonian Institution Press, 1992.

[7] Johnson, George. *Strange Beauty: Murray Gell-Mann and the Revolution in Twentieth Century Physics*. New York: Knopf, 1999.

[8] Kargon, Robert. *The Rise of Robert Millikan: Portrait of a Life in American Science*. Ithaca: Cornell University Press, 1982.

[9] Kevles, Daniel J. *The Physicists: The History of a Scientific Community in Modern America*. New York: Knopf, 1978; reprint, Cambridge, MA: Harvard University Press, 1995.

[10] Murray, Bruce C. *Journey into Space: The First Three Decades of Space Exploration*. New York: Norton, 1989.

[11] Reingold, Nathan. "Science and Government in the United States since 1945." *History of Science* 32（1994）: 361-386.

[12] Servos, John W. *Physical Chemistry from Ostwald to Pauling: The Making of a Science in*

America. Princeton: Princeton University Press, 1990.

[13] Sinsheimer, Robert. *The Strands of a Life: The Science of DNA and the Art of Education.* Berkeley: University of California Press, 1994.

朱迪思·古德斯坦（Judith R. Goodstein） 撰，吴晓斌 译

洛克菲勒大学
Rockefeller University

洛克菲勒大学于 1901 年在纽约市成立，前身是洛克菲勒医学研究所（Rockefeller Institute for Medical Research，RIMR）。由老约翰·D. 洛克菲勒创立，最初承诺在 10 年内每年捐助 2 万美元，该机构的蓬勃发展让洛克菲勒充满信心，很快转化为 1907 年 260 万美元和 1910 年 380 万美元的额外捐赠。在洛克菲勒的两位首席慈善顾问——儿子小约翰·D. 洛克菲勒和弗雷德里克·T. 盖茨的鼓励下，洛克菲勒相信他的慈善事业可以在美国本土创建一个具有国际水准的研究机构。

洛克菲勒医学研究所成立之初，作为一个资助机构为其他机构的研究人员提供支持。它早期的重点主要集中在根除传染病的研究上。1906 年，研究所在约克大道和东河之间由洛克菲勒家族购买的原址上设立了第一个实验室。该研究所致力于发展完整的生物医学研究项目，对自己的使命定义很广泛。它的最初成员有一大批内科医生、生物学家和化学家。研究所以欧洲主要研究机构为模型建立，表现为以实验室为核心的制度结构。每个实验室由一位首席研究员领导，首席研究员为实验室的研究人员制定了研究议程。这一制度所带来的行动独立性，使调查人员可以自由地寻求感兴趣的路径，而不受僵化的制度结构的束缚。因此，作为美国第一个私人科研机构，研究所被认为是纯粹追求科学的范例。它也融入了美国文化；在美国文学作品如辛克莱·刘易斯（Sinclair Lewis）的《阿罗史密斯》（*Arrowsmith*）和保罗·德克鲁伊夫（Paul de Kruif）的著作中，洛克菲勒医学研究所是科学机构的典范。在许多方面，它走的是一条与美国其他许多科学机构不同的道路。科学史家注意到，20 世纪时，科学研究越来越多地与大学的发展联系在一起。而在该研究所，

这个过程有些颠倒；建立 60 年后，该研究所才把更高的教育目标移植到它的研究计划中。

洛克菲勒大学实验室还设有一所临床研究医院作为补充。1910 年 10 月 17 日，这家拥有 30 张病床的医院实现了临床研究与临床护理的结合。该研究所的第一任所长西蒙·弗莱克斯纳（Simon Flexner，任期 1901—1935 年）提出了建立这样一个医学实验室的想法，以便同时治疗和研究人类疾病。医生，被称为"医生研究者"或"临床科学家"，在实验室和治疗的实际应用之间架起了桥梁。结核病、脊髓灰质炎和黄热病是少数过去研究的疾病。心脏病、糖尿病、白血病、关节炎、艾滋病、酗酒、寄生虫病、生长和遗传紊乱等目前正在由洛克菲勒大学医院的研究人员进行研究。

到 20 世纪 50 年代，洛克菲勒医学研究所的科学家已将该机构建成全国最重要的研究机构之一。它还保有一些美国最重要的生物医学研究期刊，如《实验医学杂志》（*The Journal of Experimental Medicine*）和《普通生理学杂志》（*The Journal of General Physiology*）。该研究所 / 大学的科学家进行的开创性研究包括人类血型的鉴定，抗生素的生产，病毒性癌症的发现，视觉、味觉和嗅觉的研究，基于美沙酮的戒毒疗法以及非洲昏睡病第一种有效治疗方法的发现。洛克菲勒大学拥有 20 位诺贝尔奖得主，在医学史和科学史上占有举足轻重的地位，并吸引了著名的科学人士来此求学。洛克菲勒医学研究所 / 大学研究共同体的成员或同事包括：亚历克西·卡雷尔（Alexis Carrel）、卡尔·兰德施泰纳（Karl Landsteiner）、雅克·勒布（Jacques Loeb）、佩顿·罗斯（Peyton Rous）、瑞贝卡·兰斯菲尔德（Rebecca Lancefield）、野口英世（Hideyo Noguchi）、弗里茨·李普曼（Fritz Lipmann）、路易丝·皮尔斯（Louise Pearce）、奥斯瓦德·埃弗里（Oswald Avery）、勒内·杜博斯（Rene Dubos）、约书亚·莱德伯格（Joshua Lederberg）和托尔斯滕·威塞尔（Thorsten Wiesel）。

1954 年 11 月 19 日，洛克菲勒医学研究所成为学位授予单位，1959 年第一批博士毕业。1965 年，该研究所更名为洛克菲勒大学，反映了它在科学学术探索中新的追求。与传统大学不同，洛克菲勒大学致力于研究生教学，只授予博士学位、医学学位和荣誉学位。学生无需支付学费并可获得年度津贴。洛克菲勒大学延续它的传统配置，研究生工作的组成部分——课程、讨论小组、辅导课和研究学徒制——都围绕着由一位资深教授领导的实验室展开，而没有学科的院系设置。为努力践行"为人类造福"（*probono humani generis*）的宗旨，该大学现在的研究包括细胞和分子生物学、遗传学、生物化学、神经生物学、免疫学、数学、物理学、化学、生态学和行为科学等多个领域。

随着历史学家探讨美国科学机构的发展以及慈善事业对科学发展的作用，他们将继续利用洛克菲勒大学的档案。洛克菲勒大学的档案在位于纽约睡谷（Sleepy Hollow）洛克菲勒档案中心里。此外，洛克菲勒医学研究所一些早期成员的文档也被存放在其他的资料库，特别是位于费城的美国哲学学会。

参考文献

[1] Corner, George W. *A History of the Rockefeller Institute, 1901-1953: Origins and Growth.* New York: Rockefeller Institute Press, 1964.

[2] Harr, John Ensor, and Peter J. Johnson. *The Rockefeller Century: Three Generations of America's Greatest Family.* New York: Scribners, 1988.

[3] Jonas, Gerald. *The Circuit Riders: Rockefeller Money and the Rise of Modern Science.* New York: W.W. Norton, 1989.

[4] Kevles, Daniel J. "Foundations, Universities and Trends in Support of the Physical and Biological Sciences, 1900–1992." *Daedalus* 121:4（Fall 1992）: 195–235.

李·R.希尔兹克（Lee R. Hiltzik） 撰，吴晓斌 译

普林斯顿高等研究院

Institute for Advanced Study

位于美国新泽西州普林斯顿的一家研究机构，致力于自然科学、数学、历史和社会科学领域的高级学术研究。自1930年成立以来，研究院会选出一批顶尖学者在不承担教学或行政任务的情况下，在一个隐蔽的环境中开展研究工作。学院由大约

20 名教授组成，采取终身聘任制。每年大约有 160 名博士后学者（称作院士）以研究员的身份来到该研究所。尽管它一直拥有独立于普林斯顿大学的地位，但教师之间的定期联系使得各研究机构的学术氛围愈加浓厚。

高等研究院是由亚伯拉罕·弗莱克斯纳（Abraham Flexner）和商业慈善家路易斯·班贝格（Louis Bamberger）共同创立的，前者在 20 世纪早期由基金会发起的美国医学和高等教育改革中发挥了重要作用；后者和他的妹妹卡罗琳·班贝格·弗兰克·富尔德（Caroline Bamberger Frank Fuld）为研究院提供了最初的创立基金。弗莱克斯纳以德国大学及美国约翰斯·霍普金斯大学为模板，希望通过研究院的发展，让学术研究成为美国大学发展的主要目标。在他（1930—1939）和他的继任者弗兰克·艾德洛特（Frank Aydelotte，1939—1947）担任负责人期间，研究院由数学、人文研究、经济和政治学院组成；直到 1939 年，研究院的第一幢建筑——福尔德楼（Fuld Hall）才竣工。在此之前，科研人员一直在共用普林斯顿大学的办公场所。

自 1930 年以来，高等研究院在科学界建立起了最高学术声誉。20 世纪 30—40 年代，数学学院的学者们开创了数理逻辑、拓扑学、数理统计等新的研究领域，在微分几何、理论物理等方面也做出了重要贡献。凭借物理学家阿尔伯特·爱因斯坦（Albert Einstein）、数学家约翰·冯·诺依曼（John von Neumann）、赫尔曼·外尔（Hermann Weyl）、奥斯瓦尔德·韦布伦（Oswald Veblen）和马斯顿·莫尔斯（Marston Morse）的坐镇，高等研究院吸引了来自世界各国的学者。1933—1945 年纳粹主义席卷欧洲期间，研究院的教职工——其中一些人本身就是因希特勒而来到美国的移民——为欧洲科学家以及美国经济大萧条期间面临失业的年轻美国科学家提供临时避难所，挽救了一代科学人才。

1947 年，理论物理学家 J. 罗伯特·奥本海默（J. Robert Oppenheimer）被任命为研究院院长，反映出该机构对科学研究的重视。在他 19 年的任期内，奥本海默将经济学和人文学科合并到历史研究学院（1948），并新增自然科学学院（1966）。在奥本海默的领导下，随着弗里曼·戴森（Freeman Dyson）、亚伯拉罕·派斯（Abraham Pais）、杨振宁和图利奥·雷格（Tullio Regge）被任命为教授，以及与物理学家尼尔斯·玻尔（Niels Bohr）、P. A. M. 狄拉克（P. A. M. Dirac）、雷斯·约斯特（Res Jost）、乔治·普莱泽克（George Placzek）、沃尔夫冈·泡利（Wolfgang Pauli）和 L. C. 范·霍夫（L. C. Van Hove）等人的定期联络，研究院的理论物理学研究得到扩充。1946 年研究院设立了电子计算机项目，约翰·冯·诺伊曼对电子计算机的兴趣首次得以落实，并在 1952 年取得成果——第一批电子存储程序计算机之一问世。研究院的气象项目成功利用这台计算机针对天气预报问题进行了关键性研究。

20 世纪 70 年代初，奥本海默的继任者、经济学家卡尔·凯森（Carl Kaysen，1966—1976）发展了社会科学学院，并为自然科学学院招募了马歇尔·罗森布鲁斯（Marshall Rosenbluth）、斯蒂芬·阿德勒（Stephen Adler）、罗杰·达申（Roger Dashen）和约翰·巴卡尔（John Bahcall），扩大了研究院在天体物理学、粒子物理学和等离子体物理学方面的工作。新近的院长包括科学史家哈里·伍尔夫（Harry Woolf，1976—1987），物理学家马文·L. 戈德伯格（Marvin L. Goldberger，1987—1991）和数学家菲利普·A. 格里菲斯（Phillip A. Griffiths，1991—2003）。

一直以来，高等研究院汇聚了世界上最优秀的科学家。不过，高等研究院发挥的最重要影响在于其理念的制度化——不同学科的学者需要定期的封闭式研究以保证他们持续不断的生产力，被当今世界各地的研究项目、大学和研究机构争相模仿。

参考文献

[1] *A Community of Scholars: The Institute for Advanced Study, Faculty and Members, 1930-1980.* Princeton: The Institute for Advanced Study, 1980.

[2] Aspray, William. *John von Neumann and the Origins of Modern Computing.* Cambridge, MA: MIT Press, 1990.

[3] Flexner, Abraham. *Universities: American, English, German.*

[4] New York: Oxford University Press, 1930.

[5] ——. *I Remember: The Autobiography of Abraham Flexner.*

[6] New York: Simon & Schuster, 1940.

[7] *The Institute for Advanced Study: Publications of Members, 1930-1954.* Princeton: The

Institute for Advanced Study, 1955.

[8] "The Institute for Advanced Study: Some Introductory Information." Princeton: The Institute for Advanced Study, 1976–1991.

[9] Kaysen, Carl. "Report of the Director, 1966–1976." Princeton: The Institute for Advanced Study, 1976.

[10] Oppenheimer, J. Robert. "Report of the Director, 1948–1953." Princeton: The Institute for Advanced Study, 1954.

[11] Porter, Laura Smith. "From Intellectual Sanctuary to Social Responsibility: The Founding of the Institute for Advanced Study, 1930–1933." Ph.D. diss., Princeton University, 1988.

劳拉·史密斯·波特（Laura Smith Porter） 撰，王晓雪 译

第 5 章

科学与社会

5.1 学科及组织

考古学

Archaeology

美国的科学考古学的源头，可以追溯到欧洲，直至考古调查从古物研究转向更系统的史前史研究，包括新的考古测年技术，以及法国和英国对旧石器时代的开创性研究，都表明了人类的历史更加古老。从希腊历史学家希罗多德（Herodotus，公元前484—前424年）的著作中，可以看到对年代学最早的关注以及地球年龄的确立。他指出，随着时间而积淀的厚厚沉积物，就是史前时间延续的标志或量度。《圣经》认为地球有6000年历史，而犹太教年表显示，地球诞生于公元前3700年。罗马天主教年表则描述地球诞生于公元前5100年。19世纪北欧的考古学家，如克里斯汀·尤尔根森·汤姆森（Christen Jürgenson Thomsen）和延斯·J. A. 沃索（Jens J. A. Worsaae）最早关注考古遗迹的年代。汤姆森还首先提出了一种观念，即一种不以文字记录为基础的文化发展的有据年表。他们的工作在法国和英国由乔治·居维叶（Georges Cuvier，许多人认为居维叶是第一位古生物学家）、雅克·布歇·德·克莱夫科·彼尔特（Jacques Boucher de Crèvecoeur de Perthes）和查尔斯·莱伊尔（Charles Lyell）等继续进行。莱伊尔证明地球是由一系列地层构成的。布歇·德·彼尔特证明了更新世（冰河时代）的古人类生活在法国阿布维尔附近。地层学的观察让他假定，他在那里实地发现的石器和已灭绝动物的年代相同。后来，欧洲和美国的考古学家采纳了莱伊尔的地质地层观点，提出了考古学中第一个相对断代的方法——地层学。大约在同一时期，法国和英国的自然科学家也关注到人类历史越来越古老，已经超过了《圣经》的尺度。乔治·路易·德·布丰（Georges Louis de Buffon）、莱伊尔和查尔斯·达尔文等人的工作，将从先前存在的生命实例出发，阐明人类的古老性，以及支配变化和变异的生物学原理。美国的科学考古学从这些欧洲考古学家和自然科学家身上受益良多。

早期的学者认为，以色列的 10 个"失落的部落"是美洲原住民的祖先。研究阿兹特克历史的弗瑞·迭戈·杜兰（Fray Diego Duran）和美国作家詹姆斯·阿代尔（James Adair，1775）都支持这种解释。然而，弗朗卡斯托（Fracastoro，1530）和贡萨洛·费尔南德斯·德奥维多 – 瓦尔德（Gonzalo Fernandez de Oviedo y Valdes，1534）认为美洲原住民起源于柏拉图的亚特兰蒂斯。1590 年，弗瑞·何塞·德·阿科斯塔（Fray José de Acosta）提出，美洲可能是通过缓慢的陆路移民形成的。早在 1637 年，学者们就认真考虑过人类通过白令海峡进入新大陆的想法了。1648 年，托马斯·盖奇（Thomas Gage）提出，白令海峡提供了蒙古和美洲先民之间的联系。然而，这一时期的学术氛围仍然倾向于对新大陆民族起源的更为浪漫的解释，这种解释符合了当时欧洲社会分层的阶级制度。

后来，托马斯·杰斐逊和凯莱·阿特沃特（Caleb Atwater）开始在弗吉尼亚和俄亥俄州进行考古发掘。E. G. 斯奎尔（E. G. Squier）和 E. H. 戴维斯（E. H. Davis）的《密西西比河谷的古代遗迹》（*Ancient Monuments of the Mississippi Valley*，1848）是北美考古学的第一个重大贡献。斯奎尔和戴维斯描述并部分挖掘了他们研究的一些土丘。两人都认为，他们发现的这些土丘是由一个"伟大的土丘建造者种族"建造的，而美洲印第安人及其后代没有能力完成这样的建造壮举。书中描述的许多土丘现已不复存在，他们的描述就是这些土丘的唯一记录。直到有了赛勒斯·托马斯（Cyrus Thomas）的工作，人们才把这些土丘的建造归功于考古找到的美洲原住民。

英国的詹姆斯·赫顿（James Hutton，"均变论"的创始人）和莱伊尔的工作引发了美国地层学的年代学革命。1914年，内尔斯·C.纳尔逊（Nels C. Nelson）首次将地层断代法应用于新墨西哥州的圣克里斯托瓦尔普韦布洛考古遗址。后来在1915年（到1924年），阿尔弗·雷德文森特·基德（Alfred Vincent Kidder，1855—1963）在新墨西哥州的佩科斯普韦布洛大规模地应用地层断代法。基德对地层学的运用，不仅向考古学推广了这种相对断代方法，也带来了对特定史前文化控制下的领土空间分布的认识。通过在佩科斯普韦布洛探求一种解决考古学问题的多学科方法，基德还把他的"泛科学"方法带给了美国的考古学。在那里，体质人类学家、人种学家以及其他科学领域的同事们都参与进来，共同针对考古问题提供专业知识和分析模式。

基德制定了美国第一个分析和解释考古遗迹的"科学"分类体系。他的"佩科斯分类法"（1927）根据族系（制作方法、装饰、形制）来分类陶器，很像科学上的植物界和动物界的林奈分类系统。后来，W. C. 米肯（W. C. McKern）的"中西部分类系统"一直被用作考古学解释的分类系统。如今，刘易斯·宾福德（Lewis Binford）从过去到现在一直主张，"考古科学"是加强对遗址的考古学解释的最佳手段。

美国考古学中最重要的一项科学进展是芝加哥大学威拉德·F.利比（Willard F. Libby）发明的放射性碳定年法。1911年，V. F. 赫斯（V.F. Hess）发现了宇宙辐射，这为利比在1947年发现放射性碳（碳-14）及其在其他科学领域的运用，提供了一个重要起点。放射性碳定年法是在20世纪40年代末设计出来的，50年代，美国考古学家就开始使用放射性碳来测定年代了。该方法的原理是，地球大气中的放射性碳会被所有的生物吸收。这种吸收在生物体死亡时停止，取而代之的是碳以稳定和可预测的速度转变为氮。在考古遗址中发现的与文化物质有关的遗迹，也根据其与被测样品的先后沉积关系来确定年代。利比证明了木材、骨头和木炭的考古遗迹能很好地保存放射性碳。基于现存木料中含有少量放射性碳的数据，利比及其合作者首先将这项技术应用到考古遗迹中，确定埃及国王左塞尔（Zozer）和斯奈夫鲁（Snefreu）墓中木料的年代。后来，安德鲁·E. 道格拉斯（Andrew E. Douglass, 亚利桑那大学，树木年代学或"年轮断代"的发明者）通过美国各地考古遗址的木材样本的年轮而确定年代。后来，这些已知年代的木材样本将作为验证放射性碳年代的一种手段，用于补充利比的技术。今天，利比的技术不仅可以用来测定古代木料的年代，还可以用来断代泥炭、骨壳、铁和陶器——即所有在美国可能发现的物品（除了在史前考古遗址地层中的铁）。放射性碳对美国的考古学产生了巨大的影响，尤其是人类在北美出现的时间被明确界定为早于一万年前的时间段。

无论是过去还是现在，考古学一直吸收其他学科充当工具，来解释考古记录。为了更全面地解释考古记录，所借鉴的学科包括化学、物理、生物化学、医学以及公共卫生科学等。

参考文献

［1］Adair, James. *The History of the American Indian, Particularly Those Nations Adjoining The Mississippi, East and West Florida, Georgia, South and North Carolina, and Virginia; Containing An Account of Their Origins, Language, Manners, ... and Other Particulars Sufficient to Render It a Complete Indian System ... Also an Appendix ... With a New Map of the Country Referred to in the History.* London: Dilly, 1775.

［2］Binford, Lewis R. *An Archaeological Perspective.* New York: Seminar Press, 1972.

［3］Buffon, George Louis de. *Natural History, General and Particular.*

［4］... *The History of Man and Quadrupeds.* 1749; W. Smellie, translation, edited by W. Wood. 20 vols. London: T. Cadell and W. Davies, 1812.

［5］Gage, Thomas. *Travels in the New World.* Edited by J.E.S.

［6］Thompson. Norman: University of Oklahoma Press, 1958.

［7］Givens, Douglas R. *Processual Papers in Archaeometric Dating: Potassium-Argon*（K40/Ar40）*and Radiocarbon Dating*（C40）. Saint Louis: International Institute for Advanced Studies, 1980.

［8］——. *Alfred Vincent Kidder and the Development of Americanist Archaeology.* Albuquerque: University of New Mexico Press, 1992.

[9] Kidder, Alfred V. *An Introduction to Southwestern Archaeology with a Preliminary Account of the Excavations at Pecos.*

[10] New Haven: Yale University Press, 1924.

[11] Libby, Willard F. *Radiocarbon Dating.* 2d ed. Chicago: University of Chicago Press, 1955.

[12] Lyell, Charles. *Principles of Geology.* 3 vols. London: J. Murray, 1830–1833.

[13] Suess, Hans E. "The Early Radiocarbon Years: Personal Reflections." In *Radiocarbon After Four Decades: An Interdisciplinary Perspective.* New York: Springer–Verlag (a copublication with Radiocarbon), 1992, pp. 3–11.

[14] Thomas, Cyrus. "Who Were the Mound Builders?" *American Antiquarian and Oriental Journal* 2 (1885): 65–74.

[15] ——. *Report of the Mound Explorations of the Bureau of Ethnology.*

[16] Washington, DC: Smithsonian Institution, 1894.

[17] Trigger, Bruce G. *A History of Archaeological Thought.* New York: Cambridge University Press, 1989.

[18] Wauchope, Robert. *Lost Tribes and Sunken Continents.*

[19] Chicago: University of Chicago Press, 1962.

[20] Willey, Gordon R., and Jeremy A. Sabloff. *A History of American Archaeology.* 2d ed., San Francisco: W.H. Freeman and Company, 1980.

道格拉斯·R. 吉文斯（Douglas R. Givens） 撰，陈明坦 译

经济学

Economics

现代经济学的起源能追溯到 18 世纪末的亚当·斯密（Adam Smith），但一直以来流派众多，其差异集中在如何研究经济学以及经济学是什么这两个关键问题上，而前者关乎经济学作为一门科学的意义。古典经济学注重从供求关系、劳动分工、人口法则、收益递减、劳动价值论等几个一般公理出发，对收入分配和经济增长的条件得出确切结论，虽然不全是演绎逻辑，但大致如此。古典经济学家既肯定了当时正处于发展过程中的市场经济或企业制度，又推动了其霸权地位的确立，并以此

取代了以农业和土地利益为主导的经济体制。对此的一个回应是研究制度和文化转型细节的历史经济学，即对整个经济体制的分析评价。马克思主义经济学和其他社会主义经济学的变体认为新的经济秩序是对劳动力的剥削，并预测未来必会出现一个以劳动力而非资本为导向的制度。新古典主义经济学诞生于 19 世纪末，并在 20 世纪成为主流。它延续了古典经济学以演绎的方式关注市场经济的传统，但将分析范围缩小到资源的配置上。它的主要对手有制度经济学和凯恩斯主义经济学。前者注重经济的制度结构及其演变，强调技术、权力和法律经济关系的作用；后者则与新古典主义的政体经济二元对立形成对比。凯恩斯主义经济学关注的是决定经济活动水平的因素和力量，并受到了 20 世纪 30 年代大萧条和周期性衰退长期记录的深刻影响。20 世纪，经济学成为一门由美国而非欧洲甚至非英国主导的学科。背后有几个原因：作为一个整体的美国文化不断上升的霸权地位、在一个人口众多且增长迅速的国家里高等教育（及其相关研究和出版物）的极大发展、人们对分析技术和数学的日益重视，以及该学科内部的社会学力量。

在经济学发展的 19 世纪末和整个 20 世纪，关于它能否被看作一门科学的争论此起彼伏，从未断绝。19 世纪末和 20 世纪末（乃至目前）都出现过关于经济学是否是一门科学，以及在何种意义上被认为是一门科学的激烈争论。在此期间，有大量论著涉及"经济学的性质和范围"、经济学与其他社会科学学科的关系、方法论（认识论和科学哲学）以及其他相关的话题。这些争论是源于经济学对社会地位或学科地位的追求，主要包括 19 世纪科学的形象（或经济学家对这一形象的认识），以及经济学社会控制作用的实践。但是，它们也可能主要是由对什么是科学，什么使经济学成为一门科学，经济学作为一门科学的范围，以及经济学与物理学等学科的不同意义之类的意见分歧所驱动的，例如：

（1）经济学似乎不可避免地会考虑价值观；

（2）经济主体做出选择；

（3）经济是一种"人工制品"，它是人为构造的问题。

构成争议的附属要素有很多，而且往往有很强的技术性。它们以不同的方式被具体化，包括：

（1）解释与描述，以及两者的含义；

（2）归纳与演绎；

（3）有效性与真理，以及演绎和经验主义各自的局限性；

（4）工具与真理（现实的定义）；

（5）先验主义与经验主义；

（6）理性主义／理论与经验主义，特别是计量本身；

（7）严密性与现实主义和相关性；

（8）哲学和（或）科学的现实主义与某种形式的唯心主义；

（9）技术驱动的经验主义，由抽象的、往往是推测的模型和计量经济学相结合而产生，通常涉及数学形式主义，而不关注实际经济系统的细节；

（10）实证主义的性质和地位（逻辑实证主义、逻辑经验主义）；

（11）证伪主义与工具主义的作用；

（12）价值观和意识形态的可能作用和意义——确切地说，包括是什么构成了价值观和意识形态；

（13）鼓吹性与客观性；

（14）多种实质性经济思想流派的意义；

（15）方法论规定主义与方法论多元主义，以及对其他认识论凭证或多或少的开放性接纳；

（16）科学与学科；

（17）预测的作用（包括在模型范围内的预测与对现实中未来经济的预测，以及预测是科学的目的还是预测乃知识的唯一检验标准）；

（18）方法论（科学哲学和认识论）与话语分析（修辞学、解释学、文学批评、解构学等）；

（19）理论选择的性质和标准；

（20）科学社会学（以及一般知识社会学），特别是包括专业化社会学在内的相关性；

（21）对所有认识论、技术论和其他立场的应用范围作试验性分析的意义等。

尽管如此，争议仍在继续。例如：

（1）所有的经济研究实践都由演绎和归纳等看似互斥的对立面组合而成，尽管组合方式不同，结构也不同；

（2）关于"科学主义"的可能性，即不恰当地将所谓科学实践的结果应用于经济政策和其他领域问题的经济学家，或多或少都没有意识到可称为"经济政治"的实践。

一个普遍存在的基本问题超出了人们的普遍认识，即所有的正统研究都需要抽象化（在其他条件不变的情况下做限制性假设），因此必然是不现实的。问题在于，经济学的模型、理论和概念是否在某种意义上与现实相映照（无论该术语在一个受人类社会构造影响的世界中可能意味着两种意义中的哪一种：一是人类对基本经济的创造；二是人类对既有经济所赋予意义的构造，无论其是否为人类社会所构造），或者它们是否仅仅是根据技术工具、主导范式、意识形态等的使用，有选择性地讲述故事。

许多经济学家（可能是大多数经济学家）都更愿意从事实质性的工作，而不在方法论的问题上分心。这是他们受过专业训练而学习到的工作，所以他们相信这些工作有合法的认识论或其他方面的依据。这些经济学家在受到质疑时，一般都会肯定某种形式的实证主义——通常是密尔顿·弗里德曼（Milton Friedman）提出的实证主义，尽管这种实证主义受到了严厉的甚至可能是致命的批评。

奇怪的是，经济学存在如此多争议，这本身就与其在社会科学中取得的崇高地位相冲突。也正因此，经济学的这种地位也受到了质疑。针对经济推理和分析模式向其他学科的延伸（所谓的经济学帝国主义）已经形成了：

（1）对经济学所提供的证明价值的强烈批判；

（2）有意识地发展和应用替代性的推理模式；

（3）重新呼吁并努力将不同学科进行某种形式的整合，其目标不是狭隘地寻求学科肯定，而是聚焦严肃的专题和问题解决的研究。

另一个有争议的重要问题是，新古典主义的主流做法是把寻求问题的唯一最优均衡解作为经济学具有科学性的必要条件。这种做法一直受到批评，如：

（1）它必然要做出选择性的、临时的、自以为正确的，且最终是规范性的假设，以便产生唯一的确定性结果；

（2）它忽视了非均衡状态这一事实以及均衡或调节的过程，而专注于均衡的存在和稳定条件；

（3）它忽视了结构、心理、技术和资源变量的演变性质或想当然地对其进行先验处理。在一些经济学家看来，严密的形式化抽象模型的机械主义做法，要么满足了科学的具体要求，要么至少传达了科学的形象。而在另一些经济学家看来，这种做法与实际经济过程相冲突，并以经济学家的行为、偏好和概念化取代了现实中经济主体的行为。

参考文献

[1] Blaug, Mark. *The Methodology of Economics: Or How Economists Explain*. 2d ed. New York: Cambridge University Press, 1992.

[2] Caldwell, Bruce J. *Beyond Positivism: Economic Methodology in the Twentieth Century*. Boston: George Allen & Unwin, 1982.

[3] ——. ed. *The Philosophy and Methodology of Economics*. 3 vols. Brookfield: Edward Elgar, 1993.

[4] Eichner, Alfred S. ed. *Why Economics Is Not Yet a Science. Armonk*, NY: M. E. Sharpe, 1983.

[5] Furner, Mary O. *Advocacy and Objectivity*. Lexington: University Press of Kentucky, 1975.

[6] Himmelstrand, Ulf, ed. *Interfaces in Economic and Social Analysis*. New York: Routledge, 1992.

[7] Hodgson, Geoffrey M. *"On Methodology and Assumptions." In Economics and Institutions*. Philadephia: University of Pennsylvania Press, 1988, pp. 27–50.

[8] Johnson, Glenn L. *Research Methodology for Economists: Philosophy and Practice*. New York: Macmillan 1986.

[9] Mayer, Thomas. *Truth versus Precision in Economics*. Brookfield: Edward Elgar, 1993.

[10] Pheby, John. *Methodology and Economics: A Critical Introduction*. London: Macmaillan, 1988.

[11] Rosenberg, Alexander. Economics—Mathematical Politics or Science of Diminishing Returns? Chicago: University of Chicago Press, 1992.

[12] Samuels, Warren J., ed. *The Methodology of Economic Thought*. New Brunswick: Transaction, 1980; 2d ed., completely revised, with Marc R. Tool, 1989.

沃伦·J. 塞缪尔斯（Warren J. Samuels）　撰，曾雪琪　译

社会学

Sociology

社会学这门学科可追溯到奥古斯特·孔德（Auguste Comte），他于 19 世纪初创造了这一术语，并将注意力集中于对社会秩序和变革的实证研究上。不过，孔德的著作将社会学与社会哲学纠缠在一起，社会学的特点不够分明。埃米尔·涂尔干（Emile Durkheim）后来将此学科的独特性予以阐明，证明社会因素独立于人的心理和生理因素，并令人信服地提出，这些因素需要研究者在对人类社会行为分析时加以区别对待。

从最广泛的意义上讲，社会学是一门研究人类一切社会行为的学科。根据不同的架构，社会学又可细分为专注于宏观和微观社会学单元的子学科领域。另一些人则认为，该学科从根本上关注人类的互动，以及它是如何在社会关系、群体和集体行为模式中体现出来的。这些学者接受宏观与微观社会学方法的划分，但他们把该学科视为一门科学或以社会为研究对象的学问。这一领域的广度使学者们爱恨交加。社会学家看重可以研究一切行为的自由，但同时担心理论方法以及方法论的千差万别会使有意义的累积性观察和理论建树变成天方夜谭。然而，许多学者都寻求一套以事实为基础的综合命题来解释以及希望预测出各种特定情况下的人类行为。社会学家历来质疑他们的学科目标：他们是否应该寻求一个可以整合微观与宏观社会学进路的包罗万象的社会理论，一套可以应用于离散性问题以及亲密的大规模集体生活领域的理论与方法？抑或目标应是增进有关社会存在的认识论和哲学问题的理解？

社会学家经常争论社会学是否为一门科学，这种争论在 1945 年之前的美国尤为激烈。不过，从 1920 年到 1940 年，美国社会学家越来越多地将理论与定量研究方法联系起来，建立了一种社会学研究范式。从 1915 年到 1935 年，芝加哥社会学派将这一范式作为其领导该学科发展的重要方面加以推进。20 世纪 40 年代，研究机构和协作性社会科学项目的兴起，加强了关于理论与实际研究如何有效结合的探索。哥伦比亚大学应用社会研究所（Bureau of Applied Social Research at Columbia）、哈佛大学社会关系学系与社会关系实验室（Department and Laboratory of Social Relations at Harvard）、密歇根大学调查研究所（Institute for Survey Research at the University of Michigan）以及芝加哥后来成立的国家民意研究中心（National Opinion Research Center）等机构的重要工作使大科学成为 20 世纪 50 年代美国社会学发展的关键性力量。

与此同时，社会学作为一门学科也在发展。20 世纪早期，社会学课程从经济学中独立出来，社会学家脱离美国经济学会（American Economics Association）独立成立美国社会学协会（American Sociological Society）。20 世纪 40 年代到 60 年代，社会学迅速发展为美国大学学术版图中的独立部分。学术认可度也随着专业化和组织化程度的加深而日益提高，社会学家通常成为地区、国家或国际学术协会中的一员。

当代社会学实践以有益的多样性为特点。欧洲、亚洲和第三世界的社会学家倾向于采取更抽象、偏政治性和社会哲学的进路。美国社会学家则一直卓有成效地挑战纯粹的经验主义社会科学，发展出人文主义的、以问题为导向的、定性的、哲学的和历史的传统。当前社会学实践反映出一种理论与方法论多元化的强劲趋势，这与追求社会学科学化的普遍信仰并行不悖。

参考文献

［1］Faris, Robert E.L., ed. *Handbook of Modern Sociology*.Chicago: Rand McNally, 1964.

［2］MacIver, R.M."Sociology." *The Encyclopedia of the Social Sciences*. Edited by Edward R.A. Seligman and Alvin Johnson. New York: Macmillan, 1934, 14:232–247.

[3] Reiss, Albert J., Schmuel N. Eisenstadt, Bernard Lecuyer, and Anthony R. Oberschall. "Sociology." *The International Encyclopedia of the Social Sciences*. Edited by David Sills. New York: Macmillan and The Free Press, 1968, 15:1–53.

[4] Smelser, Neil J. *Handbook of Sociology*. Newbury Park, CA: Sage Publications, 1988.

巴里·V. 约翰斯顿（Barry V. Johnston） 撰，彭繁 译

美国社会学协会
American Sociological Association

美国社会学学会（American Sociological Society）成立于 1905 年，代表着理论型和学术型社会学家，以及寻求社会问题实际解决方案者的利益。该学会参与了美国学术团体理事会（American Council of Learned Societies，1919）和社会科学研究理事会（Social Science Research Council，1923）的创建，并于 1931 年加入了美国科学促进会。在早期,《美国社会学杂志》(*American Journal of Sociology*) 是官方期刊，但在 1936 年被《美国社会学评论》(*American Sociological Review*) 所取代。该学会于 1959 年更名为美国社会学协会（American Sociological Association）。1963 年，行政办公室从纽约搬到了华盛顿特区，同时任命了第一个全职执行干事。增长最快的时期是 20 世纪 60 年代，当时的会员增加了一倍多，达到 13357 人。1999 年，协会再次拥有超过 13500 名会员，并为入会者提供了 39 个专门分会和 9 份官方刊物。

专门分会和期刊反映了会员的广泛兴趣，并将其融入到国家结构中。经过认可的分会在协会内部享有相当大的自由，根据它们的规模，调整年度会议上议程的时间长短。协会也将对会员兴趣的转变作出程序上的回应，在年度议程中设置紧急事项。此外，还与主要的区域和专门的社会学组织保持灵活的关系。

从历史上看，这个协会反映了会员之间的和谐与分歧。随着芝加哥大学不再一家独大，以《美国社会学评论》的创立为标志，社会学家继续为他们的事业和协会争取合理的身份。虽然争论反映了学科观点、方法论偏好和兴趣的纷繁芜杂，但协会仍然致力于包容性和多样性，而不标榜理论或方法上的正统。

参考文献

[1] Rhoades, Lawrence J. *A History of the American Sociological Association 1905-1980*. Washington, DC: American Sociological Association, 1981.

巴里·V. 约翰斯顿（Barry V. Johnston） 撰，陈明坦 译

社会学的芝加哥学派
Chicago School of Sociology

芝加哥的社会学传统滥觞于阿尔比恩·斯莫尔（Albion Small）1892 年建立的社会学系，芝加哥大学则成了芝加哥学派的学术中心。在 W. I. 托马斯（W. I. Thomas）、罗伯特·帕克（Robert Park）和欧内斯特·W. 伯吉斯（Ernest W. Burgess）的领导下，这群学者享有卓越的地位和至少 20 年的学科霸权。在芝加哥学派崛起之前，社会学工作是独立的哲学和历史学者的事业，他们没有学术职务或精心安排的大学项目的优势，在图书馆里独自工作。芝加哥学派为社会学研究建立了一种新模式：将实证研究与理论融为一体，以此作为阐明社会学概念的范例。该中心由一个支撑组织和一个基础设施所培育，后者把外部的财政支持与社会学家对科学和进步的看法相结合。正是由于思想、方法和组织的融合，使得该系在 1915 年至 1935 年间获得了世界范围内的领导和霸权地位。

芝加哥学派常常成为社会科学史学家争论的话题。有人质疑它强加给社会学发展的控制程度和方向。另一些人则坚称，芝加哥学派不仅行使了霸权，更是从未衰落，并继续担当着美国社会学的主导力量。还有一些人质疑它在多大程度上是一个真正的"学派"，而非使用各种各样的方法，且倾向于对社会采取折中的理论方法的一群学者的集合。不论其中某个人的地位如何，芝加哥学派作为塑造美国社会学的一股强大力量，得到了广泛的认可。

参考文献

[1] Abbott, Andrew. *Department and Discipline: Chicago Sociology at One Hundred*.

Chicago:University of Chicago Press,1999.

[2] Bulmer, Martin. *The Chicago School of Sociology: Institutionalization, Diversity and the Rise of Sociological Research.*

[3] Chicago: University of Chicago Press, 1984.

[4] Faris, Robert E.L. *Chicago Sociology: 1920-1932.* San Francisco: Chandler, 1967.

[5] Fine, Gary Alan. *A Second Chicago School: The Development of a Postwar American Sociology.* Chicago: University of Chicago Press, 1995.

[6] Kurtz, Lester R. *Evaluating Chicago Sociology: A Guide to the Literature with an Annotated Bibliography.* Chicago: University of Chicago Press, 1984.

[7] Matthews, Fred H. *Quest for an American Sociology: Robert E. Park and the Chicago School.* Montreal: McGill-Queen, 1977.

[8] Shils, Edward. "Tradition, Ecology, and Institution in the History of Sociology." In *The Calling of Sociology and Other Essays on the Pursuit of Learning, Selected Papers of Edward Shils.* Chicago: University of Chicago Press: 1980, 3:165-256.

巴里·V. 约翰斯顿（Barry V. Johnston） 撰，吴晓斌 译

科学社会学
Sociology of Science

　　科学社会学研究中，有 4 条主要的研究与反思路径——默顿学派 [以其创立者罗伯特·K. 默顿（Robert K. Merton）的名字命名]、科学知识社会学、反身性与科学实践研究。这些领域的历史都不是很长，作为有组织的研究领域，其只能分别追溯到 20 世纪 60 年代（默顿社会学）、70 年代（科学知识社会学）和 80 年代（反身性和科学实践研究）。最早的默顿社会学最为保守，而稍晚的反身性与实践研究或许最为激进，这也是意料之中的。

　　要辨明默顿科学社会学与后来研究方法的差别，我们需要考虑到曾经科学史与科学哲学的核心关切：科学发展中"内部"因素和"外部"因素的区别。前者赋予科学一种特别的理性或方法，以保证科学知识有不受社会影响的自主性；后者关注科学界的社会性以及科学与社会更广泛的联系。只有默顿学派认真对待了这种区分，

将自己的研究严格限定于"外部"社会学。默顿本人在他的开创性著作《十七世纪英格兰的科学、技术与社会》（*Science, Technology, and Society in Seventeenth Century England*，1938）中指出，宗教、政治、经济和军事因素会影响科学研究课题的选择和科学知识产出的速度，但不会影响科学知识的具体内容。默顿的观点随后在一系列科学学科的形成研究中得到阐发，最著名的即约瑟夫·本－戴维（Joseph Ben-David）对 19 世纪德国大学体系中实验心理学兴起的研究。

默顿学派的另一研究方向也直接来源于默顿的工作，即科学规范。默顿从社会学中曾占主导地位的结构功能主义角度论证，认为科学家应该遵循 4 种行为准则——普遍主义（universalism）、公有性（communism）、无私利性（disinterestedness）和有组织的怀疑（organized skepticism）——从各个角度规范了他们向科学界公开科学发现及评价他人贡献的方式。默顿认为，遵守这些规范将使可靠科学知识的产出速率最优化。自那时起，许多研究都旨在探索当代科学界，尤其是美国科学界，在多大程度上符合这些标准。密切相关的研究还包括确定社会分层（通过年龄、性别、机构所属等）对科学表现是否有任何影响。乔纳森·科尔（Jonathan Cole）和斯蒂芬·科尔（Stephen Cole），哈里特·朱克曼（Harriet Zuckerman）和另一些学者所做的研究基本得到了令人满意的成果。最近，"欺诈行为"（fraud）已成为默顿传统中一个重点研究领域，它被视为明显的越轨现象。

科学知识社会学（Sociology of Scientific Knowledge，SSK）背离了默顿的图景，背离了传统的科学史和科学哲学，摒弃了内部和外部的二分法。科学知识社会学否认任何特殊的、非社会的、科学的方法存在，顾名思义，它主张即使科学知识也需要被理解成一种社会产物。科学知识社会学的经验研究常常从托马斯·库恩（Thomas Kuhn）《科学革命的结构》（*The Structure of Scientific Revolutions*）一书中寻找灵感，倾向于关注当代科学中或者追溯到科学革命的科学史中的争论，原因很简单，在这些争论中显然缺乏科学家可以依据的任何各方公认且没有问题的方法。在 20 世纪 70 年代的权威著作中，巴里·巴恩斯（Barry Barnes）和史蒂文·夏平（Steven Shapin）发展了马克思和韦伯的观点，提出科学知识是由它的"生产者"和"消费者"的社会利益所决定的。大卫·布鲁尔（David Bloor）阐明了涂尔干式的论点，即社会结构严格限制着科学信仰。哈里·柯林斯（Harry Collins）认为，当代科学的争论通过相关科学家之间视情况而定的"谈判协商"进行解决。

正如人所料，通过消除内外史的分野，科学知识社会学将自己置于科学史、科学哲学与科学社会学诸多争论的中心。批评者经常指责科学知识社会学是自我否定的相对主义的牺牲品；在否定科学有任何超越社会性的权威时，科学知识社会学是否也削弱了它自己主张的权威性？但现在人们普遍认为，科学知识社会学对科学研究产生了令人振奋的推动作用。它有助于激发经验式的好奇心，促使人们探索科学中社会因素与专业因素在历史中的交织。它也有助于打破科学与科学理论传统上的密切关联。科学知识社会学的许多研究聚焦于科学事实的社会建构，这有助于激励学者从历史、哲学和社会学角度探究科学实验与观察的本质。

科学社会学的反身性研究和科学实践研究在许多方面都可以视为科学知识社会学的延伸，但在与主流社会学的关系方面它们和科学知识社会学有所不同。科学知识社会学（与默顿传统一样）在解释科学时利用了标准的社会学体系，但两种新的研究路径则在社会学（和哲学）上更具争议。可以说，反身性将科学知识社会学的矛头指向自己。科学知识社会学强调了史蒂夫·伍尔加（Steve Woolgar）所谓的科学表征的"方法论的恐怖"——任何科学解释都可以被争论和解构，这一举措为科学知识的社会学解释开辟了道路。反身性却将这种做法应用到科学知识社会学和整个社会学中，反问科学知识社会学如何处理这种方法论的恐怖。在反身性框架内，此类问题在自然科学或社会科学中不存在最终答案，因为答案本身立刻就会成为被分析的对象。但在迈克尔·马尔凯（Michael Mulkay）、史蒂夫·伍尔加和马尔科姆·阿什莫尔（Malcolm Ashmore）的著作中，人们发现这些作品在审视自己的建构——例如，"新写作方式"（new literary forms）：在单一文本中有多种相互竞争的声音与表征彼此解构。

科学实践研究关注于科学的实践活动而非科学知识本身。他们试图了解科学在实验室、办公室、资助机构等方面的日常表现，无论这是否会引起争议。当前开创性的研究都采用人种志研究方法，包括多部实验室生活的研究著作：布鲁诺·拉图尔（Bruno Latour）和史蒂夫·伍尔加（1979），诺尔－塞蒂娜（Knorr-Cetina）（1981）和迈克尔·林奇（Michael Lynch）（1985）；尽管科学实践的历史重建也在诸如安德鲁·皮克林（Andrew Pickering）关于基本粒子物理学史的著作、大卫·古丁（David Gooding）对迈克尔·法拉第（Michael Faraday）的研究以及布鲁诺·拉图尔对路易·巴斯德（Louis Pasteur）的研究中得到了发展。同样，此类研究也已成为批评传统社会学的基础，最著名的是米歇尔·卡龙（Michel Callon）和布鲁诺·拉图尔提出的"行动者网络"（actor-network）理论，他们认为，整个科学－技术－社会的复合体应该被概念化为由相互依存、相互影响的人类和非人类代理者组成的相互竞争的网络所构建起的一张无缝之网。在这种理论方法中，科学和社会都被视为没有任何必然的自主性。不同于科学知识社会学及其倡导的由社会因素解释科学的技术内容，"作为实践的科学"研究表明，技术和社会是在同一个技术社会（Technosocial）过程中共同产生的。于是，在这个包含了科学、技术和社会研究领域里，科学社会学便解体了，失去了其学科完整性。

参考文献

［1］Barnes, Barry. *Interests and the Growth of Knowledge*. Boston: Routledge & Kegan Paul, 1977.

［2］Bloor, David. *Knowledge and Social Imagery*. 2d ed. Chicago: University of Chicago Press, 1991.

［3］Collins, Harry M. *Changing Order: Replication and Induction in Scientific Practice*. 2d ed. Chicago: University of Chicago Press, 1992.

［4］Knorr-Cetina, Karin. *The Manufacture of Knowledge: An Essay on the Constructivist and Contextual Nature of Science*.

［5］New York: Pergamon, 1981.

［6］Latour, Bruno. *Science in Action: How to Follow Scientists and Engineers through Society*. Cambridge, MA: Harvard University Press, 1987.

［7］Latour, Bruno, and Steve Woolgar. *Laboratory Life: The Construction of Scientific Facts*. 2d ed. Princeton: Princeton University Press, 1986.

［8］Lynch, Michael. *Art and Artifact in Laboratory Science: A Study of Shop Work and Shop Talk in a Research Laboratory.*

[9] London: Routledge & Kegan Paul, 1985.

[10] Merton, Robert K. *The Sociology of Science: Theoretical and Empirical Investigations.* Edited by Norman W. Storer.

[11] Chicago: University of Chicago Press, 1973.

[12] Mulkey, Michael. *The Word and the World: Explorations in the Form of Sociological Analysis.* London: George Allen and Unwin, 1985.

[13] Pickering, Andrew, ed. *Science as Practice and Culture.*

[14] Chicago and London: University of Chicago Press, 1992.

[15] ——. *The Mangle of Practice: Time, Agency, and Science.*

[16] Chicago: University of Chicago Press, 1995.

[17] Shapin, Steven. "History of Science and Its Sociological Reconstructions." *History of Science* 20 (1982): 157–211.

[18] Woolgar, Steve, ed. *Knowledge and Reflexivity: New Frontiers in the Sociology of Knowledge.* Beverly Hills and London: Sage, 1988.

安德鲁·皮克林（Andrew Pickering） 撰，彭繁　译

美国人类学协会
American Anthropological Association

人类学的专业化，关联着科学的发展，以及大学的迅速崛起和扩张，因为地方院校的学者和研究人员取代了业余爱好者。通常设立于大城市的学术团体，从 19 世纪以来就伴随并促进着人类学的发展。第一个专门的人类学社团是巴黎民族学学会（1839），随后在伦敦（1843）、莫斯科（1863）、柏林（1869）、维也纳（1870）和东京（1884）也相继成立此类学会。

在美国，美国民族学学会成立于 1842 年，华盛顿人类学学会成立于 1879 年。美国人类学协会成立于 1902 年，是目前世界上最大的人类学学会，其目标是促进对人类学的兴趣，加强人类学家和人类学知识在公共辩论和政策制定中的作用。协会成立第一年年末有 175 位会员。到 1992 年，已有 287 位终身会员，7265 位正式会员，以及 3405 位学生会员，共计 10957 人。

除了 1888 年开始出版的季刊《美国人类学家》（*American Anthropologist*），美国人类学协会的出版物还包括：几种其他季刊、人类学学术研究机构的年度指南以及年度会议的大纲和摘要。

随着美国人类学协会的壮大，许多专业分会成立起来。有些分会很小，不太正式，也没有出版物。有些则从属于美国人类学协会的分支：美国民族学学会、考古学分会，女性主义人类学协会、政治和法律人类学协会、黑人人类学家联合会、拉美裔人类学家联合会、资深人类学家联合会、生物人类学分组、中部州人类学学会、博物馆人类学委员会、人类学与教育委员会、营养人类学委员会、文化、农业与普通人类学分会、全国人类学实践协会、全国人类学学生协会、东北人类学协会、社区大学人类学学会、意识人类学学会、欧洲人类学学会、工作人类学学会、文化人类学学会、人文人类学学会、拉丁美洲人类学学会、语言人类学学会、医学人类学学会、心理人类学学会、城市人类学学会和视觉人类学学会。

参考文献

[1] Stocking, George W., Jr. "Franz Boas and the Founding of the American Anthropological Association." *American Anthropologist*. 62（1960）: 1–17.

约翰·M. 威克斯（John M. Weeks） 撰，陈明坦 译

人口理事会

The Population Council

这是一家由约翰·D. 洛克菲勒三世（John D. Rockefeller III）于 1952 年创建的非营利机构，总部设在纽约，旨在支持关于人类生育的人口统计学和生物医学研究。洛克菲勒坚信，人口的快速增长对人类福祉构成了严重威胁，而对于洛克菲勒基金会和其他老牌慈善机构不愿与节育直接挂钩，他一直感到沮丧。20 世纪 20 年代，洛克菲勒就读于普林斯顿大学，并且有很长一段时间在他父亲的办公室做学徒，因而深受学者和社会活动家的影响，这些人认为阶级、种族和国家之

间的生育差异可能是有害的，而当洛克菲勒所获得的资源足够他追求独立事业时，他选择了人口控制以及美国和亚洲国家之间的文化联系作为他慈善事业的主要关注点。

人口理事会在确立人口控制研究的合法性方面发挥了重要作用。首先，它为著名学者提供研究补贴，并大力推动避孕研究和国际计划生育项目。该理事会从第三世界国家引入数千名年轻的专业人员到美国，接受人口统计学和生殖科学方面的培训，并资助在世界各地建立人口研究中心。20 世纪 60 年代初，人们明确发现使用传统避孕方法的计划生育项目并没有立即对出生率产生影响，因而人口理事会组织发起重新关注宫内节育器，赞助了一项国际临床试验项目，并对可能有效的人口控制项目的成效进行宣传。

在布加勒斯特世界人口会议（1974）之后，理事会进行了改组。理事会在人口控制研究和行动计划的制度化方面取得的巨大成功，激起了人们对以男性为主导、由美国所掌控的第三世界国家降低生育率的批评。事实证明，约翰·D. 洛克菲勒三世对这种批评比那些享有相当大自主权的委员会职业经理人更敏感，因此他招募了新的执行官乔治·蔡登斯坦（George Zeidenstein），他是一位社会活动家，有着致力于一般发展而非人口控制的背景，而他成功改组了理事会，以应对公众对于如何促进发展的那些不断变化的看法。理事会延续了其创始者的愿景，即建立一个面向国际、致力于促进人口控制研究和扶持经济发展计划的机构。

参考文献

[1] Harr, John Enson, and Peter J. Johnson. *The Rockefeller Conscience: An American Family in Public and in Private*. New York: Scribner's, 1991.

[2] The Population Council. T*he Population Council: A Chronicle of the First Twenty-Five Years, 1952-1977*. New York: The Population Council, 1978.

[3] Reed, James. *From Private Vice to Public Virtue: The Birth Control Movement and American Society since 1830*. New York: Basic, 1978.

詹姆斯·W. 里德（James W. Reed） 撰，郭晓雯 译

另请参阅：节育（Birth Control）

5.2 专题研究

族群、种族和性别
Ethnicity, Race and Gender

近两个世纪以来，美国的医生、生物学家和人类学家一直试图阐明种族、性别和族群的生物学基础。关于生物学差异的科学争议总是伴随着一个社会观点：妇女应该/不应该享有选举权或接受高等教育；奴隶制是/不是正义的；黑人是/不是智力低下且因此注定贫困；19世纪的亚洲人是/不是智力低下或20世纪末的亚洲人是/不是智力超群（20世纪末）。这一科学探索领域也许比其他任何领域都更能证明科学知识的社会决定性。

路易·阿加西和塞缪尔·莫顿（Samuel Morton）是19世纪著名的两位美国科学家，他们在种族方面的工作得到了广泛认可。阿加西是哈佛大学教授、比较动物学博物馆的创始人，他阐述了人类多重起源说的概念，即不同的人类种族构成了不同的物种，并因此获得了尊重。虽然他不提倡奴隶制，但他确实认为所谓的黑人是高度退化的人种，而优秀的高加索人种应该保持独立存在：通婚只会导致文明的衰落。阿加西关于多重起源说的观点首次赢得了欧洲知识分子对美国科学事业的尊重。阿加西为多重起源说思想提供了理论框架，费城医生塞缪尔·莫顿则提供了经验数据。他一生中收集了600多颗人类头骨，还用这些头骨为种族排序。19世纪的生物学家认为，大脑的尺寸可以用来衡量人类的智力。莫顿用散弹珠测量头骨的容量并排出顺序，其中欧洲人名列前茅，非洲人垫底，亚洲人和美洲原住民居中。莫顿还用自己的想法来证明种族间完全隔离的合理性。史蒂芬·杰伊·古尔德（Stephen Jay Gould）重新计算了莫顿的原始数据，并表明他是如何（可能无意识地）操纵这些数据来支持自己先入为主的偏见。

更聪明的人拥有更大的大脑，这一观点是在18世纪的欧洲形成的，最初被用于描述男女之间的差异。欧洲科学家们费尽心思地寻找一些"有效"的大脑尺寸测量方法，力图表明男性大脑比女性大脑大。如果只考虑尺寸，那么大象应该比人类更聪明。然而如果将大脑大小除以体重，那么女性就会"领先"。伟大的法国博物学家乔治·居维叶试图通过测量颅骨和面部骨骼的相对比例来解决这个问题，但这种测量法的结果却是鸟类看起来比人类更聪明。在美国，通过对女性的研究得出的关于大脑尺寸和智力的假设不仅适用于美国女性，也适用于有色人种。

20 世纪上半叶，探索大脑结构差异的研究逐渐消失，取而代之的是智力测试的发展。H. H. 戈达德（H.H. Goddard）将由法国开发的、用于识别和帮助弱智儿童的智商量化表引进美国，用它设计了一种单一的智力检测法，并将其用于正常儿童和有学习障碍的儿童。基于种族间智力差异的观念，刘易斯·特曼（Louis Terman）创立了大众化的智商测试法。与戈达德不同，特曼并不想帮助那些"智力低下的人"，而是想控制他们。他的工作与当时蓬勃开展的优生学运动沆瀣一气，两者都呼吁只允许符合精神和道德标准的人繁衍后代。一段时间后，罗伯特·M. 耶基斯（Robert M. Yerkes）对大量美国陆军新兵进行了智商测试，得出的结论是北欧人在智力上优于南欧人；有色人种则处于底层。最终，心理学家和民权活动家抨击了智商测试中的种族和文化偏见。新的测试努力消除种族偏见；但这样的努力成功与否总是取决于先验的观念：人们是否认为所有种族的平均智力都是相似的，还是期望能发现差异？

观点的先入为主也体现在对女孩和妇女的智力测试中。因为在最初的智商测试中，女孩的分数比男孩高几分，于是特曼修改了测试，删除了女孩回答地更好的问题。同样，1972 年以前，在大学入学考试中，女性在语言部分比男性更出色，数学部分则不然。1972 年以后，由于设计考试的美国教育考试服务中心（ETS）开始取消女性比男性成绩好的科目，男女在语言能力方面的差异也逐渐缩小。1992 年，男女在数学上的差异（ETS 没有大力纠正）仍然被用来支持以下观点：尽管能在数学课堂上取得更好的成绩，女性也不太可能在对数学能力要求极高的职业中取得成功。

1992 年，关于男性和女性之间、黑人和白人之间可能存在解剖学上差异的看法仍然非常活跃。对于女性和男性来说，人们一直认为大脑中的特定区域对数学和空间能力的发展至关重要，并试图找出这些区域的结构性差异。少数科学家试图重申

"黑人和女性的大脑较小，这种大小差异导致其智商测试分数更低"的观点。然而，这些观点仍极具争议性，是美国关于种族和性别差异的持续性社会争论中的科学成分。总而言之，我们的结论是：科学是社会生产的知识；当被应用于种族、性别和族群时，它不可避免地带有先前的社会信念，而这些信念可能又被受过科学训练的研究人员的发现所强化。

20世纪初，体质人类学家为找到衡量种族差异的科学方法付出了巨大努力。他们设计了头发卷曲度、嘴唇厚度和肤色深浅度的图表，但没有一种方法真正有效。20世纪末的生物学家不再认为种族是一种在生物学上有效的人类分类法。相反，他们研究了不同人类群体中的基因频率。那些在历史上被我们归入不同种族的群体在基因上的相似性大于差异性，而那些被归入同一种族的群体往往有很大程度的遗传变异。作为一个社会、历史和地理的概念，种族概念仍旧存在，但它不具备生物学上的有效性。

同样，20世纪末的生物学家们也不再将性别视为一个简单的类别。他们认为存在染色体性别、胎儿性腺性别、由外生殖器指定的性别、荷尔蒙性别（包括胎儿和青春期），以及由社会指定的性别。通常情况下，生物学性别的这些不同方面是一致的，个体的性别角色（一组社会分配的行为）反映了其基本的生物学性别。但是，当生物学性别混合时（例如一个人有睾丸，但其外生殖器包括了阴道和阴蒂），性别角色的分配可能更加随意。没有任何一个因素可以作为男性或女性的生物学特征，而且似乎很明显的是，性别角色是文化而非生物学意义上的。

探究性别和种族差异的科学史提出了关于科学知识本质的深刻哲学问题。女权主义者、反种族主义者和知识社会学家不再认为科学家只是揭开了有关自然界的真相。相反，他们认为科学家是根据自身所处的社会和政治背景来解释自然现象。19世纪，主流科学家在种族和性别方面几乎没有分歧：他们都认为性别和种族上的劣势是不言而喻的，是自然的设计。到20世纪末，科学家们的想法变得大相径庭。科学家之间的观点冲突，凸显了人类文化中有关种族平等和两性角色的社会冲突。科学知识的社会偶然性已经得到高度重视。因此，科学哲学家和科学社会学家正在积极尝试重塑科学的客观性，以使其社会成分清晰可辨。

参考文献

［1］Fausto-Sterling, Anne. Myths of Gender: Biological Theories About Women and Men. 2d ed. New York: Basic Books, 1992.

［2］——. Sexing the Body: Gender politics and the construction of sexuality.New York: Basic Books, 1999.

［3］Gardner, Howard. Frames of Mind: The Theory of Multiple Intelligences.New York: Basic Books, 1983.

［4］Gould, Stephen Jay. The Mismeasure of Man. New York: Norton, 1981.

［5］Haraway, Donna. Primate Visions: Gender, Race and Nature in the World of Modern Science. New York: Routledge, 1989.

［6］Harding, Sandra. Whose Science? Whose Knowledge? Thinking from Women's Lives. Ithaca, NY: Cornell University Press, 1991.

［7］Kessler, Suzanne. Lessons from the Intersexed. New Brunswick: Rutgers University Press, 1998.

［8］Kevles, Daniel J. In the Name of Eugenics: Genetics and the Uses of Human Heredity. New York: Knopf, 1985.

［9］Marks, Jonathan. Human Biodiversity: genes, race and history. New York: Aldine de Gruyter, 1994.

［10］Mensh, Elaine, and Harry Mensh. The IQ Mythology: Class, Race, Gender, and Inequality. Carbondale: Southern Illinois University, 1991.

［11］Russett, Cynthia Eagle. Sexual Science: The Victorian Construction of Womanhood. Cambridge, MA: Harvard University Press, 1989.

安妮·福斯托 - 斯特林（Anne Fausto-Sterling） 撰，曾雪琪 译

另请参阅：科学中的性别（Gender in Science）；科学中的女性（Women in Science）

文学及其与科学技术的关系
Literature—Relations to Science and Technology

我们并不总兼有"文学""科学"和"技术"，更遑论文学与后者之间的关系了。

在 19 世纪中叶以前，文学和科学技术是很难区分的。在美国和其他地方，特别是英国，传统的预科和大学课程是按照"七艺"来安排的，分为基础的语法、修辞和逻辑三门，以及高级的算术、几何、天文学和音乐四门。我们现在所称的科学在当时被称为自然哲学，并且与哲学有关系，而我们现在所知的文学与修辞学有关系。

多数情况下，自然哲学依靠修辞论证，而非算术或几何来证明其观点，因此在大多数早期的科学论述中定量推理几乎没有影响。诚然，从 16 世纪中叶开始，利用算术与几何的技术和贸易手册类文献非常多（Zilsel, pp. 544-562），尤其在 16 世纪中叶欧几里得的《几何原本》被翻译之后。当然，伽利略、惠更斯和牛顿等人在这方面是例外。然而，直到 18 世纪末和 19 世纪初，伽利略开创的自然数学化被广泛接受，那时，"更注重数学的美国哲学学会加入了更注重培根主义的美国实用知识促进会"（Limon, p. 21），在艺术和文学或高等教育领域，文学与科学和技术的分离才真正开始。

在讨论的这个时期之前，没有人认为有必要把文学和科学视为相互排斥的话语。那些相信美国是一种新伊甸园的清教徒理解了这一潜在的意义，无论是对科学辩护者如培根还是对诗人如弥尔顿的权威，均有这样的地位。此外，生活在 19 世纪中叶之前的美国人对此后被贴上"文学"或"科学"标签的文本没有做出明确区分。这两种文本的价值都来自对实用知识的介绍。因此，弥漫在乔纳森·爱德华兹（Jonathan Edwards，1703—1758，18 世纪启蒙运动时期著名的清教徒、布道家）日记中的牛顿主义也进入了他的布道，弥漫在富兰克林的科学实验中的功利主义也渗透在《穷理查年鉴和自传》（*Poor Richard's Almanac and the Autobiography*）中。

随着自然数学化的完成，19 世纪的科学和技术实践有了质的飞跃，科学实验室的兴起、实验方法和仪器的改进，以及能够将火、光、蒸汽和电等元素现象用于特定目的的发明家和技术专家的增多则预示了这一进步。这种新的定量和方法上的精确性，以及由此产生的有待使用的数据，使得几乎所有相关的人都清楚地看到，科学知识往往是那种能够立即应用的知识，而文学知识则是具有广泛社会意义的知识，或者是为了其自身的艺术目的。一方面，贝塞默转炉、菲涅尔透镜、富尔顿汽船和莫尔斯电报见证了这样一个命题，即科学不承认获取知识和使用之间存在区别

（Bronowski, p. 7），因此这成了有上进心和务实精神之人的首选。另一方面，像霍桑（Hawthorne）的小说《出生标记》（*The Birth Mark*）和《拉帕西尼的女儿》（*Rappacini's Daughter*），坡（Poe）的诗歌《尤里卡》（*Eureka*），往好了说是对科学技术的批判，往坏了说是对科学技术的彻底敌视，这些都证明了这样一个命题：文学知识没有实际用途，因此，文学知识是那些有足够闲暇时间阅读文学的无所事事的中上层阶级的智力娱乐工具。受过教育的人看待和评价科学技术的方式和这些人看待和评价文学的方式之间的区别，这在当时的出版物中有所体现。也有例外，比如英国化学家汉弗莱·戴维（Humphry Davy），他既写诗又从事科学，在《力学杂志》（*Mechanics Magazine*）等受欢迎的出版物上以博学而闻名。诗歌出现在像《科学美国人》（*Scientific American*）这样的通俗杂志上，尤其是内战前出版的那些。但诗歌的出现是对科学问题的"突破"，而不是与其竞争。本杰明·西利曼的《美国科学与艺术杂志》（*American Journal of Science and the Arts*）"第一次让美国人感受到美国科学家是什么样子的"（Limon, p. 125）。

文学和科学之间的鸿沟作为社会和知识实践，到 19 世纪中期时已然充分发展，尽管也有例外，比如在坎布里奇—康科德轴线（Cambridge-Concord axis）上所观察到的那样（见 Harding），但 20 世纪中叶还是产生了被 C.P. 斯诺（C. P. Snow）描述为"两种文化"的现象。即使马克斯·布莱克（Max Black）和玛丽·赫西（Mary Hesse）等哲学家努力表明隐喻是科学探究的基础，就像它是文学的基础一样；罗尔德·霍夫曼［Roald Hoffman，《变生状态》（*The Metamict State*）］等科学家、刘易斯·托马斯［Lewis Thomas，《细胞生命的礼赞》（*The Lives of a Cell*）］等医生和亨利·彼得罗斯基［Henry Petrosky，《铅笔》（*The Pencil*）］等工程师在文学方面努力弥合这一鸿沟，但这一鸿沟今天仍然存在。虽然如此，近四分之三个世纪以来，人们一直在努力描述文学与科学的关系，借此维持二者的联系。不足为奇的是，这些努力都集中在七艺（seven liberal arts）——这条鸿沟始于七艺，这就是"犯罪现场"。——尤其是三艺和由三艺衍生的人文学科领域。

文学和科学领域的早期研究是建立在这样一个假设之上的，即文学把科学作为其众多话题之一。因此，沃尔特·克莱德·柯里（Walter Clyde Curry）的《乔叟与中世纪科学》（*Chaucer and the Medieval Sciences*，1926）解释了乔叟引用相面术和占星术的重要性，这与 E.F. 香农（E.F. Shannon）的《乔叟与罗马诗人》（*Chaucer and the Roman Poets*，1929）解释乔叟引用奥维德（Ovid）和维吉尔（Virgil）的重要性的方式没有什么不同。另外，稍后著书的学者 E.A. 伯特（E.A. Burtt）和 A.O. 洛夫乔伊（A. O. Lovejoy）是明显的例子，他们将文学和科学都纳入了思想史的框架。因此，当玛乔丽·霍普·尼克尔森（Marjorie Hope Nicolson）在《牛顿需要缪斯》（*Newton Demands the Muse*，1946）中写到 18 世纪的作家在他们的作品中使用当代的光和视觉的描述时，她创作了一个思想史一般方法的特殊案例，拉夫乔伊（Lorejoy）的《存在巨链》（*The Great Chain of Being*，1936）就是这种方法的缩影，在这本书中，他谈到了文艺复兴时期以及之后的评论家们对新柏拉图主义充实性原则的使用。

由于缺乏典范、主题、流派，也没有选择特定的时期和国家，甚至没有一个连贯的方法论，美国的文学和科学研究在战后、"冷战"和越战时期萎靡不振，尽管有一些明显的例外，如尼科尔森、她的学生和当时年轻的合作者 G.S. 卢梭（G.S. Rousseau），以及其他人如利奥·马克斯（Leo Marx）。然而，随着 70 年代中后期对批判和文化理论兴趣的增长，以及越来越多的人认识到科学技术的历史和哲学，如果通过理论的中介，可以发挥有用的背景或启发功能，文学和科学的研究经历了一个新的兴趣激增。这种兴趣在 1985 年有了组织基础，当时在加州大学伯克利分校举行的第十七届国际科学史大会上成立了文学与科学学会（SLS）。文学和科学研究兴趣增长的一个引人注目的事件是，1975 年前后，寻求在现代语言协会（MLA）的组织框架内废除协会的文学与科学分部的著名学者几乎占了上风，结果到 1978 年时，该分部仍在现代语言协会大会期间召开了会议，讨论文学与科学研究的未来（如果有的话）。

从长远来看，1978 年的辩论使这一领域重新焕发了活力。从那时起，尽管现代语言协会没有全心全意的支持（例如，在 1987 年没有召开纪念牛顿《原理》三百周年的会议，尽管事实上不止一次适时地提议过），协会的文学和科学部门在年会上开创了具有挑战性的高质量的会议。20 世纪 90 年代，文学和科学是一个蓬勃发展的领域。自 1987 年以来，文学与科学学会每年都会举行秋季年会。它最初的《文学与科学学会通讯》（*PSLS*）已经让位于一个新的学术期刊《结构》（*Configurations*）。

目前在文学和科学领域所做的工作既多样又复杂。一些优秀的作品通过将前者的方法扩展到后者，为传统的文学研究领域和科学探索搭建了桥梁。例如，查尔斯·巴扎曼（Charles Bazerman）在《塑形书面知识：科学实验文章的体裁和活动》（1988）中，将体裁理论扩展到分析 17 世纪科学文章的发展，并最终在 20 世纪确立了学术权威的地位。吉莉安·比尔（Gillian Beer）在 1983 年出版的《达尔文的情节：达尔文、乔治·艾略特和 19 世纪小说中的进化叙事》一书中，重点论述了达尔文特有的语言和运用，以显示这些语言和运用对 19 世纪英国小说不可或缺的影响，艾伦·G. 格罗斯（Alan G. Gross）在《科学修辞学》（1990）中提出了修辞学分析的主题，研究了修辞学在科学类比的形成、分类法的建立以及科学文章的风格和排列等方面的作用。

其他的模范作品从一个给定的知识环境出发，展示了文学和科学是如何受到这种环境的制约或对这种环境作出反应的。例如，N. 凯瑟琳·海尔斯（N. Katherine Hayles）在《混沌界：当代文学与科学中的有序无序》（*Chaos Bound: Orderly Disorder in Contemporary Literature and Science*，1990）一书中，将信息理论、混沌理论和批评理论结合在一起，展示了科学关于传播及其破坏的洞察力是如何在当代小说领域中运作的。大卫·波鲁什（David Porush）创作了《软机器：控制论小说》（*The Soft Machine: Cybernetic Fiction*，1985）一书，他是将当代批评理论和信息理论应用于现当代科幻小说的全面研究的主要负责人和颇有才华的倡导者之一。

回顾文学和科学的学生在 1978 年现代语言协会会议上讨论的危机，可以客观地指出，有关危机已逝的报道是相当夸大的。卢梭在宣布文学和科学的传统研究方式的消亡时，援引了法国理论家巴特（Barthes）、德里达（Derrida），尤其是福柯（Foucault）的观点，把超越传统进路的方式指向了那些或是"文学的"或是"科学的"，作为固有权威或固有意义的宝库的那些文本（Rousseau, p. 590）。正是那些参加了会议或是受到会议直接或间接影响的人使得文学和科学成为当下令人兴奋的探索领域。

参考文献

[1] Bazerman, Charles. *Shaping Written Knowledge: The Genre and Activity of the Experimental Article in Science*. Madison: University of Wisconsin Press, 1988.

[2] Beer, Gillian. *Darwin's Plots: Evolutionary Narrative in Darwin, George Eliot, and Nineteenth-Century Fiction.*Boston: Routledge & Kegan Paul, 1983.

[3] Black, Max. *Models and Metaphors*. Ithaca: Cornell University Press, 1962.

[4] Bronowski, Jacob. *Science and Human Values*. Rev. ed. 1965.

[5] Reprint, New York: Harper & Row, 1972.

[6] Curry, Walter Clyde. *Chaucer and the Medieval Sciences.*

[7] Oxford: Oxford University Press, 1926.

[8] Gross, Alan G. *The Rhetoric of Science*. Cambridge, MA: Harvard University Press, 1990.

[9] Harding, Walter. "Walden' s Man of Science." *Victorian Poetry* 57 (1981): 45–61.

[10] Hayles, N. Katherine. *Chaos Bound: Orderly Disorder in Contemporary Literature and Science*. Chicago: University of Chicago Press, 1990.

[11] Hesse, Mary. *Models and Analogies in Science*. Notre Dame: Notre Dame University Press, 1966.

[12] Limon, John. *The Place of Fiction in the Time of Science: A Disciplinary History of American Writing*. New York: Cambridge University Press, 1990.

[13] Lovejoy, A.O. *The Great Chain of Being: A Study in the History of an Idea*. Cambridge, MA: Harvard University Press, 1936.

[14] Nicolson, Marjorie Hope. *Newton Demands the Muse: Newton's"Opticks" and the Eighteenth-Century Poets*. Princeton: Princeton University Press, 1946.

[15] Porush, David. *The Soft Machine: Cybernetic Fiction*. New York: Methuen, 1985.

[16] Rousseau, G.S. "Literature and Science: The State of the Field." *Isis* 69 (1978): 583–591.

[17] Shannon, E.F. *Chaucer and the Roman Poets*. Cambridge, MA: Harvard University Press, 1929.

[18] Zilsel, Edgar. "The Sociological Roots of Science." *American Journal of Sociology* 47 (1942): 544–562.

斯图亚特·彼得弗伦德（Stuart Peterfreund） 撰，康丽婷 译

另请参阅：自然写作（Nature Writing）

艺术与科学

Art and Science

虽然美国艺术与科学之间的复杂关系仍未得到充分研究，但近年来的艺术史家已经分析了与科学相关的艺术品，如博物学插图，并在科学理论的背景下来解读美国艺术。

新大陆的发现正是欧洲经验主义的结果。在殖民地时期，培根主义探险家们积累了关于这块新领地及其物产的详细信息。直观的记录［如英国人约翰·怀特（John White）在 16 世纪的绘画，记载了弗吉尼亚州的自然资源和原住民］起初因其准确性而受到重视，但今天却显示出艺术家的文化偏见和艺术俗套。后来，美国人继续援引科学的探究和实用性来为国家的探险和扩张辩护，这种做法的顶峰是 19 世纪持有的"天定命运论"。高级艺术和流行意象都反映、加强和传播了这些准则。

刘易斯和克拉克（Lewis and Clark）的探险都没有艺术家陪伴，但 1819 年塞缪尔·西摩（Samuel Seymour）陪同斯蒂芬·隆（Stephen Long）上校远征落基山脉；这次探险发表报告中的插图，奠定了后续数据的交流标准。在同一时期，图文并茂的博物学书籍（大多通过费城自然科学院出版）满足了沙文主义和人们对美国自然奇观的好奇心。丰富的动植物图像反驳了法国布丰伯爵有争议的理论，即在美洲的气候下物种会退化。许多标本按照静态的林奈分类系统排列；其他的，如约翰·詹姆斯·奥杜邦的《美国鸟类》（*Birds of America*，1828—1838），描绘了关于动物智力的哲学和行为学思考，甚至带有早期进化论的意味。

艺术和科学不仅相辅相成，而且对年轻共和国的健康发展至关重要。美国的第一次公共艺术展览是 1795 年的费城哥伦布展，展品除了油画之外，还有技术工程图纸。在这两个领域，一些人因其多产而受到称赞。查尔斯·威尔逊·皮尔（Charles Willson Peale）于 1806—1808 年绘制的《挖掘美国第一头乳齿象》（*Exhuming the First American Mastodon*）既可以从杰斐逊的政治角度理解，也可以理解为皮尔对自己发现了"伟大的存在之链"中失落一环的庆祝。作为美国启蒙运动的典范之作，皮尔 1822 年的自画像《艺术家在博物馆》（*The Artist in his Museum*）进一步凸显了他作为画家和美国第一个重要的科学与艺术博物馆创始人的地位。塞缪尔·F.B. 莫尔斯（Samuel F.B. Morse）绘画生涯的改弦更张，一是由于银版照相术，他 1839 年帮助将其从法国引入美国；二是由于他发明的电报。艺术家 / 科学家的角色，在 19 世纪的女性中也不鲜见，当然程度更为受限。研究并描绘大自然，尤其是植物，是一种可接受的女性雅好。在不同社会经济的生产水平上，都有很多无名女性辛勤地为博物学书籍上的插图手工上色。

作为 19 世纪美国最典型的民族题材之一的风景画，包含着宗教和地球科学。弗雷德里克·埃德温·丘奇（Frederic Edwin Church）在《安第斯山脉之心》（*The Heart of the Andes*，1859）等画作中的生物细节，反映了德国科学家冯·洪堡男爵（Baron von Humboldt）对风景画的评价，即服务于基督教的科学美感，也是歌颂洪堡本人在南美的野外工作。无论上帝的杰作是通过灾变还是均变的过程得来，风景画都被视为这一杰作的直观证据。地质学争论影响了 19 世纪中叶国会赞助的西部调查中的插图，以及像托马斯·莫兰（Thomas Moran）1872 年创作的《黄石大峡谷》（*The Grand Cañon of the Yellowstone*）这样流行的"歌剧"式绘画。艺术和科学共同为国家和企业机构，比如铁路和土地投机商服务，他们渴望识别、开发或者保护（以黄石公园为例）自然资源。

人物的表现也被"科学"的概念所框定。颅相学通过面相发现道德、智力和个性特征，为肖像画家甚至是像海勒姆·鲍尔斯（Hiram Powers）这样的著名雕塑家提供了一个有用的表现形式。美国无处不在的印第安人形象，跨越了各个历史时期，尤其问题重重。它们在文献、隐喻或文娱等多个层面上发挥影响。19 世纪 30 年代乔治·卡特林（George Catlin）为北美原住民编制的人类学目录，是旨在以图像形式保存美国博物学上"正在消失"部分的众多收藏之一；弗雷德里克·雷明顿（Frederic Remington）等人在 20 世纪早期永存了这种哀怨的印第安人形象。直到最近，才在政府印第安人政策的更大框架下对这种形象进行了调查。对于所有的种族表现而言，更阴险的是存在着大量"纯种"的科学插图，比如塞缪尔·莫顿（Samuel Morton）在 1839 年出版的《美洲人颅骨》中记录了量化的种族特征和天资。

19 世纪末至 20 世纪初，工业化进程的加快以及进化论等修正的知识概念塑造了这一时期。达尔文主义的范式影响了对生物的表现，从花卉图像到动物形象；而且，它还与赫伯特·斯宾塞（Herbert Spencer）的社会达尔文主义相结合，也影响了人物画像的创作。此外，越来越专业化，开始让职业科学远离大众科学。也许这种观点转变的一个标志是公众不喜欢托马斯·埃金斯（Thomas Eakins）的画作《格罗斯诊所》（*The Gross Clinic*，1875），该画作对麻醉下的手术进行了生动的描述，是科学现实主义的一个里程碑。

到了 19 世纪与 20 世纪之交，艺术家以相互冲突的方式回应了科学技术。新成立的柯达公司（1888 年成立）将制作影像的权力交到普通大众手上，与此同时，摄影也被拥护为一种艺术。摄影为一些画家和雕塑家提供了一种确保逼真的工具，也是其他人获得更大形式自由的依据。具有说服力的是，摄影师阿尔弗雷德·施蒂格利茨（Alfred Stieglitz）在纽约的摄影画廊"291"和他的杂志《摄影作品》（*Camera Work*）是"一战"前许多前卫派活动的场所和平台，它们资助抽象艺术，挑战传统的美学定义。

美国人在艺术方面接受了一种机器美学的简洁和实用形式——比如查尔斯·希勒（Charles Sheeler）的晶体照片和汽车工厂绘画——以及制造出来的实用物品。后者在 1934 年现代艺术博物馆举办的"机器艺术"展览中正式获得认可。对从时空两种角度诠释 N 维几何的理论关注，影响了许多前卫艺术的发展；而爱因斯坦之后的物理学仍在吸引着 20 世纪抽象派艺术家的兴趣。

然而，矛盾的是，日常生活中技术的不稳定以及世界大战为艺术讽刺奠定了基础，这在几十年前都是无法想象的。19 世纪的科学致力于解开上帝创世之谜，尽管存在着激烈的争论，但其形象通常还是带有适当的敬畏；20 世纪的一些影像从技术上对崇拜的破坏是前所未有的。出现像莫顿·尚伯格（Morton Schamberg）1918 年的雕像《上帝》（*God*，一节排水弯管）那样嘲弄珍视的理想的形象并非巧合，它们抓住了最直白的功能性或机械化的实物，最终对艺术的前提提出质疑。然而，诸如"纽约达达主义"和"精确主义"这样的运动，往往被 20 世纪末的人误认为与 19 世纪后期的艺术 / 科学对话截然分开，但它们确实扎根于那个时期。

作为 20 世纪早期运动（如建构主义）的继承者，最近的许多艺术都吸收了新时代的技术。20 世纪 60 年代见证了艺术与工程的合作，如国际集团"艺术与技术实验"（E.A.T.）。20 世纪 80 年代，一些交互式视频项目发展出一种高度的社会 / 政治意识。无论是庆祝还是批评进步，技术媒体——视频、计算机，甚至是设备密集型的地景艺术的操弄——都自觉地成了"信息"的一部分。

到了 20 世纪 90 年代，当代艺术、批评和艺术史文献终于开始讨论科学 / 艺术的联系。《列奥纳多》（Leonardo）杂志定期登载理论和历史观点，包括对创作和感知的心理学和生理学研究。几乎可以肯定地说，艺术的修复、保护、鉴赏力、编目、研究甚至教学等实践，都因其依赖不断变化的技术而发生了深刻的改变。

尽管如此，艺术史研究中仍然存在着重大的空白和问题。美国艺术家对科学的回应真的与欧洲人的回应有很大的不同吗？它们是如何被美国观众、科学评论、大众出版物和教育所调和的呢？科学和艺术的现代主义传统是否应该被视为与代表"进步"的新事物的相互融合？在 20 世纪 30 年代和 40 年代，大批知识分子从欧洲逃往美国之后，艺术作品又是如何与科学发展并行的呢？

这片土地、它的物产及其原住民，已经形成了美国艺术最大的传统主题之一，并在 20 世纪 70 年代至 90 年代伴随着环保主义思潮再度强势呈现。回顾所有这些努力的基础，从新大陆最早的文件到电子操控的信息，是否可以确定一个专门的议程？生态艺术是否试图从实证主义、经验主义传统那里夺回景观，并用它实际地重塑科学的意识形态吗？伴随着他们使用的媒体、艺术的活动领域和价值观念被侵吞占用，批评家和当代艺术家自身，是否对其提出了充分的质疑？这些昂贵的技术是否只是精英的工具；某些特定的社会、经济、种族和性别的小圈子是否控制着它们？

只要艺术与科学史家运用这套类似的方法，就能阐明一些更微妙的关系。未来的研究应寻求对这两个领域都有益的理论视角和新的历史模型。艺术与科学的关系，仍有待书写更具广度和深度的历史概述。

参考文献

[1] *Art Journal.* Special edition, "Art and Ecology." 51 (Summer 1992).

[2] Blum, Ann Shelby. *Picturing Nature: American Nineteenth-Century Zoological Illustration.* Princeton: Princeton University Press, 1993.

[3] Brigham, David R. *Public Culture in the Early Republic: Peale's Museum and Its Audience.* Washington, DC: Smithsonian Institution Press, 1995.

[4] Gould, Stephen Jay. "Church, Humboldt, and Darwin: The Tension and Harmony of Art and Science." In *Frederic Edwin Church,* edited by Franklin Kelly. Washington, DC: Smithsonian Institution Press, 1989, pp. 94–107.

[5] Henderson, Linda Dalrymple. *The Fourth Dimension and Non-Euclidian Geometry in Modern Art.* Princeton: Princeton University Press, 1983.

[6] *Leonardo: Journal of the International Society for the Arts, Sciences and Technology.*

[7] Meyers, Amy R.W. *Art and Science in America: Issues of Representation.*

[8] San Marino, CA: Huntington Library, 1998.

[9] Novak, Barbara. *Nature and Culture: American Landscape and Painting, 1825-1875.* Rev. ed. New York: Oxford University Press, 1995.

[10] Pyne, Kathleen. *Art and the Higher Life: Painting and Evolutionary Thought in Late Nineteenth-Century America.*

[11] Austin: University of Texas Press, 1996.

[12] Wilson, Richard Guy, Dianne H. Pilgrim, and Dickran Tashjian. *The Machine Age in America, 1918-1941.* New York: Brooklyn Museum, 1986.

琳达·杜根·帕特里奇（Linda Dugan Partridge） 撰，陈明坦 译

巫术

Witchcraft

巫术在 15 世纪到 18 世纪有好几种含义。传统上，它被认为通常是由老年妇女从事的有害魔法（maleficium）。而宗教领袖，尤其是新教神职人员，把所有的魔法都视为巫术——从占星术和炼金术等"高等魔法"到乡村"狡猾"男女的民间方术与占卜。到了 14 世纪，教会也将女巫重新定义为与魔鬼立约的人。巫术的

› 319

这种邪恶含义是欧洲大规模猎巫行动及一条在新英格兰将巫术定为死罪的法律的基础。

早期现代科学触及了巫术的每一种含义。正如近期的学术研究所表明的，新柏拉图主义和赫尔墨斯主义的"魔力"影响了科学发现。从帕拉塞尔苏斯（Paracelsus）到牛顿，宗教和神秘信仰为现代社会和医学的发展提供了背景。科学在猎巫史上也扮演了一个有争议的角色。16世纪的新教医生雅各布·韦耶（Jacob Weyer）提出了反对折磨无辜妇女的人道主义和医学观点，尽管韦耶本人相信魔鬼的魔力。事实上，大多数早期现代科学家都相信女巫和幽灵的存在。英国哲学家约瑟夫·格兰维尔（Joseph Glanvill）在1689年出版的《胜利的凯旋》（*Saducismus Triumphatus*）一书中谴责所有怀疑论者都是无神论的推动者，他是英国皇家学会的成员，曾就巫术问题与英国科学家罗伯特·波义尔通信。在新英格兰，波士顿神职人员英克里斯（Increase）和科顿·马瑟（Cotton Mather）同样将他们的科学兴趣和他们对恶魔巫术的信仰协调起来，他们关于恶魔学的出版物一定程度上影响了1692年塞勒姆（Salem）女巫审判的进程。然而，马瑟夫妇反对法庭使用幽灵类的证据，并非是基于科学的根据，而是因为他们相信恶魔可以投射出无辜者的飘渺形体。尽管如此，历史学家还是认为宗教和科学共同促成了觉醒，这使得到1692年时对巫术的起诉就已经不合时宜了。18世纪中期，受过教育的精英们摒弃了巫术信念，但是，这种信念却在普通人中一直延续到19世纪，甚至到20世纪。

参考文献

[1] Easlea, Brian. *Witch Hunting, Magic and the New Philosophy: An Introduction to Debates of the Scientific Revolution, 1450-1750.* Brighton, Sussex, UK.: The Harvester Press; Atlantic Highlands, NJ: Humanities Press, 1980.

[2] Glanvill, Joseph. *Saducismus Triumphatus; or, Full and Plain Evidence Concerning Witches and Apparitions.* 1689. Facsimile reproduction by Coleman O. Parsons. Gainsville, FL: Scholars' Facsimiles & Reprints, 1966.

[3] Hall, David D. *Worlds of Wonder, Days of Judgment: Popular Religious Beliefs in Early New England.* New York: Alfred A. Knopf, 1989.

[4] MacDonald, Michael. *Mystical Bedlam: Madness, Anxiety, and Healing in Seventeeth-Century England.* Cambridge, UK: Cambridge University Press, 1981.

[5] Osler, Margaret J., and Paul L. Faber, eds. *Religion, Science, and World View: Essays in Honor of Richard S. Westfall.*

[6] Cambridge, UK: Cambridge University Press, 1985.

[7] Prior, Moody E. "Joseph Glanvill, Witchcraft, and Seventeenth-Century Science." *Modern Philology* 30（1932-33）: 167-194.

[8] Silverman, Kenneth. *The Life and Times of Cotton Mather.*

[9] New York: Harper & Row, 1984.

[10] Thomas, Keith. *Religion and the Decline of Magic.* New York: Charles Scribners' Sons, 1971.

[11] Webster, Charles. *From Paracelsus to Newton: Magic and the Making of Modern Science.* Cambridge, UK: Cambridge University Press, 1982.

芭芭拉·里特·戴利（Barbara Ritter Dailey）　撰，刘晋国　译

颅相学

Phrenology

19 世纪的心灵科学起源于欧洲科研人员弗朗茨·约瑟夫·加尔（Franz Josef Gall）和约翰·加斯帕·斯普茨海姆（Johann Gaspar Spurzheim）的研究。加尔研究了大脑的解剖结构，提出了脑定位理论。该理论认为，我们每一个主要心理特征（如责任心、贪婪、自尊）都是由大脑中某个具体的、可测定的区域控制的。加尔认为，对一个人头盖骨轮廓的考察可以揭示大脑各个区域的大小和相对能力，总体的颅骨特征可以精确地反映一个人的智力、道德和情感特征。斯普茨海姆进一步拓展了加尔这一"发现"，他认为我们的每个精神和道德特征都与大脑某一特定区域相对应。特别的是，斯普茨海姆坚持认为，通过严格的智力训练或自律，人们可以有意识地加强或抑制选定的性格特征。因此，斯普茨海姆为颅相学赋予了改良主义的特质，这使颅相学与 19 世纪美国文化中的完美主义和进步主义精神更加契合。

1838—1840 年，苏格兰律师、爱丁堡颅相学协会创始人乔治·科姆（George

Combe）和英国医生罗伯特·科利耶（Robert Collyer）分别在美国东部主要城市进行巡回演讲。在向美国人介绍加尔的脑生理学研究时，科姆和科利耶对其进行改造，使其成为一门新兴的社会科学，怀揣善意的美国人可能会借此开始构想完善本国人性格的计划。许多美国人开始进行他们自己的颅相学研究，并制作颅相学图表，标出发现的每一个新心智器官所对应的颅骨位置。不出意料的是，他们的研究之间很少或根本没有一致性，这是因为彼此独立的研究人员持续增加颅相器官对应的倾向：如爱吃腊肠、喜欢亲吻女性、骗取公众钱财，又或者是爱喝酒等。尽管如此，为制定科学有效的新公共政策，颅相学研究仍会派上用场，这些政策用以规范诸如教育、道德培养、就业决策等生活领域，以及对罪犯和精神病患者的治疗。为加强或缩小与特殊性格特征相关的颅骨区域，具体的治疗方案从记忆训练到水蛭应用应有尽有。

洛伦佐（Lorenzo）和奥森·福勒（Orson Fowler）是美国最著名的颅相学家。对颅相学在大脑解剖结构方面的重要作用，福勒夫妇并无兴趣，他们感兴趣的是颅相学在科学地衡量人的性格方面的潜力。他们开始出版一些颅相学相关的书籍和期刊，这些出版物为如何进行"相颅"（head-reading）提供了信息。通过"相颅"，人们可以准确地评估另一个人的精神和道德品质。福勒夫妇为颅相学的宣传辩护促成了心理科学在美国读者中的早期传播。尽管在 19 世纪 50 年代后期，人们对颅相学的兴趣逐渐消退，但颅相学理论在当时的许多进步主义医学和科学领域都有所应用，如催眠术、顺势疗法和水疗法。然而最重要的是，颅相学令美国公众认识到大脑生理学对于理解心灵的重要性，促使人们对初现的心理学产生了广泛兴趣，毕竟心理学出现在美国大学里是 19 世纪 80 年代的事了。

参考文献

[1] Davies, John D. *Phrenology: Fad and Science*. New Haven: Yale University Press, 1955.
[2] Wrobel, Arthur. "Phrenology as Political Science." In *Pseudo-Science and Society in Nineteenth-Century America*, edited by Arthur Wrobel. Lexington: University of Kentucky Press, 1987, pp. 122–143.

罗伯特·C. 富勒（Robert C. Fuller） 撰，郭晓雯 译

超心理学
Parapsychology

超心理学是 J. B. 莱茵（J. B. Rhine）通过其专著《超感官知觉》（*Extra-Sensory Perception*，1934）引入英语中的，用来表示物理和行为科学无法解释的所谓心理能力及相关现象的实验研究，包括"心灵感应"（在没有感官中介的情况下接收心理信息的能力）、"千里眼"（在没有感官中介的情况下接收物理信息的能力）、"念力／心灵致动术"（从心理上影响物理系统的能力）和"预知"（接收未来信息的能力）。这一词汇要比当时的流行术语"灵学研究"（psychical research）有更多科学内涵。

灵学研究，表示对上述现象及其他一些现象的研究，包括鬼魂出没、通灵、占卜术、心理治疗等。19 世纪后期，随着英国灵学研究协会（Society for Psychical Research，SPR，1882）和美国灵学研究协会（American Society for Psychical Research，1884）的成立，"灵学研究"开始流行，这些研究同时也是对 19 世纪中期盛行的唯心论和通灵降神会的回应。

灵学研究协会是由一群无论社会地位还是智力水平都很杰出的人组成的，他们希望通过实验科学的方法来研究上文提到的现象和心理能力。总的来说，他们对这些现象持同情态度。美国的灵学研究协会成立于 1884 年，成员中不乏科学界泰斗，他们的立场更具批判性，但威廉·詹姆斯（William James）是个例外。美国灵学研究协会很重视自身的工作，但由于财政困难，它在 1889 年被英国灵学研究协会吸收。1907 年，美国灵学研究协会重组，但成了以唯心论为导向的协会。此时与 19 世纪 80 年代相比（当然詹姆斯业已去世），心灵研究在学术科学面前已经愈加边缘化。

然而，在 20 世纪的头 20 年里，哈佛大学和斯坦福大学都设立了支持灵学研究的捐赠基金。20 年代由于灵学教授威廉·麦克杜格尔（William McDougall）的赞助，哈佛大学格外引人注目。1925 年，年轻的心理学家加德纳·墨菲（Gardner Murphy）来到哈佛从事灵学研究。1926 年，年轻的植物生理学家莱茵和妻子路易莎（Louisa）师从麦克杜格尔研究灵学，1927 年又追随他来到了新成立的杜克大学，尽管他们的研究最终宣告失败。

20 世纪 30 年代初到 60 年代，莱茵和墨菲主导了灵学研究。相比之下莱茵更有远见：他试图将"超心理学"建设成为一门新的学术型实验科学，与心理学研究紧密地结合起来。为此他着手制定了一项实验研究计划，注重培养学生，创办《超心理学杂志》（*Journal of Parapsychology*，1937），还出版了有关该主题的通俗读物和教科书。

墨菲则更为务实：他通过个人赞助（墨菲担任纽约城市学院心理系主任一职）和美国心灵研究协会的扶持来发展这一研究领域。美国心灵研究协会是传统的心理研究协会，同样位于纽约市，该协会在 1941 年摆脱了其极端的唯心主义倾向。

莱茵的愿景没能完全实现。从莱茵试图建立超心理学学科之初就引发了科学界和学术界相当大的敌意，尽管有时超心理学家在与这些科学界的反对者对抗的过程中似乎取得了胜利，这能令他们重振旗鼓（例如在 1938 年美国心理协会大会的灵学会议上），但这些胜利从未真正推进灵学的学科制度化，或是帮助其更广泛地被学术界接受。尽管如此，这一领域仍在继续发展自己的专业架构，其中最值得注意的是于 1957 年成立的超心理学协会（the Parapsychological Association），到了 1969 年，既有科学已有足够的包容力，使灵学学科得以加入美国科学促进会。

墨菲与莱茵在 1979 年、1980 年相继去世。尽管后人没有像莱茵那样有超凡魅力，也不像墨菲那样拥有专业声望，但超心理学在美国心理研究协会和莱茵研究中心（the Rhine Research Center，位于北卡罗来纳州的达勒姆）等机构中保留了下来。

莱茵最初的报告中谈到的将超心理学发展为实验科学的愿景，充其量只能在他自己的实验室和其他几个实验室断断续续地实现。除此之外，这一领域还一直被"欺骗"的指控所困扰。科学界总体上也仍然对超心理学的主张持将信将疑的态度。新的实验技术，特别是那些使用感官剥夺的技术和新的统计分析模式，似乎让这一领域的研究人员看到了希望，但这是否能够真正提高超心理学的接受度还有待观望。

参考文献

[1] Broughton, Richard S. *Parapsychology: The Controversial Science*. New York: Ballantine, 1991.

[2] Collins, Harry M., and Trevor J. Pinch. *Frames of Meaning: The Social Construction of Extraordinary Science*. London: Routledge & Kegan Paul, 1982.

[3] Gauld, Alan. *The Founders of Psychical Research*. London: Routledge & Kegan Paul, 1968.

[4] Grattan-Guinness, Ivor, ed. *Psychical Research: A Guide to Its History, Principles and Practices*. Wellingborough, U.K.: Aquarian Press, 1982.

[5] Mauskopf, Seymour H. "The History of the American Society for Psychical Research: An Interpretation." *Journal of the American Society for Psychical Research,* 83 (1989): 7-29.

[6] Mauskopf, Seymour H., and Michael R. McVaugh. *The Elusive Science: Origins of Experimental Psychical Research*. Baltimore: Johns Hopkins University Press, 1980.

[7] McClenon, James. *Deviant Science: The Case of Parapsychology*. Philadelphia: University of Pennsylvania Press, 1984.

[8] Moore, R. Lawrence. *In Search of White Crows: Spiritualism, Parapsychology, and American Culture*. New York: Oxford University Press, 1977.

[9] Taylor, Eugene. "Psychotherapy, Harvard, and the American Society for Psychical Research: 1884-1889." *Proceedings of Presented Papers: The Parapsychological Association 28th Annual Convention*. Vol. 2. Parapsychological Association, Medford, MA (1985), pp. 319-346.

西摩·H. 毛斯科普夫（Seymour H. Mauskopf）　撰，郭晓雯　译

另请参阅：超心理学家：约瑟夫·班克斯·莱茵（Joseph Banks Rhine）

催眠术

Mesmerism

一种医学和心理学理论，通常被称为动物磁学。催眠术起源于德国医生弗朗茨·安东·梅斯默（Franz Anton Mesmer，1734—1815）的医学发现，他声称检测到了一种绝佳能量或流体的存在，而这种能量或流体不知何故在此前一直没有引

起科学界的注意。梅斯默将这种无形的能量命名为"动物磁性"，并解释说它构成了以太介质，各种感觉——光、热、磁、电都能通过它从一个物理对象传递到另一个物理对象。他推断，当它均匀地分布全身时，这种生命能量就会给人体系统带来健康。然而，如果一个人的动物磁力供应失去平衡，身体健康就会开始衰退。梅斯默的动物磁学旨在让病人的神经系统充满这种神秘而又赋予生命力的能量，方法是用手握住磁铁，沿着病人的脊柱进行手动"传递"。梅斯默的弟子之一普伊塞格侯爵（Marquis De Puysegur）发现，许多被催眠的患者陷入了催眠状态，这有助于他们的治疗康复，并经常产生诸如"千里眼"和"心灵感应"等异乎寻常的精神特技。催眠术的追随者们相信，他们不仅发现了医学的秘密，还发现了探索潜意识中未被开发的潜能的方法。

从 19 世纪 30 年代开始，许多动物磁学的代言人开始在美国东部进行巡回演讲。他们展示了催眠术的治愈能力，激发了许多美国中产阶级的兴趣。而更有趣的是，催眠师据称有能力让志愿者进入催眠下的恍惚状态，使受试者能够自发地与催眠师进行心灵感应交流，通过超感感知到久远的事件，或者为其他观众诊断疾病并开出药方。在 19 世纪 40—50 年代，大量关于动物磁力科学的书籍问世，每一本书都宣传了催眠术的医学价值及其揭示"人类心理结构"的能力。特别值得一提的是，美国催眠师宣称人类拥有第六感或潜在的心理力量，可以直接接受通过动物磁性这一精神媒介传递的信息和重要的治疗能量。因为催眠术试图研究人类最高的精神潜能，所以它不仅仅是医学或心理学理论。它还提供了一种形而上学的哲学框架，承诺将人类的科学志向和精神志向结合起来。

对于围绕催眠术产生的医学和心理现象，很少有美国研究者尝试进行严格的实验。相反，他们试图将催眠术与当时更具创新性且非正统的宗教以及形而上学问题联系起来，如超验主义、施维登博格学说和唯灵论。到了 19 世纪 60 年代中期，作为一种独特的医学或心理学理论的催眠术几乎消失了。不过它的主要思想在那时已经融入到许多新兴的医学、心理学和宗教理论中。例如，在催眠师菲尼亚斯·P. 昆比（Phineas P. Quimby）的帮助下，动物磁力科学转变成被称作心灵疗法或新思维运动的流行哲学。在 19 世纪 80 年代学术部门创建之前，由于治愈心灵运动的影响，美国读者对早期心理学思想产生了广泛兴趣。昆比的学生玛丽·贝克·埃迪（Mary Baker Eddy）将催眠术原理改编为基督教科学。安德鲁·泰勒·斯蒂尔（Andrew Taylor Still）和丹尼尔·D. 帕尔默（Daniel D. Palmer）是骨科以及脊椎按摩医学的创始人，他们都实践过催眠术疗法，并将其中的许多原则纳入其创新医学理论的早期构想中。最后，像布拉瓦茨基夫人这样的个人将催眠主义的教义与神智学和其他 19 世纪的形而上学运动结合了起来，为 20 世纪末流行的许多新时代的医学和心理学理论奠定了基础。

参考文献

[1] Ellenberger, Henri. *The Discovery of the Unconscious*. New York: Basic Books, 1970.

[2] Fuller, Robert C. *Mesmerism and the American Cure of Souls*.

[3] Philadelphia: University of Pennsylvania Press, 1982.

[4] Pomore, Frank. *From Mesmer to Christian Science*. New York: University Books, 1963.

罗伯特·C. 富勒（Robert C. Fuller） 撰，康丽婷 译

自然写作

Nature Writing

　　自然写作是至少从 19 世纪后期开始在美国特别流行的一种或多种写作形式，通常与亨利·梭罗（Henry Thoreau）的《瓦尔登湖》（*Walden*）联系在一起，《瓦尔登湖》也许是该写作形式最好的例证。自然写作有着梭罗式、显著的美国风格，将强烈的个人叙事和详细的、客观的、科学的描述和阐述结合在一起，提供了一种不寻常的、潜在的启示。它与植物学家、动物学家和地质学家的期刊、野外笔记有着密切的历史联系，证明了对美国最初的探索、发现和殖民（实际上这就是自然写作的结构）与发展中的现代科学，特别是系统和进化生物学、地质学和生态学的术语、方法之间的一些复杂而广泛的联系。自然写作既强调人性也强调科学上的客观性，它通过对非人类环境按学科进行识别、描述和解释，说明了许多美国人早期和晚期的自我身份认同和解释，以及定义和感恩国家的倾向。

　　美国自然写作一方面源于古典博物学，另一方面源于浪漫主义的风景艺术和自传（可能尤其是精神自传）。它提供了一组特别丰富的资料，包括植物学、动物学、地质学和生态科学史之间的相互作用，包括它们日益复杂的制度史、美国自然鉴赏中发展出的商业和政治，以及一些致力于自然资源管理的应用科学的发展，即使这些资料在很大程度上仍未受到检验。

　　到目前为止，梭罗和《瓦尔登湖》多样的后继者数以千计，而他们的读者达到了千万量级。在直系后继者中，最著名的有约翰·缪尔（John Muir）、约翰·巴勒斯（John Burroughs）、西格德·奥尔森（Sigurd Olson）、奥尔多·利奥波德（Aldo Leopold）、约瑟夫·伍德·克鲁奇（Joseph Wood Krutch）、艾温·威·蒂尔（Edwin Way Teale）、洛伦·艾斯利（Loren Eiseley）、蕾切尔·卡逊（Rachel Carson）、约翰·海（John Hay）、爱德华·艾比（Edward Abbey）、安·茨温格（Ann Zwinger）、约翰·雅诺维（John Janovy）、罗伯特·芬奇（Robert Finch）、巴里·洛佩兹（Barry Lopez）和安妮·狄勒德（Annie Dillard）。大多数人是或曾经是严肃认真的业余科学家，还有许多人是活跃的职业科学家。当然，他们个人对于写作材料的投入强度各不相同，对专业科学家词汇和方法的使用程度也是不同的。然而，通过科学地识别和解释环境，所有人都在其中找回了自己和他们的民族。他们的著作中有很多关于美国科学心理史的潜在内容，总体上也有很多关于美国历史社会学的内容，甚至是政治历史、特别是 20 世纪的重要内容。在宣传和普及科学概念、方法，以及将个人观点的艺术表现力方面，他们和其他作家所产生的影响是世界上任何其他国家或文化都无可匹敌的。

　　传统上，历史学家将自然写作的起源追溯到 17 世纪末和 18 世纪初。有关现代科学兴起的古典进步和累进史学中，在几种形式的景观艺术和自然欣赏的协调发展及其相互关系中，历史学家找到了自然写作的来源，并解释了它的发展乃至其意义。对于学习这种形式的一些经典史学学生来说，自然写作一直与博物学和日益增长的自然鉴赏力紧密联系在一起。对其他人来说，自然写作在很大程度上是对现代科学客观性做出批判性反应的产物，在他们看来，这种客观性即使不是让自然世界丧失人性，也是对自然世界的贬低。无论哪种说法，自然写作的形式已经（并将继续）

与植物学、动物学、地质学和生态学的术语、方法和信念紧密联系在一起。

迄今为止，当代科学哲学和科学史学的发展对自然写作的历史和批评的影响相对较小。通过与科学史和历史学的当代变化相一致的方式，学习自然写作的一些学生已经开始重铸其部分历史——在更早的文化时代中寻找其起源和基本功能，并试图通过将其与作者面临的特定条件紧密联系起来，来解释其独特的美国变体。

然而，关于美国科学史与自然写作不断发展的词汇和风格之间的关系，关于自然作家的科学教育，关于生态系统生物学与日益复杂的美国自然写作形式之间的关系，还有许多工作要做。

参考文献

[1] Brooks, Paul. *Speaking for Nature: How Literary Naturalists from Henry Thoreau to Rachel Carson Have Shaped America.*

[2] Boston: Houghton Mifflin, 1980.

[3] Buell, Lawrence. *The Environmental Imagination: Thoreau, Nature Writing, and the Formation of American Culture.*

[4] Cambridge, MA: Harvard University Press, 1995.

[5] Cooley, John, ed. *Earthly Words: Essays on Contemporary American Nature and Environmental Writers.* Ann Arbor: University of Michigan Press, 1994.

[6] Elder, John, ed. *American Nature Writers.* 2 vols. New York: Scribner's, 1996.

[7] Finch, Robert, and John Elder, eds. *The Norton Book of Nature Writing.* New York: Norton, 1990.

[8] Fritzell, Peter A. *Nature Writing and America: Essays upon a Cultural Type.* Ames: Iowa State University Press, 1990.

[9] Irmscher, Christoph. *The Poetics of Natural History: From John Bartram to William James.* New Brunswick: Rutgers University Press, 1999.

[10] Lyon, Thomas J., ed. *This Incomperable Lande: A Book of American Nature Writing.* Boston: Houghton Mifflin, 1989.

[11] McClintock, James. *Nature's Kindred Spirits: Aldo Leopold, Joseph Wood Krutch, Edward Abbey, Annie Dillard, and Gary Snyder.* Madison: University of Wisconsin Press, 1994.

[12] McIntosh, James. *Thoreau as Romantic Naturalist: His Shifting Stance toward Nature.*

Ithaca: Cornell University Press, 1974.

[13] Paul, Sherman. *For Love of the World: Essays on Nature Writers*. Iowa City: University of Iowa Press, 1992.

[14] Regis, Pamela. *Describing Early America: Bartram, Jefferson, Crevecoeur, and the Rhetoric of Natural History*. Dekalb: Northern Illinois University Press, 1992.

[15] Roorda, Randall. *Dramas of Solitude: Narratives of Retreat in American Nature Writing*. Albany: State University of New York Press, 1998.

[16] Scheese, Donald. *Nature Writing: The Pastoral Impulse in America*. New York: Twayne Publishers, 1996.

[17] Slovic, Scott. *Seeking Awareness in American Nature Writing: Henry Thoreau, Annie Dillard, Edward Abbey, Wendell Berry, Barry Lopez*. Salt Lake City: University of Utah Press, 1992.

[18] Stewart, Frank. *A Natural History of Nature Writing*. Washington, D.C.: Island Press, 1995.

[19] Walls, Laura Dassow. *Seeing New Worlds: Henry David Thoreau and Nineteenth-Century Natural Science* Madison: University of Wisconsin Press, 1995.

彼得·A. 弗里泽（Peter A. Fritzell）　撰，康丽婷　译

斯科普斯案

Scopes Trial

斯科普斯案是 1925 年由美国公民自由联盟（ACLU）发起，挑战田纳西州一项新法令的案件。该新法令禁止在公立学校教授人类进化论，标志着一场声势浩大的全国性运动第一次取得重大胜利，即第一次世界大战后新教原教旨主义者发起的反达尔文进化论运动。这场运动在 20 世纪 20 年代初渐获声势，当时颇具声名的民主党政治家威廉·詹宁斯·布莱恩（William Jennings Bryan）凭借自己的影响力声援了此次运动。这项法令通过后，美国公民自由联盟邀请教师们对其提出质疑。在一些以提高地方知名度为目的的社会精英的力劝之下，代顿市（Dayton）科学教师约翰·斯科普斯（John Scopes）接受这一邀请。美国杰出诉讼律师克拉伦斯·达罗（Clarence Darrow）率领一支由著名律师和科学家组成的团队，为斯科普斯以及教授达尔文进化论的普遍权利进行辩护，而布莱恩则加入原告律师团，支持州政府有限制公共教学内容的权利。

这场对峙带来的庭审引起了全美关注。虽然此案件被广泛视为科学与宗教之间的一场激战，但却没有明显的赢家。尽管根据诉讼程序上的一个细则，斯科普斯最终被判无罪，但该法令并未废止，南方其他一些州也实施了相似的限制性法令。出版商则选择在许多高中生物教科书中弱化进化论部分。然而，新教原教旨主义也因其堂吉诃德式地反对现代科学而备受嘲笑。在一代人的时间里，原教旨主义者对进化论和科学的公开攻击基本消失了，保守宗教团体有组织的政治活动也基本消失了。

20 世纪 60 年代反进化论法令废除之时，斯科普斯案已作为美国版的伽利略审判而成为家喻户晓的美国故事。后来反对达尔文进化论的宗教人士为了与斯科普斯的传奇故事保持距离，他们一方面强调创造论或设计论所谓的科学基础，一方面推动其理论进入课堂，而不再要求取缔进化论。但对进化论教学支持者来说，斯科普斯案仍然是大众宗教对科学构成威胁的一个生动案例。

参考文献

[1] Ginger, Ray. *Six Days or Forever? Tennessee v. John Thomas Scopes.* Boston: Beacon, 1958.

[2] Larson, Edward J. *Trial and Error: The American Controversy Over Creation and Evolution.* New York: Oxford University Press, 1989.

[3] ——. *Summer for the Gods: The Scopes Trial and America's Continuing Debate over Science and Religion.* New York: Basic Books, 1997.

[4] Levine, Lawrence W. *Defender of the Faith: William Jennings Bryan, The Last Decade.* New York: Oxford University Press, 1965.

[5] Marsden, George M. *Fundamentalism and American Culture: The Shaping of Twentieth-Century Evangelicalism, 1879-1925.* New York: Oxford University Press, 1980.

[6] Numbers, Ronald L. *The Creationists: The Evolution of Scientific Creationism.* New York: Knopf, 1992.

[7] *The World's Most Famous Court Trial: State of Tennessee v.*

[8] *John Thomas Scopes.* 1925. Reprint, New York: Da Capo, 1971 [trial transcript].

爱德华·J. 拉森（Edward J. Larson）　撰，彭繁　译

科学中的伦理和社会责任
Ethics and Social Responsibility in Science

现代科学的一个基本观念是：无论是揭示上帝的杰作、刺激知识文化、为国家服务，还是生产有用的知识，科学思想都有助于改善人类的生活。这种进步的意识形态，即知识的增长必然有助于改善人类境况的启蒙运动式概念，长期以来为科学的社会效益提供了有力而简明的论证。但是，似乎最近才出现关于社会责任的更复杂概念以及科学与社会之间的关系，包括科学和技术可能并非总是有益；科学家有特别义务去提醒人们注意科学发现的有害影响并确保知识的有益应用的观点。在美国，科学的社会责任主要是 20 世纪才提出的概念。科学家个人总是凭良心做决定，通常只有在面临国家危机时才会促使科学家群体考虑对科学知识带来的伦理困境做出集体回应。

与美国工业化相关的社会和经济失调使许多知识分子开始考虑用专业知识解决社会问题的可能性。在进步时代，新晋的职业社会科学家和工程师试图证明，科学方法可以用来改造社会、解决城市贫困和工业低效等紧迫问题。但是，进步时代的改革往往倾向于贬低而非肯定科学知识的重要性。历史学家约翰·M.乔丹（John M. Jordan）详细论述道，技术专家的改革尝试通常反映了一种既简单又反民主的精神。技术统治论改革派人士提倡让专家掌权来解决他们眼中政治生活的不作为和腐败问题。受进步意识形态所限，这些改革派很少意识到他们的自身利益和技术价值负荷观可能会掩盖他们提议的所谓客观性，那些会受此影响的人可能有充分的理由不赞同他们的解决方案。例如，主张科学管理或泰勒主义的工程师们更倾向于将工人视为不善言辞、没有头脑的机器而非能够深刻理解自己工作的聪明人。对泰勒主义者来说，工厂的效率要靠严格管制。怪不得在沃特敦兵工厂等地，哪里有泰勒主义，哪里就有工人的反抗（Noble, pp. 264-278）。

直到大萧条时期，许多科学家和工程师才开始考虑专业知识本身可能对社会弊病负有部分责任。历史学家彼得·J.库兹尼克（Peter J. Kuznick）认为，大萧条造成的经济动荡和大量科学家失业导致科学家开始质疑"科学进步必然有好处"的观念。20 世纪 30 年代末，美国科学促进会（AAAS）发起一系列研讨会来审议科学与社会之间的关系以及科学技术可能带来的负面影响，而新成立的美国科学工作者协会（AASW）则考虑采取更激进的方法来防止科学被滥用。

广岛和长崎的原子弹爆炸引发了科学家的另一波组织活动。参与"曼哈顿"计划的科学家对原子弹造成的死亡和破坏有一种特殊的责任感，因此他们联合起来成立美国科学家联盟（FAS）并游说立法，相信此举能促进原子能的和平发展，避免美苏之间毁灭性的军备竞赛，为科学创造一个使基础研究更符合社会需求的总体政治结构（Smith；Boyer）。然而，"冷战"和美国国内反共主义的兴起意味着科学研究转而与"冷战"国家的军事需求紧密相连（Leslie）。

在科学中广泛倡导社会责任的最近案例出自越南战争。20 世纪 60 年代末和 70 年代初，受美国各高校学生抗议活动的影响，年轻的科学家和工程师（主要是研究生）在麻省理工学院、斯坦福大学等地发起抗议活动。学生们谴责对科学研究的滥用，认为这种研究是为腐败的外交政策服务，并呼吁由军方资助的大学将研究转向医学、清洁能源、污染控制和其他对社会更有益的领域。教师有时也会加入学生的行列。1969 年，麻省理工学院的教师们呼吁罢工一天，让科学家们离开实验室，全身心地讨论"与当前科技在国家生活中的作用相关的问题和危机"（转引自 Leslie，p. 233）。与科学有关的社会组织也加入了这场讨论。1972 年，纽约科学院主办了一场关于"科学家的社会责任"的会议，而美国科学促进会则成立了一个委员会，该委员会在 1975 年编写了一份关于"科学的自由和责任"的报告。

麻省理工学院和斯坦福大学的抗议活动产生了一些短期影响。两所大学都撤销了进行秘密研究的实验室：麻省理工学院的德雷珀实验室和斯坦福大学的斯坦福研究所；70 年代军事部门对大学研究的资助一度减少。但随着 80 年代里根政府时期国防建设的加强，大学里的军事研究又恢复到 60 年代初的高水平。

在整个 20 世纪，科学家试图以个人或团体的形式在科学研究中行使社会责任。一些科学家个人曾试图"出于良心上的谴责"，拒绝参与任何他们认为与道德伦理相悖的科学活动。1947 年，麻省理工学院的数学家诺伯特·维纳（Norbert Wiener）公开宣称他不会向自己反对的军事研究者或机构提供有关其工作的信息，理由是这样做会违背他作为科学家的道德责任。虽然他的决定背离了科学界开放交流的传统，但他认为有必要表明自己的责任，即不以自认为有害的方式应用自己的发现。最近的案例发生在 1990 年，一位名叫玛莎·L. 克劳奇（Martha L. Crouch）的年轻植物生物学家宣布她将停止实验研究。她在期刊《植物细胞》中写道，植物科学这门学科已被嵌入到一个政治和经济综合体中，这个体系会不可避免地与那些有害于环境的、不利于人类生存的应用相联系。由于她无法接受这样的后果，她决定自己最好还是结束研究，并立志于重塑植物科学这门学科，使其形成对生态环境有利的价值观。

其他科学家则认为他们可以留在这个体系中，以确保在对社会负责的前提下应用自己的工作成果。例如 20 世纪 50 年代末，阿拉斯加大学费尔班克斯分校的科学家就美国原子能委员会（AEC）在阿拉斯加北部展示原子弹能有效挖掘港口的议案（"战车"计划）提出抗议。科学家们反对说，委员会没有考虑到"战车"计划对当地居民和环境造成的负面影响。作为回应，美国原子能委员会同意出资支持调查该计划造成的环境影响，而当时这样的研究还很少见（O'Neill）。

然而，当该体系本身失效时，科学家个人就会犹豫是否要揭露这一真相。生物学家唐·富特（Don Foote）、威廉·普鲁伊特（William Pruitt）和莱斯·菲勒克（Les Viereck）研究了"战车"计划的预期影响，他们的结论是，不仅试验时间会影响爱斯基摩人的短期生计，放射性尘埃也会带来不可预测的、潜在的灾难性后果。但美国原子能委员会却宣称，根据研究结果，"战车"计划是安全的，计划将如期进行。这 3 位生物学家认为自己的研究没有被公正地看待，于是决定将此事公之于众。他们在阿拉斯加保护协会的新闻通讯上发表了研究结论，并传至全美各地。这件事成了全国性的新闻，战车项目终被取消。但是富特、普鲁伊特和菲勒克却因为坚持要让他们的研究受到认可而付出了代价。3 人都被列入了黑名单，在此后的几年里都很难找到工作（O'Neill）。

少数科学家成为了公众人物，从而提高了科学家的社会参与度。生物学家蕾切尔·卡逊于 1962 年出版的《寂静的春天》一书引发了全美对杀虫剂不良影响的关注，还促成了环保运动的兴起。20 世纪 80 年代在美国总统里根任期之初，人们担心美苏关系会越来越不稳定，天文学家卡尔·萨根（Carl Sagan）大力宣扬"核冬天"假说，警示核战争可能引发的环境灾难，以驳斥那些支持核战争的观点。

科学家们还尝试了各种集体性的应对措施，定期组织起来重新思考科学家的责任，讨论如何阻止科学知识被显在或潜在地误用。有时他们会在现有组织内活动，比如 20 世纪 30 年代和 70 年代的美国科学促进会。当现有组织似乎不能满足当下需求时，他们就创建新的组织，比如 30 年代和 40 年代的美国科学工作者协会、美国科学家联盟，或者 60 年代末的关怀科学家联盟、科学家和工程师争取社会与政治行动组织（SESPA）。在科学研究的社会和道德影响方面，大多数科学家组织都强调对有危险性的或被滥用的具体案例进行研究，并将结果公之于众。少数组织除了采取更广泛的行动外还强调个人行为。例如，科学家和工程师争取社会与政治行动组织要求其成员承诺不参与军事研究或武器生产，并敦促其他科学家也这样做（Chalk, pp. 64-65）。

履行社会责任的另一种方法是纪律层面的自我监督。长期以来，专业的科学组织保留了执行专业行为规范的权利，裁决抄袭等职业失范行为。20 世纪 70 年代，分子生物学家们越过简单的职业行为问题，提出要规范实验本身。1973 年，分子生物学家们担心新的重组 DNA 技术可能导致无意中产生新的感染源，进而对公众健康和安全构成严重威胁。次年，由斯坦福大学保罗·伯格（Paul Berg）担任主席的美国国家科学院委员会建议科学家们主动规避某些类型的重组 DNA 实验，并呼吁美国国立卫生研究院（NIH）制定规范重组 DNA 研究的准则。1975 年 5 月，150 名分子生物学家在阿西洛玛会议上讨论了不同类型实验的风险水平和相应的防护措施，会上发表的总结声明构成了美国国立卫生研究院于 1976 年所出台的准则的基础。

阿西洛玛会议是实验规范化进程中的里程碑事件，但它作为科学家社会责任的实践，有很多复杂的历史遗留问题。在阿西洛玛会议与会者的眼中，阻止非科学家进行外部干预的意愿至少和健康、安全问题一样强烈。有关基因工程的伦理影响的讨论也被明确排除在阿西洛玛会议之外。此外，阿西洛玛会议上达成的共识掩盖了科学界的分歧。其他领域的一些生物学家后来辩称，由于参加阿西洛玛会议的主要是分子遗传学家，所以会议结论有失偏颇，忽视了那些更了解实验室外生物体的科学家的担忧。

无论是个人还是团体，尝试在科学研究中定义和行使社会责任的效果都有限。个人出于道义的反对具有强大的象征意义，但通常缺乏更广泛的影响力。例如，很少有科学家像诺伯特·维纳那样退出"冷战"研究。此外，如果费心搜寻，人们仍能获取维纳发表的成果；维纳自己也欣然承认完全没控制住研究成果的传播。个别成为吹哨人的科学家，如反对"战车"计划的生物学家，面临着失业和被列入黑名单的高风险。专业科学组织对吹哨人的保护仍然是临时性的，对吹哨人的法律保护也尚不明确。著名科学家如果对科学研究的潜在危害或科学失范行为的具体案例发表意见，会产生一定影响，但大多数在职科学家要想实现变革就需要得到同行的支持。

有几个问题也阻碍了科学家在专业组织层面行使科学的社会责任。对于自己的社会和道德责任是什么，科学家们并没有达成共识。他们没有正式的道德准则，也没有希波克拉底誓言来明确自己作为科学从业者的道德义务。关于社会责任的问题已经沦为周期性反复讨论的话题，但任何成文的声明都拒绝对社会责任进行定义。

科学的基本精神仍然是致力于产生知识，但却难以建立机制来考量和规范新知识产生的后果。尽管科学家们在理论上支持社会责任的概念，但如果出于道德的考量需要放缓或停止研究，他们通常不会同意。正如 1989 年医学伦理学家乔治·安纳斯（George Annas）所言："只有当伦理道德能促进或不干扰他们的议程时，医生和科学家才会认真对待伦理道德。如果伦理道德告诫要放慢步伐或更慎重地考虑科学的阴暗面，它就会被认为是'恐惧未来'、反智或无知的"（Weiner, p. 49）。

如果科学家专业组织要采取具体行动来行使科学的社会责任，但却与国家利益背道而驰，这些行动就会变得异常艰难。例如，批评"冷战"、认为科学的发展完全是出于破坏性目的的科学家在美苏冲突的政治环境中举步维艰。同样，在美国政治中，自由市场意识形态和对政府监管的反对占据主导地位的时候，主张将环境保护作为国家和全球优先事项的科学家也很难得到支持并在政治中取胜。尽管科学家们希望能确保负责任地应用知识，但社会责任更多的是一种抗议性传统，而不是科学、科学与社会关系的一个组成部分。

参考文献

[1] Boyer, Paul. *By the Bomb's Early Light: American Thought and Culture at the Dawn of the Atomic Age.* New York: Pantheon Books, 1985.

[2] Chalk, Rosemary. "Drawing the Line: An Examination of Conscientious Objection in Science." *Ethical Issues Associated with Scientific and Technological Research for the Military. Annals of the New York Academy of Sciences* 577 (1989): 61-74.

[3] Johnson, Deborah G. *Ethical Issues in Engineering.* Englewood Cliffs, NJ: Prentice-Hall, 1991.

[4] Jordan, John M. *Machine-Age Ideology: Social Engineering and American Liberalism, 1911-1939.* Chapel Hill: University of North Carolina Press, 1995.

[5] Kuznick, Peter J. *Beyond the Laboratory: Scientists as Political Activists in 1930s America.* Chicago and London: University of Chicago Press, 1987.

[6] Layton, Edwin T., Jr. *Revolt of the Engineers: Social Responsibility and the American Engineering Profession.* Cleveland and London: The Press of Case Western Reserve University, 1971.

[7] Leslie, Stuart W. *The Cold War and American Science: The Military-Industrial-Academic Complex at MIT and Stanford.*

[8] New York; Columbia University Press, 1993.

[9] Noble, David F. *America by Design: Science, Technology, and the Rise of Corporate Capitalism.* New York: Knopf, 1977.

[10] O'Neill, Dan. *The Firecracker Boys.* New York: St. Martin's Press, 1994.

[11] Primack, Joel, and Frank von Hippel. *Advice and Dissent: Scientists in the Political Arena.* New York: Basic Books, 1974.

[12] Smith, Alice Kimball. *A Peril and a Hope: The Scientists' Movement in America, 1945-47.* Chicago and London: University of Chicago Press, 1965.

[13] Weiner, Charles. "Anticipating the Consequences of Genetic Engineering: Past, Present, and Future." In *Are Genes Us? The Social Consequences of the New Genetics,* edited by Carl Cranor. New Brunswick: Rutgers University Press, 1994, pp. 31-51.

王景安（Jessica Wang） 撰，曾雪琪 译

5.3 代表人物

人种学家兼探险家：亨利·罗·斯库尔克拉夫特

Henry Rowe Schoolcraft（1793—1864）

斯库尔克拉夫特出生于纽约州的奥尔巴尼县，受训成为一名玻璃工匠。1818年，斯库尔克拉夫特沿俄亥俄河顺流而下，探索密苏里州和阿肯色地区的矿产资源。第二年，他被任命为地质学家，在密歇根州州长刘易斯·卡斯（Lewis Cass）的带领下去美国西北部勘探，他在《旅途纪事：探寻密西西比河源头》（1821）中介绍了此次勘探的发现。1822年，他前往苏圣玛丽（一个边境哨所），担任苏必利尔湖各部落印第安人的代理人。1832年，在齐佩瓦族（欧及布威族印第安人）向导的帮助下，他领导远征队将密西西比河源头追溯到伊塔斯卡湖这一主要支流，伊塔斯卡是他模仿拉丁语"真正源头"（*veritas caput*）创造的一个名字。之后在1836年，他被提拔为密歇根州印第安人事务负责人。他与一个有奇佩瓦血统的家庭通婚，学习当地方言，很快成为东海岸民族学家和安德鲁·杰克逊（Andrew Jackson）总统班子研究印第安人生活的重要顾问，杰克逊政府希望为其印第安人移民政策找到科学论证。后来，他的兴趣从语言学转向了历史学和神话学，最终在1939年写成《阿尔基克研究》，以探究印第安人的"精神特征"，并解释印第安人不愿与针对其"文明"的项目合作的原因。1841年，他回到东部，试图在他丰富的实地经验的基础上开启文学—科学生涯。在许多书籍，比如《奥诺塔》（*Oneóta*，1844—1845）中，他收集并普及了印第安人的民间创作，特别是民间传说。他游说政府为各种大型项目提供资助；为新建的史密森学会提出了一项人种学调查计划；之后开始对纽约州进行统计和历史调查，并以《易洛魁人记事》（1847）为名出版。同年，在国会和印第安人事务局的资助下，他开始为他最雄心勃勃的十年科学计划——《历史和统计学信息：尊重美国印第安部落的历史、状况和前景》——的写作征集和编辑材料。这套豪华的六卷本著作包括了赛斯·伊士曼（Seth Eastman）的著名插图，但得到的评价褒贬不一。虽然这本书提供了丰富的信息，但这项研究却代表了一种折中和过时的民族学风格。随着时间的推移，斯库尔克拉夫特的宗教信仰与日俱增，由此造成他对于印第安人的态度变得越来悲观，并倾向于家长式作风。然而，斯库尔克拉夫特的宗教信仰让他强烈反对塞缪尔·莫顿颇有争议的人种多元论。

斯库尔克拉夫特的职业生涯体现了美国南北战争前民族学与政治、印第安人事务管理以及社会对美洲原住民文化的迷恋。之后，他被视为在启蒙运动时期的民族学沙龙和年轻一代学者之间的一个过渡人物。年轻学者中最著名的是将实地调查和理论的复杂性结合在一起的刘易斯·摩尔根（Lewis Morgan）。斯库尔克拉夫特宣称自己首先是一个 "事实发现者"，他主要的科学成果是与西部的部落长达 30 年的直接接触。

参考文献

［1］Bieder, Robert E. *Science Encounters the Indian, 1820-1880: The Early Years of American Ethnology.* Norman: University of Oklahoma Press, 1986.

［2］Bremer, Richard G. *Indian Agent and Wilderness Scholar: The Life of Henry Rowe Schoolcraft.* Mount Pleasant: Clarke Historical Library, Central Michigan University, 1987.

［3］Schoolcraft, Henry Rowe. *A View of the Lead Mines of Missouri, including Some Observations on the Mineralogy, Geology, Geography, Antiquities, Soil, Climate, Population and Production of Missouri and Arkansaw, and Other Sections of the Western Country.* New York: Charles Wiley, 1819.

［4］——. *Narrative Journal of Travels Through the Northwestern Regions of the United States Extending from Detroit Through the Great Chain of American Lakes, to the Sources of the Mississippi, Performed as a Member of the Expedition Under Governor Cass in the Year 1820.* Albany, NY: E. & E. Hosford, 1821.

［5］——. *Algic Researches, Comprising Inquiries Respecting the Mental Characteristics of Indians.* 2 vols. New York: Harper & Brothers, 1839.

［6］——. *Oneóta, or the Red Race of America: Their History, Traditions, Customs, Poetry, Picture-writing.* 8 numbers.

［7］New York: Burgess, Stringer, 1844–1845.

［8］——. *Notes on the Iroquois: or Contributions to American History, Antiquities, and General Ethnology.* Albany, NY: Erastus H. Pease, 1847.

[9] ——. *Historical and Statistical Information Respecting the History, Condition and Prospects of the Indian Tribes of the United States; Collected and Prepared Under the Direction of the Bureau of Indian Affairs, per Act of Congress of March 3rd, 1847*. 6 vols. Philadelphia: Lippincott, Grambo, 1851–1857.

奥兹·弗兰克尔（Oz Frankel） 撰，林书羽 译

地质学家兼内科医生、颅骨学家：塞缪尔·乔治·莫顿
Samuel George Morton（1798—1851）

莫顿出生在费城，就读于当地的贵格会（Quakers）学校，之后他遵从母亲的意愿决定从医。莫顿师从费城的约瑟夫·帕里什（Joseph Parrish）医生，并进入宾夕法尼亚大学医学院学习，于 1820 年毕业。在爱尔兰短暂拜访了父亲的亲戚后，他确信自己也应该在爱丁堡大学学习医学。1823 年，他在爱丁堡大学获得了第二个医学学位。在离开欧洲之前，他前往法国参加医学讲座。1824 年，他回到了费城。

从欧洲回来后，莫顿立即开始行医，行医生涯贯穿了他的一生。从 1839—1843 年，他还在宾夕法尼亚医学院教授解剖学，并撰写了几部医学著作，包括一部关于肺结核的专著和一部关于人体解剖学的专著。

莫顿从小就对博物学感兴趣，并在 1820 年成为费城自然科学院的一员。他尤为关注地质学，致力于美国白垩纪地层的鉴定和分析。1828—1834 年，他发表了几篇论文和关于这个主题的最后一部专著，题为《美国白垩纪生物遗骸概要》（*Synopsis of the Organic Remains of the Cretaceous Group of the United States*）。他基于自己和其他人的观察，他追溯了沿东西海岸的地质构成。莫顿根据化石识别白垩纪，并表明它与欧洲白垩纪等同。他是第一个广泛使用化石作为地层指南的美国人，许多同时代的人在他的影响和帮助下也开始仿效。

大约在 1830 年，莫顿的兴趣开始转向对人类颅骨的研究。当时认为人类分为 5 个种族，莫顿受邀就此话题进行演讲，他想在演讲中用每个种族的头骨进行说明，但他无法找到每一种。于是，他开始积攒自己的标本收藏，到去世时，他已经从世界各地收集了大约 1000 件标本，是当时美国最大的收藏量。他通过通信获得了这

些标本，而很少亲自收集。

种族几乎都是以肤色来区分的。莫顿设计了测量颅骨的方法，并主要在此基础上得出结论——不同种族的大脑尺寸也不同。人们普遍认为，各种族来自同一起源地，由于外部环境因素而分化出来，与之相反，莫顿认为种族有着不同的起源。莫顿发表了两部关于颅骨的主要著作:《美洲人颅骨》（1839）和《埃及人颅骨》（*Crania Aegyptica*，1844），这让他成了当时最重要的颅骨学家。

莫顿根据颅骨大小将所有人分为 5 个种族 22 个族类。莫顿没有公然利用他的发现来证明一个种族比另一个种族优越，尽管这种偏见可能在他的工作中明显存在（Gould，pp. 54-66）。而其他人又以这种方式使用了他的作品，特别是阿拉巴马州莫比尔的约西亚·C. 诺特（Josiah C. Nott），他用莫顿的著作来支持南方奴隶制，声称颅骨的尺寸表明奴隶是低人一等的，不能过任何其他类型的生活。莫顿的论点在 19 世纪被反复用于支持奴隶制。

莫顿的重要书信收藏在宾夕法尼亚历史学会、美国哲学学会和新西兰惠灵顿的亚历山大·特恩布尔图书馆。虽然在涉及 19 世纪美国地质学和种族主义态度的著作中经常提到莫顿，但还没有关于莫顿作品整体性的现代传记或批判性评价。

参考文献

［1］Gerstner, Patsy A. "The Influence of Samuel George Morton on American Geology." In *Beyond History of Science*.

［2］*Essays in Honor of Robert E. Schofield,* edited by Elizabeth Garber. Bethlehem, PA: Lehigh University Press; London and Toronto: Associated University Presses, 1990, pp. 126-136.

［3］Gould, Stephen Jay. *The Mismanagement of Man.* New York: W.W. Norton, 1981.

［4］Meigs, Charles D. *A Memoir of Samuel George Morton, M.D.*

［5］Philadelphia: T.K. and P.G. Collins, 1851.

［6］Morton, Samuel George. *Synopsis of the Organic Remains of the Cretaceous Group of the United States.* Philadelphia: Key and Biddle, 1834.

［7］——. *Crania Americana; or, a Comparative View of the Skulls of Various Aboriginal Nations of North and South America; to Which Is Prefixed an Essay on the Varieties of the Human Species.*

Philadelphia: J. Dobson; London: Simpkin, Marshall and Co., 1839.

[8] ——. *Crania Aegyptica; or, Observations on Egyptian Ethonography, Derived from Anatomy, History and the Monuments*. Philadelphia: John Penington; London: Madden and Co., 1844.

[9] Patterson, Henry S. "Memoir of the Life and Scientific Labors of Samuel George Morton." In *Types of Mankind,* edited by J.C. Nott and George R. Gliddon. Philadelphia: J.B. Lippincott & Co., 1865, pp. xvii–lvii.

[10] Stanton, William. *The Leopard's Spots. Scientific Attitudes Toward Race in America 1815-1859*. Chicago: University of Chicago Press, 1960.

[11] Wilson, Leonard, "The Emergence of Geology as a Science in the United States." *Journal of World History* 10 (1967): 416–437.

[12] Wood, George C. "A Biographical Memoir of Samuel George Morton, M. D." *Transactions of the College of Physicians of Philadelphia,* n.s. (1853): 372–388.

帕特西·格斯特纳（Patsy Gerstner） 撰，康丽婷 译

种族理论家兼医生：约西亚·克拉克·诺特
Josiah Clarke Nott（1804—1873）

诺特是南卡罗来纳州人，最初在纽约和费城接受医学培训。1827 年，他从宾夕法尼亚大学毕业，来到南卡罗来纳州的哥伦比亚执业，并于 19 世纪 30 年代中期去往巴黎进修医学。在那里，他受到了弗朗索瓦·布鲁塞斯（François Broussais）生理医学理论的影响。

1836 年，诺特搬到阿拉巴马州的莫比尔，成为南部广为人知的医生之一，他关于黄热病的著作在全国享有盛名，关于种族的著作享誉国际。在关于黄热病的作品中，他不同意那些认为黄热病是由病态的大气条件引起的观点，并认为黄热病是通过"微生物"传播的。

诺特于 1843 年开始撰写有关种族问题的文章，成了后来以美国民族学学派闻名的团体的成员之一。他热情地为种族间天生差异的观点辩护，认为黑人在奴隶制度下比在自由状态下生活得更好，美洲印第安人注定要灭绝。他认为种族混血导致了

国家的恶化。诺特希望将科学研究和写作从教士和《圣经》的影响中解放出来，他是人种多元论公开而狂热的捍卫者。他急于捍卫"白人和黑人属于不同物种"这一立场，因此他认为混血儿的生育能力不如黑人或白人。他的种族著作较少依赖于科学的方法论，而更多是凭借印象对历史和当代社会的讨论。

诺特与乔治·R. 格里登（George R. Gliddon）合著的《人类的类型》（*Types of Mankind*）于 1854 年出版，这本书精心捍卫了先天种族差异的观点，并因其断言上帝创造了不同的人种而招致神职人员的批评。这本书是对美国民族学学派观点最全面、最极端的表述。在接下来的 20 年里，这本书频频再版。

19 世纪 50 年代，诺特是奴隶制的热心捍卫者，但他也对医学教育特别感兴趣。他在说服阿拉巴马州立法机构在莫比尔建立医学院的过程中颇具影响力，也是该校早期历史中的领军人物。

诺特曾在南部邦联的医疗服务部门服役，南北战争后，他先是搬到巴尔的摩，然后又搬到了纽约。在北方，他停止了关于种族问题的写作，但建立起另一项成功的医疗实践，并在他的新专业——妇科方面开始写作。他回到莫比尔后在那里去世。

参考文献

［1］Horsman, Reginald. *Josiah Nott of Mobile: Southerner, Physician, and Racial Theorist*. Baton Rouge: Louisiana State University Press, 1987.

［2］Nott, Josiah C., and George R. Gliddon. *Types of Mankind*.

［3］Philadelphia: Lippincott, 1854.

［4］Stanton, William. *The Leopard's Spots: Scientific Attitudes Toward Race in America, 1815-59*. Chicago: University of Chicago Press, 1960.

雷金纳德·霍斯曼（Reginald Horsman） 撰，康丽婷 译

颅相学家兼出版商：奥森·斯奎尔·福勒

Orson Squire Fowler（1809—1887）

奥森·斯奎尔·福勒出生于纽约的库克顿，是霍瑞斯和玛莎（豪）·福勒之

子。1834 年，他毕业于安默斯特学院。求学期间，他的同学亨利·沃德·比彻（Henry Ward Beecher）向他介绍了颅相学。颅相学是由欧洲研究人员弗朗兹·约瑟夫·加尔和约翰·加斯帕·斯普尔茨海姆开创的一门心灵科学。加尔对大脑生理学很感兴趣，他提出我们每个人的主要心理和性格特征都是由大脑的某块特定区域或部位控制的。加尔还认为，通过检查一个人头盖骨的轮廓，可以分辨出大脑中每块区域的大小和相对强度。因此，颅相学的科学意义在于评估一个人的颅骨特征，以得出他或她的智力、道德和情感特征的精确指数。斯普尔茨海姆在加尔的颅相学基础上进行了扩展，强调了其在教育、国家治理和德育方面的实际作用。他认为，严格的智力训练，比如阅读适当的文学作品或记忆特定类型的信息，可以扩大或加强控制我们各种性格特征的颅骨区域。奥森·福勒很快掌握了这一新的科学理论的效用，开始研究如何科学地衡量和调节各种心理官能以改变人类行为。

奥森与他的兄弟洛伦佐·尼尔斯·福勒一起于 1837 年出版了《颅相学证明、图解和应用》（该书最终再版了 30 多次）。1840 年，两兄弟成立了一家出版公司，开始出版《颅相学年鉴》。两年后，他们担任了《美国颅相学杂志和杂记》的总编辑。1844 年，他们与 S.R. 威尔斯（S.R. Wells）合伙，并将其出版公司的名称改为福勒和威尔斯出版公司，直到 1863 年退休。他们公司的出版物为各种主题的书籍提供了一个公共论坛，这些主题可能被指定为医学、科学和宗教形而上学等"边缘"领域。

在此期间，福勒成了全国颅相学领域的杰出讲师和作家，其讲座内容涉及健康、自我修行、教育、性和社会改革等颅相学相关话题。他出版了很多书，包括《应用于培养记忆力的颅相学》（1842）、《应用于伴侣选择的颅相学》（1842）、《基督教颅相学家》（1843）、《恋爱或过度和变态性行为的弊端和补救措施，包括对已婚和单身人士的警告和建议》（1849）以及《创造性科学和性科学》（1870）。福勒对这些主题的阐述表明他在科学、医学或哲学方面缺乏正式训练，甚至显示出他急于将当时科学中出现的表面上"有用的知识"应用于教育、宗教、政府和性等方面的问题。

福勒的著作和出版活动有力激发了美国读者对某些研究领域的兴趣。19 世纪 80 年代，这些研究领域促使美国大学建立起心理学系。他在颅相学领域的广泛兴趣提醒我们，科学之所以受欢迎不是因为它产生了可验证的事实，而是因为它为日常生活中的问题提供了有希望的解决方案。

参考文献

[1] Davies, John D. *Phrenology: Fad and Science*. New Haven: Yale University Press, 1955.

[2] Wrobel, Arthur, ed. *Pseudo-Science and Society in Nineteenth-Century America*. Lexington: University of Kentucky Press, 1987.

罗伯特 · C. 富勒（Robert C. Fuller ） 撰，曾雪琪 译

另请参阅：颅相学（Phrenology ）

作家兼哲学家：亨利 · 大卫 · 梭罗

Henry David Thoreau（1817—1862 ）

梭罗出生于马萨诸塞州的康科德，并在那里度过了一生，也时而去缅因州、加拿大、科德角和明尼苏达州等地旅行。他毕业于哈佛大学，其重要作品包括：为数众多的《日记》（*Journal* ）、收录于《远足》（*Excursions* ）的论文以及他具有影响力的《论公民的不服从义务》（*Civil Disobedience*，更准确地说，是 “抵制公民政府”），以及《康科德和梅里麦克河上的一周》《瓦尔登湖》《科德角》，以及收录于《缅因森林》中的一系列论文和《美国佬在加拿大》（*A Yankee in Canada* ）。

梭罗通过精读的方式学习了他在哈佛课堂里学不到的东西。他尤其熟悉吉尔伯特 · 怀特（Gilbert White ）的《塞尔伯恩博物志》（*Natural History of Selborne*，1788 ），也许他从这本书中学到了一种模式，对一个偏僻的地方进行细致而广泛的观察可以同时为科学和文学带来好处。他拥有并阅读了达尔文的《“小猎犬” 号航海记》（*The Voyage of the Beagle*，1839 ），而且还并经常引用此书。

通过阅读与亲身勘察，梭罗锻炼了作为一名博物学家所需的技能。在其 1853 年 3 月 5 日的日记中，他把自己定义为 “一个神秘主义者，一个超验主义者，一个自然哲学家”（今天，我们还应称之为 “野外博物学家”）。作为一个超验主义者，他遵循爱默生（Emerson ）的著名格言：“特定的自然事实是特定精神事实之象征”

（《自然论》，1836）。作为一名博物学家，他一次又一次地使用这门学科中的仔细观察法，这是一种对他所遇到的几乎不可思议的丰富数据进行"管理"、安排并学习的方式。

博物学家的首要工作是进行仔细观察并收集一手资料，而这一点体现在梭罗的所有长篇作品中。这些数据资料既可以作为假设的根源，也可以作为对假设以及对其他来源不太可靠的信息的检验——尤其是梭罗特别喜欢的那些被尘封的城镇历史。从这些收集到的数据资料中，博物学家对需要解释的现象进行了仔细的定义。到那时，也只有到那时，他才准备好提出一个尽可能遵循自然过程和行为"规律"（laws）的解释。最后，也是最重要的一步是通过直接观察来证实最初的数据和建构的解释。

虽然梭罗从怀特那里学习了方法，从达尔文那里学习了文学形式的可能性，但他最终并没有成为一个博物学家，而是（正如他所承认的）成为了一个神秘主义者。他的目标不仅是提出科学的概括，而且还要认识隐喻、象征和寓言，超越纯粹的科学以达到他所谓的，在某种程度上，只有真正细心的的眼睛方可得见的"更高的法则"。

所以梭罗只能在部分意义上被称为真正的博物学家，但恰恰是这部分对《瓦尔登湖》和其他书籍的形式和内容至关重要。科学家的方法使得梭罗——无论是在缅因州冒险，还是在康科德河和梅里麦克河上航行，或是在爱默生借给他位于瓦尔登池塘旁的土地上"蹲伏"，或是向西旅行寻找《野苹果》——不仅运用自己一丝不苟的观察与采集，而且运用广泛的材料——包括地图、指南、谣言、传说，以及像"韦尔弗利特采蚝人"（Wellfleet Oysterman）等老人的唠叨——试图看到不止于表象的东西，而且从隐喻和形而上学的角度考虑表象世界的可能意义。

参考文献

[1] Dean, Bradley P., ed. *Wild Fruits: Thoreau's Rediscovered Last Manuscript*. New York: W.W. Norton & Company, 1999.

[2] Harding, Walter. *The Days of Henry Thoreau*. Princeton: Princeton University Press,

1962; reprinted, 1982.

［3］Hildebidle, John. *Thoreau: A Naturalist's Liberty*. Cambridge, MA: Harvard University Press, 1983.

［4］Richardson, Robert D. *Henry Thoreau: A Life of the Mind*.

［5］Berkeley: University of California Press, 1986.

［6］Sattelmeyer, Robert. *Thoreau's Reading*. Princeton: Princeton University Press, 1988.

［7］Thoreau, Henry David. *The Natural History Essays*. Salt Lake City, UT: Peregrine Smith, 1980.

约翰·希尔德比德尔（John Hildebidle） 撰，刘晓 译

另请参阅：自然写作（Nature writing）

人类学家：路易斯·亨利·摩尔根

Lewis Henry Morgan（1818—1881）

摩尔根出生在纽约奥罗拉郊外的一个农场。几年后，他的家人搬到了奥罗拉村，在那里他就读于卡尤加学院。从联合学院毕业后，他回到奥罗拉学习法律并取得律师从业资格。1844 年，他搬到罗切斯特，在那里成立了一家律师事务所。19 世纪 50 年代，他与一群罗切斯特人一道，在密歇根上半岛投资铁路、采矿和炼铁。由于这些冒险活动的成功，他在 1862 年放弃了法律业务，并把自己的大部分时间投入科学研究中，直到他在罗切斯特去世。1875 年，他当选为美国科学院院士，并担任美国科学促进会（1879—1880）主席。

1840 年回到奥罗拉后，摩尔根对易洛魁人的社会和文化产生了兴趣，并于 1851 年根据他的实地调查出版了《易洛魁联盟》（*League of the Ho-dé-no-sau-nee*）或称《易洛魁人》（*Iroquois*）一书。1855 年，他因公首次前往密歇根州的马奎特，在随后的旅行中，他对海狸及其行为产生了兴趣。这项研究的结果于 1868 年发表在《美洲海狸及其活动》（*The American Beaver and His Works*）上。同时，根据与他人通信获得的信息和他自己收集的资料［包括他在四次西部实地考察（1859—1862）中获得的资料］，他对亲属称谓和宗族组织进行了世界范围的比较研究。1871 年，他发表了关于亲属称谓的研究，书名为《人类家族的血亲和姻亲制度》（*Systems of*

Consanguinity and Affinity of the Human Family）；1877年发表了关于家族组织的研究，书名为《古代社会》（*Ancient Society*）。原计划作为《古代社会》一部分的《美洲原住民的住房和定居生活》（*Houses and House-Life of the American Aborigines*）于 1881 年他去世前不久出版。

尽管摩尔根的科学工作具有一种统一性——除去其他因素，这些工作都关注了"思维方式"——但其他人在后来利用摩尔根的工作成就时，并没有保留这种统一性。自摩尔根时代以来，人们对易洛魁人的社会和文化进行了大量的研究，但《易洛魁联盟》仍然是对易洛魁人最好的单一人种学介绍。现在，人们普遍认为是《血亲和姻亲制度》确立了所有人类学研究中最深奥的课题：亲缘关系。《古代社会》是 19 世纪重要的文化进化研究之一，由于卡尔·马克思和弗里德里希·恩格斯对它的兴趣，加上恩格斯出版了广为人知的《家庭、私有财产和国家的起源》（*The Origin of the Family, Private Property, and the State*，1884），《古代社会》收获了更多荣誉。几十年来，摩尔根的《美洲海狸及其活动》一直是关于海狸最重要的著作。从这些书出版后所做的所有工作来看，它们不仅仅只具有历史意义。细读这些著作，我们仍能学习到许多东西。

参考文献

［1］Engels, Friederich. *The Origin of the Family, Private Property, and the State in the Light of the Researches of Lewis H. Morgan.*

［2］（Printed in a number of editions.）Morgan, Lewis H. *League of the Ho-dé-no-sau-nee, or Iroquois.*

［3］Rochester: Sage and Brother, 1851.

［4］——. *The American Beaver and His Works.* Philadelphia: J.B. Lippincott, 1868.

［5］——. *Systems of Consanguinity and Affinity of the Human Family.* Smithsonian Contributions to Knowledge 17.

［6］Washington, DC: Smithsonian Institution, 1871.

［7］——. *Ancient Society.* New York: Henry Holt, 1877.

［8］——. *Houses and House-Life of the American Aborigines.*

［9］United States Geological Survey, Contributions to North American Ethnology 4.

Washington, DC: Government Printing Office, 1881.

[10] Resek, Carl. *Lewis Henry Morgan, American Scholar.* Chicago: University of Chicago Press, 1960.

[11] Trautmann, Thomas R. *Lewis Henry Morgan and the Invention of Kinship.* Berkeley: University of California Press, 1987.

伊丽莎白·图克（Elisabeth Tooker）　撰，康丽婷　译

博物学家兼教育家：斯宾塞·富勒顿·贝尔德
Spencer Fullerton Baird（1823—1887）

贝尔德出生在宾夕法尼亚州的雷丁，在父亲塞缪尔·贝尔德（Samul Baird）1830 年去世后，全家搬到了宾夕法尼亚州的卡莱尔。他就读于那里的迪金森学院（Dickinson College）并于 1840 年毕业。他从小就对博物学感兴趣，和他的大哥威尔一起积极地收集并研究当地各种类型的脊椎动物，尤其是鸟类。贝尔德兄弟在一些科学期刊上发表了文章，并在该领域发现了两种此前没有记录的捕蝇鸟。早些年，斯宾塞几乎与当时所有的博物学家都有联系，包括约翰·詹姆斯·奥杜邦（John James Audubon），两人建立了密切的联系。1846 年，贝尔德成了迪金森学院的自然科学教授，1850 年被约瑟夫·亨利（Joseph Henry）任命为史密森学会的助理秘书，负责担任学会自然历史博物馆的馆长、出版计划的管理者以及科学出版物国际交流的组织者。

1846 年，他娶了一位高级军官的女儿玛丽·海伦·丘吉尔（Mary Helen Churchill），这位军官后来成了陆军监察长。在岳父的支持下，贝尔德得以向密西西比河以西进行探险的许多军方地形探险队指派选定的博物学家，并将他们收集的所有标本送到史密森学会。1857 年，他被任命为国会新设立并由史密森学会管理的美国国家博物馆的馆长。19 世纪 60 年代后期，他的主要兴趣转向了鱼类学和大西洋沿岸据说枯竭的鱼类。在他的推动下，国会成立了美国鱼类和渔业委员会（United States Commission of Fish and Fisheries），贝尔德除了担任史密森学会的职务外，还担任该委员会委员。作为委员，他在马萨诸塞州的伍兹霍尔建立了美国第一个海洋生物学实

验室，并在鱼类繁殖和养殖方面进行了大量实验。1876 年，他被安排负责美国政府在费城百年博览会上的展品，在博览会结束时，他为史密森学会从各州及国外的展品购得了 60 车物品，从而促使国会资助了一座新的国家博物馆大楼来照管和展览这些展品。在 1878 年约瑟夫·亨利去世后，贝尔德被选为史密森学会的秘书。在接下来的 9 年里，他管理着 4 个独立的机构：史密森学会、美国国家博物馆、美国渔业委员会和 1879 年并入史密森学会的美国民族学局。贝尔德在伍兹霍尔去世。

贝尔德是一位服膺培根主义传统的科学家。他相信，详细研究大量标本可以得到普遍真理。本质上，他是一名分类学家，他的大多数科学出版物都致力于对物种和它们的行为做出物理描述，在 19 世纪中期北美大陆的自然资源鲜少为人所知时，这些描述是很有价值的。他亲自发现了超过 70 种过去未知的哺乳动物和 216 种鸟类。他出版的书籍和科学论文数量过千，其中一些是在托马斯·布鲁尔（Thomas M. Brewer）和约翰·卡森（John Cassin）等受人尊敬的同事和罗伯特·里奇韦（Robert Ridgeway）等学生的帮助下出版的。当时最重要的是几卷《太平洋铁路调查报告》（*Pacific Railroad Survey Report*）、《北美哺乳动物》（*The Mammals of North America*）、《北美鸟类目录》（*A Catalog of North American Birds*）和《北美爬行动物和两栖动物》（*The Reptiles and Amphibians of North America*）。作为鱼类事务专员，他发表了多篇关于沿海鱼类的重要研究。贝尔德从未对 19 世纪中叶广为讨论的达尔文之争发表过直接的意见，但他偏向于理论分析方面的一项工作，即题为《北美鸟类的分布和迁徙》（*The Distribution and Migrations of North American Birds*）的专著，在概念和结论上完全是达尔文式的，所有这些概念和结论仍然站得住脚。尽管自己很少进行实地考察，但他亲自训练他的收集员，让他们掌握准确的描述方法，这就是著名的"贝尔德鸟类学派"。他通过罗伯特·肯尼科特（Robert Kennicott）、威廉·希利·达尔（William Healy Dall）等人的报告广泛了解了阿拉斯加的自然资源，使他在国会审议购买阿拉斯加的过程中发挥了重要作用。这一点，加上他在伍兹霍尔创建的海洋生物实验室，以及他参与设计和资助的海洋研究船"信天翁"号，都是对美国科学的重大贡献。但他最长远的贡献也许是他招募并培训了许多年轻的科学家，这些人后来成为美国博物学发展的重要带头人。罗伯特·肯尼科特、威廉·达尔、大卫·斯达·乔丹（David Starr Jordan）、埃立特·库斯（Elliott Coues）、爱迪森·E. 韦里尔（ Addison E. Verrill）、罗伯特·里奇韦、哈特·梅利安（C. Hart Merriam）和乔治·布朗·古德（George Brown Goode）都是贝尔德的学生或门徒。最重要的是，他建立了伟大的自然历史藏品，将史密森学会推向了美国科学博物馆界的领导地位。

贝尔德没有受到路易·阿加西和亚历山大·贝奇等著名科学家的尊重，部分是因为私人冲突，但也是因为他们认为贝尔德只是一个"描述性科学家"，对科学发现的发展没有任何贡献。1863 年，阿加西以这个借口阻止贝尔德当选为国家科学院院士，尽管有阿加西的反对，但贝尔德次年的当选几乎得到了院士们的一致支持。

在他同时代的大多数博物学家，以及在他死后超过四分之一个世纪的前伙伴、受训者以及门生中，贝尔德被认为是美国首屈一指的自然科学家，在国会和华盛顿官员中有传奇般的说服力。他在国际上也受到尊敬，并在 1880 年柏林的国际渔业展览上作为"世界上第一个鱼类文化学家"（Goode，pp. 188–189），获得了一等荣誉奖。在他死后不久，多位受人尊敬的学者立刻撰写发表了大量颂词，并于 1923 年他的百年诞辰时再次撰写发表。1915 年，他的前同事威廉·达尔写了一本深情且不加批判的传记。为了向他致敬，许多脊椎动物和无脊椎动物被其发现者命名为"bairdii"。

然而，到了 20 世纪中期，随着一批新的博物学家将注意力从分类学转向更加理论性的研究，博物学家贝尔德实际上淡出了人们的视线。虽然史密森学会在贝尔德的指导下扩建成一个综合性博物馆，但人们一般认为约瑟夫·亨利才是该机构的创始人。贝尔德更为人所知的是他在伍兹霍尔建立了海洋生物实验室，那儿有一座为纪念他而立的著名的纪念碑。近年来，有两本分析性传记记叙了他对美国科学和史密森学会的永久贡献。但现在因其低调的生活和工作方式，除了专业人士之外，贝尔德的名字鲜为人知，也不太可能再次扬名。

参考文献

[1] Allard, Dean C. *Spencer Fullerton Baird and the U.S. Fish Commission.* New York: Arno Press, 1978.

[2] Goode, George Brown. "The Three Secretaries." In *The Smithsonian Institution, 1846-1896: The History of Its First Half Century.* Washington, DC: Devine Press, 1897, pp. 115–234.

[3] Rivinus, E.F., and E.M. Youssef. *Spencer Baird of the Smithsonian.*

[4] Washington, DC: Smithsonian Institution Press, 1992.

爱德华·F. 里维纳斯（Edward F. Rivinus） 撰，吴紫露 译

另请参阅：史密森学会（Smithsonian Institution）

教育家兼科学评论家：约翰·伯恩哈德·斯塔洛
Johann Bernhard（John Bernard）Stallo（1823—1900）

　　斯塔洛出生于德国奥尔登堡西尔豪森（Sierhausen, Olderburg）的一个教师家庭。在进入一所天主教师范学校学习之前，他一直在家里接受教育。1839 年，16 岁的斯塔洛移居美国俄亥俄州的辛辛那提，在那里的一所教区学校教德语。第二年，他出版了一本成功的德语拼读书。1841 年开始，他去新成立的圣泽维尔学院（St. Xavier's College）任教和学习，并开始将自己的专业领域从德语转向数学、物理和化学。1844 年秋，他离开俄亥俄州前往纽约，成为一位天主教神父和圣约翰学院（St. John's College）[后来的福特汉姆大学（Fordham University）]的物理学、化学和数学教授。他在圣约翰学院期间也深入研究了哲学，并于 1848 年出版了一本关于黑格尔和其他德国思想家的著作。但就在这时，他又转而研究法律，放弃了他的教会和学术事业，回到辛辛那提于 1849 年通过律师考试。

　　正如他的偶像托马斯·杰斐逊倡导的那样，斯塔洛是一位坚定而又雄辩的人类自由的捍卫者。作为一名律师，斯塔洛十分成功。通过州长任命和后来的选举，他于 19 世纪 50 年代中期担任了两年的普通辩诉法官。1885 年，格罗弗·克利夫兰（Grover Cleveland）总统任命他为驻罗马大使；4 年后，他在佛罗伦萨卸任。从参加律师考试到意大利任职期间，斯塔洛一直在撰写涉及公民、历史和哲学等广泛论题的文章，其中很多收录于他在 1893 年发表的合集中。他也写出了关于当代物理科学和数学的批判性文章的初稿。这些不成熟的思想出现在 1873 年至 1874 年间的 4 篇系列论文中，它们以"现代物理科学的基本概念"（"The Primary Concepts of Modern Physical Science"）为标题发表于《大众科学月刊》（*Popular Science Monthly*）上。1882 年，这些文章的大部分内容再现于斯塔洛最著名的著作《现代物理学的概念和理论》（*The Concepts and Theories of Modern Physics*）中。

　　在《现代物理学的概念和理论》中，斯塔洛在黑格尔和康德哲学的基础上加以调和，采取了一种经验主义立场，他写该书希望达到两个相关联的目标。这两个目标都源于他的基本观点，即大多数物理学家共享一种"形而上学"信条，即关于自然的"原子力学"（atomo-mechanical）信念，这种信念使他们的理论很不可信。首先，通过详尽考察力学——物理学理论（涉及不可见原子假定遵守既定经典力学的物理学理论）的研究方法，他希望证明这种方法既不能内部自洽，也不能解释某些基本的经验事实。其次，他试图通过揭示此种方法背后不可靠的形而上学基础来解释这种理论缺陷的原因。进一步讲，后者才是他的主要目标。物理、化学和现代数学的一些领域可作为研究案例显示出形而上学思维和认知模式的"逻辑和心理根源"——这些思维模式会削弱智力，但几乎遍及所有研究领域。

　　《现代物理学的概念和理论》甫一出版便引发斯塔洛与英美评论家间的激烈辩论，后来各种版本相继在国内外问世。实证主义者恩斯特·马赫（Ernst Mach）和后来的操作主义者珀西·布里奇曼（Percy Bridgman）积极回应该书强烈的现象主义和反形而上学思想，也增强了该书的持久影响力。

参考文献

[1] Drake, Stillman. "J. B. Stallo and the Critique of Classical Physics." In *Men and Moments in the History of Science,* edited by Herbert M. Evans. Seattle: University of Washington Press, 1959, pp. 22-37.

[2] Easton, Loyd D. *Hegel's First American Followers, the Ohio Hegelians: John B. Stallo, Peter Kaufmann, Moncure Conway, and August Willich.* Athens: Ohio University Press, 1966.

[3] McCormack, Thomas J. "John Bernard Stallo: American Citizen, Jurist, and Philosopher." *The Open Court* 14 (1900): 276-283.

[4] Moyer, Albert E. *American Physics in Transition: A History of Conceptual Change in the Late Nineteenth Century.* Los Angeles, CA: Tomash Publishers, 1983.

［5］Rattermann, H.A. "Johann Bernhard Stallo, Deutsch-Amerikanischer Philosoph, Jurist und Staatsmann." In *Gesammelte Werke*. Cincinnati, OH: Selbstverlag der Verfässer, 1911, 12: 11-55.

［6］Stallo, J.B. *Reden, Abhandlungen und Briefe*. New York: E. Steiger, 1893.

［7］——. *The Concepts and Theories of Modern Physics*. Edited by Percy W. Bridgman. 3d ed., 1938. Reprint, Cambridge, MA: The Belknap Press of Harvard University Press, 1960.

［8］Strong, John V. "The 'Erkenntnistheoretiker' s' Dilemma: J.B. Stallo' s Attack on Atomism in His 'Concepts and Theories of Modern Physics.' " *PSA: Proceedings of the Biennial Meeting of the Philosophy of Science Association, 1974,* pp. 105-123.

［9］Wilkinson, George D. "John B. Stallo' s Criticism of Physical Science." Ph.D. diss., Columbia University, 1951.

阿尔伯特·E.莫耶（Albert E. Moyer） 撰，彭繁 译

人类学家、考古学家兼地质学家：威廉·亨利·霍姆斯
William Henry Holmes（1846—1935）

霍姆斯成长在俄亥俄州加的斯附近的农场。他的职业生涯始于一项专门的艺术领域：科学插图。1871年他在游览华盛顿期间，参观了史密森尼博物馆的"城堡"，不久就开始为F. B. 米克（F. B. Meek）绘制化石图，为W. H. 达尔（W. H. Dall）绘制贝壳图。一年后，凭借精湛的绘画技术，他受聘为美国领土地质调查局的美术师。任职期间，他陪同F. V. 海登（F. V. Hayden）探险队前往黄石国家公园。在那里霍姆斯掌握了野外地质学知识。随后他在科罗拉多州待了两年，又在新墨西哥州和亚利桑那州领导海登考察队的分队进行勘测活动。1876年，他回到科罗拉多，帮助在当地建立了一个关键的三角测量网，在此期间，他攀登了30座山峰，其中海拔最低的也超过14000英尺。1878年，霍姆斯回到黄石公园研究并绘制了一系列死于火山灰并被掩埋的化石森林。在海登考察队时期，他最著名的作品是为《科罗拉多地图集》（*Atlas of Colorado*）绘制的插图，对当地磅礴壮美风景的笔墨渲染堪称无与伦比。在科学领域，G. K. 吉尔伯特（G. K. Gilbert）认为是霍姆

斯独立提出了"岩盖"的概念，即厚块火成岩的侵入导致沉积地层在山体中向上弯曲。

在欧洲学习了一年艺术之后，霍姆斯加入了新成立的美国地质调查局。他的首个任务是和 C. E. 达顿（C. E. Dutton）一起前往大峡谷进行考察。他为峡谷绘制的全景图惟妙惟肖，甚至比他绘制的科罗拉多全景图更为壮观。1889 年，霍姆斯调入约翰·韦斯利·鲍威尔领导的美国民族学局工作。他在西南部废弃的窑洞和印第安村落的野外经历激起了他对印第安人的兴趣。在为费城百年博览会以及随后的新奥尔良、路易斯维尔和辛辛那提博览会准备的公共展览中，霍姆斯将艺术与科学融为一体，因此被誉为展览艺术大师。1893 年的芝加哥世界博览会上，霍姆斯以实物大小展示的印第安人栖息地，为博物馆未来的临时展览和长期展览都树立了新的标准。

凭借在芝加哥博览会上的成果，他受聘为新成立的菲尔德博物馆的一员。在博物馆工作期间他曾前往尤卡坦半岛，霍姆斯在测绘和素描方面的技术帮助重现了被遗弃的玛雅古城。不过，他对在菲尔德博物馆的工作并不满意。1897 年，霍姆斯回到华盛顿，成为重组后的美国国家博物馆的第一任人类学部门首席负责人，负责扩充这一部门，并将人类体格学囊括进来。霍姆斯还在墨西哥继续开展他的研究，并开始在古巴和美国中西部进行考古调查。在此期间，他负责监督管理史密森学会送往各国展览会的展品。

1902 年鲍威尔去世后，霍姆斯继任美国民族学局长。如果说鲍威尔为民族学奠定了基础，霍姆斯的贡献则在于他完善了实践方面的工作。他为该局所做的最重要研究是调查了原住民采石和制造石器的方法。根据调查结果霍姆斯证明，这些被认为是新石器时代的石器工具其实是制造业的遗留物，它们并不能说明当时石器工具的发展处于早期阶段。尽管关于美洲远古历史的争论一直持续到今天，但霍姆斯的观点仍受到主流的支持，即人类发明使用复杂石器工具的时间相对较晚。

1910 年，霍姆斯再次加入美国国家博物馆担任人类学部门首席负责人，同时兼任美国国家美术馆馆长，尽管美术馆在 10 年后才成为一个独立的政府行政单位。霍姆斯认为，他最大的成就是组织了对"新"国家博物馆的考古藏品继续进行研究，并策划了考古学领域的公共展览。1916 年，他在中美洲进行了人生中最后一次实地考察。在 20 世纪 20 年代，霍姆斯继续从事考古学研究。与此同时，他投入了相当大的努力来争取公众支持，试图为国家美术馆大楼的建设提供资金。他还在水彩方面享有盛名，也是华盛顿艺术界的重要人物。霍尔姆最终于 1933 年退休，不久便离开人世。

今天，人类学部门仍然是国家自然历史博物馆中最大的科学单位。霍姆斯一度努力尝试建立一个风格独特的国家美术馆但没能成功，不过这些努力还是促成了美国国家艺术博物馆（National Museum of American Art）和国家肖像美术馆（National Portrait Gallery）的建立。

霍姆斯亲自收集整理了与他生活相关的各种文件，包括信件、证书、剪报和照片等资料，装订成册共计 17 卷，这些资料现收藏在美国国家艺术博物馆和国家肖像美术馆的图书室里。

参考文献

[1] Hough, Walter. "William Henry Holmes." *American Anthropologist,* n.s. 33（1933）: 752-755.

[2] Swanton, John R. "William Henry Holmes." *Biographical Memoirs of the National Academy of Sciences* 17（1935）: 223-252.

埃利斯·L. 尤切尔森（Ellis L. Yochelson） 撰，王晓雪 译

古生物学家：亨利·费尔菲尔德·奥斯本
Henry Fairfield Osborn（1857—1935）

奥斯本出生于康涅狄格州的费尔菲尔德市，1873 年至 1877 年就读于普林斯顿大学。在普林斯顿大学校长詹姆斯·麦考什（James McCosh）的影响下，奥斯本开始从事科学研究。在普林斯顿大学读了一年研究生之后，他在英国学习了额外的生物学课程。1881 年，奥斯本前往普林斯顿大学任教，教授了 10 年的比较解剖学和胚胎学。1891 年，他赴哥伦比亚大学和美国自然历史博物馆就职。他在哥伦比亚大

学创建了生物系，并在此任教直到 1910 年退休。奥斯本成功在博物馆实施了一个古脊椎动物项目，并于 1908 年至 1933 年担任博物馆馆长。他于 1893 年至 1926 年担任了纽约动物学会（New York Zoological Society）主席，他曾创建并管理了布朗克斯动物园（Bronx Zoo）。他于 1928 年担任美国科学促进会主席。

奥斯本的科学工作聚焦于古生物学及其进化上。在普林斯顿大学，他和威廉·贝里曼·斯科特（William Berryman Scott）创建了一个规模虽小但活跃的古脊椎动物研究项目。奥斯本和他的助手在美国博物馆（American Museum）拥有大量藏品，足以使他能够广泛发表关于脊椎动物化石的文章。他最重要的作品有《哺乳动物时代》（*The Age of Mammals*，1910）、《怀俄明、达科他和内布拉斯加州的古代雷兽》（*The Titanotheres of Ancient Wyoming, Dakota, and Nebraska*，1929）和《长鼻目》（*Proboscidea*，1936、1942）。奥斯本还发表了一些关于恐龙的技术性文章，且广受欢迎。

奥斯本仔细研究了进化的原因和模式。19 世纪 80 年代，他用新拉马克主义的术语解释进化，即器官用进废退及获得性状遗传。后来，他把进化解释为特征朝确定、线性方向的逐步展开。他将自己的观点应用到化石上，将马、大象和雷兽的进化描述为同种祖先一系列多样且平行的道路。他反对遗传学，其观点加剧了 20 世纪早期古生物学和实验生物学之间的分歧。

奥斯本没有把人类的进化解释为生命树的一个分支，而是一系列独立的发展和更替过程。他在《旧石器时代的人》（*Men of the Old Stone Age*，1915）中说，旧石器时代的原始人并不是现代人类的祖先，而是已经灭绝的不同物种。20 世纪 20 年代，通过将人类与类人猿的进化分开，奥斯本对威廉·詹宁斯·布莱恩（William Jennings Bryan）的原教旨主义的攻击作了回应。在结合来自化石记录的数据之后，他将进化解释为一种渐进的、有目的的过程，进而维护了传统的社会价值观和宗教信仰。

奥斯本的观点影响了他在博物馆的管理工作。通过推进探险活动及扩充藏品，他建立了世界上最重要的古脊椎动物研究项目。他所创建的部门是一个研究中心，同时也是一个吸引观众眼球的创新展品的展示台，还影响了其他机构的发展。作为馆长，他把整个博物馆变成了他观点的延伸。人类纪元展厅融入了奥斯本对人类进化的诠释。他对户外研究的兴趣促使他推进全球范围的探索，以及旨在向公众传授自然和自然规律的大型展览。尽管鲜有人认可奥斯本的进化论诠释，但他对重要科学问题的认识以及他获得财政支持和策划大型项目的能力，使美国博物馆成为研究和公共教育的重要中心。

大多数关于奥斯本的研究只考察了其繁杂职业生涯的一部分。关于科普与马什不和的书籍讨论了他在这一事件中的角色。有关美国社会和政治历史的著作都提到了他在优生学和移民限制方面的观点。学生或同事所撰的自传描述了他的个性和行政角色，有一段历史记叙了他如何整改博物馆，但几乎没有对他的科学工作进行分析。最近的研究则从奥斯本的社会和政治活动的角度，考虑到20世纪早期博物馆和古脊椎动物学在美国科学界的边缘地位，来展示奥斯本的科学和机构管理工作。

参考文献

[1] Kennedy, John Michael. "Philanthrophy and Science in New York City: The American Museum of Natural History, 1868–1968." Ph.D. diss., Yale University, 1968.

[2] Osborn, Henry Fairfield. *The Age of Mammals in Europe, Asia, and North America*. New York: Macmillan, 1910.

[3] ——. *Men of the Old Stone Age: Their Environment*, Life and Art. New York: Scribners, 1915.

[4] ——. *The Earth Speaks to Bryan*. New York: Scribners, 1925.

[5] ——. *The Titanotheres of Ancient Wyoming, Dakota, and Nebraska*. 2 vols. Washington, DC: Government Printing Office, 1929.

[6] ——. *Proboscidea: A Monograph of the Discovery, Evolution, Migration and Extinction of the Elephants and Mastodonts of the World*. New York: American Museum Press, 1936, 1942.

[7] Rainger, Ronald. *An Agenda for Antiquity: Henry Fairfield Osborn and Vertebrate Paleontology at the American Museum of Natural History. 1890-1935*. Tuscaloosa: University of Alabama Press, 1991.

罗纳德·兰格（Ronald Rainger） 撰，吴紫露 译

另请参阅：美国自然历史博物馆（American Museum of Natural History）

博物学家兼艺术家：约翰·詹姆斯·奥杜邦

John James Audubon（1785—1851）

约翰·詹姆斯·奥杜邦的原名是让·拉宾，出生于圣多明戈（现今的海地），是一位法国船长让·奥杜邦（Jean Audubon）和情妇让娜·拉宾（Jeanne Rabine）的私生子。他三岁时被送到法国，1794 年被其生父的家庭收养。奥杜邦声称，他一生对自然世界的迷恋，源于童年时代在南特附近父母庄园里的游荡。他在科学、语言和绘画方面接受的正规教育相对较少，尽管后来成功变身为一位艺术家、博物学家兼作家（他似乎曾撒谎说师从过法国画家大卫。）奥杜邦曾短暂尝试过海军职业，但并不令人满意，所以他的父亲在 1803 年派他去管理费城郊外的密尔格洛夫（Mill Grove）农场。

在密尔格洛夫农场的 4 年中（中间曾返回法国一次），奥杜邦不断观察、捕猎，并画下自己从未见过的美洲动物。也许是他第一次做了鸟类环志实验，他在一只菲比霸鹟（phoebe）的腿上绑了一根线，并注意到次年这只鸟会飞回老巢。他娶了邻居露西·贝克维尔（Lucy Bakerwell），后者为其整个职业生涯提供了至关重要的支持。

从 1807 年到 1819 年，奥杜邦在肯塔基州的路易斯维尔和亨德森从事商业投资。1819 年，奥杜邦宣布破产，并在辛辛那提新建的西部博物馆（Western Museum）短期担任过标本剥制师。1820 年，他和露西决定应该扩充他的鸟类绘画作品集，以便将来出版。他在 1810 年曾与出版了《美洲鸟类学》（*American Ornithology*）的亚历山大·威尔逊的会面，通常认为是这次会面使他决心出版自己的鸟类绘画作品。

露西照顾抚养他的两个儿子，又在才华横溢的助手约瑟夫·梅森（Joseph Mason）的帮助下，奥杜邦于 1820—1824 年游历了密西西比州和阿拉巴马州，完成了他最著名的一些画作。这位几乎自学成才的艺术家从十几岁就开始画鸟类和哺乳动物，他发明了一种方法，将新鲜的标本连接成各种姿势，并在画纸上勾勒出精确的比例。他成熟的风格结合了解剖的精确性和赏心悦目的设计。这些与实际等大的图画（通常兼顾两性以及幼崽）置身它们惯常的栖息地，保持其特有的姿势。先前的博物学插画家偶尔也会描绘背景和标本的动作，但奥杜邦是第一个始终融汇这些元素的人。

1826 年，奥杜邦在美国找不到画作的出版商，便前往英国寻找。他标新立异的画作和野生动物的知识让英国科学精英印象深刻，他很快就被选入各类学会，并受邀撰写杂志文章。小罗伯特·哈维尔（Robert Havell Jr.）负责生产双开本的蚀刻铜板。12 年来，奥杜邦监督制作，招揽订购者，并撰写了配套文字《鸟类学传记》（*Ornithological Biography*），由威廉·麦吉勒维（William Macgillervay）编辑。他还去拉布拉多、佛罗里达和得克萨斯探险，以获得更多的标本。

1839 年《鸟类》（*The Birds*）出版完毕后，奥杜邦出版了该书的八开版本，并开始与约翰·巴赫曼合著《北美胎生四足动物》（*The Viviparous Quadrupeds of North America*）。他 1843 年在密苏里河上游的一次探险中观察到了这种大型的西部哺乳动物。现存这份出版物的绘画属于他的精心之作。1847 年前后，奥杜邦的精神状况恶化，他的儿子约翰·伍德豪斯（John Woodhouse）完成了这些插图。他的另一个儿子维克多·吉福德（Victor Gifford）画了大部分背景。奥杜邦在纽约哈德逊河边的米妮庄园去世。

他的传奇人生以及经久不衰的画作掩盖了他对 19 世纪鸟类学的贡献。讨论其科学声望的评论家们常常贬低他的部分文章过于感性，插图中的某些姿势过于夸张。然而，奥杜邦是美国绘制鸟类数量最多的人，大概 1830 年到 1870 年间他在各种出版物上撰写了最为全面的作品。约翰·卡森和丹尼尔·吉罗·艾略特（Daniel Giraud Elliot）续写了《鸟类》，斯宾塞·富勒顿·贝尔德（Spencer Fullerton Baird）和艾略特·库斯的著作一直参考奥杜邦的出版物。

他对动物插画的影响是深远的，因为大多数西方动物艺术家都知道他的作品。他运用多重形象，包含栖息地和栩栩如生的姿势，影响了他的同时代人，如英国人约翰·古尔德（John Gould），以及为卡森和艾略特的书绘制插图的艺术家。被认为是美国下一位伟大鸟类艺术家的路易·阿加西·富尔提斯（Louis Agassiz Fuertes）在其成型时期仔细研究过奥杜邦。罗杰·托里·彼得森（Roger Tory Peterson）和唐·埃克莱伯里（Don Eckleberry）等 20 世纪的动物插画家，都承认奥杜邦对他们风格的影响。

参考文献

[1] Audubon, John James. *The Birds of America*. 4 vols. London: J.J. Audubon, 1827−1838.

[2] ——. *Ornithological Biography, or an Account of the Habits of the Birds of the United States*. 5 vols. Edinburgh: A & C Black, 1831−1839.

[3] ——. *A Synopsis of the Birds of North America*. Edinburgh: A & C Black, 1839.

[4] ——. *The Birds of America*. 7 vols. Octavo edition. New York: J.J. Audubon, 1840−1844.

[5] ——. *The Original Water-Color Paintings by John James Audubon for the Birds of North America*. 2 vols. New York: American Heritage, 1966.

[6] ——. Writings and Drawings. Edited by Christoph Irmscher.

[7] New York: The Library of America, 1999.

[8] Audubon, John James, and John Bachman. *The Viviparous Quadrupeds of North America*. 3 vols. Plates. New York: J.J. Audubon, 1845−1848.

[9] ——. *The Viviparous Quadrupeds of North America*. 3 vols.

[10] Text. New York: J.J. Audubon, 1846−1854.

[11] Blaugrund, Annette, and Theodore E. Stebbins, Jr., eds.

[12] *John James Audubon: The Watercolors for The Birds of America*. New York: Villard and The New York Historical Society, 1993.

[13] Ford, Alice. *John James Audubon*. 2d ed. New York: Abbeville Press, 1988.

[14] Low, Susanne M. *An Index and Guide to Audobon's Birds of America*. New York: The American Museum of Natural History, Abbeville Press, 1988.

玛格丽特·韦尔奇（Margaret Welch）　撰，陈明坦　译

人口生物学家：雷蒙德·珀尔
Raymond Pearl（1879—1940）

珀尔出生在新罕布什尔州，1899 年在达特茅斯大学获得文学学士学位，1902 年在密歇根大学获得动物学博士学位，并留校任教直到 1905 年。1905—1906 学年，他在莱比锡大学、那不勒斯海洋生物站和伦敦大学工作，在那里与著名的生物计量学家卡尔·皮尔逊（Karl Pearson）合作。珀尔在宾夕法尼亚大学担任了一年的动

物学讲师，1907 年，他成为缅因州农业实验站的生物系主任，在这个职位上一直工作到 1918 年。1917—1919 年，珀尔还在赫伯特·胡佛（Herbert Hoover）领导下的美国食品管理局（United States Food Administration）担任统计司司长。1918 年，珀尔被任命为约翰斯·霍普金斯大学保健与公共卫生学院生物计量学和生命统计学教授。尽管学术头衔不断变化，但他一直留在霍普金斯大学直至去世。1925—1930 年，他领导了由洛克菲勒基金会资助的霍普金斯生物研究所。

在离开伦敦大学后，珀尔成为在美国推进使用生物统计学方法研究种群统计变异的主要倡导者之一。在缅因州农业实验站工作期间，珀尔专注于家禽的遗传学，对相关的统计数据和实验研究都有所贡献。在战时为食品管理局服务期间，珀尔研究了食品和人口之间的关系。此后在霍普金斯的日子里，珀尔虽然也进行了一些果蝇繁殖实验，但主要专注的是人类种群生物学。他最为人所熟知的是一系列论文，其中一些是与洛厄尔·J. 里德（Lowell J. Reed）合著的，在论文中他提出逻辑斯谛曲线（the logistic curve）代表了人口增长的一般规律。虽然这些论文在发表时引起了很大争议，但逻辑斯谛曲线仍被视为对人口增长进行数学处理的起点。珀尔还对其他许多人类生物学研究做出了贡献，例如研究避孕对人类的影响，同时在另一篇论文中指出，适度饮酒会延长人类寿命，而吸烟则会起到相反效果。

科学史学家已经将珀尔牢牢置于人口生态学的历史之中，对他参与优生学运动的情况也进行了研究。但是目前还没有关于珀尔的详细传记，也没有对其范围广泛、类型多样的科学工作的全面分析。

参考文献

[1] Allen, Garland E. "Old Wine in New Bottles: From Eugenics to Population Control in the Work of Raymond Pearl." In *The Expansion of American Biology*, edited by Keith R. Benson, Jane Maienschein, and Ronald Rainger.

[2] New Brunswick: Rutgers University Press, 1991, pp. 231-261.

[3] Fee, Elizabeth. *Disease and Discovery: A History of the Johns Hopkins School of Hygiene and Public Health, 1916-1939.*

[4] Baltimore: Johns Hopkins University Press, 1987.

[5] Jennings, H.S. "Raymond Pearl." *Biographical Memoirs of the National Academy of Sciences* 22（1942）: 295-347.

[6] Kingsland, Sharon E. *Modeling Nature: Episodes in the History of Population Ecology.* Chicago: University of Chicago Press, 1985.

[7] Provine, William B. *The Origins of Theoretical Population Genetics.* Chicago: University of Chicago Press, 1971.

卡尔－亨利·格什温德（Carl-Henry Geschwind） 撰，郭晓雯　译

文化历史学家兼社会评论家：刘易斯·芒福德
Lewis Mumford（1895—1990）

刘易斯·芒福德是技术史这一研究领域的创始人之一。对科学思想的哲学兴趣启发了这项开创性的工作。芒福德出生于纽约，为成为一名工程师，他来到斯图文森高中读书。尽管他很快又立志成为作家，但童年时那份对发明和科学的痴迷从未消失。在撰写了一些文学和文化批评书籍后，芒福德在 1930 年为《斯克里布纳杂志》（*Scribner's Magazine*）写了一篇题为《机器的戏剧》（*The Drama of the Machines*）的文章，首次涉足技术史。4 年后，他出版了个人代表作《技术与文明》（*Technics and Civilization*），开创性地探索了机器与西方文明之间的关系。在后来关于建筑、城市和技术的著作中，芒福德多次回归到这部作品的主题上来。

虽然早在 15 世纪就出现了关于发明史的书籍，但芒福德的作品以其坚持的社会和道德视角而闻名。他是首批在他所谓的社会生态中介绍技术的学者之一，这种技术既是一种物质构造，也是一种精神构造，因此受到科学和其他思想的强烈影响。

《技术与文明》是辩论的产物——当代关于机器在社会中的作用和技术在"一战"中的应用的辩论。尽管芒福德对汽车、飞机、无线电和其他发明都很感兴趣，但他担心自动化和其他现代技术的去人性化效果，并对有关科学、技术和社会进步之间关系的传统假设提出了质疑。他转向从过去的时间中寻找机器时代及其道德困境的根源。

《技术与文明》将过去的一千年描述为三大重叠阶段，每个阶段都与特定的物质基础有关：1000—1750 年的始生代技术（风、水和木材）；1700—1900 年的古生代技术（煤、铁和蒸汽）；始于 1820 年的新生代技术（电、合金和轻金属）。实际上，他把工业革命的诞生从 18 世纪回溯到了中世纪。像他那个时代的大多数思想家一样，芒福德认为科学是发明之母，因此是导致这些转变的主要因素。总体而言，他认为电子技术阶段是异想天开的科学思想和谐发展的预备期，是人与科学、技术共生的阶段。相比之下，他将机器时代的问题直接追溯到野蛮的古生代技术阶段发展起来的科学思想。芒福德谴责伽利略、笛卡尔、牛顿和其他科学家创造了机械世界观，将世界简化为物质和运动，并消除了世界的有机性和人性品质。他将由此导致人口减少的世界描述为一片荒原，在那里，人类沦落为满足磨坊和工厂需求的机器。

然而，《技术与文明》根本上并不是一部消极的作品。和其他受"一战"影响的知识分子一样，他试图调和人性中理性和情感两个方面。基于相对论和量子力学革命，新技术阶段有了新的分配方式，芒福德从中看到了希望，这似乎标志着机械世界观的消亡。在芒福德看来，这两次革命的效果是将观察者和被观察者重新结合，重新建立起和谐、整体主义和有机主义。在这些思想中，芒福德表明了有机隐喻在当代思想家中越来越受欢迎，如埃德蒙·威尔逊（Edmund Wilson）和阿尔弗雷德·诺斯·怀特海（Alfred North Whitehead）。他尤其受到他的苏格兰"大师"帕特里克·盖迪斯（Patrick Geddes）的影响，盖迪斯的著作将技术、进化生物学和新物理学交织在一个大型综合体中。

30 年后，芒福德在一部更黑暗的作品《权力五边形》（*The Pentagon of Power*）中重新审视了这些观点，这本书反映了他对越南战争的恐惧。他重申了对伽利略及其同道中人的控诉，同时对电力这一新技术失去了信心，他不再将电力视为团结人类的力量，而是将其看作以计算机为形式的一种侵入性、控制性的存在。

参考文献

[1] Miller, Donald L. *Lewis Mumford, A Life*. Pittsburgh: Pittsburgh University Press, 1989.

［2］——, ed. *The Lewis Mumford Reader.* New York: Pantheon, 1986.

［3］Molella, Arthur P. "Mumford in Historiographical Context." In *Lewis Mumford, Public Intellectual,* edited by Thomas P. Hughes and Agatha C. Hughes. New York: Oxford University Press, 1990.

［4］Mumford, Lewis. "The Drama of the Machines," *Scribner's Magazine,* August 1930, pp. 150-161.

［5］——. *Technics and Civilization.* New York: Harcourt, Brace, 1934.

［6］——. *The Myth of the Machine: I. Technics and Human Development.* New York: Harcourt, Brace and World, 1967.

［7］——. *The Myth of the Machine: II. The Pentagon of Power.*

［8］New York: Harcourt, Brace, Jovanovich, 1970.

亚瑟·P. 莫莱拉（Arthur P. Molella）　撰，康丽婷　译

超心理学家：约瑟夫·班克斯·莱茵
Joseph Banks Rhine（1895—1980）

莱茵出生于宾夕法尼亚州胡安尼亚塔县的一个农民家庭，在宾夕法尼亚州中部和俄亥俄州度过了童年。在俄亥俄北方大学（Ohio Northern University）学习了一年之后，莱茵跟随儿时的伙伴路易莎·韦克斯瑟（Louisa Weckesser）进入了伍斯特学院（College of Wooster），在第一次世界大战服完兵役后，又进入了芝加哥大学，两人都在那里获得了植物生理学博士学位。两人于 1920 年结婚。路易莎·莱茵成为约瑟夫·班克斯·莱茵在超心理学领域的学术伙伴，并凭借自己的能力在该领域取得了卓越成就。

一开始莱茵打算在政府部门工作，但他从未放弃对科学唯物主义的形而上学意蕴的关注。在芝加哥，他和路易莎被心理学研究所吸引，认为它是科学、宗教和形而上学之间潜在的桥梁。在学习了两年植物生理学之后（有一年是在西弗吉尼亚大学），莱茵和路易莎去了哈佛大学，师从以心理学研究而闻名的心理学家威廉·麦克杜格尔。尽管麦克杜格尔正在休假，但莱茵夫妇在堪布里奇确认了他们的职业兴趣后，于 1927 年跟随麦克杜格尔去了杜克大学，而后者已经成了新成立的心理学系的

系主任。尽管没有接受过心理学训练，莱茵最终还是在麦克杜格尔的支持下加入了该系。

莱茵最重要和最出名的工作是在 1930—1933 年进行的，并在 1934 年出版了《超感官知觉》（*Extra-Sensory Perception*）。利用杜克大学的学生，莱茵试图把所谓的心灵能力——心灵感应和洞察力——研究置于实验和定量的基础上。实验对象被要求猜测一副洗过的牌的顺序，25 张牌包含相同数量的 5 个几何符号，然后对结果进行统计学上"额外机会"（extra-chance）的重要性评估（25 张牌中平均有 5 张猜对即是他所要的机会）。据报道，有 8 个实验对象的额外机会得分非常高，莱茵随后将类似的方法扩展到对预知和意志力的研究。

莱茵的研究在 20 世纪 30 年代及其后引起了全国的关注，他致力于将心灵能力的研究（他将其命名为"超心理学"）发展成为一门与心理学相关的学术学科：招收研究生；一本研究期刊《超心理学杂志》在 1937 年创刊；从私人那里获得了相当大的财政支持。在此期间，莱茵找到了一位富有同情心的盟友——心理学家加德纳·墨菲。

然而莱茵的工作也引发了相当大的争议，这些争议从未被成功地平息，莱茵使超心理学体制化的愿景也没能很好地实现。1948 年，他在杜克大学建立了超心理学实验室，但当他退休后，实验室与杜克大学的正式联系就中断了。北卡罗来纳州达勒姆人本性研究基金会（Foundation for Research on the Nature of Man of Durham），即现在的莱茵研究中心（Rhine Research Center）成立于 1962 年，是莱茵超心理学实验室的延续。

根据超心理学领域的普遍共识，莱茵是 20 世纪最重要的人物。他那实现对心灵能力和现象的实验控制的愿景仍主导着这一领域；像"超心理学"和"超感觉知觉"（ESP）这样的术语，已经成了常用词汇。

参考文献

[1] Mauskopf, Seymour H., and Michael R. McVaugh. *The Elusive Science: Origins of Experimental Psychical Research.*

［ 2 ］Baltimore: Johns Hopkins University Press, 1980.

［ 3 ］McVaugh, Michael R., and Seymour H. Mauskopf. J. B.

［ 4 ］Rhine' s Extra-Sensory Perception and Its Background in Psychical Research." *Isis* 67
　　　（1976）: 161-189.

［ 5 ］Pratt, J.G. et al. *Extra-Sensory Perception After Sixty Years.*

［ 6 ］New York: Henry Holt, 1940. Reprint, Boston: Bruce Humphries, 1966.

［ 7 ］Rao, K. Ramakrishna, ed. *J. B. Rhine: On the Frontiers of Science.*

［ 8 ］Jefferson, NC: McFarland Press, 1982.

［ 9 ］Rhine, J.B. *Extra-Sensory Perception.* Boston: Boston Society for Psychical Research,
　　　1934. Reprint, Boston: Bruce Humphries, 1964.

［ 10 ］Rhine, Louisa E. *Something Hidden.* Jefferson, NC: McFarland Press, 1983.

西摩·H. 毛斯科普夫（Seymour H. Mauskopf）　吴晓斌　译

第6章

科学与工业

6.1 综述

工程、技术和科学：联系与比较
Engineering, Technology and Science—Relations and Comparisons

"科学""工程"和"技术"既可以指知识体系，也可以指使用这些知识的从业者群体。"技术"是一个总称，因为它囊括了从自学成才的工匠到开展实践性工作的高学历科学家等所有推进或应用实用技艺（即美式英语中的"技术"）的人。应用科学很关键，同时也是技术的重要组成部分。因为美国长期以来一直强调有用的知识，因此也许美国要比其他地方更加重视应用科学。如果我们以社会声望或其专业纵深领域知识的抽象和概括程度来进行排名，那么工程师介于科学家和工匠之间。美国没有全国性的工程师认证，所以美国工程师们相当不情愿地接受了这样一个事实，即他们的职业是"一大批技术工人中一个界限模糊的核心"（Layton, *Revolt*, p. 26）。

在处理极为复杂的子社群集合体，而每个子社群都有相应的知识体系且其中许多部分相互重叠时，"科学"和"工程"是两个有用但模糊的概念。也许是因为美国诞生于启蒙运动时期，当时科学的威望非常高，所以美国工程师从一开始就确定了一个纲领性的目标，即让工程学实践尽可能全方位地建立在科学事实和科学方法的坚实基础上。启蒙运动和美国的民主倾向同样非常强调科学的效用（比如产生技术效益）。这些相辅相成的主题促成了美国科学和工程学的互相融合，并在两者之间产生了许多富有成效的互利互动。

努力将美国工程学建立在科学的基础上，并不意味着对科学界的屈从。工程师使用的大部分知识是由工程师生产的（但在早期阶段得到过物理科学家的帮助），他们使用的方法可能与基础科学中使用的方法截然不同。工程师从科学档案中汲取知识并为之做贡献，档案里包括了物理和数学科学的实验方法、数学理论以及仪器设备，这使得工程师成了应用物理学家，就好比物理学家也是应用数学家一样。换言之，尽管有相似和效仿之处，科学家和工程师依然构成了两个不同的社群。为促进工程学中科学知识的产生、传播和使用，工程师还借鉴了基础科学领域的一些制度和价值观。

由于美国对基础科学的资助不够，因此美国研究型科学家有时以"技术不过是应用科学"的理论来为这种研究辩护。这个理论并非毫无道理，毕竟应用科学在技术中发挥着巨大作用且这种作用越来越重要；尽管如此，该理论毫无疑问具有误导性。它认为所有知识都是由科学家产生的，而工程师或多或少都会机械地应用这些知识。有人认为，现代研究体系中科学家和工程师之间不可能界限分明。这个问题就好像观察者难以分辨蓝鸟这种很少或没有两性异形的鸟类的性别一样。然而，这对蓝鸟来说不成问题，它们很容易就能辨别出其他蓝鸟的性别。同样，尽管社会科学家不能明确区分工程师和科学家，但工程师和科学家在加入专业协会、理解协会奖励制度和会员标准中所蕴含的价值取向和信仰观念时，能够而且确实做出了鲜明的区分。

工程师并不从属于物理科学，也不像应用科学理论宣称或暗示的那样，前者使用的所有或者大部分新知识都依赖于后者。相反，科学和工程学是两个自主、平等的领域，其中的每个人都会创造性地生产从业者所需的知识。工程师们根据自己的需要借鉴科学界的经验并做了调整，在仪器、实验方法和数学理论等方面做了许多补充。尽管有些工程学知识是科学的，但工程师有一种独特的认知形式，即设计。设计是一种关键的综合行为，它导致了工程产品和系统的生产、测试、制造和使用。虽然设计已经变得比以前更加科学，但它依然不是一门科学而是一门艺术，一门涉及视觉和可塑想象力、层次结构、独特认知结构和其他属性的艺术。

因为工程中的科学，其部分作用是协助工程设计，所以在重点、形式和内容上通常（但不总是）与基础科学不同。设计需要大量的经验数据，其中大部分数据是通过迭代实验或测试程序收集的。有时，这些方法会被误称为"试错法"。其中一种方法被沃尔特·文森（Walter Vincenti）命名为"变换参数法"。这种方法的特点是目标在于优化设计而非揭示自然界的真相。工程师广泛使用这种理性的实验方法，而物理科学家却很少使用。正如文森所说，工程师开发的数学理论或方法有时与基础科学所使用的不同，比如控制体积分析法在热力学的工程学课程中几乎是通用的方法，但在热力学的物理学教科书中则很少见到。工程学研究也关注工业品的使用，因为这会为下一步设计提出要求，比如确定飞机的飞行质量标准。从物理学家的角度来看，传热学在 20 世纪初就已经基本完善了。20 世纪工程师们主要是对其进行了拓展，开发了新的仪器和数学手段来处理对流（通常是湍流传热）。种种努力使工程师们能够重新设计几乎所有的耗热或散热的工业品，这对工程师来说是一个巨大的、有启发性的挑战，但对物理学家来说却没什么收益。

在美国，文化因素决定了人们要努力为工程学实践建立科学基础。法国的工程学风格偏爱数学理论，而数学理论的潜在作用更有利于富家子弟，因为他们负担得起进入精英工程学校所需的大量私人辅导。美国工程界则长期以来一直偏爱可以通过自学和工作获得的经验主义方法，而这与美国"人人机会平等"的理想是一致的。经验主义曾一度代表了美国对法国数学科学中唯物主义和无神论的一种对抗。但从长远来看，内在需要使经验主义在美国享有更高的地位，尤其是"二战"后，经验主义变得和经验程序同等重要。

美国既借鉴了此前自身和英国的经验主义，也吸取了法国的理论工程学风格。詹姆斯·B. 弗朗西斯（James B. Francis）出生于英国并在英国接受教育，他信赖实验，承认自己习惯性地怀疑理论推导。1855 年，汇总了他的实验研究成果的《洛厄尔水力实验》一书出版，其中包括设计涡轮机的数据和图形方法，以及测量水流的新仪器和程序。无论对于测试涡轮机效率还是监测洛厄尔 10 家大型纺织制造公司的耗水量来说，这些都是重要的管理工作。

早期大多数美国工程师都是通过自学和工作接受教育的。因此，人们期望重要的运河工程和其他项目能培养出务实和经验主义的工程师，而事实也确实如此。比如本杰明·赖特（Benjamin Wright），他在指导伊利运河建设的过程中自学成为一名工程师。数学理论则通常需要接受大学教育。西点军校是美国第一所工程学校，其课程是 1818 年后由西尔韦纳斯·塞耶（Sylvanus Thayer）以法国工程学校为蓝本设计的。丹尼斯·哈特·马汉（Dennis Hart Mahan）曾是西点军校的学员，他被派往法国学习工程学，并向两代西点军校的工程师传授了法国的工程学风格。他鼓励自己的学生成为土木工程师，这些学生在大量受过实践训练的美国工程师中形成了一个受过良好教育、精通数学的精英阶层。

无论出于什么原因，美国的技术在很大程度上是一种自发的科学。许多工匠发明家也是如此，他们直接根据牛顿的运动定律进行推理，得到了令人惊讶的好结果。内战期间美国海军总工程师本杰明·富兰克林·伊舍伍德（Benjamin Franklin Isherwood）延续了弗朗西斯的经验主义，并在休谟和苏格兰常识哲学的基础上，为弗朗西斯的经验主义提供了哲学理论。这种哲学试图将所有"形而上学"（以及"不敬上帝"的无神论）从工程学中驱逐出去。伊舍伍德谴责像完全弹性流体这样科学上的理想概念，从而否定了许多科学定律的有效性，比如含有这种理想化概念的波义耳定律。20 世纪，受过数学理论训练的移民工程师在将美国工程科学转向数学理论方面发挥了重要作用，如电力工程领域的查尔斯·普罗特斯·施泰因梅茨（Charles Proteus Steinmetz）、无线电工程领域的 E. F. W. 亚历山德森（E.F.W. Alexanderson）、力学和结构理论领域的斯蒂芬·季莫申科（Stephen Timoshenko）、空气动力学领域的西奥多·冯·卡门，以及热传导领域的马克斯·雅各布（Max Jakob），这些还只是其中几个例子。理论的注入对于工程学领域来说是幸运的，因为对于电力、无线电、大型摩天大楼和桥梁、航空和火箭以及更有效热系统的设计或建造，包括（例如）火箭再入飞行器前锥体烧蚀冷却等方面的新型先进技术，这些理论是必须的。

尽管美国文化中的功利主义和科学偏见以及推动技术发展的内在需求导致了工程学和科学的融合，但美国的工程师和其他地方的工程师一样，都不认同工程学在科学专业和工作组织中的从属地位，而且工程师和科学家都一再强调他们的专业自主性。拿富兰克林研究所来说，以年轻的亚历山大·达拉斯·贝奇（Alexander Dallas Bache）为首的科学家们试图管控该研究所，将其作为推动科学专业化发展的工具，并进一步宣称工程学和应用科学是基础研究科学家不受指导的结果。工程师们强烈抵制并成功赢得了对研究所的管控权，在杰出的机械工程师威廉·塞勒斯（William Sellers）的领导下，该研究所在19世纪中期成为机械工程专业化的载体。

1900年后，同样的故事在通用电气公司又一次上演，还实现了双赢的局面。查尔斯·普罗特斯·施泰因梅茨曾在德国和瑞士分别接受过数学和工程学的教育，他意识到需要通过科学研究来支撑通用电气的产品线并确保其持续增长。1901年，他协助建立了通用电气研究实验室，物理化学家威利斯·惠特尼担任实验室主任。惠特尼坚持其自身的及科学研究的自主权，并在从事物理科学研究的人中选了一些得力的研究员；施泰因梅茨不同意惠特尼的看法，于是退出了实验室。施泰因梅茨是一位工程学家，是电气工程这一工程科学的领导者之一。他在通用电气公司建立了自己的工程学研究和开发组织（头衔各不相同），还招募了一些有能力的年轻工程师，比如亚历山德森，后者为通用电气进入无线电领域做了很大贡献。对通用电气公司来说，就像在控制无线电的竞争中一样，科学家和工程师们有幸相互支持，从而推动了企业的发展。

自"二战"以来，工程学的科学化和科学的技术化以惊人的速度发展，这得益于联邦政府对实用科学和科学工程学的大量投资，其中多数投资都和国防有关。尽管发展的轨迹趋于一致，科学家和工程师仍然坚决地坚持自主。如今，他们对于许多科学价值达成了前所未有的共识，但对这些价值的排序有所不同：工程师重视"行"而非"知"，重视实际成果而非理论，他们尊重并奖励杰出的"实干家"；科学家们则重视"知"而非"行"，重视一般的理论，他们尊重像爱因斯坦和牛顿这样的理论家。这些价值观上的差异类似于左手右手之间存在的或在镜像中看到的微小但持久的对等差异。

弗雷德里克·E.特曼（Frederick E. Terman）是一位具有传奇色彩的电气工程师和科学家，被誉为"硅谷之父"。"二战"期间，他发现自己不得不求助于物理学家来进行雷达对抗测试的研究。回到斯坦福大学后，特曼在为物理学搭建桥梁的同时也推动了电气工程学研究。在回顾战后电气工程研究生课程的改革时他写道："当有重要的工作要做时，电气工程学再也不必求助于在其他科学和技术学科受过训练的人了。"（McMahon, pp. 238—239）

参考文献

[1] Calhoun, Daniel Hovey. The American Civil Engineer: Origins and Conflict. Cambridge, MA: MIT Press, 1960.

[2] Calvert, Monte A. The Mechanical Engineer in America, 1850-1910. Baltimore; Johns Hopkins University Press, 1967.

[3] Constant, Edward W. The Origins of the Turbojet Revolution. Baltimore: Johns Hopkins University Press, 1980.

[4] Ferguson, Eugene S. Engineering and the Mind's Eye. Cambridge, MA: MIT Press, 1992.

[5] Hill, Forest G. Roads, Rails, and Waterways: The Army Engineers and Early Transportation. Norman: University of Oklahoma Press, 1957.

[6] Kranakis, Eda. "Social Determinants of Engineering Practice: A Comparative View of France and America in the Nineteenth Century." Social Studies of Science 19 (1989): 5-70.

[7] Langrish, J., et al., Wealth from Knowledge. London: MacMillan, 1972.

[8] Layton, Edwin T., Jr. "Technology as Knowledge." Technology and Culture 15 (1974): 31-40.

[9] ——. "American Ideologies of Science and Engineering." Technology and Culture 17 (1976) 688-701.

[10] ——. "Millwrights and Engineers, Science, Social Roles and the Evolution of the

Turbine In America," in The Dynamics of Science and Technology, edited by Wolfgang Krohn, Edwin T. Layton Jr., and Peter Weingart. Dordrecht: D. Riedel, 1978, pp. 61–87.

[11] ——. "Science and Engineering Design." Annals of the New York Academy of Sciences 424(1984): 173–181.

[12] ——. The Revolt of the Engineers. Baltimore: Johns Hopkins University Press, 1986.

[13] ——. From Rule of Thumb to Scientific Engineering: James B. Francis and the Invention of the Francis Turbine. Monograph Series of the New Liberal Arts Program. New York: State University of New York, Stony Brook, 1992.

[14] Layton, Edwin T., Jr., and John Lienhard, eds. History of Heat Transfer: Essays in Honor of the 50th Anniversary of the ASME Heat Transfer Division. New York: American Society of Mechanical Engineers, 1988.

[15] McMahon, A. Michal. The Making of a Profession. New York: IEEE Press, 1984.

[16] Myers, Sumner, and D.G. Marquis. Successful Industrial Innovations. Washington, DC: National Science Foundation, 1969.

[17] Sinclair, Bruce. Philadelphia's Philosopher Mechanics: A History of the Franklin Institute, 1824–1865. Baltimore: Johns Hopkins University Press, 1974.

[18] Vincenti, Walter G. What Engineers Know and How They Know It. Baltimore: Johns Hopkins University Press, 1990.

[19] Wise, George. Willis R. Whitney, General Electric, and the Origins of U.S. Industrial Research. New York: Columbia University Press, 1985.

埃德温·T. 小莱顿（Edwin T. Layton Jr.） 撰，曾雪琪 译

测量学

Surveying

测量学是利用测量仪器以及几何学和三角学原理计算距离与海拔，以精确定位地表特征或确定人造物体空间关系的技术。测量学通过利用计算技术和测量仪器已经与科学紧密相连：计算技术需要超越算术的数学和天文学（通过天体观测计算经纬度）知识；测量仪器则是由精密科学仪器制造以达到精准测量的要求。因此，测量学属于科学与工程学的交叉领域之一。

在 18 世纪和 19 世纪，测量学成为进入美国科学界的重要途径之一。测量学知识为一些杰出的殖民地时期的美国科学家提供了进入科学领域的机会，其中就包括卡德瓦拉德·科尔登和本杰明·班纳克（Benjamin Banneker）。最著名的例子当属戴维·里滕豪斯，他的职业生涯始于钟表和仪器制造，并由此进入测量学领域，他首次制造和使用中星仪，测绘时用望远镜瞄准器来确定测量角度。测量学反过来又将里滕豪斯引向天文学，并为他成功研制出几台极其精确的太阳系仪提供助益。

美国进行大地测量（为绘制大范围地图进行的测量活动）也加强了测量学和科学的联系。从刘易斯和克拉克探险队横跨美国大陆的海岸测量，再到南北战争后的西部大勘测（great surveys of the West），联邦政府对科学的支持往往是渴求精确的美国领土地图。因此，整个 19 世纪联邦政府资助科学活动最典型的例子就是勘测，其中也包括许多较小的、有针对性的项目，比如美国陆军进行的一些测绘活动。这些勘测活动利用三角测量法绘制地图，首先精确测量基线，然后据此计算所有的距离和海拔。进行细致缜密的大地测量工作的同时，多数政府勘测活动还进行其他科学收集与观测任务，这极大推动了美国科学事业的发展。

然而，测量主要还是一种工程性活动。在测量学正式进入大学教育之前，几代工程师在实践中发现，测量技术是他们职业生涯赖以维系的重要工具。与此同时，测量活动也使他们掌握了初步的数学知识。许多工程师都是在建造早期工程项目如伊利运河（Erie Canal）和巴尔的摩与俄亥俄铁路（Baltimore & Ohio Railroad）的实践经验中掌握了测量技术。即使大学开始培养工程师，20 世纪初的每名工程学学生不论专业，都被要求具备测量学知识。

第二次世界大战后，测量学重要性降低，从那时起只有土木工程专业的学生才会接触这门学科。然而，近年来的测量技术又表现出科学与工程的交织。20 世纪 20年代航空摄影技术为测绘提供了新的可能，推动了摄影测量学（photogrammetry）的发展。立体摄影机生成的图像可以很容易地转换成高精度图表，与计算机相连时尤为便捷。通过卫星和全球定位系统的帮助，测量者进一步实现了测绘技术的自动化与计算机化。另一项最新进展是用激光经纬仪取代老式的望远镜经纬仪，极大提高了摄影测量中的垂直控制，以及实地测量中的直线与坡度测量的精度。

参考文献

［1］Bedini, Silvio. The Life of Benjamin Banneker. Rancho Cordova, CA: Landmark Enterprises, 1984.

［2］Cazier, Lola. Surveys and Surveyors of the Public Domain, 1785–1975. Washington, DC: U.S. Department of the Interior, 1975.

［3］Hindle, Brooke. The Pursuit of Science in Revolutionary America, 1735–1789. Chapel Hill: University of North Carolina Press, for the Institute of Early American History and Culture, 1956.

［4］"The History of Surveying in the United States（A Panel Discussion）." Surveying and Mapping 18（April–June 1958）: 179–219.

［5］Kirby, Richard S., and F.G. Laurson. The Early Years of Modern Civil Engineering. New Haven: Yale University Press, 1932.

［6］Kreisle, William E. "History of Engineering Surveying." Journal of Surveying Engineering 114（August 1988）: 102–124.

［7］Stuart, Lowell O. Public Land Surveys; History, Instruction, Methods. Ames, IA: Collegiate Press, 1935.

布鲁斯·E. 西利（Bruce E. Seely） **撰，殷有薇 译**

另请参阅：土木与军事工程（Civil and Military Engineering）

土木和军事工程
Civil and Military Engineering

土木工程涉及结构、交通系统、桥梁、隧道和供水系统的设计和建造，军事工程处理的则是军事领域的类似问题，以及防御工事和地道、壕沟等战场问题。土木工程和军事工程之间的区别出现在 1600 年以后的欧洲，当时文艺复兴时期的工程师们发现皇室赞助人对防御工事、攻城机、军备、桥梁和港口等军事问题感兴趣。"土木工程"一词的出现正是为了将其与军事工程区分开来。特别是英国，18 世纪末，英国民营企业开始资助道路、桥梁、运河和水利系统的设计和建设，而法国人则在国家的支持下发展类似项目，并在半军事的桥梁和道路工兵部队中保留了其与军事工程的联系。法国官方机构率先发展了理论方法和数学分析来解决桥梁建设等工程问题。

美国最早的工程与这些发展没什么联系，因为多数工程是由没受过正规教育的手艺人和工匠完成的。只有和华盛顿的军队有关的法国军事工程师才是欧洲意义上训练有素的"工程师"。即使在 18 世纪末 19 世纪初，工程建设也必须依靠专业知识。例如，英国人威廉·韦斯顿（William Weston）设计了新英格兰的米德尔塞克斯运河（Middlesex Canal），本杰明·拉特罗布（Benjamin Latrobe）监管了费城和新奥尔良的水利工程、华盛顿特区的美国国会大厦及其他项目。

美国培养的工程师来自两个渠道，其一是创建于 1802 年的西点军事学院。1815 年，西尔韦纳斯·塞耶被任命为西点军校主管，他将西点军校转型成为美国第一所工程学校，还引进了法国的教材和理论方法。在接下来的半个世纪里，陆军工程师在美国工程领域发挥了重要作用。陆军地形工程师部队不仅绘制了美国西部地图，还经常受国会委派设计和建造私人运河和铁路项目。1853 年，陆军勘测小队绘制了穿越山区到达太平洋海岸的铁路路线，而其他陆军工程师则在改善密西西比河系统航行缓慢的问题中发挥了关键作用。最后，西点军校培训的工程师经常脱离军队，以民用咨询工程师的身份在美国铁路系统的发展中发挥了非常重要的作用。

始建于 1815 年的伊利运河以及其他早期运河和铁路项目，为美国土木工程师提供了另一个学习场所。伊利运河是由三位杰出的非工程专业人士设计的，他们懂得如何勘测，在实践中学习运河的工程设计。在这个过程中，他们和一群年轻助手不断进步，到 1824 年运河开通时，他们已成长为合格的工程师。在"学徒期"，他们的任务从为勘测队砍树，到扛铁链、拿视距仪、使用经纬仪、编绘图纸、监管小型建筑项目，再到设计闸门或涵洞等小型部件，然后才受托负责运河的部分建设。其他运河和铁路项目中类似的实践教学，为美国工程师提供了常规训练，这种情况直到内战后才结束。

因此，在 19 世纪的大部分时间里，人们可以抛开科学讨论美国的土木工程，因为工程实践依靠的是实践法则和经验，而不是理论标准或数学计算。虽然美国工程师的方法并非一直全以经验为依据，比如赫尔曼·豪普特（Herman Haupt）等人就在19世纪40年代末发展了计算桥梁应力的方法，但美国工程师更像他们的英国同行，而非以理论为导向的法国人。在美国，一种数学的、科学的方法正慢慢涌现。19世纪30年代，学术工程类院校开始建立，从而鼓励了这一趋势的发展。不过，工程类院校直到1875年以后才成为培养工程师的主要渠道。

先后就职于史蒂文斯学院和康奈尔大学的罗伯特·瑟斯顿（Robert Thurston）等工程教育工作者在开发课程方面发挥了重要作用，他们使工程从实用导向转向以科学为基础，但进展缓慢，导致土木工程落后于其他一些学科。大学一方面需要把学生培养成工程师从而能立刻服务雇主，另一方面又希望为学生提供具有坚实科学基础的全面教育，两者之间存在着根本矛盾。一般而言，第一个目标优先。在土木工程领域，材料强度和结构设计的研究变得更加科学化和数学化，但即使是在20世纪30年代，大多数土木工程专业的学生也接受了非常实用的教育，其代表是必修的制图和测量课程，以及持续的野外夏令营。

至少大学里的土木工程直到"二战"后才接受了电气、无线电、航空和其他工程领域早在1890年后就采用的数学分析、理论发展和工程科学的模式。与大多数工程领域一样，学术型土木工程师热衷于强调数学分析（主要由联邦政府资助）和理论发展（发表在新的工程科学期刊上）的研究，这些都淡化了重视设计和现实问题的传统。目前，土木工程的方式方法比起19世纪末20世纪初时更为科学化，却形成了实践和学术之间的鸿沟。

参考文献

［1］Armstrong, Ellis, Michael C. Robinson, and Suellen Hoy, eds. History of Public Works in the United States, 1776–1976. Chicago: American Public Works Association, 1976.

［2］Calhoun, Daniel H. The American Civil Engineer: Origins and Conflict. Cambridge, MA: MIT Press, 1960.

［3］Hill, Forest. Roads, Rails, and Waterways: The Army Engineers and Early Transportation. Norman: University of Oklahoma Press, 1957.

［4］Kirby, Richard S., and F.G. Laurson. The Early Years of Modern Civil Engineering.

New Haven: Yale University Press, 1932.

[5] Latrobe, Benjamin Henry. The Engineering Drawings of Benjamin Henry Latrobe. Edited with an introduction by Darwin H. Stapleton. New Haven: Yale University Press, for the Maryland Historical Society, 1980.

[6] Merritt, Raymond H. Engineering in American Society, 1850–1875. Lexington: University Press of Kentucky, 1969.

[7] Stapleton, Darwin H., with assistance from Roger L. Schumaker. The History of Civil Engineering since 1600: An Annotated Bibliography. New York: Garland, 1986.

布鲁斯·E. 西利（Bruce E. Seely） 撰，曾雪琪 译

美国陆军工程师
Engineers, United States Army

美国陆军工程师是美国军队中受过工程训练的人员，负责各种军事和公共项目。虽然陆军工程兵团拥有军方身份，但其劳动力主要是平民，而且和平时期它负责的项目主要是公共工程。道路、桥梁、建筑、灯塔、码头、水下以及导航系统的设计和建造都在其职责范围内。

陆军工程师的概念与美国陆军本身一样古老，可追溯到 1775 年 7 月 16 日。当时国会建立了一支军队，并设立了负责防御工事的总工程师职位。1779 年 3 月，国会通过一项法案成立了一个辅助性工程兵团，但该兵团在独立战争结束后就解散了。到 1794 年 5 月，当美国再次受到来自英国的战争威胁时，国会组建了一个炮兵和工程兵团以专门发展海岸防御。与此同时，美国开始在纽约西点建立一所培养工程师军官的学校。

1802 年 5 月 16 日，美国国会组建了工程兵团（下文简称兵团），并委派它同时监管一所培养工程师的军事学院。由于美国国内没有工兵学院，因此首批教官是从欧洲特别是法国引进的，因为法国有规范化培训工程师的传统。西点军校认为法国是军事科学的圣地，因此在组织架构上仿效巴黎综合理工学校（École Polytechnique），为未来的军事人员开设大量的科学研究课程。因此，数学、科学

和工程学就成了这所新学校的核心课程。

1863 年之前，兵团的地形工程师们一直在对美国内陆地区进行调研、测绘以及汇编统计数据，由此绘成的道路、运河和铁路路线对美国商业的不断发展至关重要，在国家紧急情况下可用于军事。内战结束后，民间科学家继续从事以前军事工程师所做的工作。

兵团与民用工程建设的主要重合区域在水利工程。19 世纪，兵团开始改善水道并利用水坝、防洪堤及运河来防洪。自 1900 年以来，兵团在水利工程方面的职责已经不是严格限制在航运方面，而是扩大到控制水资源开发，这包括监管堤坝相关用水，以及从 20 世纪 50 年代开始负责联邦政府水电设施的建设和运营。

为了更好地执行各种任务，工程兵团建立了由 8 个独立的应用科学实验室组成的 3 个主要研究中心。位于密西西比州维克斯堡的水路交通实验中心始建于 1929 年，当时是一个水力学实验室，现在成了兵团的初步研究、测试和开发中心。这里还从事地热、结构、环境和海岸工程以及信息技术方面的研究。其工作人员中有许多科学家，包括化学家、物理学家、生态学家、植物学家和地质学家，他们的研究课题从风帆力学到计算机应用等各不相同。基于与其他联邦机构、私营企业、州政府、地方政府和外国政府所签订的合同进行的研究则促进了部队的项目工作。这些机构工作产生的研究报告被广泛地分发给各学院、大学和专业组织。这些实验室位于各自领域的前沿，在国际享有盛誉。

建筑工程研究实验室（CERL）成立于 1968 年，其宗旨是研究和发展垂直建筑领域。它负责为军事需求制定长期的解决方案，包括研究能源系统和研究军队活动的环境影响的实验室。CERL 的独特之处在于，它是工程兵团和伊利诺伊大学厄巴纳—香槟分校的合作项目。这种安排不仅使工程兵团与学术界直接接触，学者和学生也能从参与实验室的许多短期项目中受益。他们齐心协力，确保研究成果在建筑行业得到广泛传播。

20 世纪 50 年代，世界政治局势的变化促进了寒带地区研究与工程实验室（CRREL）的发展。随着北极地区军事冲突的可能性增加，人们需要更好地了解适合零度以下气温条件的设计、建造、操作和维护工作。该实验室位于新罕布什尔州汉诺威，它的制冷装置为这项研究提供了所需的极端温度。

在其近 200 年的历史中，工程兵团只在处理防洪和疏浚等工程项目方面受到过公众的少量批评。但到了 20 世纪 60 年代末，它在处理国家水道的总体政策方面受到了来自公众的严峻挑战——它所采用的方法与日益发展的环境运动和不断变化的公共政策所持有的方法相悖。作为回应，兵团发布了关于土地、空气和水使用问题的新型规章制度，还聘请了环境科学专家来研究这些问题。由于 1969 年《国家环境政策法》的颁布，环境影响成为工程兵团未来所有项目的一个考虑因素。

参考文献

[1] Ambrose, Stephen E. Duty, Honor, Country: A History of West Point. Baltimore: Johns Hopkins University Press, 1966.

[2] Cotton, Gordon A. A History of the Waterways Experiment Station, 1929–1979. Vicksburg, MS: U. S. Waterways Experiment Station, 1979.

[3] Hill, Forest G. Roads, Rails, and Waterways: The Army Engineers and Early Transportation. Norman: University of Oklahoma Press, 1957.

[4] Morgan, Arthur E. Dams and Other Disasters; A Century of the Army Corps of Engineers in Civil Works. Boston: P. Sargent, 1971.

[5] Parkman, Aubrey. Army Engineers in New England. Waltham, MA: U.S. Army Corps of Engineers, 1978.

[6] Reuss, Martin. Shaping Environmental Awareness; The United States Army Corps of Engineers Environmental Board 1970–1980. Washington, DC: Historical Division, Office of Administrative Services, Office of the Chief of Engineers, 1983.

[7] Schubert, Frank N. The Nation Builders: A Sesquicentennial History of the Corps of Topographical Engineers, 1838–1863. Fort Belvoir, VA: United States Army Corps of Engineers, 1988.

[8] Shallat, Todd. Structures in the Stream: Water, Science, and the U.S. Army Corps of Engineers, 1680–1880. Austin: University of Texas Press, 1994.

[9] Torres, Louis. A History of the U.S. Army Construction Engineering Research Laboratory (CERL), 1964–1985. Champaign, IL: U.S. Army Corps of Engineers, Construction Engineering Research Laboratory, 1987.

小威廉·E. 沃辛顿（William E. Worthington Jr.）　撰，曾雪琪　译

科学管理

Scientific Management

科学管理指由工程师弗雷德里克·温斯洛·泰勒（Frederick W. Taylor, 1856—1915）创建的管理系统，旨在根据事实证据和科学研究结果来控制组织的运作。

据泰勒说，科学管理始于1880年他在米德维尔钢铁公司（Midvale Steel）担任工程师的时候，是长期演化而来的实践结果。而约翰·霍格兰（John Hoagland）所做的历史研究表明，许多被认为是由泰勒创造的方法早在1699年、1781年和1822年就已经由欧洲人实践过了。为了提高产量，泰勒决定从工人手中夺取机械车间的控制权，转而把它交到管理层手中，用科学控制的方法取代经验法则。为了做到这一点，他用专家或"职能工长"取代了传统的工头，他们负责向工人提供工具、安排工作，确保工具按一定速度运行，负责机器养护，通过工时定额研究来分析工人的基本效率，并负责执行纪律。

1898年，伯利恒钢铁公司（Bethlehem Steel）聘请泰勒帮助其规模庞大的机械车间提高产量。为此，他不仅计划从工人手中夺取控制权，还打算提高工具钢的切割速度。在这之前，许多铁匠为提高切割速度而在高温下处理工具钢，但为了保住工作，他们没有对外声张此事。泰勒在1898年开始了他自己的工具钢实验。在这个过程中，他的助手埃德蒙·刘易斯（Edmund Lewis）意外发现了高温热处理可以提高工具钢切割速度。泰勒和莫塞尔·怀特（Maunsel White）看到了这一发现的经济价值，1901年他们共同获得了这一发现的专利。而刘易斯在泰勒的催促下于1899年离开伯利恒，成为托马斯·爱迪生的助手，放弃了这项专利。为了确保对高速钢进行科学控制，泰勒在机械车间和计划部分别安排了4名职能工长：工作程序管理员，负责规划工作路线；工作支配员，负责规划工作秩序；劳动工时测定员，负责工时定额研究；以及一名分析师。到1901年，凭借高速钢的使用和管理层对车间的控制，产量增加了500%。据说泰勒在1899年将生铁装载量从每天12.8长吨（英吨）大幅增加到每天45长吨，并因此声名远扬。然而随后的研究表明，泰勒所描述的科学生铁装载方法其实是虚构出来的。

1901 年，泰勒业已凭借高速钢和他的管理方法远近闻名，利用这一名声，他开始通过书籍和工厂设备来宣传自己的理念。在工厂，卡尔·巴特（Carl Barth）将伯利恒的经验作为建立科学管理程序的基础，形成了一套科学管理标准，在此后的 40 年一直得到应用：列出所有必要业务操作的大纲；对每项业务操作进行分析、实验和测量；将业务操作整合为单项任务；为确保工作中的经济周转，妥善安排物资供应和业务操作顺序，包括建立信息流预测系统图表对未来 50 年进行分析。

泰勒的几位追随者还做出了其他贡献：亨利·甘特（Henry Gantt）发明了甘特图，告诉人们如何通过各项运筹生成和安排工作。弗兰克·吉尔布雷思（Frank Gilbreth）创建了辅助于工时定额研究的动作研究，以研究工厂机械装置的运转，避免器械寿命减损，并改善了医院外科手术程序。理查德·费斯（Richard Feiss）通过人事咨询来培养员工，从而引入了行为科学。莫里斯·库克（Morris Cooke）将科学管理的应用扩展到了市政运营和大学中。

1910—1911 年东部费率案件听证会召开，大法官路易·布兰代斯（Louis Brandeis）发明了"科学管理"（Science Management）一词，再加上泰勒出版了《科学管理原则》（*Principles of Science Management*）一书并被译为十几种语言，这些事件引发了全世界对基于科学的管理制度产生浓厚兴趣。从 1911 年开始，科学管理在美国形成了一股强大力量。商人和劳工都意识到科学分析方法可以提高他们的产量和工资。"一战"期间，科学管理方法被用来提高欧洲和美国的生产率，战后的几年里，科学管理与工业紧密地融合在一起，以至到 1940 年，它不再独立于工业而存在。

历史研究表明，泰勒的许多书籍和实验都是由他的助手桑福德·汤普森（Sanford Thompson）和莫里斯·库克筹备的。我们需要更多关于 1880 年以前人类工作的早期研究和 1901 年以后科学管理发展的信息。对以下档案资料进行更深入的研究，可能会帮助研究者得出新的发现：1880 年前出版的人类工作和机械学科学文献；宾夕法尼亚州、新泽西州、纽约州和马萨诸塞州保存的遗嘱、契约和其他公共记录；史蒂文斯理工学院的泰勒档案以及位于宾夕法尼亚州伊斯顿的国家运河博物馆档案。

参考文献

[1] Hoagland, John H. "Management before Frederick Taylor." Academy of Management Proceedings, 1955, pp. 15–24. Taylor, Frederick W. The Principles of Scientific Management. New York: Harpers, 1911.

[2] Wrege, Charles D. "Medical Men and Scientific Management: A Forgotten Chapter in Management History." Review of Business and Economics 18（1983）: 32–47.

[3] Wrege, Charles D., and Regina Greenwood. "Frederick W. Taylor's 'Pig Iron Loading Observations' at Bethlehem, March 10, 1899–May 31, 1899; The Real Story." Canal History and Technology Proceedings 17（1998）: 159–201.

[4] Wrege, Charles D., and Ronald G. Greenwood. Frederick W. Taylor: The Father of Scientific Management; Myth and Reality. Homewood, IL: Business One Irwin, 1991.

[5] ——. "The Early History of Midvale Steel and the Work of Frederick W. Taylor: 1865–1890." Canal History and Technology Proceedings 11（1992）: 145–176.

[6] ——. "Frederick W. Taylor's Work at Bethlehem Steel: Phase II, The Discovery of High-Speed Tool Steel; Was It an Accident?" Canal History and Technology Proceedings 14（1994）: 115–163.

[7] Wrege, Charles D., and Anne Marie Stotka. "Cooke Creates a Classic: The Story Behind Frederick W. Taylor's: Principles of Scientific Management." Academy of Management Review 4（1978）: 736–749.

[8] Wren, Daniel. The Evolution of Management Thought. 3d ed. New York: Wiley, 1987.

查尔斯·D. 雷奇（Charles D. Wrege） 撰，康丽婷 译

6.2 行业

染料工业

Dye Industry

染料工业指染色材料的商业化生产，尤指纺织制造业。和其他工业化国家一样，美国的染料制造越来越多地与化学科学，特别是与有机化学的实践联系在一起。

美国独立战争标志着繁忙的美洲天然染料贸易的终结，特别是南卡罗来纳和佐治亚种植园的靛蓝出口贸易。在殖民地时期及共和国早期，天然染料的来源包括靛蓝植物、树皮、树根、浆果和干昆虫等。从 1815 年到美国内战期间，染料木中提取的染料成了主要的工业产品，尽管本土只有黑橡树，一种制造黄染料的美洲黑栎。19 世纪早期，化学知识有所扩展，但是有组织的科学研究在天然染料工业中几乎没有发挥作用。

1856 年，当威廉·珀金（William Perkin）从煤焦油中合成了紫红色，英国的合成染料工业才刚刚起步，但到了 19 世纪 70 年代，德国就成了主要的染料生产商。1865 年凯库勒提出的苯环理论极大地促进了德国合成有机染料工业的发展，使早期工业研究实验室的化学家能够预测新染料的结构。美国只有少数几家合成染料制造商，其中大多数都依赖德国提供的中间产物。化学研究生教育的水平落后、缺乏关税保护以对抗德国的强劲竞争，美国钢铁工业生产焦炭使用蜂窝式炉而不是能够收集煤焦油的副产物炉，这些都使得该行业在美国发展缓慢。

从第一次世界大战到 20 世纪 20 年代，美国成功地发展起来自己的合成染料工业，部分原因是染料与一些炸药、毒气以及许多药品存在密切的化学联系。20 世纪 30 年代，该行业开发出适宜合成纤维的新染料，而且第二次世界大战后，生产出"纤维活性"的染料，这种染料和纤维之间形成共价键，从而提高牢度。石油取代煤焦油成为合成染料的原料。经历了 50 年代和 60 年代初的繁荣之后，美国合成染料工业陷入了经济困难，许多主要的化学公司将其染料厂出售给德国公司，导致国内生产企业再度寥寥无几。

专门研究美国染料工业的学术著作相对较少。

参考文献

［1］Haynes, Williams. American Chemical Industry. 6 vols. New York: D. Van Nostrand, 1945–1954.

［2］Hounshell, David A., and John K. Smith Jr. Science and Corporate Strategy, DuPont R&D, 1902–1980. New York: Cambridge University Press, 1988.

［3］Ihde, Aaron J. The Development of Modern Chemistry. New York: Harper and Row,

1964.

[4] Reed, Germaine M. Crusading for Chemistry: The Professional Career of Charles Holmes Hertz. Athens: University of Georgia Press, 1995.

[5] Servos, John. "History of Chemistry." Osiris, 2d ser., 1 (1985): 132–146.

[6] Travis, Anthony S. "Synthetic Dyestuffs: Modern Colours for the Modern World." In Milestones in 150 Years of the Chemical Industry, edited by P.J.T. Morris, W.A. Campbell, and H.L. Roberts. Cambridge, U.K.: The Royal Society of Chemistry, 1991, pp. 144–157.

凯瑟琳·斯汀（Kathryn Steen） 撰，陈明坦 译

另请参阅：化学（Chemistry）

钢铁工业

Iron and Steel Industry

这一领域在早期只利用科学知识，后期开始产出科学知识。随着 19 世纪中期化学冶金的兴起，该行业为社会提供了大量就业机会，尤其对化学家而言。费城是钢铁工业的中心。1836 年，在德国受培训的詹姆斯·柯蒂斯·布斯（James Curtis Booth）来到费城建立了一个开创性的分析实验室，他的学生包括著名的商学院慈善家约瑟夫·沃顿（Joseph Wharton）和罗伯特·W. 亨特（Robert W. Hunt）。1860 年，亨特在宾夕法尼亚州约翰斯顿的坎布里亚钢铁厂建立了第一个钢铁公司附属分析实验室。同样在费城的还有 J. 布洛吉特·布里顿（J. Blodgett Britton）的铁器制造商实验室，它由美国钢铁协会于 1866 年建立，旨在"鼓励开发可加工的铁矿，并告知生产者所需金属的数量和品质要求"（Bartlett，p. 27）。随后，远在俄亥俄州哥伦布市的化学部门通过为宾夕法尼亚州的钢铁公司输送毕业生而蓬勃发展起来。化学帮助实现了原材料投入的标准化和生产过程的规范化，这是自 19 世纪 70 年代以来迅速发展的贝塞麦炼钢法所不可或缺的两项重要任务。

随着 1900 年前后贝塞麦钢向平炉钢的转变，行业对知识的需求无法得到满足，刺激了以研究钢铁结构为导向的冶金学（金相学）的发展。金相学最初由英国业余科学家亨利·C. 索尔比（Henry C. Sorby）发展起来，后来传入美国，是由于

化学冶金学家无法解决重型钢轨和高速切削工具用钢在制造和处理过程中出现的一系列紧迫问题。为了解决这些问题，包括阿尔伯特·索维（Albert Sauveur）和亨利·M.豪（Henry M. Howe）在内的金相学家提出了一个理论：金属的性能不仅取决于它的化学成分，还取决于它的温度历程和热处理。用显微镜可以观察到金属的微观结构。哈佛大学的索维通过实验证明，将重型钢轨的最终轧制温度从标准的1000℃降低到700℃以下，可以产生更坚固的微观结构。卡内基、马里兰和伊利诺伊钢铁公司，以及纽约中央铁路公司、费城和瑞丁铁路公司都开展过类似的研究。亨利·M.豪先后在麻省理工学院和哥伦比亚大学做出金相学领域国际公认的贡献，并培养了许多下一代的冶金学家。

进入 20 世纪，产业研究模式始终没有成为产业知识组织体系的主要模式，工程实验室更多负责产品开发，大学则更多负责基础研究。1928 年，美国钢铁公司成立了自己的中央研究实验室，负责物理冶金的埃德加·贝恩（Edgar Bain）提出了实用的热处理工艺，并对淬透性进行了定量研究。他建立了"S 曲线"模型，将硬化过程中时间、温度和转化三者联系了起来。他的同事 E.S. 达文波特（E. S. Davenport）将这种分析法推广到合金钢的研究上，并广泛应用于汽车、电气和化学工业。从 20 世纪 30 年代开始，以专业化为导向的冶金学家开始越来越多地研究金属电子理论和位错理论等一般性科学问题。

在该行业衰落后还有很多工作有待完成（就其上升期而言也是如此），以评估缺乏行业研究是否会影响该行业的发展。然而这段经历是很难评估的。"二战"后使用的主要炼钢工艺（转炉炼钢）是由奥地利人发明的，计较成本的美国高管拒绝了这项发明；然而在内战结束后，伴随快速扩张的美国钢铁工业而取得巨大成功的基础炼钢工艺也都是欧洲人的发明。阻碍相关研究的原因是，关于开创性的分析实验室、后来的大学工业顾问以及 20 世纪钢铁工业及其工程实验室，学界缺少令人满意的研究。

参考文献

[1] Bartlett, Howard R. "The Development of Industrial Research in the United States." In

Research—A Natural Resource: Part II: Industrial Research: Report of the National Research Council to the National Resources Planning Board. Washington, DC: National Research Council, 1941.

[2] Mehl, Robert F. A Brief History of the Science of Metals. New York: American Institute of Mining and Metallurgical Engineers, 1948.

[3] Misa, Thomas J. A Nation of Steel: The Making of Modern America, 1865-1925. Baltimore: Johns Hopkins University Press, 1995.

托马斯·J.米萨（Thomas J. Misa） 撰，王晓雪 译

电报业

Telegraph Industry

在欧美科学家对电学现象研究了几十年后，美国电报业于 19 世纪 40 年代出现。早期用电传输信息的尝试直接源自对电流学（"流电"）和电磁学的科学实验，但是，直到电学知识与一群技艺高超的机械师所掌握的实用设计知识相结合时，电报才在美国和欧洲发展成为实用的通信工具。在美国，塞缪尔·莫尔斯在 19 世纪 30 年代早期利用他对近期电气研究取得的初步知识和他的艺术设计技能开发了电报系统。到 1837 年，他已经根据自己的实际经验设计了一个粗糙的系统——他的接收器融入了艺术家的木制帆布拉伸器，他的发送器使用了打印机的打字和排字棒。这种初级电报系统具有的潜力使莫尔斯得到了他在大学教学时认识的两位关键助手的帮助。化学教授伦纳德·盖尔（Leonard Gale）贡献了更复杂的电学知识，特别是电化学，而且还提供了约瑟夫·亨利重要的电磁研究。莫尔斯的学生阿尔弗雷德·韦尔（Alfred Vail）——一名技术娴熟的机械师，韦尔的父亲为莫尔斯提供了资金以及机械车间设备——在 1838 年初，也就是英国和巴伐利亚地区开始商业互通的同一年，设计了更为坚固、更有市场的仪器。

在研发电报系统的过程中，莫尔斯把以前成立的科技团体聚集在一起，并在这个过程中着手创建一个专门的技术团体。随着电报业的发展，这个团体为电报发明者提供必要的知识和技能资源。后来的发明家通过工业技术出版物便可获得莫尔斯

通过与科学家的私人接触获得的电气科学知识，而技艺高超的机械师也很容易在工厂的制造车间里找到。虽然电报的发明通常需要一些电气方面的知识，但实践经验和机械运行方面的知识往往被证明比先进的电气科学知识更重要。负责维护线路、仪器和电池的操作人员可以获得良好的电力实践知识以及设备的机械操作知识。这个行业的机械师通过在制造和测试电报设备以及与发明家一起工作的实践经验中，获得自己的电气知识。当出现了机械方面的根本问题时，即使是没有受过电子科学教育的机械师也可以做出很好的改进。尽管如此，负责重大技术改进的发明家和电报工程师也通过阅读有关电气和化学科学的著作以及自己的实验以寻求对电气科学更深入的理解。在美国，科学界对电报技术的贡献微乎其微，与此相反，欧洲的科学家率先开发了许多早期电报系统并使科学界与这种新技术保持了更紧密的联系。这种情况在英国表现的更为明显，由于电报涉及一些更为复杂的物理知识，而像威廉·汤姆森（William Thomson）这样的杰出科学家对电报技术做出了重要的贡献。直到 20 世纪 20 年代，当电话成为主要的电信系统时，电报的发展才受到那些受过科学教育的工程师们的影响，这些工程师们在 19 世纪末开始解决电灯、电力和电话行业存在的远距离传输问题。

电报在历史研究中一直是一个基本上被忽视的主题。该行业早期的英雄史提供了一些关于其技术发展的信息，但就像 20 世纪中期更侧重学术性的历史一样，它们更侧重于商业性的历史。标准的 19 世纪技术手册是关于电报技术发展的更好的知识资源。历史学家对电报技术及其与科学界的关系所进行的学术研究在过去的 10 年内才刚刚开始，但是要澄清这些联系，并与欧洲电报进行必要的比较，还有更多的工作要做。

参考文献

[1] Hunt, Bruce. "'Practice vs. Theory': The British Electrical Debate, 1888–1891." Isis 74 (1983): 341–355.

[2] Israel, Paul. From the Machine Shop to the Industrial Laboratory: Telegraphy and the Changing Context of American Invention, 1832–1920. Baltimore: Johns Hopkins University Press, 1992.

［3］Israel, Paul, and Keith A. Nier. "The Transfer of Telegraph Technologies in the Nineteenth Century." In International Technology Transfer: Europe, Japan and the USA, 1700–1914, edited by David J. Jeremy. Aldershot, UK.: Edward Elgar, 1991.

［4］Jenkins, Reese, et al. The Papers of Thomas A. Edison, Volumes 1–3（1847–1877）. Baltimore: Johns Hopkins University Press, 1989–1994.

［5］Thompson, William. Wiring a Continent: The History of the Telegraph Industry in the United States, 1832–1866. Princeton: Princeton University Press, 1947.

保罗·B. 以斯雷尔（Paul B. Israel） 撰，刘晋国 译

电灯泡

Electric Lightbulb

白炽电灯泡在 19 世纪 80 年代初实现了商业化。虽然汉弗里·戴维（Humphry Davy）1802 年就首次用铂丝展示了白炽灯，但直到 19 世纪 40 年代，对白炽灯的研究才有了重大进展。接下来的 40 年里，20 多位研究人员试图造出实用的白炽灯。当时多数研究人员用碳来造白炽灯，碳虽廉价，却会因白炽状态温度过高而氧化。少数研究人员转而使用铂，因为它不会氧化且熔点高。然而，铂价格昂贵，而且很难在温度不超过熔点的情况下产生白炽状态。白炽灯的商业化也因电源的低效率而受到限制。19 世纪 70 年代末，在发电机发明以后，商业上引进了用于街道和大型室内空间照明的弧形照明系统，促使人们开始研究如何将照明系统"细分"为适用于一般室内的较小单元。1879 年年末的门洛帕克实验室，托马斯·爱迪生在一个真空玻璃球里使用了细长的高电阻碳丝，从而成功发明出第一盏商业化的白炽灯。其他研究人员，特别是英国化学家约瑟夫·斯旺（Joseph Swan）也曾在真空中研究过碳。但在爱迪生宣布自己的发明之前，没有人使用过细碳丝或制造过高电阻灯。像大多数研究人员一样，爱迪生在研究灯丝材料时参考了化学文献，但他的研究也产生了关于金属中封闭气体的新知识。他在一篇提交给美国科学促进会的论文里提到了这些知识。爱迪生的工作人员还利用了欧洲化学家，特别是赫尔曼·施普伦格尔（Hermann Sprengel）开发的全新水银真空泵技术，但他们极大提高了泵的使用

效率。

早期的灯具使用的是植物纤维灯丝，比如爱迪生用的灯丝就是日本竹子碳化而成的。但包括斯旺在内的几位化学家很快就开发出了人工的、均质的碳纤维灯丝，从而提高了灯具的效率。虽然对碳丝的化学研究仍在继续，但 19 世纪 80 年代中期以后，效率几乎没有提高。人们由此开始考虑金属及其氧化物能否作为灯丝材料。尽管碳丝灯在世纪之交时仍占主导地位，但 19 世纪 90 年代，一些欧洲化学家研究出了用金属和金属盐制成的灯，这威胁到了碳丝灯的前景，也威胁到了通用电气公司在该行业的主导地位。通用电气的应对措施是：1901 年建立了一个由化学家威利斯·R. 惠特尼领导的实验室。惠特尼聘请了其他一些化学家，包括开发出韧性钨的威廉·柯立芝（William Coolidge）和对白炽灯的物理过程进行基础研究并获得过诺贝尔奖的欧文·朗缪尔（Irving Langmuir）。他们的工作促成了 1912 年充气钨丝灯的发明，这种灯很快就取代了碳丝真空灯。

历史研究的重点集中在商业白炽灯的最初发明和通用电气公司后来开发的钨丝灯上。关于碳丝灯的发明应该归功于爱迪生还是斯旺的争论，自他们首次公开自己的成果以来就一直未曾断绝。争论也许并不重要，重要的是斯旺一项研究，该研究探讨了爱迪生对整个照明系统的设计如何帮助他建立了电灯的技术参数，并使他获得了电灯的专利。对于后来的碳灯，或早期金属灯和金属盐灯的研究，则很少有人关注。然而，历史学家已经证明了以下结论：通用电气公司的实验室及其利用受过大学教育的化学家成功开发出用气体填充的钨丝灯，在以科学为基础的工业研究的兴起中发挥了关键作用。

参考文献

[1] Bright, Arthur A., Jr. The Electric-Lamp Industry: Technological Change and Economic Development from 1800 to 1947. New York: MacMillan, 1949.

[2] Friedel, Robert, and Paul Israel, with Bernard Finn. Edison's Electric Light: Biography of an Invention. New Brunswick: Rutgers University Press, 1986.

[3] Reich, Leonard S. The Making of American Industrial Research: Science and Business at GE and Bell, 1876-1926. Cambridge, U.K.: Cambridge University Press, 1985.

[4] Wise, George. "Swan's Way: A Study in Style." IEEE Spectrum 19（1982）: 66-70.

[5]——. Willis Whitney, General Electric, and the Origins of U.S. Industrial Research. New York: Columbia University Press, 1985.

保罗·B. 以斯雷尔（Paul B. Israel） 撰，曾雪琪 译

另请参阅：托马斯·阿尔瓦·爱迪生（Thomas Alva Edison）

计算机

Computer

一种在运行中不经人工干预便可进行计算的设备。它可以对数据进行分类，将信息归档，编辑，或进行其他操作（程序）。它由一个中央处理单元和各种外围设备，如打印机和数据存储单元组成。两种最广为人知的类型是模拟机和数字机。最重要的机器类型是数字机。它们构成了数据处理行业快速增长的技术基础。数字机可以执行广泛的功能，因此在商业和科学中被用于具体的和各种不同的场景，因此得到了广泛的应用。

历史学家将计算机分为四代，以表明它们诞生的年代和基于的技术。第一代（1946—1959）的特点是真空管的使用。主存储器使用了延迟线、静电管和磁鼓。这些机器相当慢且不可靠。到了 20 世纪 50 年代早期，开始出现用于编程的原始软件。第一代机器的常见例子包括 ENIAC、EDVAC、SEAC、SWAC、Mark Ⅲ 和 Ⅳ、UNIVAC Ⅰ、IBM 701、702 和 650。

20 世纪 30 年代，爱荷华州立大学的约翰·V. 阿塔纳索夫（John V. Atanassoff）制造了最早的这类机器，然后是第二次世界大战期间由宾夕法尼亚大学的约翰·莫奇利（John Mauchly）和 J. 埃克特·普雷斯珀（J. Presper Eckert）建造的第一台可运行的数字计算机（ENIAC）。在同一时期，英国人建造了一台名为"巨人"（Colossus）的计算机，后来在剑桥大学莫里斯·V. 威尔克斯（Maurice V. Wilkes）的指导下建造了 EDSAC 计算机。

20 世纪 50 年代，人们致力于提高可靠性和性能，特别是内存（数据存储）。这也是编程的黄金时代，因为许多软件工具（操作系统和编程语言，如 Fortran 和

COBOL）在接下来的四分之一个世纪里开始被开发出来。第一代计算机最终为未来几十年的数字计算机制定了计划表。在这一代中出现了标准配置（被称为冯·诺伊曼机）。终端开始出现，信息科学理论开始被应用。

第二代（1959—1964）的特点是晶体管取代了真空管，以及存储质量和处理速度的提高。Fortran 和 COBOL 开始蓬勃发展。许多同时具有科学和商业应用价值的商业化机器开始出现：Burroughs 5000、CDC 1604、IBM 1401 和 PDP 1。相比于第一代计算机，第二代计算机更容易操控，价格更低，第二代计算机也因此售出了成千上万台。得益于更先进的操作系统，许多电脑可以同时运行多个程序或作业。应用范围从会计扩展到制造业，再到军事和科学用途。有些机器非常受欢迎。例如，IBM 卖出了一万多台 1401s；相比之下，20 世纪 50 年代中期流行的 UNIVAC I 只卖出了不到 70 台。

历史学家将 1964 年 IBM System 360 系列计算机的问世作为第三代计算机的起点，该系列计算机一直运行到 1970 年。这些机器中的元件都是用单片集成电路制造的，反映了作为后来机器技术特点的中大规模集成的开端。速度和性能随着可靠性不断提高。S/360 是数据处理行业历史上最成功的产品，将 IBM 的年营业收入从该产品宣布时的 25 亿美元提高到 10 年后的 50 亿美元以上。该产品由 5 台不同大小型号的计算机（后来型号更多）组成，通常允许一台计算机上的软件在另一台上运行，并具有可兼容的外围设备和一组软件：操作系统、实用程序和编程语言。在这一时期，所有的主要供应商都将他们的产品发展成可兼容的计算机系统系列，其中许多在技术上与 IBM 的产品兼容。主要的第三代机器包括 Burroughs 5500、CDC 6000、UNIVAC 1108、RCA 的 spectrum 70 和 NCR Century。

兼容性和其他特性的影响是巨大的。在 IBM 公司发布 S/360 系统之前，如果一个公司想要升级到更大的电脑，它就必须重写所有的程序，学习操作新的设备和操作系统，并建立新的管理程序。这个过程既痛苦又昂贵。S/360 标志着"换算"的终结。

S/360 依赖于后来被称为"固态逻辑技术"（SLT）的技术，换句话说，这意味着 IBM 决定将其计算机建立在芯片技术之上，而非晶体管技术。其他供应商很快也纷纷效仿。芯片为在速度、性能和可靠性方面取得重大进展提供了机会——这与早期计算机基础技术变化的原因相同。20 世纪 60 年代的机器也对在外围设备（如打印机、磁盘存储器、磁带驱动器等）中明显出现的各种创新的使用进行了合理化和编码，使其变成了一个逻辑系统，相比于早期配置，这一整套逻辑系统提供的功能更多也更加可靠。

1970 年，第四代设备开始出现，很多人认为我们仍然处于这一代。第四代与第三代的区别比前两代之间的区别要少得多。在整个 20 世纪 70 年代和 80 年代，产品源源不断地推出，却没有颠覆性的创新。1970 年，IBM 推出了仍然依赖于芯片和早已出现的虚拟存储能力的 S/370 系统。在整个 20 世纪 70 年代和 80 年代，这一系列计算机的其他成员，同它的竞争对手一样，以更密集的芯片、更大的内存和更低的计算成本问世。由于第三代晚期计算机和第四代早期计算机的界限很模糊，历史学家们对于如何最恰当地把如此接近他们时代的技术进行分类莫衷一是。人们普遍认为，即使不像第二代和第三代计算机之间的差别如此之巨，IBM S/370 似乎仍提供了两代计算机间的轮廓。

虽然不能否认它们的效率和能力有所提高，但第四代设备的重要特点不一定是技术方面的。更确切地说，这种设备的特点是越来越多地被那些无需了解其内部如何工作的人所使用。

在 20 世纪 70 年代和 80 年代，出现了三类计算机。首先是大型主机，通常是一个价值数百万美元的系统，用于进行企业级计算。第二类计算机被称为迷你或中型计算机，用于一个地方（如工厂）或小公司执行一组专门的功能（例如制造应用程序）或提供一系列通用会计功能。第三类计算机是微型计算机或台式计算机。20世纪 70 年代，在由数字设备公司（Digital Equipment Corporation）推出的产品的引领下，微型计算机开始崭露头角。

微型计算机（也称为个人计算机或 PC）在 20 世纪 80 年代大量出现。20 世纪 80 年代使用最广泛的两类个人电脑是苹果（Apple）和 IBM。到 90 年代末，有超过 150 家供应商推出了类似的产品。这三种类型在世界各地都被广泛使用。到 20

世纪 80 年代初，个人电脑每年售出 100 多万台；到 90 年代初，已有数千万台此类电脑在使用。

在美国，到 20 世纪 90 年代初，超过 30% 的人口在工作中直接使用电脑。其余的 70% 几乎都间接地受到了这项技术的影响。全球信息处理产业的规模接近 1 万亿美元，在国民生产总值中的占比将近 10%。

模拟计算机在历史上受到的关注较少，很大程度上是因为这类机器没有像数字计算机那样得到明显的使用。它们最初于 20 世纪 30 年代初具雏形，到 20 世纪 40 年代末已成为具有商业可行性的产品，主要用于处理连续加工过程，如在炼油厂的应用。这些机器更多地用于测量而非计算，如监测电压、压力和温度。这类机器最早被应用于天文观测，然后是导航。虽然模拟装置已经使用了数千年，然而，模拟计算机跟它的数字表亲，如 S/360 和 PC 一样，是在 20 世纪中期出现的，并且也依赖于类似的电子元件——真空管、晶体管和芯片。它们使用了相似的外围设备（磁盘存储和打印机），但也有应用于这类机器的其他类模拟（analoglike）设备，如气压计和电压表。

两次世界大战期间，人们开发了模拟设备来帮助监测公用事业的电力。现代模拟设备的一位重要开发者是乔治·A. 菲尔布里克（George A. Philbrick），他在 20 世纪 30 年代将运算放大器应用到计算机上，使计算机能够模拟电子网络。20 世纪 30 年代和 40 年代的发展中心包括麻省理工学院、通用电气公司和贝尔实验室。20 世纪 40 年代末，哥伦比亚大学的 J. B. 罗素（J.B. Russell）设计了一种早期通用模拟计算机。这一发展使得大量商用模拟计算机在整个 20 世纪 50 年代的出现成为可能。

截至 20 世纪 60 年代末，模拟计算机广泛出现在工业领域，首先是在实验室和工程部门，然后是在车间，跟踪事件、材料、温度和其他环境条件的变动。由于可行的应用范围较窄，它们的销量难以与数字设备匹敌。例如，在 1972 年，美国向客户运送的模拟设备为 4700 万美元，而数字设备则为 18 亿美元。不过也出现了专门的制造商，如电子联合公司（Electronic Associates）、Systron-Donner[①]、应用动

[①] 目前无中文译名。——译者注

力公司（Applied Dynamics Corporation）和德律风根（Telefunken）。在 20 世纪 70 年代和 80 年代，只有日立公司（Hitachi）是既有模拟机又有数字机的主要供应商。

参考文献

［1］Ceruzzi, Paul E. A History of Modern Computing. Cambridge, MA: MIT Press, 1998.

［2］Cortada, James W. Arrival of the Computer in the United States, 1930–1960. Armonk, NY: M.E. Sharpe, 1993.

［3］Lavington, Simon. Early British Computers. Bedford, MA: Digital Press, 1980.

［4］Shurkin, Joel. Engines of the Mind: A History of the Computer. New York: W.W. Norton, 1984.

［5］Stern, Nancy. From ENIAC to UNIVAC: An Appraisal of the Eckert–Mauchly Computers. Bedford, MA: Digital Press, 1981.

［6］Williams, Michael R. A History of Computing Technology. Englewood Cliffs, NJ: Prentice–Hall, 1985.

詹姆斯·W. 科塔达（James W. Cortada） 撰，吴晓斌 译

另请参阅：国际商业机器公司（International Business Machines Corporation）

6.3 机构与组织

杜邦公司

DuPont Company

美国化学公司，工业研究的先驱，曾长期支持内部的基础研究。杜邦的产品包括尼龙、涤纶聚酯纤维、莱卡氨纶纤维和特氟龙。自 1802 年法国移民埃勒泰尔·伊雷内·杜邦（Eleuthère Irénée duPont）成立该公司以来，在近 80 年的时间里只生产黑火药。1880 年，杜邦创始人的孙子拉莫特·杜邦（Lammot duPont）开辟了生产黄色炸药的新业务，这种烈性新炸药由瑞典的阿尔弗雷德·诺贝尔发明。拉莫特

1849 年毕业于宾夕法尼亚大学，并为公司开展化学实验研究。他最重要的进展在于一种炸药，用廉价的智利硝酸钠代替了印度硝酸钾。炸药的制造需要通过甘油与硝酸反应来制造硝化甘油，然后将这种危险的液体吸收到硅藻土中以保持稳定。而拉莫特于 1884 年死于一次硝化甘油爆炸。这一灾难导致公司聘用了化学家奥斯卡·杰克逊（Oscar T. Jackson），他研究生时期曾在德国跟随阿道夫·冯·拜耳（Adolf von Baeyer）和埃米尔·费舍尔（Emil Fischer）从事研究。在杰克逊的领导下，杜邦公司的炸药生产得到了显著的改善，促使公司在 1902 年开设了一个专职的实验室——东方实验室，由查尔斯·李·里斯（Charles Lee Reese）担任主管。同一年，杜邦家族的三位表兄弟买下了长辈们的全部股份，重组了杜邦公司管理层。三兄弟之一的皮埃尔·杜邦（Pierre S. duPont），1890 年毕业于麻省理工学院，后来成为公司进军化工行业和壮大杜邦研究计划的幕后推手。1903 年，杜邦公司设立了第二个实验室——中央实验站，该实验站的研究工作致力于在有关军用无烟火药方面加强与联邦政府的联系，并评估外界提供给公司的发明。

第一次世界大战期间，杜邦的研究工作首次经历重大挑战，即公司进军染料业务。战前，德国公司主导着美国的染料市场。对杜邦公司来说，掌握染料化学的秘密是一场艰难而昂贵的历程。但经过 10 年的奋斗，杜邦公司不仅实现了盈利，更重要的是，它在有机合成方面拥有了出色的研究能力，这将会在未来获得丰厚的回报。因向协约国出售炸药，第一次世界大战也为杜邦公司带来了巨大的利润。杜邦公司从这笔钱中拿出一部分收购生产塑料和油漆的公司。为了管理这些不同的业务，公司在 1921 年将权力下放到半自治的部门，每个部门都有自己的制造、销售和研究机构。20 世纪 20 年代，随着杜邦公司通过收购公司和技术而进入其他化工行业，这些研究实验室的数量和规模不断扩大。在工业部门，化学家忙于解决与新技术息息相关的问题。

1926 年，中央研究实验室（中央实验站）的主任查尔斯·斯汀（Charles M. A. Stine）向公司的高管们提议，建议杜邦开展更多的基础研究。他指出，在许多领域，杜邦对自己的产品和工艺缺乏根本的理解。斯汀认为，基础研究承担的风险很低，因为它必将带来重大的技术进步。他指出了聚合物、化学工程和催化剂等一些研究课题，有的对公司现有技术至关重要，有的尚未得到学术研究人员的足够重视。这些观点赢得了公司高管的支持，他们提供了充裕的资助，包括一个新的实验室——被打趣为"清纯宫"。为了充实人员，斯汀打算聘请杰出的学术型化学家。但他很快明白，学术化学家和工业化学家之间已经存在着巨大的鸿沟。他发现，即使是初级教员，也很难被说服离开学术界，因此不得不转变思路，主要招聘博士新人。唯一的例外是华莱士·卡罗瑟斯（Wallace H. Carothers），伊利诺伊大学的有机化学博士，在伊利诺伊大学和哈佛大学任教四年后，于 1928 年加入杜邦公司。在招募卡罗瑟斯时，斯汀指出聚合物足以成为一个新的研究领域，特别是杜邦的一些最重要产品，如杜科漆、玻璃纸和人造丝，都是由天然聚合物纤维素制成的。加入杜邦公司后，卡罗瑟斯开始从事聚合物研究，很快便取得了重要科学成果并发表。正如斯汀所希望的那样，基础研究正在提高杜邦在学术界的声望。1930 年 4 月，卡罗瑟斯的同事们在对聚合物进行一般性研究时，仅仅几周时间就发现了一种合成橡胶和纤维，这让卡罗瑟斯的工作增加了一个维度。最终，这些发现促成了氯丁橡胶和尼龙，这是两种非常成功的产品。具有讽刺意味的是，这些研究突破之后，杜邦对基础研究的重视反而逐渐减少。有许多因素导致这一趋势，但最重要的是卡罗瑟斯自 1934 年起，心理健康恶化，直到 1937 年自杀。另一个因素是尼龙的发展优先于其他研究项目。接着，第二次世界大战的爆发把人们的注意力转移到了紧迫的战事问题上。

"二战"结束后，杜邦公司恢复并扩大了对基础研究的投入。这种研究策略的转变有很多原因，也许最重要的是发现"新尼龙"的诱惑力，还有一个因素是研究竞争。"二战"的胜利被誉为现代科学研究的胜利；战后，许多公司都在研究上投入巨资。凭借在基础研究方面两倍于竞争对手的投入，杜邦公司保持着行业领先地位。无论是学术方面还是工业方面，化学研究的范围都在扩张，各大公司争相吸引化学博士，而在 20 世纪 50 年代，化学博士的培养数量基本保持不变。在这种情况下，研究主任不得不在发表及其他专业问题上做出让步。

20 世纪 50 年代，杜邦工业部门的多数实验室开展了大量的基础研究，而中央研究实验室因做的基础研究太多，开始变得像一个学术机构。中央研究实验室承担着艰巨的任务，驰骋广泛的科学门类，开发专业知识，以科学上的突破为公司开辟新的商业领域。由于几乎完全致力于学术型科学研究，中央研究实验室越来越独立于公司的其他部门。在工业部门，基础研究只有被整合到总体的研究计划中，并且由深受同事和上级尊重的人员实施，才会蓬勃发展起来。纺织纤维部先锋研究实验室的保罗·摩尔根（Paul Morgan）做出多项重要贡献，既涉及聚合物科学，也包括莱卡氨纶和芳纶纤维等一些新产品。有机化学部实验室的查尔斯·皮德森（Charles Pedersen）因发现了冠醚而获得 1986 年诺贝尔化学奖，这是钒配位化学的基础研究产出的一个意外成果。

　　20 世纪 60 年代，杜邦的高管们越来越担心，对基础研究的巨额投资不会获得"新的尼龙"，并得出结论认为，杜邦曾做出许多重要的科学突破，但未能将它们开发成新产品。随后，该公司发动了一项重大举措，将科学突破转化为商业化新产品。在 20 世纪 60 年代，新产品的数量创下了纪录，但成本也是前所未有。然而，这些产品的盈利能力充其量是好坏参半。这次经验再加上 20 世纪 70 年代的经济动荡，包括严重影响化学工业的两次石油禁运，使杜邦的高管对研究产生了怀疑，导致研究工作相对削减。研究支出占销售额的比重在 20 世纪 70 年代下降到 60 年代中期历史高点的 50%。尤为突出的是，在此期间，中央研究实验室主要仍在开展基础研究。中央研究实验室的方向作出重大调整，将对杜邦公司在科学界的声誉造成严重损害，而这种声誉是杜邦公司通过长期以来的巨大付出才确立起来的。20 世纪 80 年代，杜邦公司首席执行官爱德华·杰斐逊（Edward Jefferson）在生命科学领域发起了一项新的基础研究计划，希望在这一重要领域为杜邦确立一席之地。在 20 世纪的后 75 年里，美国的一些机构能让先进技术和科学研究两方面相辅相成，而杜邦公司就是其中之一。

参考文献

[1] Chandler, Alfred D., Jr., and Stephen Salsbury. Pierre S. duPont and the Making of the Modern Corporation. New York: Harper & Row, 1971.

[2] Hounshell, David A., and John Kenly Smith Jr. Science and Corporate Strategy, DuPont R&D, 1902–1980. New York: Cambridge University Press, 1988.

［3］Wilkinson, Norman B. Lammot duPont and the American Explosives Industry, 1850-1884. Charlottesville: University of Virginia Press, 1984.

约翰·K. 史密斯（John K. Smith） 撰，刘晓 译

宾夕法尼亚州富兰克林研究所
Franklin Institute of the State of Pennsylvania

作为 19 世纪美国最重要的机械研究所，富兰克林研究所是技术中最深奥的关键成分——知识——的中心储存库。富兰克林研究所对这些事务和工艺并不陌生。1824 年，美国主要工业城市的一群精英制造商和机械师创立了富兰克林研究所，其创始人希望该研究所能在一定程度上协助收集英国和欧洲的新技术信息。富兰克林研究所主要通过正式会议和公开讲座传播技术知识，维持一座技术图书馆的运营，以及出版期刊和技术报告以服务公众。内战前，富兰克林研究所主办了近 30 次技术展览，还为机械学徒提供制图等课程。

富兰克林研究所的影响力很早就超出了费城的范围。1826 年创刊的《富兰克林研究所学报》很快成为美国著名的科技期刊之一，在纽约、波士顿、普罗维登斯、匹兹堡、辛辛那提和新奥尔良等城市发行。正如富兰克林研究所效仿英国机械研究所一样，美国其他城市的研究机构也开始效仿富兰克林研究所。简而言之，在南北战争前的几十年里，富兰克林研究所不仅为美国最大的城市，还为整个国家提供技术和工业知识。

在实证科学时代，富兰克林研究所成了国家主要科学机构之一，至少在 19 世纪 80 年代以前一直保持着这样一种全国性的地位。1829 年，塞缪尔·沃恩·梅里克（Samuel Vaughan Merrick）发起了一项精心设计的关于水车和水力的调查研究，让《富兰克林研究所学报》成了发表"原创性成果"的杂志。当时一家伦敦杂志社断言，水力实验是富兰克林研究所"为科学界所青睐的独家宣言"。在接下来的 15 年里，宾夕法尼亚大学和普林斯顿大学的自然哲学教授亚历山大·达拉斯·贝奇和约瑟夫·亨利等物理学家与梅里克一起为科学和艺术委员会审查并报道新技术。他

们的一个目标是利用该委员会继续进行类似于水力实验的研究。然而，除了对 19 世纪 30 年代初的蒸汽锅炉爆炸进行过调查外（这笔 2000 美元的款项是联邦政府的第一笔研究经费），目标并没有实现，原因部分归于梅里克的去世以及 1843 年贝奇搬到华盛顿特区担任美国海岸测量局的负责人。尽管如此，1863 年一位研究所所长的说法还是很准确的：富兰克林研究所是"将机械师和工匠的劳动地位提高到作为科学助手和典范的这一崇高工作"的先驱。

当然，富兰克林研究所的全国性作用并没有随着内战的结束而终止。战争结束后出现的新一代领导人让其再续辉煌。威廉·塞勒斯（William Sellers）所长生于研究所成立之年，他领导富兰克林研究所响应国家的新"制造标准"，获得了螺纹标准的国家级许可。1877 年，由电气工业创始人伊莱休·汤姆森（Elihu Thomson）领导的发电机效率测试，延续了提供基础技术"可靠数据"的传统。1884 年，富兰克林研究所举办了一场国际电气展览会，标志着它对国家的贡献达到了顶峰。当时，康奈尔大学的物理学教授威廉·A. 安东尼（William A. Anthony）领导测试了各种电机。作为美国首批电气工程课程的创始人，安东尼的出现预示着新的技术未来，即富兰克林研究所的科学工作将变得多余。19 世纪 90 年代，科学和艺术委员会的一份报告承认了这点，称研究所的工作"由于所有实用技艺和科学领域每天都在取得巨大进步，所以一年比一年难"。

20 世纪的富兰克林研究所辉煌不再。"一战"后，一位成员的遗赠促成了核物理实验室的建立。"二战"后，研究所的领导人在军方和联邦政府新提供的"冷战"资金的基础上建立了一个研发实验室。然而，富兰克林研究所的研究将不再为其赢得国家声誉。20 世纪 30 年代成立的科学与工业博物馆提供了一幅更清晰的未来图景。在 1970 年之后的 20 年里，富兰克林研究所的领导人不仅拆除了两套 20 世纪的研究设施，还出售和拆分了 19 世纪创建的规模宏大的技术图书馆。今天，富兰克林科学博物馆的大厅里，孩子们在玩一大堆互动展品，而这些展品往往与技术问题无关。

参考文献

[1] McMahon, A. Michal. "'Bright Science' and the Mechanic Arts: The Franklin Institute

and Science in Industrial America, 1824–1976." Pennsylvania History 46 (October 1980): 351–368.

[2] McMahon, A. Michal, and Stephanie Morris. A Guide to the Committee on Science and the Arts of the Franklin Institute. Wilmington, DE: Scholarly Resources, 1977.

[3] Sinclair, Bruce. Early Research at the Franklin Institute: The Investigation into the Causes of Steam Boiler Explosions, 1830–1837. Philadelphia: Franklin Institute, 1966.

[4] ——. Philadelphia's Philosopher Mechanics: A History of the Franklin Institute, 1824–1865. Baltimore: Johns Hopkins University Press, 1974.

A. 米哈尔·麦克马洪（A. Michal McMahon） 撰，曾雪琪 译

美国土木工程师协会
American Society of Civil Engineers（ASCE）

美国第一个全国性的工程师专业组织。受英国类似协会的启发，美国土木工程师协会将成立日期定在 1852 年 11 月 5 日，当时 12 名工程师在纽约市的克罗顿高架渠办公室集会。虽然在 1853 年年底就有 56 名会员被列入名册，1855 年起就举办过会议，但该协会直到 1867 年之后才真正开始运作。几乎在同时，土木工程师协会发现自己要代表所有专业工程师的愿望日益受到专业化的挑战。截至 1890 年，有几个群体已经分裂出去，包括美国采矿工程师协会（American Institute of Mining Engineers）、美国机械工程师协会（American Society of Mechanical Engineers）和美国电气工程师协会（American Institute of Electrical Engineers）。这种模式一直延续至今，因为工程行业难以统一成一个组织发声。

在最初的章程中，美国土木工程师协会确定一个宗旨为"促进科学"。然而，在 19 世纪，土木工程师从科学中所获甚少，而是依靠实践经验和"拇指"法则。不出所料，通过年会上报告的论文和发表的论文可以看出，协会对推进工程实践的"技艺"表现出了极大的关注。

协会的会刊第一卷《美国土木工程师协会会刊》（*Transactions of the American Society of Civil Engineers*）出版于 1872 年，随后是 1896 年单独出版的《学报》

（*Proceedings*），以及始于 1930 年的每月面向会员出版的《土木工程》（*Civil Engineering*）。第二次世界大战后，论文数量增加，专业化程度提高以及工程科学在学术派工程师中的发展，导致《学报》被分成了几份专门的刊物。

然而，工程实践的发展并不是土木工程师协会所服务的主要目的。在工程领域中，土木工程几乎独树一帜，保留着基于独立咨询的传统组织模式，其结果是协会的重要会员更加独立于大公司。因此，协会非常关注会员的职业、社会地位等问题。多年来，协会对职业注册、工程教育、职业道德规范、工程薪资以及工程师的工会组织等事项十分重视。因此，学术界对土木工程的关注大多集中在专业素质和社会地位等问题上。

参考文献

［1］Calhoun, Daniel H. The American Civil Engineer: Origins and Conflict. Cambridge, MA: MIT Press, 1960.

［2］Hunt, Charles Warren. "The Activities of the American Society of Civil Engineering During the Past Twenty-Five Years." Transactions of the American Society of Civil Engineers 82（December 1918）: 1577-1652.

［3］Layton, Edwin T. Revolt of the Engineers: Social Responsibility and the American Engineering Profession. Cleveland: Case Western Reserve University Press, 1971; 2d ed., Baltimore: Johns Hopkins University Press, 1986.

［4］Wisely, William A. The American Civil Engineer, 1852-1974: The History, Traditions and Development of the American Society of Civil Engineers. New York: American Society of Civil Engineers, 1974.

布鲁斯·E. 西利（Bruce E. Seely）　撰，陈明坦　译

门洛帕克实验室

Menlo Park Laboratory

托马斯·爱迪生所在的门洛帕克实验室位于新泽西州西奥兰治，该实验室成立于 1876 年，是 19 世纪一些重要发明的诞生地——碳电话发送器、留声机、白炽灯

以及电力系统。作为开展发明活动的新场所，这间实验室本身也很重要；它是第一个将发明面向企业利益、转化为工业过程的研究实验室。在门洛帕克，爱迪生完成了下述过程：将他的实验机器车间从制造环境中分离出来，然后与一家令许多科学家和发明家向往的电气和化学实验室相结合。最初，爱迪生指导他的实验室为西联电报公司开展电信研究，西联电报公司则为实验室提供直接支持。而实验室作为爱迪生电灯公司（Edison Electric Light Company）的研发实验室，对其在工业研究历史上奠定地位发挥了更重要的作用，爱迪生电灯公司由西联汇款公司（Western Union）的投资者于 1878 年年底创立。到 1881 年 3 月，投资者在各项工作上已经花费了近 13 万美元，研究内容涵盖电气照明问题的基础研究再到新系统商业化所需的部件开发。实验室自身的规模也在扩大，爱迪生扩充了员工队伍，不仅聘请受过大学教育的工程师和化学家，也雇佣了更多他原先依赖的机械师和那些自学成才的实验者。1882 年，他的新电气工厂建立了自己的测试和研究实验室，用于解决其产品中的具体问题，爱迪生因此放弃了门洛帕克实验室。

在门洛帕克实验室的短暂存在期间，它成为其他实验室的"驰名"典范，当时许多顶尖的科学家和技术专家都曾到访过这里。历史学家对门洛帕克的现代化程度、科学在研究过程中的相对地位，以及它对企业工业研究实验室兴起的影响程度，都存在着不同的看法。但无论如何，人们还是普遍认为它是工业研究史上的一个重要机构。

参考文献

[1] Friedel, Robert, and Paul Israel, with Bernard Finn. *Edison's Electric Light: Biography of an Invention*. New Brunswick: Rutgers University Press, 1986.

[2] Hughes, Thomas P. "Edison's Method." In Technology at the Turning Point, edited by William B. Pickett. San Francisco: San Francisco Press, 1977, pp. 5-22.

[3] Israel, Paul. *Edison: A Life of Invention*. New York: John Wiley & Sons, 1998.

[4] Israel, Paul, et al. *The Wizard of Menlo Park* (1878). Vol. 4 of The Papers of Thomas A. Edison. Baltimore: Johns Hopkins University Press, 1998.

[5] Pretzer, William S., ed. *Working at Inventing: Thomas A. Edison and the Menlo Park Experience*. Dearborn, MI: Henry Ford Museum and Greenfield Village, 1989.

[6] Rosenberg, Robert, et al. *Menlo Park: The Early Years* (1876-1877). Vol. 3 of The

Papers of Thomas A. Edison. Baltimore: Johns Hopkins University Press, 1994.

保罗・B. 以斯森雷尔（Paul B. Israel）　撰，康丽婷　译

另请参阅：托马斯・阿尔瓦・爱迪生（Thomas Alva Edison）；电灯泡（Electric LightBulb）

电气与电子工程师协会
Institute of Electrical and Electronic Engineers（IEEE）

　　系统化的电气工程史复刻了这一领域的思想发展，它脱胎于 19 世纪末以商店为基础的活动向科学工程的转变。1884 年，美国电气工程协会（American Institute of Electrical Engineering）在电力工程学的基础上成立。无线电最初的形式是无线电报，它的发明基于古格列尔莫・马可尼（Guglielmo Marconi）等人在 19 世纪和 20 世纪之交做出的创新；随后的形式是无线电话，它的发明基于雷金纳德・费森登（Reginald Fessenden）的交流发电机和李・德福里斯特（Lee deForest）的真空管，无线电的出现促成了 1912 年无线电工程师协会（Institute of Radio Engineers）的成立。在接下来的半个世纪里，物理和化学的重大变化以及一般系统理论的发展引发了一场电子学革命。从 20 世纪 30 年代开始，真空管的应用范围不再仅仅局限于无线电广播领域，并且随着"二战"后物理和工程实验室研发出新型电子管，特别是晶体管和集成电路，这一范围进一步扩大。

　　正如斯坦福大学电子工程师弗雷德里克・E. 特曼所说的那样，这种"快速的增长"伴随着教授们改革研究生培养的举措一同出现，他们试图摆脱对物理学的依赖，以实现该领域的进步。电子学的发展令电气工程的形势也发生了改变，1962 年，两个旧有的协会合并成立了电气与电子工程师协会。在其动态发展的组织框架内，电气与电子工程师协会为该领域的从业者以及聚焦于此的企业和政府利益建立了专业基础。协会在早期策划了一些技术小组，以容纳从该领域依托的科技基础中源源不断衍生出的新专业领域——最开始是像电镀这样的领域，到 20 世纪末，与电子计算机和信息理论相关的专业领域逐渐增多。召开会议和发行出版物是该协会的基本活动。1912 年，出于对工程师职业道德的关注及其雇主控制工程创新成果的愿望，第

一部职业行为准则出台。

然而，工程协会的历史并不代表着工程师的历史。对于广大在职工程师而言，他们的诉求是享有其培训和创新而产生的专利成果、工作保障，还有就是在雇佣他们的大型机构中能以技术和管理作为进身之阶。而像电气与电子工程师协会这样的工程协会在技术标准和技术信息传播方面满足的更多是雇主的需求。

参考文献

[1] Kline, Ronald. Steinmetz: Engineer and Socialist. Baltimore: Johns Hopkins University Press, 1992.

[2] Leslie, Stuart W. The Cold War and American Science: The Military-Industrial-Academic Complex at MIT and Stanford. New York: Columbia University Press, 1993.

[3] McMahon, A. Michal. The Making of a Profession: A Century of Electrical Engineering in America. New York: IEEE Press, 1984.

[4] Noble, David. America by Design: Science, Technology, and the Rise of Corporate Capitalism. New York: Knopf, 1977.

A. 米哈尔·麦克马洪（A. Michal McMahon）　撰，王晓雪　译

通用汽车公司

General Motors Corporation

美国最大的汽车制造商、研发领域的长期行业领导者。科学和工程并不总是通用汽车公司的优先事项。威廉·C. 杜兰特（William C. Durant）于 1908 年创立了这家公司，并在短短几年内兼并了别克、凯迪拉克、奥兹莫比尔以及后来的雪佛兰等 20 家独立公司，使通用汽车公司成为亨利·福特唯一真正意义上的竞争对手。但是杜兰特的整合控制战略没有给研究留下一席之地，因为他相信创新总是可以以更低成本从外部购买，比如买下专利或买下整个公司。

杜邦公司希望将其在战时获取的巨额收益用于投资，并在新的化工市场上实

现多元化，所以"一战"期间收购了通用汽车公司的控股权（最终共占其普通股的36%）。皮埃尔·S. 杜邦（Pierre S. duPont）于 1920 年接替杜兰特成为总裁并立志要将助力杜邦公司成为化工行业巨头的管理和组织创新模式引入汽车行业。杜邦选择了艾尔弗雷德·斯隆（Alfred Sloan）作为他的执行副总裁和门徒。斯隆是一位出色的年轻经理，他把自己的汽车零部件公司卖给杜兰特，从而加入了通用汽车公司。斯隆和杜邦为通用汽车绘制的企业蓝图包括一个以杜邦公司开创性的示范为蓝本的中央研究实验室。他们任命电气工程师查尔斯·凯特林（Charles Kettering）领导该实验室，后者以电动自启动器的发明者和德科公司（后来凯特林将该公司卖给了通用汽车）的创始人而闻名。1920 年，凯特林成为通用汽车研究公司的副总裁兼总经理，先是在代顿，1925 年后在底特律。

当时，福特公司的汽车销量占全国的一半以上，而通用汽车公司的销量占比不到四分之一。为了迎头赶上，1923 年被提拔为总裁的斯隆制定了一项新战略。通用汽车公司不是直接竞争低端市场，而是实行风格和档次渐进升级的销售模式，可以让汽车买家在满足愿望的同时，在钱包允许的范围内挑选，从实用的雪佛兰到渐趋昂贵的奥兹莫比尔、别克和凯迪拉克，"以各类车型满足各阶层、各种用途的需要"。斯隆的战略在很大程度上依赖于研究室，后者每年研发的模型都比去年的更便捷、更舒适、更有吸引力。凯特林称其为"让顾客永不满足"，用渐进式的创新让消费者不断回购，他的实验室掌握了这一关键——从含铅汽油和杜科漆（一种快干、耐用的彩色漆）等突破性的改进，到更好的刹车、轴承和曲轴平衡。这种不间断的汽车升级加上市场和销售方面的重大创新，让通用汽车公司于 1927 年超过了福特。

1930 年后，通用汽车公司已成为美国最主要的汽车制造商，并受到一些反垄断行动的威胁，于是将其研究目标转向了非汽车领域的多元化发展。通用电冰箱部门的化学家们发明了氟利昂（一种无毒、不易燃的制冷剂），这种制冷剂立即成为行业标杆，还让销售额翻了一番，占家用冰箱市场总额的四分之一。通用电动汽车部门的工程师们开发了一种使蒸汽机车脱轨的改良版二冲程柴油机，这让通用汽车公司在该行业占据了主导地位。在凯特林的领导下，实验室的员工总数从 1925 年的 260人增加到 1938 年的 500 人，年度总预算为 200 万美元，分别用于制造部门的咨询工作（40%）、高级工程（40%）和基础研究（20%）。虽然与贝尔电话公司、通用电气公司和杜邦公司等以科学为基础的企业实验室相比，通用汽车实验室规模较小，但仍使其同行竞争者相形见绌。

1947年凯特林退休后，通用汽车实验室开始重视基础研究。通用汽车公司被"物理学家的战争"所说服，相信科学是通往未来的关键，因此聘请著名的核物理学家、原子能委员会成员劳伦斯·哈夫斯塔德（Lawrence Hafstad）担任研究主管。在哈夫斯塔德的领导下，通用汽车实验室不太注重生产创新和改良，而是更注重材料、空气动力学、电子学和燃烧等基础研究。1956年汽车技术中心的落成标志着通用汽车公司新时代的到来。该中心耗资1.25亿美元，坐落于底特律郊区，无论是在地理上还是技术知识上都独立于公司其他部门。

联邦安全、排放和里程表法规迫使通用汽车实验室在20世纪60年代和70年代制定了一系列新的优先事项，并重新与各运营部门建立了联系。1969年至1982年间，来自麻省理工学院和普渡大学的学术型工程师保罗·切诺阿（Paul Chenea）领导实验室致力于满足日益严格的联邦汽车标准。国外的竞争对手更青睐于另一更激进的方案（比如稀燃和活塞式发动机），相比之下通用汽车公司则采取了保守的方法（比如催化转换器）。与福特和克莱斯勒等同行一样，通用汽车公司的研究人员经常不无理由地抱怨联邦法规复杂、成本高，且偶尔会出现矛盾，还抱怨反垄断法阻碍了企业的资源集中（而这点在日本公司中很常见）。

自1938年起，通用汽车实验室由前国防科学家、美国国家航空航天局局长罗伯特·福罗什（Robert Frosch）领导，至今仍是汽车行业中规模最大的实验室，拥有525名专业人员（410名博士），其中包括一大批社会科学家。然而，正如凯特林曾经描述的那样，它的基本使命仍然是：像企业的人寿保险一样，用研究来预测和塑造汽车工业的未来。

参考文献

[1] Leslie, Stuart W. Boss Kettering: Wizard of General Motors. New York: Columbia University Press, 1983.

［2］Rae, John B. The American Automobile Industry. Boston: Twayne, 1984.

［3］Sloan, Alfred P. My Years with General Motors. New York: Doubleday, 1964.

［4］Smith, John Kenly, Jr. "The Scientific Tradition in American Industrial Research." Technology and Culture 31 (1990): 121–131.

斯图亚特·W.莱斯利（Stuart W . Leslie） 撰，曾雪琪　译

国际商业机器公司

International Business Machines Corporation（IBM）

在整个 20 世纪，这家公司一直是信息技术的主要供应商。它成立于 1911 年，主要销售穿孔卡片技术、钟表、天平和其他机械产品。到"二战"结束时，它已经成为美国最大的办公设备公司。到 20 世纪 50 年代末，它已成为数字计算机的主要供应商。20 世纪 50—80 年代，它的计算机系统架构一直是这一领域的行业标准。计算机技术得以从实验室走向市场，主要就是通过国际商业机器公司，其操作系统在信息处理领域得到了最广泛的应用。

尽管 IBM 长期以来一直对信息处理设备的机械化以及后来的电气化研发兴趣浓厚，但直到"二战"期间为美国政府制造电子设备时，IBM 才接触到前沿电子学领域。在这一时期内，IBM 还赞助了哈佛大学关于 Mark I 大型计算机的研究。到 20 世纪 40 年代末，IBM 积极致力于开发数字电子计算机。1948 年发布的选择顺序控制计算机（Selective Sequence Electronic Calculator，SSEC）是第一台商用存储计算机。在朝鲜战争期间，根据与美国政府签订的合同，IBM 研发出了一台更先进的计算机（最初称为"国防计算器"），它的商业版本 IBM 701 于 1953 年面世，成为公司第一款投入大规模生产的计算机。在这一过程中出现了新一代的包装和制造技术，IBM 因此能够在 20 世纪 70 年代生产出大量利润丰厚的计算机。1954 年，IBM 销售了超过 1800 台 IBM 650，它是那 10 年中最受人们欢迎的一款数字计算机。

IBM 的每台机器都应用了大学开发的技术，这些技术通常是根据政府合同开发的。例如，存储系统从电子管技术发展到 50 年代末的二极管和晶体管，然后在 60

年代又发展成为集成电路。大多数开发工作都是在纽约州的恩迪科特或波基普西工厂完成的，每个工厂都有自己的实验室。大多数计算机研究都是在波基普西完成的，而恩迪克特则在数十年来作为 IBM 穿孔卡片的生产基地，并负责生产外围设备。

从 20 世纪 50 年代末到 60 年代初，IBM 产出了一系列技术成果。编程语言（如 FORTRAN）成了行业标准。50 年代末，IBM 发起了 Stretch 项目，旨在为未来的系统创造大量新硬件技术，它实现了第二代和第三代器件的组装技术、电路板和卡片印刷以及更好的布线方法这几项重要创新，其副产品包括 IBM 7090 和 IBM 1401，仅这两款计算机就为公司带来了约 2 万个系统的订单。与 U650 一样，它是一种低成本、耐用的通用处理器。

1964 年 4 月，IBM 发布了 S/360 系统，最初配有 5 种处理器，一百多种外围产品和新的操作系统，这使其成为当时最大、最引人注目的计算机产品。到 60 年代末，这款产品推动公司销售额增长超过 100%。在接下来的 20 年里，该产品的架构成为业界大多数计算机产品的主导设计。能直接读取存储空间的磁盘驱动器最初是由 IBM 在 20 世纪 50 年代中期推出的，后来成了 S/360 的标准配置。1953—1964 年，IBM 将计算机的速度提高了 40 倍，内存提高了 6.5 倍，而成本与老式计算机保持相同。1970 年 6 月，IBM 发布了 S/370 系列，它是 S/360 的升级版，具有更大的容量和全部由 IBM 实验室开发的内部组件。在 20 世纪 60 年代后期，IBM 的磁盘驱动器也得到了改进，其数据传输率比老式设备提高了 250%。

在整个 20 世纪 70 年代和 80 年代，成千上万的产品都以组件运行更快、可靠性更高和制造更高效为主要设计特点。计算机的小型化趋势最终使业界和 IBM 都发布了个人电脑。80 年代，IBM 和 150 多家竞争对手纷纷推出了多款个人电脑产品，IBM 的第一代个人电脑于 1981 年首次亮相，这些产品的处理速度和存储容量最终都超过了 S/360。

到 20 世纪 60 年代末，IBM 的大部分研究都是由遍布世界各地的实验室开展的。不过，它的大部分理论研究还是在纽约约克镇高地的沃森研究中心进行，该研究中心拥有数位诺贝尔奖得主。他们最近的贡献包括在 20 世纪 80 年代研制出了微米显微镜和超导体。IBM 也是计算机发展史上集成电路的主要开发者，到 20 世纪 70 年代早期，IBM 制造的计算机内部集成电路占世界供应总量的 25% 以上。

　　回顾这段历史，IBM 对科学与技术的兴趣集中体现为，先后通过机械和电子方法更快、更有效地传递信息，这方面的研究大多由政府合同提供资金，核心技术——比如存储系统，通常与大学实验室合作开发。到 20 世纪 60 年代，IBM 自己的研究实验室不断发展壮大，这些实验室继续在信息科学的前沿开展纯理论和应用研究。其研究人员则都是科学界的活跃人物、电气与电子工程师协会等主要组织的成员，他们来自信息科学、数学、天文学、物理学、工程学、生物学、心理学、教育学、化学和空间科学等不同的研究领域。

参考文献

［1］Bashe, Charles J., et al. IBM's Early Computers: A Technical History. Cambridge, MA: MIT Press, 1986.

［2］Chposky, James, and Ted Leonsis. Blue Magic. New York: Facts on File, 1988.

［3］Hazen, Robert M. The Breakthrough: The Race for the Superconductor. New York: Summit Books, 1988.

［4］Killen, Michael. IBM: The Making of the Common View. Boston: Harcourt Brace Jovanovich, 1988.

［5］Pugh, Emerson W. Memories That Shaped an Industry. Cambridge, MA: MIT Press, 1984.

［6］——. Building IBM: Shaping an Industry and Its Technology. Cambridge, MA: MIT Press, 1995.

［7］Pugh, Emerson W., et al. IBM's 360 and Early 370 Systems. Cambridge, MA: MIT Press, 1991.

詹姆斯・W. 科塔达（James W. Cortada）　撰，刘晓　译

另请参阅：电脑（Computer）

梅隆工业研究所

Mellon Institute of Industrial Research

　　梅隆工业研究所是一家非营利性应用科学中心，于 1913 年在匹兹堡成立，1967

年与卡内基理工学院合并，成为卡内基梅隆大学（Carnegie Mellon University, CMU）的一部分。梅隆研究所（Mellon Institute）由化学家兼记者罗伯特·肯尼迪·邓肯（Robert Kennedy Duncan）组织成立，是第一批也是最有影响力的可向美国工业提供研究服务的非营利性机构之一。尽管该机构由匹兹堡杰出银行家族梅隆家族提供科研场所和资助，而它则为遍及北美的数百个客户提供研究服务。根据梅隆研究所的制度，赞助商提出研究课题，并向研究员支付工资和日常开支，以换取研究所设施的使用权、获得研究结果的专有权。到 20 世纪 20 年代末，梅隆研究所每年签署的合同近 100 万美元，聘用研究员 140 余人，其中以化学家为主。这些科学家在开发大量工业产品（如黏合剂、建材和石油钻井泥浆）和提高工业操作效率（如脱除炼焦煤中的苯和硫）方面发挥了重要作用。卡尔贡、普拉康和道康宁等公司都起源于梅隆研究所开发的产品，联合碳化物公司的化学部门和海湾石油公司的研究实验室也是如此。

梅隆研究所的成功促使各个大学在 20 世纪 20 年代纷纷建立起赞助研究机构。它也成为克利夫兰的巴特尔纪念研究所和门洛帕克的斯坦福研究所等独立研究机构的典范。然而，作为研究服务供应商，它最终丧失了相对这些竞争对手的领导地位；一些人辩解道，这是因为它在 20 世纪 50 年代致力于将重点从应用研究转向基础研究。在与卡内基理工学院合并后，邓肯的奖学金制度被终止，卡内基梅隆大学的教育部门吸收了梅隆研究所的财产和捐赠。后来，卡内基梅隆大学成立了一个新的梅隆研究所，为工业界执行合同工作，然而它在人员、设施和研究重点方面与同名的梅隆研究所都缺乏连续性。

梅隆研究所可被视为 20 世纪组织工业研究的众多实验之一，它鲜为人知的历史为人们了解其他类似的实验（如内部工业研究实验室）提供了视角，也能帮助人们深入理解 20 世纪美国科学家和商人不断变化的需求和期望。

参考文献

[1] Mowery, David C., and Nathan Rosenberg. Technology and the Pursuit of Economic Growth. Cambridge, U.K.: Cambridge University Press, 1989.

［2］Servos, John W. "Changing Partners: The Mellon Institute, Private Industry, and the Federal Patron." Technology and Culture 35 (1994): 221-257.

［3］Thackray, Arnold. "University-Industry Connections and Chemical Research: An Historical Perspective." In University-Industry Research Relationships: Selected Studies. Report of the National Science Board of the National Science Foundation. Washington, DC: National Science Board,

［4］National Science Foundation, 1982.

约翰·W. 塞沃斯（John W. Servos） 撰，康丽婷　译

斯坦福研究所
Stanford Research Institute（SRI）

斯坦福研究所是位于加利福尼亚州门洛帕克的一个非营利的创收研究型法人。1946 年，斯坦福大学的校长和理事与地方企业家广泛磋商后成立了该研究所。它旨在服务和促进战后地区经济发展，为斯坦福大学的科学家和工程师提供研究机会，并会把部分收益付给斯坦福大学。与联邦政府签订合同并提供服务是它的第二目标。该研究所早年并没有多少经济收益。一些斯坦福大学的教授也批评它的研究过度商业化而缺乏学术性。

随着 1950 年朝鲜战争爆发，斯坦福研究所的财务境况大为改观。它参与了大量美国联邦政府资助的应用型研究与研发工作。20 世纪 50 年代末和整个 60 年代，研究所的规模和合同收入都在不断扩大和增长。1970 年，为了回应教师和学生对斯坦福研究所深度参与军方资助的保密研究与研发项目的批评，斯坦福大学将斯坦福研究所独立出来。不过一些教员仍继续向研究所提供咨询服务。1977 年，斯坦福研究所更名为国际斯坦福研究所（SRI International）。

有关斯坦福研究所的研究很少，或者，从更一般的意义上来说，考察非营利研究型公司以及它们与营利性企业和政府关系的文章很少。一位斯坦福研究所的首批工作人员存有两册历史记录，其中有一些有用信息，但由于过度美化且未能记录其资料来源而使其史料价值严重受损。斯坦福大学档案馆中能够找到一些关于斯坦福

研究所早期的历史资料，但由于一些尚不清楚的原因，相关文献史料非常稀缺。国际斯坦福研究所也没有收集或向学者提供过有关其历史的任何文件。

参考文献

[1] Gibson, Weldon B. SRI: The Founding Years. Los Altos, CA: Publishing Services Center, 1980.

[2] ——. SRI: The Take-Off Days. Los Altos, CA: Publishing Services Center, 1986.

[3] Ikenberry, Stanley O., and Renee C. Friedman. Beyond Academic Departments: The Story of Institutes and Centers. San Francisco: Jossey-Bass, 1972.

[4] Lowen, Rebecca S. Creating the Cold War University: The Transformation of Stanford. Berkeley: University of California Press, 1997.

[5] Smith, James A. The Idea Brokers: Think Tanks and the Rise of a New Policy Elite. New York: Free Press, 1991.

丽贝卡·S. 劳文（Rebecca S. Lowen） 撰，彭繁 译

另请参阅：斯坦福大学（Stanford University）

美国工程学会联合会

American Association of Engineering Societies（AAES）

美国工程学会联合会是多个工程学会的联合组织，成立于 1979 年，旨在为美国工程行业发出强大而统一的声音。最初，美国工程学会联合会代表了 43 个工程学会。但在 1983 年，因为由谁来代表华盛顿的工程行业、职能重复、成本上升和人事冲突等问题产生纷争，18 个成员学会脱离了联合会，从而遭到严重削弱。为了防止进一步的分裂，剩余的联合会成员修改了章程，显著压缩了该组织的权力和范围。到 1993 年，联合会只代表 22 个工程学会，但仍然包含"创始"学会。

联合会的分裂，重蹈了先前为工程学打造一个联合组织的尝试，这个联合组织在范围上类似于美国科学促进会。"一战"期间，其先驱，以土木、机械、采矿和电气等行业的工程师学会（称为"创始"学会）为代表的全美的工程师学会，成立了一个联合委员会，即工程委员会（Engineering Council），以处理共性的问题。1920

年，美国工程学会联盟（FAES）取代了该组织。FAES 是在渐进改革者的压力下成立的联合组织，他们希望该组织能够抵制工业对工程行业造成的影响。在采矿工程师赫伯特·胡佛的领导下，FAES 发起了几项有争议的公众利益研究。这些研究引起了美国工业部门的敌意，它们在一些重要工程学会中也有维护者。结果，FAES 的激进主义很快就冷却下来。1924 年，它更名为美国工程委员会（American Engineering Council），并采取了更为谨慎和保守的态度。大萧条时期很多学会退出，委员会对此漠然视之，最终导致了 1941 年的解散。

"二战"期间，为了代替美国工程委员会，几个"创始"学会创建了一个联合会议委员会（JCC）代表工程行业发声。1945 年后，"创始"学会吸纳了其他组织，联合会议委员会从而发展成为工程师联合委员会（EJC）。20 世纪 60 年代，工程师联合委员会企图加强工程师联合委员会的行业代表地位，却事与愿违，导致几个主要学会于 1968 年脱会。

1977 年，工程界的领袖们迫切希望成立更有效的组织来取代瘫痪的工程师联合委员会。经过反复讨论，最终成立了美国工程学会联合会。

参考文献

［1］Basta, Nicholas, and Wilma Price. "AAES Narrows Its Scope, Gives Up Unifying Role." Chemical Engineering 92（27 May 1985）: 27–31.

［2］Calvert, Monte A. "The Search for Engineering Unity: The Professionalization of Special Interest." In Building the Organizational Society, edited by Jerry Israel. New York: Free Press, 1972, pp. 42–54.

［3］Florman, Samuel C. "A United Voice for Engineers." Technology Review 86, no. 5（July 1983）: 8–10.

［4］Layton, Edwin T. Jr. The Revolt of the Engineers: Social Responsibility and the American Engineering Profession. Cleveland: Case Western Reserve University Press, 1971; 2d ed. Baltimore: Johns Hopkins University Press, 1986.

［5］——. "Past Attempts to Unify Engineering Professionals." In Ethics, Professionalism and Maintaining Competence. New York: American Society of Civil Engineers, 1977, pp. 132–146.

[6] Rubinstein, Ellis. "IEEE and the Founder Societies." IEEE Spectrum 13, no. 5 (May 1976): 76-84.

[7] ——. "IEEE and the 'Founders' —II." IEEE Spectrum 13, no. 6 (June 1976): 67-72.

[8] Zimmerman, Mark D. "A Setback for Engineering Unity." Machine Design 56 (8 March 1984): 36-37.

特里·S. 雷诺兹（Terry S. Reynolds） 撰，陈明坦 译

6.4 代表人物

发明家兼实业家: 托马斯·阿尔瓦·爱迪生

Thomas Alva Edison (1849—1931)

爱迪生出生于俄亥俄州的米兰市，1854 年搬到密歇根州休伦港后，曾短暂地在那里求学。但他主要是在家接受母亲的教导，并通过阅读进行自学。19 世纪 60 年代，爱迪生在中西部担任电报员期间开始进行发明创造，1868 年来到波士顿后开始专职从事这项工作。1869 年，他搬到了新泽西州，在纽瓦克经营了几年电报制造厂，同时签订合同成为一位电报发明家。1876 年至 1881 年间，爱迪生在新泽西州的门洛帕克生活和工作。在这里，他建立了世界上最大的私人实验室之一，并产出了许多重要的发明，包括发明了电灯和建立了电力工业的基础。1881 年，他搬到纽约市，主管爱迪生电灯和制造公司的运营。从 1887 年直到去世，爱迪生一直在他设于新泽西州西奥兰治的实验室工作，并围绕这个实验室开展了广泛的制造业务。

爱迪生与科学的关系是复杂的，且随着时间的推移而改变。虽然他自称是发明家，但有时也称自己为"科学工作者"。他还与当时许多顶尖的科学家合作和通信，广泛阅读电学、化学、地质学和植物学等学科的书籍。1907 年前后，他不再积极地从事发明创造，而是把注意力转向了他所谓的一般科学实验。由于爱迪生和他实验室的工作人员经常在科学知识有限的情况下工作，所以他们所开发的技术本身就是

科学研究的重要课题。由于科学家和发明家在实验电气技术方面的紧密联系，爱迪生于 19 世纪 70 年代在美国国家科学院和美国科学促进会上作了报告，并于 19 世纪 80 年代初在《科学》杂志上发表过简要文章。

虽然爱迪生与对他的技术工作感兴趣的科学家合作，其动机之一确实是商业利益，但他也认为自己是这个团体的一员。他经常研究自己在发明工作中遇到的自然现象。最值得一提的是爱迪生在 1875 年对他所说的"以太力"的研究，以及 1883 年的真空灯实验（即后来被称为爱迪生效应的实验）。这两个实验都涉及当时未知的电现象。他还对一些没有明确商业应用的现象进行了实验和推测，如以太的电磁特性、重力和原子结构等。正是出于对科学研究的兴趣，爱迪生发明了 X 射线透视仪和测温仪（一种灵敏的热量测量装置）等设备，用于科学研究和医疗事业。他最突出的贡献也许是他的实验室，在那里他把自学成才者和受过科学训练的实验者的才能，与熟练机械工的才能相结合，系统地产出一系列重要的发明。这些实验室成为 19 世纪其他发明家的典范，也启发了一些公司建立自己的研究实验室。

在他的一生中，爱迪生既作为美国伟大的发明家，又作为一个科学工作者而广为人知。但到他去世时，他越来越接近自己的民间形象：即依靠常识和经验尝试成为一个自学成才的发明天才，与在工业实验室工作、受过大学教育、将基础科学知识转化为技术进步的科学工作者形象形成鲜明对比。到了 20 世纪中叶，爱迪生这位民间英雄已经成为许多人物传记的主题。马修·约瑟夫森（Matthew Josephson）于 1959 年出版的《爱迪生》更具批判性，虽然依然采用了英雄主义叙事方式，却标志着重新评价爱迪生工作的开始。在过去的 20 年里，技术史学家们认为科学只是新技术的一个重要来源，他们开始刻画一个扮演类似于现代工业实验室主任的角色，但仍然扎根于 19 世纪机械工厂中的爱迪生。他们承认，爱迪生很少关注基础科学知识，但他经常以系统的方式开展研究，乐于聘用受过大学教育的科学家和工程师，并肯定科学知识的效用。同时，他们指出，爱迪生对那些执着于从基础知识中寻求技术解决方案的人不以为然，对复杂的数学分析也没什么兴趣。在晚年，他常常把自己的民间英雄形象宣传为一个务实的实验者，而不是高深莫测的科学工作者。

托马斯·A. 爱迪生项目（位于罗格斯大学和爱迪生国家历史遗址）从大量收藏

的手稿中整理出一些重要的材料，这些材料详细介绍了爱迪生的工作及其实验室和公司的工作。虽然这些资料推动了新的研究，但许多重要的问题仍有待调查，尤其是科学和技术之间的关系问题。

参考文献

[1] Dyer, Frank, and Thomas C. Martin, with William Meadowcroft. Edison: His Life and Inventions. New York: Harper & Brothers, 1910; rev. ed., 1929.

[2] Friedel, Robert, and Paul Israel, with Bernard Finn. Edison's Electric Light: Biography of an Invention. New Brunswick: Rutgers University Press, 1986.

[3] Hughes, Thomas P. "Edison's Method." In Technology at the Turning Point, edited by William B. Pickett. San Francisco: San Francisco Press, 1977, pp. 5–22.

[4] Israel, Paul. Edison: A Life of Invention. New York: John Wiley & Sons, 1998.

[5] Jeffrey, Thomas E., et al., eds. Thomas A. Edison Papers: A Selective Microfilm Edition. Frederick, MD: University Publications of America, 1985.

[6] Jenkins, Reese, et al., eds. The Papers of Thomas A. Edison. Baltimore: Johns Hopkins University Press, 1989.

[7] Josephson, Matthew. Edison: A Biography. New York: McGraw-Hill, 1959.

[8] Millard, Andre. Edison and the Business of Innovation. Baltimore: Johns Hopkins University Press, 1990.

[9] Pretzer, William S., ed. Working at Inventing: Thomas A. Edison and the Menlo Park Experience. Dearborn, MI: Henry Ford Museum and Greenfield Village, 1989.

[10] Wachhorst, Wyn. Thomas Alva Edison: An American Myth. Cambridge, MA: MIT Press, 1981.

保罗·B. 以斯雷尔（Paul B. Israel） 撰，曾雪琪 译

另请参阅：电灯泡（Electric Lightbulb）；门洛帕克实验室（Menlo Park Laboratory）

发明家、教师兼科学家：亚历山大·格雷厄姆·贝尔

Alexander Graham Bell（1847—1922）

贝尔出生在苏格兰的爱丁堡，曾在爱丁堡大学和伦敦大学短暂学习，但他的智

识兴趣受到了父亲的影响。其父亲是一位著名的语音老师，发明了一种基于生理学的音标系统。父亲的音标系统和母亲的重度耳聋促使他开始研究发音生理学和声音物理学。在苏格兰和英格兰的男校任教后，他于 1870 年随父母移民到加拿大安大略省。此后不久，他先后在波士顿聋哑学校和波士顿大学担任语音教学工作。波士顿的技术和资助的活力促使他着手研制一种能在一条电报线上同时传输若干信息的装置。这项研究，加上他对声音和语音的了解，使他产生了电话的概念，并在 1876 年获得了专利。他成功地从众多侵权者和声明优先权的人手中捍卫了自己的专利。他收获的财富虽然不多，但足够使他的余生投入到教学和促进聋人读唇语和讲话的工作中（他一直将此列为他的主要职责）、涉足科学、率先发展航空业，还创造出各种各样的发明，包括光线电话机（通过光束短距离传输声音）、使用四面体部件的空间框架结构，以及对留声机和水翼船的大幅改进。在他的后半生里，他每年分别在华盛顿特区和新斯科舍省的巴德克度过，但他自豪地保留着自己的美国公民身份。

从孩提时代起，贝尔就渴望在科学上有所成就。18 岁时，在一次分析元音的系统实验中，贝尔就展示出自己的天赋和抱负。但他不知道德国物理学家赫尔曼·冯·亥姆霍兹（Hermann von Helmholtz）在不久之前就预料到了他的结论。但物理学已经超出了贝尔的数学训练和能力。晚年，他最著名的科学工作是研究耳聋。他发明了电话听度计，而且他的名字进入了语言，即声音强度的标准度量——分贝（decibel）。他在遗传的统计学研究方面做了重要的工作，特别是在耳聋、长寿和绵羊多胞胎方面。1883 年当选美国国家科学院院士后，他为该院出版的回忆录贡献的 5 篇论文中，4 篇与他的遗传研究有关。他还在一些有分量的期刊上发表了几篇科学论文，大多与语音、听力和他的各种发明有关。1881 年，他设计了一种外科手术用的探针，当它接触到金属时，就会发出电话般的"咔哒"声。这种探针曾被广泛使用，直到被 X 射线取代。他是一些一流的科学学会的成员并且在 1898 年被任命为史密森学会的理事。

贝尔明确地表示自己并非专业的科学家。19 世纪 80 年代之后，他就安于充当一个旁观者、赞助人和促进者的角色，广泛但不系统地阅读科学书籍，定期与杰出的科学家畅谈，尤其是约翰·卫斯理·鲍威尔、西蒙·纽康（Simon Newcomb）和塞缪尔·P. 兰利（Samuel P. Langley）。1881年，他资助了阿尔伯特·迈克尔逊（Albert Michelson）经典实验的一个重要阶段，确定了光的方向不影响光速。1882年，他挽救了《科学》杂志，并为其融资近10年，直至美国科学促进会（他是该协会的成员）将其作为官方期刊。更重要的是，贝尔作为国家地理学会的主席和该学会杂志的高明顾问，推进了科学探索和交流。

参考文献

[1] Bruce, Robert V. Bell: Alexander Graham Bell and the Conquest of Solitude. Ithaca: Cornell University Press, 1990.

[2] Osborne, Harold S. "Alexander Graham Bell." Biographical Memoirs of the National Academy of Sciences 23（1943）: 20-29.

罗伯特·V. 布鲁斯（Robert V. Bruce） 撰，吴紫露 译

电子工程师兼无线电学家：弗雷德里克·埃蒙斯·特曼
Frederick Emmons Terman（1900—1982）

特曼出生于印第安纳州的英吉利（English），是心理学家刘易斯·特曼（Lewis Terman）的长子。刘易斯·特曼是斯坦福 - 比奈（Stanford-Binet）智商测试的开发者，他在1910年接受了斯坦福大学的教职，并举家搬迁至此。弗雷德里克在校园里长大并深受父亲影响，他几乎在斯坦福大学度过了整个职业生涯。

1920年从斯坦福大学获得化学学位后，他转到电气工程并进入哈里斯·J. 瑞安（Harris J. Ryan）的实验室学习。瑞安是美国重要的电力工程师之一，也是斯坦福大学仅有的两名研究工程师之一。1922年，特曼完成了涉及瑞安的高压工程领域的硕士论文。之后，他进入麻省理工学院攻读电子工程博士，在那里，亚瑟·肯尼利（Arthur Kennelly）和范内瓦·布什继特曼的父亲和瑞安之后，充当了合格的导师。特曼的论文以电力传输为题，但他也通过麻省理工学院

的 "强电通信"（strong communications）项目扩展了他早期对业余无线电的兴趣。

他没有在麻省理工学院担任讲师，而是于 1924 年因患肺结核回到斯坦福休养，并兼任斯坦福新通信实验室的负责人。1926 年，他接受了电气工程系的教职，并很快接替瑞安成为该系的中流砥柱。在贝尔电话系统（Bell Telephone System）和国家标准局（National Bureau of Standards）的支持下，这个小型通信实验室在电子管设计和长距离无线电波传播方面取得了长足进步。1932 年，特曼出版了《无线电工程》（*Radio Engineering*），该书成为该领域的标准教科书。5 年后，他成为电气工程系的系主任。

1941 年，特曼成了第一个担任无线电工程师学会（Institute of Radio Engineers）主席的西部州人。这一荣誉增强了特曼的坚定信念——像电网和无线电通信等课题对西方具有重要作用，这也是他要把斯坦福大学建设成为一个研究中心和一个无线电波实验工作的 "西部终端"（western terminal）的主要理由。特曼希望，随着时间的推移，以研究为基础的强大行业能为在斯坦福接受教育的工程师和科学家提供工作机会。只有少部分人会去东部寻找工作，从而促使人才集中在这里，进而促进区域工业发展并加强大学和工业在比如无线电电子学方面的联系。1939 年，由特曼的两名学生创立的惠普公司（Hewlett-Packard Company）为特曼的理想提供了典范。

1941 年年底，时任美国研发办公室主任的范内瓦·布什挑选特曼组织并领导哈佛无线电研究实验室。在特曼的指导下，这个实验室将在第二次世界大战期间开发诸如雷达干扰器和 "铝箔" 等雷达对抗技术。对于特曼来说，这项任务使他在组织和管理研究方面的想法和经验很好地结合起来。1946 年回到斯坦福担任工程系主任后，他意识到联邦政府对研究支持的重要性，也曾与哈佛的教育战略家进行了多次讨论，并把这些都应用到自己的核心任务上——将斯坦福大学变成一流的研究型大学。从 1955 年到 1965 年退休，他一直担任着斯坦福大学教务长，他与斯坦福大学校长 J. E. 华莱士·斯特林（J. E. Wallace Sterling）通力合作，重组了斯坦福大学的院系和实验室并在与联邦机构和工业界日益复杂的关系中首次界定了大学的角色。

退休后，他担任了高等教育政策、工程课程以及各种大学－企业和大学－政府伙伴关系的顾问。最后，他在斯坦福大学校内的家中去世。

特曼的称号"硅谷之父"代表了他生前贡献的一个方面。然而，历史研究更多集中关注了他对联邦资助大学研究的策略和机制的塑造。其共同点在于他对"冷战"早期的研究政策中起到了推动和影响作用；特曼曾参与过有关联邦基金与大学、斯坦福大学与科技公司、国防机构与实验室之间联系的研究。他在战后科学和工程的专题研究中占有很重要的地位，但他对无线电科学和电气工程的贡献却没有得到详细的关注，他也没能成为完整传记的传主。这样一部完整传记的立足点应是收藏于斯坦福大学特别收藏部（Department of Special Collections）里关于他的大量材料，这些材料贯穿了他的整个职业生涯，包括战时在无线电研究实验室的那一段经历。

参考文献

[1] Leslie, Stuart W. "Playing the Education Game to Win: The Military and Interdisciplinary Research at Stanford." Historical Studies in the Physical and Biological Sciences 18 (1987): 55-88.

[2] Leslie, Stuart W., and Bruce Hevly. "Steeple Building at Stanford: Electrical Engineering, Physics, and Microwave Research." IEEE Proceedings 73 (1985): 1169-1180.

[3] Lowen, Rebecca Sue. Creating the Cold War University: The Transformation of Stanford. Berkeley: University of California Press, 1997.

[4] Lowood, Henry. From Steeples of Excellence to Silicon Valley: The Story of Varian Associates and Stanford Industrial Park. Palo Alto, CA: Varian Associates, 1989.

[5] McMahon, A. Michal. The Making of a Profession: A Century of Electrical Engineering in America. New York: IEEE Press, 1984.

[6] Medeiros, Frank A. "The Sterling Years at Stanford: A Study in the Dynamics of Institutional Change." Ph.D. diss., Stanford University, 1979.

[7] Norberg, Arthur L. "The Origins of the Electronics Industry on the Pacific Coast." IEEE Proceedings 64 (September 1976): 1314-1322.

［8］Terman, Frederick. Radio Engineering. New York: McGrawHill, 1932.

［9］——. "A Brief History of Electrical Engineering Education." IEEE Proceedings 64 （September 1976）: 1399–1407.

亨利·洛伍德（Henry Lowood）　撰，刘晋国　译

另请参阅：斯坦福大学（Stanford University）

第 7 章

科学与女性

7.1　研究范畴与主题

科学中的性别

Gender in Science

　　科学中的性别领域旨在研究两性之间的真实关系，以及这些关系在科学机构、研究主题和科学方法中的表现。

　　早在 1405 年，克里斯蒂娜·德·皮桑（Christine de Pizan）就在《女士之城》一书中论述了女性最初对艺术和科学领域的贡献。尽管自德·皮桑时代起人们就对这一主题有着些许兴趣，但女性或性别在科学中的作用并没有成为 20 世纪二三十年代建制化的现代科学史学科的一部分。自 20 世纪 70 年代以来，随着越来越多的女性进入科学和历史领域，人们对科学中性别问题的兴趣也在稳步增加。对科学中性别问题的研究有 5 个相互关联的方面。

女科学家的历史（在社会和制度背景下）

The History of Women Scientists（in social and institutional contexts）

从历史视角来看，第一个挑战是要证明妇女对科学的发展做出了贡献。伟大女科学家的传记（以及最近的自传）都提到了她们的生平：是什么激发了她们对科学的兴趣？她们是如何获得科学的工具和技术的？她们遇到了什么障碍？她们的成就在更广泛的学者群体中得到了怎样的认可？最近，女历史学家开始摆脱"科学界中的超级女性"模型，即避免把女性的成就与男性相比较，转而研究女性在科学领域中更普遍的模式，比如女性是如何专注于特定领域（生物学、医学等）和活动（天文观测、植物学插图绘制等）的。历史学家还研究女性之间的差异；比如阶级和种族是如何影响女性进入科学领域，又是如何影响他们所从事的科学类型（Alic，Abir-Am，Rossiter，Schiebinger）。

性别科学（女性作为科学考察的对象）

Sexual Science（women as the object of scientific inquiry）

传统意义上讲，将女性排除在科学之外是以性别差异的科学研究为依据的。男科学家（尽管今天有些女性也从事科学研究，但历史上几乎没有女科学家）宣称女性根本无法从事科学工作，因为她们的大脑或身体的某些构造会阻碍科学的进步。将女性的社会劣势归结为生理劣势的做法至少可以追溯到亚里士多德，而且随着医学和生物学主要理论的发展而改变。亚里士多德认为，女性比男性更冷、更弱，根本没有足够热量来烧热血液和净化灵魂。18 世纪末的颅相学家则试图通过测量颅骨来解释智力水平的性别差异。19 世纪的社会达尔文主义者援引进化生物学的观点来论证女性是生理和心理的进化都停留在原始阶段的男性。自 20 世纪 20 年代和 30 年代以来，关于女性天性有异（甚至低等）的论点一直以荷尔蒙研究为基础。今天，对大脑不对称性的研究试图说明女性在数学方面表现不佳是因为她们的大脑不像男性那样高度专业化。性别科学的从业者们认为生理决定命运，有问题的是女性，而不是研究她们的科学。女权主义者已经证明，在许多情况下性别科学都是一门坏科学。她们进一步证明了科学是如何在构建性别差异方面发挥作用的（Fausto-Sterling, Hubbard, Laqueur, Russet, Schiebinger）。

科学中的性别表征
Gendered Representations in Science

性别也影响着自然和科学的概念。最根本的是，自然被认为是女性（也许是因为大多数科学家都是男性）。同时，科学家们声称科学具有男性特质——理性、客观性和竞争性。科学、男性气质和女性气质的概念在不同的时代和不同的文化中差异很大，在欧洲和美国，科学的发展是与被定义为"女性"的事物相对立的。不仅女性被排除在科学之外，女性所代表的价值观也被排除在科学之外（Keller, Merchant）。

科学中的女性传统
Women's Traditions in Science

女性一直活跃于天文学、物理学和昆虫学等科学领域，然而，即使在最理想的情况下，她们在由男性开创的领域里仍处于边缘地位。但在主要由女性创立的科学领域里，她们是领导者吗？女性至少创立了3个与科学有关的领域，还成了这些领域的主要实践者：助产学、家政学和护理学。也许是因为这些领域不被视为科学，所以它们常常被科学史家所忽视。但这种观点可能更多是基于"助产学和护理学的实践者是女性"这一事实，而不是基于所涉及的自然知识或所提供服务的实际价值。

性别化的知识
Gendered Knowledge

关于女性平等将如何影响科学，有两种对立观点。（1）许多人认为，男性和女性在本质上是一样的，女性可以通过适当的教育成为科学家。根据这种观点，科学是价值中立的。黑人和白人，男人和女人都是科学机器上可以互换的零件。在科学界中增加女性人数会提高科学生产力，但不会改变其实践或结果。（2）今天科学性别研究中的一个主要问题是：女性在哪些方面可以以不同方式从事科学研究？引起这个问题的是"性别差异的存在很可能是后天形成的，而不是先天的"观念。性别塑造了男性和女性的行为和抱负，也形成了科学的优先事项和主题。根据这种观点，女性大量进入科学领域可能会给科学机构、研究重点、方法和结果带来重大变化。

已有研究表明，诸如人类学和灵长类动物学等特定科学领域是如何随着女性的大量涌入而发生改变的。女权主义研究也开始证明，从哺乳动物的命名到世代理论，再到灵长类动物或细胞黏菌的研究中，性别是如何塑造知识的（Haraway，Harding，Keller，Schiebinger）。

参考文献

[1] Abir-Am, Pnina, and Dorinda Outram, eds. *Uneasy Careers and Intimate Lives: Women in Science, 1789-1979*. New Brunswick: Rutgers University Press, 1987.

[2] Alic, Margaret. *Hypatia's Heritage: A History of Women in Science from Antiquity to the Late Nineteenth Century*. London: The Women's Press, 1986.

[3] Fausto-Sterling, Anne. *Myths of Gender: Biological Theories about Women and Men*. New York: Basic Books, 1985.

[4] Haraway, Donna. *Primate Visions: Gender, Race, and Nature in the World of Modern Science*. New York: Routledge, 1989.

[5] Harding, Sandra. *Whose Science? Whose Knowledge? Thinking from Women's Lives*. Ithaca: Cornell University Press, 1991.

[6] Hubbard, Ruth. *The Politics of Women's Biology*. New Brunswick: Rutgers University Press, 1990.

[7] Keller, Evelyn Fox. *Reflections on Gender and Science*. New Haven: Yale University Press, 1985.

[8] Laqueur, Thomas. *Making Sex: Body and Gender from the Greeks to Freud*. Cambridge, MA: Harvard University Press, 1990.

[9] Merchant, Carolyn. *The Death of Nature: Women, Ecology, and the Scientific Revolution*. New York: Harper & Row, 1980.

[10] Rossiter, Margaret. *Women Scientists in America: Struggles and Strategies to 1940*. Baltimore: Johns Hopkins University Press, 1982.

[11] Russett, Cynthia. *Sexual Science: The Victorian Construction of Womanhood.* Cambridge, MA: Harvard University Press, 1989.

[12] Schiebinger, Londa. *The Mind Has No Sex? Women in the Origins of Modern Science.* Cambridge, MA: Harvard University Press, 1989.

隆达·谢宾格（Londa Schiebinger） 撰，曾雪琪 译

另请参阅：族群、种族和性别（Ethnicity, Race and Gender）；科学中的女性（Women in Science）

科学中的女性
Women in Science

与所有国家一样，女性在美国科学界一直属于少数，尽管她们的相对和绝对数量一直在增加。根据《美国科学名人录》（*American Men of Science*）的数据，在整个19世纪只有47名女性获得了科学博士学位。然而，在1912年版的《美国科学名人录》中，323名女性获得了博士学位；在1938年的版本中，1591名女性获得了博士学位。

21世纪初，尽管女性科学家的数量有所增加，但仍远远落后于男性科学家。不同哲学观点对女性本质的解释也不尽相同。本质主义的解释起源于亚里士多德时代，并假设在女性"本质"的属性中有某种东西阻止了她在科学上的成功。一种本质主义的变种观点——互补主义，也假定女人的本性虽然基本上不同于男人，但不一定是低等的。男人和女人是互补的，女人的影响范围是家庭，男人的影响范围是公共场所。文化女权主义者虽然相信男女的本性是不同的本质主义者，但她们认为女人是优越的，可以引导科学远离对更温和、更人道事业的控制欲望。另一方面，自由女权主义者的立场则认为，男性和女性从事科学工作的能力是一样的，但是女性在该领域的相对缺失是由于后天培养的影响。

很明显，所有的哲学观点都认为女性要想成为科学家，教育是必要的。那些认为教育妇女是违背自然的本质主义者反对女性接受基本教育之外的教育。还有一些人担心，受过教育的妇女可能会忽视家务，在政治上变得激进，或试图篡夺男人的工作。美国（尽管女孩早就被允许上小学，以使她们成为更合格的女儿、妻子和母

亲）在 18 世纪和 19 世纪的大部分时间里，除了基本的阅读、写作和算术，其他的教育对女性则是奢侈品。在那些年的科学领域的竞争中，由于缺乏小学以上水平的教育机会，即使是杰出的女性也明显处于不利地位。

简·科尔登就是其中一位杰出的女性。科登从母亲爱丽丝（Alice）那里习得了基础教育，从父亲卡德瓦莱德（政治家和业余植物学家）那里获得了对植物学的兴趣。卡德瓦莱德与包括卡尔·林奈（Carolus Linnaeus）在内的当时欧洲主要的植物学家进行过通信，并为科尔登做了植物学原理的解释。虽然她没有学拉丁语，但她可以熟练地用英语撰写植物描述，到 1757 年，她已经编制了 300 多种当地植物的目录。科尔登的植物学生涯因 1759 年的婚姻而中断，但她仍然是美国女性科学领域的先驱。

19 世纪上半叶，妇女可以通过几种途径获得非正规教育，比如讲座、学院和博物馆［如费城的查尔斯·威尔逊·皮尔（Charles Willson Peale）博物馆］欢迎女性。在 18 世纪晚期和 19 世纪早期，科普书籍是女性科学教育的重要来源，其中许多书都明确地考虑到了女性。例如，英国科普作家简·马塞特（Jane Marcet）为女性和年轻人产出了许多科普入门书籍，这些书在美国非常受欢迎。她的《化学对话》（*Conversations on Chemistry*，1806）是由 3 个主角——老师 B 夫人（Mr. B）和学生卡罗琳（Caroline）、艾米丽（Emily）组成的对话录，B 夫人在该书中阐述了当前的化学思想。1860 年之前，该书在美国发行了超过 15 个版本，这种方法非常成功，以至于马塞特在后来的几本书中继续采用了这种方式。

1819 年，大力推动了后小学正规教育的艾玛·哈特·威拉德（Emma Hart Willard）在纽约州州议会上有力地为女孩的教育辩护。通过向州议会议员们保证，学习自然哲学可以让女孩们更好地理解上帝创造的作品，从而提高她们的"道德品味"，威拉德小心地迎合了他们对"女性地位"的看法。尽管威拉德强调"分界"的概念，但她的特洛伊女子高级中学（Troy Female Seminary）为女性科学教育提供了一个起点。依循威拉德建立的模式，女子中学（academy）、高级中学（seminary）和一些女子学院在 19 世纪 30—50 年代蓬勃发展。其中许多学校的课程中都包括了科学，但有一所学校尤其强调科学，即曼荷莲高中（Mount Holyoke

Seminary），后来成为曼荷莲学院（Mount Holyoke College）。

虽然女子学院与以前相比极大地改善了女性学习科学课程的机会，但这些机构仍然不如同类的男性学校。下一步便是提高中等教育水平以及为女性提供大学教育。

当女性试图进入高等教育时，她们遇到了更多的阻力。欧柏林学院（Oberlin College）是第一所男女同校的学院，自成立以来（1833）就允许女性入学。其他一些自称学院的机构，主要位于南部，有些甚至在内战前就给女性提供学位。美国东北部女子学院的建立则大大改善了教育状况：瓦萨（Vassar，1865）、史密斯（Smith，1875）、韦尔斯利（Wellesley，1875）、拉德克里夫（Radcliffe，1879）、布林·莫尔（Bryn Mawr，1885）和曼荷莲（Mount Holyoke，1893，始于1837年的曼荷莲高中）。这些学院为科学做出了大量贡献，也为女教师提供了就业机会。天文学家玛丽亚·米切尔（Maria Mitchell）是瓦萨学院的第一位天文学教授，她在天文学学科中拥有先进的知识，更重要的是，她培养了新一代的女天文学家。细胞遗传学家妮蒂·史蒂文斯（Nettie Stevens）在布林莫尔学院获得博士学位，并在那里任教多年。到1870年，许多州立大学，特别是赠地学院，都接受女性学生。

对于想要进入科学领域的女性来说，一个被证明有效的策略是选择一个似乎与家和家庭的私人领域有关的领域。艾伦·丝瓦罗·理查兹（Ellen Swallow Richards，1842—1911）创立了家政经济学。她开创性地努力促成了麻省理工学院女性实验室的建立，并最终让女性进入了常规课程。家政经济学在1910年之后作为女性的学术领域迅速被制度化。这一策略导致人们认为，某些科学（涉及健康和帮助职业的科学）与女性领域有着特殊而恰当的联系。另一方面，物理学和工程学是"冷酷"的男性领域，很少有女性进入这两个领域。

在世纪之交，尽管学术界的大部分领域已经向女性开放，但她们在科学领域的人数仍然很少。即使在今天，选择科学和技术领域的女性经常会放弃教育项目和职业。虽然常规的障碍已经取消，但工作条件和晋升机会往往不如男性更有希望。

历史学家对女性在科学领域的研究经历了许多解释阶段。最早的资料来源往往是百科全书中"伟大女性"的列表。在吉诺·洛里亚（Gino Loria）于 1903 年指出如果有足够多的"伟大女性"能填满一本 300 页的书的话，那么一份相似的"伟大男性"清单就能填满 3000 页。H. J. 莫赞斯［H.J. Mozans，是牧师 J. A. 扎恩（J.A. Zahn）的笔名］编撰了《科学中的女性》（*Women in Science*）作为回应，他在书中强调了从事科学工作的女性所经历的变迁。早期的书是由那些在历史和科学权威人士以外的人写的。女性的科学成就被专业的历史学家所忽视。即使在科学史作为一门学科出现（20 世纪二三十年代）之后，历史学家们支持结合其他社会因素对科学与社会的关系进行研究，却忽略了性别因素。20 世纪 70 年代，关于科学领域中的女性的文献开始增多，并且在 80 年代仍然延续。其结果是通过编写一些知识分子传记以及传记和书目词典，提高了对女科学家作用的认识。玛格丽特·罗西特（Margaret Rossiter）在 1982 年开创了一种新的方法，将研究重点从杰出女性转移到女性在科学工作中更典型的模型。

社会史和科学史，以及女权主义和社会史，这两个综合体目前对女性在科学中的作用的解释被证明是重要的。第一种综合体涉及在其社会和政治背景下定位科学的发展。虽然这种"外部主义"的方法并不新鲜，但是托马斯·S. 库恩在《科学革命的结构》（1962）中提出的一个版本被用来解释对科学理论的接受或拒绝。库恩假设，一个更好理论的出现不足以解释所谓的科学革命，因为在科学界选择理论时，除了经验因素之外，还有其他因素，这意味着对世界的不同解释是可能的。第二种综合体是将女性主义理论应用于社会史。卡罗琳·米查德（Carolyn Merchant）的《自然之死：妇女、生态与科学革命》（*The Death of Nature: Women, Ecology, and the Scientific Revolution*，1979）是这种新历史类型的先驱之作。女权主义者伊芙琳·福克斯－凯勒（Evelyn Fox-Keller，1985）认为所谓的自然法则是社会建构的。由研究者选择去决定哪些现象值得研究，哪些数据有意义，以及关于这些现象的哪些理论令人满意，而并非描述了客观现实。既然决策通常来说都是由男性做出的，有人可能会问，如果女性是决策者，科学会有所不同吗？这些女权主义者不同意女权主义科学将采取的形式，但认为科学与男性气质之间存在着历史性的联系，科学与女性气质之间存在着历史性的分离。

评估女性对科学的贡献所必需的关键理论因素才刚开始被理解。虽然仍莫衷一是，但对科学社会性质的更好理解以及社会理论的建构已经使这项任务不再那么艰巨。

参考文献

[1] Abir-Am, Pnina G., and Dorinda Outram, eds. *Uneasy Careers and Intimate Lives. Women in Science, 1789-1979*. New Brunswick: Rutgers University Press, 1987.

[2] Brush, Stephen G. "Women in Science and Engineering." *American Scientist* 79 (July-August 1991): 404-419.

[3] Haraway, Donna. *Primate Visions. Gender, Race, and Nature in the World of Modern Science*. New York: Routledge, 1989.

[4] Keller, Evelyn Fox. *Reflections on Gender and Science*. New Haven: Yale University Press, 1985.

[5] Merchant, Carolyn. *The Death of Nature: Women, Ecology, and the Scientific Revolution*. San Francisco: Harper and Row, 1979.

[6] Ogilvie, Marilyn Bailey. *Women in Science: Antiquity through the Nineteenth Century. A Biographical Dictionary with Annotated Bibliography*. Cambridge, MA: MIT Press, 1986.

[7] Rossiter, Margaret W. *Women Scientists in America. Struggles and Strategies to 1940*. Baltimore: Johns Hopkins University Press, 1982.

[8] Schiebinger, Londa. *The Mind Has No Sex? Women in the Origins of Modern Science*. Cambridge, MA: Harvard University Press, 1989.

玛丽莲·贝利·奥格尔维（Marilyn Bailey Ogilvie） 撰，刘晋国 译

另请参阅：科学中的性别（Gender in Science）

性和性行为
Sex and Sexuality

整个 20 世纪前 20 年，性研究可以说是一门隐秘科学。个别医生会记录一些临

床实践中的病例，而那些试图进行更广泛调查的人则更加关心道德问题而非性科学。虽然有少数人进行严肃的研究，但他们通常还是以性的道德问题为驱动力，特别是卖淫"恶行"。

正是卖淫现象促使小约翰·洛克菲勒（John D. Rockefeller Jr.）于 1912 年成立社会卫生局（Bureau of Social Hygiene），并允许其对卖淫问题进行严肃的研究，最终卫生局的研究扩展到整个人类性行为。在凯瑟琳·贝门特·戴维斯（Katherine Bement Davis，1860—1935）的领导下，社会卫生局开始扩展其性研究领域。1922年，在戴维斯的倡议和美国国家科学研究委员会（National Research Council）支持下，性问题研究委员会（Committee for Research in Problems of Sex，CRPS）成立，由罗伯特·耶基斯（Robert M. Yerkes）担任委员会主席，戴维斯、耶基斯与另外三人组成管理委员会。起初，小约翰·洛克菲勒通过社会卫生局为性问题研究委员会提供资金，戴维斯退休后，该委员会的资金来源转变为洛克菲勒基金会。

早期性研究主要集中于性的生理学，特别是内分泌学方面，包括阉割和性腺移植所带来的影响，以及与动情周期、青春期男孩发育和精子细胞出现相关的营养和腺体因素研究。虽然有一些可称作学生性行为规范的研究，但总体来看，早期性研究主要不涉及社会科学领域。这是因为性问题研究委员会认为此类课题争议太大，20 世纪 20 年代和 30 年代初有少数此类项目受到社会卫生局赞助。

不过，最终性问题研究委员会还是资助了阿尔弗雷德·金赛（Alfred Kinsey）的研究，也正是金赛研究引起的争议导致洛克菲勒基金会于 20 世纪 50 年代终止了对性研究的资助。性问题研究委员会赞助的学者有许多美国最杰出的生物学家，但这些涉及性研究的科学家都不愿被贴上性学家的标签，并且多数人都被排除在马格努斯·赫希菲尔德（Magnus Hirschfeld）和哈夫洛克·埃利斯（Havelock Ellis）等欧洲性学家圈子之外。除少数例外，那些美国专家并不认为自己是性学家，而是根据自己的专业，比如内分泌学，来定位自己的身份。他们还试图避开公众的关注，而金赛研究所引起的争议证明这只能是幻想。不过，金赛本人却不愿与任何所谓的性学家专业团体相联系。直至他去世后，美国性科学研究学会（Society for the Scientific Study of Sex）才组建起来，性研究的专门杂志《性研究杂志》（*Journal of Sex Research*）也才创刊。同样有趣的是，性问题研究委员会本身并不愿参与避孕研究，虽然内分泌研究最终促成口服避孕药的出现，但这方面的具体工作由不同的机构资助，其中许多机构得到洛克菲勒基金会的支持。不过美国当时也有一些专门的性研究，尤其在戴维斯职业生涯最活跃时期，这些研究包括她本人对女性性行为的研究，罗伯特·拉图·狄金森（Robert Latou Dickinson）关于已婚和单身女性相关的数据分析，以及吉尔伯特·V. 汉密尔顿（Gilbert V. Hamilton）关于婚姻中性生活的研究。这些研究成果都发表于 20 世纪 20 年代末和30 年代初。

后金赛时期，性问题研究委员会不复存在，有价值的研究多集中于性反应生理学领域，其中有威廉·马斯特斯（William Masters）和弗吉尼亚·约翰逊（Virginia Johnson）的工作，以及如今被称为精神内分泌学（psychoendocrinology）的发展，后者最初由性问题研究委员会资助阿道夫·迈耶（Adolf Meyer）等人开创。

然而，总体而言，20 世纪 60 年代以来，在支持科学研究方面占主导地位的美国各类政府机构并没有专门支持过性科学本身，仅资助过相关领域的一些研究，如女性同性恋与酗酒问题、美国贫穷非洲裔女性避孕措施的使用问题，或与性传播疾病相关的问题。相反，政府仍然在为禁欲教育投资，但并未考虑此类政策是否有长期效果。

参考文献

［1］Aberle, S.D., and G.W. Corner. *Twenty Five Years of Sex Research: History of the National Research Council Committee for Research in the Problems of Sex*. Philadelphia：W.B. Saunders, 1953.

［2］Bullough, V.L. *Science in the Bedroom: A Brief History of Sex Research*. New York：Basic Books, 1994.

弗恩·L. 布洛（Vern L. Bullough） 撰，彭繁 译

另请参阅：节育（Birth Control）

优生学

Eugenics

优生学是研究如何改良人的遗传素质以产生优秀后代的学科。它的主要理论基础是人类遗传学。其支持者声称干预性繁衍可以培育出更优良的种族。19 世纪的美国有数位优生学的拥护者，特别是 19 世纪 50 年代纽约州奥奈达社团的约翰·汉弗莱·诺伊斯（John Humphrey Noyes）。他主张在社区内实行一夫多妻制或一妻多夫制（一男与多女婚配，反之亦然），并按照当时最著名的科学方法选择性生育，即假定拉马克的"用进废退"概念可以保证优秀基因的遗传。

英国绅士弗朗西斯·高尔顿（Francis Galton）发起了现代优生学运动。他发表了几份研究报告，其中包括《遗传的天才》（1869），在书中他通过追溯名人的家谱来证明心智能力是可以遗传的。通过当时可用的统计学概念，他认为心智能力遵循高斯钟形概率分布曲线，能力一般的人集中在中间，能力强的人集中在顶部等。如果高尔顿认为一个人的社会地位或声誉是其与生俱来的优势，那么也就意味着他接受了西方社会科学的基本假定，即不存在自由的个体，因为所有个体都只是作为预先设定的群体成员而存在。无论是在英国、美国还是包括纳粹德国在内的其他现代西方文化中，这就是现代优生学运动的基本观念。1900 年，高尔顿的门徒卡尔·皮尔逊（Karl Pearson）创立了生物统计学，这是一门研究物种和亚类个体生物特征的遗传和变异的学科。孟德尔遗传定律"再发现"在某种程度上将生物统计学和英国的优生学运动置于美国优生学运动的阴影之下，后者具备了孟德尔式的科学论述。但这两个运动都实现了共同的政治和公共政策目标。尽管有少数例外，但大多数优生主义者都是民族主义者、保守主义者和种族主义者。

美国优生学运动的重要性或影响力目前尚存争议。据称，它最突出的成功之处是促成了绝育法的制定，从 1907 年的印第安纳州开始一直到 1917 年，陆续有 15 个北部和中西部的州颁布了绝育法；到 1931 年，包括南部许多州在内的 30 个州都颁布了这样的法律。一些州率先修订法律，减少了惩罚性的条文，但仍有 27

个州保留了最初的法律。20 世纪 30 年代初，美国进行了约 12145 次绝育手术，仅加利福尼亚州就有 7548 次；大约 30 年后，合法的绝育手术总数激增至 60926 次，其中加利福尼亚州最多，为 20011 次。历史学家常常将 1925 年颁布的《国家起源法》以及美国的种族主义移民配额视为美国优生学运动的又一次大成功。更成问题的是，有人断言优生学运动有赖于"二战"后的人口控制运动，生物学史家甚至还将人口控制的成效归功于美国的优生学运动。但他们往往没有真正理解美国政治和公共政策的历史。虽然优生学运动在制定并执行绝育法和移民法方面的实际影响目前尚未明确，但我们所掌握的可靠二手资料对上述说法提出了极大怀疑。虽然可能有一些人在"二战"前致力于优生学而在"二战"后致力于人口控制，但这并不能证明两个运动之间存在关联。确实，我们尚不清楚美国受孟德尔学派启发而开展的优生学运动在生物学家和心理学家的小圈子之外是否还有意义。但更有可能的是，培育更优良种族的想法，以及健康教育家和时尚人士、妇女活动家、主日学校（Sunday School，又名星期日学校）教师和地方智者等都广泛参与了的优生学运动所带来的影响更大，其领导者和追随者从正规的优生学运动中挪用了孟德尔的科学论述并将其用于个人目的。但要明确这一点还需进一步调查。

参考文献

［1］Cravens, Hamilton. *The Triumph of Evolution: The Heredity Environment Controversy, 1900-1941*. 1978. Reprint Baltimore: Johns Hopkins University Press, 1988.

［2］Haller, Mark H. *Eugenics: Hereditarian Attitudes in American Thought*. 1963. Reprint New Brunswick: Rutgers University Press, 1984.

［3］Kevles, Daniel J. *In the Name of Eugenics: Genetics and the Uses of Human Heredity*. New York: Knopf, 1985.

［4］Ludmerer, Kenneth M. *Genetics and American Society: A Historical Appraisal*. Baltimore: Johns Hopkins University Press, 1972.

汉密尔顿·克拉文斯（Hamilton Cravens） 撰，曾雪琪 译

另请参阅：遗传和环境（Heredity and Environment）

节育

Birth Control

为了阐明玛格丽特·桑格（Margaret Sanger）对基于生育自主权的妇女社会解放的看法，她一个激进的男同事于 1914 年创造了这一美式短语：Birth Control（节育）。19 世纪，大众对土生土长的白人人口生育率下降的关注，导致了避孕和堕胎的刑事化，科学家和其他社会领导人一样，不认为性和生育的分离是合适的研究课题。

20 世纪 20 年代，女权主义者和进步的医生们试图将避孕合法化，并使之更易进行，他们组织了首次系统性的努力来对节育方法进行临床评估，并将理论上的进步转化为新的技术。这项工作始于 1923 年桑格在纽约成立的节育临床研究局（Birth Control Clinical Research Bureau）以及著名妇科医生罗伯特·拉图·迪金森（Robert Latou Dickinson）在纽约成立的孕产妇保健委员会（Committee on Maternal Health）。在接下来的 20 年里，这些组织赞助的研究证明了避孕操作的有效性，并为 1937 年美国医学协会接受避孕作为常规医疗服务奠定了基础。孕产妇保健委员会广泛发表关于避孕的化学和生理学方面的文章，并成功地说服食品和药物管理局对避孕套制造商强制推行标准。桑格为避孕研究筹集资金的一系列努力带来了 20 世纪基本技术的进步：使用合成激素避孕，主要通过抑制排卵来实现。在桑格的财务天使凯瑟琳·德克斯特·麦考密克（Katharine Dexter McCormick）的支持下，这一方法由伍斯特实验生物学基金会（Worcester Foundation for Experimental Biology）的格雷戈里·平卡斯（Gregory Pincus）领导的研究小组在 50 年代首次证实。无论如何，平卡斯取得的技术创新靠的是激素的概念和有关哺乳动物的生殖周期知识的系统发展，这些发展得到了美国国家研究理事会下属的性问题研究委员会（1922）的协调和大力资助，该委员会主要受益于约翰·洛克菲勒社会卫生局和洛克菲勒基金会。同样重要的是，合成性激素类似物更易制备，因而较为便宜。类固醇化学家卡尔·杰拉西（Carl Djerassi）在其 1951 年专利的申请中描述了第一个口服活性孕激素类似物。

　　人口统计学作为一门学术专业和政策学科的兴起，反映了社会科学家和慈善企业家的关切，与桑格不同的是，他们并不是想将所有妇女从意外怀孕中解放出来，不过他们确实想了解美国土生土长的白人人口生育率下降与社会阶层和各种族间生育率的差异。对这些重要趋势的关注带来了"一战"后人口研究的制度化，表现为斯克里普斯人口问题研究基金会（Scripps Foundation for Research in Population Problems，1922）、米尔班克纪念基金研究部（the Research Division of the Milbank Memorial Fund，1928）、美国人口协会（the Population Association of America，1931）和普林斯顿大学人口研究办公室（the Office of Population Research at Princeton，1936）的相继成立。弗兰克·诺特斯坦（Frank Notestein）和其他与这些组织相关的社会科学家提出了人口转型理论，该理论将出生率的变化解释为社会经济决定因素的函数。"二战"后，诺特斯坦担任约翰·D.洛克菲勒三世（John D. Rockefeller III）的首席顾问，洛克菲勒三世对第三世界人口快速增长的担忧促使他在 1952 年成立了人口委员会（Population Council），以促进人口控制方面的生物医学和人口学研究。人口委员会是引导政府领导人和政客们认识到人口研究的重要性和节育计划的必要性的主要手段。20 世纪 60 年代，"人口问题"被重新定义，强调地球的承载力而非生育率差异造成的不良影响。通过慈善企业家，特别是约翰·洛克菲勒二世和约翰·洛克菲勒三世的影响，美国已经成为与人口控制相关的生物医学和社会研究以及技术创新的世界中心。

参考文献

[1] Aberle, Sophie D., and George W. Corner. *Twenty-Five Years of Sex Research: History of the National Research Council Committee for Research in Problems of Sex, 1922-1947.* Philadelphia: Saunders, 1953.

[2] Clarke, Adele E. *Disciplining Reproduction: Modernity, American Life Sciences, and "the Problem of Sex."* Berkeley: University of California Press, 1998.

[3] Djerassi, Carl. *The Politics of Contraception.* New York: Norton, 1979.

[4] Hodgson, Dennis G. "Demographic Transition Theory and the Family Planning Perspective: The Evolution of Theory within American Demography." Ph.D. diss.,

Cornell University, 1976.

［5］Reed, James. *From Private Vice to Public Virtue: The Birth Control Movement and American Society since 1830*. New York: Basic, 1978.

詹姆斯·W. 里德（James W. Reed） 撰，吴紫露 译

另请参阅：性和性行为（Sex and Sexuality）

分娩与抚养
Childbirth and Childrearing

历史上绝大多数的美国妇女，除了在经济、社会和文化方面的诸多角色之外，她们也是母亲。在生育、分娩和抚养孩子方面，科学已经以显著的方式进入了妇女的生活。

18 世纪晚期之前的北美英属殖民地，助产士通常去妇女的家中接生。然而，到 20 世纪的后三分之一世纪时，几乎所有要临盆的产妇都是在医院由医生接生的。由于对产妇死亡率在过去几十年的大部分时间里都极高这一事实的关切，产妇便期望找到他们所能确定的最安全的分娩方式。从 18 世纪 60 年代开始，新的产科学、以分娩过程发展的新科学诠释为基础的医学教育，都为改善分娩结果提供了希望。此外，19 世纪中期的产科出现了麻醉剂，有望辅助医生减轻产妇分娩时的疼痛。不断的研究带来了越来越复杂的麻醉学方法，这些发展对在家分娩越来越不利，特别是在 20 世纪上半叶，加速了住院分娩的运动。由于对科学设计的分娩程序的有效性和舒适性的信赖，妇女们慢慢地首先向医生——接受过科学训练的助产士——寻求帮助，后来则是住院分娩。然而，尽管更安全的分娩是有可能的，但是直到 20 世纪 30 年代末磺胺类药物、输血以及后来抗生素的问世，产妇死亡率才持续大幅下降。

自 19 世纪末以来，科学研究为我们理解生殖过程提供了越来越多的细节。这些研究最引人注目的成果是避孕药和宫内节育器的发展，它们对妇女的生活和社会习俗产生了深远的影响。今天，体外受精、生殖技术和人类基因组计划引入了对孕前和产前生育方面的新思考，并继续塑造着妇女的生育生活和美国社会。

科学为人母的信念证明了科学是如何在妇女的生活中扮演重要角色的。这种在 19 世纪和 20 世纪由教育家、社会评论家、科学家、儿童心理学家和母亲们自己阐述的意识形态强调，母亲们需要学习科学以便健康地养育她们的孩子。医生、育儿手册、大量发行的杂志上的文章和广告都在宣传科学育儿。对于像凯瑟琳·比彻尔（Catharine Beecher）和艾伦·丝瓦罗·理查兹这样的教育工作者来说，家政学（特别是营养学指导和母亲技能）为妇女提供了科学教育。联邦政府的小册子，如由儿童局于 1914 年首次出版且非常受欢迎的《婴儿护理》，经过多次修订并且直到今天仍在印刷；还有一些书籍，如本杰明·斯波克（Benjamin Spock）的《婴儿与儿童护理》，持续向妇女灌输着养育孩子需要科学专业知识的观点。

19 世纪中期，科学做母亲的倡导者鼓励妇女亲自寻找和评估科学信息。20 世纪时，意识形态发生了改变，越来越多的妇女被告知她们不需要学习专门的科学知识，而需要听从专家的指导。20 世纪末，针对这种强加的模式，妇女团体，如波士顿妇女健康书籍集团（Boston Women's Health Book Collective）和国际母乳协会（La Leche League），再次亲自寻找和评估必要的科学信息来让她们自己了解分娩、生育和育儿的工作。

参考文献

［1］Apple, Rima D. *Mothers and Medicine: A Social History of Infant Feeding, 1890-1950*. Madison: University of Wisconsin Press, 1987.

［2］——. "Constructing Mothers: Scientific Motherhood in the Nineteenth and Twentieth Centuries." *Social Studies of Medicine* 8（1995）: 161-178.

［3］——. "The Science of Homemaking: A History of Middle School Home Economics to 1970." In *The Education of Early Adolescents: Home Economics in the Middle School,* edited by Frances M. Smith and Cheryl O. Hausafus: Peoria, IL: American Home Economics Association, 39-48.

［4］Beecher, Catharine. *A Treatise on Domestic Economy for the Use of Young Ladies at Home, at School*. New York: Harper & Brothers, 1848.

［5］Boston Women's Health Book Collective. *Ourselves and Our Children*. New York: Random House, 1978.

[6] Cowan, Ruth Schwartz. "Genetic Technology and Reproductive Choice: An Ethics for Autonomy." In *The Codes of Codes: Scientific and Social Issues in the Human Genome Project,* edited by Daniel Kevles and Leroy Hood. Cambridge, MA: Harvard University Press, 1992, pp. 244–264.

[7] Gordon, Linda. *Woman's Body, Woman's Right: A Social History of Birth Control in America.* Rev. ed., New York: Penguin, 1990.

[8] Leavitt, Judith Walzer. "'Science' Enters the Birthing Room: Obstetrics in America Since the Eighteenth Century." *Journal of American History* 70 (1983) : 281–304.

[9] ——. *Brought to Bed: Childbearing in America, 1750-1950.* New York: Oxford University Press, 1986.

[10] Weiss, Nancy. "Mother, the Invention of Necessity: Dr. Spock's *Baby and Child Care.*" *American Quarterly* 29 (1977) : 519–546.

瑞玛·D. 阿普尔（Rima D. Apple ）　撰，吴晓斌　译

儿童发展研究
Child Development Studies

关于儿童发展的科学研究是 20 世纪特有的现象。虽然以儿童为对象的系统和自然主义研究可以追溯到 19 世纪后期，例如 G. 斯坦利·霍尔（G. Stanley Hall）和一些妇女团体从事的儿童研究运动，但是儿童发展作为一门科学和一种科学职业，直到 20 世纪 20 年代才在美国出现。在 19 世纪末和 20 世纪初，妇女俱乐部和其他地区性和国家性的组织，都力求促进儿童福利事业，或改善儿童，尤其是社会上最不幸的那批儿童的生活条件。这些儿童通常被称为受供养者、不良少年、堕落者，换句话说就是彻头彻尾的非中产阶级儿童。一个孩子但凡是正常的，那他就不需要儿童福利改革部门的援助或赐福。

1917 年，第一个致力于对正常（例如中产阶级）儿童进行科学研究的中心——爱荷华儿童福利研究站——在爱荷华大学成立；这是第一批儿童发展研究机构中的一个，其出现源自改革派压力团体（reformist pressure groups），特别是妇女俱乐部和某些组织。20 世纪 20 年代，劳拉·斯佩尔曼·洛克菲勒纪念基金会花费了大

约 300 万美元创建了一个完整的有关儿童发展的专业亚文化，包括在哥伦比亚大学师范学院、明尼苏达大学、多伦多大学、加州大学的新研究所，在爱荷华大学和耶鲁大学还设有规模更大的研究所。基金会还在许多其他学校，特别是爱荷华州农业和机械艺术学院以及康奈尔大学等赠地学院，或加利福尼亚的密尔斯学院等女子学院里，设立了致力于研究儿童发展这一新科学的父母教育中心，设立了博士后奖学金项目，为专业协会和技术期刊提供资助，甚至还资助了一份流行杂志——《父母杂志》（*Parents Magazine*）。

截至 20 世纪 30 年代中期，儿童发展研究作为一门科学已经初具规模。它完全是自然及社会科学一般进化理论的一部分。它的主流拥护者想当然地认为该领域的增长是自动的过程。它的孪生假设是：（1）智力在出生时就固定了；（2）个体依照其"所属"群体（种族、阶级、性别等）的局限性和优势而不断发展。因此，儿童发展是一门具有高度保守的社会政策含义的科学，与此同时，儿童和动物发展研究是一般进化理论不可分割的一部分，因为它们都旨在解释个体是如何以及为什么具有他们天然所属的群体（或物种）的特征。换句话说，有关社会阶级、种姓和等级制度等的更大规模的文化概念被编码进儿童发展科学家的思想和研究项目中，就像社会系统发展的更大规模的概念包含在两次世界大战期间的功能主义、自由社会学和人类学中一样。儿童发育学家没有研究或追踪单个儿童的发展；相反，他们评估了某一群体的某一特征在某一特定时间点的假定平均值的变化，是一种横向而非纵向的视角。这即便在两次大战间主要进行的所谓纵向研究中也是常见的，例如在加利福尼亚大学有对婴儿和青少年进行的开放式研究；在斯坦福大学，心理测试员刘易斯·M. 特曼领导了对加利福尼亚州的天才的研究（即 20 世纪 20 年代初智商超过 140 的学童），在整个研究中，为了研究儿童群体肖像，总是忽视任何个别儿童的进步。这一群体决定论不仅被其他，特别是受到在爱荷华儿童福利研究站工作的儿童发展学家的抨击，也受到了学术界以外的社会工作者的攻击。

然而，到了 20 世纪 50 年代，儿童发展作为一个领域找到了新的研究方向。在加利福尼亚的研究所，作为一种协调智商不稳定和情绪成熟方面某些异常现象的方法，纵向研究的管理者们开始在他们的数据样本中追踪单个孩子的发展。动物心理学家开始注意到，当他们照看的类人猿的发展顺序被打断时（有时是偶然地，有时则是实验设计），成熟并不是自动或者预先决定的。在接下来的 20 年里，该领域关于智商是固定的，以及基因决定智力是否成熟等假设，在很大程度上被发展学家束之高阁，尽管更为传统的心理学家并不总是这样认为。关于儿童发展的新观点是一种从 20 世纪 50 年代起便在整个文化中回响的观点：这个制度压迫或约束着所有个体，并且使他们成了受害者。生活既不是公平的，所有的个体也都是不可互换的（这是支撑美国人思想中的两次世界大战期间群体决定论的一个重要假设）。因此，发展学家开始把儿童作为个体来关注，尤其是那些处于危险中的儿童个体，他们通常贫穷、非白人或兼而有之，并且处境艰难。事实上，新的儿童发展研究权威变成了像哈佛大学儿童精神病学家罗伯特·科尔斯（Robert Coles）那样的人物。他以《危机中的儿童》为题写了很多书，号召人们加入拯救儿童和确立儿童"权利"的运动中。因此，20 世纪 50 年代后关于受害问题的公开讨论重塑了儿童发展领域，为任何学科在历史背景下形成或改变的方式提供了一个活生生的例子。

参考文献

[1] Cravens, Hamilton. *Before Head Start: The Iowa Station and America's Children*. Chapel Hill: University of North Carolina Press, 1993.

[2] Hawes, Joseph M. *Children Between the Wars: American Childhood, 1920-1940*. New York: Twayne Publishers, 1997.

[3] Hawes, Joseph M., and N. Ray Hiner. *American Childhood: A Research Guide and Historical Handbook*. Westport, CT: Greenwood Press, 1985.

[4] Hunt, J. McVicker. *Intelligence and Experience*. New York: The Ronald Press, 1961.

[5] Sears, Robert R. *Your Ancients Revisited: A History of Child Development*. Chicago: University of Chicago Press, 1975.

[6] Senn, Milton J.E. *Insights on the Child Development Movement in the United States*. Chicago: University of Chicago Press, 1975.

汉密尔顿·克拉文斯（Hamilton Cravens）　撰，吴晓斌　译

7.2　组织和机构

女科学家协会

Association for Women in Science（AWIS）

　　1971 年，美国实验生物学学会联合会（Federation of American Societies for Experimental Biology，FASEB）在芝加哥举行的一次香槟酒会上，成立了一个女科学家的全国性组织：女科学家协会。宗旨是通过有组织的团体支持，提高女性在科学方面的地位。实验生物学学会联合会以前在大西洋城举行的社交聚会上曾讨论过建立这样一个组织的必要性，其中包括交流有关女科学家所遇到的障碍以及她们所获成就等信息。该组织从最初的 40 名成员发展到 1992 年的 3500 名成员，其中大多数拥有博士或硕士学位。许多州都设有当地的分会。协会的活动包括出版通讯、拨款资讯、职业指南、就业和法律信息，以及教育资料；参与全国性的联盟和组织，扩大科学界女性的影响；监测从事科学工作的女性状况，并报告研究结果；为女性在涉及平等机会的诉讼中提供咨询和支持；设立女科学家协会的区域性分会。

　　从一开始，女科学家协会的成员就致力于通过改变法律和落实现有立法，来增加女性的机会和结束明目张胆的歧视。他们强调必须采取合法、专业和有尊严的行动方式来提高女科学家的职业地位，并强调必须对涉及专业女性的职业歧视问题采取坚定的、公开的立场。

　　马克思主义女权主义者、激进女权主义者、精神分析女权主义者和社会主义女权主义者都不赞成通过充分的法律途径来纠正科学界女性遭遇的不平等。然而，女科学家协会强调自由女权主义的观点，即当国家保护所有公民的自由权时，平等权将得到保障，有利于女性的科学创造力的氛围也将出现。

　　理解女科学家协会的关键是要认识到，随着条件的改变，该组织的目标已经扩大且改变了。

协会的档案存放于华盛顿特区该机构内。

参考文献

［1］ *AWIS. Association for Women in Science, Inc.*（Membership Brochure）.

［2］ *AWIS Magazine.*

［3］ *AWIS Newsletter* 1（Summer 1971）: 1–8.

玛丽莲·贝利·奥格尔维（Marilyn Bailey Ogilvie）　撰，陈明坦　译

另请参阅：科学中的性别（Gender in Science）

爱荷华州儿童福利研究中心
Iowa Child Welfare Research Station

　　爱荷华州儿童福利研究中心是北美首家、可能也是世界首家致力于对正常儿童进行科学研究的机构。它由爱荷华州议会于 1917 年建立，并成为爱荷华州立大学的一个研究单位。爱荷华儿童福利研究中心推动了儿童发展研究的出现，它是发展心理学、生物学和进化论的附属研究方向。在 20 世纪 20 年代，该中心的研究人员从各个领域（儿科、心理学、教育学、解剖学等）收集关于正常儿童的已知信息，通过这些信息构建了儿童发展研究，其中有许多关于正常儿童性格和行为的新实证研究。在其他研究中心如斯坦福大学、耶鲁大学、明尼苏达大学和伯克利大学，这种规范性研究成为儿童发展领域的主要范本。

　　在 20 世纪三四十年代，在乔治·D. 斯托达德（George D. Stoddard，1928—1942）和罗伯特·R. 西尔斯（Robert R. Sears，1942—1949）的领导下，爱荷华研究中心的研究人员在智商测量和社会心理学方面做了开创性工作。他们关于智商的研究表明，40% 的学龄前儿童（即六岁以下）在重新测试智商后，其智商分数较上次可能会也确实会发生巨大变化，变化幅度足以改变他们的智力分级结果。这项工作引起了极大争议，研究中心的科学家名誉扫地，然而事实上该研究预示了 60 年代后关于智商的工作，这些工作又为"启智计划"提供了依据。他们关于社会心理学的研究既包括个人心理学也包括群体心理学，既强调弗洛伊德的精

神动力学（个人），也强调群体成员对外部世界心理建构的重要性。它标志着现代个人和群体社会心理学的建立这一开创性事件。德国难民、格式塔心理学家库尔特·勒温（Kurt Lewin）在爱荷华州儿童福利研究中心完成了他一生中最重要的研究。

到了 20 世纪五六十年代，大学心理系中位高权重的人物控制了爱荷华研究中心，将其研究议程改变为僵化的行为主义工作，这是研究中心之前曾强烈批评过的内容。1964 年，为更加凸显研究领域，研究中心更名为儿童行为与发展研究所（Institute of Child Behavior and Development），1974 年研究所关停，这实际上是因为它只是在拙劣地效仿那些一流的行为主义心理学项目，其在儿童发展领域的创造力和领导力早就消失了。

爱荷华州儿童福利研究中心在以下几个方面具有历史意义。它的历史揭示了当代建构一门现代学科时，在体制机制和智识思想方面的发展历程。它挑战了关于先天智商和自动发展的主导思想，预示了 1950 年后个人主义时代的正统观念。关于群体身份对个体意义这一问题所涉及的所有重要科学思想（和文化观念），都是儿童发展科学的研究范畴——也就是说，花豹能否改变身上的斑点，尚未可知。

参考文献

［1］Cravens, Hamilton. "Child-Saving in the Age of Professionalism, 1915-1930." In *American Childhood,* edited by Joseph M. Hawes and N. Ray Hinder. Westport, CT: Greenwood Press, 1985, pp. 415-488.

［2］——. "The Wandering I.Q.: Mental Testing and American Culture." *Human Development* 28（1985）: 113-130.

［3］——. "Recent Controversy on Human Development: A Historical View." *Human Development* 30（1987）: 325-335.

［4］——. "A Scientific Project Locked in Time: The Terman Genetic Genius Study, 1920s-1950s." *The American Psychologist* 47（1992）: 183-190.

［5］——. *Before Head Start. The Iowa Station and America's Children.* Chapel Hill: University of North Carolina Press, 1993.

［6］——. "Child-Saving in Modern America, 1870s-1990s." In *Children at Risk in Modern*

America: History, Concepts, and Public Policy, edited by Robert Wollons. Albany: State University of New York, 1993, pp. 3-31.

［7］Sears, Robert R. *Your Ancients Revisited. A History of Child Development.* Chicago; University of Chicago Press, 1975.

［8］Senn, Milton. *Insights on the Child Development Movement in the United States.* Chicago: University of Chicago Press, 1975.

［9］Spiker, Charles. *The Institute of Child Behavior and Development: Fifty Years of Research, 1917-1967.* Iowa City: University of Iowa, 1967.

汉密尔顿·克拉文斯（Hamilton Cravens） 撰，王晓雪　译

7.3　代表人物

美国科学界的女性先驱：简·科尔登

Jane Colden（1724—1766）

简·科尔登是卡德瓦莱德·科尔登的第二个女儿，也是第六个孩子，出生在纽约。和科尔登的所有孩子们一样，她受益于科尔登家族中鲜明的学术氛围和对学习的热爱。她很早就养成了读书和研究博物学，尤其是植物学的爱好。当父亲第一次熟悉了伟大的瑞典分类学家林奈（Linnaeus）的工作时，他立刻把这个新系统教给了急切的小女儿。他把拉丁文的专业术语翻译成更简单的英文等价词，使她能更快地应用新知识。在 1755 年 10 月 1 日写给同事格罗诺威（Gronovius）的信中，科尔登讲述了女儿的飞速进步，并提到了她的纽约植物群插图手稿，其中包含了 300 种植物叶子的印模以及它们的描述和用途。他在信中提到女儿发明了一种方法：给叶子蘸上打印机墨水后再用一种简单的滚压机就能在纸上留下叶子的印痕。除了与父亲一起工作受到的启发，简也得到了定期访问科尔登家族的其他杰出植物学家的激励。例如，约翰·巴特拉姆、亚历山大·加登，以及著名的瑞典科学家彼得·卡尔姆（Peter Kalm）。加登和巴特拉姆在他们的作品中都经常提到简小姐。不过提到简的作品并不仅限于巴特拉姆和巴顿的书信。1758 年 4 月，英国著名的博物学家约翰·埃利斯（John Ellis）写信给林奈，谈道："这位年轻的女士值得您尊重，她为您的体系带来了荣誉。她已经用您的方法绘制并描述了 400 种植物。她父亲有一种植物，以他的名字命名——*Coldenia*（双柱紫草属）；在我看来，您应该称它（指另一个新属）为阴性的 '*Coldenella*'，或其他任何名字，让她在您的署名中有一席之地。"（Purple, pp.19-20）。此外，科尔登的朋友、孜孜不倦的科学知识采集者和传播者彼得·柯林森也给林奈写道："我最近收到了科尔登先生的来信。他很好，但令人惊奇的是，他的女儿可能是第一个透彻研究过您的体系的女士。她值得被赞扬。"（Purple, p. 20）。

　　前面提到过，简小姐的主要作品是以紧凑但清晰可读的字迹书写的纽约地区植物群的植物学手稿。随附的墨水画虽然没有细致入微，却也大大增加了作品的价值。除了对 300 种当地植物进行绘画和细致的特征描述外，她还总结了许多植物的药用价值；这些知识是通过与当地定居者和美洲原住民的对话获得的。

　　1759 年 3 月 12 日，简·科尔登在一个比较大的年纪（35 岁）嫁给了威廉·法科尔（William Farquhar），并且放弃了植物学研究。虽然她的科学生涯并不长，但其中肯定不乏成就和认可。她在新的林奈分类法方面的技能引起了美国和欧洲科学家的注意。她甚至有可能像父亲一样，为林奈伟大的汇编——1753 年的《植物种志》——做出贡献。但是其中并没有特意提到她的名字。或许她是林奈曾感谢过的对其巨著做出贡献的其他人和无名氏之一。

参考文献

[1] Colden, Cadwallader. *The Letters and Papers of Cadwallader Colden*. 10 vols. New York: New-York Historical Society, 1917-1937.

[2] Colden, Jane. *The Botanical Manuscript of Jane Colden*. Edited by H.W. Rickett. New York: Garden Club of Orange and Dutchess Counties, 1963.

[3] Purple, Edwin R. *Genealogical Notes of the Colden Family in America*. New York: Private Printing, 1873.

斯蒂芬·C. 斯蒂西（Stephen C. Steacy） 撰，吴晓斌 译

女性科学教育倡导者和家政经济学先驱：艾伦·亨丽埃塔·丝瓦罗·理查兹
Ellen Henrietta Swallow Richards（1842—1911）

理查兹是第一位在麻省理工学院获得学位的女性，她于 1878 年至 1911 年在麻省理工学院教授卫生化学。她以女性科学教育的倡导者和家政经济学的先驱而闻名于世。

理查兹出生在马萨诸塞州邓斯特布尔郊外的一个农场里，是家中的独女，父母都是教师。为了让艾伦可以就读于男女同校的韦斯特福德高中（Westford Academy），全家人搬到了附近的韦斯特福德。毕业后，她在乡村学校做了一段时间的教师，然后回家照顾生病的母亲。两年来，她一直患有抑郁症或神经衰弱，当父母同意把她送到刚为女性成立的瓦萨学院后，症状便很快消失了。

1868 年，25 岁的她进入瓦萨学院，她在那儿跟随玛丽亚·米切尔学习天文学和化学。1870 年毕业后，她想找一份化学分析师的工作，但没有成功。一家公司建议她申请去新成立的麻省理工学院。麻省理工学院于 1870 年 12 月录取了她，并免除了她的学费，因为校方不希望把一个女生列入官方录取名单。她说："如果当时知道我是基于这样的原因被录取，我就不会去了。"（Hunt, p. 68）

理查兹在 1873 年获得了理学学士学位，并向瓦萨学院提交了一篇论文，从而获得了硕士学位。因为麻省理工学院不希望将其第一个化学博士学位授予女性，所以她从未获得过博士学位。1875 年 6 月 4 日，她嫁给了该学院的采矿与冶金学教授罗伯特·哈洛威尔·理查兹（Robert Hallowell Richards），这对夫妇没有子嗣。

理查兹婚后在麻省理工学院继续她的化学事业，出版了超过 17 本关于卫生化学和家政学的书籍。她在 1887 年对马萨诸塞州饮用水进行的调查是目前污染研究的一个基准。在业余时间，她继续促进女性科学教育，1882 年，她与马里昂·塔尔博特（Marion Talbot）一起成立了美国大学协会（American Collegiate Association），即美国大学妇女协会（American Association of University Women）的前身。1876 年，她在麻省理工学院建立了女性实验室（Woman's Laboratory），并以志愿者的身份任教。很大程度上多亏她的努力，女性于 1883 年获得了在麻省理工学院平等入学的资格。在女性实验室被拆除的第二年，理查兹被任命为麻省理工学院的卫生化学讲师。她非正式地担任过妇女事务主任，成立了一个妇女俱乐部并帮助女学生获得经济援助。

1889 年，她流露出一丝不寻常的自怜，她向瓦萨学院的一位同学抱怨道："我本可以扬名立万。我帮助了 5 个男人，使他们获得了在没有我帮助的情况下得不到的职位。"［*Journal of Home Economics* 23（December 1931）：1125］。为了给她的沮丧以及她巨大的能量寻找一个宣泄口，理查兹把她的天赋都投入了家政学或家政经济学上。

理查兹是普莱西德湖会议（1899—1907）背后的精神指导，该会议定义并发展了家政经济学领域。理查兹自己喜欢"优境学"（euthenics）这个名字，她把它定义为"正确生活的科学"。1908 年 12 月美国家政经济学协会（American Home Economics Association）成立时，选举理查兹为首任会长。在她的领导下，家政经济学致力于培养妇女的科学观念，并在学院、大学的教学和机构管理方面为妇女谋得职位。伊利诺伊大学的家庭科学教授伊莎贝尔·贝维尔（Isabel Bevier）观察道："可以肯定地说，任何一个大学院系的组建、任何重要步骤都包含着她的想法和建议。"［*Journal of Home Economics* 3（June 1911）：215］史密斯学院（Smith College）于 1910 年授予理查兹荣誉理学博士学位。

与理查兹生平有关材料的手稿收藏和存放点包括爱德华·阿特金森文档（Edward Atkinson Papers）、马萨诸塞州历史学会（Massachusetts Historical Society）；MIT 档案馆；瓦萨学院档案馆；史密斯学院的索菲亚·史密斯收藏集（Sophia Smith Collection）；美国家政经济协会档案馆；亚瑟和伊丽莎白·施莱辛格图书馆（Arthur and Elizabeth Schlesinger Library）。

参考文献

［1］Clarke, Robert. *Ellen Swallow: The Woman Who Founded Ecology*. Chicago: Follett Publishing, 1973.

［2］Hunt, Caroline. *The Life of Ellen H. Richards*. Boston: Whitcomb & Barrows, 1912.

[3] Richards, Ellen. *Euthenics*. Boston: Whitcomb & Barrows, 1910.

[4] Richards, Robert H. *His Mark*. Boston: Little Brown, 1936.

[5] Rossiter, Margaret. *Women Scientists in America: Struggles and Strategies to 1940*. Baltimore: Johns Hopkins University Press, 1982.

[6] Stage, Sarah, "From Domestic Science to Social Housekeeping: The Career of Ellen Richards." In *Power and Responsibility: Case Studies in American Leadership,* edited by David M. Kennedy and Michael E. Parrish. New York: Harcourt Brace Jovanovich, 1986, pp. 211-225.

[7] Stage, Sarah, and Virginia A. Vincente, eds. *Rethinking Home Economics: Women and the History of a Profession*. Ithaca: Cornell University Press, 1997.

莎拉·斯塔格（Sarah Stage） 撰，吴晓斌 译

医学研究者兼公共卫生活动家：弗洛伦斯·里纳·萨宾
Florence Rena Sabin（1871—1953）

1878 年母亲早逝，之后弗洛伦斯·里纳·萨宾和姐姐玛丽在丹佛、芝加哥和佛蒙特州乡村之间搬家数次。1889 年，萨宾被史密斯学院录取，就读期间，其生物学、化学和地质学成绩优异。决心从事医学事业后，她选择了约翰斯·霍普金斯大学的一个新建的项目，而不是传统的女子医学院。萨宾随后的职业生涯通常被分为三个不同阶段：霍普金斯时期、洛克菲勒时期和科罗拉多时期。

在第一个阶段，她完成了医学院的学业，并在富兰克林·莫尔（Franklin Mall）的指导下进行了解剖学研究。在莫尔的支持下，萨宾成了第一位加入霍普金斯教员队伍的女性。作为一名敬业的教师和研究者，萨宾使用新型染色技术阐明了淋巴系统的起源，并研究了特殊疾病引发的细胞反应。尽管萨宾的工作得到了广泛认可，并在 1917 年晋升成为正式教授，但同年莫尔去世，萨宾遇到了众所周知的"玻璃天花板"，职位更低的乔治·斯特里特（George Streeter）被任命为解剖学系主任。玛格丽特·罗西特（Margaret Rossiter）等一些历史学家认为，这一挫折迫使萨宾更加积极地参与到女权运动中来。

萨宾本人受益于同时代人为提高女性从事科学事业的机会所作的努力。在她第一年跟随莫尔学习期间，巴尔的摩女性大学教育促进协会为她提供薪水。第二年，

她收到了促进妇女科学研究协会给予她的 1000 美元奖金。随着萨宾事业的不断发展，她成为女性所获成就的典范。1923 年，女性联盟选民认定她为 12 位"最伟大女性"之一，两年后，她当选为美国国家科学院的第一位女性院士，这进一步巩固了她"最伟大女性之一"的荣誉。

此后不久，西蒙·弗莱克斯纳举荐她成立一个新的细胞学研究部，萨宾由此成为第一个加入洛克菲勒研究所的女性。在那里，萨宾和工作人员研究了由各种疾病引发的抗体在细胞内的合成。1939 年，萨宾概述了现代免疫学的中心原则之一，她假设感染的细胞会保留一种"记忆"，允许它们在第二次感染时能更快地产生抗体。同年，洛克菲勒研究所的强制退休政策中断了她的科学研究，萨宾去了丹佛和姐姐团聚。

萨宾事业的第三个阶段始于 1946 年，当时科罗拉多州的州长邀请她加入他的战后计划委员会。萨宾一直是勤奋的代表人物，她认真对待她的新工作，不久她就发现，尽管科罗拉多州素有"健康胜地"的美誉，但该州却极大地忽视了公共卫生问题。起初，萨宾发起运动，通过更好地控制牛奶供应、重组州卫生部门和增加对各县的援助来扭转这种局势，运动遭到了来自牧场主、官僚和政客的强烈抵制。萨宾通过举办巡回演讲有效地避免了这个问题，在此期间，她向全州各地的社区团体解释了提出的改革建议。在很大程度上，正是由于她的努力，医疗改革在下一届的州长选举中变成了一个重要的议题，而且 1947 年科罗拉多州立法机构批准了一系列重要的州卫生法。

萨宾获得了许多荣誉，以表彰她在事业的三个阶段所做出的贡献。她屡次被认定为女性成就的典范，成为许多针对学龄儿童的传记的主题人物（Downing，Kaye，Kronstadt，Phelan）。关于她事业的学术报告往往强调她"第一个……的女性"地位，而不探究性别因素对萨宾活动的全面影响。萨宾对于工作、家庭、女权主义、教学和科学研究的观点都可以通过史密斯学院、美国哲学学会（13.5 立方英尺的资料及查询协助）、施莱辛格图书馆的文献和 1934 年出版的莫尔传记中看到。另外可查阅罗斯·哈里森（Ross Harrison）和乔治·科莫（George Comer）的论文，以及约翰斯·霍普金斯大学或者洛克菲勒研究所内的其他科学家的论文。

参考文献

［1］Andriole, Vincent. "Florence Rena Sabin—Teacher, Scientist, Citizen." *Journal of the History of Medicine and Allied Sciences* 13（1959）: 320–350.

［2］Bluemel, Elinor. *Florence Sabin: Colorado Woman of the Century*. Boulder, CO: Johnson, 1959.

［3］Campbell, Robin. *Florence Sabin: Scientist*. New York: Chelsea House, 1995.

［4］Downing, Sybil. *Florence Rena Sabin Pioneer Scientist*. Boulder, CO: Pruett, 1981.

［5］Heidelberger, Michael, and Philip McMaster. "Florence Rena Sabin." *Biographical Memoirs of the National Academy of Sciences* 34（1960）: 271–305.

［6］Kaye, Judith. *The Life of Florence Sabin*. New York: Twenty First Century Books, 1993.

［7］Kronstadt, Janet. *Florence Sabin*. New York: Chelsea House, 1990.

［8］Kubie, Lawrence. "Florence Rena Sabin, 1871–1953." *Perspectives in Biology and Medicine* 4（1961）: 306–315.

［9］Maisel, Albert. "Dr. Sabin's Second Career." *Survey Graphic* 36（1947）: 138–140.

［10］Phelan, Mary. *Probing the Unknown*. New York: Dell, 1969.

［11］Sabin, Florence. *An Atlas of the Medulla and Midbrain*. Baltimore: Friedenwald, 1901.

［12］——. *Franklin Paine Mall: The Story of a Mind*. Baltimore: Johns Hopkins University Press, 1934.

黛博拉·朱莉·富兰克林（Deborah Julie Franklin）　撰，林书羽　译

第 8 章

美国早期科学人物

8.1 科学开创者

自然哲学家：小约翰·温斯洛普

John Winthrop, Jr.（1605—1676）

温斯洛普生于英国，是第一个长期居住在北美从事自然系统研究的英国人。他是马萨诸塞湾殖民地第一任总督的儿子，同时他本人也是康涅狄格殖民地的第一任总督。

由于他与英国和英国文化的密切联系，所以把他归类为英国自然哲学家比归类为美国科学家更为正确，但他的研究和事业的性质却是由他在新英格兰地区的地位决定的。温斯洛普的著作用现代术语来表述主要有三类：科学研究（但也包括炼金术）、技术事业和医学，其中后两类包含了他政治之外的大部分活动。他在殖民地的主要身份是政治家和推动者。

年轻时，他就读于都柏林圣三一学院，但在科学和医学方面主要是自学。他对炼金术的兴趣和研究至少可以追溯到他在内殿律师学院的居住时期（1624/25—1627）。[笔名"艾勒内乌斯·菲勒提斯"（Eirenaeus Philalethes）的炼金术作品曾被认为是温斯洛普的作品，现在已知是美国人乔治·斯塔基（George Starkey）写的：参见 Newman 的论文］在温斯洛普于 1631 年搬到新英格兰后，他以一名医学治疗师的身份获得了声誉。虽然在治疗中他也会使用草药和其他天然化合物，但他更倾向于使用医学化学疗法。他的医疗建议得到了马萨诸塞和康涅狄格的殖民者的广泛认可。他在医学和炼金术方面表现得更有恒心。他与英国和欧洲大陆保持着联系，他对德语的熟悉使他能够接触到德语文本和作家。他与英国的科学交流中心以及技术、经济及科学事业的推动者塞缪尔·哈特利布（Samuel Hartlib，约 1600—1662）的通信，并不足以证明他是新培根主义事业的一部分。殖民地最初是作为公司开创的，创建者希望能攫取一定的经济利益而不仅满足于生存，温斯洛普对技术发展的贡献，即使不太成功，也对这项事业具有重要的价值。在他的几项工作中，他企业家的身份发挥了作用，其中包括在马萨诸塞和康涅狄格建成的铁厂，以及从一个假定的"黑铅"矿床中开采石墨的没有实现的计划。他在这些工作中运用了矿物学知识。

在因殖民地事务对英国进行长期访问期间，1661/62 年的 1 月 1 日，他很快当选为成立不久的英国皇家学会的会员。他被视作"创始会员"（Original Fellow），也是该学会第一位北美会员，他宣读了许多论文，其中有一些发表在《会刊》（*Transactions*）上。尽管他家里已经有了一台长度为 10 英尺的望远镜，但他在伦敦又买了一台 3.5 英尺的新望远镜（后来捐赠给哈佛大学）。应学会要求，他在返航期间进行了海上实验。他与学会一直保持着交流并提交报告，除了运用望远镜对天空的观察以外，其报告主要与矿物学、博物学和人类学有关。

参考文献

［1］ Birch, Thomas. *The History of the Royal Society for Improving of Natural Knowledge...* Vol. 1. 1756. Reprint, New York: Johnson Reprint, 1968.

［2］ Black, Robert C. III. *The Younger John Winthrop*. New York: Columbia University Press, 1966.

［3］ Hall, A.R., and M.B. Hall, eds. *The Correspondence of Henry Oldenburg*. Vols. 2–9, 13. Madison: University of Wisconsin Press, 1965–1986.

［4］Newman, William. "Prophecy and Alchemy: The Origin of Eirenaeus Philalethes." *Ambix* 37, pt. 3（November 1990）: 97–115.

［5］Turnbull, G.H., ed. "Some Correspondence of John Winthrop, Jr., and Samuel Hartlib." *Proceedings of the Massachusetts Historical Society* 57（1963）: 36–67.

［6］Wilkinson, Ronald Sterne. "John Winthrop, Jr. and the Origins of American Chemistry." Ph.D. diss., Michigan State University, 1969.

［7］*Winthrop Papers*. Boston: Massachusetts Historical Society, 1929. [Only six volumes, covering period up to 1654, have been published.]

亚当·贾里德·阿普特（Adam Jared Apt）撰，刘晋国 译

博物学家和植物学家：马克·凯茨比
Mark Catesby（1682—1749）

凯茨比出生在英格兰埃塞克斯的一个贵族家庭，父亲约翰是一名律师和萨福克郡萨德伯里地区的法官。祖父罗伯特·凯茨比（Robert Catesby）参与了 1605 年失败的火药阴谋（Gunpowder Plot）。1712 年，在后来成为殖民大臣的妹夫威廉·科克博士（William Cocke）的资助下，马克·凯茨比第一次来到弗吉尼亚。在那里，他遇到了一些有影响力的人物，如威廉·伯德二世（William Byrd II），并在威斯多佛种植园受到款待。凯茨比通过把珍贵的标本（主要是植物标本）送回英国而获得了认可和财富。1714 年，他向西旅行到了阿巴拉契亚山脉，同年又到了牙买加。他在弗吉尼亚待了 7 年，1719 年回到英国后，受托编写关于新大陆的博物志。1722 年，凯茨比回到南卡罗来纳的查尔斯顿，1725 年航行到巴哈马群岛，并在那里待了将近一年。1726 年回到英国，开始撰写《卡罗来纳、佛罗里达和巴哈马群岛的博物志》（*The Natural History of Carolina, Florida, and the Bahama Islands*），这项工作长达 20 年。

由于资金问题，凯茨比自学了蚀刻技术，并为这本书刻版。该书从 1729 年开始分期发行，每卷 20 页插图，正文有法文和英文。共计 11 卷，220 页插图，最后一卷于 1747 年出版。凯茨比于 1733 年 5 月被选为皇家学会会员。

　　总的来说，凯茨比的不朽作品描述了 109 种鸟类、33 种两栖动物和爬行动物、46 种鱼类、31 种昆虫、9 种四足动物和 171 种植物。除去重复的物种，其中 75 种北美鸟类和 3 种巴哈马鸟类被林奈用来进行现代分类学命名。凯茨比去世后，乔治·爱德华兹（George Edwards，1693—1773）接手了第二版《博物志》（1754）的着色工作。第三版出版于 1771 年，并且有大量的其他译本出版。凯茨比不朽的《博物志》是 18 世纪后半叶的一部知名作品，也是旧世界了解新大陆的主要途径之一。但随着奥杜邦时代（1827—1838）的到来，凯茨比的作品很快便被人遗忘了。

参考文献

［1］Allen, Elsa G. "The History of American Ornithology before Audubon." *Transactions of the American Philosophical Society,* n.s. 41, 3（1951）: 385-591.

［2］Feduccia, Alan. *Catesby's Birds of Colonial America*. Chapel Hill: University of North Carolina Press, 1985.

［3］Frick, George F., and Raymond P. Stearns. *Mark Catesby: The Colonial Audubon*. Urbana: University of Illinois Press, 1961.

J. 艾伦·费杜西亚（J. Alan Feduccia）　撰，吴晓斌　译

多学科的倡导者：卡德瓦莱德·科尔登
Cadwallader Colden（1688—1776）

　　卡德瓦莱德·科尔登是生活在殖民地时期纽约的一位多才多艺且博学的人。科尔登生于爱尔兰，从爱丁堡大学毕业并且在伦敦学医以后，于 1710 年移居费城。1718 年，他接受了罗伯特·亨特（Robert Hunter）州长给他的政府职位，随后便定居纽约市。

　　尽管科尔登的政治生涯漫长而又常常充满争议，但现在他主要是因其科学活动而被人铭记。1727 年，科登从纽约市移居奥兰治县的乡村，并建立了一个他称之为科登村（Coldengham）的庄园。正是在这里，他集中研究了 3 年植物学，这项研

究为他赢得了最有利的国际声誉。1742年，科尔登了解到林奈的植物分类系统，他立即将这种新方法应用到自己的工作中，成为第一个使用这种新研究方法的美国人。尽管科尔登很欣赏林奈的工作，但还是提出批评，认为这位大师增加了不必要的植物等级。

尽管他从未认真从事过医学活动，但科尔登对这门学科保持着毕生的兴趣。在他早期的职业生涯中，科尔登是生理学中物理疗法或机械疗法流派的倡导者。他们的想法是，通过使用冷却疗法、出血和药物以稀释血液，医生因此可以控制血液的流速，进而控制疾病的病程。然而，科尔登逐渐接受了生理学中化学疗法的解释，这种解释认为血液的运动是由发酵控制的。

尽管科尔登在植物学以及18世纪的医学活动方面都有建树，但他始终认为，试图完善牛顿宇宙学的努力才是他久负盛名的基础。科尔登给自己设定的任务是建立一个可论证的原理，来解释牛顿的万有引力理论。科尔登并不怀疑牛顿的前提；他只是想为这种现象寻求一个解释。

大约在1743年，科尔登获得了牛顿的《光学》和《自然哲学的数学原理》两书。1746年，科登的几份手稿在纽约印了出来，题为《解释物体运动的原因和引力的原因》（*Explication of the Causes of Action in Matter and of the Cause of Gravitation*）。该作品本来不打算出售给普罗大众，而是为了向美国和欧洲大陆从事自然哲学的名人散播。出乎意料的是，一份盗版最终落到了伦敦一个印刷商手里，他在1746年出版了一个未经授权的版本。在5年内，此书的法语和德语版也得以付梓。

科尔登总是声称，在他着手对自然哲学进行全面的解释之前，希望从同行那里得到建设性的批评。然而，由于《解释物体运动的原因和引力的原因》在欧洲受到了极大关注，他继续投入到后续工作之中。《物体运动原理》（*Principles of Action in Matter*）这部著作于1751年在伦敦出版。

科尔登关于物质的推测中，最有趣的是他认为光是"移动的物质"。正是科尔登认为光是移动的物质，该理论使得至少两个学者认为他"发展出了现代的能量概念"（Lokken, p. 371）。

即使科尔登的一些构思相当巧妙，但必须指出的是，这些作品并没有产生他所希望的影响。尽管他自称是牛顿的信徒，但并没有仔细了解过这位大师的所有东西。他将光作为运动源的理论证实了这一点。例如，在他的《物体运动原理》一书中，几乎没有提及牛顿关于向心力和离心力以及它们与行星运动之间关系的洞见，而这些都包含在《自然哲学的数学原理》的前两卷中。再加上科尔登对实证研究的厌恶，以及他在微积分和圆锥曲线方面没有任何基础，难怪他的作品受到了科学家同行们的严厉批评，尤其是在欧洲大陆的科学家，认为他的推测是演绎的、格言式的和不充分的。

参考文献

［1］Colden, Cadwallader. *The Principles of Action in Matter, the Gravitation of Bodies, and the Motion of Planets Explained from those Principles*. London: n.p., 1746–1751.

［2］——. "Observations on the Fever which prevailed in the City of New York in 1741 and 2, written in 1743. Communicated to Dr. David Husack by C. D. Colden, Esq." *American Medical and Philosophical Register* 1 (1811): 310–330.

［3］——. "Observations on the Yellow Fever in Virginia with some Remarks on Dr. John Mitchell's Account of the Disease." *American Medical and Philosophical Register* 4 (1814): 378–383.

［4］——. *The Letters and Papers of Cadwallader Colden*. 10 vols. New York: New-York Historical Society, 1917–1937. Jarcho, Saul. "Cadwallader Colden as a Student of Infectious Diseases." *Bulletin of the History of Medicine* 29 (1955): 99–115.

［5］—— "The Correspondence of Cadwallader Colden and Hugh Graham on Infectious Diseases." *Bulletin of the History of Medicine* 30 (1956): 195–212.

［6］Lokken, Roy. "Cadwallader Colden's Attempt to Advance Natural Philosophy beyond the Eighteenth-Century Paradigm." *Proceedings of the American Philosophical Society* 122 (1978): 365–376.

［7］Mitchell, John. "Account of the Yellow Fever which prevailed in Virginia in the years 1737, 1741, and 1742." *American Medical and Philosophical Register* 4 (1814): 181–215.

［8］Purple, Edwin R. *Genealogical Notes of the Colden Family in America*. New York: Private Printing, 1873.

［9］Silliman, Benjamin Jr., and Asa Gray, eds. "Selections from the Correspondence of

Cadwallader Colden with Gronovius, Linnaeus, Collinson, Etc." *The American Journal of Science and the Arts* 14（1843）: 85-133.

斯蒂芬·C. 斯蒂西（Stephen C. Steacy） 撰，吴晓斌 译

数学家、天文学家兼发明家：本杰明·班纳克
Benjamin Banneker（1731—1806）

班纳克是第一位被美国学院授公职的非洲裔移民。他出生在马里兰的巴尔的摩县，是一名自由的非裔美国人，父亲是一名被解放的非洲奴隶，母亲是一名被解放的奴隶和一名英国契约仆人的女儿。班纳克的白人祖母教他读写圣经，他唯一接受的正规教育是某个冬天在一个只有一间教室的学校里待过的几个星期。他是一个如饥似渴的读者，竭尽所能地借书，偏爱历史、数学和宗教。他从年轻时候起就展现出相当的数学才能。大约在 22 岁的时候，他做了一个木制的报时钟，据说他从来没有见过这样的钟。他把这种钟的制作转化为一个基于齿轮和轮子比例的数学问题，他用小刀从木头上切制各个部件。这座钟在四十多年后还成功运转着。

1789 年，由于目睹了邻居乔治·埃利科特（George Ellicott）晚上下班后进行天文观测，班纳克开始对天文学产生了兴趣。埃利科特借给他一架望远镜和几本书，其中包括詹姆斯·弗格森（James Ferguson）的《以艾萨克·牛顿爵士的原理解释的天文学，以及为没有数学基础的人做得简化》（*Astronomy Explained Upon Sir Isaac Newton's Principles, and Made Easy for Those Who Have Not Studied Mathematics*，London，1756）、托拜厄斯·迈耶斯（Tobias Mayers）的《日月表……内维尔编辑修订版》（*Tabulae Motuum Solis et Lunae...Edited and Corrected by Nevil Maskelyne*，London，1770）和查尔斯·利百特（Charles Leadbetter）两卷本的《天文学完整体系》（*A Complete System of Astronomy*，London，1741）。班纳克没有借助任何外力就掌握了这些天文文献，还自学预测日食并为年历计算星表。由于风湿病，他这时不得不放弃农活，每天晚上用望远镜观察天空，白天睡觉。他完成了 1791 年历书的星表计算，但他没能把它兜售给几家巴尔的摩或其他地方的印刷商。

1791 年，乔治·埃利科特的堂弟，测量员安德鲁·埃利科特（Andrew Ellicott）少校被华盛顿总统选中，立即前往弗吉尼亚州的亚历山大市，开始对国家首都将坐落的 10 平方英里区域进行勘测。由于缺少一个对天文仪器十分熟悉的临时野外助手，他希望他的堂兄乔治能来帮助他。乔治没办法去，但推荐了班纳克替他。班纳克在野外观测站的帐篷里进行了大约 3 个月的调查，每晚观测凌日星，每天中午观测以校正野外时钟。他在闲暇时间完成了次年星表的计算。

1792 年春天，埃利科特的兄弟们来这里取代了班纳克。班纳克得到了 60 美元的报酬，并于 4 月份返回家乡。他将自己 1792 年的星表卖给了巴尔的摩印刷商戈达德（Goddard）和安格尔（Angell），安格尔将其编成以班纳克名字命名的年历。在宾夕法尼亚州和马里兰州的废奴协会的推动下，年历迅速大卖。

班纳克的星表以至少 28 个版本在 1792 年到 1797 年的年历中出版。此后，主要是由于各地区废奴运动的衰退，它们未能在市场上销售。用计算机将班纳克的计算结果与同时期其他历书编纂者的历书所进行的比较表明，班纳克的计算结果在准确性上不输他人。

班纳克终身未婚，在其父亲于 1759 年去世后，他一直和母亲住在一个 100 英亩的农场里。1775 年母亲去世后，他独自生活，住在附近的两个姐妹照顾他的生活起居。在他死后，他的一个侄子遵照他的指示骑马到埃利科特的下游磨坊（Ellicott's Lower Mills，现在的马里兰州埃利科特城）通知乔治·埃利科特关于他的死讯，并归还他曾借的书和工具。其中还有他的天文学日记手稿，内含他自己所有的星表。当葬礼在其农场的墓地举行时，他的房子突然起火，烧毁了所有的东西，包括他的报时钟。

参考文献

[1] Bedini, Silvio A. "Benjamin Banneker and the Survey of the District of Columbia." *Records of the Columbia Historical Society of Washington, D. C.,* 1969–1970, pp. 7–30.

[2] ——. *The Life of Benjamin Banneker.* New York: Charles Scribner's Sons, 1972; reprint, Rancho Cordova, CA: Landmark Enterprises, 1985.

[3] ——. *The Life of Benjamin Banneker.* Revised and Expanded Edition. Baltimore: Maryland Historical Society, 1999.

[4] Latrobe, Jno. H.B. "Memoir of Benjamin Banneker, Read Before the Historical Society of Maryland." *Maryland Colonization Journal,* n.s. 2, no. 23 (May 1845): 353–364.

[5] [McHenry, James]. "Account of a Negro Astronomer. A Letter from Mr. James McHenry to the Editors of the Pennsylvania, Delaware, Maryland and Virginia Almanack, Containing Particulars Respecting Benjamin Banneker, a Free Negro." *New York Magazine, or Literary Repository* 2 (1791): 557–558.

[6] Tyson, Martha E. *Banneker, the Afric-American Astronomer. From the Posthumous Papers of Martha E. Tyson, Edited by Her Daughter.* Philadelphia: Friends' Book Association, 1884.

[7] [Tyson, Martha E.]. *A Sketch of the Life of Benjamin Banneker, From Notes Taken in 1836. Read by J. Saurin Norris, Before the Maryland Historical Society, October 1854.* Baltimore: John D. Toy, n.d.

西尔维奥·A. 贝迪尼（Silvio A. Bedini） 撰，吴紫露 译

天文学家：戴维·里滕豪斯
David Rittenhouse（1732—1796）

里滕豪斯出生的房子至今仍完好地保存于费城。里滕豪斯在诺利顿镇度过了前半生，在费城度过了下半生。他的早期教育不为人所知。他在某个时候掌握了现代物理学，成了艾萨克·牛顿的信徒。他学习了钟表制作，制造过一些当时最好的钟表，也制造了科学仪器。在 1777 年成为宾夕法尼亚州的财务主管之前，里滕豪斯一直以此类活计为生。作为一个政治家兼爱国者，里滕豪斯在美国独立战争中发挥了重要作用，他在许多致力于此项事业的委员会任职。后来，他在 1792 年成为了美国铸币局的第一任局长，这一点与牛顿的经历颇为相似。他勘测了几个州的边界，并活跃于美国哲学学会，本杰明·富兰克林去世后，里滕豪斯于 1791 年成为了该学会的主席。1795 年，他成了英国皇家学会的外籍会员。

在外貌方面，他又高又瘦，其貌不扬。他一生的大部分时间都饱受疾病折磨——也许是由于他勤勉的性格所引起的溃疡病。尽管他表面拘谨谦逊，但见到他

的人离开时都对他印象深刻。托马斯·杰斐逊是他最狂热的崇拜者之一。里滕豪斯也十分正直。

在他那个时代，里滕豪斯是美国科学第二人；富兰克林因其在电力方面的重大发现而名列第一。里滕豪斯主要以一位天文学家而被人们铭记，特别是他在 1769 年对金星凌日的观测。凌日现象对确定太阳视差很重要。他在诺里顿建立了一座天文台，建造了用于观测的大部分仪器，进行了大量计算，并在美国哲学学会会刊《学报》（*Transactions*）上发表了他的发现。在其职业生涯中，他还观测了彗星、流星、水星凌日和新发现的天王星，为年历做计算并写了一些数学论文。

利用他的钟表制作天赋，里顿豪斯精心制作了两个华丽的太阳系仪，即机械太阳系统。它们有垂直的面，像一个时钟，而非通常的水平排列。他的太阳系仪是精密的杰作。

独立战争后，弗朗西斯·霍普金森（Francis Hopkinson）透过丝绸手帕看一盏路灯时看到了一幅衍射图案，他向朋友里滕豪斯寻求解释。作为回应，里滕豪斯于 1786 年制作了一个衍射光栅，它由系在两根带有极细螺纹的铜丝之间的平行毛发组成。他观察到了六阶光谱，并正确地将它们归因于衍射，尽管在解释这一现象时里滕豪斯遵循的是牛顿的光的微粒说，而非惠更斯的波动说。

利用其他实验，里滕豪斯巧妙地推测出铁是由许多微小的磁性物质组成的，这些磁性物质在被磁化时排列成一条直线。他正确地把浮雕错觉解释为一种心理效应，即洼地可以看起来像山丘，反之亦然。

里滕豪斯的科学产出并不惊人。他在天文学和物理学方面的重要论文发表在哲学学会的会刊《学报》上。各种各样的实验和观测也发表在其他地方。例如，他对电鳗的实验发表在《医学与物理杂志》（*Medical and Physical Journal*）上，而他对云生成的推测则发表在《哥伦比亚杂志》（*Columbian Magazine*）上。

戴维·里滕豪斯的名声在他有生之年一路飙升，但在 19 世纪和 20 世纪初就逐渐隐去。尽管亨利·卡文迪什（Henry Cavendish）重复过他的实验，但里滕豪斯的衍射光栅几乎没有给欧洲科学界留下什么印象。多年后，约瑟夫·夫琅禾费（Joseph Fraunhofer）独立地重新发现了衍射光栅，至今仍被认为是这项发明的发明者。此外，西蒙·纽康在重新审视了来自世界各地金星凌日的观测后，认为里滕豪斯的观测太不正常而没什么用处。

1932 年，当托马斯·D. 柯普（Thomas D. Cope）指出，是这位宾夕法尼亚州的科学家制造了第一个已知的衍射光栅时，里滕豪斯的声名开始慢慢恢复。今天，一些新的光学教科书将里滕豪斯的地位置于夫琅禾费之上。天文学家现在对凌日过程中接触时间的不确定性有了更好的理解，特别是由望远镜内的辐射引起的臭名昭著的"黑滴"（black drop）现象。里滕豪斯对磁性的解释在很大程度上仍未得到重视。由爱德华·福特（Edward Ford）和布鲁克·辛德尔（Brooke Hindle）撰写的传记为里滕豪斯带来了极大的关注度，但他的名字在很大程度上仍不为科学界和普通大众所知。

里滕豪斯的大部分手工作品至今仍在流传，包括他制造的许多钟表，例如有一个就在德雷塞尔大学；另外还有两个太阳系仪，一个在宾夕法尼亚大学，另一个在普林斯顿大学。还有一些肖像和一尊里滕豪斯的半身像。

世易时移，关于里顿豪斯的一些有趣的问题可能仍然无法回答，他是在哪里接受的教育，他从谁那里学到的钟表制作？

参考文献

[1] Barton, William. *Memoirs of the Life of David Rittenhouse*. Philadelphia, 1813.

[2] Bedini, Silvio. *Thinkers and Tinkers*. New York: Scribner's, 1975.

[3] Cope, Thomas D. "The Rittenhouse Diffraction Grating." *Journal of the Franklin Institute* 214（1932）: 99-104.

[4] Ford, Edward. *David Rittenhouse*. Philadelphia: University of Pennsylvania Press, 1946.

[5] Hindle, Brooke. *The Pursuit of Science in Revolutionary America*. Chapel Hill: University of North Carolina Press, 1956.

[6] ——. *David Rittenhouse*. Princeton: Princeton University Press, 1964.

[7] ——. *The Scientific Writings of David Rittenhouse*. New York: Arno Press, 1980.

[8] ——. "Rittenhouse, David." *Dictionary of Scientific Biography*. Edited by Charles C. Gillispie. New York: Scribner, 981, 9:471-473.

[9] Rice, Howard C., Jr. *The Rittenhouse Orrery*. Princeton: Princeton University Press, 1954.

[10] Rubincam, David, and Milton Rubincam II. "America's Foremost Early Astronomer." *Sky & Telescope* 89, no. 5（May 1995）: 38—41.

戴维·P. 鲁宾卡姆（David P. Rubincam）　撰，吴晓斌　译

自然哲学家兼神学家：约瑟夫·普利斯特利
Joseph Priestley（1733—1804）

普利斯特利出生于英国，1794 年移居美国时已经基本完成了他科学生涯中的主要成就。从 1767 年出版的《电学史》（*History of Electricity*）到 1777 年出版的《空气实验与观察》（*Experiments and Observations on Air*）最后一卷，他一直是 18 世纪科学界的重要人物。然而拉瓦锡氧化学说动摇了普里斯特利的燃素说。此外，他日益热衷于神学辩论和政治鼓动，引发了 1791 年发生在伯明翰的"教会与国王暴乱"，最终导致他自己和家人不得不寻求避难。

尽管普里斯特利在科学上的声誉有所下降，但他在美国并非默默无名。他可能是在那几十年的时间里美国最有名望的难民。他是本杰明·富兰克林的朋友，在美国独立战争之前和期间，他都是殖民者事业的坚定支持者。他关于神学、政治和教育的著作在美国都有市场，而他的非科学著作或许比科学著作更出名。在来到美国之前，他已有 7 本书的 12 个版本在美国出版，但没有一本是关于科学的，此后也延续着这一形势。1794—1806 年，他的著作和小册子在美国共印刷了 52 个版本，其中只有 6 个是关于科学的。这也反映了他在英国出版作品的比例，大部分都是非科学著作。

尽管他被邀请到纽约和费城定居，但他最终还是选择宾夕法尼亚的诺森伯兰郡为目的地，沿萨斯奎哈纳河要走 5 天马车车程。在那里，他准备担任牧师、教师，为那些因政治和宗教迫害而流放的自由主义英国人开创一个开明的乌托邦。但这个计划失败了，因为从英国移民已经变得很困难且没有必要。而普里斯特利却留在了诺森伯兰郡。他试图在那里恢复曾经在英国伯明翰的生活，将每年去伦敦的例行访问改为费城。他拒绝了宾夕法尼亚大学化学教授一职的邀请以及美国哲学学

会会长的提名。1785 年，他同意当选为美国哲学学会会员，以此来取代英国皇家学会。

普里斯特利 61 岁来到美国，他在这里的科学活动不可避免地虎头蛇尾。他出版了两本小册子来支持燃素说并否认水的成分。实验工作也没有中断，他将实验结果发表在科学论文中，数量比他在英国发表的论文还多：在《美国哲学学会汇刊》（*Transactions of the American Philosophical Society*）上发表论文 11 篇，在《纽约医学资料库》（*New York Medical Repository*）上发表论文逾 15 篇（因为该学会发表论文较慢）。其中许多被转载在英国的《月报》（*Monthly Magazine*）或尼克尔森（Nicholson's）的《自然哲学杂志》（*Journal of Natural Philosophy*）以及《科学与艺术》（*Science and the Arts*）上。这些论文中大多数都是对先前所做实验的重复。然而，普里斯特利的出现和他的活动引起了美国公民和外国人对科学的关注。他对氧化理论持续不断的攻击终于引起了人们的注意，也满足于迫使人们接受了一些他的批评，但即使是这样的成功也是微不足道的。他对一氧化碳的"发现"更多地应归属于威廉·克鲁克香克（William Cruickshank）的功劳，是他把这一发现融入拉瓦锡新化学之中。

普里斯特利对他人的影响，最能用来衡量他在美国的重要性。他鼓励本杰明·史密斯·巴顿（Benjamin Smith Barton）写下《关于美洲部落和民族起源的新观点》（*New Views of the Origin of the Tribes and Nations of America*，1797—1798）一书。约翰·亚当斯（John Adams）和托马斯·杰斐逊都是他神学观点的忠实读者。杰斐逊向他寻求大学课程的建议。普里斯特利的实验和对氧化理论的反对激发了约翰·麦克莱恩（John Mclean）、詹姆斯·伍德豪斯（James Woodhouse）、塞缪尔·莱瑟姆·米契奇（Samuel Latham Mitchill）和年轻的罗伯特·黑尔的工作和争论。普里斯特利的朋友托马斯·库珀（Thomas Cooper）在宾夕法尼亚、南卡罗来纳学院和狄金森学院教授化学，在那里他组织安排了普里斯特利的仪器捐赠。1874 年 8 月 1 日，在普里斯特利墓前举行的发现氧的 100 周年庆典上，美国化学学会诞生了。

参考文献

[1] Crook, Ronald E. *A Bibliography of Joseph Priestley 1733-1804*. London: Library Association, 1966.

[2] Priestley, Joseph. *A Scientific Autobiography of Joseph Priestley（1733-1804）: Selected Scientific Correspondence,* edited with commentary by Robert E. Schofield. Cambridge: MIT Press, 1966.

[3] Schofifield, Robert E. "Joseph Priestley's American Education." In *Early Dickinsoniana; The Boyd Lee Spahr Lectures in Americana, 1957-1961.* Carlisle, PA: Library of Dickinson College, 1961.

[4] ——. "Priestley, Joseph." *Dictionary of Scientific Biography.* Edited by Charles C. Gillispie. New York: Charles Scribner's Sons, 1975, 11:139-147.

[5] ——. *The Enlightenment of Joseph Priestley: A Study of His Life and Work from 1733 to 1773.* University Park, PA: Pennsylvania State University Press, 1997.

[6] ——. *The Enlightened Joseph Priestley, LL.D., F.R.S.: A Study of His Life and Work from 1773 to 1804.* University Park, PA: Pennsylvania State University Press, in press.

[7] Smith, Edgar F. *Priestley in America, 1794-1804*. Philadelphia: Blakiston's, 1920.

罗伯特·E. 斯科菲尔德（Robert E. Schofield） 撰，郭晓雯 译

博物学家及探险作家：威廉·巴特拉姆
William Bartram（1739—1823）

巴特拉姆是贵格会植物学家约翰·巴特拉姆（John Bartram）和他的第二任妻子安·门登霍尔（Ann Mendenhall）的第三个儿子，出生在宾夕法尼亚州的格赛新（现在是费城的一部分）。十几岁时，威廉开始跟随父亲进行植物学考察，并为一些英国通信者绘制标本，其中包括其父亲的主要顾问和赞助人彼得·柯林森（Peter Collinson）。由于殖民地时期的美国几乎没有机会以博物学为业，在费城学院（1752—1756）待了 4 年后，威廉在当地一个商人那儿当学徒。1761 年，他搬到了位于北卡罗来纳州开普菲尔的叔叔家，试图在那开创自己的贸易事业。与他早年的大多数冒险一样，这项事业最终以惨败告终。

1765 年，在父亲的迫使下，威廉·巴特拉姆极不情愿地安顿好开普菲尔的事务，与父亲一同前往东佛罗里达——一块新获得的英国领土。当他们下半年到达时，威廉立刻爱上了这个地方，并说服父亲在圣约翰河畔为他建造了一个水稻和靛青种植园。尽管一开始他热情高涨，但在贫瘠土地上种植不合适作物的尝试很快就以失败告终。从圣奥古斯丁海岸的一场船难中幸存下来后，威廉沮丧地返回了家。他在接下来的几年里待在费城和开普菲尔，用各种方式尽力维持生活。

1768 年，柯林森安排威廉为波特兰公爵夫人和贵格会医生约翰·福瑟吉尔（John Fothergill）绘制博物学标本，福瑟吉尔很快就成为巴特拉姆家族最重要的赞助人。在福瑟吉尔的资助下，威廉于 1773 年回到东南部，开始了为期四年的探险之旅。这个困惑的年轻人常常独自在一片未知的土地上旅行、收集标本、画画、记录并最终"找到了平静"（Bell, p. 489）。他对佛罗里达州、佐治亚州和南北卡罗来纳州的热烈描写，是第一批赞美美国荒原的作品之一。而这片荒原在其他人看来要么是邪恶、混乱的荒地，要么是有经济价值的资源仓库。他于 1777 年回到家乡，此后再也没有离开过。

威廉的弟弟小约翰在父亲去世后继承了家族的苗圃企业，威廉余生都在此工作。即使是宾夕法尼亚大学植物学教授（1782）以及加入弗里曼红河探险队（Freeman's Red River Expedition, 1806 年）这样的诱人邀请，也没能吸引他离开自己的家园。然而，巴特拉姆的花园成了博物学家们的圣地——包括托马斯·纳托尔、弗朗索瓦·米夏克斯（Francois A. Michaux）、托马斯·萨伊（Thomas Say）、本杰明·巴顿（Benjamin S. Barton）和亚历山大·威尔逊，这些人经常去那儿请教威廉。

在原因不明的长期拖延后，巴特拉姆终于在 1791 年出版了他在东南部探险的记述。巴特拉姆的《游记》（*Travel*）被广泛重印并翻译成多种语言，它对南方动植物的权威讨论（包括 215 种本土鸟类）受到广泛赞誉，但也有人批评其辞藻过于华丽。然而，这本书经久不衰的名声最终还是要归功于作者对自然的华丽描写，这些描写是 19 世纪浪漫主义运动的灵感和想象的源头。柯勒律治、华兹华斯、夏多布里昂（Chateaubriand）和其他浪漫主义作家将巴特拉姆浓烈的地域感，某些情况下甚至把其确切的某些语句融入他们自己的作品中。

由于他对其他博物学家和浪漫主义者的影响，巴特拉姆一直吸引着大量学者的关注（见 Cutting 的文献）。哈珀（Harper）发布了《游记》的注释版本及其东南探险第一部分期间的手稿日志，而伊万（Ewan）则编辑了一个有关现存绘画的精美版本。但截至目前，还没有一本关于巴特拉姆全面的传记。

参考文献

[1] Bartram, William. *Travels through North and South Carolina, Georgia, East and West Florida, the Cherokee Country, the Extensive Territory of the Muscogulges, or Creek Confederacy, and the Country of the Choctaws.* Philadelphia: James and Johnson, 1791. (See also, the "Naturalist Edition" edited by Francis Harper, New Haven: Yale University Press, 1958).

[2] ——. "Travels in Georgia and Florida, 1773—74: A Report to Dr. John Fothergill," edited by Francis Harper. *Transactions of the American Philosophical Society,* n.s. 33, part 2 (1943): 212–242.

[3] Bell, Whitfield J. Jr. "Bartram, William." *Dictionary of Scientific Biography,* edited by Charles C. Gillispie. New York: Scribners, 1970, 1:488–490.

[4] Cutting, Rose M. *John and William Bartram, William Byrd II, and St. John de Crevecoeur: A Reference Guide.* Boston: G.K. Hall, 1976.

[5] Earnest, Ernest. *John and William Bartram: Botanists and Explorers.* Philadelphia: University of Pennsylvania Press, 1940.

[6] Ewan, Joseph, ed. *William Bartram: Botanical and Zoological Drawings, 1756-1788.* Philadelphia: American Philosophical Society, 1968.

[7] Fagin, Nathan B. *William Bartram: Interpreter of the American Landscape.* Baltimore: Johns Hopkins University Press, 1933.

[8] Greene, John C. *American Science in the Age of Jefferson.* Ames: Iowa State University Press, 1984.

[9] Porter, Charlotte M. "Philadelphia Story: Florida Gives William Bartram a Second Chance." *Florida Historical Quarterly* 71 (1992): 310–323.

[10] Regis, Pamela. *Describing Early America: Bartram, Jefferson, Crevecoeur, and the Rhetoric of Natural History.* De Kalb: Northern Illinois University Press, 1992.

[11] Slaughter, Thomas P. *The Natures of John and William Bartram*. New York: Alfred A. Knopf, 1996.

小马克·V. 巴罗（Mark V. Barrow, Jr.） 撰，吴紫露 译

博物馆学家、艺术家兼发明家：查尔斯·威尔逊·皮尔
Charles Willson Peale（1741—1827）

皮尔出生在马里兰的安妮女王郡，1767—1769 年在伦敦跟随本杰明·韦斯特学习，后来回到家乡为马里兰的绅士画肖像画。在去往费城和弗吉尼亚的旅途中，他画了第一幅乔治·华盛顿（George Washington）的肖像画。1776 年，皮尔搬到费城，加入当地激进的共和党组织。独立战争期间，他担任过宾夕法尼亚州民兵组织的军官，在普林斯顿战役中参与作战，参与没收保皇派财产，担任过一届宾夕法尼亚州议会代表。在此期间皮尔没有停止作画，为后人留下了许多革命政治领袖和军官唯一的画像。他凭借自己的艺术特长和机械技术，策划了美国当时一些大规模的公众示威活动，如惩处本尼迪克特·阿诺德的庆典（Benedict Arnold ceremony of punishment，1780），以及凯旋门和平庆祝活动（Arch of Triumph celebration of peace，1784）。

皮尔的费城博物馆，代表了他的最大科学成就以及他对美国社会和文化的主要贡献。费城博物馆于 1786 年 7 月开放，从一个只陈列一些"自然奇观"的房间，发展成为美国第一个科学化组织的自然历史博物馆。从博物馆建立开始，皮尔虽未停止绘画，但他大部分的创造活力都投入了扩大和改进博物馆上。1786 年，皮尔成为美国哲学学会的会员，1794 年，他将博物馆搬迁到哲学学会一个更大的场馆里。1801 年，哲学学会再次慷慨解囊，提供给他一笔探险资金，去挖掘"伟大的未知物种"——美洲乳齿象的骨头。皮尔和儿子伦勃朗修复了两具几乎完整的骨架，并为欧洲科学家提供了图示和说明。乳齿象展览的巨大成功使费城博物馆在美国和欧洲科学家间名声大噪。得益于公众和科学界的关注，皮尔在 1802 年获得宾夕法尼亚州政府的许可，将博物馆搬到独立大厅（Independence Hall），一直在那里维持了 20 多

年。到 1816 年的 10 年时间里，博物馆在科学方面取得的巨大成功吸引了大量人气，累计有 47000 多人花费 25 美分购买门票来到博物馆参观。19 世纪中期博物馆关闭时，销售目录上列出的名目累计有 1824 只鸟、250 只四足动物、650 条鱼、135 只爬行动物、蜥蜴和乌龟、269 幅肖像画和 33 箱贝壳。

　　一家博物馆的知名度和声望可以通过交换或捐赠标本的人数来衡量。费城博物馆接受标本的记录手稿共有 192 页，上面列出了美国和欧洲当地的工匠、农民、知名科学家和收藏家提供的物品。虽然多数收藏家都是美国人，皮尔仍能安排与斯德哥尔摩、伦敦、阿姆斯特丹、巴黎和维也纳的收藏家交换标本。而他与欧洲科学机构的关系没有那么亲近，但在发掘出乳齿象骨头之后，他得到了伦敦博物馆约瑟夫·班克斯（Joseph Banks）爵士以示尊敬的认可，还得到了艾蒂安·若弗鲁瓦·圣伊莱雷（Étienne Geoffroy Saint-Hillaire）和巴黎自然历史博物馆（Muséum de l'Histoire Naturelle）乔治·居维叶赠送的一箱 54 只鸟。

　　虽然皮尔未能使费城博物馆成为一个永久性机构，但其馆藏确实在博物学的数个领域中产生了实质性的影响。居维叶说，古生物学如果没有皮尔父子组装的骨架、绘制的图画，就不可能对乳齿象进行分类。鸟类学方面，费城博物馆收藏的大量鸟类对亚历山大·威尔逊和乔治·奥德（George Ord）的工作至关重要。馆藏的矿物和昆虫对杰拉尔德·特洛特（Gerald Troost）和托马斯·萨伊的工作似乎也产生了帮助。在动物学方面，约翰·戈德曼（John Godman）所著的四卷本《美国博物学》（*American Natural History*）是 19 世纪中期这一领域的标准著作，内容包含大量对皮尔博物馆标本的参考。

　　皮尔兴趣广泛，以多种方式为美国早期的文化生活做出了贡献。他是宾夕法尼亚美术学院的关键人物，同时也是一名发明家和机械师，拥有美国第一项桥梁设计的专利，并和他的另一个儿子拉斐勒一起赢得了由美国哲学学会赞助的壁炉、炉灶改造竞赛。他一生都对健康和公共卫生改革感兴趣，发明了一种用以治疗感冒和改善公共卫生的便携式蒸汽浴，并申请了专利。皮尔还帮助开发了复写器，这是一种用于复印文件的机器，托马斯·杰斐逊和本杰明·亨利·拉特罗布（Benjamin Henry Latrobe）曾用它来复印信件。由于他的工匠背景而对机械有着浓厚兴趣，皮尔一生都在试验绘画和透视装置，他在自己的博物馆放置了一台绘画机器——人相描制仪（physiognotrace），用它描绘了成千上万的博物馆参观者的侧面像。他还是美国牙科的先驱，是美国首位使用瓷器制作假牙的人。

参考文献

[1] Appel, Toby A. "Science, Popular Culture and Profit: Peale's Philadelphia Museum." *Journal of the Society for the Bibliography of Natural History* 9（1980）: 619-634.

[2] Hart, Sidney. "'To encrease the comforts of Life': Charles Willson Peale and the Mechanical Arts." *Pennsylvania Magazine of History and Biography* 110（1986）: 323-357.

[3] Hart, Sidney, and David C. Ward. "The Waning of the Enlightenment Ideal: Charles Willson Peale's Philadelphia Museum, 1790-1820." *Journal of the Early Republic* 8（1988）: 389-418.

[4] Miller, Lillian B., ed. *The Collected Papers of Charles Willson Peale and His Family.* Millwood, NY: Kraus Microform, 1980. Microfiche.

[5] Miller, Lillian B., Sidney Hart, and David C. Ward, eds. *The Selected Papers of Charles Willson Peale and His Family.* New Haven: Yale University Press, 1983.

[6] Miller, Lillian B., and David C. Ward. *New Perspectives on Charles Willson Peale.* Pittsburgh: University of Pittsburgh Press, 1991.

[7] Schofield, Robert E. "The Science Education of an Enlightened Entrepreneur: Charles Willson Peale and His Philadelphia Museum, 1784-1827." *American Studies* 30（1989）: 21-40.

[8] Sellers, Charles Coleman. *Portraits and Miniatures by Charles Willson Peale. Transactions of the American Philosophical Society* 42, pt. 1（1952）.

[9] ——. *Charles Willson Peale.* New York: Charles Scribner's Sons, 1969.

[10] ——. *Charles Willson Peale with Patron and Populace. A supplement to Portraits and Minatures by Charles Willson Peale. Transactions of the AmeircanPhilosophical Society* 59, pt. 3（1969）.

[11] ——. *Mr. Peale's Museum: Charles Willson Peale and the First Popular Museum of Natural Science and Art.* New York: W.W. Norton, 1980.

西德尼·哈特（Sidney Hart） 撰，郭晓雯 译

另请参阅：自然历史与科学博物馆（Museums of Natural History and Science）

活跃于科学与政治界的牧师：玛拿西·卡特勒

Manasseh Cutler（1742—1823）

卡特勒出生于康涅狄格的基灵利市。1765 年毕业于耶鲁大学，他在那里以极大的热情从事天文学研究。后来，卡特勒开始学习神学，并于 1771 年被任命为马萨诸塞殖民地伊普斯维奇·哈姆雷特（汉密尔顿）公理会的牧师。在那里，他开始学习医学和植物学，建立了一所教授天文和航海基本知识的寄宿学校，并与附近城镇中对科学感兴趣的哈佛大学毕业生接触，其中包括约瑟夫·威拉德（Joseph Willard）、约翰·普林斯（John Prince）、威廉·本特利（William Bentley）和约书亚·费希尔（Joshua Fisher）。他也加入了哲学俱乐部，成立这个俱乐部的最初目的是购买爱尔兰化学家理查德·基尔万（Richard Kirwan）图书馆中被私掠者夺走的那一部分。1781 年，他当选为新成立的美国艺术与科学院院士。在院士《回忆录》中，他撰写了天文观测的相关内容，还有他在 1785 年写的"记录了一些自然生长在美国这一地区的蔬菜产品，并按植物学的方法进行了分类"一文，这篇文章被认为是"对新英格兰植物的首次认真研究"（Ewan, p. 36）。这些植物是按照林奈的有性生殖系统分类的，但并未采用林奈的双名法，且都是用当地方言命名的。1784 年，卡特勒被选为美国哲学学会会员。

尽管一生劳碌，包括担任过两届国会议员（1801—1805）、在俄亥俄公司向国会提交的在俄亥俄州范围内购买土地一事中发挥领导作用、为《西北条例》（1787）的起草做出贡献，以及随后定居俄亥俄州玛丽埃塔，但在时间允许的情况下，卡特勒仍延续着博物学的研究。他与哈佛大学植物学家威廉·丹德里奇·派克（William Dandridge Peck）合作，为杰里米·贝尔纳普（Jeremy Belknap）撰写有关新罕布什尔州历史的著作第三卷（1792）而鉴定并命名了新罕布什尔的动植物，并为杰迪狄亚·莫尔斯所著的《美国环球地理》（1793）一书的博物学部分做出了重大贡献。他希望最终能对新英格兰地区的植物进行全面的描述，因此广泛地与美国以及欧洲的植物学家进行通信，但 1812 年 1 月的一场大火销毁或损坏了他有关植物描述的手稿，这使他毕生的抱负遭受了巨大的打击。

不幸的是，当代没有卡特勒的传记，但他的《生活、期刊和通信》（*Life, Journals, and Correspondence*）是有关美国艺术与科学院早期历史、马萨诸塞州东部的哈佛毕业生的科学志趣、连接美国和欧洲植物学家的通信网络，以及卡特勒在旅行中参观的国家科研机构的一个珍贵的信息资源。西北大学图书馆藏有卡特勒的日记、信件和其他论文等资料共计 70 卷。

参考文献

[1] Cutler, William P., and Julia P. Cutler. *Life, Journals and Correspondence of Rev. Manasseh Cutler, LL.D.* 2 vols. 1888. Athens, OH, and London: Ohio University Press, 1987.

[2] Ewan, Joseph, ed. *A Short History of Botany in the United States.* New York and London: Hafner, 1969.

[3] Greene, John C. *American Science in the Age of Jefferson.* Ames: Iowa State University Press, 1984.

约翰·C. 格林（John C. Greene） 撰，吴晓斌 译

总统科学家：托马斯·杰斐逊

Thomas Jefferson（1743—1826）

杰斐逊是律师、弗吉尼亚州州长、驻法公使、国务卿、美国副总统和第三任总统、科学家。他出生于弗吉尼亚，父亲是土地开发商、制图师兼测量员。托马斯可能从父亲那里学到了一生受用的测量原理。1760 年，他被威廉玛丽学院录取，并于1762 年获得文学学士学位。在威廉斯堡学了 5 年法律后，他通过了弗吉尼亚律师资格考试，并在威廉斯堡执业。

上大学时，由于师从威廉·斯摩尔（William Small）教授，他开始对科学产生了兴趣。当他离开大学时，在物理科学和高等数学方面的知识，恐怕超过了那个时代的所有美国人。与其他任何美国人相比，杰斐逊以其广泛的兴趣和努力成为文艺复兴时期人的缩影。他最大的科学成就是促进了美国的科学发展，利用他的公共地

位来推动科学应用，将其作为实现国家进步的一种最可靠的手段。他坚信，无论是国外还是国内取得的成就，美国人都必须而且应该从中获益，在他看来，为了达到真正的民主，科学是建立人类友好关系的共同基础。在任驻法公使期间，他起到了科学技术信息中心的作用，向美国人介绍欧洲有用的新成就，并在欧洲推广美国的成就。作为美国总统，他发起了第一个政府资助的科学事业——刘易斯和克拉克探险队，去探索和界定西部土地。他明确指出，只有实用性的科学才值得考虑。他宣扬科学中应该有探究的绝对自由，唯一合法的结论都是基于仔细的观察和实验，尽管他并未完全践行。

从学生时代起，杰斐逊就养成了收集和记录主要与测量有关的统计数据的习惯，后来又有机会将其用于实际用途。在每次旅行时，他会记下建造方法，设备、工具和家具的细节，以及其他在他看来能提高生活质量的事项。这一做法使他可以调查、获取，甚至偶尔发明各种装置，以达到实用目的。被认为是杰斐逊的发明中，实际上很少是他独创的；其中大多数是他根据自己的需要对现有设备进行了修整或改进。他最重要的发明包括他用来起草《独立宣言》的便携式办公桌、便携式复印机、用于秘密通信的轮形密码装置，以及他设计的铧式犁。

在三十多年的公共生活中，杰斐逊一直未忘自己曾是耕作的农场主，他认为农业是一门科学。他的农作记录《务农书》，揭示了他还是一名农业工程师，从事建造栅栏、修桥铺路以及种植等相关活动。杰斐逊把蒙蒂塞洛和自己的其他土地改造成先进的试验田，试验他设计的一些新式农业机械和设备，并引进新农作物和新的农业方法。1788 年，考虑到传统木质犁的低效率，他运用数学原理设计出了一种更高效、更容易复制的铧式犁。

杰斐逊属于美国殖民地第一批进行系统气象研究的人，一生坚持对温度、降雨、风和其他气候数据进行记录。他认为，只有在相当远的距离下开展同步观测，才能成功地获得有关气象的知识。他也敦促其他人保持类似的记录，通过这种方式，他开发出了一套自己的名副其实的气象观测系统。1824 年，他提出了一项全国范围的气象记录计划。

杰斐逊拥有并使用了大量的数学仪器，其中一些是按照他自己的要求制作的。

天文学是其毕生的兴趣之一，他观察日食和其他天体现象，并确定了自己庄园的经纬度。

他不断寻找一些既能充实和装点自己的花园，又对国家有用的植物。他向国内外交换植物和种子，从欧洲引进了旱稻、橄榄和刺山柑。杰斐逊也是第一个发现山核桃的人，在他的《弗吉尼亚纪事》中，列出了129种原产于弗吉尼亚的植物，其中有药用的、食用的、观赏性的和用于制造的植物。

杰斐逊对美洲原住民及其起源和习俗有着浓厚的好奇心，他收集了许多美洲土著的手工艺品，放到白宫和蒙蒂塞洛的私人"博物馆"里。他最终得出结论，最能反映印第安人起源的信息必将取自于他们的语言，并考虑编纂一部宏大的印第安语汇表。在1780年到1781年间，他挖掘了一座印第安人的坟堆，不是为了收集古物，而是为了解决有关这些原住民墓地的结构和用途的猜想。在没有先例指导的情况下，他有条不紊地进行挖掘工作，以一种卓越的专业方式，记录了地层学以及所遇到证据的所有细节，这比现代考古学的技术早了近一个世纪。

与对印第安人的兴趣密切相关，杰斐逊还对宇宙起源以及岩石、晶体和化石壳的形成做出推测，当时他觉得妄下结论还为时过早。他通晓在世欧洲科学家已发表的著作，对美国动物生活的了解更比同时代人充分。因此，他对古生物学的研究，领先于那个时代最优秀的专业人员。杰斐逊抛弃了现有的分类方法，证明在美洲大陆上发现的某些化石不是所谓的河马或大象，而是乳齿象。他从各种来源收集了大量化石遗骸，并确定在格林布赖尔县发现的骨头是巨爪兽或巨爪地懒，后来以他的名字命名。他将大量的化石收藏捐赠给了美国哲学学会，并担任该学会主席17年。

1780年前后，担任弗吉尼亚州州长期间，杰斐逊开始汇编关于自己家乡所在州的数据，最终以《弗吉尼亚纪事》为名自费出版，它通常被看作18世纪美国最重要的科学著作。在该书中，他驳斥了布丰伯爵关于美洲大陆的动物比欧洲大陆的动物更小、更少的论点。

杰斐逊在晚年写道："科学是我的热情，政治是我的职责。"在那个时代，他对科学的贡献没有为自己赢得赞扬，反而遭到政治对手的嘲笑和责骂。然而，杰斐逊对科学重要性的认识（在他的时代还包括技术），以及认为科学应该由政府支持的理念，都在现代得到了更广泛的认可，这也是对其远见的鸣谢。

参考文献

［1］Bedini, Silvio A. "Jefferson, Thomas." *Dictionary of Scientific Biography*. Edited by Charles C. Gillispie. New York: Scribners, 1973, 8:88-90.

［2］——. "Godfather of American Invention." In *The Smithsonian Book of Invention,* edited by Robert C. Post. Washington, DC: Smithsonian Exposition Books, 1977, pp. 96-103.

［3］——. *Thomas Jefferson and His Copying Machines*. Charlottesville: University Press of Virginia, 1984.

［4］——. *Thomas Jefferson and American Vertebrate Paleontology*. Publication 61. Charlottesville: Virginia Division of Mineral Resources, 1985.

［5］——. "Man of Science." In *Thomas Jefferson. A Reference Biography,* edited by Merrill D. Peterson. New York: Scribners, 1986, pp. 253-276.

［6］——. *Thomas Jefferson Statesman of Science*. New York: Macmillan, 1990.

［7］Betts, Edwin Morris, ed. *Thomas Jefferson's Garden Book*. Philadelphia: American Philosophical Society, 1944.

［8］——, ed. *Thomas Jefferson's Farm Book*. Princeton: Princeton University Press, 1953.

［9］Jefferson, Thomas. "The Description of a Mould-Board of the Least Resistance and the Easiest and Most Certain Construction." *Transactions of the American Philosophical Society* 4 (1799): 313-322.

［10］——. "A Memoir on the Discovery of Certain Bones of a Quadruped of the Clawed Kind in the Western Parts of Virginia." *Transactions of the American Philosophical Society* 4 (1799): 246-322.

［11］——. *Notes on the State of Virginia*. Edited with Notes by William Peden. Chapel Hill: University of North Carolina Press, 1955.

［12］Martin, Edwin T. *Thomas Jefferson: Scientist*. New York: Henry Schuman, 1952.

［13］McAdie, Alexander. "A Colonial Weather Service." *Popular Science Monthly* 7 July, 1894, pp. 39-45.

西尔维奥·A. 贝迪尼（Silvio A. Bedini）　撰，彭华　译

医生、化学家兼精神病学家：本杰明·拉什

Benjamin Rush（1746—1813）

拉什出生在费城附近，1760 年毕业于新泽西学院（现在的普林斯顿大学）。在费城做了 5 年医科见习生后，拉什于 1766 年进入爱丁堡大学，并于 1768 年获得了医学学位。1769 年，他回到费城，开始行医，同时被任命为费城学院（现在的宾夕法尼亚大学）的化学教授。美国独立战争期间，拉什参与了各种社会、教育和政治改革，并作为代表签署了《独立宣言》。1789 年，他接替约翰·摩尔根（John Morgan）成为费城学院的医学教授，这一年之后，他远离了政治，更全面地转向了自然科学。拉什通过大量有影响力的著作、鼓舞人心的教学、孜孜不倦的临床治疗和显赫的职位——包括美国哲学学会副主席（1797—1801）——帮助塑造了美国早期的医学和科学思想。

拉什最初的科学贡献是在化学领域，他于 1769 年担任了殖民地第一个化学教授。他在这一领域的发展得益于其爱丁堡的老师约瑟夫·布莱克（Joseph Black）。然而，拉什主要感兴趣的是实际应用而非基础研究，他提出了大量应用于医学、家用和军事方面的化学知识，最著名的要数独立战争期间的火药制造。

放血疗法给拉什的职业生涯打上了不可磨灭的色彩，也给他带来无数争议。拉什从威廉·卡伦（William Cullen）那里继承了医学思想，认为神经和血管系统的生理调性（tone）是健康或生病的原因，从卡伦的学生约翰·布朗（John Brown）那里继承了神经刺激过多或过少是所有疾病根源的学说。但他指出，病态的主要表现是血管，尤其是动脉抽搐，或"病态兴奋"。这一生理学理论为他广泛使用已经很常见的放血操作奠定了基础，这一操作在 18 世纪 90 年代费城黄热病流行期间受到了严峻的考验。他对各种医学话题的观点发表在五卷本的《医学调查和观察》（*Medical Inquiries and Observations*，1789—1798）中。他在《关于动物生活的三个演讲》（*Three Lectures Upon Animal Life*，1799）中阐述了他的普通生理学观点，这是他最重要的哲学著作。

拉什对精神和身体之间的关系有着持久的兴趣，这在他颇有影响的《物理因

素对道德官能影响的研究》（*Enquiry into the Influence of Physical Causes upon the Moral Faculty*，1786）一书中首次显露出来。他在书中把联想心理学和官能心理学结合起来，并注入了他对个人革新的一贯热情。从 1787 年开始，他通过改革宾夕法尼亚医院对精神病患者的治疗手段来实现他的想法，他引进了类似于当时在英国和法国实行的更人道的方法。这项创新性工作以及他的《精神疾病的医学调查与观察》（*Medical Inquiries and Observations Upon the Diseases of the Mind*，1812）——美国人所写的第一本重要的精神病学书籍——确认了他作为美国"精神病学之父"的地位。

在拉什死后的数年里，他被称为"美国的西德纳姆"——一个会让费城人非常高兴的墓志铭。他尊敬且认同英国的同行，人们在他的著作中发现了他鼓励过度催吐和放血。从拉什的时代开始，这种做法就受到了严厉的批评，他的医学声誉，在某种程度上，随这种治疗方法的命运一道浮沉，而自 19 世纪中期以来这种治疗方法便已经失势。因此，对其方法适宜的历史理解有时会被先入之见所阻碍。

作为科学思想和应用的先驱，他毫无疑问地在科学领域享有广泛的声誉。在这一身份上，他体现了启蒙运动的理想，即始终相信科学知识最适宜的追求和利用是为了减轻痛苦和人类的进步。虽然有一段时间，他对理性的信仰让位于对神圣天意的更大希望，但他继续用仪器和药物治疗生理和社会疾病。

美国精神病学协会（American Psychiatric Association）成立于 1844 年，为了纪念拉什对精神病学的开创性贡献，协会在其官方印章上印上了拉什的肖像。19 世纪晚期和 20 世纪早期出现了许多关于其生活和工作的简短且理想化的描述以及一些更长的、更公正的研究。然而，直到 20 世纪中期，在莱曼·巴特菲尔德（Lyman Butterfield）的领导下，对拉什的研究才真正步入正轨。20 世纪 60 年代末和 70 年代出现了一系列的研究，主要是关于他在医学、精神病学和政治方面的工作，包括两本传记著作，尽管其中一本有失学术水准而另一本并不完整。20 世纪 80 年代和 90 年代，学者们更多地关注拉什多面生涯中的社会、宗教和文学方面。

至少对于拉什生命中重要但混乱的最后 25 年来说，仍需要一个全面的学术传记。这本传记应该包含了最近的那些研究成果，并全面完整地解释他的生活和工作，而不仅是他那个时代社会和科学的轮廓。

参考文献

[1] Binger, Carl. *Revolutionary Doctor: Benjamin Rush, 1746-1813*. New York: Norton, 1966.

[2] Goodman, Nathan G. *Benjamin Rush, Physician and Citizen, 1746-1813*. Philadelphia: University of Pennsylvania Press, 1934.

[3] Fox, Claire G., Gordon L. Miller, and Jacquelyn C. Miller. *Benjamin Rush: A Bibliographic Guide*. Westport, CT: Greenwood, 1995.

[4] Hawke, David F. *Benjamin Rush: Revolutionary Gadfly*. Indianapolis: Bobbs–Merrill, 1971.

[5] King, Lester. *Transformations in American Medicine: From Benjamin Rush to William Osler*. Baltimore: Johns Hopkins University Press, 1991.

[6] Miles, Wyndham. "Benjamin Rush, Chemist." *Chymia* 4 (1953): 37–77.

[7] Rush, Benjamin. *An Oration, Delivered before the American Philosophical Society, held in Philadelphia on the 27th of February, 1786; Containing An Enquiry into the Influence.*

[8] *of Physical Causes upon the Moral Faculty*. Philadelphia: Cist, 1786.

[9] ——. *Medical Inquiries and Observations*. 5 vols. Philadelphia: various publishers, 1789–1798. Reprint, New York: Arno, 1972.

[10] ——. *Three Lectures Upon Animal Life*. Philadelphia: Dobson, 1799.

[11] ——. *Medical Inquiries and Observations Upon the Diseases of the Mind*. Philadelphia: Kimber & Richardson, 1812. Reprint, Birmingham, AL: Classics of Medicine Library, 1979.

[12] Shryock, Richard H. *Medicine and Society in America: 1660-1860*. New York: New York University Press, 1960.

[13] Sullivan, Robert B. "Sanguine Practices: A Historical and Historiographic Reconsideration of Heroic Therapy in the Age of Rush." *Bulletin of the History of Medicine* 68 (1994): 211–234.

戈登·米勒（Gordon Miller） 撰，吴晓斌 译

发明家和社会改革家：本杰明·汤普森伦，伦福德伯爵
Benjamin Thompson, Count Rumford（1753—1814）

本杰明·汤普森对政治和科学的分类不屑一顾。他出生在美国，一生大部分时间在欧洲度过，在那里获得了实验主义者、发明家和社会改革家的声誉。他以雇佣兵为职业，经常旅行，推销自己以及他对热、光和消除贫困的无数研究。尽管他常去哈佛大学旁听，但汤普森的教育在很大程度上是非正式的。波士顿陷落使他不得不逃离美国，此前他担任过教师。他曾在殖民地部工作了一段时间，后来加入英国军队，并最终在独立战争期间被派往美国（1781—1783）服役。他后来（1784）去了巴伐利亚选帝侯①的军队里任职，主要在火药、热的性质、供暖和照明系统、慕尼黑穷人的住房和就业，以及巴伐利亚军队的服装方面开展试验。他早已被英国册封为爵士（1784），当神圣罗马帝国行将就木时，他被册封为神圣罗马帝国的伯爵（1791），又称伦福德伯爵。他被选为伦敦皇家学会会员（1795），随后又被选为美国艺术与科学学院院士。在这两个机构，他设立了对热的性质进行调查的奖项。他把剩余的财产留给了哈佛大学，设立了一个研究把科学应用于实用技艺的教席。

后者表明了汤普森真正的兴趣所在——科学的实用目的，并且代表了 18 世纪整个社会对科学的期望。他最早的工作，例如研究火药是为了改变火药中混合的成分以及火炮内部的结构要素以改进整个系统。汤普森开发了测试粉末质量的方法且成为标准。通过摩擦炮膛和放空炮的实验，他对"热质说"提出了质疑。他开始相信热是物体粒子的振动运动，但未能让同时代的人都相信这一点。伦福德挑战"热质说"的实验是具有独创性的，但他自己的理论模糊，不能涵盖其对手的解释基础。

汤普森随后转向了更实用的领域，包括不同种类布料的散热，以及不同表面和颜色布料的吸热。他把注意力转向了烟雾缭绕且效率低下的壁炉。汤普森对其进行了重新设计，引入了排烟架和挡板，并研究了炉口尺寸和烟道口尺寸之间的关系。他声称自己发明并在皇家学会、法兰西学院、私人住宅以及肥皂和染料制造厂安装

———————————

① 巴伐利亚选帝候指的是马克西米利安二世·埃马努尔，是一位有才干的军人。

了蒸汽加热系统。为了提高烹饪设备的效率，他把火放在一个隔热的盒子里，这就是现代炉灶的开端。

效率是他很多工作的关键，特别是在营养和照明方面。为使慕尼黑人摆脱贫困，汤普森将他们集中到巴伐利亚的军工厂工作，但同时面临着在不增加国家预算的情况下为他们提供食宿的问题。他提出了一套用作长期饮食的关于水和汤的营养价值理论。他不断为穷人试验各种廉价、充足的食物，后来他声称已经将马铃薯引入了中欧。面对军工厂的贫民照明问题，他提高了照明系统的效率，并开发了照度测量仪器、比影光度计和标准烛光。

汤普森的兴趣与英国那群地主的兴趣一致，这些地主希望在不增加当地纳税者成本的情况下消除贫困。他在伦敦建立了一个机构来推广有用知识，特别是为穷人改进农业的知识，这使得汤普森推迟了返回美国的计划。尽管他自己描述称，英国皇家研究院既不合他心意，他也没有真正控制它。尽管他在 1799 年到 1802 年期间担任过该机构的主管，但其实成立后不到数月，他就成了一位有名无实的领导人。他离开后，指责他贪污的声音再次响起——他之前在英国军队担任军官时曾受过指控。批评者甚至质疑他的科学工作（见 Berman）。

作为一个土生土长的美国人，只要物理学史是从 20 世纪开始写的，汤普森在美国科学界的地位就无可撼动。由于他坚信自己的学说，汤普森被看作热力学理论发展的先驱。他通过实验建立了这个其他人花四五十年才接受的理论。近期的研究对汤普森的叙述提出了质疑，争辩当时热质说的优越性和汤普森思想的不成熟（Brush，Goldfarb）。最近，历史学家开始研究汤普森在 18 世纪晚期的社会改革运动中的地位，该运动由一些精英成员决心维护社会和平及政治现状而推动。

参考文献

［1］Berman, Morris. *Social Change and Scientific Organization: The Royal Institution, 1799-1844.* London: Heinemann, 1978.

［2］Brown, Sanborn C. *Rumford on the Nature of Heat.* New York: Pergamon, 1967.

［3］——. "Benjamin Thompson, Count Rumford." *Dictionary of Scientific Biography.* Edited by Charles C. Gillispie. New York: Scribner, 1971, 13:350-352.

[4] ——. *Benjamin Thompson, Count Rumford.* Cambridge, MA: MIT Press, 1979.

[5] ——. ed. *The Collected Works of Benjamin Thompson, Count Rumford.* 5 vols. Cambridge, MA: Harvard University Press, 1968-70.

[6] Brush, Stephen G. *The Kind of Motion We Call Heat.* Bk. 1. New York: North Holland, 1976.

[7] Carae, Gwen. *The Royal Institution: An Informal History.* London: John Murray, 1985.

[8] Ellis, George E. *Memoir of Sir Benjamin Thompson, Count Rumford.* Boston, 1871.

[9] Goldfarb, Stephen J. "Rumford's Thought: A Reassessment." *British Journal of the History of Science* 10 (1977): 25-36.

[10] Heller, R.A. "Let Them Eat Soup: Count Rumford and Napoleon Bonaparte." *Journal of Chemical Education* 53 (1976): 499-500.

[11] Martin, John Stephen. "Count Rumford's Munich Workhouse." *Studies on Voltaire and the Eighteenth Century* 263 (1989): 206-208.

[12] Sokolow, Jayne. "Count Rumford and Late Eighteenth Century Science, Technology and Reform." *Eighteenth Century Studies* 21 (1980): 67-86.

[13] Thompson, Benjamin. *Complete Works.* 4 vols. Boston, 1871-75.

伊丽莎白・A. 加伯（Elizabeth A. Garber） 撰，孙小涪　译

地质学家兼慈善家：威廉・麦克卢尔

William Maclure（1763—1840）

麦克卢尔是出生于苏格兰的地质学家兼慈善家。凭借私人教师的教导，他在欧洲和美国取得了巨大的商业成功。1796 年，麦克卢尔移居美国，并于次年退出商界，悠然自得，随后正式成为美国公民。在退出商界前后他曾广泛游历欧洲和美国。作为费城科学社团的积极参与者，他于 1817—1840 年担任费城自然科学院院长，他的财政支持和地质学知识的贡献，对羽翼未丰的自然科学院产生了巨大影响。在他的鼓励和资金支持下，1819 年美国地质学会在康涅狄格州纽黑文成立，1825 年罗伯特・欧文（Robert Owen）的乌托邦公社在印第安纳州新哈莫尼成立。作为教育改革的积极倡导者，他还为美国引入佩斯塔洛兹（Pestalozzian）教育体系提供了资金。由于健康状况不佳，他于 1827 年移居墨西哥，在那里继续追寻自己的改革理念

和科学志趣，直至去世。

1809年，麦克卢尔根据自己的旅行经历，绘制了一张美国地质彩图，该图囊括了从大西洋到密西西比河之间的所有区域。虽然他仅使用几种岩石类型来简略描绘北美大陆，但却绘制出一幅经久不衰、适度精确的地图。在随附的文本中，他采用了维尔纳的分类和命名法，但又不拘泥于维尔纳的理论。这幅图在第二版中新增了更长的说明性文本，底图中的地理细节更加准确，对地质颜色也进行了大量修正，另外配套了五幅大型的截面图，颜色与地图相一致。帕克·克里夫兰（Parker Cleaveland）在其两版《矿物学和地质学初等教程》（*Elementary Treatise on Mineralogy and Geology*，1816年和1822年版）中都使用了麦克卢尔的地图，从而让它们在美国地球科学的学生中广为流传。第一版地图也在法国重新出版，因此成为许多欧洲人了解美国地质学的基础。"麦克卢尔先生可被视为美国地质学之父"，老本杰明·西利曼在1844年总结道："他是科学各个分支最得力的赞助人。"（Morton, p. 1）

目前还没有关于麦克卢尔的详尽传记，与他相关的档案资料保存在伊利诺伊州厄巴纳的伊利诺伊大学（伊利诺伊州历史考察馆藏）和印第安纳州新哈莫尼的工人学院。根据新哈莫尼的馆藏资料，约翰·S.多斯基（John S. Doskey）发表了几篇有关麦克卢尔的期刊文章以及一份他的传记介绍。

参考文献

[1] Dean, Dennis R. "New Light on William Maclure." *Annals of Science* 46 (1989): 549–574.

[2] Gerstner, Patsy A. "The Academy of Natural Sciences of Philadelphia 1812–1850." In *The Pursuit of Knowledge in the Early American Republic: American Scientific Societies from Colonial Times to the Civil War*, edited by Alexandra Oleson and Sanborn E. Brown. Baltimore: Johns Hopkins University Press, 1976, pp. 174–193.

[3] Maclure, William. "Observations on the Geology of the United States, Explanatory of a Geological Map." *Transactions of the American Philosophical Society* 6, pt. 2 (1809): 411–428.

[4]——. *Observations on the Geology of the United States of America*. 1817. Reprint (Historiae Scientarum Elementa, 1), Munich: Werner Fritsch, 1966. Also published as "On the Geology of the United States of North America." *Transactions of the American Philosophical Society,* n.s., 1 (1818): 1–92.

[5]——. *The European Journals of William Maclure*. Edited by John S. Doskey. *Memoirs of the American Philosophical Society* 171. Philadelphia: American Philosophical Society, 1988.

[6] Morton, Samuel George. "A Memoir of William Maclure, Esq., Late President of the Academy of Natural Sciences of Philadelphia, (Read before the Academy, July 1, 1841)." *American Journal of Science* 47 (1844): 1–17.

[7] Newell, Julie R. "American Geologists and Their Geology: The Formation of the American Geological Community, 1780–1865." Ph.D. diss., University of Wisconsin-Madison, 1993.

朱莉·R. 纽厄尔（Julie R. Newell） 撰，康丽婷 译

博物学家：塞缪尔·莱瑟姆·米切尔

Samuel Latham Mitchill（1764—1831）

米切尔是博物学家，出生于长岛，1780—1783 年在纽约市跟随塞缪尔·巴德（Samuel Bard）做医学学徒。他在爱丁堡大学学习医学，1786 年获得学位后回到纽约，并获得了行医执照。1792—1801 年，他在哥伦比亚学院担任博物学、化学和农学教授；任职期间，他于 1797 年创办了第一本美国医学期刊《医学资料库》（*The Medical Repository*）。米切尔在该大学教授了两年植物学（1793—1795），1796 年创办了农业、艺术和制造业促进协会，并在州立法机构任职一届（1798年）。从 1801—1813 年，米切尔断断续续地在美国国会任职，推动了路易斯安那州购地案（Louisiana Purchase）的勘探和执行检疫法等问题。1807 年，米切尔在纽约帮助建立了内外科医师学院，他在那里担任化学（1807—1808）、博物学（1808—1820）以及植物学与药物学（1820—1826）教席。1826 年，在一场长期的学院控制权争夺战中，学校教授输给了一个敌对的医生团体，之后这些教授效仿戴维·霍萨克建立了罗格斯医学院，米切尔在 1830 年之前一直担任新学院的

副校长和医学教授。米切尔的科学贡献与其医学事业不相上下。1814年，他帮助组织了纽约文学和哲学学会，3年后，在内外科医师学院医学生的支持下，他建立了博物学学园。米切尔的科学工作涵盖了广泛的学科，最值得注意的包括地质学、鱼类学、矿物学、植物学、气象学和化学；这种广泛的涉猎合乎18世纪晚期的趋势，但似乎引起了博物学学园的专家们的质疑。他在纽约科学界的影响力很大，因为他在创建各种机构方面发挥了重要作用，这些机构几十年来在当地和全国范围内都很重要。

参考文献

［1］Aberbach, Alan David. *In Search of an American Identity: Samuel Latham Mitchill: Jeffersonian Naturalist*. Peter Lang, 1988.

［2］Hall, Courtney Robert. *A Scientist in the Early Republic: Samuel Latham Mitchill, 1764-1831*. New York: Columbia University Press, 1934.

西蒙·巴茨（Simon Baatz）撰，康丽婷 译

长老会牧师兼教育家：塞缪尔·米勒
Samuel Miller（1769—1850）

米勒是美国长老会牧师兼教育家，关注涉及宗教的科学和文学的进展。作为纽约市的一名牧师（从1793年开始担任），米勒很早就凭借其《18世纪简史》（*A Brief Retrospect of the Eighteenth Century*，1803）受到公众的关注，这本书博古通今，概述了18世纪科学、文学、实用艺术和美术的发展，其目的主要在于表现科学与宗教的和谐。第一卷的内容是关于自然科学及其在航海、农业和机械艺术中的应用；第二卷介绍了人类心灵哲学、教育理论、文学以及美国和欧洲的科学、文学机构和出版物的发展。这几卷书之所以引人注目，不仅是因为米勒对科学发展和应用的描述范围及其总体上的充分性，而且还在于它证明了受过教育的新教神职人员普遍相信科学和基督教信仰是相容的。关于美国科学和教育机构、对科学和学习的贡献以及18世纪科学发展及其应用知识，米勒的书至今仍能为上述话

题提供有用信息。

1813 年，米勒成为普林斯顿神学院的教会历史与治理的教授，他继续发表各种主题的文章，直至去世。

参考文献

[1] Faris, Paul P. "Samuel Miller." *Dictionary of American Biography*. Edited by Dumas Malone. New York: Charles Scribner's Sons, 1928−1937, 12:636−637.

[2] Greene, John C. *American Science in the Age of Jefferson*. Ames: Iowa State University Press, 1984.

[3] Miller, Samuel. *A Brief Retrospect of the Eighteenth Century... Containing a Sketch of the Revolutions and Improvements in Science, Arts, and Literature During That Period.* 2 vols. 1803. Reprint, New York: Burt Franklin, 1970.

约翰·C. 格林（John C. Greene） 撰，康丽婷 译

首个掌握天体力学的美国人：纳撒尼尔·鲍迪奇
Nathaniel Bowditch（1773—1838）

鲍迪奇在马萨诸塞州塞勒姆的一个航海家庭长大。上了三年学后，他在一家船舶用品商店当学徒，一直工作到 21 岁。他以大副、押运员的身份进行了五次航行，在最后一次航行中，他是（船舶的）共有人和船长。从 1804 年到 1823 年，他是位于塞勒姆的埃塞克斯火灾和海事保险公司的总裁。从 1823 年到 1838 年去世，他是波士顿马萨诸塞州医院人寿保险公司的保险精算师。鲍迪奇从 1810 年起担任哈佛大学监督委员会的成员直至 1825 年，他在这一年成了保险公司的董事直至逝世。

鲍迪奇将他的闲暇时间投入自然哲学的研究中。他 16 岁就开始学习牛顿的《自然哲学的数学原理》，当时他还在塞勒姆当学徒。他在漫长的海上航行中继续研究。在他 1802 年到 1803 年的最后一次航行中，他开始研究拉普拉斯的《天体力学》，并一直坚持到 1814 年。他在那一年着手准备将这部作品译成英文并附上自己的评论。这本书于 1817 年完成，但直到 1828 年才得以自费出版。

鲍迪奇致力于理解世界是如何运作的。他在没有同伴的情况下，通过阅读文本独自工作。尽管鲍迪奇比利萨茹更早发现了利萨如 ① 图形，但他声称自己没有多大的原创性。他不愿教书，于是婉拒了 1806 年哈佛大学的霍利斯神学讲席职位、1818 年托马斯·杰斐逊提供的弗吉尼亚大学教授职位以及美国军事学院的职位。

鲍迪奇在《分析者》（*The Analyst*）和罗伯特·阿德兰管理的《数学日记》（*The Mathematical Diary*）上发表了文章。在 19 世纪 20 年代末和 30 年代初关于拉格朗日动力学的讨论中，鲍迪奇在《数学日记》上的文章被美国数学家罗伯特·阿德兰、亨利·詹姆斯·安德森（Henry James Anderson）、鲍迪奇、欧根尼乌斯·纳尔蒂（Eugenius Nulty）和西奥多·斯特朗（Theodore Strong）引用。鲍迪奇更正式的出版物大多在《美国艺术和科学院回忆录》（*Memoirs of the American Academy of Arts and Sciences*）和《北美评论》里。

1828 年后，鲍迪奇将他的大部分闲暇时间用于出版《天体力学》译本。他在那些年里鼓励年轻人，比如校对译本的本杰明·皮尔斯（Benjamin Pierce）和佐治亚大学的查尔斯·弗朗西斯·麦凯（Charles Francis McCay）。

鲍迪奇死后，他的名声起初被夸大了。他并不认为自己是"美国的拉普拉斯"——尽管悼词里这样称呼他。他还因著有《新美国实用式导航术》（*The New American Practical Navigator*）一书而备受尊敬。本书是一项商业工作，也是他的收入来源之一。后来，他被研究美国科学职业化的后辈们认定为业余爱好者。近年来，人们对鲍迪奇作为波士顿金融家的地位产生了兴趣。

鲍迪奇没有留下任何关于其内心想法的私人日记。他在死前销毁了私人文件。波士顿公共图书馆收藏了他的手稿和科学书籍，其中大部分是正式的出版物。

参考文献

［1］Archibald, Raymond Clare. "Bowditch, Nathaniel." *Dictionary of American Biography*. Edited by Allen Johnson. New York: Scribners, 1929, 2:496-498.

［2］Berry, Robert. *Yankee Stargazer.* New York: McGraw Hill, 1941.

---

① 又译作利萨茹图形、李萨如图形等。

[3] Campbell, John F. *History and Bibliography of The New American Practical Navigator and The American Coastal Pilot.* Salem: Peabody Museum, 1964.

[4] Greene, John C. *American Science in the Age of Jefferson.* Ames: The Iowa State University Press, 1984.

[5] Montgomery, James W. Jr., and Laura V. Monti, eds. *The Papers of Nathaniel Bowditch in the Boston Public Library: Guide to the Microfilm Edition.* Boston: Boston Public Library, 1983.

[6] Peabody Museum. *A Catalogue of a Special Exhibition of Manuscripts, Books, Portraits and Personal Relics of Nathaniel Bowditch (1773-1838): with a Sketch of the Life of Nathaniel Bowditch by Dr. Harold Bowditch, and an Essay on the Scientific Achievement of Nathaniel Bowditch,*

[7] *with a Bibliography of His Publications by Professor Raymond Clare Archibald.* Salem: Peabody Museum, 1937.

[8] Rothenberg, Marc. "Bowditch, Nathaniel." *American National Biography,* edited by John A. Garraty and Mark C. Carnes. New York: Oxford University Press, 1999, 3:270-272.

[9] Story, Ronald. *The Forging of an Aristocracy: Harvard & the Boston Upper Class, 1800-1870.* Wesleyan, CT: Wesleyan University Press, 1980.

小詹姆斯·W. 蒙哥马利（James W. Montgomery, Jr.） 撰，吴紫露 译

植物学家及地质学家：阿莫斯·伊顿
Amos Eaton（1776—1842）

伊顿出生于纽约哥伦比亚县查塔姆的一个农场，1799 年毕业于威廉姆斯学院。他先是从事法律和地产经纪相关工作，后来接触到塞缪尔·米切尔和戴维·霍萨克，开始对博物学产生兴趣。1810 年，伊顿开设了一门公共课程，并出版了有关植物学的通俗作品。1811 年，他陷入一场由土地投机引起的法律纠纷，律师生涯就此结束。出狱后，他转而全职投入科学事业。在耶鲁大学受教于本杰明·西利曼等人，此后伊顿约有 10 年时间都在担任科学方面的公共讲师，并以自由职业的博物学家身份开展州和地方的调查。例如，1816—1817 年，他在威廉姆斯学院和周边城镇（包括

北安普顿和阿默斯特）讲学。1824 年，他搬到纽约特洛伊，成为伦斯勒学院（即今伦斯勒理工学院）的教授。在人生最后的 18 年里，伊顿以伦斯勒学院为基地，改革了美国的科学教育事业。在伦斯勒学院，他指导年轻人从事科学研究。更重要的是，他一直在讲授科学。同时，他与艾玛·威拉德（Emma Willard）及其妹妹阿尔米拉·哈特·林肯·菲尔普斯（Almira Hart Lincoln Phelps）合作，向威拉德的特洛伊女子神学院（艾玛威拉德女子中学的前身）学生介绍科学。伊顿和林肯·菲尔普斯掀起了一场教学革命，推动科学教学模式从死记硬背转向直接观察。他们的学生从伦斯勒学院和特洛伊女校毕业后，将这种全新的科学教育方法传播至全国各地。

相较于伊顿对其他人产生的影响，他本人的科学工作也许不那么重要，但依然值得肯定。他的地质工作很大程度上得益于纽约州的各项调查，被认为是用化石分析将不再相邻的地层联系起来的最早尝试。他的植物学研究推动了美国东北部植物群地图的绘制。伊顿著作颇丰，涉及植物学、动物学、地质学和化学等领域。他的《北部各州植物学手册》在 1817 年至 1840 年间一共再版了 7 次。为了科学事业，他多次同纽约州议会交涉，从而促成州地质调查、奥尔巴尼县和伦斯勒县调查以及伊利运河走廊调查。

显然，伊顿主要是通过他的著作和学生来扩大其影响力。他的首位学生可能是年轻的约翰·托里，托里的父亲是负责关押伊顿的狱警。小托里带去的植物标本让伊顿忙得不可开交。作为回报，伊顿为托里讲授了植物学相关课程。地质学家詹姆斯·霍尔、矿物学家刘易斯·贝克（Lewis Beck）和诗人小说家威廉·卡伦·布莱恩特（William Cullen Bryant）后来都受到了伊顿的影响。虽然伊顿宣称自己有 7000 名学生，但很难统计出到底多少人听过他的公开讲座，且其科学素养因此得以提升。他在伦斯勒学院和特洛伊女子神学院的工作，将一代具有科学素养的学校教师送到全国各地。他的大量著作，即关于植物学、化学、动物学、地质学和矿物学的 13 本书，是同时代科学普及的最佳典范。

20 世纪 40 年代，麦卡利斯特（McAllister）、斯莫尔伍德（Smallwood）等人曾对伊顿的生平做了梳理，但目前没有最新的、学术性的传记。

参考文献

[1] McAllister, Ethel M. *Amos Eaton, Scientist and Educator.* Philadelphia: University of Pennsylvania Press, 1941.

[2] Smallwood, William Martin. "Amos Eaton, Naturalist." *New York History* 18 (1937): 167-188.

[3] Smallwood, William Martin, and Mabel Sarah Coon Smallwood. *Natural History and the American Mind.* New York: Columbia University Press, 1941.

伊丽莎白·基尼（Elizabeth Keeney）　撰，*曾雪琪*　译

物理学家兼教育家：约翰·法拉

John Farrar（1779—1853）

1803 年法拉毕业于哈佛大学，1805 年成为哈佛大学的教师。1807 年，塞缪尔·韦伯（Samuel Webber）成为哈佛大学校长后腾出了一个教授职位，但纳撒尼尔·鲍迪奇拒绝了这一职位，所以法拉就成了霍利斯自然哲学和数学教授。他的教学生涯一直持续到 1836 年，后来由于健康原因辞职。

法拉几乎没什么科学著作，以其翻译的法国教科书最为著名。这本书向年轻一代美国学生介绍了莱布尼茨式或欧式数学符号。

法拉是南北战争前美国文理学院教授的典型代表。大多数学生都只能从像法拉这样的教授那里获得正式的科学指导，他们对自然哲学的看法很大程度上都受其影响。

参考文献

[1] Greene, John C. *American Science in the Age of Jefferson.* Ames: Iowa State University Press, 1984.

[2] Hindle, Brook. "Farrar, John." *Dictionary of Scientific Biography.* Edited by Charles C. Gillispie. New York: Scribners, 1971, 4:546-547.

[3] Smith, David Eugene. "Farrar, John." *Dictionary of American Biography.* Edited by Allen

Johnson and Dumas Malone. New York: Scribners, 1931, 6:292-293.

小詹姆斯·W. 蒙哥马利（James W. Montgomery, Jr.）撰，曾雪琪　译

化学家、地质学家和教育家：老本杰明·西利曼

Benjamin Silliman, Sr.（1779—1864）

老西利曼出生于康涅狄格州的特朗布尔，1792—1796 年在纽黑文耶鲁学院学习法律，1802 年获律师资格。1799 年，他开始在耶鲁担任助教。1802 年，耶鲁校长蒂莫西·德怀特（Timothy Dwight）根据老西利曼的性格优势任命他为化学与博物学教授。之后，老西利曼便先后去费城、普林斯顿、伦敦和爱丁堡学习他要教授的科学。尽管他的教授头衔不时更名，但老西利曼一直在耶鲁任教至 1853 年退休。1808 年，他开始公开讲授科学课程，直至 19 世纪 50 年代初他一直都享受盛誉。1818 年，他创办《美国科学杂志》，担任该杂志唯一的编辑达 20 年之久。他是短暂存在过的美国地质学会（1819 年成立）的创始成员，也是美国地质学家协会（1841 年成立）的主席。后来，美国地质学家协会于 1848 年发展为美国科学促进会（American Association for the Advancement of Science），老西利曼便是其创始成员。此外，他亦是 1863 年成立的美国国家科学院的创始人之一。

老西利曼在化学与地质学方面的科学研究只是其职业生涯以及对美国科学贡献的一小部分而已。他还于 1807 年对韦斯顿流星（Weston meteor）进行了研究，赢得国内外一片赞誉。在他的职业生涯早期，老西利曼还对各种化学物质进行过一系列熔融实验。他的地质学著作一般都是以实地考察或雇用他人开展的学术研究为基础。

老西利曼对美国科学史的最重要影响源于他的教学工作，以及作为美国科学的倡导者与代表性人物。他在耶鲁大学教授的课程，以及作为他的助手所接受的额外训练，使耶鲁成为培训化学、矿物学和地质学人才的国家中心。他的学生包括查尔斯·贝克·亚当斯（Charles Baker Adams）、詹姆斯·德怀特·达纳、切斯特·杜威（Chester Dewey）、阿莫斯·伊顿、老爱德华·希区柯克（Edward Hitchcock Sr.）、奥利弗·哈伯德（Oliver P. Hubbard）、查尔斯·厄帕姆·谢泼德（Charles

Upham Shepard）和小本杰明・西利曼。老西利曼的化学与地质学思想主要通过他
编写或编辑的教科书提供给学生，远远超过他的直接指导。由老西利曼编辑的罗伯
特・贝克威尔（Robert Bakewell）著的《地质学导论》（*Introduction to Geology*）的
三个版本里，每一版都有老西利曼的附录，旨在调和圣经与地质学关于地球历史的
解释。老西利曼强调的调和思想在他两位学生老希区柯克和达纳的著作中得到了深
刻体现。

老西利曼无疑是 19 世纪早期美国最著名的科学家。他的《美国科学杂志》吸引
了广泛的读者，并为他提供了一个平台来提出美国科学应由政府抑或私人支持的主
张。作为一位备受欢迎的演讲者，老西利曼把其研究课题从楠塔基特（Nantucket）
一路带到圣路易斯（St. Louis），在各个社区公众面前进行演讲。1839 年至 1840 年
冬，当他于波士顿开启洛厄尔系列演讲（Lowell Lectures）时，现场门票一票难求，
以至于每场演讲都必须为新观众重讲一次。公开讲座不仅传播了科学知识，而且宣
扬了这一理念，即科学是对美国公民有益且有利的事业。

老西利曼利用《美国科学杂志》主编一职为科学项目游说；就美国科学的正当
性质与实践发表意见；并向国内外观察家展示美国科学及科学家进步和成熟的形象。
这份杂志使老西利曼成为一个庞大通信网络的核心：他经常作为其朋友和同事的顾
问，并在优先权或应得荣誉的争议中充当调解人。他尽可能使这类争议在不登刊的
情况下得到妥善解决，但在他任主编期间还是有几次长篇的指控和反指控论战文字
被刊出。

查多斯・布朗（Chandos Brown）的优秀传记作品对老西利曼的早年生活和事
业进行了深入探究，并对相关历史背景做出细致描述，但故事只记述到 1818 年。人
们，尤其是科学史学家们，希望将会有更多著作继续讲述这一故事。耶鲁所藏的西
利曼家族文献（Silliman Family Papers）提供了丰富的资源可以探寻老西利曼的
生平事迹，特别是《美国科学杂志》的运作方式。老西利曼写给他朋友、同事兼学
生的老爱德华・希区柯克的信毫无保留地表达了他自己的意见和评论，因此特别有
价值，这些信件可在阿默斯特学院（Amherst）所藏的校长爱德华・希区柯克文献
（President Edward Hitchcock Papers）中找到。

参考文献

[1] Brown, Chandos Michael. *Benjamin Silliman: A Life in the Young Republic*. Princeton: Princeton University Press, 1989.

[2] Daniels, George H. *American Science in the Age of Jackson*. New York: Columbia University Press, 1968.

[3] Fisher, George P., ed. *Life of Benjamin Silliman, M.D., LL.D., Late Professor of Chemistry, Mineralogy, and Geology in Yale College*. 2 vols. New York: Charles Scribner, 1866.

[4] Fulton, John F., and Elizabeth H. Thomson. *Benjamin Silliman: Pathfinder in American Science*. New York: Henry Schuman, 1947.

[5] Greene, John C. *American Science in the Age of Jefferson*. Ames: Iowa State University Press, 1984.

[6] Newell, Julie R. "American Geologists and Their Geology: The Formation of the American Geological Community, 1780-1865." Ph.D. diss., University of Wisconsin Madison, 1993.

[7] Rossiter, Margaret. "Benjamin Silliman and the Lowell Institute: The Popularization of Science in Nineteenth Century America." *New England Quarterly* 44 (1971): 602-626.

[8] Wilson, Leonard G., ed. *Benjamin Silliman and His Circle: Studies on the Influence of Benjamin Silliman on Science in America*. New York: Science History Publications, 1979.

朱莉·R. 纽厄尔（Julie R. Newell） 撰，彭繁 译

博物学家兼考古学家：康斯坦丁·塞缪尔·拉芬斯克

Constantine Samuel Rafinesque（1783—1840）

拉芬斯克出生于君士坦丁堡附近一个法国商人家庭，几乎没有接受过正规教育。1802 年，他被送到美国费城，在其父亲手下做学徒。业余时间对纽约附近各州的探险不仅使他收获了许多植物标本，也结识了很多博物学家朋友。三年后，他回到欧洲，作为美国驻巴勒莫领事的秘书，他很快便通过经商获得了经济独立。拉芬斯克得以把全部的时间都用来研究该岛的博物志，有时他与威廉·斯文森（William Swainson）一起工作。他的第一批作品在西西里岛发行，大部分作品署名为拉芬斯

克－舒马茨（Rafinesque-Schmaltz）。由于西西里岛受到法国入侵的威胁，为了减少人们对他法国血统的怀疑，他在名字中加入了母亲的姓氏。

1815 年他回到美国，在长岛海湾遭遇海难，虽然死里逃生，但失去了所有的藏品和大部分财产。此后，他通过各种方式来养活自己，包括贩卖博物学标本和书籍。在纽约的三年开启了他和博物学会（Lyceum of Natural History）的创始人之一约翰·托里一生的友谊。他也在那儿出版了《路易斯安那州植物》（*Florula Ludoviciana*），不过由于他在书中描述了自己从未见过的植物，从而招致了严厉的批评。他于 1832 年加入了美国国籍，并在美国度过了余生。

1818 年，他从俄亥俄河顺流而下的收集旅行归来，途中遇到了约翰·詹姆斯·奥杜邦，并获得了位于肯塔基州列克星敦的特兰西瓦尼亚大学（Transylvania University）的教授职位。这趟俄亥俄河之行带来了《俄亥俄州的鱼类》（*Ichthyologia Ohiensis*）一书的出版，该书对栖息于该河流域的鱼类进行了基本的描述，也标志着拉芬斯克努力设计一个可接受的珠蚌（unionacean mussels）分类方案的开始，该方案已经被视为他最有造诣的分类实践。尽管他经常与同事争吵，但拉芬斯克在特兰西瓦尼亚大学一直持续到 1826 年的任期，是他多产的时期之一。在那里，他开始对印第安人的古迹和语言产生了兴趣，出版了《美洲民族》（*The American Nations*）等著作，所谓德拉佤族（Lenape）的创世神话"瓦拉姆·奥勒姆"（Walam Olum）最早出现在此书中。

1826 年，他离开了特兰西瓦尼亚，永久定居于费城。尽管他还继续在野外收集标本并与其他博物学家交换，但是从肯塔基州运来的 40 箱物品已然为他的余生提供了研究材料。他有一段时间在富兰克林研究所演讲，推销一种名为普密尔（Pulmel）的结核病药品，甚至还创办了一家小型的劳工银行。

他虽从不富有，但也并不像人们普遍认为的那样贫穷。他去世时有一整栋租来的房子供他使用。得益于查尔斯·威瑟里尔（Charles Wetherill）的资助，他在生命的最后 4 年里自费出版了许多书籍和小册子，包括《北美的新植物群和植物学》（*New Flora and Botany of North America*）；他的自传《旅行的一生：地球上的植物群》（*A Life of Travels：Flora Telluriana*）；一卷诗集《世界》（*The World*）；《奥蒂孔·博塔尼孔》(*Autikon Botanikon*)；关于经济和教育的小册子，以及希伯来圣经的语言学研究。在他的职业生涯中，还创办了几家不成功的杂志，其中最出名的是《大西洋杂志和知识之友》(*Atlantic Journal and Friend of Knowledge*)。他唯一在经济上算是取得成功的书是两卷本的《药用植物》(*Medical Flora*)。

拉芬斯克的兴趣涉及了包括人类学在内的大部分博物学分支，主要集中在田野调查、分类和命名法上。在植物学和动物学方面，他的贡献是对动植物做了基本描述。由于他的美国同事大多数是坚定的林奈主义者，他对法国"自然分类法"的热情使他与其他博物学家格格不入。他的技艺粗陋，个性尖刻，使他发表的作品在他有生之年一直被人忽视，也因为这些作品的晦涩让这种忽视一直持续到 20 世纪。由于他的作品大多发行量很小，有些作品就完全没有保存下来。

在他的实践过程中，拉芬斯克涉足了分类学几个重要的方面，有时早于同时代的人，但他总是缺乏耐心去发展那些可能会有重大贡献的见解。他涉及的几个重要的主题包括以务实的观点观察物种的无常（这也使得有人把他看作达尔文的先驱）、植物地理和植物演替，用有机化石推定地质地层年代、语言学中词汇统计学粗略的开端，以及对一些玛雅文字性质的看法。尽管拉芬斯克没有做出任何理论上的知识贡献，但他在美国科学史上的地位不可磨灭，因为他发表的新植物名称比任何植物学家都要多。

参考文献

[1] Boewe, Charles. *Fitzpatrick's Rafinesque: A Sketch of His Life with Bibliography*. Weston: M & S Press, 1982.

[2] Boewe, Charles, Georges Reynaud, and Beverly Seaton, eds. *Précis ou Abrégé des Voyages, Travaux, et Recherches de C. S. Rafinesque* (*1833*), the Original Version of A Life of Travels

[3] (*1836*). Amsterdam: North-Holland Publishing Company, 1987.

[4] Call, Richard Ellsworth. *The Life and Writings of Rafinesque*. Louisville: John P. Morton and Company, 1895.

[5] Dupre, Huntley. *Rafinesque in Lexington, 1819-1826*. Lexington, KY: Bur Press, 1945.

[6] Merrill, Elmer D. *Index Rafinesquianus*. Jamaica Plain, MA: Arnold Arboretum, 1949.

[7] Rafinesque, C.S. *Florula Ludoviciana*. New York: C. Wiley & Co., 1817.

[8] ——. *Ichthyologia Ohiensis*. Lexington: The Author, 1820.

[9] ——. *Medical Flora*. 2 Vols. Philadelphia: Atkinson & Alexander, 1828; Samuel C.
      Atkinson, 1830.

[10] ——. *The American Nations*. 2 Vols. Philadelphia: The Author, 1836.

[11] ——. *New Flora and Botany of North America*. Philadelphia: The Author, 1836–1838.

[12] ——. *Flora Telluriana*. Philadelphia: The Author, 1837–1838.

[13] ——. *Autikon Botanikon*. Philadelphia: The Author, 1840.

[14] ——. *A Life of Travels*. Philadelphia, The Author, 1836.

[15] ——. *The World of Instability*. Philadelphia: J. Dobson, 1836.

查尔斯·博威（Charles Boewe） 撰，吴晓斌 译

探险家、发明家兼地形工程师：斯蒂芬·哈里曼·隆

Stephen Harriman Long（1784—1864）

隆出生于新罕布什尔州的霍普金顿，毕业于达特茅斯学院。在 1814 年加入美国陆军工程兵团之前，他曾担任过学校校长和土木工程师。1818 年陆军部改组时，隆被调入新的美国地形工程师局。作为该局有成就的探险家之一，隆率领一系列探险队穿越大平原，远至落基山脉以西，并从加拿大的温尼伯湖到墨西哥边境地区，总共约 26000 英里的西部侦察，比刘易斯和克拉克探索过的领土还要多。隆还设计了蒸汽船，勘察了铁路，并率先将物理学和数学应用于桁架桥和大坝的建设。

隆在科学史上的地位，主要在于他作为第一个组织和带领博物学家队伍进入跨密西西比河西部的军队探险家的名声。他最危险的任务也是最有争议的任务——沿着密苏里河和普拉特河前往落基山脉，这是亨利·阿特金森上校命运多舛的黄石探险队的一部分。1819 年 5 月 4 日，隆和一队士兵和科学家乘坐一艘不寻常的浅水汽船"西部工程师"号离开匹兹堡。这艘船由探险家自己设计，是西部单桅船的原型，也是第一艘登上密苏里河直至普拉特河口的蒸汽船。24 名船员包括动物学家托马斯·萨伊、博物学家提蒂安·皮尔（Titian Peale）、艺术家塞缪尔·西摩（Samuel

Seymour）和两名来自西点军校的年轻地形工程师。隆团队的植物学家威廉·鲍德温（William Baldwin）在途中去世，由外科医生兼科学家埃德温·詹姆斯（Edwin James）接替，他是这次探险的记录者。

在今天的奥马哈附近经历了一个灾难性的发烧和坏血病频发的冬季之后，美国陆军部放弃了黄石探险队，但隆的团队很快重新组织了一支陆上探险队，前往南方红河源头，这是一条人们不甚了解的分界线。1820年6月6日，隆带领21人向西进发。沿着普拉特河一直到落基山脉脚下，探险者们看到了一个参差不齐的峰顶，并把它命名为"隆峰"。他们向南转弯，停下来攀登派克峰（后来更名为詹姆斯峰），然后沿着山脚穿过干旱的草原，沿着加拿大河向下，到达阿肯色河和史密斯堡。探险队从现在的内布拉斯加州穿越到科罗拉多落基山脉，然后又穿过堪萨斯州、得克萨斯狭长地带和俄克拉荷马州。探险家泽布伦·派克（Zebulon Pike）在1810年的报告中称该地区为沙漠，隆对此表示认同，他将大平原描述为一片沙质荒地，"几乎完全不适合耕种，当然也不适合依靠农业生存的人们居住"（James, 2: 361）。隆的地图将该地区标为"大沙漠"，后来在一本流行的地图集中成为"美国大沙漠"。隆说，这个干旱的地区没有树木，而且与可通航的河流隔绝，对美国来说，它的价值仅仅是作为一个"屏障"来遏制定居和阻止外国入侵（James, 2: 388）。

历史学家们对隆的贡献的评价不一。研究皮草贸易的历史学家海勒姆·奇滕登（Hiram M. Chittenden）称这次远征是一次"彻底的失败"（2: 570），而其他人则批评这位探险家恢复了阻止西部移民的西部沙漠"神话"。然而，隆的许多辩护者说，这位探险家忠于从理论到事实的概念性科学。隆预计会找到一个沙漠。他认为远离密西西比河—密苏里河系统的干旱地区将难以耕种和防御，这也许是正确的。尽管探险队未能勘测到任何一条主要河流的源头，但隆绘制了一张重要的地图，这是首次划定阿肯色—加拿大水系的地图（Arkansas-Canadian）。探险队还带回了一些样本和至少270张图纸，包括当地的高山植物、狼和郊狼的新物种、化石、昆虫，以及《北美评论》通常认为对地理和博物学"非常重要的补充"。

陆军部认为这一成就令人印象深刻，于是命令隆回到西部进行第二次科学考察：沿着圣彼得河（后来更名为明尼苏达河）长途跋涉，进入苏必利尔湖附近有争议的苏族和齐佩瓦族地区。隆在 1823 年 4 月 30 日离开费城，最终到达了加拿大的温尼伯湖。他带领一群士兵和科学家，包括矿物学家威廉·H. 基廷（William H. Keating）、天文学家詹姆斯·E. 卡尔霍恩（James E. Calhoun），以及 1820 年远征队的两名老兵——西摩和萨伊。探险者们再次将这片神秘的土地视为文明的障碍——沉闷、虫子横行、不可逾越的荒原。

1824 年夏天，当基廷在编辑温尼伯湖考察日志时，隆从水利测量转向军队在俄亥俄河的翼坝实验中的水利建设，这是第一个联邦大坝。随后隆作为建筑商和铁路顾问开创了建筑数学的先河。作为巴尔的摩和俄亥俄铁路公司的测量主管，他撰写了一本广泛使用的建筑手册，于 1829 年出版。他还建造了一个了不起的木结构铁路桁架并申请了专利，历史学家称其为"第一个将数学计算纳入桥梁建造的桁架"。在19 世纪 40 年代和 50 年代，作为军队在俄亥俄河谷的高级地形测量师，隆发明了疏浚设备，规划了海上医院，并监督了联邦蛇形船计划。在内战期间，隆被召回华盛顿执行他的最后一项任务，76 岁的他被提升为上校和地形工程师团的团长。隆于1863 年退休。

参考文献

[1] "Account of an Expedition." *North American Review*, n.s., 7（1823）: 242.

[2] Chittenden, Hiram M. *A History of the American Fur Trade*. 2 vols. Stanford, CA: Academic Reprints, 1954.

[3] Goetzmann, William H. *Exploration and Empire: The Explorer and the Scientist in the Winning of the American West*. New York: Alfred A. Knopf, 1966.

[4] James, Edwin. *Account of an Expedition from Pittsburgh to the Rocky Mountains....* 2 vols. Philadelphia: H.C. Carey and I. Lea, 1823.

[5] Kane, Lucille M., June D. Holmquist, and Carolyn Gilman, eds. *The Northern Expeditions of Stephen H. Long: The Journals of 1817 and 1823 and Related Documents*. St. Paul: Minnesota Historical Society Press, 1978.

[6] Livingston, John. "Col. Stephen H. Long of the U. S. Army." In *Portraits of Eminent Americans Now Living with Biographical and Historical Memoir of Their Lives and Actions*. 4

vols. New York: Cornish, Lamport & Co., 1853–54, 4:477–89.

[7] Nichols, Roger L. "Stephen Long and Scientific Exploration on the Plains." *Nebraska History* 52 (Spring 1971): 59–62.

[8] Nichols, Roger L., and Patrick L. Halley. *Stephen Long and American Frontier Exploration.* Newark: University of Delaware Press, 1980.

[9] Shallat, Todd. *Structures in the Stream: Water, Science, and the Rise of the U. S. Army Corps of Engineers.* Austin: University of Texas, 1994.

[10] Wood, Richard G. *Stephen Harriman Long, 1784-1864*. Glendale, CA: Arthur H. Clark, 1966.

托德·夏拉特（Todd Shallat） 撰，彭华 译

另请参阅：地理探险（Geographical Exploration）

医师、教育家兼博物学家：丹尼尔·德雷克
Daniel Drake（1785—1852）

德雷克是美国先驱医师、教育家兼博物学家。德雷克出生在新泽西州的普莱恩菲尔德，3 年后，举家移民到西部。旅途中，他的父亲遇到了威廉·戈福斯医生（William Goforth），并与之建立了亲密的私人友谊。1800 年，当丹尼尔 15 岁的时候，他被送到辛辛那提，跟随戈福斯医生学习物理学、外科和助产学，并获得了美国西部第一张医学文凭。随后，他在宾夕法尼亚大学获得了医学学位。

德雷克的医学教育生涯始于 1817 年，当时他加入了位于肯塔基州列克星敦的特兰西瓦尼亚大学医学院。第二年，他回到辛辛那提，请求俄亥俄州立法机构批准建立辛辛那提大学和俄亥俄医学院；1819 年获得特许。德雷克的坚强意志、充沛精力和雄心壮志常常让他陷入争议。被他所创办的学校解聘后，他继续在列克星敦、路易斯维尔和费城的 6 所不同学校里担任了 11 个教职。他写作、教学，参与激烈的辩论，直到他的生命结束。

德雷克关心的医学教育问题在他 1832 年的《医学教育论文集》中有所概述。他率先展望了医学院应与拥有各类实验室的大学和公立医院联合起来。他敦促医生终身学习，在科学期刊上发表文章，并提升精湛的专业素质。

德雷克不仅是医生和教师，还是一名博物学家。1810 年，他出版了《辛辛那提点评》(*Notices Concerning Cincinnati*)，这是第一部描述西部城市地貌的书，包括其动植物、天气、人口和文化。多年来，他收集了关于北美河谷的地理和疾病信息，以及它们与环境的关系。1850 年，他将自己的发现首次出版，第二卷在他过世后出版。

在辛辛那提，尽管与同事们有些纷争，但他对这座城市难以割舍。他创建了此地医学和科学的多个学会、自然历史博物馆、图书馆、科学院和大学、植物园、医院和精神病院，服务这座城市的社会、教育和文化需求。威廉·奥斯勒爵士 (Sir William Osler) 观察到 "这座城市里一切好的东西都来自丹尼尔·德雷克" (p. 307)。在肯塔基州的森林中长大的丹尼尔·德雷克抓住了给予他的机会，发挥出自己的潜力。与生俱来的能力、坚强的性格和远大的抱负，使他超越了卑微的出身，成为美国医生中的佼佼者。

参考文献

[1] Drake, Daniel. *Doctor Drake on Medical Education and the Medical Profession in the United States*. Cincinnati: Roff & Young, 1832.

[2] ——. *Notices Concerning Cincinnati*. Cincinnati: Printed for the Author, at the Press of John W. Browne & Co., 1810.

[3] Drury, A.G., "Drake, Daniel." *A Cyclopedia of American Medical Biography*. Edited by Howard A. Kelly and Walter L. Burrage. Philadelphia: W.B. Saunders, 1912, 1:328-329.

[4] Flexner, Abraham. *Medical Education in the United States and Canada; a Report of the Carnegie Foundation for Advancement of Teaching*. New York: Carnegie Foundation for the Advancement of Teaching, 1910.

[5] Flexner, James T. *Doctors on Horseback: Pioneers of American Medicine*. New York: Garden City Publishing, 1937.

[6] Garrison, Fielding H. *An Introduction to the History of Medicine*. Philadelphia: W.B. Saunders, 1914.

[7] Gross, Samuel D. *Discourse on the Life, Character and Services of Daniel Drake, M.D.* Louisville: Office of the Louisville Journal, 1853.

[8] Horine, Emmet F. *Daniel Drake（1785-1852）Pioneer Physician of the Midwest.* Philadelphia：
　　University of Pennsylvania, 1961.

[9] Juettner, Otto. *Daniel Drake and His Followers.* Cincinnati：Harvey Publishing, 1909.

[10] Major, Ralph H. *A History of Medicine.* 2 vols. Springfield：C.C. Thomas, 1954.

[11] Meigs, Charles D. *A Biographical Notice of Daniel Drake, M.D. of Cincinnati.* Philadelphia：
　　Lippincott, Grambo & Co., 1853.

[12] Osler, Wiliam. *Aequanimitas.* 3d ed. Philadelphia：Blakiston, 1932.

[13] Shapiro, Henry D., and Zale L. Miller. *Physician to the West: Selected Writings of Daniel
　　Drake on Science and Society.* Lexington：University of Kentucky Press, 1970.

比利·布罗德杜斯（Billie Broaddus） 撰，陈明坦 译

证实胃液的存在和作用：威廉·博蒙特

William Beaumont（1785—1853）

　　威廉·博蒙特于1833年发表了《关于胃液和消化的实验和观察》（*Experiments and Observations on the Gastric Juice and Digestion*），从而成了第一批在医学科学领域获得国际声誉的美国人之一。这部著作对有关人类消化过程的知识体系做出了重大贡献；博蒙特的材料在解决一流生理学家们关于胃液的存在和功能的长期争议中起了决定性作用。他的书被翻译成法语和德语；被编入了苏格兰的教科书，而且英国也在使用。

　　博蒙特出生在康涅狄格州黎巴嫩市附近的一个农场，他大概是在镇上的公立学校接受的教育。21岁时，他离开家，在纽约尚普兰的一个村子里当老师。在当老师期间，他还在佛蒙特州圣奥尔本斯的本杰明·钱德勒医生（Dr. Benjamin Chandler）手下当学徒。1812年战争开始时，他只在钱德勒博士那儿学了一年。年轻的共和党人博蒙特，当时身无分文，还欠着导师的债。他在战时需求和爱国热情的驱使下，作为一名外科医生的助手加入了军队。战争结束时，他曾试图在纽约的普拉茨堡短暂行医，但他于1819年重新加入了新组建的陆军医疗队。他被派往五大湖的麦基诺堡。几年后，他在那儿偶然得到了进行重要医学研究的机会。

博蒙特的职业生涯有两个方面引人注目：首先，他的科学实验是在 1822 年至 1832 年在美国边境进行的。他是一名陆军外科医生，驻扎在麦基诺堡、尼亚加拉堡、克劳福德堡以及最后驻扎的圣路易斯附近的杰斐逊军营。他用军队医院简陋的设施进行研究，他的设备都是粗糙的、自制的。其次，这些实验是在同一个人身上进行的：一个年轻的法裔加拿大皮草猎人亚历克西斯·圣马丁（Alexis St. Martin），1822 年圣马丁由于意外，胃部受了枪伤。博蒙特在麦基诺堡治疗这个病人，经过几个月的护理和几次尝试缝合伤口的手术，通过造一个永久性的开口或伸进胃里的瘘管，即胃造瘘，圣马丁的伤口已经明显愈合。

从 1825 年开始，博蒙特对圣马丁的伤口进行观察及实验，一开始把他当作病人对待，后来，当他可以走动后，博蒙特雇佣他做家仆，在军营里为他的家人服务。圣马丁发现例行实验的要求很多且令人沮丧。他经常用尽一切办法反抗博蒙特，常常逃到加拿大的森林里。博蒙特知道，他以圣马丁为对象来观察健康人的胃的机会难得，但博蒙特只接受过学徒训练，在医学方面几乎是自学成才，在麦基诺堡开始实验时，他根本没有受过生理学方面的教育。

在陆军外科主任约瑟夫·洛维尔（Joseph Lovell）的指导下，博蒙特开始阅读那些被大型医疗中心的医生们所坚持并极力维护的有关人类消化的各种理论。洛维尔鼓励并寄给他一些关于消化系统生理学的书。他安排博蒙特在密歇根领地的医学杂志上发表了第一篇关于圣马丁的文章。洛维尔一直支持着博蒙特的研究事业。1832 年，博蒙特计划前往欧洲各家医学院参观，以展示圣马丁胃瘘管，洛维尔就安排军队向圣马丁支付中士的工资，将他安置在华盛顿特区的战争部派驻的一支勤务兵分队，然后分配给博蒙特做助手。

天真的圣马丁在华盛顿可能会受到其他科学家或机构引诱离开博蒙特。在和圣马丁一同前往华盛顿之前，博蒙特就向纽约克林顿郡的官员们展示了他的课题。为了维护他对圣马丁作为实验对象的专有权，博蒙特起草了一份合同，这是美国医学史上第一份将人类用于科学研究的文件。

洛维尔还安排博蒙特与来自弗吉尼亚大学的著名生理学家罗布利·邓格利森（Robley Dunglison）会面，以便在出版前润色手稿，扩大实验范围。博蒙特希望能从邓格利森的实验室获得一份他从圣马丁胃中提取的胃液的化学分析。与邓格利森的会面短暂且不愉快。这次会面让邓格利森教授见识了博蒙特对失去这本书的独家作者资格的强烈担忧，而且博蒙特没有充分承认邓格利森对这本书的重大贡献。

在纽约的普拉茨堡进行出版的最后一步时，圣马丁利用这里靠近加拿大边境的优势，从博蒙特身边逃回了家。去欧洲医学院参观的计划没能成行。然而，博蒙特拒绝推迟该书的出版，这本书于1833年12月出版，共计280页。在标题、格式和风格上使人联想到本杰明·富兰克林那本关于电的著作，博蒙特用长长的导言描述了他与圣马丁多年的合作，并以有关胃液的结论收尾。他断言"我的实验证实了……斯帕兰札尼（Spallanzini）教授的学说。"他试图证明胃液含有独立于身体的溶解特性，从而驳斥了主要以费城为基地的生理学家学派，即所谓的活力论者。书中描述的实验涉及将人类饮食中常见的各种食物插入圣马丁的胃瘘管中，然后用一根丝线将它们每隔一段时间提取出来以记录消化每一份食物所需的时间。

博蒙特的书在出版之前就被大力宣传。军医和《肚子上有个洞的人》的故事在19世纪30年代的美国很受欢迎，所以该书一开始卖得很好，博蒙特很高兴。然而，随着时间的推移，缺乏来自美国医生的认可让他大失所望。他是第一个写出情绪困扰对消化系统的影响的人，也是第一个写出茶和咖啡对胃有害、过量饮酒对胃有致命影响的人。所有这些结论都有助于我们了解圣马丁所处的困境，因为他年复一年地承受博蒙特的实验。20世纪晚期，博蒙特的书成为倡导素食主义和戒除所有刺激物的健康食品潮流的源头。

1833年博蒙特出版了著作，虽曾短暂地名噪一时，但当他被派往圣路易斯附近的杰斐逊兵营时，他获得更高声望的希望破灭了。就在博蒙特受到最高赞誉的时刻，他被军队送回了边境。因此，他的研究成果从未被从事实践工作的科学家们在本可以产生影响的圈子里推广。

在军队里谋生的职责剥夺了他的很多机会，博蒙特把自己和家人安置在远离东部当权集团的圣路易斯。他怀着愤怒和失望的心情听从军令来到圣路易斯，在那里度过了生命的最后20年。1839年从军队辞职后，他成了一名杰出的私人医生。博蒙特是密苏里医学协会的元老，也是圣路易斯华盛顿大学医学院首批教员之一。

他的资料存放在密苏里州圣路易斯华盛顿大学医学院图书馆的威廉·博蒙特收藏馆。

参考文献

［1］Beaumont, William. *Experiments and Observations of the Gastric Juice and the Physiology of Digestion*. Plattsburgh, NY: Allen, 1833.

［2］Brodman, Estelle. "Scientific and Editorial Relationships between Joseph Lovell and William Beaumont." *Bulletin of the History of Medicine* 38（March–April 1964）: 127–132.

［3］Miller, Genevieve, ed. *Wm. Beaumont's Formative Years: Two Early Notebooks, 1811-1821*. New York: Henry Schuman, 1945.

［4］Myer, Jesse Shire. *Life and Letters of Dr. William Beaumont*. St. Louis: C.V. Mosby, 1939.

［5］Numbers, Ronald L., and William J. Orr Jr. "William Beaumont's Reception at Home and Abroad." *Isis* 72（1981）: 590–612.

［6］Rosen, George. *The Reception of William Beaumont's Discovery in Europe*. New York: Schumans, 1942.

辛西娅·德黑文·皮特科克（Cynthia DeHaven Pitcock）　撰，吴紫露　译

运输工程师兼科学家：威廉·C. 雷德菲尔德
William C. Redfield（1789—1857）

雷德菲尔德出生在康涅狄格州的南方农场，是水手法勒·雷德菲尔德（Peleg Redfield）和伊丽莎白·普拉特（Elizabeth Pratt）5 个孩子中的老大。1803 年父亲去世后，他在克伦威尔的一个马鞍和马具制造商那儿当学徒。雷德菲尔德对科学很感兴趣，帮助建立了当地的辩论社团和图书馆。1810 年结束学徒生涯后，雷德菲尔德步行至俄亥俄州看望已经搬到那儿的家人。1811 年，他在康涅狄格州的米德尔顿开了一家乡村商店和马鞍店。

1823 年，雷德菲尔德成为哈特福德汽船公司的创办人和纽约代理商。次年，他成了蒸汽航行公司的合伙人，该公司在纽约和伊利运河之间的哈德逊河上运送乘客

和货物。他还积极参与了铁路的发展，公布了一项向西延伸至密西西比河的铁路服务计划，并设计了当地哈莱姆区和哈特福德－纽黑文铁路公司的路线。

雷德菲尔德的气象研究集中在北大西洋的风暴上。他从报纸、船舶日志和海岸气象站收集天气信息，用来重建风向规律和风暴的路径。在丹尼森·奥姆斯特德的支持下，雷德菲尔德于 1831 年在《美国科学杂志》上发表了他关于大西洋风暴的第一篇论文。

雷德菲尔德认为引力是所有大气扰动的根源，并假设飓风是由于信风被加勒比群岛偏转成圆形造成的。他相信水龙卷、龙卷风和冬季风暴都是遵循着相同原理的较小的旋风。雷德菲尔德声称他只是在描述旋风风暴的现象，但他的理论模型对水手们具有实践意义，因为飓风的复杂运动意味着用普通的风向标来指示风暴的真实运动并不可靠。他余生都在从事气象研究，使他陷入了与另外两位著名科学家詹姆斯·埃斯皮和罗伯特·黑尔的激烈争论中。

雷德菲尔德于 1837 年加入纽约科学学会（New York Lyceum of Science），后来还当上了副会长。他探索了哈德逊河的源头，成为研究鱼类化石的专家，命名了三叠纪鱼类的一个属和七个种。雷德菲尔德在 1848 年担任美国科学促进会的首任主席。他的最后一篇科学论文与北太平洋的气旋或台风有关，是应海军准将马修·佩里（Matthew Perry）的要求编写的，并发表在了他的探险报告中。

雷德菲尔德的论文、信笺以及他与威廉·里德（William Reid）的书信都存放在耶鲁大学的贝尼克珍本与手稿图书馆里。雷德菲尔德家族的手稿存放在国会图书馆手稿部。

参考文献

[1] Burstyn, Harold L. "Redfield, William." *Dictionary of Scientific Biography*. Edited by Charles C. Gillispie. New York: Scribner, 1975, 11: 340–341.

[2] Fleming, James Rodger. *Meteorology in America, 1800- 1870*. Baltimore: Johns Hopkins University Press, 1990.

[3] Olmsted, Denison. "Biographical Memoir of William C. Redfield." *American Journal of*

Science, 2d ser., 24（1857）: 355–373.

[4] ——. "An Address in Commemoration of William C. Redfield, First President of the Association." *Proceedings of the American Association for the Advancement of Science* 11 （1858）: 9–34.

[5] Redfield, John Howard. *Recollections of John Howard Redfield.* Philadelphia: Morris, 1900.

[6] Simpson. George G. "The Beginnings of Vertebrate Paleontology in North America." *Proceedings of the American Philosophical Society* 86（1942）: 130–188.

詹姆斯·罗杰·弗莱明（James Rodger Fleming）　撰，吴晓斌　译

化学家、物理学家、地质学家兼教育家：约翰·洛克

John Locke（1792—1856）

洛克生于新罕布什尔州的兰普斯特，早期对机械和植物学感兴趣。1815—1816年，他在耶鲁大学跟随老本杰明·西利曼短暂学习，1819 年获得耶鲁大学医学博士学位。19 世纪 20 年代和 30 年代初，他在一些女子学院任教或主持工作，并在其生命的最后几年再次任教，但未能成功地建立起一种医疗实践。他担任过辛辛那提的俄亥俄医学院化学教授（1835—1853），任期头两年在欧洲度过。任教期间，他还担任俄亥俄州地质调查的助理（1837—1838），以及大卫·戴尔·欧文（1839—1840）和查尔斯·托马斯·杰克逊（Charles Thomas Jackson，1847—1848）领导的联邦矿产地调查的助理。他是美国地质学家和博物学家协会的积极成员，1844年担任了该组织的会长。

洛克对科学最重要的贡献包括科学仪器的开发和应用。他发明了许多对科学工作有用的机械装置，包括电子计时仪。这种仪器利用电报技术，简单而准确地记录了远处天文观测的时间，从而有助于准确测定经度。电子计时仪为洛克赢得了海军天文台和美国海岸测量局负责人的赞誉，以及美国国会的 1 万美元奖励。

对植物学的早期兴趣促使他出版了一本初级植物学手册（1819），但植物学并不是他专业科学工作的重点。洛克在地质调查工作中，把大量的注意力放在气压法测定高度和磁罗盘的偏差上。19 世纪 40 年代初，他还发表了关于三叶虫、冰川现

象和西部（俄亥俄州）地质学的论文。他在科学生涯中致力于研究电和磁效应以及电和磁效应之间的关系。

目前还没有关于洛克的广泛的或近期的研究。也未发现任何与洛克或与他的工作有关的藏品或档案材料。

参考文献

［1］Locke, John. *Outlines of Botany.* Boston: Cummings and Hilliard, 1819.

［2］Waller, Adolph E. "Dr. John Locke, Early Ohio Scientist（1792–1856）." *Ohio State Archaeological and Historical Quarterly* 44（1946）: 346–373.

［3］Winchell, N.H. "Sketch of Dr. John Locke." *American Geologists* 14（1894）: 341–356.

［4］Wright, M.B. *An Address on the Life and Character of the Late Professor John Locke, Delivered at the Request of the Cincinnati Medical Society.* Cincinnati: Moore, Wilstach, Keys and Company [1857].

朱莉·R. 纽厄尔（Julie R. Newell） 撰，彭华 译

8.2 跨学科代表人物

自然地理学家兼环境理论家：乔治·珀金斯·马什

George Perkins Marsh（1801—1882）

马什出生于佛蒙特州伍德斯托克，在达特茅斯学院接受教育。马什曾有一段时间当过教师、商人和律师，但并未在这些职业上取得成功，而是在学术上找到了更大的满足感。在有生之年，他撰写了很多关于艺术、语言学、宗教、政治和自然保护的文章。1843 年，他以辉格党人的身份当选国会议员。他既不是伟大的政治家，也不是科学家，然而他在科学与政治的交汇领域颇具影响力，对于新成立的史密森学会，他是国会中坚定的支持者之一。1849 年，马什离开国会担任驻土耳其公使。1854 年，他曾短暂回到美国，度过一段私人生活，但在他生命的最后 21 年

（1861—1882）里，他又担任了驻意大利公使。

在早期著作中，马什支持一种极端的环境决定论。北方气候孕育了力量和美德，而温暖的气候滋生了懒惰和腐败。他称赞新英格兰清教徒是理想的哥特式风格在世上最后的遗迹，谴责罗马天主教和来自南欧的未同化移民涌入美国。这种对美国与新英格兰的狭隘认同也使他强烈反对美国进行西部扩张。

而此后的成熟著作中，马什推翻了这种环境决定论。他最具影响力的作品《人与自然》（*Man and Nature*，1864）强调了人类活动对环境的普遍影响。不像他早先声称的那样，自然塑造了人类的性格，他后来的著作以人类塑造自然为主题。虽然马什没有否认工业技术带来的好处，但他更强调人类活动的破坏性。由于贪婪和轻率，人类导致了当地环境退化。马什既拒绝无节制的发展，也不赞同亨利·大卫·梭罗回归自然的理念，他呼吁对环境进行合理的管理。

马什在保护主义和功利主义环境思想的两极之间划出了一个微妙的中间地带。与梭罗和约翰·缪尔不同的是，他拒绝超验主义，拒绝对自然界的感性认识：人类和自然是彼此独立的。然而，与吉福德·平肖相比，他更愿意在环境决策中把美学与经济学放在同等的地位。《人与自然》或许是 19 世纪最重要的自然地理学著作。它被人们广泛阅读，并在 20 世纪继续影响着环境理论，特别是通过刘易斯·芒福德和斯图尔特·尤德尔（Stewart Udall）的著作来发挥这种影响力。最近，一些生态学家如博特金（Botkin）批评马什延续了"自然平衡"的错误观念。博特金认为，就像那个时期的许多其他博物学家一样，马什错误地认为，未受干扰的自然就能无限期地恒定不变、保持稳定的状态。

参考文献

［1］Botkin, Daniel B. *Discordant Harmonies: A New Ecology for the Twenty-first Century*. New York: Oxford University Press, 1990.

［2］Curtis, Jane, Will Curtis, and Frank Lieberman. *The World of George Perkins Marsh, America's First Conservationist and Environmentalist*. Woodstock, VT: Countryman Press, 1982.

［3］Lowenthal, David. *George Perkins Marsh: Versatile Vermonter*. New York: Columbia

University Press, 1958.

[4] Marsh, George Perkins. *Man and Nature.* 1864. Edited by David Lowenthal. Cambridge, MA: Harvard University Press, 1965.

[5] Nash, Roderick. *Wilderness and the American Mind.* 3d ed. New Haven: Yale University Press, 1982.

[6] Russell, Franklin. "The Vermont Prophet: George Perkins Marsh." *Horizon* 10 (1968): 16–23.

[7] Udall, Stewart L. *The Quiet Crisis.* New York: Holt, Rinehart and Winston, 1963.

乔尔·B. 哈根（Joel B. Hagen） 撰，康丽婷 译

化学家、地质学家兼医师：查尔斯·托马斯·杰克逊
Charles Thomas Jackson（1805—1880）

杰克逊生于马萨诸塞州的普利茅斯，1829 年从哈佛大学获得医学博士学位。1829—1832 年，杰克逊在巴黎和维也纳从事医学、地质学和矿物学研究。直到 19 世纪 60 年代中期，杰克逊都是一名执业医师，但将大部分时间投入非医学领域，1836 年，在波士顿建立了一个分析化学实验室。1837—1839 年，他担任缅因州和马萨诸塞州两州的地质调查员，以及缅因州的州地质学家，1839—1840 年担任罗得岛调查所主任，1839—1844 年担任新罕布什尔州调查所主任，1847—1849 年担任国土办公室苏必利尔湖地区调查所主任。他声称自己发明了棉火药，推导出了电报机的基本原理，发现了乙醚的麻醉效果，而这些成果都是别人公开介绍之后他才提出的。因痴迷于确立各种优先权，导致他被迫从苏必利尔湖调查所辞职，并给余生蒙上了阴影。1873 年，他被送到一家精神病院，几年后在那里去世。

杰克逊的化学实验室在商业和教育两方面都取得了成功。他指导过很多学生，小本杰明·西利曼和约西亚·德怀特·惠特尼（Josiah Dwight Whitney）均在其中。杰克逊的实验室进行矿物学和土壤分析，这是他的调查任务所必需的，实验室的学生则担任助理调查员。

1827 和 1829 年，杰克逊和弗朗西斯·阿尔杰（Francis Alger）在新斯科舍省

进行了业余消遣性的地质考察。如他后来的专业调查活动一样，杰克逊专注于矿物学和经济地质学。他发表的大部分作品都是对土壤、矿物样品和其他具有经济价值的地质产物进行化学分析的结果。杰克逊专注于观察和分析的细节，却未对其加以综合理论化。1850 年后，他为私人采矿公司和个人开展了大量的调查和分析工作。

尽管杰克逊没有对 19 世纪的化学或地质学做出任何重大贡献，但其同代人认为在美国科学界，他的价值与争议并存。他积极参与美国艺术与科学院、波士顿博物学会、美国地质学家和博物学家协会以及美国科学促进会的活动，这让他的观点及其与同事间的讨论得以广泛出版。与杰克逊的生活和工作有关的档案记录很少且分散，也没有关于他的传记。

参考文献

[1] Aldrich, Michele L. "Charles Thomas Jackson's Geological Surveys in New England, 1836–1844." *Northeastern Geology* 1 (January 1981): 5–10.

[2] *Full Exposure of the Conduct of Dr. Charles T. Jackson, Leading to His Discharge from the Government Service, and Justice to Messrs. Foster and Whitney, U. S. Geologists.* [Washington, DC: United States Department of the Interior, 1850.]

[3] Gifford, George Edmund, Jr. "Jackson, Charles Thomas." *Dictionary of Scientific Biography.* Edited by Charles C. Gillispie. New York: Scribners, 1973, 7:44–46.

乔尔·B. 哈根（Joel B. Hagen） 撰，彭华 译

海洋学家、气象学家、天文学家兼海军军官：马修·方丹·莫里
Matthew Fontaine Maury（1806—1873）

莫里出生在弗吉尼亚州弗雷德里克斯堡附近，在田纳西州长大，1825 年他从哈佩斯学院毕业，受过的正规教育较为有限。1825 年，他以海军少尉的身份加入海军，并于1836年获得中尉军衔。1837 年，在拟议成立的南海探险队（威尔克斯探险）中，他受指派担任天文学家，但因探险出发前出现长时间的争吵而辞职。1839 年，他在一次马车事故中受伤，导致永远无法从事海上工作，1842 年他受任为海图和仪表库

的主管，并在 1844 年成立海军天文台时担任负责人，这为他提供了享有盛誉的陆上职务和相当大的影响力和科学资源。他于 1861 年辞职加入南部邦联海军，到 1865 年一直在南部邦联担任多项职务。南北战争结束后，他到国外生活，1868 年返回美国，来到弗吉尼亚军事学院担任教授，在那里工作到去世。

莫里的主要科学兴趣在于收集和整理关于风和海流的数据，用以编制军事和商业航海所需的文件。尽管海军天文台由他主管，但他在天文学方面的贡献微乎其微，这些贡献主要集中在观测方面。海图和仪表库储存了大量船舶日志，他利用日志中包含的信息，以及向军民船长征求意见，制作出了能够节省时间、金钱和生命（Goetzmann，p. 314）的航海图及航海说明。他将提交给美国科学协会的各种论文与他在航海工作中获得的数据结合起来，出版了《海洋自然地理》（*The Physical Geography of the Sea*，1855）一书，这部作品经常被誉为海洋学的开端，但也屡屡遭到批评，认为其内容没有什么真正的价值。

莫里经常发现自己处于争议的中心。作为海军天文台台长，他在两方面引起了别人的敌意。一方面，其他海军军官，特别是那些反对他直言不讳地推动海军改革的军官，认为他的改革尤其是岸上勤务这一选择是不可取的。另一方面，以亚历山大·达拉斯·贝奇及其科学"丐帮"为首的美国科学界精英，认为他控制了以天文台为代表的科学资源，并试图将自己的权威和影响力扩大到他所受培训和专业知识之外的问题，这令他们感到不满。莫里作为一个自学成才的南方人，乐于提出看起来有些离奇的理论，而面对批评时又不愿意修改自己的想法，这导致他被谴责为科学骗子（Burstyn，p. 197）。

不论莫里的理论有多离经叛道，他对航海和理解海洋物理特征方面的贡献还是得到了国内外同时代人的认可，并给他带来了许多奖项和荣誉。但他那个时代的科学精英认为莫里被过誉了，原因一方面在于他们对制定和捍卫专业标准的关注，另一方面在于他们认识到，莫里的工作和对科学资源的控制对其他关键项目来说是一种潜在竞争，如贝奇的海岸勘测局和约瑟夫·亨利的气象网等项目，再有就是莫里的理论偏好和关于他的那些争议也是原因之一。

参考文献

［1］Bruce, Robert V. *The Launching of Modern American Science, 1846-1878*. New York: Knopf, 1987.

［2］Burstyn, Harold L. "Maury, Matthew Fontaine." *Dictionary of Scientific Biography*. Edited by Charles C. Gillispie. New York: Scribner, 1974, 9:195-197.

［3］Corbin, Diana Fontaine Maury. *A Life of Matthew Fontaine Maury*. London: S. Low, Marston, Searle & Revington, 1888.

［4］Goetzmann, William H. *New Lands New Men: America and the Second Great Age of Discovery*. New York: Viking, 1986.

［5］Maury, Matthew Fontaine. *Physical Geography of the Sea*. New York: Harper and Brothers, 1855.

［6］Slotten, Hugh Richard. *Patronage, Practice and the Culture of American Science: Alexander Dallas Bache and the U.S. Coast Survey*. Cambridge, U.K.: Cambridge University Press, 1994.

［7］Williams, Francis L. *Matthew Fontaine Maury, Scientist of the Sea*. New Brunswick: Rutgers University Press, 1963.

朱莉·R. 纽厄尔（Julie R. Newell）　撰，康丽婷　译

地球物理学家兼美国科学院首任院长：亚历山大·达拉斯·贝奇
Alexander Dallas Bache（1806—1867）

贝奇是地球物理学家兼科学管理人员，本杰明·富兰克林的曾孙。他的父母都来自费城的精英家庭，和政界有着密切的联系。作为一名科学家以及公众人物，这种联系对他的职业生涯至关重要。1825 年，贝奇以全班第一名的成绩从西点军校毕业，在那里受过专门的科学教育。他留校一年，讲授数学和自然哲学，又到陆军工兵部队当了两年中尉，协助建造罗德岛新港的亚当斯堡。1828 年，他回到费城，成为宾夕法尼亚大学的自然哲学和化学教授。闲暇时间里，贝奇也开始从事物理和地球物理的研究，特别是气象学和地磁学。然而，也许更为重要的活动是他担任费城科学机构的主要领导人，尤其是美国哲学学会和富兰克林研究所，他在那里致力于提高演讲和出版物的科学标准。在富兰克林研究所，他主持了一项由联邦政府赞助的研究，寻找蒸汽船上的蒸汽锅炉爆炸的原因。这项研究是联邦政府首批通过大规模、系统性地运用科学实验来解决公共问题的项目之一，为科学－政府关系的发展开创了重要的先例。

1836年，贝奇辞去了宾夕法尼亚大学的职位，到费城新成立的吉拉德学院（Girard College）担任校长。为了更好地组织管理该校，随后的两年里他前往欧洲研究教育体系。他的研究成果——《欧洲教育报告》，称赞了普鲁士教育体系及其对科学、现代语言和实习培训的重视，这份报告成为影响美国教育改革的重要文件。由于吉拉德学院的推迟开办，贝奇转而协助改组费城的公立学校。1839年至1842年，他管理的费城中心高中贯彻了他重视高等科学技术教育的观点。在19世纪30年代后期，他继续从事科学研究，特别是地球物理科学。他在欧洲之旅中遇到的一些杰出科学家给了他越来越多的灵感；这项研究也得益于他的领导才能。例如，从1839年开始，贝奇组织美国科学家参与国际合作，建立全球的地磁测量站网络。

1842年，贝奇回到宾夕法尼亚大学。费迪南德·R. 哈斯勒（Ferdinand R. Hassler）于次年去世，他接替哈斯勒成为海岸勘测局局长，担任这个职务直到1867年去世。到19世纪30年代末，贝奇和密友约瑟夫·亨利决定竭尽所能提高科学在美国的地位，这包括寻求支持和资金来源。贝奇尤其相信，像海岸勘测局这样的由一流科学家控制的政府机构将从中发挥核心作用。到19世纪50年代，通过将海岸勘测局改组为美国出类拔萃的科学支持机构，贝奇实现了自己的抱负。与其他支持科学的机构相比，海岸勘测局拥有的预算要高得多；它还聘用了更多的科学家，或是受薪雇员，或是外部顾问。在贝奇的指导下，该局开展了范围甚广的科学研究，领域涵盖从天文学、地球物理学到水文地理学和博物学。国家的领土拓张为其扩充勘测范围提供了依据，他们的足迹遍及大西洋、波斯湾和太平洋沿岸。通过建立政治联盟、让公众相信科学研究与商业开发密切相关，贝奇成功地让海岸勘测局的活动得到支持。

贝奇还从哈斯勒那里接手了计量处。掌管着海岸勘测局和计量处，让贝奇拥有了政府中的机构条件，借此他可以在整个科学界扩大其影响力。他成了一个上层团体的公认"首领"，这个团体包括本杰明·皮尔斯、约瑟夫·亨利和路易·阿加西，他们称自己为"丐帮"或"科学乞丐"。"丐帮"支持贝奇在海岸勘测局的作为，贝奇则投桃报李，为他们提供赞助。贝奇和"丐帮"致力于提高美国科学的水平，采取的措施包括培育政府的支持、推行教育改革等。他们的影响力扩张到一些关键机构，如美国科学促进会，1851 年，贝奇当选为该会会长。贝奇也是史密森学会颇有影响力的领导者之一。他帮助引导史密森学会支持创新研究，而不仅仅是传播知识，他说服约瑟夫·亨利担任第一任秘书。作为南北战争前美国科学界的主要领导人，贝奇为确立 19 世纪美国的科学模式做出了很多贡献。他努力争取支持，有助于科学被定义为一门需要职业化和专门化培训的精英行业；一种政府支持但又在政府部门之外进行的事业；以及发展经济和商业的一个关键要素。但是，尽管是一种精英的追求，科学实践也需要考虑到民主的力量，采取行动在地方层面上引导公众舆论。

南北战争期间，贝奇不遗余力地投身战争。他曾担任卫生委员会副主席，海军负责评估新武器的常设委员会成员，陆军和海军战斗计划的顾问，以及费城防务准备工作的主管。但内战也给了贝奇及其朋友们一个机会，他们说服国会中剩下的北方议员，在 1863 年通过立法，创建国家科学院。贝奇担任了首任院长。1864 年后，贝奇因一系列的中风损伤了身体，他的活动受到限制。

参考文献

［1］Bruce, Robert V. *The Launching of Modern American Science, 1846-1876*. New York: Knopf, 1987.

［2］Dupree, A. Hunter. *Science in the Federal Government: A History of Policies and Activities to 1940*. Cambridge, MA: Harvard University Press, 1957.

［3］Odgers, M. *Alexander Dallas Bache: Scientist and Educator, 1806-1867*. Philadelphia: University of Pennsylvania Press, 1947.

［4］Reingold, Nathan. *Science in Nineteenth-Century America: A Documentary History*. Chicago: University of Chicago Press, 1964.

［5］Rothenberg, Marc, ed. *Princeton Years, 1844-1846*. Vol. 6 of *The Paper of Joseph Henry*. Washington, DC: Smithsonian Institution Press, 1992.

[6] Slotten, Hugh R. "The Dilemmas of Science in the United States: Alexander Dallas Bache and the U. S. Coast Survey." *Isis* 84 (1993) : 26–49.

[7] ——. *Patronage, Practice, and the Culture of American Science: Alexander Dallas Bache and the U. S. Coast Survey.* New York: Cambridge University Press, 1994.

休·理查德·斯洛顿（Hugh Richard Slotten） 撰，刘晓 译

天文学家、工程师兼科普工作者：奥姆斯比·麦克奈特·米切尔
Ormsby Macknight Mitchel（1809—1862）

米切尔出生于肯塔基州摩根菲尔德市，15 岁时进入美国军事学院学习。1829 年毕业后，他在学院教了两年数学，随后服完了兵役。1832 年他搬到辛辛那提，在那里学习法律，并于 1833 年开设了一家律师事务所。1836 年辛辛那提学院重新开学后，米切尔回到学术界，教授数学、土木工程和力学。6 年后，他发表了一系列关于天文学的公开演讲，催化了辛辛那提天文学会的成立，并推动了辛辛那提天文台的发展。

就在米切尔即将建成天文台时，一场大火将辛辛那提学院夷为平地，切断了米切尔的收入来源。由于米切尔曾同意无偿领导天文台 10 年，他发现自己得找工作获得收入。他在辛辛那提演讲的基础上扩展出一系列演讲，从而在经济方面"化险为夷"。他的巡回演讲从波士顿办到新奥尔良，通常是在冬季，因为辛辛那提冬天的观测条件很差。他很快就建立起了个人声誉，成为内战前博学、鼓舞人心的演说家之一。讲座不仅让他获得了可观的收入，还向公众介绍了天文学的概念，并将这些概念与日益增长的自然神学联系起来。他的演讲让他进一步有时间将其天文台改造成一个研究机构。

凭借在天文台的职务，米切尔与亚历山大·达拉斯·贝奇的研究人员建立了广泛联系，这些研究人员在华盛顿特区的美国海岸勘测局工作。他与英国格林尼治皇家天文台的乔治·艾里（George Airy）团队也同样建立了联系。辛辛那提天文台配备了当时最大的折射望远镜，米切尔用它来分辨双星。他还参与开发了由两项相关发明组成的"美国系统"。其一是实现凌日观测自动化的自动计时器（称为"电子计

时器"）；其二是用电报传送经度报时信号，一经开发就在勘测工作中迅速得到应用。这两项发明涉及相似的设备，研发工作同时进行，而米切尔从一开始就卷入了关于发明优先权的争议中。

他断断续续地在当地铁路公司担任工程师，这些活动中断了他的天文研究。1861 年 8 月，他被任命为联邦军队的将军。1862 年 9 月，他来到南卡罗来纳州的博福特执掌南方部门，次月死于黄热病。

凭借演讲和作为铁路部门代理人时的成功，他在 19 世纪 50 年代初跻身富人行列。但实现财务成功的同时也付出了代价，他减少了与科学同行的接触。米切尔兴趣的多样也给现代历史学家带来了问题。在这个专业化的时代，能够如此方便地从一个职业转向另一个职业的人，我们发现很难对他进行分类。但是，将他的一生视为通向天文学事业并达到顶峰的一生，并没切中要害。舞台才是他的最初所爱，掌声比收入更能带给他激励。

在过去的一个半世纪里，记录他的成就有这样几个目的。在他去世 20 年后，新教神职人员菲尼亚斯·C. 海德利（Phineas C. Headley）牧师认识到了米切尔的生平故事有着鼓舞人心的价值。海德利把米切尔描绘成一个理想的基督教科学家，一个可以激励年轻人的人。不幸的是，海德利的圣徒传记都是对米切尔的夸张描述。5 年后，米切尔的一个儿子弗雷德里克·奥古斯都·米切尔（Frederick Augustus Mitchel）写了一本优秀的传记，主要使用了自传文件和他自己在内战期间作为父亲副手之一的经历。虽然不可否认的是，这本书比海德利的传教工作有所改进，但它缺乏科学背景，也不愿意批判地看待家庭成员的行为，这是可以理解的。

如今，辛辛那提天文台成立的故事以及米切尔在其中的作用，已经确认的有：（1）提供了背景和动机，使人们对天文台和天文学重新产生兴趣；（2）说明南北战争前资助科学项目的困难；（3）作为科学和宗教思想联系的例子。

大多数研究辛辛那提天文学会财务运作的历史学家都发现，持续的货币危机扼杀了富有成效的天文研究。但是，当人们将米切尔的个人财务状况连同天文台一起评估时，就会发现这些问题在某种程度上是假象——尽管米切尔声称自己很贫穷，但他在 1847 年之后靠演讲过着舒适的生活，到 1853 年，他已经实现了经济独立。其他有关米切尔的评价发现了其研究项目的缺陷，他们的结论是米切尔缺乏经验，加上赞助的不确定性让他感到沮丧，而且他没有"将这种高超的仪器（大型折射望远镜）用于任何重要的科学工作"（Goldfarb，p. 178）。

　　然而，一些研究这一时期科学制度发展的历史学家对米切尔提出了更积极的见解。美国科学促进会的一项研究表明，米切尔是其 337 名领军者之一。在对 1815—1845 年科学发展的考察中，米切尔当选为 56 位"顶尖科学家"之一（Kohlstedt，Appendix；Daniels）。他承诺的比兑现的要多，有时会让人难以相信。但分析他的研究可以看到，米切尔入选皇家天文学会是出于他对天文学做出的坚实贡献，仔细界定他的目标就会发现，米切尔已经超出了人们最初对他的期望。

参考文献

[1] Bruce, Robert V. *The Launching of Modern American Science 1846-1876*. New York: Knopf, 1987.

[2] Daniels, George H. *American Science in the Age of Jackson*. New York: Columbia University Press, 1968.

[3] Goldfarb, Stephen. "Science and Democracy: A History of the Cincinnati Observatory, 1842–1872." *Ohio History* 78 (1969): 172–178.

[4] Henley, Phineas C. *Old Stars, The Life and Military Career of Major General Ormsby M. Mitchel*. Boston: Lee and Shepard, 1883.

[5] Kohlstedt, Sally G. *The Formation of the American Scientific Community: The American Association for the Advancement of Science, 1848-1860*. Urbana: University of Illinois Press, 1976.

[6] McCormmach, Russell. "Ormsby Macknight Mitchel's *Sidereal Messenger*, 1846–1848." *Proceedings of the American Philosophical Society* 10 (1966): 35–37.

[7] Miller, Howard S. *Dollars for Research*. Seattle: University of Washington Press, 1970.

[8] Mitchel, Frederick Augustus. *Ormsby Macknight Mitchel, Astronomer and General*. Boston: Houghton Mifflin and Co., 1886.

[9] Musto, David. "The Development of American Astronomy During the Early 19th

Century." *Proceedings of the Tenth International Congress of the History of Science.* Paris: Hermann, 1964, pp. 733–736.

[10] Shoemaker, Philip S. "Stellar Impact: Ormsby Macknight Mitchel and Astronomy in Antebellum America." Ph.D. diss., University of Wisconsin, 1991.

菲利普·S. 苏梅克（Philip S. Shoemake） 撰，康丽婷 译

化学家兼历史学家：约翰·威廉·德雷珀
John William Draper（1811—1882）

德雷珀是英国出生的美国化学家兼历史学家。他出生于英格兰兰开夏郡的圣海伦斯，是一位卫理公会牧师的儿子，从小就学会了使用父亲的格里高利望远镜。1829 年，德雷珀开始在新成立的伦敦大学——即后来的大学学院——医学预科学习。在当时的英国，学位的授予还仅限于牛津大学和剑桥大学，德雷珀只能获得一张化学方面的"荣誉证书"。他的亲戚在美国独立战争前移居弗吉尼亚，并说服他和母亲、姐妹、新婚妻子于 1832 年一起搬到那里。利用一间农家的"实验室"，德雷珀发表了 8 篇科学小论文（1834—1836）。1836 年，他的妹妹多萝西·凯瑟琳（Dorothy Catharine）通过教书为他攒下足够的学费，使他得以进入宾夕法尼亚大学，并于 1836 年获得医学博士学位。1836—1839 年，他在弗吉尼亚州汉普敦 - 西德尼学院担任化学和自然哲学教授；1839—1882 年担任纽约大学化学教授；1841 年创建且持有名义上附属于该大学的医学院，并于 1850—1882 年担任院长。在德雷珀的支持下，该大学正式授予了 5 次化学博士学位（1867—1872）——尽管时间不长，但这是美国早期尝试授予博士学位的计划之一。德雷珀没有被列入美国科学院的初始院士，可能是因为"丐帮"人士的合谋，至少是默许。他的当选被故意推迟到 1877 年。1875 年，他获得了美国艺术与科学院的拉姆福德奖章，以表彰他在辐射能研究方面的全部成就。1876 年，他成为美国化学学会第一任主席。他去世于纽约哈德逊河畔的黑斯廷斯。

有机化学家爱德华·特纳（Edward Turner）在伦敦的一次课堂演示，激发了德雷珀对光化学效应的终生痴迷。这方面最突出的是摄影术，在 1839 年 12 月之前，

德雷珀是最早拍摄肖像照片的三个人之一。1839 年到 1840 年的冬天，他成了首位已知的天文摄影师，并在 1840 年 3 月宣布他成功地获得了月海的"清晰"相片。他的儿子亨利（生于 1837 年）最终成为一位伟大的天文摄影师。亨利 13 岁的时候，就按照父亲的要求，用显微镜拍摄幻灯片（被认为是世界上第一批显微照片）。老德雷柏在 1844 年拍摄了已知的第一张衍射光谱照片。他也是第一个拍摄红外区域精确照片的人，1843 年首次描绘出红外区域的三条主要夫琅禾费线。他和埃德蒙·贝克勒尔（Edmond Becquerel）几乎同时各自独立地拍摄到了紫外线的线条。

在理论方面，1841 年德雷珀阐述了长期被称为德雷珀定律的原理［后来根据早前 C. J. D. 格罗图斯（C. J. D. Grotthuss）一项几乎被遗忘的声明而重新命名为格罗图斯或格罗图斯 – 德雷珀定律］，即：只有被吸收的射线才会产生化学变化。1843 年，根据盖 – 吕萨克和泰纳德在 1809 年发现的光导致氢和氯逐渐结合的基础上，德雷珀建造了一种测量光强度的"光度仪"。在这种情况下，德雷珀证明了化学变化与入射光的强度成正比。19 世纪 50 年代中期，本生（Bunsen）和罗斯科（Roscoe）认为光度仪不够准确，并根据同样的现象将其改进为"化学光度计"。在他的一本重要回忆录（1847）中，德雷珀证明了所有固体物质在相同的温度下都会发出白炽光，然后随着温度的升高，发出的光线折射率增加，发光固体产生连续的光谱。他在 19 世纪 40 年代中期就暗示，并在 1857 年正式声明，光谱中光度和热量的最大值是重合的。

德雷珀将自己的名气归功于历史著作——《欧洲知识发展史》（1863）和《宗教与科学冲突史》（1874）——他认为这些直接传承了自己的早期研究。他一直在寻找自然科学中的"法则"，而今声称在社会科学中也找到了与之对应的法则。虽没有提及奥古斯特·孔德，德雷珀采纳了孔德的历史发展三阶段"法则"，从神学经过形而上学，再到"实证的"或科学的思维模式。但德雷珀将一种非孔德主义的历史循环论嫁接过来，即：国家或文化在经历了这一序列之后，都会因衰朽而消亡，如同个人的老去。1860 年英国科学促进会在牛津召开的会议上，德雷珀成为众人瞩目的焦点。当时，他（很有疑问地）将达尔文主义视为自然和历史可以定律化的又一次的证明。他的论文引发了塞缪尔·威尔伯福斯主教（Samuel Wilberforce）和 T.H. 赫胥黎（T. H. Huxley）之间那场从猿进化而来的臭名昭著的争论。作为一名历史学家，德雷珀留下的唯一持久的印记，就是在大众心中留下了几乎根深蒂固的"宗教与科学之间的冲突"这一可疑论断。在 1870 年之前，他是美国屈指可数的著名物理学家之一，仅次于本杰明·富兰克林和约瑟夫·亨利。但亨利及其"丐帮"同伙并没有对他平等视之，而在私下里颇有轻蔑之意。

参考文献

[1] Fleming, Donald. *John William Draper and the Religion of Science*. Philadelphia：University of Pennsylvania Press, 1950.

唐纳德·弗莱明（Donald Fleming）　撰，陈明坦　译

博物学家兼语言学家：塞缪尔·斯特曼·霍尔德曼
Samuel Steman Haldeman（1812—1880）

霍尔德曼是博物学家兼语言学家，出生于宾夕法尼亚州洛克斯特格罗夫（Locust Grove），亨利和弗朗西斯·霍尔德曼夫妇的长子。霍尔德曼年轻时就热衷于收集自然万物，并将制作好的标本存于储藏柜或博物馆中。1826—1828 年，他来到哈里斯堡，就读于约翰·M. 基吉博士（John M. Keagy）创办的"古典学院"。之后两年，他又到宾夕法尼亚州卡莱尔的狄金森学院继续深造，但霍尔德曼并未完成学业，他曾说："我无法满足于向别人学习，我必须身体力行"（Lesley，p. 145）。但在狄金森，他深受亨利·D. 罗杰斯（Henry D. Rogers）的影响，罗杰斯后来任命他担任新泽西州和宾夕法尼亚州地质调查局助理（1836—1842）。1835 年，霍尔德曼与来自宾夕法尼亚州班布里奇的玛丽·A. 霍夫（Mary A. Hough）结婚，定居宾夕法尼亚州哥伦比亚附近。他曾担任过许多学术职务：1842—1843 年，在富兰克林研究所讲授动物学；1850—1855 年，在宾夕法尼亚大学讲授博物学；1855—1858 年，在特拉华学院教授化学和地质学；1869—1880 年，在宾夕法尼亚大学教授比较语言学。1844 年和 1876 年，他先后被授予葛底斯堡学院和宾夕法尼亚大学

的荣誉学位。1876 年，霍尔德曼当选为美国科学院院士，并且先后担任美国语言学会（1876—1877）和美国科学促进会（1880）的主席。

霍尔德曼的科学发现广泛而众多。作为罗杰斯在宾夕法尼亚地质调查局的助手，他负责绘制了多芬县和兰开斯特市的地图。但是比起揭示地层的复杂性，霍尔德曼更喜欢研究动物的解剖特征。他意识到在托马斯·萨伊死后出现了研究断层，于是他致力于扩展萨伊在贝壳学和昆虫学方面的工作。1840—1845 年，霍尔德曼出版了一部八卷本著作《淡水单壳类专论》（*Monograph of the...Fresh-water Univalve Shells*）。他 1844 年的一篇文章批判性地评价了"[拉]马克假说"，被查尔斯·达尔文在其著作《物种起源》中引用。作为宾夕法尼亚昆虫学会的创始成员之一，霍尔德曼致力推广系统昆虫学而非应用昆虫学，为此他描述了几十种新发现的美洲昆虫（以鞘翅目昆虫即甲虫为主），包括前往犹他州的斯坦斯伯里远征队收集的标本。然而，他的观察超越了分类学目的，而是要揭示标本的生活史和标本之间的生态联系。

霍尔德曼是其兄弟们经营的炼铁生意的"暗中合伙人"，他们第一批使用了无烟煤燃料（19 世纪 40 年代）。他在《美国科学杂志》上介绍过高炉的建造方法。敏锐的听觉使他可以探索全音域的人声，于是他千方百计地研究美国原住民的方言。霍尔德曼提出可以设计一种通用的字母表，只使用数量最少的符号。凭借对古典语言学和词源学的持续研究，使他能够分析印欧和亚洲的语言。1858 年，他以《解析正字法》（*Analytic Orthography*）一书获得特里维廉论著奖（Trevelyan Prize Essay），显示了他的专业水准。这些语言学工作最终落脚到他对考古遗迹的解读上。去世前不久，他在自己的土地上挖掘出一个史前的岩洞，并向美国哲学学会介绍了出土物品。

地质学家 T. 彼得·莱斯利（J. Peter Lesley）曾这样点评霍尔德曼的研究态度：他主要的思想态度是质疑和拒绝"从别人那里学习他们想要教的东西"（Lesley，p. 147）。对霍尔德曼来说，"定律枯燥无味，顶多只能为绚丽的事实描述增添一点旁白"，他坚定地偏向于分析而非综合，直到某些事物被化约为"单纯的描述"他才会满意（Lesley，p. 146）。随着美国科学专业化程度的加深，这种所谓的培根主义哲学日渐式微，让霍尔德曼显得有些特立独行。不过，作为生命形式及其科学术语的分类学家，霍尔德曼为美国动物学和语言学领域开辟了一条重要的道路。

他的两套重要文件汇编收藏在费城自然科学院。目前尚无霍尔德曼的完整传记。

参考文献

[1] Ellis, Franklin, and Samuel Evans. *History of Lancaster County, Pennsylvania, with Biographical Sketches of Many of Its Pioneers and Prominent Men*. Philadelphia: Everts & Peck, 1883.

[2] Gerstner, Patsy. *Henry Darwin Rogers, 1808-1866: American Geologist*. Tuscaloosa: University of Alabama Press, 1994.

[3] Hart, Charles Henry. "Samuel Steman Haldeman." *Penn Monthly* 12(1881): 584-601.

[4] Lesley, J.P. "Samuel Steman Haldeman." *Biographical Memoirs of the National Academy of Sciences* 2(1886): 139-172.

[5] Livingston, John. *Portraits of Eminent Americans Now Living: With Biographical and Historical Memoirs of Their Lives and Actions*. New York: Cornish, Lamport, 1854, 4:88-103.

[6] Rathvon, Simon S. "Tribute of Respect." *Lancaster Farmer* (November, 1880): 172.

[7] Sorensen, W. Conner. *Brethren of the Net: American Entomology, 1840-1880*. Tuscaloosa: University of Alabama Press, 1995.

乔丹·D. 马尔什第二（Jordan D. Marché II） 撰，王晓雪 译

教育家兼天文学家：丹尼尔·柯克伍德
Daniel Kirkwood（1814—1895）

丹尼尔·柯克伍德的传记证实了共和国早期普遍存在的一种希望，即出身卑微不会阻碍那些愿意努力工作获得成功的人。柯克伍德出生于马里兰州的哈特福德县，就读于当地的县立学校。毕业后，他在宾夕法尼亚州霍普韦尔的一所小型学校教书。在那里，碰到一个学生要求学习代数，他们就一起学完了一本教材。由于对这门学科着迷，他进入了约克县中学，并很快被聘为那里的数学教师。不到 30 岁，他又成了兰开斯特高中校长。两年后，他娶了莎拉·A. 麦克奈尔（Sarah A. McNair）。1849 年，他成为波茨维尔学院的校长，但很快又有了新的任命，这一次他接受了特

拉华学院的数学教授职位，并于 1854 年担任了校长。柯克伍德的兴趣在于教学和研究，所以他在 1857 年接受了印第安纳大学数学系的主任一职。除了两年间断外（1865—1867），他一直在印第安纳大学待到 1886 年。随后他搬到了加利福尼亚，77 岁时成为斯坦福大学的非常驻天文学讲师。他在加州逝世。

在约克县中学教书的时候，柯克伍德开始着迷于寻找行星旋转周期之间的关系，他认为这将表明轨道和旋转运动都受到相同推动力的影响。他花了无数时间计算和比较行星的质量、体积、密度和距离，反复试验以确定任何可能的相关性。1846 年，他偶然翻到了"星云假说"，该假说认为太阳系是由大量旋转的尘埃和气体演化而来的。他立刻改变了对行星关系的研究。他认为这些行星是由太阳凝聚后留下的"物质环"发展而来的，而每颗行星都是由一个环或"引力圈"逐渐形成的。柯克伍德发现，这个环的直径与行星在一年中的自转次数有关。他向美国海岸勘测局的西尔斯·库克·沃克（Sears Cook Walker）汇报了这一发现。沃克意识到柯克伍德工作的重要性，并在 1849 年美国科学促进会的会议上公布了他的工作。柯克伍德的发现很快被称为"柯克伍德定律"（Kirkwood's Analogy），使他成为科学的民间英雄，受到公众关注。

这件事在科学上的影响为星云假说提供了一个更坚实的论据，对一些天文学家来说，星云假说的可信度仍然存疑。例如，罗斯勋爵认为星云是由未成型的恒星组成的。然而，星云假说要求存在气态星云。柯克伍德的定律似乎支持拉普拉斯的假设。15 年后，威廉·哈金斯（William Huggins）解决了这个问题，他对星云的光谱分析显示，其中一些星云是膨胀的球状气体。具有讽刺意味的是，柯克伍德后来开始怀疑星云假说的正确性，因为他意识到行星只能在低温下形成，而星云假说则认为行星源于高温。

柯克伍德的研究符合 19 世纪方位天文学的总体主旨。尽管天体物理学很快占据了该研究的主导地位，但柯克伍德仍继续从事方位研究。他仍然专注于太阳系是如何演化的，特别是太阳系中较小的成员——小行星、彗星和流星如何能纳入对太阳系形成的解释。当他把注意力转向这些小行星时，他意识到它们并不是均匀分布的，而是有"空隙"（类似于土星环中的卡西尼环缝）把它们分成了几组。这些"空隙"

后来被称为"柯克伍德空隙"。他是第一个提出地球通过彗星轨道产生流星雨的人。
1578 号小行星以他的名字命名。

参考文献

[1] Marsden, Brian G. "Kirkwood, Daniel." *Dictionary of Scientific Biography*. Edited by
　　Charles C. Gillispie. New York: Scribners, 1973:384-387.
[2] Numbers, Ronald L. *Creation by Natural Law: Laplace's Nebular Hypothesis in American
　　Thought*. Seattle: University of Washington Press, 1977.

菲利普·S. 苏梅克（Philip S. Shoemake）　撰，彭华　译

博物学、地质学兼生理学教授：约瑟夫·勒孔特
Joseph LeConte（1823—1901）

勒孔特著有多部关于地质学和进化论的著作。他出生并成长于佐治亚州的利伯
蒂县（Liberty County），他父亲路易斯·勒孔特（Louis LeConte），是一位能干的
博物学家，拥有一个大型棉花和水稻种植园。1838 年，他就读于佐治亚大学（the
University of Georgia），并于 1841 年获得文学学士学位。两年后，他移居纽约，
就读于内外科医师学院（College of Physicians and Surgeons），并于 1845 年获得
医学博士学位。从 1848 年到 1850 年，勒孔特在佐治亚州的梅肯（Macon）行医，
但他并不喜欢这份医生工作。为了在哈佛大学新成立的劳伦斯理学院（Lawrence
Scientific School of Harvard University）跟随路易·阿加西学习，他决定放弃自己
手头的工作。

1851 年，勒孔特完成了与阿加西的工作，返回佐治亚州，并接受了奥格尔索普
学院（Oglethorpe College）博物学和化学教授一职。一年后他被任命为佐治亚大学
的同一职位，直到 1856 年 12 月与大学校长产生纠纷，才导致他的任命被终止。此
后不久，他加入了南卡罗来纳学院（South Carolina College，后来的南卡罗来纳大
学）的教师队伍。1861 年，当南方各州决定脱离联邦时，从父亲的庄园继承了一个
大种植园和 60 名奴隶的勒孔特选择支持这场运动。内战期间，他先是在一个为军

队生产药品的机构服务，后来又在一个生产火药的机构工作，以此帮助南方联盟。1865 年 2 月，当联邦军队进入南卡罗来纳时，勒孔特和弟弟约翰（也是南卡罗来纳学院的教授）试图从哥伦比亚搬走邦联的镍矿和采矿局的设备，但联邦士兵缴获了他们的马车，洗劫了他们的个人贵重物品，并烧毁了他们的手稿。

1865 年末学院重新开学时，勒孔特在学院的职务得以恢复，但像弟弟约翰一样，他对自己在南方的未来感到悲观。1869 年，勒孔特跟随弟弟接受了新成立的加利福尼亚大学的任命。在接下来的 32 年里，勒孔特赢得了数百名报名学习他的地质学和生理学课程的学生的喜爱。在 1869 年之前发表的 23 部作品列表上，他又增加了 170 篇文章和 7 本书。《勒孔特自传》在他死后不久出版，他在内战期间经历的日记则于 1937 年出版。

勒孔特最成功的著作是 1881 年的《视觉：单眼和双眼视觉原理的阐述》（ *Sight: An Exposition of the Principles of Monocular and Binocular Vision* ）、1877 年 的《 地质学纲要》（ *Elements of Geology* ）和 1888 年的《进化论及其与宗教思想的关系》（ *Evolution and Its Relation to Religious Thought* ）。勒孔特关于视觉生理学的著作是美国同类著作中的首本，他的地质学教科书在全国范围内被广泛使用了 40 年。到 1873 年，勒孔特已经成为新拉马克进化论的支持者，并致力于将进化论与基督教信仰相调和，他在关于这个主题的著作和数十篇文章中阐述了这一观点。1875 年，他当选为美国国家科学院院士，1891 年，他担任美国科学促进会主席，1896 年，他担任美国地质学会会长。勒孔特是一位热情的露营者和塞拉山脉的学者，他是约翰·缪尔的朋友，也是塞拉俱乐部（Sierra Club）的创始成员。最终在第 11 次前往约塞米蒂山谷（Yosemite Valley）时不幸离世。

参考文献

[1] LeConte, Emma. *When the World Ended: The Diary of Emma LeConte*. Edited by Earl Schenck Miers. New York: Oxford University Press, 1957.

[2] Reissued, with a foreword by Anne Firor Scott; Lincoln: University of Nebraska Press, 1987.

[3] LeConte, Joseph. *The Autobiography of Joseph LeConte*. Edited by William D. Armes. New

York: D. Appleton, 1903.

[4] Stephens, Lester D. *Joseph LeConte, Gentle Prophet of Evolution*. Baton Rouge: Louisiana State University Press, 1982.

莱斯特·D. 斯蒂芬斯（Lester D. Stephens）　撰，彭华　译

古生物学家、生物学家兼解剖学家：约瑟夫·莱迪
Joseph Leidy（1823—1891）

莱迪出生于费城，就读一所私立学校，在继母的鼓励下成了一名医生。1844年从宾夕法尼亚大学医学院毕业后，莱迪随即被任命为解剖学主任威廉·埃德蒙兹·霍纳（William Edmonds Horner）的解剖员，他曾跟随霍纳学习。1853 年，他接替霍纳成为解剖学教授，并一直担任这个职位直到去世。在美国内战期间，莱迪担任萨特利军事医院（Satterlee Military Hospital）的外科医生，他的主要职责是进行病理学研究。除了医学职位外，莱迪从 1885 年起担任宾夕法尼亚大学的生物学教授和生物系主任。1871 年到 1885 年，他是斯沃斯莫尔学院（Swarthmore College）的生物学教授。1845 年以后，他还是费城自然科学院的活跃成员，从1847 年到他去世，莱迪一直担任其评议会主席，从 1881 年起兼任科学院院长。

莱迪发表过几篇关于人体解剖学的论文和书籍，但他对人类医学最重要的贡献是 1846 年在猪肉中发现了旋毛虫（Trichinella）。该寄生虫与人类的旋毛虫病息息相关，但在莱迪发现之前，这种疾病的源头尚不为所人知。

尽管在解剖学方面做了大量的工作，但他最伟大的成就是在古生物学领域。19世纪 40 年代末，他通过对美洲马化石的研究，在这一领域声名鹊起，首次证明了马是这片大陆的原生物种。他很快就被同行公认为脊椎动物化石专家，他被认为是美国早期的古生物学专家之一，也是将该学科发展成为一门真正科学的人之一。随着声誉日隆，1852 年他被邀请参加内布拉斯加州荒地探险队，但由于霍纳的突然病逝，莱迪将被任命为解剖学教授而无法前往，化石被送到他那里进行研究。产出了一部广博的著作——《内布拉斯加州的古代动物》（*The Ancient Fauna of Nebraska*）。

莱迪是首位在美国鉴定恐龙遗骸的人。1855 年，当同为古生物学家的朋友费迪南德·H. 海登（Ferdinand H. Hayden）寄给他几块来自现在的蒙大拿州白垩纪地层的化石时，莱迪认为它们与欧洲被认定为恐龙的遗骸相似。1858 年，他鉴定出来自新泽西的骨头是一种恐龙，并将其命名为"弗尔基鸭嘴龙"（Hadrosaurus foulkii）。

他在古生物学方面最重要的著作是 1869 年的《达科他和内布拉斯加州灭绝的哺乳类动物群》（*The Extinct Mammalian Fauna of Dakota and Nebraska*）。

莱迪是个安静温和的人，不喜欢争论。19 世纪 60 年代和 70 年代，古生物学家之间的争议越来越大，这使得莱迪放弃了对动物化石的研究，在 19 世纪 70 年代，他将注意力转向了现代动物，特别是淡水原生动物的微观研究。当海登邀请他研究西部水域的微观生命以作为他（海登）探索的一部分时，激发了莱迪对这一学科的长期兴趣。这导致他对淡水根足虫的知识做出了广泛而重要的贡献。

莱迪是一位深受敬仰和尊重的科学家，因机智、奉献、谨慎和正直广受赞扬。

莱迪去世时，有一些传记刻画了他的一生。罗斯陈柏格（Ruschenberger）和查普曼（Chapman）所写的那些文章中包括了他的演讲和出版物，以及他在费城自然科学学院之前的书面和口头交流。第一本关于莱迪的综合传记出版于 1998 年。莱迪的信件和论文主要收藏在费城自然科学院和费城医师学院。

参考文献

[1] Chapman, Henry C. "Memoir of Joseph Leidy, M. D., LL.D." *Proceedings of the Academy of Natural Sciences of Philadelphia*（1891）: 342–388.

[2] Leidy, Joseph. *The Ancient Fauna of Nebraska, or a Description of Remains of Extinct Mammalia and Chelonia, from the Mauvaises Terres of Nebraska*. Smithsonian Contributions to Knowledge. Vol. 6. 1853.

[3] ——. "The Extinct Mammalian Fauna of Dakota and Nebraska, including an Account of Some Allied Forms from Other Localities, Together with a Synopsis of the Mammalian Remains of North America." *Journal of the Academy of Natural Sciences of Philadelphia,* 2d ser., 7（1869）.

［4］——. *Fresh-Water Rhizopods of North America.* Issued as a volume of the *Report of the United States Geological Survey of the Territories* by F. V. Hayden. Washington, DC: Government Printing Office, 1879.

［5］Ruschenberger, W.S.W. "A Sketch of the Life of Joseph Leidy, M. D., LL.D." *Proceedings of the American Philosophical Society*（1892）: 135-184.

［6］Warren, Leonard. *Joseph Leidy: The Last Man Who Knew Everything.* New Haven: Yale University Press, 1998.

帕西·格斯特纳（Patsy Gerstner）　撰，彭华　译

博物学家兼地质学家：费迪南德·范德维尔·海登
Ferdinand Vandeveer Hayden（1828—1887）

海登出生在马萨诸塞州的韦斯特菲尔德，可能是私生子。由于其父亲长期酗酒，母亲对他漠不关心，他早年生活贫困、蒙受屈辱。在欧柏林学院（Oberlin College）求学的经历（1845—1850）改变了他的命运，海登最终成了一名热忱的博物学家。1871 年，他与费城的艾玛·伍德拉夫（Emma Woodruff）结婚，两人终生未育。

1853—1860 年，海登考察了美国的西部地区，即现在的堪萨斯州、内布拉斯加州、北达科他州和南达科他州、蒙大拿州、爱达荷州、犹他州、怀俄明州以及科罗拉多州的一部分。在探险中他展现出自己充沛的精力与聪明才智，获得了美国皮草公司、史密森学会、地形工程师军团以及包括纽约地质学家詹姆斯·霍尔在内的个人赞助者的资金支持。内战爆发时，海登已经成为美国最有能力的博物学标本收藏家，也是美国首屈一指的勘探地质学家。在与菲尔丁·布拉德福德·米克（Fielding Bradford Meek）的合作中，他首次对密苏里盆地上半部整体的地质构造进行了概述。他和米克是发现美国地质独特性的先驱。

海登个人发表的论文达 140 篇，许多地质构造都是由他发现并命名的。他首次提出落基山脉是由大规模的地壳隆起所致；远早于其他人发现了岩盘并对其特性进行描述；指出了侵蚀作用的巨大力量，对奠定现代地貌学的基础产生帮助。举例来

说，早在约翰·卫斯理·鲍威尔对先成河进行论述之前，他就注意到了这些早期河流的存在。"西部第三纪所有的大盆地都是湖相盆地"这一观点影响深远，而他是这一观点的早期支持者。海登对白垩纪—第三纪的界线问题兴趣浓厚，他关于大褐煤［即后来的拉勒米（Laramide）］构型的观点，直到 20 世纪初还在对历史分期产生影响，其《密苏里河上游区域的地质学与博物学》(*Geology and Natural History of the Upper Missouri*，1862）是最能体现他作为收藏家和博物学家风格的著作。这本书是他在阅读查尔斯·达尔文的《物种起源》(1859）之前写下的，是美国早期预见进化论思想的专著之一。

在内战期间，海登曾先后担任志愿外科医生以及医疗管理人员。内战结束后，他成为宾夕法尼亚大学辅助医学系的地质学讲师（1865—1872）。1867—1878年，海登来到美国内政部工作，指导了一系列地质和博物学考察重点项目，对于考察范围和目标，海登拥有较大的决定权。在此期间，他还说服联邦政府增加对科学研究和勘探的拨款，他领导的美国国土地质和地理考察还被美国地质调查局（创建于 1879 年）奉为圭臬。有关海登的考察活动最具影响力的出版物是《科罗拉多地图集》(*Atlas of Colorado*，1877，1881），这是一本经典的地质、地形和景观描述汇编。

海登向许多博物学家征集了大量的专题研究，然后通过他的考察（见Schmeckebier）将这些研究发表了出来。许多专家的重要成果都得益于他的赞助，特别是米克、约瑟夫·莱迪、爱德华·德林克·柯普、利奥·莱斯奎勒（Leo Lesquereux）、赛勒斯·托马斯、塞缪尔·哈伯德·斯卡德、托马斯·C. 波特（Thomas C. Porter）、约翰·梅尔·库尔特（John Merle Coulter）、艾略特·库斯、阿尔菲斯·斯普林·帕卡德（Alpheus Spring Packard）、乔尔·阿萨·艾伦、查尔斯·阿比亚塔尔·怀特（Charles Abiathar White）和阿尔伯特·查尔斯·皮尔（Albert Charles Peale）。

通过发布大量照片和报告，特别是有关科罗拉多和怀俄明州黄石地区的资料，海登深刻地影响了美国人看待和理解西部的方式。在帮助人们认识、向大众推广西部地形的景观价值方面，他走在了同行的前面。作为一个真正的科学爱好者，海登希望外行人既能够理解他那些知识广博的专著，也喜欢他更具吸引力的年度考察报告。通过上述方法他开创了科普的先河。

尽管海登是颇具影响力的博物学家、富有创造力的地质学家，同时也是杰出的企业家，但他的历史定位是存在争议的。这主要是由于他在黄石公园的工作（始于1871年），他因推广自然奇观和风景而广受大众的赞誉。与此同时，他又凭借个人发起的重要研究，于1873年被了解他的同事们推选进入了国家科学院。有关他的这两种截然不同的定位至今仍然存在。

海登能力超群，但他野心勃勃、急躁好斗的作风让他四处树敌。美国地质调查局的成立，为他的主要竞争对手（J.W. 鲍威尔和克拉伦斯·金）和最强大的敌人（约翰·斯特朗·纽贝里和奥斯尼尔·查尔斯·马什）提供了一个机会，把他从勘探科学界的领军地位上拉了下来。1887年，经历了与梅毒的长期斗争后，海登在费城去世。当时梅毒是一种无法治愈且带有强烈耻辱的疾病。

在1879年美国地质调查局（USGS）局长一职的激烈角逐中，这种疾病大大影响了海登的发挥，尽管当时没有人知道这一点。

海登的对手在他死后故意玷污他的名声——他们的偏见十分成功地持续影响着有关海登的文学作品。1994年，福斯特在他的研究中回顾了海登的一生及其职业生涯，这是唯一一部全面关于海登的批判性作品。

参考文献

[1] Bartlett, Richard A. *Great Surveys of the American West*. Norman: University of Oklahoma Press, 1962.

[2] Foster, Mike. "Ferdinand Vandeveer Hayden as Naturalist." *American Zoologist* 26 (1986): 343–349.

[3] ——. "The Permian Controversy of 1858: An Affair of the Heart." *Proceedings of the American Philosophical Society* 133:3 (September 1989): 370–390.

[4] ——. *Strange Genius: A Life of Ferdinand Vandeveer Hayden*. Niwot, CO: Roberts Rinehart, 1994.

[5] Goetzmann, William H. *Exploration and Empire: The Explorer and the Scientist in the Winning*

of the American West. New York: Norton, 1966.

[6] Keyes, Charles Rollin. "Last of the Geological Pioneers: Ferdinand Vandeveer Hayden." *Pan American Geologist* 41 (March 1924): 80–96.

[7] Merrill, George P. *The First One Hundred Years of American Geology.* New Haven: Yale University Press, 1924.

[8] Nelson, Clifford M., and Fritiof M. Fryxell. "The Ante Bellum Collaboration of Meek and Hayden in Stratigraphy." In *Two Hundred Years of Geology in America,* edited by Cecil J. Schneer. Hanover, NH: University Press of New England, 1979, pp. 187–200.

[9] Nelson, Clifford M., Mary C. Rabbit, and F.M. Fryxell. "Ferdinand Vandeveer Hayden: The U.S. Geological Survey Years, 1879–1886." *Proceedings of the American Philosophical Society* 125:3 (June 1981): 238–243.

[10] Peale, Albert Charles. "Ferdinand Vandeveer Hayden." *Bulletin of the Philosophical Society of Washington* 11 (1892): 476–478.

[11] Schmeckebier, Laurence Frederick. *Catalogue and Index of the Publications of the Hayden, King, Powell and Wheeler Surveys.* United States Geological Survey Bulletin No. 222. Washington, DC: Government Printing Office, 1904.

[12] White, Charles A. "Ferdinand Vandeveer Hayden." *Biographical Memoirs of the National Academy of Sciences* 3 (1895): 394–413.

迈克·F. 福斯特（Mike F . Foster） 撰，王晓雪 译

另请参阅：美国地质调查局（Geological Survey, United States）；美国联邦地质与博物调查局（Federal Geological and Natural History Surveys）

古脊椎动物学家：奥斯尼尔·查尔斯·马什
Othniel Charles Marsh（1831—1899）

马什出生于纽约州洛克波特，19 世纪 50 年代初就读于菲利普斯学院，后来在耶鲁大学求学。1860 年他从耶鲁大学毕业，进入谢菲尔德理学院，并于 1862 年获得硕士学位。之后，一心想要从事学术事业的马什踏上了前往德国进修的道路。1863 年，他的叔叔乔治·皮博迪（George Peabody）为推动教育事业并为马什的学业提供帮助，而向耶鲁大学捐赠了 15 万美元用于修建博物馆。这笔捐赠让马什的未来得到保障，1866 年，他成为耶鲁大学古生物学教授和皮博迪自然历史博物馆

（Peabody Museum of Natural History）馆长。1882—1899 年，他还担任了美国地质调查局古脊椎动物学家。1878 年担任美国科学促进会主席，1883—1895 年担任美国国家科学院院长。

马什主要从事的是古脊椎动物学方面的研究。他早期的兴趣在于矿物学和化学地质学，但耶鲁大学未设置相关职位，因此他将注意力转向古脊椎动物学。19 世纪 60 年代末在康涅狄格州和新泽西州做实地考察后，马什开始确信西部沉积岩的重要性，并于 1870 年组织了首次化石狩猎探险。这些由马什资助、耶鲁大学学生开展的勘查活动取得了一些重大发现。马化石、长有牙齿的鸟类和会飞的爬行动物的遗骸吸引了科学界的注意，并为进化论提供了重要证据。马什在 1875 年放弃了野外工作，但继续雇佣学生和收藏家替他从事野外探险，到 19 世纪 80 年代初，他的藏品可以与欧洲任何收藏家的相媲美。这些材料是马什的许多技术论文及其专著的基础，包括《齿兽》（*Odontornithes*，1880）、《恐龙》（*Dinocerata*，1886）和《北美的恐龙》（*The Dinosaurs of North America*，1896）。

马什在古生物学方面的研究引发了他与爱德华·德林克·柯普的激烈争论。尽管二人曾在 19 世纪 60 年代一起工作，但 1873 年马什指控柯普违反了既定的科学规则与条例。马什和柯普都是雄心勃勃的人，而马什将矛头指向了柯普。两人之间的激烈斗争就此展开，以至于马什寻机惩治柯普乃至柯普的上级费迪南德·海登。19 世纪 70 年代中期，马什成了一个非正式科学家团体的一员，该团体试图控制政府科学。1878 年，作为国家科学院院长，马什在创建新的地质调查局和任命克拉伦斯·金为负责人时发挥了关键作用。1882 年，金的继任者约翰·卫斯理·鲍威尔任命马什为政府古脊椎动物学家。在接下来的 10 年里，实验室和野外都活跃着马什的身影。柯普抱怨说，马什剥削他的助手，还限制别人接触他的藏品，但马什回避了这种批评，并从中作梗令柯普无法获得必要资源来继续开展工作。1890 年，柯普在报纸文章中重申了这些指控，马什的几名助手也速速辞职。1892 年，国会对鲍威尔管辖的地质调查局进行了审查，导致预算和人员大幅削减，给马什带来了严重后果。他虽仍留在政府荣誉古生物学家的职位上，但随着预算和工作人员大幅减少，他的个人财富也耗尽了，1896 年，马什第一次走上耶鲁大学的讲台，开始从事授课工作。他继续出版书籍，推进标本收藏，但与他 19 世纪 80 年代的科学活动相比，他晚年的这些努力显得微不足道。

马什和柯普一直都是许多人的研究对象。大多数传记都描述了他那些显著的成就。而关于化石之争的研究则讨论了他的科学发现和个性特征，这些研究将马什描述为一个偏激、自私、野心勃勃，并且试图垄断古脊椎动物学的人。后来的研究开始从美国科学在社会和政治中的角色变化角度来考察马什。他对发展一门更专业、专门化科学的兴趣，影响了他在 19 世纪 70 年代反对柯普的举动（Rainger）。体制因素解释了他成功孤立柯普的原因（Maline）。迄今为止，尚未有根据 19 世纪后期美国科学界发生的变化来研究马什的优秀传记。

参考文献

［1］Lanhan, Url. *The Bone Hunters*. New York: Columbia University Press, 1973.

［2］Maline, Joseph M. "Edward Drinker Cope（1840–1897）." Master's thesis, University of Pennsylvania, 1974.

［3］Marsh, Othniel Charles. *Odontornithes: A Monograph of the Extinct Toothed Birds of North America*. Washington, DC: Government Printing Office, 1880.

［4］——. *Dinocerata: A Monograph of an Extinct Order of Gigantic Mammals*. Washington, DC: Government Printing Office, 1886.

［5］——. "The Dinosaurs of North America." *Annual Report of the United States Geological Survey* 16, pt. 1（1896）: 133–244.

［6］Rainger, Ronald. "The Bone Wars: Cope, Marsh, and American Vertebrate Paleontology, 1865–1900." In *The Ultimate Dinosaur,* edited by Robert Silverberg and Martin Greenberg. New York: Bantam Books, 1992, pp. 389–405.

［7］Schuchert, Charles, and Clara Mae LeVene. *O.C. Marsh: Pioneer in Paleontology*. New Haven: Yale University Press, 1940.

［8］Shor, Elizabeth Noble. *The Fossil Feud between E.D. Cope and O.C. Marsh*. Hicksville, NY: Exposition, 1974.

　　　　　　　　　　　罗纳德·雷格（Ronald Rainger）撰，康丽婷 译

另请参阅：爱德华·德林克·柯普（Edward Drinker Cope）

数学天文学家兼科学管理者：西蒙·纽康

Simon Newcomb（1835—1909）

纽康出生在新斯科舍省的华莱士，师从父亲——一位巡回学校的教师，直到 16 岁成为一名草药医生的学徒。和草药医生在一起的这两年中他的幻想破灭了，之后他去了美国。从 1854 年到 1856 年年底，他在马里兰州的乡村担任了一系列教学和辅导职位。由于邻近华盛顿和史密森学会，这位好学的年轻教育家通过利用史密森图书馆以及与会长约瑟夫·亨利的联系，扩展了自己对数学和天文学日益增长的兴趣。亨利的一位同事最终为纽康找到了一个合适的职位：在马萨诸塞州剑桥市的航海年鉴办公室做计算助理。由于宽松的工作安排，他得以成为哈佛大学劳伦斯科学学院数学系的学生，师从本杰明·皮尔斯。在 1858 年获得理学学士学位后，他以"驻校研究生"的身份继续留在哈佛大学，并继续在年鉴办公室从事计算工作。他还开始独立研究天文学、数学和物理学。1861 年，他在美国海军开启了毕生的职业生涯，接受了华盛顿海军天文台数学教授一职。3 年后，他加入美国国籍。大约在同一时期，他与美国海岸测量处创始人的孙女玛丽·C. 哈斯勒（Mary C. Hassler）结婚。

虽然纽康被聘为观测天文学家，但他还是在海军天文台抽空扩展自己在数学天文学方面的理论研究。1877 年，他充分利用这些研究获得了一个权威职务——受任为现在位于华盛顿的航海年鉴办公室负责人，负责监督《美国星历表》（*American Ephemeris*）的出版。他还在 1877 年担任美国科学促进会主席，1883—1889 年担任国家科学院副院长，从而确立了自己作为研究人员和行政人员的名声。19 世纪 70 年代，他开始在约翰斯·霍普金斯大学和哥伦比亚大学（后来的乔治·华盛顿大学）以不同职务任教。根据海军退役政策，他于 1897 年 62 岁时辞去年鉴办公室负责人一职。在卡内基研究所的支持下，他继续活跃在专业领域，包括主持 1904 年圣路易斯艺术与科学大会（St. Louis Congress of Arts and Science）。他在去世时拥有与"相当于"海军少将的军衔。并在阿灵顿国家公墓为他举行了国葬和军葬。

可以肯定的是，纽康精通观测天文学。他提高了海军天文台的工作水平，先是消除了破坏恒星赤经价值的系统误差，后来又针对天文台的新折射望远镜进行指导。但他真正的天赋和兴趣集中在理论的数学天文学上——对行星和月球相对于彼此和太阳的轨道运动进行经典的微扰分析。最初在剑桥工作和学习期间，他通过令人信服的论证，证明了小行星并非是一颗行星解体的结果，从而引起了天文学界的注意。在海军天文台安顿下来后，他对天王星－海王星系统和月球运动进行了更长时段的分析，后者演变成为他一生关注的焦点。年鉴办公室一经由他控制，他就开始了一项更加雄心勃勃的研究计划：花费数十年时间重新评估行星、月亮和太阳的公认位置，同时重新计算相应的微扰公式，并构建相关的表格。在乔治·W. 希尔（George W. Hill）和其他人的协助下，他在 19 世纪 90 年代中期完成了这次重新评估的主要部分，并在《四颗内行星的组成和天文学基本常数》（*The Elements of the Four Inner Planets and the Fundamental Constants of Astronomy*）中发表了他的部分研究。基于这些基础研究，他参加了一项国际运动，通过标准化常数和数据使世界天文星历趋于统一。随着 20 世纪的到来，纽康许多新的天文学价值观和理论正在成为方位天文学的规范——这一地位将持续几十年。

纽康是 19 世纪晚期最著名、最受尊敬的美国科学家。1874 年他获得伦敦皇家天文学会金奖后，一系列重大奖项纷至沓来。到 19 世纪 90 年代，他获得了伦敦皇家学会的科普利奖章（Copley medal），并成为巴黎科学院的 8 名外籍院士。他的名气甚至扩散到了公众之中，这不仅是因为他的研究成果，还得益于他的许多非专业著作——包括他大量再版和翻译的《通俗天文学》（*Popular Astronomy*，1878），一系列成功的数学教科书（19 世纪 80 年代），甚至他的科幻小说（1900）。他的公众声望也反映了他在自然科学和数学以外领域的高知名度。19 世纪 60—90 年代，他撰写了大量关于政治经济学的著作，立场与古典自由主义教义特别是约翰·斯图亚特·密尔（John Stuart Mill）保持一致。面对金融、贸易、税收、货币和劳工等有争议的问题，他凭借《政治经济学原理》（*Principles of Political Economy*，1885）等著作获得了很高的声誉。他还通过挑衅性的文章和演讲，对美国科学事业的失败和与基督教自然神学相关的问题进行阐述，提升了自己的知名度。在担任美国心理研究协会（American Society for Psychological Research）首任主席期间，他利用这个机会揭穿了心理研究的真相。在许多涉及更广泛的社会、文化和知识问题的评论中，他诉诸科学方法的实证视野来支持自己的论点。受昌西·赖特（Chauncey Wright）等美国人和密尔等欧洲人的影响，纽康对方法的修辞运用与美国新兴的实用主义运动以及查尔斯·S. 皮尔斯（Charles S. Peirce）和威廉·詹姆斯（William James）等思想家保持一致。

美国国会图书馆手稿部门保存着西蒙·纽康的论文。这是研究美国科学和文化的绝佳资源，藏品约有 46200 件。由于纽康相关学术研究才刚刚开始加速，馆藏中仍有许多未被利用的文件，不幸的是，其中一些文件正在损耗，失去了可读性。

参考文献

［1］Archibald, Raymond C. "Simon Newcomb." *Science,* n.s., 44（1916）: 871–878.

［2］——. "Simon Newcomb, 1835–1909, Bibliography of His Life and Work." *Biographical Memoirs of the National Academy of Sciences* 17（1924）: 19–69.

［3］Campbell, W.W. "Simon Newcomb." *Biographical Memoirs of the National Academy of Sciences* 17（1924）: 1–18.

［4］Dunphy, Loretta M. "Simon Newcomb: His Contributions to Economic Thought." Ph.D. diss., Catholic University of America, 1956.

［5］Eisele, Carolyn. "The Charles S. Peirce–Simon Newcomb Correspondence." *Proceedings of the American Philosophical Society* 101（1957）: 409–433.

［6］Moyer, Albert E. *A Scientist's Voice in American Culture: Simon Newcomb and the Rhetoric of Scientific Method.* Berkeley: University of California Press, 1992.

［7］Newcomb, Simon. *The Reminiscences of an Astronomer.* Boston: Houghton and Mifflin, 1903.

［8］Norberg, Arthur L. "Simon Newcomb and Nineteenth Century Positional Astronomy." Ph.D. diss., University of Wisconsin–Madison, 1974.

［9］——. "Simon Newcomb's Early Astronomical Career." *Isis* 69（1978）: 209–225.

［10］——. "Simon Newcomb's Role in the Astronomical Revolution of the Early Nineteen Hundreds." In *Sky with Ocean Joined: Proceedings of the Sesquicentennial Symposia*

［11］*of the U.S. Naval Observatory,* edited by Steven J. Dick and LeRoy E. Doggett. Washington, DC: U.S. Naval Observatory, 1983, pp. 74–88.

［12］Wead, Charles K., et al. "Simon Newcomb: Memorial Addresses. Read Before the

Philosophical Society of Washington, December 4, 1909." *Bulletin of the Philosophical Society of Washington* 15（1910）: 133-167.

[13] Winnik, Herbert C. "The Role of Personality in the Science and the Social Attitudes of Five American Men of Science, 1876-1916." Ph.D. diss., University of Wisconsin Madison, 1968.

阿尔伯特·E. 莫耶（Albert E. Moyer）撰，康丽婷 译

生理学家、生物学家兼教育家：亨利·纽威尔·马丁
Henry Newel Martin（1848—1896）

马丁生于爱尔兰，他曾就读于伦敦大学学院和剑桥大学，在伦敦大学学院时师从生理学家威廉·夏佩（William Sharpey）和迈克尔·福斯特（Michael Foster）。他在这两所学校都曾致力于论证福斯特的理论，并在伦敦皇家理工学院担任生物学家和教育改革家托马斯·赫胥黎（Thomas Huxley）的助手。赫胥黎建议约翰斯·霍普金斯大学校长丹尼尔·吉尔曼（Daniel Gilman）聘请马丁担任巴尔的摩新学院的生物学教授。马丁接受了这一职位，因为这所大学资金充足，能够在这里从事研究和高级教学工作是一个很好的机会。1876 年，马丁搬到巴尔的摩，3 年后，他与海蒂·凯里（Hetty Cary）结婚。

19 世纪 80 年代初，马丁在霍普金斯大学聚集了一批杰出的年轻科学家，包括威廉·K. 布鲁克斯（William K. Brooks）、威廉·T. 塞奇威克（William T. Sedgwick）、亨利·苏厄尔（Henry Sewall）和威廉·H. 豪威尔（William H. Howell）。马丁研究的主要主题是循环生理学，这反映了福斯特对他的影响。在 19 世纪 80 年代早期，他和同事制作了第一个离体哺乳动物心脏制剂，用以研究一系列生理和药理问题。随后，许多欧洲和美国的研究人员在他们的血液循环实验中使用了马丁的制剂或其衍生物。凭借这些贡献，马丁在 1883 年当选为伦敦皇家学会会员。同年，他遭到反活体解剖者持续的恶意攻击，他们反对那些在马丁实验室开展的动物实验。后来，马丁和其他人联合创办了美国生理学会（American Physiological Society, 1887），他与亨利·P. 鲍迪奇（Henry P. Bowditch）、S. 韦

尔·米切尔（S. Weir Mitchell）共同确立了该学会的特色及性质。

像导师赫胥黎一样，马丁在科普事业中也付出不少努力。除了正式的大学课程，马丁还为巴尔的摩的医生讲课，举办公众演讲，并面向学校教师开设了一门生物学课程。他和妻子合著的大学教科书《人体》（1881）广受大众的欢迎。

然而，马丁非凡的职业生涯早早地就结束了。他性格敏感、喜怒无常，1891 年时，他俨然成了一个酒鬼，又因患有外周神经炎而吗啡成瘾。以上问题导致他愈加频繁和长时间的缺勤，于是他不得不从约翰斯·霍普金斯大学辞职。1894 年春，马丁返回英国，1896 年死于约克郡沃尔夫代尔市的伯利。

在他短暂的职业生涯中，马丁取得了重要的科学发现，并在美国生理学的职业化进程中发挥了重要作用。

参考文献

[1] Breathnach, C.S. "Henry Newell Martin（1848–1893）[sic]. A Pioneer Physiologist." *Medical History* 13（1969）: 271–279.

[2] Fye, W. Bruce. "H. Newell Martin: A Remarkable Career Destroyed by Neurasthenia and Alcoholism." *Journal of the History of Medicine and Allied Sciences* 40（1985）: 133–160.

[3] ——. "H. Newell Martin and the Isolated Heart Preparation: The Link between the Frog and Open Heart Surgery." *Circulation* 73（1986）: 857–864.

[4] Martin, H. Newell. *Physiological Papers*. Baltimore: Johns Hopkins Press, 1895.

W. 布鲁斯·菲（W. Bruce Fye）　撰，康丽婷　译

译者后记

两次世界大战改变了各国的版图，也改变了现代科学的版图。科学突破了思想观念的范畴，在经济、军事和社会领域大显身手。同时，科学活动也不再限于欧美核心区域，而是向广大发展中国家扩散，改变着那里的一切。科学成为许多国家发展战略的重要组成部分，得到政府更多的资助和支持，而国际科学组织也以国别设置代表席位，都彰显了"科学与国家"之间密不可分的关联。

近年来，国别科学史研究日益受到学术界重视，学者们从国家、跨国和全球视角下探讨现代科学，尤其将世界划分为若干区域，不仅论述科学强国，而且关注到撒哈拉以南非洲、东南亚和南美等地的科学状况。中国科学技术出版社推出以国别科技史为主的"科学文化经典译丛"，规模宏大，重点关注美国、德国等科技强国的科技发展之路，但也兼顾了葡萄牙、西班牙等普通人鲜少了解的国家科学史。实际上，我们更应该从这些处于欧洲科学边缘的国家那里，看到不同的现代科学发展之路，从而更好地汲取经验教训。

这部《美国科学史》正是讲述了美国科学从边缘到中心的历程。作为新大陆的殖民地，美国科学界长期从属于欧洲，深受英国、法国和德国的影响。独立之初的美国并无支持科学的计划，只能依靠天时地利，从博物学、地质学和天文学起步。19世纪中期联邦政府开始支持农业和教育发展，陆续设立农业部等一批包含科研机构在内的政府部门，形成了相关学科的优势。第二次工业革命极大地改变了美国面貌，强大的工业界资助或建立了大批研究机构。到 20 世纪初，美国已经成为与欧洲水平相当的科学强国。两次世界大战，美国政府探索形成了大规模资助科学的模式，并确立了科学上的国际领先地位。

纵观美国科学发展史，我们不免与中国的现代科学史相比较。19 世纪以来，中美之间就开始了科学上的交往，至今已经成为规模最大、最重要的跨国科学联系，尤其是改革开放以来，两国开展了卓有成效的科技合作。在中国科学界，众多的留美人才成长为骨干力量，科研政策和管理体制改革借鉴了许多美国的经验。反过来，早期不少美国科学家曾来华搜集研究资料，华人科学家也充实着美国科研队伍，"与中国相关的美国科学"词条也列入本书。在这个意义上，了解美国科学史，无疑是打开中国现代科学史的钥匙。而且，以"西学东渐"为起点，中国和美国接触现代西方科学的历史同样久远，也不乏类似之处，如都是引进知识和人才，开展博物学和地质学调查，政府率先设立农业研究部门等。然而，政治和社会结构、民族来源，以及国际环境的截然不同，导致了几百年发展结果的迥异。我们在借鉴美国经验时，必须全面地考察美国科学发展的历史和现状，才能提炼出一些适合我国的举措。回望历史，美国科学的迅猛发展，得益于一批科学事业的开拓者，善于协调政府与学术界关系的战略科学家，以及众多的科学从业者。而我国在科学自主和人才培养等方面则走过更为曲折的道路，当前提出的"坚持教育优先发展、科技自立自强、人才引领驱动"的战略，可谓恰逢其时。

本书原著采用百科全书的写作体例，以简明扼要的词条形式全方位展现了美国科学的要点。然而，对于中文阅读者而言，这些以 ABC 排序的词条充满了陌生的人物和学科词汇，无法形成直观的全景认识。为此，《美国科学史》中文版根据内容，尝试划分为《综合卷》和《学科卷》，以便于读者梳理和理解美国科学史的脉络和全貌。当然，这种尝试肯定有许多不完善之处。

《综合卷》共 8 章，前 4 章分别是美国科学概况、美国政府的科研与管理机构、综合性科学组织与期刊、大学与科学教育，从历史、体制、组织和机构等角度描绘出美国科学的框架。第 5 章科学与社会、第 6 章科学与工业、第 7 章科学与女性，则分别从社会学科、工业机构以及性别相关的视角，展示科学的更多侧面。

第 8 章美国早期科学人物，分为科学开创者（1800 年前出生）和跨学科代表人物（1800—1850 年出生），包含了早期开创美国科学，以及学科归属不明晰的一些重要人物。

《学科卷》划分为 8 章，分别是数学与天文学、物理学、核能与航空航天、化学与化工、生物学、地理学与地质学、医学 / 生理学与心理学、农业 / 气象与环境保护。不用说，这些章节的设置有篇幅平衡的考虑，学科之间的划分不免有交叉重叠之处，阅读时还需相互参照。各章均包含 3 个部分，一是该学科的研究范畴和主题，包括分支学科、研究对象、研究计划等；二是组织与机构，包括该学科的专业学会、研究机构；三是代表性人物，以主要身份为依据，均按出生时间排序。

本书的翻译历时两年余。2020 年秋，中国科学技术出版社李惠兴兄将此大任委托译者。译者近年开展"科学技术通史"与"中国近现代科技史"的研究生专业课教学，并从事国际科技交流的研究，深知美国科学史在世界科学史上的重要地位，以及对中国现代科学史的参照价值，不揣浅陋，和学生们一起承担了这项翻译工作。刘晓主译，选译了若干词条，并完成校对和审定工作。初稿翻译仍按原书字母为序，其中陈明坦、吴晓斌、曾雪琪、康丽婷分别承担了约 10 万字的工作量，吴紫露、王晓雪、彭华、郭晓雯、刘晋国、彭繁分别承担了约 5 万字的工作量，林书羽和孙小涪也承担了部分词条的翻译，译者均在词条后注明。校对和审定工作也非常艰巨，主要由刘晓完成，殷有薇、孙艺洪等参与初校，由刘晓审核定稿。吴晓斌和康丽婷参与了后期的编辑。大家都以学习的态度，认真负责地完成上述工作，展现出很高的文字水平和协作能力。没有这么多人的付出，主译者恐怕很难按时完成这部大书的翻译。最后需要强调，李惠兴和郭秋霞两位编辑提供了全方位的帮助，并有效督促了工作进度。当然，在规模宏大的《美国科学史》面前，主译者虽花了大量功夫，错漏之处仍不可避免，敬请批评指正。

刘　晓

2022 年 12 月 27 日